Diesel Engines Electric Injection Technology

柴油机电控喷油技术

（第二版）

徐家龙 主编

内 容 提 要

柴油机电子控制燃油系统是20世纪80年代开始发展起来的，是21世纪清洁柴油机的新一代燃油系统。

本书综合比较机械式燃油系统和电控式燃油系统的各项基本功能，从而充分说明电控燃油系统的优越性。详细介绍了各种电控燃油系统的特点、工作原理、结构、控制方法等，全面、高度概括地介绍了截至2010年的电控燃油系统的最新成就。

全书综合分析了1990~2005年间，欧、美、日、中、韩5个国家和地区申报的关于清洁柴油机的专利34233件。内容翔实、实用性强。可供从事汽车、柴油机及燃油系统研究的工程技术人员、修理人员、相关专业的大学师生、研究生阅读、参考使用。

图书在版编目（CIP）数据

柴油机电控喷油技术 / 徐家龙主编. --2版.-- 北京：人民交通出版社，2011.7

ISBN 978-7-114-08964-0

Ⅰ. ①柴… Ⅱ. ①徐… Ⅲ. ①柴油机-电子控制-喷油-技术 Ⅳ. ①TK421

中国版本图书馆CIP数据核字(2011)第042961号

书　　名：柴油机电控喷油技术（第二版）
著 作 者：徐家龙
责任编辑：张　兵　智景安
出版发行：人民交通出版社
地　　址：（100011）北京市朝阳区安定门外外馆斜街3号
网　　址：http://www.ccpress.com.cn
销售电话：（010）59757969，59757973
总 经 销：人民交通出版社发行部
经　　销：各地新华书店
印　　刷：北京牛山世兴印刷厂
开　　本：787×1092 1/16
印　　张：31
字　　数：730千
版　　次：2004年3月 第1版　2011年7月第2版
印　　次：2011年7月 第1次印刷　累计第4次印刷
书　　号：ISBN 978-7-114-08964-0
印　　数：0001～4000册
定　　价：60.00元

《柴油机电控喷油技术（第二版）》编写委员会

主 任 委 员：陈　忠

副主任委员：王九如　赵承跃

委　　　员：徐家龙　刘天成

《柴油机电控喷油技术（第二版）》编写组

徐家龙　藤泽英也（日本）　李昌信　王晓东

刘天成　陈左安　杨乃章　高世伦　刘佳才

苏湘州　卓仁植　徐岩峰　徐朗峰

吸收世界知识精华
培育自主核心技术

郭孔辉
二〇一〇年七

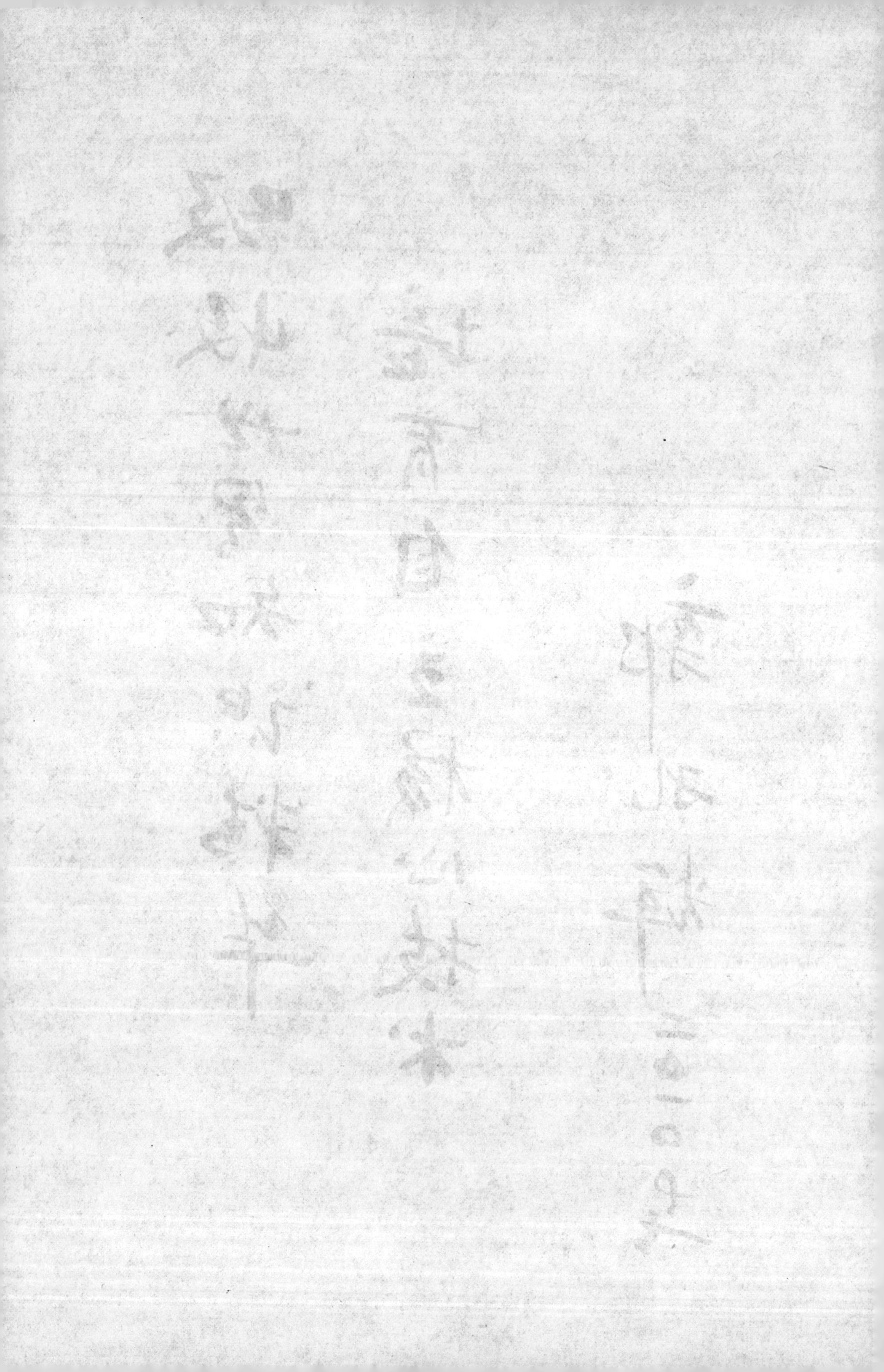

序

柴油机燃油喷射系统已经全面进入电控共轨时代。由于共轨技术的巨大优越性，从它正式进入社会的第一天开始就显示出强大的生命力。1995年电装公司正式推出了载货汽车柴油机共轨系统，1997年，博世公司的柴油乘用车共轨系统正式问世，在欧洲仅用很短的时间就全面取代了柴油乘用车传统的机械式燃油系统。其势之猛、其风之速，史所未见。共轨系统一改柴油机传统印象，开创了清洁柴油机的新局面，显示了柴油机的无限未来。

科学技术就是生产力。

创新是一个民族的灵魂，是一个国家兴旺发达的不竭动力。在柴油机工业战线上摸爬滚打的中国柴油机人，一定要奋起直追，努力求索，学习新技术，创造新技术，为中国清洁柴油机的蓬勃发展作出自己的贡献。

作为国民经济的支柱产业，要振兴民族柴油机工业，使企业保持高速可持续发展，必须引进、消化、吸收，但是，更加重要的是走自主创新之路。

真正核心的技术只能依靠自主研发。在对国外技术引进、消化、吸收、再创新过程中，我们深刻感悟到，不是所有技术都能买来。只有创新，才能自主；只有不断创新，才能持续发展；只有构建必要的创新平台，才能促进持续创新。

为提高自主创新能力，必须有更多的有识之士全身心地投入到工作中来。愿《柴油机电控喷油技术》这本书成为学习、借鉴国外技术的一个平台。愿中国的柴油机人齐心协力，创造我们自己的辉煌。

2011年4月

前言

柴油机电控共轨系统自问世以来，虽然时间不长，却以不可阻挡之势飞速发展。1997年，博世公司成功推出柴油乘用车共轨系统之后，在很短的时间内，在欧洲就几乎全部取代了柴油乘用车的传统的燃油系统。共轨系统问世十多年后的今天，柴油机燃油系统主要生产商的产品目录中，传统的机械式燃油系统几乎消失得无影无踪。

电控共轨系统是柴油机技术发展史上的第三座里程碑，开创了清洁柴油机的新时代。20世纪80年代和90年代初期，柴油车的排放污染已经严重影响到人类的生存环境和正常生活。许多地区开始限制柴油车通行，日本东京地区制定严格的地方标准，排放不合格的柴油车禁止在东京区域内行驶；对于柴油乘用车更是苛刻地提出"不乘、不买、不卖"的三不政策。当时，柴油机面临着"生存"危机。

共轨系统问世以后，不仅解除了这种危机，而且，由于多方面技术进步，柴油车已被公认为环保汽车（Eco-car），具有电控共轨系统的柴油机被公认为最清洁、最环保、最省油的发动机。

现在的清洁柴油机与汽油喷射的汽油机相比，CO_2 排放量低25%，转矩大50%；经济性方面则可以节省燃油30%以上。不仅如此，柴油车的加速性、驾乘舒适性等已经超过了汽油车。从各个方面来看，柴油车都不比汽油车逊色。而且有些性能已经超过了汽油车。欧洲有一种流行的看法：只有柴油车才是高级车。

《柴油机电控喷油技术》第一版在2004年由人民交通出版社出版。第一版的主要内容是介绍共轨系统的概念和第一代共轨系统，是共轨系统的启蒙读物。

共轨系统的概念首次出现在1913年，距今已近百年。不管人们如何开动脑筋，通过机械手段实现共轨系统是不可能的。直到20世纪70年代，由于电子技术的成就，共轨系统才逐渐得到实现。

在20世纪80年代初，汽油机基本上实现了电控汽油喷射（EFI），沿用了数十年的化油器逐渐退出了历史舞台。汽油机的汽油喷射系统实际上就是汽油机的共轨系统。因为汽油喷射的喷油压力很低，所以比较容易实施。

从原理上说，柴油机共轨系统和汽油机的电控喷油系统是一样的，只是喷油压力不同。日本电装公司就是在完成了汽油机电控喷油系统之后，着手研发柴油机共轨系统的。

日本电装公司从1985年开始研制柴油机共轨系统，整整花了10年时间才走完了从构想到真正产业化的路程。博世公司在共轨系统产业化的道路上花的时间很短，但是，那是在别人研发的基础上进行的。博世公司的传统做法是对于看准了的或者已经显示出市场前景的产品，集中大量的人力、财力进行研发，结果往往是后来居上，超过本来走在前面的公司。共轨系统也是这样。现在，全世界共轨系统的市场销售份额中，博世占

60%，日本电装公司只占20%。

第一代共轨只是实现了共轨系统的工作原理。和传统的机械式燃油系统相比，共轨系统的工作原理完全不同。当初，第一代共轨系统还是一个刚刚诞生的新生事物，人们对它的认识还非常肤浅，更加谈不上深入的技术研发了。

《柴油机电控喷油技术（第二版）》在第一版的基础上全面地介绍了近十多年来共轨技术的发展。特别详细地介绍了博世公司和电装公司的第二代、第三代共轨系统。近十年来，两大集团在共轨技术领域中展开了一场充满火药味的研发竞赛。你追我赶，一波又一波。这一段历史过程让我们深深体会到：竞争才是技术发展的原动力。

为此，本书第一章第七节详细介绍了博世公司和电装公司之间的共轨技术的研发竞赛过程。在开始阶段，两家围绕喷油压力和喷油次数展开竞赛。后来，两家的基本目标发生了分歧。例如：博世公司的目标喷油压力设定在250MPa，但并不追求每循环中的喷油次数；日本电装公司的目标是：喷油压力200MPa，一个循环中最多可以喷油9次，他们不追求更高的喷油压力，而是在增加每循环中喷油次数上下功夫。其中原因和奥妙，本书作出了清晰的说明。

专利是技术竞争的前沿阵地，是技术发展的最敏感的神经。第二版中综合分析了美、欧、日、中、韩五个国家和地区在1990～2005年间申请的关于清洁柴油机的专利34233件，并且对这些专利分专题进行了分析对比。例如：清洁柴油机、增压、共轨系统、电控喷油器、排放后处理等，既有横向对比，也有纵向对比，充分反映了当今世界各个技术领域最新的动态，尽量将各专题的动态给读者一个全面的印象。

全书收集附图795幅、附表72张，这些都是非常具有实用价值的资料。在编写过程中，充分利用网络技术。在中、日、英三大语系网络中搜索，浏览各种网页，下载PDF文件数千件，使本书的内容更具时代性、实用性。新加入的内容基本上都是最近5年中的，凡是5年前的统计数据和曲线等都尽可能不用。可以相信，每一位读者都可以从中或多或少找到一些自己需要的信息。

第一章“清洁柴油机”和第二章“环保与排放”是全新编写的。

共轨系统问世之后，欧洲出现了柴油乘用车热。连续数年新车柴油乘用车以年比例4%的速度递增。但是，与之成鲜明对比的是汽车大国日本的柴油乘用车的新车比例在2008年却下降到零。两种极端，导致两种结果：欧洲柴油供应严重不足，每年要从海外进口大量柴油，而将用不完的汽油大量出口。日本却是柴油过剩，汽油不足，不得不利用柴油转而精炼汽油。不仅成本高昂，而且额外地排出大量的二氧化碳。为什么会出现这样的反差呢？原因是很复杂的。本书作了归纳，同时指出了未来柴油机的发展趋势。

第一章详细介绍了清洁柴油机的燃油系统：共轨系统、电控泵喷嘴系统和电控单元泵等。重点介绍了博世公司和电装公司近十年来开发和研制的第二代、第三代共轨系统。

共轨喷油器是共轨系统中专利最多、产品变型最多、技术难度最大的部件。第六节详细介绍了新型电磁阀式共轨喷油器、压电晶体式喷油器、液力增压型喷油器和低回流喷油器等。

环保与排放是当今最重要的课题。

第二章详细地介绍了柴油车的排气净化、排放法规和后处理技术等。后处理技术中，柴油机颗粒物过滤器（DPF）和尿素选择性催化还原系统（尿素SCR系统）是大家最关心的，也最有实用价值、最有发展前途的技术。因此，在第二章中对DPF和SCR两项重要技术进行了最新、最全面和最可信的诠释。既有基础理论，也有典型装置。既有成功的案例，也有关键技术和诀窍的说明。对于不同体系、不同的流派，尽可能站在公正的立场上予以介绍和评述。

对于颗粒物过滤器（DPF）：详细介绍了堇青石DPF、SiC-DPF及Si-SiC-DPF等典型产品。

对于尿素SCR系统，比较详细地介绍了日本NEDO的研发过程和具体方案、日产公司的FLENDS尿素SCR系统和博世SCR系统。

在第一版的基础上坚持篇幅不增加、删旧纳新，将已经成为过去的内容毫不吝惜地删去。尽可能将最新、最有实用价值的资料呈献给读者。

第三章是清洁柴油机燃油系统的主要组成部分。机械式燃油系统的内容几乎全部删去。集中篇幅介绍电控系统，喷油器和喷油嘴、电控分配泵等。目前，电控分配泵只有电装公司还在少量生产，仅用于一些特殊场合。但是，它却是电控共轨系统的基础，所以保留了这部分内容。

第四章喷油量控制、第五章喷油压力和喷油率控制、第六章喷油时间控制的主要内容是通过和机械式燃油系统进行对比的方法，详细介绍了共轨系统的特点和优点，对于加深理解共轨系统会有帮助。

电控共轨燃油系统可以实现自由控制喷油量、喷油率、喷油压力和喷油时间。一台设计良好的柴油机配用性能优越的电控共轨燃油系统后，整机的经济性、动力性和排放都可以达到前所未有的水平。

在电子控制式燃油系统发展的三十多年中，已经出现了多种电控式燃油系统。总的发展趋势是由位置控制向时间控制过渡，由模拟控制向数字控制过渡，控制精度越来越高，控制自由度越来越灵活，最后才出现了电控共轨系统。本书给出了完整的演变脉络。

第七章传感器中介绍了共轨系统中常用的各种传感器，包括原理、结构和参数。由于时间和精力的关系，许多新的内容没有能够编写进去。

虽然尽力希望做得更好一些，但是限于能力和时间，总是不能感到满意。恳请诸位读者在发现问题时，随时告知编者，以便再次印刷时能够及时订正。

联系方法：x20100606@126.com

徐家龙

2011.4.15

目　录

第一章　清洁柴油机

一百多年来，柴油机发展史上出现了三座里程碑。

里程碑之一：1893 年，柴油机问世。

里程碑之二：1927 年，博世公司成功生产柴油机机械式燃油喷射系统，使柴油机从此踏上了迅速发展之路。

里程碑之三：1995 年，日本电装公司在藤泽英也的领导和组织下，成功开发并批量生产电控共轨系统。因此，一改柴油机的传统形象，开创了清洁柴油机的新时代。2008 年日本第 58 次汽车技术学会授予藤泽英也“技术贡献奖”，表彰他在柴油机共轨系统产业化过程中作出的巨大贡献（图 1-1）。

a) 博世　　b) 狄赛尔　　c) 藤泽英也

图 1-1　对柴油机发展做出突出贡献者

电装公司在全世界首先推出中重型柴油机的共轨系统。1997 年，博世公司推出了乘用车柴油机的共轨系统。但是，在其后不长的时间内，这两家公司都开发了完整的共轨系列。并且展开了一场激烈的共轨技术研发竞赛。据 2009 年统计，博世公司占世界共轨系统市场 60% 的份额，电装公司占 20% 的份额。

本书将介绍清洁柴油机的最新技术，全面介绍电控共轨系统的最新发展、环保和排放等技术。

第一节　柴油机的现状与未来

在用柴油机的传统形象是外形脏、噪声大、又慢又笨，并不讨人喜欢。

从 20 世纪 70 年代开始，由于汽车社会保有量不断增加，汽车排放对大气环境和人类社会造成了严重威胁。其中，柴油机排放的危害尤其严重。20 世纪 90 年代中后期，以东京为首的大都市对柴油机汽车亮出了红牌，甚至对柴油乘用车提出“不乘、不买、不卖”

的三不政策。柴油机产业出现了危机，好像到了山穷水尽的绝境。

1995 年，日本电装公司正式开始批量生产中重型柴油机的电控共轨系统。1997 年，博世公司大批量生产柴油乘用车电控共轨系统。从此以后，电控共轨系统彻底改变了柴油机的传统形象，开创了清洁柴油机的新时代。

20 世纪 90 年代在西欧掀起了柴油乘用车热潮。而且，这股热潮正在由欧洲向全世界发展。欧洲的汽车生产商不遗余力地向北美、亚洲推销清洁柴油机和他们的技术。

现在，为什么柴油机被认为是最清洁的内燃机？清洁柴油机中采用了哪些新技术？柴油机的未来究竟如何？是不是真的如一些人所说："只有柴油机才能够拯救世界"？

一、欧洲的柴油乘用车"热"

图 1-2 是欧洲柴油乘用车在乘用车总量中所占比例及增加情况。

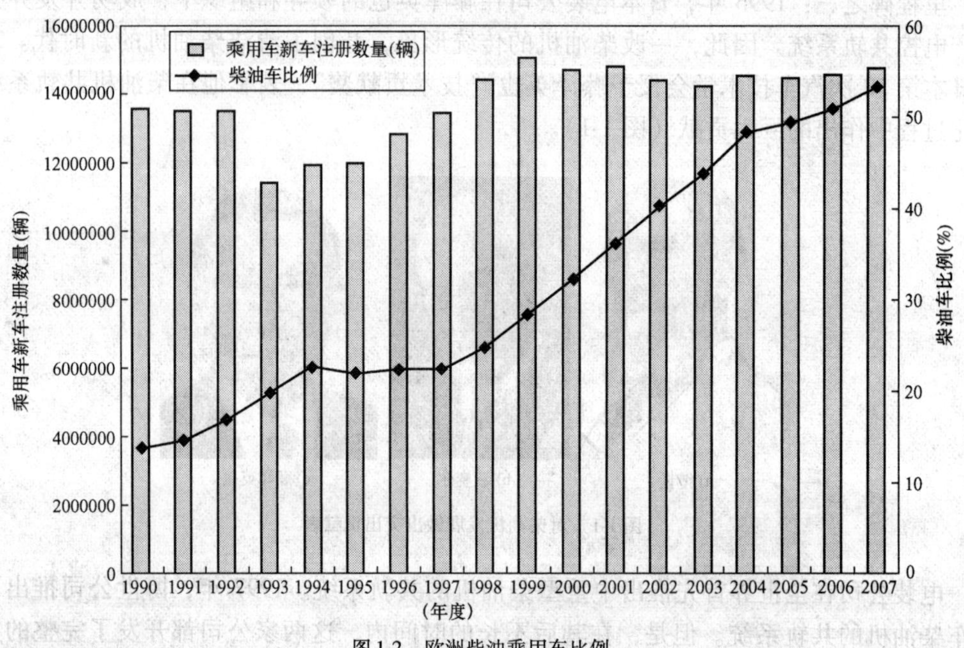

图 1-2　欧洲柴油乘用车比例

1990 年，西欧新车登记总数中柴油乘用车所占比例为 15% 左右。1994 年上升到 22.3%。1998 年以后，每年以 4% 的速度递增。2006 年达到 50% 以上。

可以明显地看出，1997 年以后柴油乘用车比例呈直线上升。如果翻看一下图 1-36 就可以更加明白：在柴油乘用车领域，由于共轨系统的优越性，自共轨系统正式问世后，只用很短的时间就完全替代了统治柴油机 70 余年的机械式燃油喷射系统。从而也大大推动了柴油乘用车的发展。

现在，西欧乘用车新车销售量中 50% 以上是柴油车。法国柴油乘用车比例竟然高达 77.3%（图 1-3）。如果从高级乘用车方面来看，法国要超过 82%，比利时达到 87%，奥地利为 77%，意大利为 70%。

在欧洲，只有柴油机才能称得上"高级"发动机。

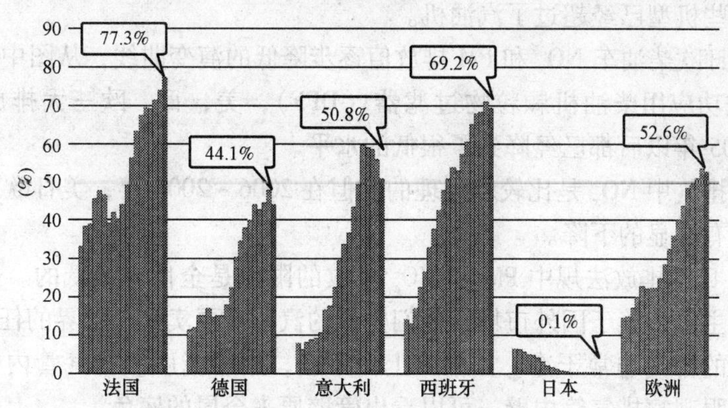

图 1-3 1990～2008 年欧洲柴油乘用车热潮

(一) 动力强劲

清洁柴油机输出转矩比汽油机大 50%，可以在低转速下大转矩起动，在起动加速或者行驶加速时，都能感受到动力十足；在整个转速范围内，都能充分发挥其动力性。在各种场合下都能充分发挥潜力：平稳加速、噪声很低、平顺行驶。

现在的清洁柴油机与燃油喷射汽油机相比，CO_2 排放量低 25%，节省燃油 30% 以上，柴油车的加速性、驾乘舒适性等凌驾于汽油车之上。从各个方面来看，柴油车都不比汽油车逊色。

清洁柴油机在体育比赛中也有非常骄人的成绩，可以说电控共轨技术开创了柴油赛车的新时代。例如：从 2006 年开始，配置柴油发动机的标致 908HDi FAP 在“Le Mans 24 小时耐久拉力赛”中获得四连胜。自 2006 年以来，博世柴油燃料系统合作伙伴奥迪赛车，利用共轨系统柴油赛车实现了三连胜；2007 年美国 FIA 国际俱乐部创造了 588. 644km/h 的世界最高车速纪录，充分显示了在汽车体育中柴油赛车高性能化的巨大潜力。取得这些高性能的基础技术包括增压、燃油喷射、EGR 等方面的技术改进，除采用了中冷、可变增压机构或二级增压、电控共轨系统等最新技术之外，还有连续再生式过滤器、NO_x 储存还原催化剂、尿素选择还原催化系统等后处理技术，使柴油机排气净化水平迈上了一个新台阶。

(二) 经济性好

清洁柴油机的热效率非常出色，可以降低燃料成本。现在的柴油机与 15 年前的柴油机相比，燃油消耗大约降低了 5%；与气道喷射式汽油机相比，可以节省燃油 30%。生物柴油机还有更大的节省燃油的可能性。

和相同排量的汽油车相比，燃油消耗低 30%，如果加上柴油价格便宜，柴油车的油费只是汽油车的 60%。假如一辆柴油乘用车一年行驶 10000km，则在一年中可以节省燃油费用相当于人民币 5 500 元。

(三) 排放清洁

如果将现在柴油机的实际排放值和 20 世纪七八十年代相比，NO_x 和 PM 排放值都已经降低了 90% 以上。而且还要进一步降低。今天，清洁柴油机的排放已经达到了汽油机的排放水平，有些机型已经超过了汽油机。

图 1-4 是美日欧柴油车 NO_x 和 PM 排放值逐步降低的演变曲线，从图中可以看出：

（1）由于成功应用柴油机颗粒物过滤器（DPF），美、日、欧三大排放法规规定的 PM 排放值从 2005 年以后都已经降到了很低的水平。

（2）柴油机排气中 NO_x 是比较难处理的。但在 2006～2008 年，美日欧三大排放法规规定的排放值都有明显的下降。

（3）目前，日本排放法规中 PM 和 NO_x 排放的限值是全世界最低的。这大概是因为日本的汽车产业主要依赖于国外市场，他们生产的汽车需要卖到全世界的任何地方。

清洁柴油车的排气非常干净。如果带上白手套，用手指触摸排气管内壁，手套不会变为黑色，用肉眼观察排气管内壁，可以看出管壁原来金属的底色。

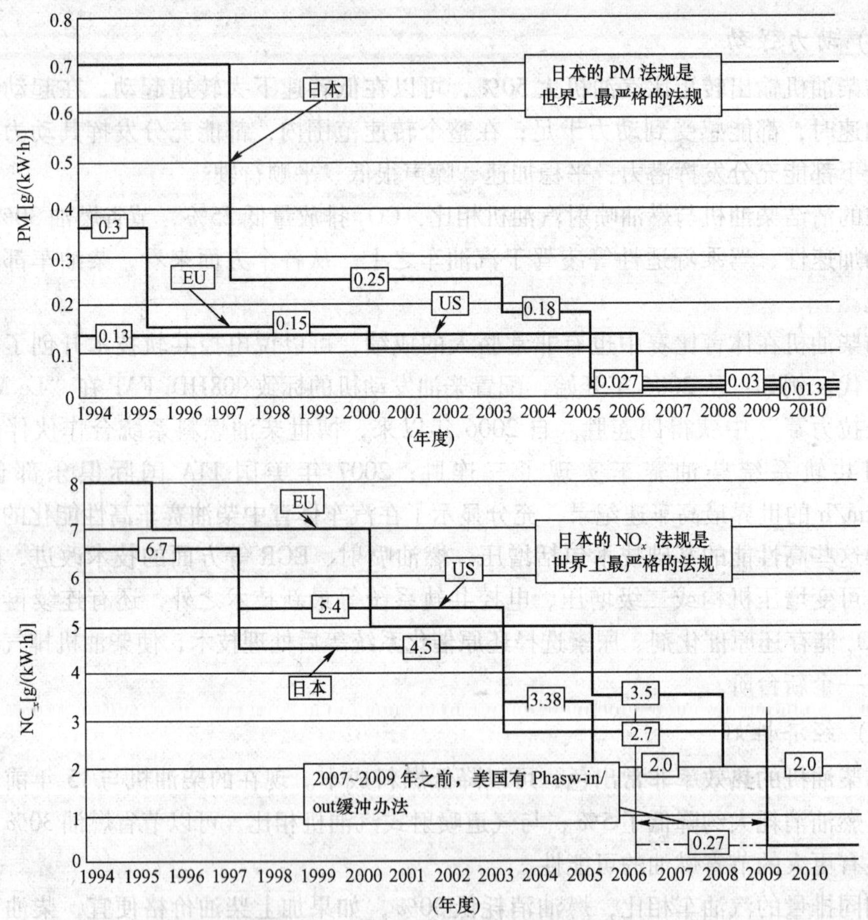

图 1-4　美、日、欧 PM 和 NO_x 法规演变过程

（四）削减温室气体排放

气候异常，全球性的自然灾害频发。减缓温室效应，降低 CO_2 排放已经刻不容缓。因为 CO_2 是最重要的温室气体。柴油车与相同排量的汽油车相比，CO_2 排放量低 25%；

如果与相同转矩的汽油车比较，则 CO_2 的排放量要低30%～50%。

欧洲人普遍认为柴油机是清洁发动机。环保意识很高的欧洲人为缓解地球的温室效应而乐意使用柴油车。

2008年，欧洲汽车工业协会（ACEA）自主规定的目标是汽车的 CO_2 排放的限值为140g/km，到2012年要降低到120g/km。为此，燃油经济性好的柴油机非常具有优势。

现在，人们认识到：降低 CO_2 排放的一条重要措施就是推广和普及柴油车。

（五）政策鼓励

清洁柴油车已经定位为生态汽车（Eco-car）。各国政府都在采取一系列措施促进柴油车普及，其中重要的一条就是减税——减少购置税和质量税，购买柴油乘用车的买主可以从政府那里得到购车补助金等。这些政策和措施加速了柴油车在欧洲的普及。

二、日本柴油乘用车“冷”

在图1-3中看到了一个特别奇怪的现象：欧洲各国柴油乘用车的比例每年都在递增，差别只是斜率的大小。但是，亚洲的汽车大国日本却与之截然相反，柴油乘用车的比例每年都在下降，2008年几乎下降到0。

日本的柴油车，特别是柴油乘用车正在发展过程之中，日本生产的柴油乘用车在欧美销售得很好。但是，日本国内柴油乘用车的比例却不能和欧洲相比。日本的人均汽车数量很高，而柴油乘用车的比例却低得惊人。这是为什么呢？

日本柴油乘用车销售比例不断萎缩的原因是多方面的，主要原因在于日本政府出台了一系列限制柴油乘用车的政策，可以归纳如下。

（一）日本重视 NO_x 排放和燃油消耗量限值

1994年日本颁布的汽车排放法规中规定：柴油车和汽油车尾气中的一氧化碳（CO）、碳氢化合物（HC）和氮氧化物（NO_x）三种成分完全一致。同时还颁布了排气中微粒物（PM）的含量法规，进一步强化对乘用车的法规要求。

因此，日本的 NO_x 排放法规限值很严格，NO_x 和燃油消耗之间是折中平衡关系。所以，对柴油乘用车最具吸引力的低油耗性能带来了不利影响。

（二）修订汽车税和柴油交易税

1989年，日本政府修订汽车税率，消除了汽车税对普通乘用车、小型车种的区别等，并规定一律按照车的总排量征税。这样，汽油乘用车和柴油乘用车都按照同样的税率征税。修订后，2.0L以上的汽油乘用车税费降低，而柴油乘用车税费增加。但是，同一排量的柴油乘用车的输出功率低于汽油乘用车。所以，此次法规修订对柴油乘用车非常不利。再者，从1993年12月1日开始，柴油交易税提高，使汽油和柴油的税费差额缩小了。

（三）废止特石法使汽油和柴油的差价缩小

废止了特石法——特定石油制品进口临时办法。1994年以后，石油产品价格大幅下降，特别是汽油的价格下降更多。结果，汽油和柴油的价格差缩小了。所以，相对于汽油乘用车来说，使用柴油乘用车的成本优势已经完全丧失。

（四）行驶距离短

日本是岛国，和欧美各国相比，日本乘用车一年中行驶距离短很多（表1-1）。另一方面，欧洲的柴油乘用车与汽油乘用车相比，燃油价格差和燃油经济性优势结合起来，虽然初期成本高，但是总的成本优势还是能够显现出来。在日本则正好相反，柴油乘用车燃油经济性好的优势已经丧失殆尽（表1-2）。

乘用车的行驶距离和车龄 表1-1

国家	年均行驶距离（km）	平均车龄（年）	国家	年均行驶距离（km）	平均车龄（年）
日本	9896	5.84	德国	12600	6.75
美国	18870	8.30	法国	14100	7.50
英国	14720	6.20			

柴油乘用车与汽油乘用车的成本比较 表1-2

汽车生产商	VW Golf 的比较		M-Be 级的比较	
比较车种（左栏柴油车）	1.91TDI	1.81T	E270 CTI	E240
相对汽油车购入价差	+1500 €		+700 €	
燃油消耗量（L/100km）	5.4	7.9	6.5	10.7
假定年行驶距离（km/年）	15000		15000	
燃油价格（€/L）	0.89	1.03	0.89	1.03
燃油费、燃油税、维修费（€/年）	720	1220	870	1650
相对汽油车回收时间	3年		1年以内	

（五）柴油乘用车的排放法规

进入20世纪90年代，日本柴油乘用车的排放法规不断更新、不断严格。从1994年开始的短期法规，到1997年开始的长期法规（小型乘用车1997年、中型乘用车1998年）；从2002年开始的新短期法规，再到2005年10月开始的新长期法规，在很短的时间内，一个又一个强化法规相继出炉。

2005年10月实施的新长期法规与新短期法规相比，NO_x 排放限值降低50%、PM排放限值降低75%。环顾全球的排放法规，日本柴油机的排放法规是全球最苛刻的。

（六）东京地区拒绝柴油车事件

1990年以后，日本各地先后出现了居民投诉大气污染，要求赔偿的诉讼案件，特别是东京地区的大气污染诉讼案件一件又一件，诉讼方要求赔偿，要求制止超过环境基准的污染物排放。

1999年8月，东京地区提出限制柴油车的政策，提出了对柴油乘用车“不乘、不买、不卖”的“三不政策”，展开了一场拒绝柴油车的运动。凡是排放不能满足东京地方规定的载货汽车、大型客车等柴油车禁止行驶。

由于种种不利因素，各生产商都减少了乘用车柴油机的生产品种。从根本上遏制了柴油乘用车的存在和发展。日产汽车公司不仅在2001~2002年减少了柴油乘用车的品种，甚至2003年不销售柴油乘用车。

三、欧洲和日本的新问题

欧洲和日本的柴油乘用车的现状是两个极端现象，因此，相应地引起了新的问题。虽然柴油乘用车有诸多优点，但也绝对不会无节制地增加。2005年以后，欧洲柴油乘用车比例的增长已经明显变缓。

（一）日本的新问题

清洁柴油车在世界上出现了有趣的两极现象，典型的表现在西欧和日本。近二十多年来，日本柴油乘用车的销售量在乘用车总量中的比例不断下降，2008年几乎降到了0。（图1-5）

由于这两种极端现象，相应地引发了一些新的社会矛盾。

日本的原油是从中东进口的。正常的精炼结果是：汽油和挥发油为25%，柴油和煤油为27%，重油为48%。但是，日本的社会需求是汽油和挥发油不断增加，柴油相对过剩（图1-6）。为了满足市场需求，日本需要从原油精炼中得到比例更高的汽油（图1-7）。于是，不得不采用特种工艺，通过利用重油精炼，增加汽油产量。由于这个工艺过程相当复杂，结果是在炼油厂要额外消耗大量能源，而且额外排放出大量的CO_2。如果适当增加柴油车比例，则可以解决柴油和汽油的需求不平衡问题。而且，炼油厂也就不会排出额外的CO_2。

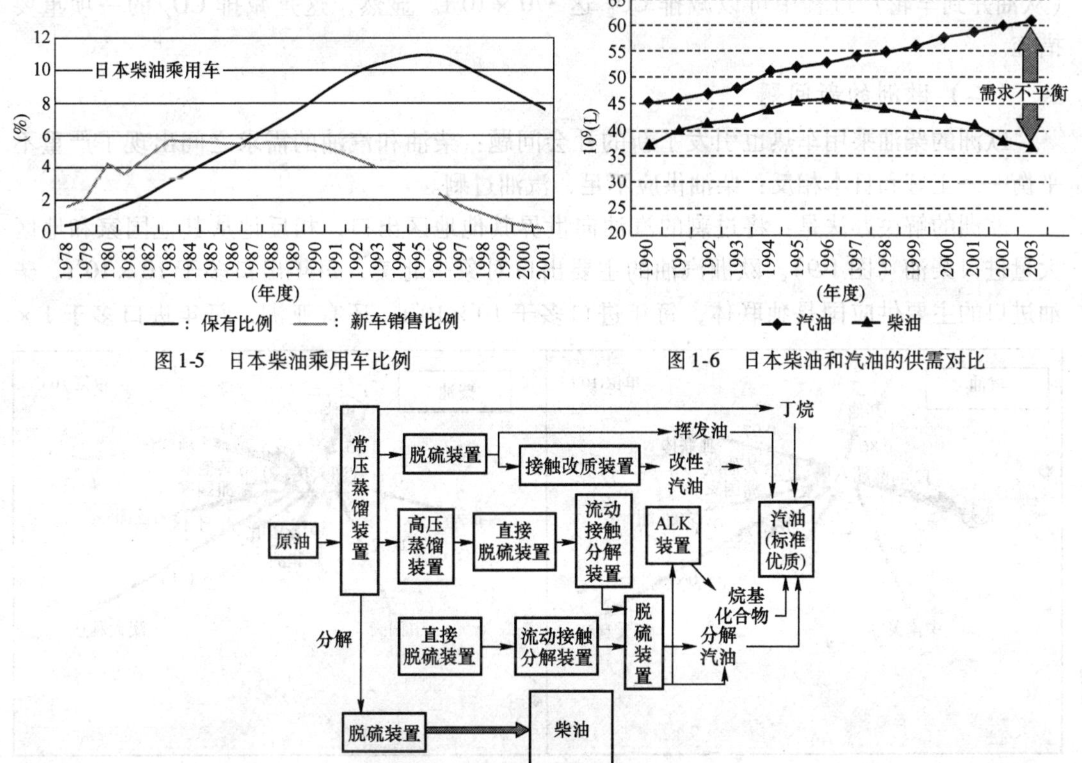

图1-5　日本柴油乘用车比例

图1-6　日本柴油和汽油的供需对比

图1-7　柴油和汽油的精炼过程

专家的计算表明：如果将日本国内10%左右的汽油乘用车转换成柴油车，每年可以将400×10^6kL汽油的需求量转化成柴油。这样，原油精炼厂每年向大气中排出的CO_2最低，日本每年可以因为炼油而减排170×10^4t CO_2（图1-8）。

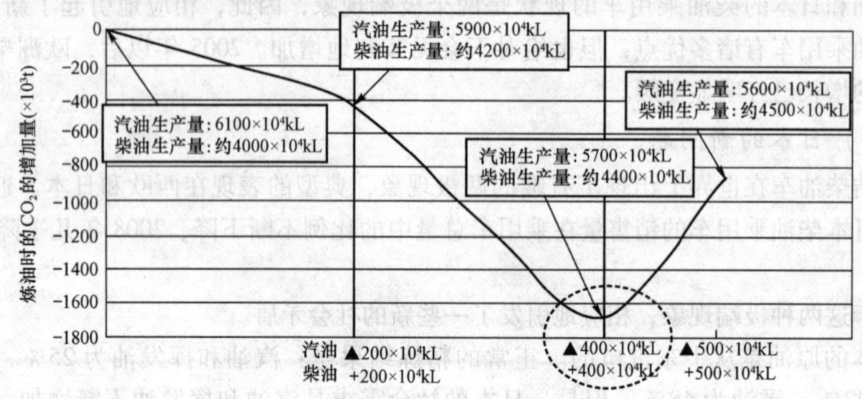

图1-8　10%汽油车转换成柴油车的计算结果

不仅炼油过程中CO_2大幅度减少，而且，因为柴油车的燃油经济性好，相同行驶单位距离排出的CO_2比汽油车少20%左右。若每年新注册乘用车中10%的汽油车换成柴油车，则计算结果表明：每年日本柴油乘用车在行驶过程中可以削减CO_2排放量200×10^4t。

综合上述两项，如果日本每年乘用车新车销售量中10%换成柴油乘用车，则在WTW（从油井到车轮）过程中可以减排CO_2达370×10^4t。显然，这是减排CO_2的一项重要措施。

（二）欧洲的新问题

欧洲的柴油乘用车热也引发了新的社会问题：柴油和汽油的需求之间出现了严重不平衡——正好和日本相反：柴油供应不足，汽油过剩。

欧洲的解决办法是：将过剩的汽油向世界其他地区出口，相反地从其他国家和地区大量进口柴油（图1-9）。欧洲汽油的主要出口对象是北美，每年出口多于10×10^6t。柴油进口的主要供应国是独联体，每年进口多于10×10^6t，还有亚洲，每年进口多于1 ×

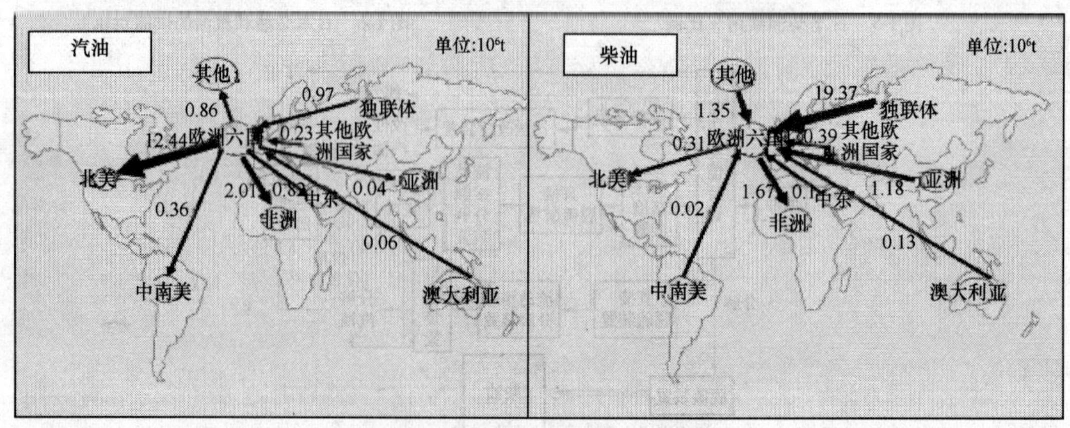

图1-9　西欧的汽油和柴油市场

10^6t。可以预见，随着柴油乘用车的普及和市场扩大，这种倾向还会进一步激化。

四、柴油机的技术发展

（一）柴油机的相关技术

20世纪90年代中后期，与柴油机相关的一系列新技术陆续投入实际应用。例如：电控共轨喷油系统（CRS）、可变涡轮增压器（VGT）、4气门机构、可变涡流控制（TSCV）、废气再循环（EGR）等；与排气后处理相关的技术有：柴油机氧化催化剂（DOC）、颗粒物过滤器（DPF）、尿素选择性还原系统（SCR）、NO_x储存还原催化剂（NSR）等。这些新技术对于提高发动机性能、降低排气中有害成分都有一定的作用。CRS、VGT和4气门机构等是提高输出功率、提高经济性的重要措施；CRS和VGT是降低噪声的重要手段。

在1990～2005年间，收集到关于柴油机的专利总数为34233件，如图1-10示。从1996年开始，专利数量迅速增加，2001～2002年达到顶峰。该图中还示出了专利申请人的国籍以及同一国籍专利申请人在不同国家的申请数量。统计资料显示，日本和欧洲一直都是柴油机专利技术的大户。

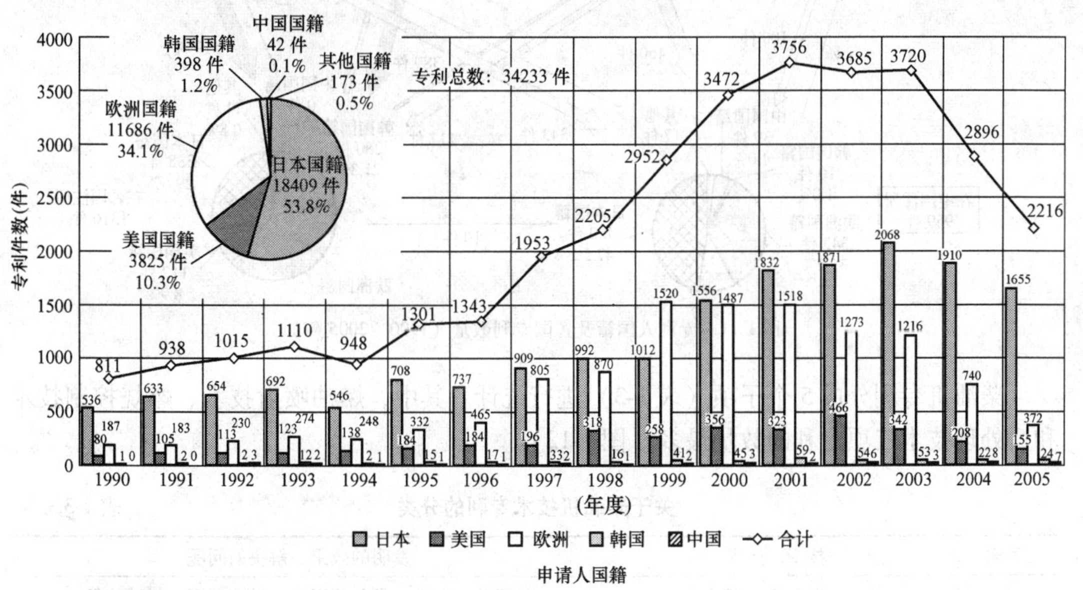

图1-10 关于柴油机技术的专利的统计

燃油喷射装置一直都是从“增压”和“控制”两个方面进行的。以通过机械式控制机构（调速器、提前器）控制喷油量和喷油时间的脉动式喷油泵为中心的时代持续了将近一个世纪，自从共轨式蓄压系统问世以来，将“增压”和“控制”这两项功能分别独立进行，实现了控制功能电子化，使燃油的供给过程实现了精度控制，从而为实现完善的燃烧、洁净、高效柴油机奠定了基础。

日本、欧洲、美国、韩国和中国5个国家和地区之间相互交叉地在本国和他国申报专利的统计数据见图1-11。

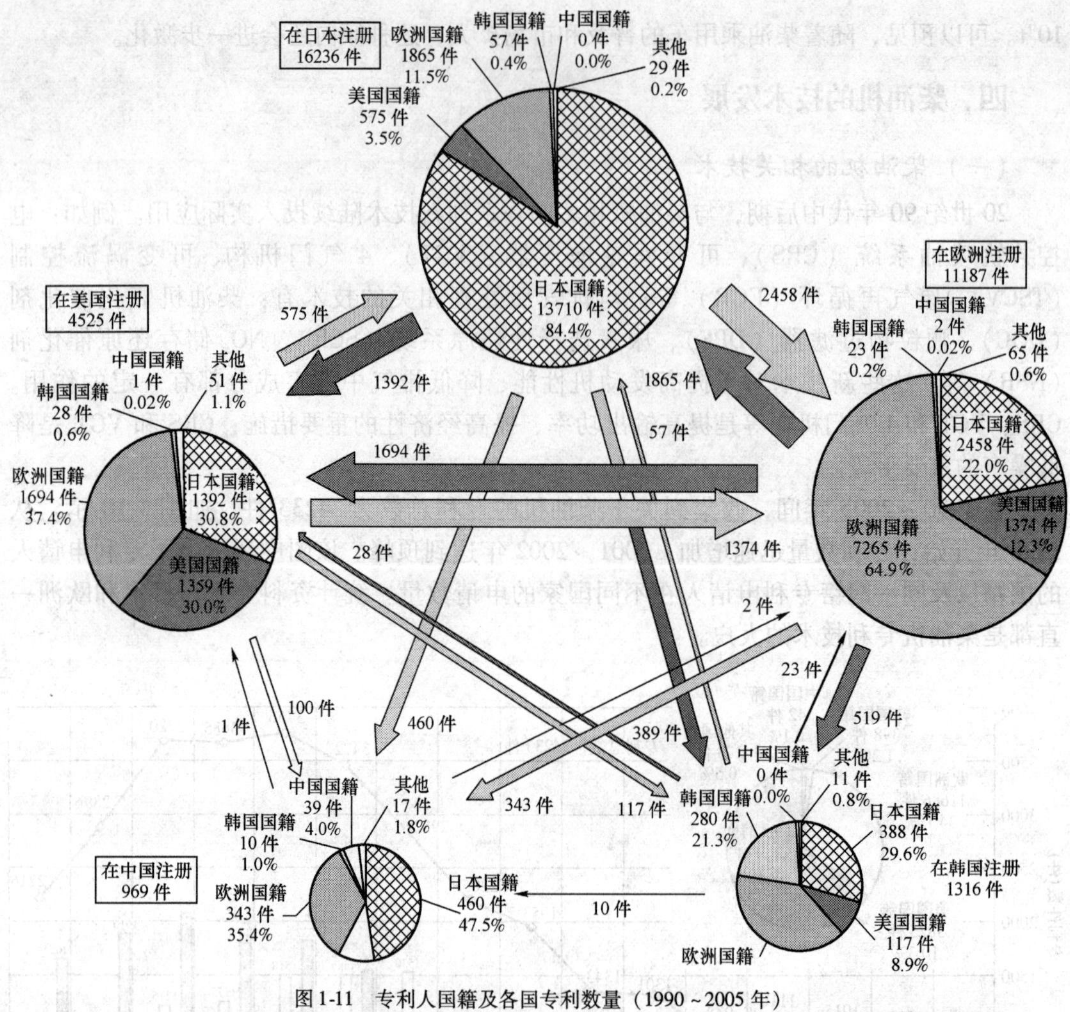

图 1-11　专利人国籍及各国专利数量（1990～2005 年）

柴油机专利分成 5 个子项（表 1-3）进行统计。其中，燃油喷射技术、燃烧控制技术和后处理技术三项专利的数量最多（图 1-12）。

关于柴油机技术专利的分类　　表 1-3

序号	技术子项	发明的效果、解决的问题
1	发动机运行	起动、暖机、带负荷运转、转速范围、加减速等
2	参数、控制方式、逻辑运算等	传感器、参数、控制方式、运算处理、逻辑
3	燃油喷射装置	喷油器结构、管路、管路要素、CRS 压力可变等
4	燃烧控制技术	进气系开展技术、喷油控制技术
5	后处理技术	去除 NO_x、PM，其他处理

（二）直接喷油柴油机

前面介绍的关于清洁柴油机的新技术形象地表示在图 1-13 和图 1-14 中，下面将逐项简单地介绍这些技术。

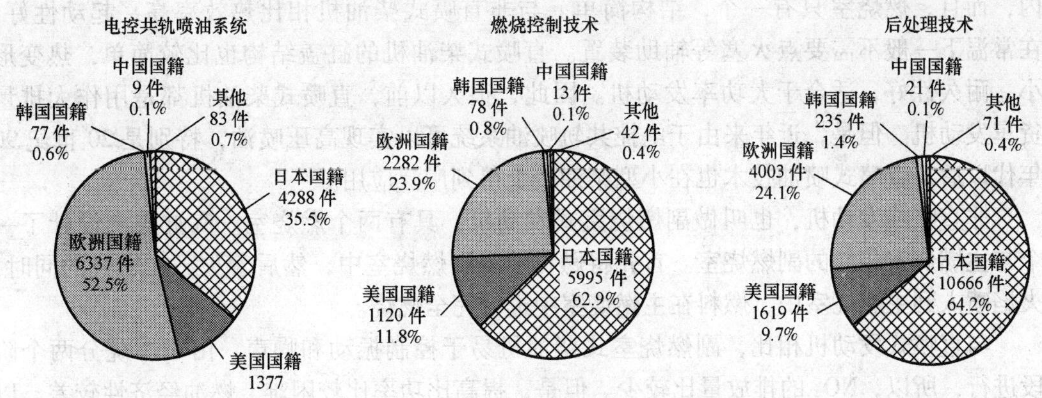

图 1-12　三项专利

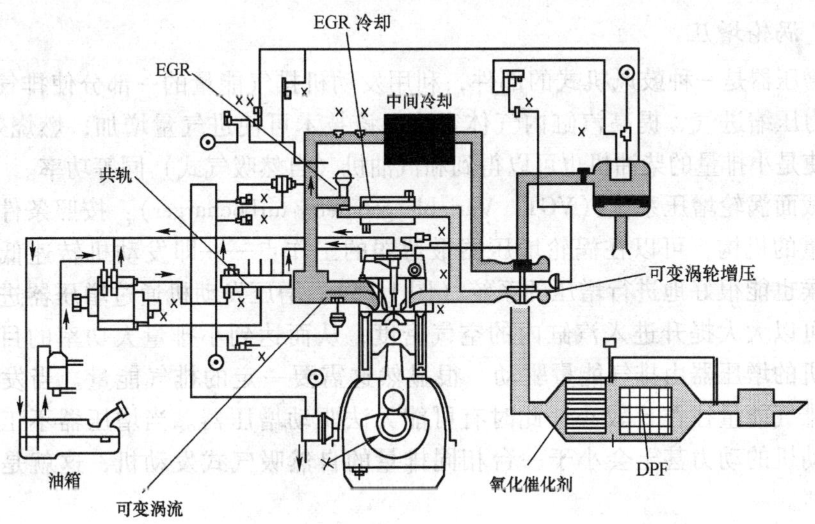

图 1-13　柴油机的最新技术

		排气	动力性	燃油消耗量	噪声
发动机	中冷、VGR、4 气门	○	○	○	
	涡流控制阀	○		○	
	EGR 系统	○			○
燃油系统	高压喷油	○	○	○	
	先导喷油、多次喷油	○	○	○	○
	最佳喷油时间、压力控制	○			○
排气后处理	氧化催化剂	○			
	DPF	○			
	NO_x 还原催化剂	○			
燃油	超低硫燃油	○			

Emissions

图 1-14　影响排放和燃油消耗量的新技术

柴油机可以分为直喷式和非直喷式。直喷式柴油机是燃油从喷油嘴直接喷入燃烧室内，而且，燃烧室只有一个，结构简单。与非直喷式柴油机相比热效率高，起动性好，在常温下一般不需要点火塞等辅助装置。直喷式柴油机的缸盖结构也比较简单，热变形小，耐久性好，适合于大功率发动机。因此，很久以前，直喷式柴油机都是用作大排量货车发动机。但是，近年来由于电控共轨喷油系统可以实现高压喷油，特别是20世纪90年代以后，直喷式喷油技术也在小型柴油机上得到广泛应用。

非直喷式发动机，也叫做副燃烧室式发动机，具有两个燃烧室。汽缸盖上设计了一个与主燃烧室相邻的副燃烧室。首先将燃料喷入副燃烧室中，然后着火，在燃烧的同时，火焰喷入到主燃烧室中，燃料在主燃烧室中进行完全燃烧。

与直喷式发动机相比，副燃烧室式柴油机易于控制振动和噪声，由于燃烧分两个阶段进行，所以，NO_x的排放量比较少。但是，提高比功率比较困难，燃油经济性较差。以前，副燃烧室式柴油机主要应用于乘用车发动机，但是，最新开发的乘用车已经不再使用。

（三）涡轮增压

涡轮增压器是一种鼓风机式的部件，利用发动机排气能量的一部分使排气回流，产生的作用力压缩进气、提高汽缸内气体密度。该技术可使进气量增加，燃烧效率提高。这样，即使是小排量的柴油机也可以得到和汽油机（自然吸气式）同等功率。

可变截面涡轮增压系统（VGT，Variable geometry turbocharger）：按照条件可以准确控制进气量的机构，可以在涡轮增压器最薄弱的工作点——即发动机转速低、排气能量低的时候也能很好地进行增压的系统（图1-15）。增压发动机通过增压器进行强制进气，这样可以大大提升进入汽缸内的空气密度，从而达到小排量大功率的目的。涡轮增压发动机的增压器由排气能量驱动，很显然这需要一定的排气能量。当发动机转速较低时，排气能量往往比较小，此时有可能无法驱动增压器。当增压器不工作时，涡轮增压发动机的动力甚至会小于一台相同排量的自然吸气式发动机，这就是我们常说的涡轮迟滞。

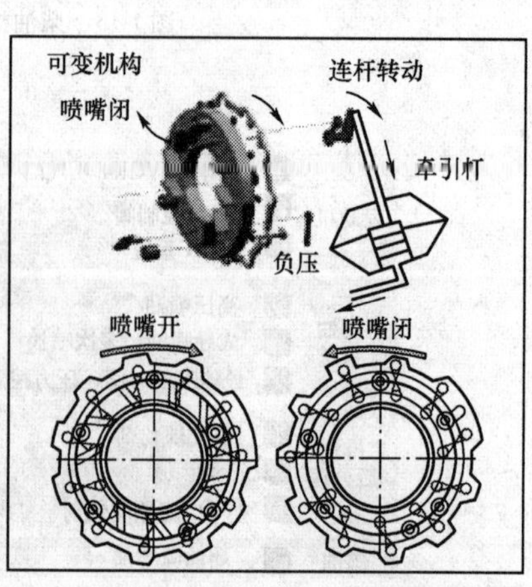

图1-15 VGT——可变截面涡轮增压器

涡轮迟滞与增压涡轮的尺寸有关。增压涡轮越大，涡轮就越难以被驱动，涡轮迟滞就越明显，反之如果增压涡轮小，迟滞就会缓解。然而涡轮尺寸又与增压能量相关，小尺寸的涡轮虽然可以缓解涡轮迟滞，但在需要增压器工作时，它能提供的增压值不大，不利于提升发动机的动力性。因此涡轮尺寸、涡轮迟滞与增压值之间存在着一定的平衡关系。大多数常规发动机都只能采用折中的办法来设计，这样很难做到既彻底避免涡轮迟滞，同时又可以获得较大升功率。

VGT 的奥秘在于它的增压器可以改变截面积，这就相当于改变了增压涡轮的大小。在转速较低时，增压涡轮会采用较小的截面积，即使转速很低的状态下涡轮也可以顺利启动，大大缓解了涡轮迟滞。在高转速状态下，增压涡轮会采用较大的截面积，这样可以提升增压值，从而提升发动机的最大功率和转矩。

VGT 所带来的实际效果是：

（1）平顺：由于没有涡轮迟滞，带 VGT 的车型在整个加速阶段没有动力陡增的时候，因此动力输出平顺，这对于舒适性和安全性都是极其重要的。

（2）低油耗：普通涡轮增压发动机在低速状态下由于没有涡轮增压器介入，此时的混合气浓度并不能满足发动机的要求，燃烧效率低。有了 VGT 以后，发动机无论高低转速都在最佳工况下运行，从而大幅度降低油耗，特别是在城市道路状况下。

（3）低噪声：燃烧效率高不仅可以降低油耗，而且可以大大缓解柴油发动机因工作粗暴产生的噪声。

（4）高速动力性好：由于在高速状态下涡轮增压器工作面积会加大，从而可以提供足够的增压值，有利于高速动力的发挥，这种特性直接体现为驾驶员感受到发动机储备功率大。

VGT 的核心是可变，这是一项全球领先的技术。由于车辆在低速和高速状态下的运转工况和需求完全不同，因此可变技术一直都是众多发动机工程师致力研发的方向。在发动机领域，大家熟悉的气门正时可变、气门行程可变、进气歧管长度可变等技术，其目的都是为了解决发动机在高、低转速下的不同运行的需求。VGT 在柴油发动机领域是最核心的一项可变技术，技术含量高，目前还没有得到普及。

此外，设置大小两个涡轮增压机，根据发动机的转速，可以利用排气门进行切换的两级增压（图 1-16）。

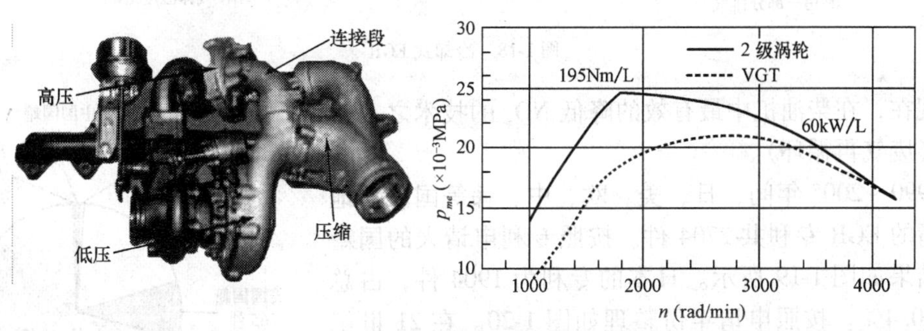

图 1-16　两级涡轮增压

将来的技术是用电动机驱动低速时的涡轮的所谓电动机辅助涡轮增压（图 1-17）。

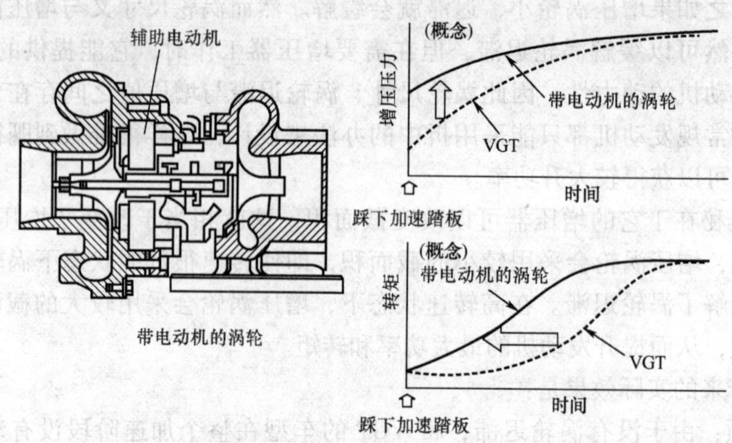

图 1-17　带辅助电动机的增压系统

（四）废气再循环（EGR，Exhaust Gas Recirculation）

EGR 就是将一部分排出的废气重新和进气混合后吸入汽缸，从而降低燃烧温度，降低 NO_x 排放的一种技术措施。在 EGR 排气回收管道中设计了冷却装置的叫做冷却 EGR 系统（图 1-18）。将回收的高温 EGR 排气用冷却器降温，从而比通常 EGR 进一步降低燃烧温度，更加有利于降低 NO_x 排放量。此外，冷却后的 EGR 排气可以增加进气的密度，所以在一定的 EGR 率的前提下有利于降低排气的烟度。当然，如果 EGR 率过大，可能导致燃烧恶化，燃油消耗量增大。

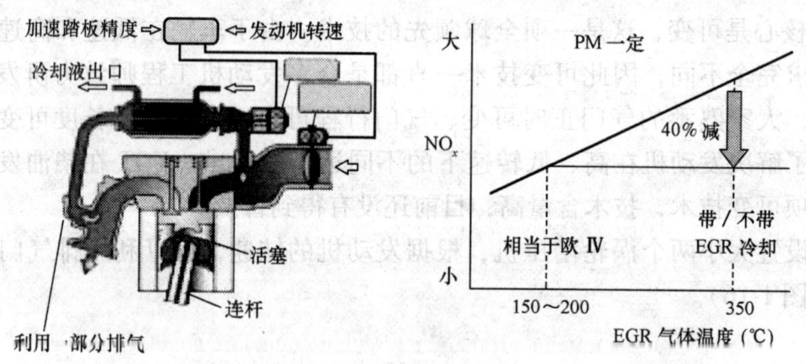

图 1-18　冷却式 EGR

现在，在柴油机中最有效的降低 NO_x 的技术之一是 EGR（废气再循环）。

1990 ~ 2005 年间，日、美、欧、中、韩等国家和地区申请的 EGR 专利共 2704 件。按照专利申请人的国籍统计结果如图 1-19 所示。日本的专利为 1904 件，占总数的 70.4%。按照申请年份整理如图 1-20。在 21 世纪初的几年里，全世界申报的 EGR 的专利数达到顶峰。

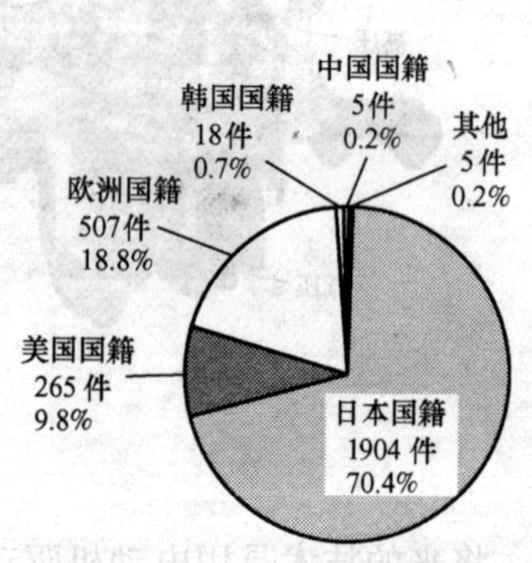

图 1-19　EGR 专利国籍

EGR 系统本来是在汽油机中开发的。在柴油机中，由于排气中含有 PM，特别是 EGR 系统和增压技术组合采用时技术难度非常高。从 1995 年开始，以日本为主申报的专利量不断增加。从 1997 年开始，欧美申报的专利数量也开始增加。

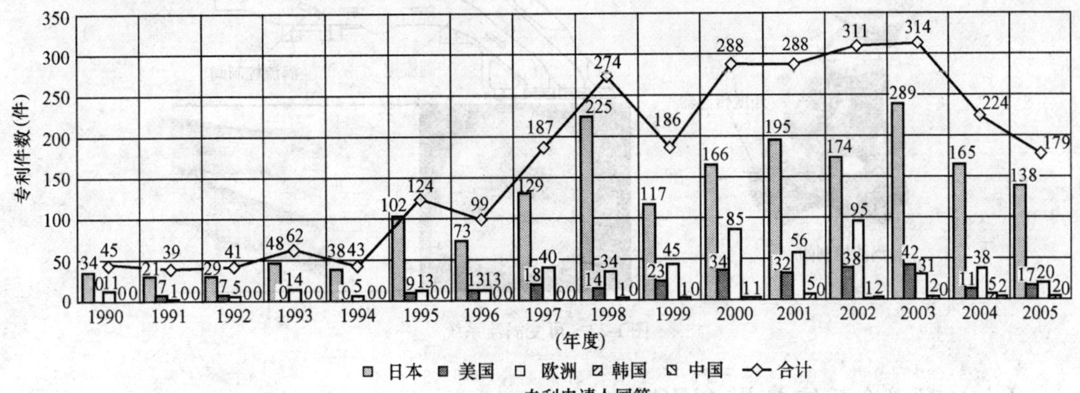

图 1-20 EGR 专利

在清洁柴油机中，EGR 和增压组合使用是最为常见的，其核心技术是控制。专利申报总数（虚线）及其与控制相关的专利数量（实线）如图 1-21 所示。可以说，关于 EGR 的控制策略就是 EGR 的全部。

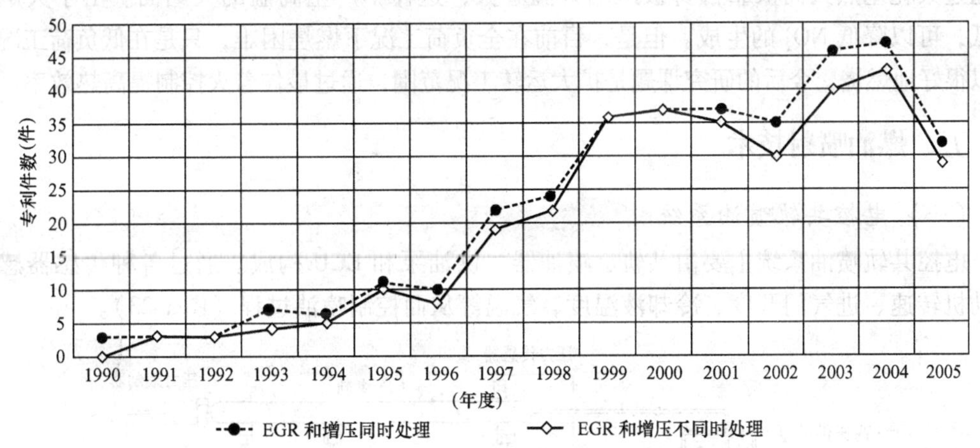

图 1-21 EGR 和增压组合使用的专利

（五）四气门

1 个汽缸配置 2 个进气门，2 个排气门。4 气门可以提高汽缸的进排气效率，降低进排气过程中的泵气损失。由此，可以促进均匀燃油喷雾和混合气形成，减少 PM 排放，提高输出动力，降低油耗。另一方面，与 2 气门结构相比，4 气门的结构比较复杂。

（六）可变涡流系统

吸入汽缸内的空气以汽缸中心线为轴心而旋转的流动叫做涡流。在直喷式柴油机中，涡流对燃料和空气的混合具有非常重要的影响。根据不同的运转范围使涡流发生变化的机构叫做可变涡流系统。该系统对于降低排放，提高燃油经济性具有很大的效果（图 1-22）。

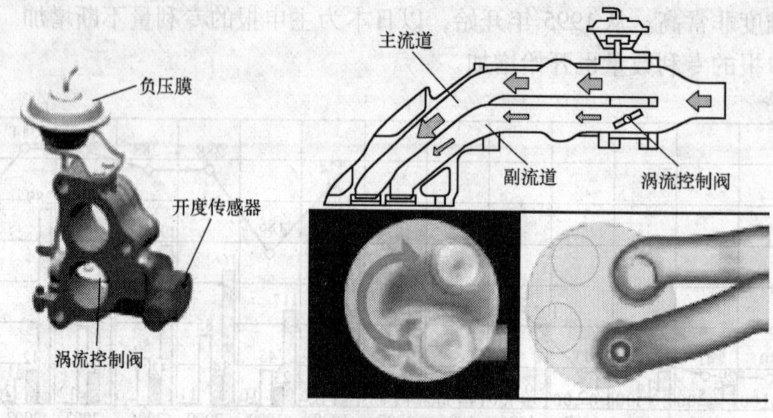

图 1-22　可变涡流系统

（七）预混合压缩着火（HICC）

HICC 发动机是将燃油和空气的混合气喷入与汽油机相同（与柴油机不同）的燃烧室内，和柴油机一样（和汽油机不同）依靠自身的压缩而着火的一种发动机。HICC 发动机是融合了柴油机和汽油机各方的优点的一种发动机。

HICC 的优点在于通过预混合形成均匀的混合气，可以抑制 PM 的生成；燃油混合气不通过火花塞点火而依靠自身被压缩升温着火，这样不产生高温的火焰面。由于火焰温度低，可以降低 NO_x 的生成。但是，目前在全负荷工况下燃烧困难，只是在低负荷工况下可以很好地燃烧。今后的研究课题是扩大运转工况范围，通过最佳着火控制提高热效率。

五、燃油喷射技术

（一）电控共轨喷油系统

电控共轨喷油系统主要由共轨、喷油器、供油泵和 ECU 构成。通过各种传感器感知发动机转速、进气门开度、冷却液温度、气温等从而控制喷油过程（图 1-23）。

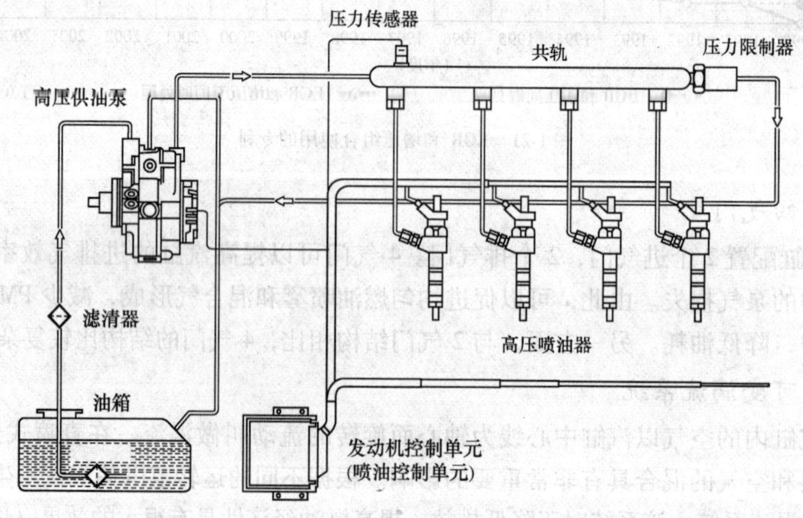

图 1-23　柴油机电控共轨系统

在电控共轨喷油系统中，喷油压力与发动机转速无关。电控共轨喷油系统进行高压喷油，从而可以使燃油充分雾化，使燃油和缸内空气充分混合，并且进行完全燃烧。

电控共轨喷油系统的喷油时间与传统喷油系统不同，是一个工作循环中进行多次喷油的模式，对于降低排放、降低噪声等具有重要作用。

1995 年，日本电装公司在世界上第一次批量生产柴油载货汽车用电控共轨喷油系统。1997 年，德国博世公司在欧洲批量生产的柴油乘用车电控共轨喷油系统正式付诸应用。

开始阶段，电控共轨喷油系统的喷油压力为 135MPa，一个工作循环中只能进行两次喷油——先导喷油和主喷油。随着电控共轨喷油系统研发工作的进展，喷油压力逐步提高。目前，电控共轨喷油系统的实用喷油压力已经达到 200MPa。由于采用高响应特性的执行机构，两次相邻喷油之间的时间间隔可以缩小得很短（0. 1ms）。一个工作循环中可以实现 5 次喷油（图 1-24），电装公司的第三代共轨系统已经实现了在一个工作循环内最多可以进行 9 次喷油。

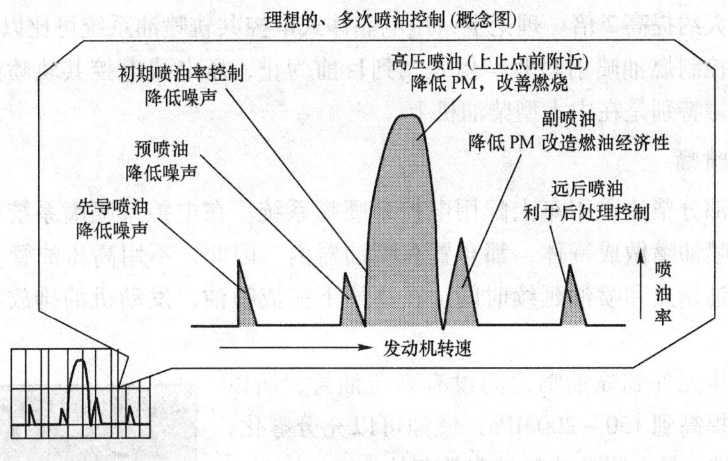

图 1-24 理想的多次喷油概念图

另外，在喷油器中采用响应特性更高的压电晶体作为执行器，两次相邻的喷油之间的时间间隔可以更短，可以实现更高精度的控制。现在，各家公司仍在继续进行研究开发，期望得到更高的喷油压力（图 1-25）。

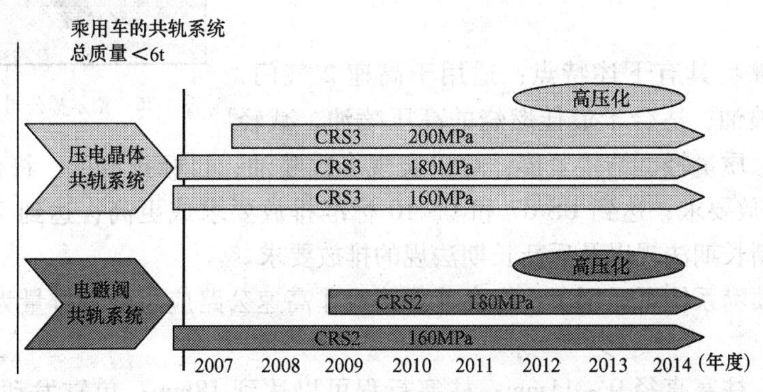

图 1-25 博世柴油乘用车电控共轨系统的发展

喷油器是共轨系统中最重要，也是难度最大的一个元件。所以作为专门一节来介绍，请参看本书第三章第四节喷油器部分。

（二）压电晶体喷油器

压电晶体喷油器是指用压电晶体组件作为喷油器的执行器。现在，喷油压力 180MPa 的压电晶体喷油器已经正式付诸实用。

所谓压电晶体系指当在晶体上加上机械作用力时，在晶体内产生与作用力大小成比例的电荷（压电效应）的特种材料，反之亦然。工程中可以应用压电效应进行定位，位置范围可以从纳米级到数百微米，可以作为极其精密的定位组件使用。

在压电晶体喷油器中，通过向压电晶体组件施加电压，从而控制针阀升程，控制喷油嘴喷油。

由于采用压电晶体作为喷油器的执行器，所以，喷油器体积更小，质量更轻，更加小型紧凑。与以往的电磁阀式喷油器相比，质量减轻 30% 左右，针阀的运动速度提高 2 倍，响应特性大约提高 2 倍。理论上，压电晶体式电控共轨喷油系统可比以往任何系统都能更加精细地控制燃油喷射过程。但是，到目前为止，压电式电控共轨喷油系统应用得还不是很广泛。特别是在中大型柴油机上。

（三）泵喷嘴

欧洲的一部分柴油乘用车上配用电控泵喷嘴系统。在电控泵喷嘴系统中，产生高压的泵油组件和喷油嘴做成一体，都布置在喷油器内。因此，不用高压油管。ECU 通过电子脉冲控制喷油始点和喷油延续时间，在高压下完成喷油，发动机的排放和燃油消耗等指标都非常好。

因为从加压元件到喷油嘴之间没有高压油管，所以喷油压力可以提高到 150 ~ 200MPa，燃油可以充分雾化，对于降低 PM 排放量，降低油耗是非常有效的。

图 1-26 是德尔福公司 E3 型柴油机的电控泵喷嘴（EUI，Electronic Unit Injector）。据称，这是世界上最先进的电控泵喷嘴。将泵油元件和电控喷油器组合在一起，由发动机的凸轮轴驱动，每个汽缸配置一个独立的电控泵喷嘴。

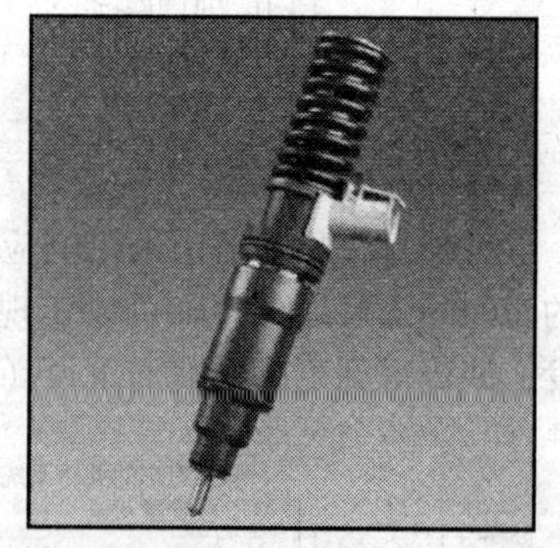

图 1-26　德尔福公司 E3 电控泵喷嘴

该电控泵喷嘴具有下述特点：适用于高速 2 气门，可以精确控制喷油；适合于最佳燃烧的高压喷油，减轻了后处理要求；质量轻、结构紧凑；可以实现多次喷油；目标排放值：符合欧 IV、欧 V 和欧 VI 标准排放要求；达到 US 07 和 US 10 标准排放要求或更高；达到 Tier IV 排放标准；达到日本新长期法规以及后新长期法规的排放要求。

该电控泵喷嘴系统可适用于：在高速公路或非高速公路应用的、排量为 9 ~ 16L 重型柴油车。

主要参数：柱塞直径 9 ~ 11mm；柱塞行程可以达到 18mm；单缸发动机排量 1.5 ~ 2.6L；峰值喷油压力 250MPa；驱动电压 50V。

六、排气后处理技术

(一) 氧化催化剂

氧化催化剂就是通过白金(Pt)、钯(Pd)等稀有金属的催化作用，使排气中的氧将包含于PM中的以碳氢化合物(HC)为主的未燃烧物质(SOF)氧化，变成水和二氧化碳的技术。但是，对于柴油中的硫成分，通过氧化作用生成硫酸盐，会导致PM排放量增加。所以，在使用氧化催化剂的时候，必须使用低硫柴油。

(二) 连续再生式过滤器

连续再生式过滤器的基本工作原理是：利用布置在滤清器前面的氧化催化剂生成的NO_x，在滤清器中将捕集到的PM在比较低的温度下，连续地氧化并除去，同时使滤清器再生。

连续再生式过滤器的基本结构是：上游配置氧化催化剂，下游配置过滤器，在富氧氛围中，450~500℃时开始燃烧PM，对于采用NO_x的反应则是从200℃左右开始燃烧。所以，即使在低温下也可以将PM燃烧掉(图1-27)。但是，在200℃以下的小负荷时，则通过电控共轨喷油系统的后喷油等特殊手段控制催化剂的温度。

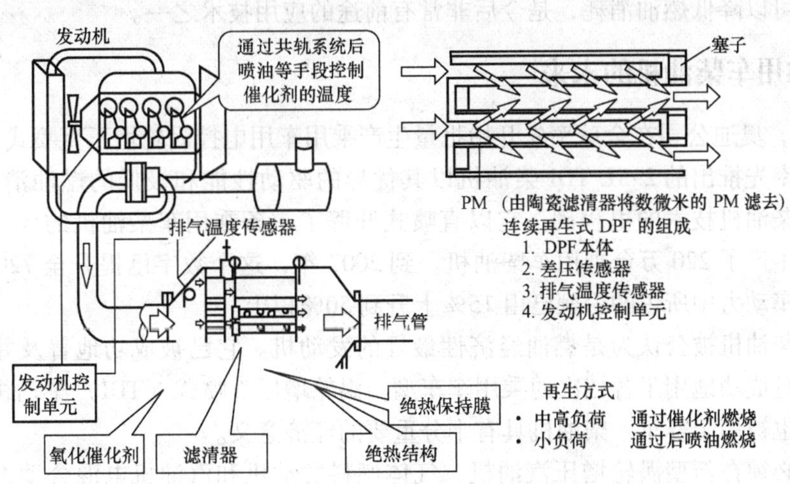

图1-27 连续再生式过滤器

如果燃油中硫含量浓度高，则排气中的SO_2被氧化后生成硫酸盐，这将会导致PM增加。所以，使用连续再生式过滤器的时候必须采用低含硫量的燃油。

(三) NO_x储存还原催化剂

NO_x储存还原催化剂是这样一种还原净化后处理系统：当空燃比较小时，排气中的NO_x氧化，生成硝酸盐而吸储；在浓混合气燃烧时，上述硝酸盐和碳氢化合物(HC)以及CO反应，从而实现还原净化处理。

储存还原催化剂比NO_x更容易和硫成分结合。所以，必须降低燃油中的硫含量。

(四) 颗粒和NO_x同时降低的系统(DPNR)

DPNR(Diesel Paticulate-NO_x Reduction system)系统(图1-28)是将柴油机排放的

颗粒（PM）和 NO_x 同时地、连续地降低 90% 以上的系统，主要是应用 NO_x 储存还原型催化剂。

被捕集了的 NO_x 和 PM 都在同一种催化剂中除去。所以，一般适用于乘用车和中小型货车。和 NO_x 储存还原型催化剂相同，降低油耗、提高耐久性等都和降低燃油中硫含量直接相关。

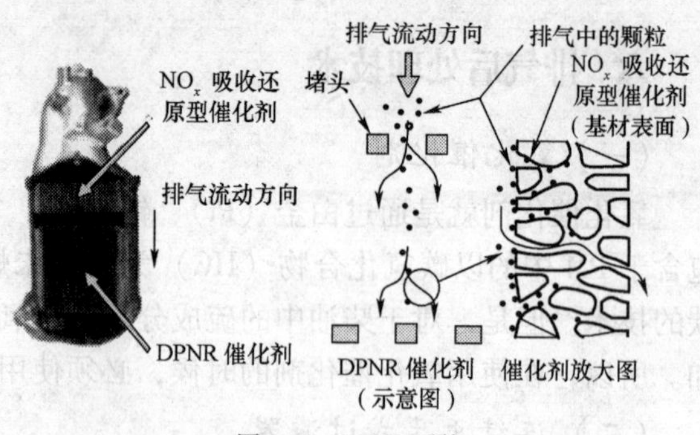

图 1-28　DPNR 系统

（五）尿素选择还原催化系统

尿素选择还原催化系统的原理（参看第二章第五节）和发电厂等大型成套设备中使用的水基氨溶液脱氮的原理相同。

尿素选择还原催化系统中，将尿素水溶液喷洒到排气中生成氨，然后氨和 NO_x 反应转化成无毒、无害的水和氮气。尿素水溶液需要连续补给。适用于大型柴油机的尿素选择还原催化系统装置已经产业化，对于乘用车，因安装空间受到制约，因而比较困难。但是，目前已经有成功应用的实际产品。采用尿素选择还原催化系统时，NO_x 的降低率比较高，而且可以降低燃油消耗，是今后非常有前途的应用技术之一。

七、乘用车柴油机的未来

1989 年，奥迪公司在全球率先开始批量生产乘用车用电控涡轮增压直喷式（TDI）柴油机。这种率先推出的 2.5L TDI 柴油机以其优异的驱动性能和极低的燃油消耗而著称，成为直喷式柴油机技术的里程碑。它以直喷式开辟了一条乘用车柴油机的成功之路。同年，全欧洲生产了 220 万台乘用车柴油机。到 2007 年，这个数字已提升至 720 万台，柴油机在乘用车动力中所占的份额已由 15% 上升到 50% 以上。

目前，柴油机被公认为是燃油经济性最好的发动机。它已被成功地普及并应用于各个领域，而且成功地用于各档次的乘用车车型。涡轮增压直喷式（TDI）柴油机除用于乘用车之外，也被用于赛车。柴油机具有十分重要的经济意义。

柴油机必须在新型涡轮增压汽油机、气体燃料发动机和汽油机电混合动力系统竞争激烈的领域证明自身的价值。

进一步推广乘用车柴油机的前提是可靠满足未来的排放限值。同时，柴油机不得不继续改善业已良好的燃油经济性。奥迪公司对柴油机排放的策略就是一个典型的例子：

（1）借助先进的 TDI 燃烧系统降低发动机原始排放。核心技术包括喷射压力 200MPa 的共轨喷射系统、先进的废气再循环系统和优化的废气涡轮增压，并采用新的燃烧控制；

（2）应用一种新开发的废气再循环系统。将带氧化催化转化器的颗粒过滤器用在上游，取出排气中的颗粒物，用尿素选择还原催化系统将排气中的 NO_x 排放降到极低水平等。

这些柴油机的减排策略可以满足最严格的美国 BIN5/LEV2 以及未来的欧 VI 标准排放法规。

具有现代高科技的直喷式柴油机是一种功率强劲的发动机，适用于运动型汽车，同时也完全满足了环保的要求。

直喷式柴油机虽然已达到高水平，但进一步开发的潜力仍然很大。柴油机在世界市场上的占有份额将不断增加。

图 1-29 是 2013 年全球汽车产量的预测数据。由图 1-29 可见，从 2000 年到 2013 年，全球汽车生产量增长 30%；但是，柴油车的增长率达到 79%，明显高于汽油车的增长率 17%。到 2013 年，全球柴油车在全部汽车保有量的比例达到 28%。

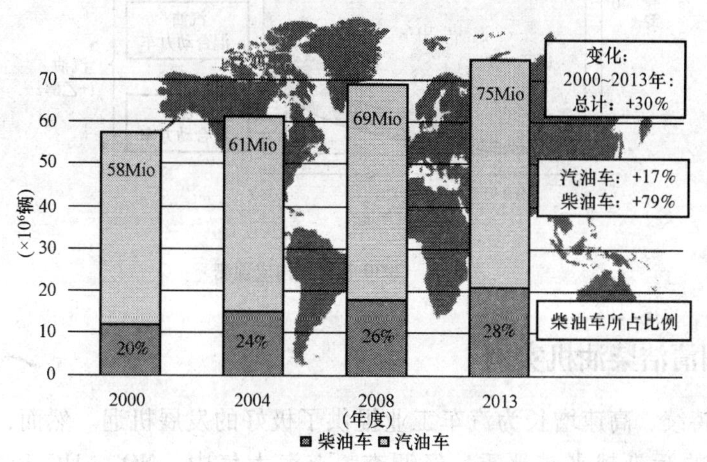

图 1-29 2013 年全球汽车产业预测

图 1-30 是 2006 年和 2015 年世界各地柴油机所占比例的统计和预测图。今后数年内北美贸易区和新兴市场的亚洲增长速度最快。欧盟的增长速度显然是很慢的。

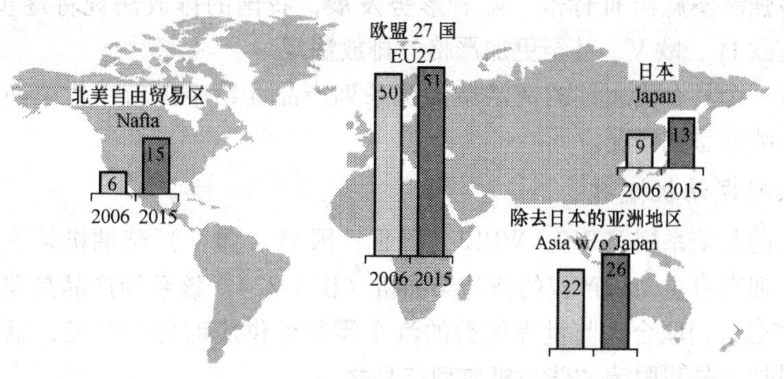

图 1-30 2015 年全球柴油机的比例预测

图 1-31 是日本对 2030 年汽车构成的预测。由图 1-31 可见，柴油车（包括货车和乘用车）占汽车保有量的 50% 左右。当然，如果将来人工合成柴油（GTL、CTL、BTL 等）取得重大突破，可以生产出更多的柴油，那将是另外一回事。

由图可见，电动汽车和混合动力汽车的比率将有明显的提升。但是，柴油车和汽油车仍是汽车的主要构成部分。正如前面介绍的那样，因为从石油精炼汽油和柴油等产品，油品之间有一个合适的比例，不可随意更改。所以，从整体上来说，柴油乘用车的发展是会受到柴油供应的限制的。

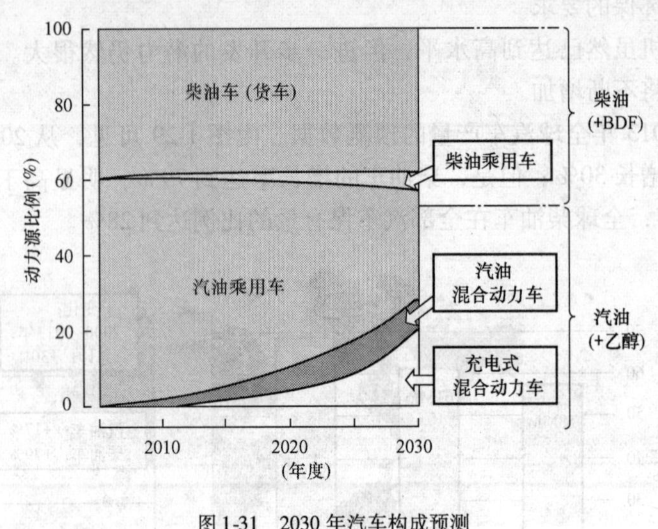

图 1-31　2030 年汽车构成预测

八、中国清洁柴油机实例

中国经济持续、高速增长为汽车工业提供了极好的发展机遇。然而，汽车产业的发展对大气环境的污染越来越严重。经调查，上海大气中，NO_x、HC 和 CO 中的 54%、94% 和 84% 都是来自于汽车排放。这充分说明，汽车排放已经危及人类健康。

按照国家要求，2007 年 7 月 1 日开始，所有汽车生产厂生产的新车型必须符合国Ⅲ标准，否则将不允许销售。2006 年 1 月 1 日，北京市提前实施国Ⅲ标准。2008 年 7 月 1 日起，全国将强制实施国Ⅲ标准。随着形势发展，我国的排放法规将逐步与国际同步，将会逐步实施欧 IV、欧 V，甚至更加严格的排放法规。

本书通过一个具有代表性的清洁柴油机系列产品介绍中国新一代柴油机的结构、性能和电控共轨喷油系统概况。

（一）系列发动机概况

潍柴动力的蓝擎系列 WP10、WP12（国Ⅲ、国 IV、国 V）柴油机是采用全新的设计理念开发的、拥有自主知识产权的清洁柴油机（图 1-32）。该系列产品是潍柴动力集团和 AVL 等国际知名公司联合，与世界优秀的汽车零部件供应商协同开发，融合了当今世界内燃机前沿科技，是我国清洁柴油机典型产品之一。

图 1-32　蓝擎 WP12 系列客车用（左）和货车用（右）柴油机

蓝擎 WP12 系列柴油机的基本参数见表 1-4。

蓝擎 WP12（国Ⅲ/国Ⅳ）客车用柴油机参数　　表 1-4

发动机型号	单　位	WP12.270N 等 8 种机型
发动机形式	—	水冷，四冲程，带排气门制动，直喷，增压中冷
排量	L	11.596
缸径×行程	mm	126×155
汽缸数	—	6
每缸气门数	—	4
喷油装置	—	电控高压共轨
额定功率	kW（PS）	199（270）~338（460）
最大转矩	N·m	1300~2110
额定转速	r/min	1900
最大转矩转速	r/min	1000~1400
排放水平	—	国Ⅲ、国Ⅳ

（二）燃油系统

WP12 系列柴油机采用了 Bosch 公司的高压共轨燃油系统，最高喷油压力 160MPa（图 1-33）。电控共轨燃油系统对燃油油路要求很高，低压油路（油箱—粗滤清器—精滤清器—回油管）、高压油路（供油泵—共轨—高压油管—喷油器）都要保证绝对密封。

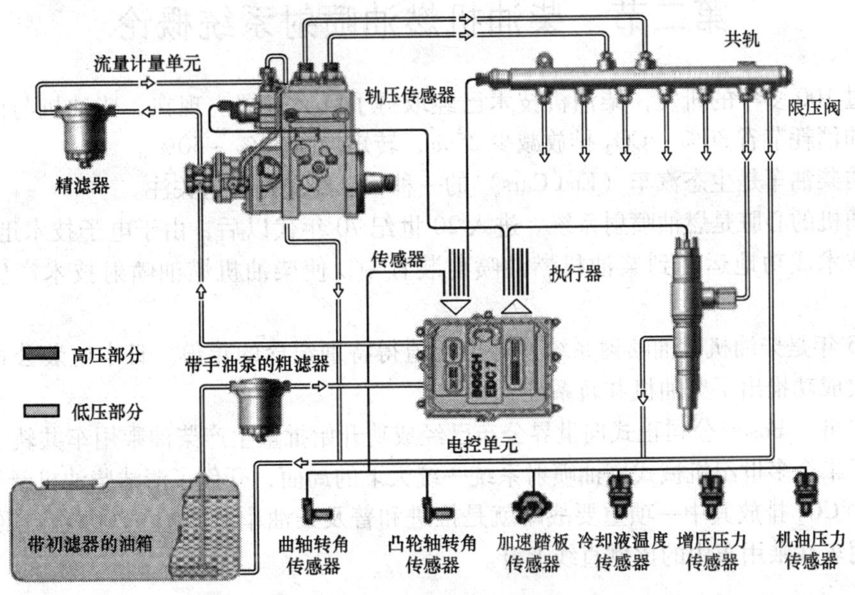

图 1-33　WP12 系列欧Ⅲ柴油机燃油系统

WP12 系列柴油机的喷油器的外形如图 1-34 所示。供油泵如图 1-35 所示。

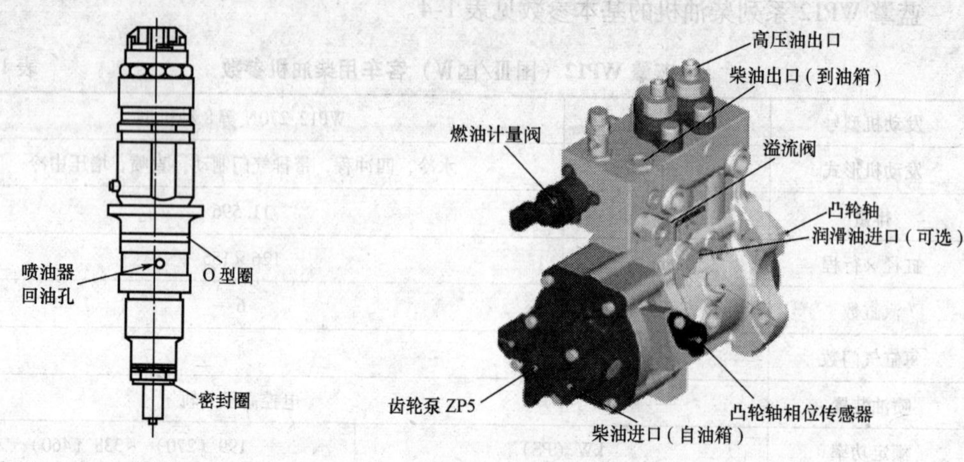

图 1-34　WP12 系列柴油机喷油器

图 1-35　WP12 系列柴油机供油泵

安装回油管时应避免与汽车的高温部件接触（如排气管、涡轮增压器、废气回流管等）。回油管内不允许存在节流区域。回油管不可接触锋利零部件的边缘，不可折角，更不可被扭曲。

WP12 系列柴油机的喷油器回油管是经过汽缸盖的内部回油。因为喷油器安装孔在汽缸盖的内部，所以必须确保回油能够完全密封。

蓝擎 WP12 系列柴油机采用 Bosch 公司的电子控制单元，具有稳定的系统处理能力；多层次的系统保护和纠错措施，提高了发动机的可靠性和安全性；采用 CAN 和 K 总线可以实现与整车电控单元自由通信，更人性化地实现整车故障诊断和报警处理。

第二节　柴油机燃油喷射系统概论

经过 100 多年的研发，柴油机技术已经取得了巨大进展。现在，柴油机与汽油机相比：燃油消耗节省 30%，CO_2 排放减少 25%，转矩提高 30% ~50%。

清洁柴油车是生态汽车（Eco Cars）的一种，已经受到普遍关注。

柴油机的心脏是燃油喷射系统。进入 20 世纪 70 年代以后，由于电子技术迅速发展，将电子技术成功地运用到柴油机燃油喷射装置中，使柴油机燃油喷射技术产生了质的飞跃。

1995 年是柴油机燃油喷射系统发展史上值得特别纪念的年份。日本电装公司在历史上第一次成功推出了柴油机共轨系统。

1997 年，Bosch 公司正式向世界公布已经成功开始批量生产柴油乘用车共轨系统。从此结束了半个多世纪机械式燃油喷射系统一统天下的局面，开创了清洁柴油机新纪元。

减少 CO_2 排放其中一项重要战略就是推进和普及柴油车。1990 ~2008 年，欧洲各国柴油乘用车在乘用车中的比例直线上升。

一、共轨系统改变了柴油机世界

近 100 年来，柴油机燃油喷射系统经历了多个历史阶段，出现过许多产品。

德国罗伯特·博世（Robert·Bosch，1861—1942 年）于 1922 年开始着手研究柴油机燃油系统；1927 年，Bosch 公司成功地生产出直列式喷油泵——这是柴油机的关键性部件。从那以后，Bosch 公司能够稳定地、大批量生产直列式喷油泵，从而使柴油机产业进入了飞速发展的历史新阶段。并将柴油机的用途扩大到汽车、拖拉机等移动机械上。

随着小型柴油机的发展，喷油泵在整个柴油机中所占的空间和比例逐步增大。因此，人们迫切希望研制体积小、质量轻的喷油泵，这就是分配泵。

分配泵一般只用一副柱塞偶件，同时完成压油和分配，结构相当紧凑。凸轮轴旋转一周向各汽缸分配一次燃油。一部分构成分配泵的零件已经成为喷油泵体的一部分。所以分配泵适宜于大批量生产，并且便于安装各种附加功能装置。

20 世纪 60 年代初期分配泵研制成功。到 20 世纪 70 年代中后期，分配泵在小型柴油机，特别是乘用车柴油机中大量应用。

20 世纪 90 年代初期，VE 型分配泵生产量最大、应用最广泛，全世界五大洲都在生产，是一种设计得最成功的分配式喷油泵。

泵喷嘴式供油系统没有高压油管，直接安装在柴油机汽缸盖上，由柴油机凸轮轴驱动，即所谓凸轮驱动式。因为没有高压油管，适合于高压喷射，可以改善喷油特性。

进入 20 世纪 70 年代以后，电子技术飞速发展，在各行各业中都得到了应用。当然，柴油机燃油系统的技术专家们也将电子技术应用到柴油机燃油喷射系统中来。

20 世纪 70 年代中后期，电子控制直列泵、电子控制分配泵、电子控制泵喷嘴相继出现，并逐步应用到批量生产的柴油机产品中。

蓄压—共轨式喷油装置的供油原理很早就已提出，其基本原理就是将加压的燃油存储在蓄压室内，然后将燃油分配到各个汽缸，由喷油器喷入到发动机汽缸内。

但是，通过机械方式要实现这种工作原理是非常困难的。历史上很多人都曾经尝试过，结果均以失败而告终。进入 20 世纪 80 年代以后，由于电子控制技术的飞速发展，开发电子控制的共轨式喷油系统有了可能。

自从共轨系统问世以来，传统的机械式燃油喷射系统迅速退出历史舞台，共轨系统以其强大的生命力很快统治了整个柴油机世界。

图 1-36 中示出了欧洲柴油乘用车比例稳步上升的演变历史。由该图可以看出，共轨的优越性是多么巨大，真是一目了然。

柴油机燃油喷射系统的发展历史及各个历史阶段的代表性产品可以归纳为图 1-37。

二、燃油喷射系统的五项基本功能

经过 100 多年的技术发展，柴油机燃油喷射装置呈现出多姿多彩的局面，出现了许多迥然不同的结构。但是，燃油喷射系统的实质性功能却是一脉相承的。

就其本质来说，柴油机燃油喷射系统的基本功能可以分成五类：

（1）通过加压机构使燃油变成高压（P）；

（2）调节每次喷油的喷油量（Q）；

（3）调节每次喷油的喷油时间（T）；

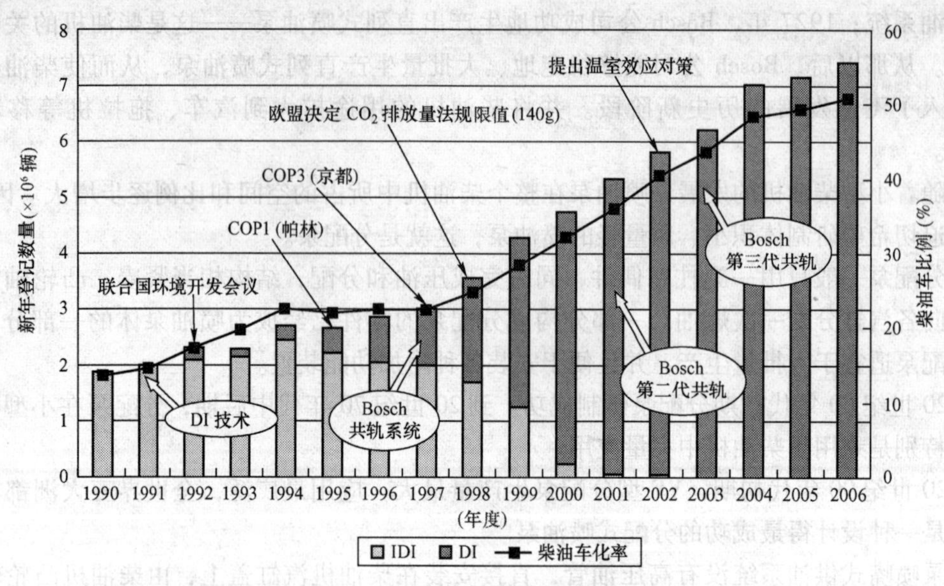

图 1-36　欧洲乘用车柴油化率和共轨技术

（4）将燃油分配到各个汽缸中（D）；

（5）将燃油喷入燃烧室并使燃油雾化（I）。

经过一个世纪的发展，柴油机燃油喷射系统的代表性产品如图 1-37 所示。

将实际燃油喷射系统进行分解和简化以后，可以得到如表 1-5 所示的单元结构。这些单元结构可以看作是燃油喷射系统的模块单元，充分认识这些模块单元的作用和功能在改进燃油喷射系统或建立燃油喷射系统的模型时将会有重要作用。

喷油系统的功能组合　　表 1-5

加压机构 （P）	喷油量控制 （Q）	喷油时间控制 （T）	分配和输油 （D）	喷油 （I）
凸轮＋柱塞 ★外部凸轮＋柱塞 ★端面凸轮 ★外部凸轮＋对置柱塞 油压＋增压活塞	压油行程控制 ★螺旋槽 ★滑套 时间控制 ★电磁阀	凸轮位相控制 ★离心式提前器 ★油压式提前器 预行程控制 ★滑套 时间控制	分配型＋高压油管 （PLN 型） 单缸＋油管 单缸＋泵喷嘴 共轨型	自动喷油阀 电磁阀控制

注：PLN——即喷油泵、高压油管和喷油嘴系统的英语词头。

实际燃油喷射装置的各种功能可以分解为表 1-5 中的若干基本单元。在该表中清楚地表示了各种燃油喷射系统中 5 大功能分别采用何种方法实施、各个功能单元是如何配置的等。

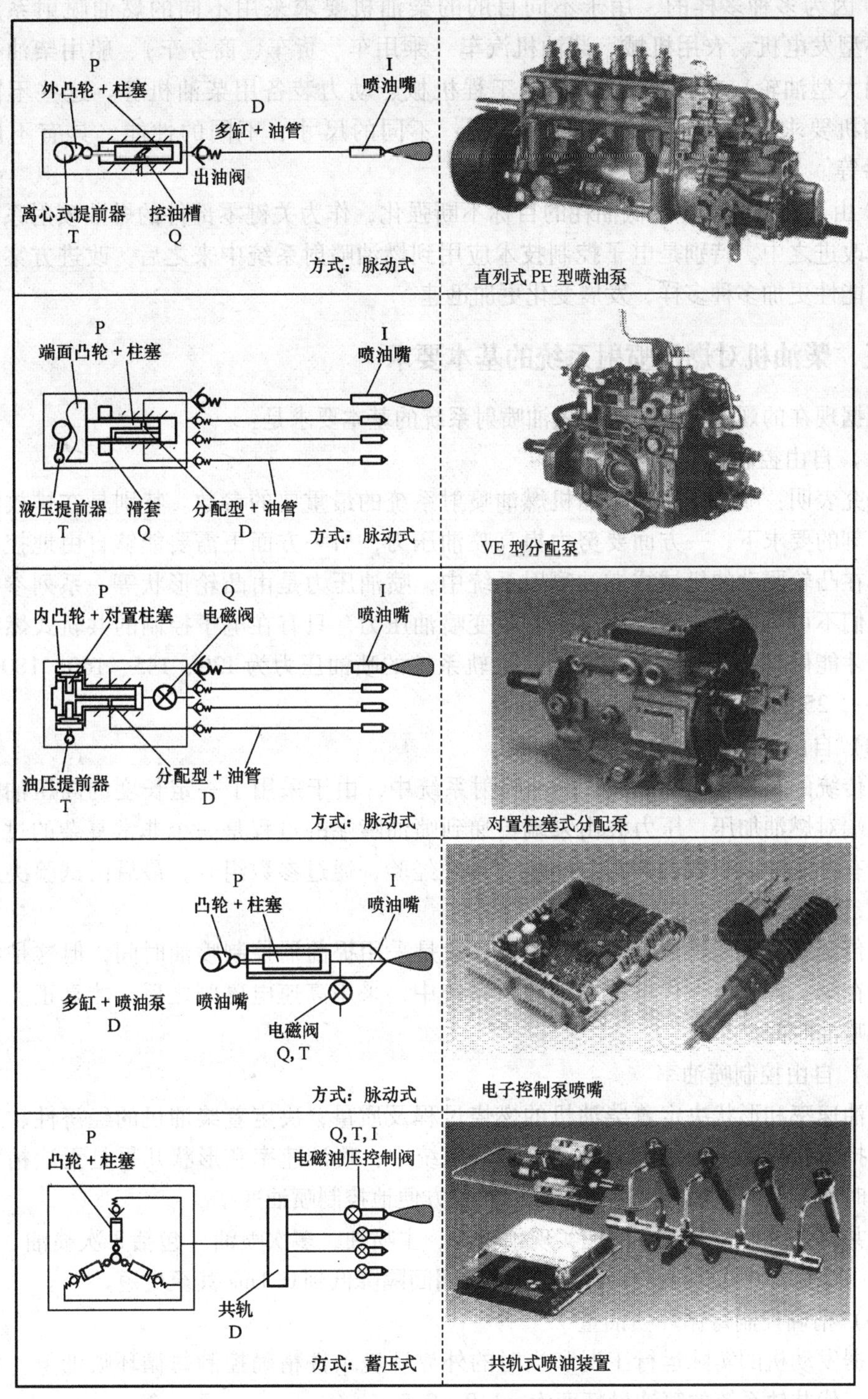

图 1-37 典型的柴油机燃油喷射系统的各种功能单元

由图 1-37 可见，柴油机燃油系统是丰富多彩的，这主要是由于下述两个基本原因造成的。

① 因为多种多样的、用于不同目的的柴油机要求采用不同的燃油喷射系统。例如：小型发电机、农用机械、柴油机汽车（乘用车、货车、商务车）、船用柴油机（从小艇到大型油轮）、其他各种各样的工程机械、动力装备用柴油机等。这些不同用途的柴油机要求采用不同的燃油喷射系统：不同的尺寸、不同的性能、具有不同的工作条件等。

② 由于降低排放、降低油耗的目标不断强化，作为关键零部件的燃油喷射系统也在不断的改进之中。特别是电子控制技术应用到燃油喷射系统中来之后，改进方案和新的应用可能性更加多种多样，发展变化更加迅速。

三、柴油机对燃油喷射系统的基本要求

根据现在的观点，柴油机对燃油喷射系统的基本要求是：

（1）自由控制喷油压力

研究表明：喷油压力是柴油机燃油喷射系统的最重要的参数。特别是在排放法规越来越苛刻的要求下，一方面要努力提高喷油压力，另一方面更需要能够自由地控制喷油压力。在凸轮驱动的机械式燃油喷射系统中，喷油压力是由凸轮形状等一系列参数决定的，人们不可能按照自己的愿望实时改变喷油压力，只有在电子控制的共轨式燃油喷射系统中才能做到自由控制喷油压力。共轨系统的喷油压力为120、145、160、180、200、210、…、250MPa。

（2）自由控制喷油时间

在传统的泵—管—嘴机械式燃油喷射系统中，由于采用了一定长度的高压油管，在喷油泵端对燃油加压，压力波由泵端传递到喷油嘴端的过程是一个非常复杂的过程，人们是没有办法加以有效控制的。一般都是凭经验，通过参数组合，最后由试验决定喷油时间。

在传统的机械式燃油喷射系统中，一般是采用提前器控制喷油时间，但这是相当粗糙的。在第二代和第三代电控喷油喷射系统中，采用高速电磁阀之后，才真正实现了自由控制喷油时间。

（3）自由控制喷油率

喷油速率和形状决定着柴油机的燃烧过程及质量，决定着柴油机的经济性、工作柔和性和排放指标等。在传统的机械式喷油系统中，喷油速率和形状几乎是无法精确控制的，在时间控制式电控喷油系统中可以比较方便地控制喷油速率。

在共轨系统中，可以方便地实现预喷油、主喷油、多次喷油（包括3次喷油、5次喷油直至一个循环中可以喷油9次）。喷油时间间隔降低到0.1ms甚至更短。

（4）精确控制每循环喷油量

根据发动机的实际运行工况和当时的外界环境条件精确控制每循环喷油量。电装公司的第三代共轨系统的喷油量精度为：$1.0 \pm 0.5\text{mm}^3/\text{cyc}$。

在传统的机械式喷油系统中，由机械式调速器控制喷油量。但是，这种系统的控制精度不能满足当代柴油机的要求。柴油机中每循环的喷油量不仅取决于外界负荷，而且与发动机的工作环境以及工作条件有关。例如：环境温度、湿度、排气后处理等。

第三节 清洁柴油机的燃油喷射系统

1995 年，电装公司生产了货车用共轨系统，日本的两家柴油机公司在市场上第一次生产了配置共轨系统的柴油机。以此为契机，日本的大型柴油机迅速采用电控共轨系统代替原来的机械式燃油喷射系统。

1997 年，博世公司成功生产柴油乘用车用共轨系统，并由奔驰公司、飞亚特公司首先采用。此后，在欧洲迅速掀起了柴油乘用车热。欧洲新车销售中柴油乘用车的比例每年以 4% 的速度直线上升，2006 年，该比例已上升到 50% 以上。

共轨技术是柴油机发展历史上的一次革命（图 1-38）。共轨系统是开发新型柴油机的创新性系统，这一点已经达成社会共识。共轨系统不仅使喷油压力大幅提高，而且从多方面提升了柴油机的性能。

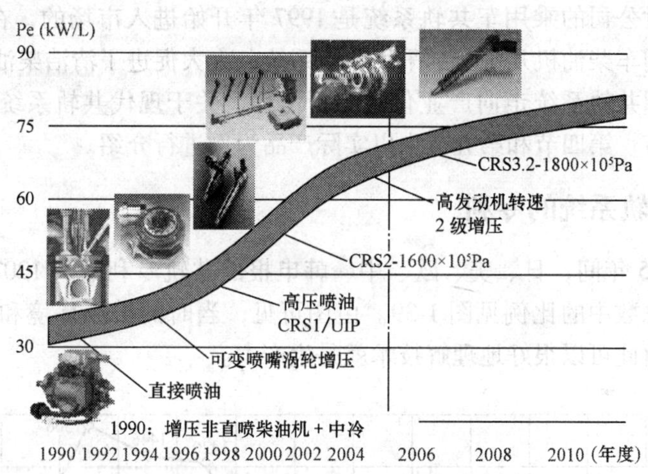

图 1-38 柴油机燃油喷射系统的发展

21 世纪是共轨系统的时代。目前，柴油机燃油喷射系统中共轨系统的比重正在稳步上升。现在，柴油机燃油喷射系统的代表产品是：

（1）共轨系统（CRS，Common Rail System）；

（2）泵喷嘴系统（UIS，Unit Injector System）；

（3）单体泵系统（UPS，Unit Pump System）；

（4）单缸泵系统（Single-cylinder injection pumps）

（5）直列泵系统（In-line fuel-injection pump）。

1927 年问世的机械式燃油喷射系统统治柴油机领域 70 多年。但是，共轨系统出现之后，其统治地位已经不复存在，正在迅速退出。

共轨系统是多方面高精技术的结晶，共轨系统的平台是四项基础技术：

① 高压技术；② 电磁阀技术；③ ECU 技术；④ 传感器技术。

构成共轨系统的三个关键部件是：

（1）供油泵：电装公司第一代共轨系统的喷油压力是 120MPa，博世公司第一代共轨系统的喷油压力是135MPa。为了提高喷油压力，需要不断探索。例如：电装公司首先是将内凸轮换成外凸轮，开发了耐高压的新材料，采用涂层技术和新的加工制造技术等。10多年来，共轨系统的喷油压力不断提升，135～210MPa。博世公司的下一个目标是250MPa。

（2）共轨（蓄压室）：结构简单，但是，由于长时间处于高压之下，确保安全和密封至关重要。哪怕是非常微小的间隙或加工缺陷都会成为漏油和破损的原因。为此，需要开发耐高压的材料和超精密加工技术等。

（3）喷油器：基本结构有电磁阀式和压电式两种。质量指标有两个：精确计量喷油量和多次喷油的能力。喷油器是共轨系统中技术难度最大的部件。在共轨系统中，关于喷油器的专利最多，产品方案也最多。

到目前为止，已经开发成功第二代、第三代和第四代共轨系统，这仿佛已成一种潮流。今后还会有N代新产品。因为对柴油机喷油系统要求的参数很多，真正的开发研究才刚刚开始。博世公司的乘用车共轨系统是1997年开始进入市场的，在很短的时间内，欧洲新生产的乘用车柴油机几乎全部采用共轨系统，大大促进了清洁柴油机的发展。

这里首先介绍共轨系统走向产业化的曲折历程。关于现代共轨系统的技术、产品和应用等将在第三节、第四节和第五节中以实际产品为例进行介绍。

一、关于共轨系统的专利

在1990～2005年间，日、美、欧、中、韩申报的共轨专利数共12071件。各国申请的专利数及其在总数中的比例见图1-39。由图可见，当时的市场环境和专利数量之间的关系十分密切。由此可以很好地理解技术就是生产力。

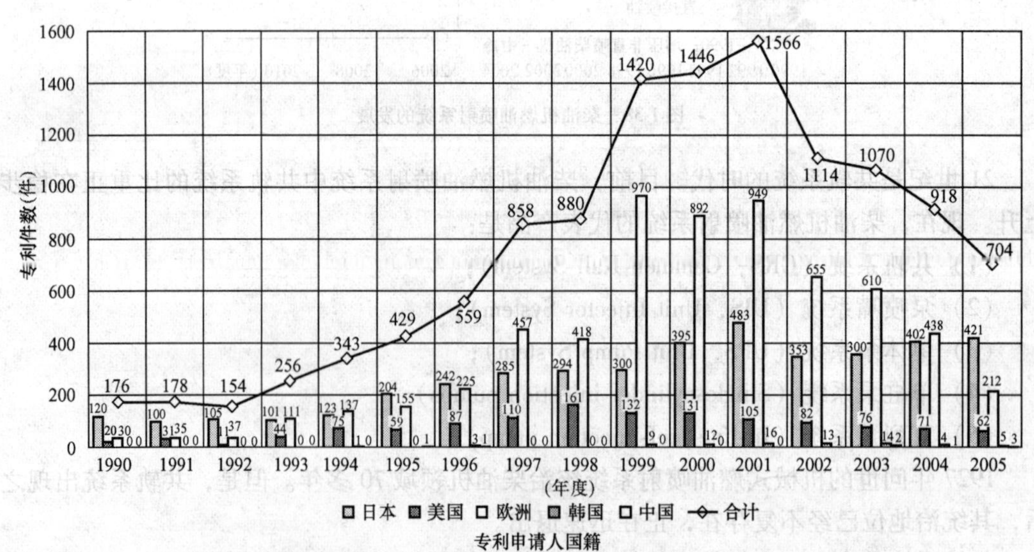

图1-39 共轨系统专利逐年申报数量

1995年，电装公司首先在市场上销售柴油机共轨产品，所以，当时日本的专利数量最多。1997年，博世公司将柴油乘用车的共轨系统推向市场，欧洲国籍的专利数量超过了日本。在 1999~2001 年达到峰值。

从技术角度分析共轨系统专利，其内容确实是非常丰富的。

二、柴油机共轨系统实用化之路

（一）喷油系统的演变

鲁道夫·狄塞尔最初开发成功的柴油机采用空气式燃油喷射系统。但是，在开发高速、轻量式柴油发动机过程中，逐步废弃了空气式燃油喷射系统，代之以机械式燃油喷射系统——无气喷射式。所谓无气喷射式是相对于空气喷射式而言的，基本含义就是直接将液体燃料从喷油嘴中喷射出来的意思。在机械式燃油喷射系统中将加压了的燃油从喷油嘴直接喷射到汽缸中去。脉动式喷油泵在现代共轨系统正式大量使用之前的一段漫长的时间内对高速柴油机的发展做出了巨大贡献。

1962 年出版的，由 BUMAN DELUCA 撰写的《燃油喷射与控制（Fuel Injection and Control）》一书中指出：在 1962 年之前已经存在共轨系统了。而且，那种共轨系统也是用电磁作用力驱动喷油嘴的。

1913 年，以及 20 年后的 1933 年，在美国先后发表过与共轨系统相关的专利。而且有记录表明，也曾经生产过装置了共轨系统的柴油机。但遗憾的是，不知道是什么原因，没有进一步发展就无声无息的消失了。

20 世纪 80 年代初，汽油机电子控制燃油喷射系统（一般称之为 EFI，Electronic Fuel Injection）已经完全代替了传统的化油器。从形式上来看，EFI 就是汽油机的共轨系统。该系统的原型是 1951 年 VENDIX 获得专利的 Electrojector。但是，该专利并没有获得实用。大约经过 20 年之后，由于当时社会提出了减少汽车排气中有害物质的要求，博世公司为了适应社会要求才将该系统产业化。

对于柴油机也一样，为了适应社会对降低排气中有害成分的要求，柴油机共轨系统应运而生。世界上第一辆装置了共轨系统的载货汽车——日野汽车公司的“RANGER”牌汽车是在 1995 年。

其实，EFI 也是柴油机共轨系统的原型。在 1913 年，Thomas Galf 发明的“Electro Magnetically Operated Nozzle”（图 1-40）是目前知道的最早的柴油机共轨系统模型。但是，要将这个方案变成实用的产品需要漫长的岁月。而且，当时实现该方案的必要的基础技术还没有成熟。

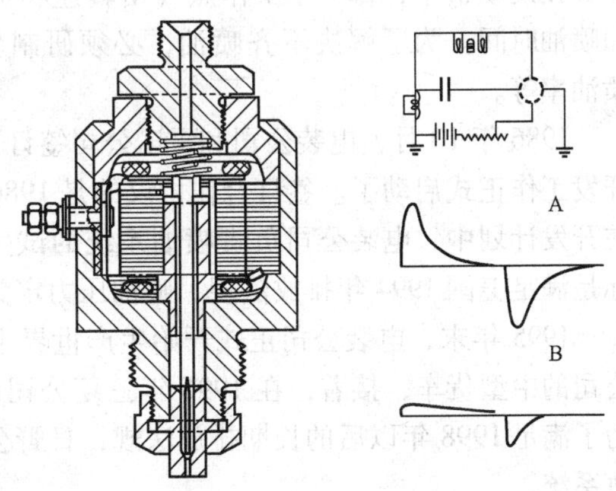

图 1-40 电磁阀开闭喷油嘴

电装公司于 1991 年在 SAE 上发表“ECD-U2”的文章以后，人们就将和该系统相似的燃油喷射系统一律称之为“共轨系统”或“共轨”。

博世公司在 1927 年将脉动式喷油泵提供给市场以后，又过了 70 年，电装公司发表了“ECD-U2”，共轨这个词开始进入柴油机世界。今天，共轨系统已经成为柴油机燃油系统中最普及、最常用的产品了。

（二）日本的喷油泵

纪念日本博世公司成立25周年而发表的“THE BOSCH WAY”中指出，在20世纪30年代初期，高速柴油机用喷油泵的价格与当时一台载货汽车的价格相当。如此高价的喷油泵，日本每年要从德国进口大约1800台，而且，进口量每年都在不断增加。

对于日本国家来说，无论是外汇政策、还是国防安全都是很大的问题。具体解决办法就是从博世公司引进技术、实现国产化。1938年，博世公司接受日本政府的要求，同意向日本提供技术。当时日本的主要汽车生产公司联合起来，和博世公司签订了技术援助合同。因此，日本成立了生产喷油泵的专业公司。这就是日本柴油机机器株式会社（即后来的ZEXEL公司，现在的博世日本）。

大约20年后，应日本国内汽车客户的要求，电装公司也从博世引进喷油泵生产技术，从此加入到由日本柴油机机器株式会社一家垄断的柴油机燃油喷射装置的事业之中。

日本两家公司都采用博世公司的生产许可证，生产博世公司的喷油泵。因此，柴油机机器株式会社在业务上总是先行一步，而且，这种状态一直持续着。

机械式燃油喷射系统的致命缺陷之一是不齐喷油。

正常喷油是指每一个工作循环中的喷油量都是稳定的、同样的。所谓不齐喷射是相对于不正常喷油而言的。从针阀升程来看，喷油过程大体上首先是一次喷油，接着是二次喷油，呈现出有规律的变化；从喷油量来看，出现周期性增减。这样的喷油循环就是不齐喷油。

一次喷油结束时，残余压力高。所以，在接下来的喷油循环中，压力提前达到针阀的开启压力，喷油时间变长，产生二次喷油。就这样，不齐喷油持续进行。残余压力变高是由于喷油泵柱塞压送的供油量Q_v大于喷油量Q_d。反之，如果Q_d比Q_v大，则残余压力变低。在正常喷油的情况下，Q_d和Q_v是相等的，因此，每一次喷油后的残余压力都是相同的。

（三）共轨系统的诞生

在发动机中，每一个工作点（由转速和负荷决定）都有最合适的喷油压力、喷油率和喷油时间。为了解决不齐喷油，必须研制新的燃油系统，可以人为地控制喷油压力、喷油率等。

1986年10月，电装公司和雷诺公司签订了共同开发共轨系统协议，共轨喷油系统的开发工作正式启动了。签订合作协议的是1986年，所以，项目名称定名为“P86项目”。在开发计划中，电装公司负责喷油系统的试生产，雷诺公司负责发动机的评价。开发目标是满足美国1994年排放法规，喷油压力定为120MPa。

1995年末，电装公司正式开始生产世界上第一台载货汽车用共轨系统。首先是日野公司的中型货车，接着，在1996年三菱公司的大型牵引车也开始采用共轨系统。其后，为了满足1998年以后的长期排放法规，日野公司、三菱公司都增加了更多的机型采用共轨系统。

1997年，博世公司生产的乘用车共轨系统第一次被奔驰公司、菲亚特公司采用。

电装公司于1997年在匈牙利开始设厂生产柴油乘用车用共轨系统，从1999年开始批量生产乘用车用共轨系统。从此以后，共轨系统稳步地作为一种燃油系统已经定型，为清洁柴油机的发展做出了贡献。

三、电控泵喷嘴系统（UIS，Unit Injector-System）

早在1905年，柴油机创始人Rudolf Diesel就提出了泵喷嘴概念，设想将喷油泵和喷嘴合成一体，省去高压油管，获得高的喷油压力。

在电子技术不发达的时候，人们只能动脑筋采用机械方法实现泵喷嘴构思。在20世纪中期以后，电子技术取得了进展，电控泵喷嘴应运而生。

1994年，博世公司首次向市场推出商用车的电控泵喷嘴系统，1998年柴油乘用车用UIS问世。

（一）博世公司早期的泵喷嘴系统

整体式泵喷嘴直接安装在汽缸盖上，每一个泵喷嘴都由高速电磁阀控制喷油开始与结束。当电磁阀打开时，柴油进入回油管内，故不喷油；当电磁阀关闭时，柴油被封闭在柱塞下方，因柱塞下行而形成高压，柴油喷入汽缸内。电磁阀关闭的瞬间，喷油开始，电磁阀持续关闭的时间决定喷油量。图1-41是博世公司早期泵喷嘴的结构。

因采用ECU控制，所以，具有温度控制喷油开始、发动机圆滑运转控制等功能；再进一步是采用先导喷油，可降低噪声；更新的设计是在部分负荷时，可让部分汽缸不工作，以达到省油、安静运转的目的。

目前Bosch的UI系统的喷油压力为200MPa，可达到极细的雾化效果，燃油可以充分分布在整个燃烧室内，在提升性能的同时，也能减低油耗与排放污染。

（二）电控泵喷嘴系统

图1-42中示出了乘用车的泵喷嘴系统。

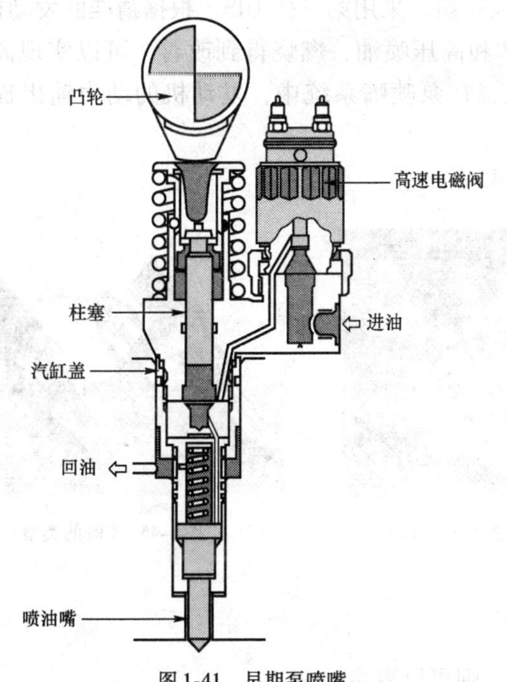

图1-41 早期泵喷嘴

图1-42 乘用车泵喷嘴

泵喷嘴系统的最大特点是喷油泵和喷油嘴做成一体，高压油管长度为零。

UIS 的结构如图 1-43 所示，在 UIS 中，在每一个汽缸盖上都直接安装一个泵喷嘴，直接由发动机的凸轮轴驱动，完成燃油加压和喷射。

由挺柱或摇臂驱动泵喷嘴体内的柱塞，使燃油加压，在柱塞腔内产生高压。ECU 适时地发出脉冲信号，命令高速电磁线圈控制喷油的始点和终点，而脉冲信号的长短则控制每循环的喷油量。

因为泵喷嘴系统不用高压油管，所以，根据发动机转速最高可以产生 220MPa 的喷油压力（乘用车）。最初实现了可以满足欧Ⅳ排放法规的柴油车就是采用的泵喷嘴系统。因为是高压喷油，采用泵喷嘴系统的柴油机效率提高了。即使在低转速下也能实现低油耗、大转矩工作。泵喷嘴直接安装在汽缸盖上，由发动机顶置凸轮轴驱动。

ECU 通过程序 MAP 对 UIS 内部的高速电磁阀的动作进行闭环控制。只有当电磁阀关闭的时候，燃油才会喷射。因此，电磁阀的关闭点就决定了喷油始点，电磁阀再次打开之前所经过的时间长度决定喷油量。

博世公司于 1994 年开始销售商用车 UIS（图 1-44）。UIS 的基本参数是：发动机每缸功率可达 80kW，可用于 8 缸的大型商用车和中型商用车，若采用两个控制单元，则 UIS 可适用于 16 缸发动机。

采用 UIS 时，可将泵喷嘴直接插在每一个汽缸盖上。由发动机的凸轮轴机械加压，由挺柱或摇臂驱动泵喷嘴内的小活塞。凸轮使柱塞下方的柱塞腔内产生并保持高压。高速电磁阀的动作不仅决定喷油的开始和终了，而且也决定喷油量的多少。由于 UIS 直接插在汽缸盖上，所以不再需要高压油管。

UIS 的类型：采用泵喷嘴系统可以实现高压喷油，所以发动机效率大有改进，即使在低转速下也可以在低油耗的前提下提供大转矩。采用第三代 UIS，根据精准的发动机 MAP 可以实现准确喷油，根据流量曲线 MAP 和高压喷油，燃烧得到改善，可以实现高输出、低油耗、安静、清洁的发动机。换言之，在泵喷嘴系统中，发动机的动力输出提高了，而油耗、排放和噪声都降低了。

UIS 的类型：UIN-2 和 UIN-3（图 1-45）

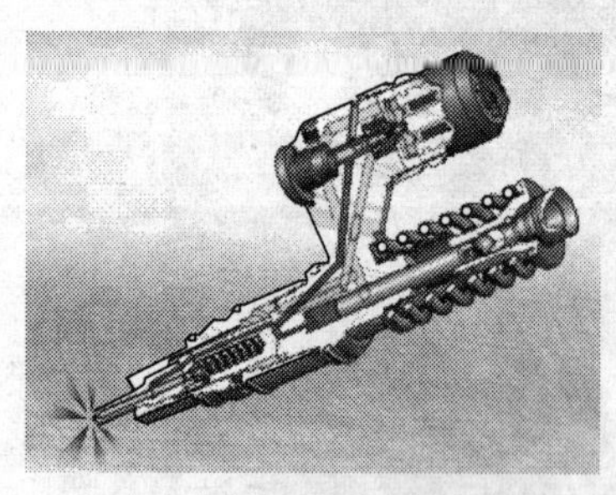

图 1-43　UIS 的结构

图 1-44　UIS

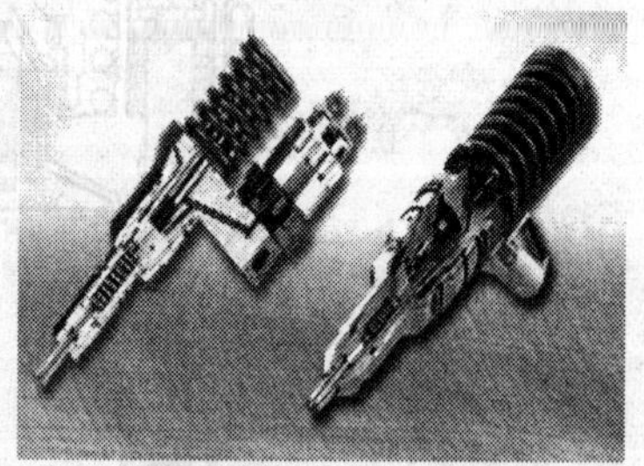

图 1-45　UIS 的类型

用途：商用车

输出动力：单缸 80kW；

汽缸数：8 缸（若采用两个 ECU 时，则可以更多）；

控制方式：电子式、电磁阀式；

喷油压力：分别为 180MPa 和 220MPa；

喷油量：每循环可达 400mm^3。

泵喷嘴系统应用于直喷式柴油机，国内生产的 1.9TDI 宝来发动机应用该燃油喷射系统，最高喷射压力达到 180MPa。

（三）泵喷嘴系统实例

泵喷嘴垂直安装在汽缸盖上，气阀的中间（图 1-46），由汽缸盖上方的凸轮轴经摇臂使喷油器内柱塞下移而加压燃油，如图 1-47 所示。

泵喷嘴的上半部为柱塞、柱塞套与柱塞弹簧等；喷油器的下半部为喷油嘴、调压弹簧及进、回油道。当喷油器装入汽缸盖后，进、回油道与汽缸盖上的进、回油道相通，接合处以 O 形密封圈密封，防止漏油。

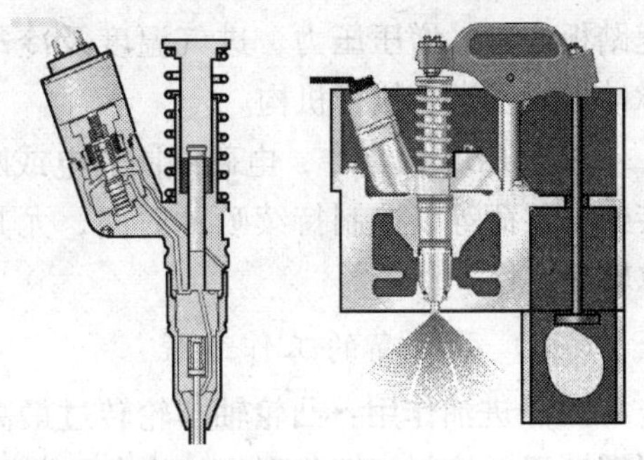

图 1-46 泵喷嘴安装

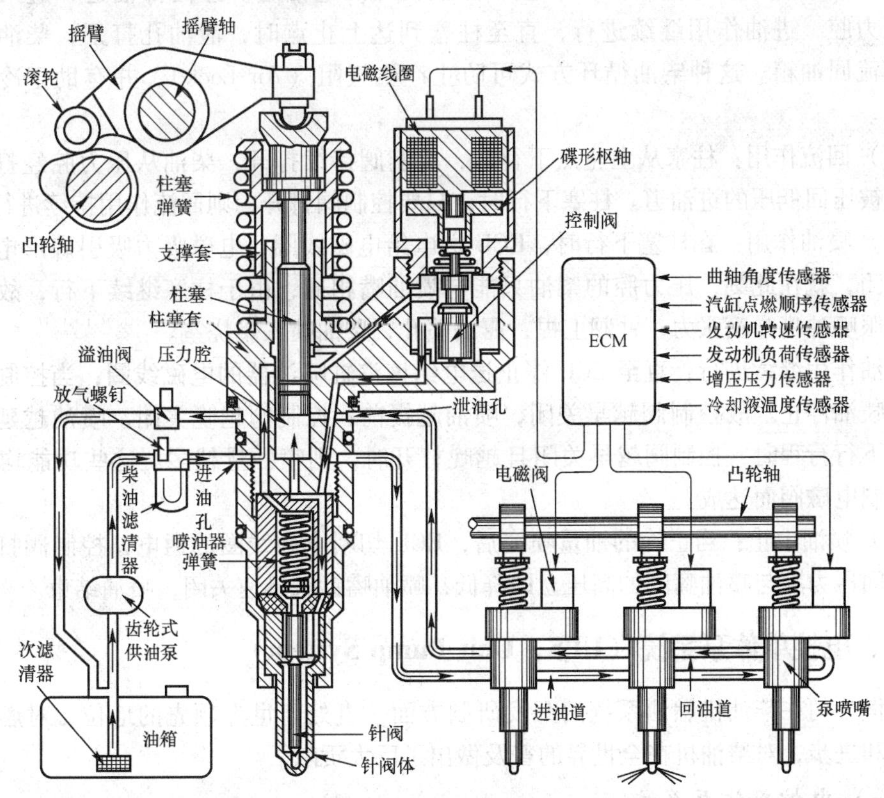

图 1-47 电控泵喷嘴系统

凸轮轴布置在汽缸盖上，每缸有三个凸轮，中间的凸轮驱动柱塞，左右侧凸轮分别驱动进气门和排气门。

润滑喷油嘴针阀的柴油经进油孔进入进油道，故无回油管。

泵喷嘴的基本特点是柱塞下方的压力室与喷油嘴间的油道（相当于通常系统中的高压油管）非常短，所以，可允许高达200MPa的喷油压力，且喷油结束非常迅速，滴油现象几乎不会发生。

（四）控制系统的作用

ECU接收多种传感器送来的信号：曲轴角度位置、汽缸点燃顺序、发动机转速、加速踏板位置、增压压力、进气温度及冷却液温度等，经计算处理后，将有关指令以电压脉冲形式发送给执行机构。

根据ECU的指令，电磁线圈通电或断电，对应的是喷油嘴喷油或断油。根据发动机转速与负荷等以控制持续喷油时间，尤其是在怠速时，控制各缸相同的喷油量，以维持怠转稳定性。

（五）泵喷嘴的工作过程

（1）进油作用：凸轮轴凸轮转过最高点时，柱塞因复位弹簧的张力向上升，此时控制阀打开（控制阀即前面的叙述中经常提到的电磁阀中的提升阀）。

齿轮式燃油泵将柴油压入汽缸盖内位置较低的进油道。经内部油道，进入柱塞下方的压力腔，进油作用继续进行，直至柱塞到达上止点时，泄油孔打开，柴油从较高的油道流回油箱。这种柴油循环方式可防止产生气阻（Air Lock），并有助于冷却喷油器总成。

（2）回流作用：柱塞从上止点下行时，控制阀持续打开，柴油从压力腔经打开的控制阀，被压回低压的进油道。柱塞下行时，只要控制阀打开，则回流作用持续进行。

（3）喷油作用：在柱塞下行时，ECU送电给电磁线圈，电磁吸力吸引碟形电枢，控制阀关闭，就在此刻，压力腔的柴油只能与喷油嘴相通，由于柱塞继续下行，故产生的高压克服喷油嘴弹簧张力，针阀上提，露出喷孔，柴油喷入燃烧室。

喷油作用继续进行，直至ECU停止送电给该汽缸喷油器的电磁线圈，当控制阀再度打开时喷油停止。故控制阀越早关闭，喷油越提前；控制阀越晚关闭，喷油越延后；柱塞每一下行行程时，控制阀越早关闭且越晚打开时，则喷油量越多。这些功能均由ECU精确控制电磁阀而达成。

（4）喷油中止：当正确的油量喷完后，ECU切断电磁线圈的通电，控制阀打开，在这一瞬间压力腔与喷油嘴间的高压立即降低，喷油嘴针阀迅速关闭，喷油结束。

四、电控单体泵系统（UPS，Unit Pump System）

博世公司在柴油机燃油系统的开发研制方面一直处于世界领先的地位，对燃油系统的发展和进步，对柴油机在全世界的普及做出了巨大贡献。

（一）电控单体泵系统

单体泵系统的英文名称是Unit Pump System，简称UPS。1995年博世公司在全世界范围内首次将电控单体泵系统推向市场。

UPS系统的优点是：

（1）最高喷油压力可以提升到220MPa。

（2）产品延续性好。只要更换部分零部件即可升级到满足欧Ⅳ排放法规，性价比高。由传统的直列泵或分配泵系统置换成该系统时，汽缸盖完全没有必要重新设计加工。这样，可以节省发动机生产商的开发成本。

（3）损坏了的泵和油阀单元可以简单地进行更换。

（4）可靠性高。欧洲成熟技术，故障少，可靠性高于共轨系统2倍。

（5）对燃油品质要求低。局部故障可通过个别零件更换解决，不影响整机运行。

（6）价格低廉。单体泵系统价格比共轨系统低1/3。

单体泵系统的基本组成是：

单体泵——发动机的每一个汽缸有一个专用的单体泵（图1-48）。

高压油管——连接单体泵和喷油器，特点是高压油管很短。

喷油器总成——传统的喷油器（图1-48）。

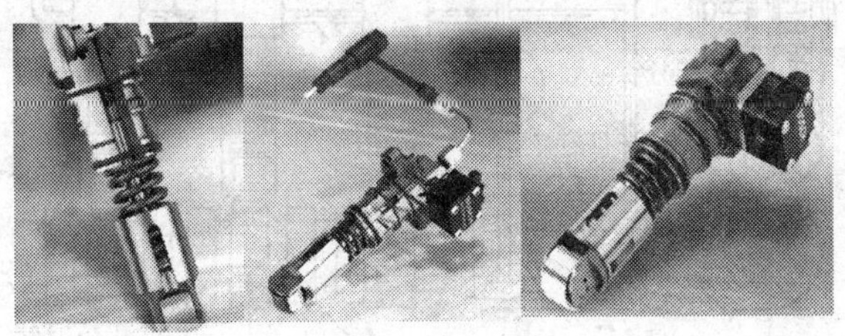

图1-48　单体泵结构及其系统

单体泵系统（UPS）是柴油机直接喷射用系统，是和泵喷嘴系统（UIS）关系密切的商用车专用系统。

（二）工作原理

单体泵通常安装在发动机缸体上，通过滚轮由发动机凸轮轴上的凸轮驱动挺柱，柱塞复位弹簧相对发动机凸轮轴压紧滚轮，挺柱的推力和柱塞弹簧的复位作用力强制泵体中的柱塞上下运动。燃油通过发动机缸体内的输油口注入泵中的柱塞腔。

电控单体泵喷射系统的工作过程分为以下几个阶段（图1-49）：

（1）压力过程：单体泵电磁阀安装在单体泵的上部（图1-48），电磁阀断电时，回油道打开，单体泵内的柱塞即使已经开始泵油，也不能建立高压。只有当电磁阀通电时，回油道关闭，油压才迅速升高，高压燃油经过高压油管进入喷油器使其喷油。电磁阀断电时，回油道打开，迅速溢流卸压，喷油停止。电磁阀通电的持续时间决定循环供油量。

（2）充油过程：电磁阀不通电，当柱塞下移时，喷射系统内部压力将低于低压油路的燃油压力，此时低压系统燃油将通过柱塞套上的进油口进入高压喷油系统。

（3）旁通过程：当柱塞上升时，柱塞腔里的燃油被压缩，但是如果电磁阀仍处于断电状态，那么柱塞腔内的燃油压力将由回流阀的开启压力决定。回流阀的开启压力远低于喷油嘴针阀的开启压力。因此，燃油将通过回油通道流回到油箱。

（4）喷油过程：柱塞上升过程中，如果电控单元（ECU）发出了控制喷油脉冲信号，使电磁阀通电，这时回油通道被关闭，柱塞腔形成了封闭容积，随着柱塞上升，封闭容

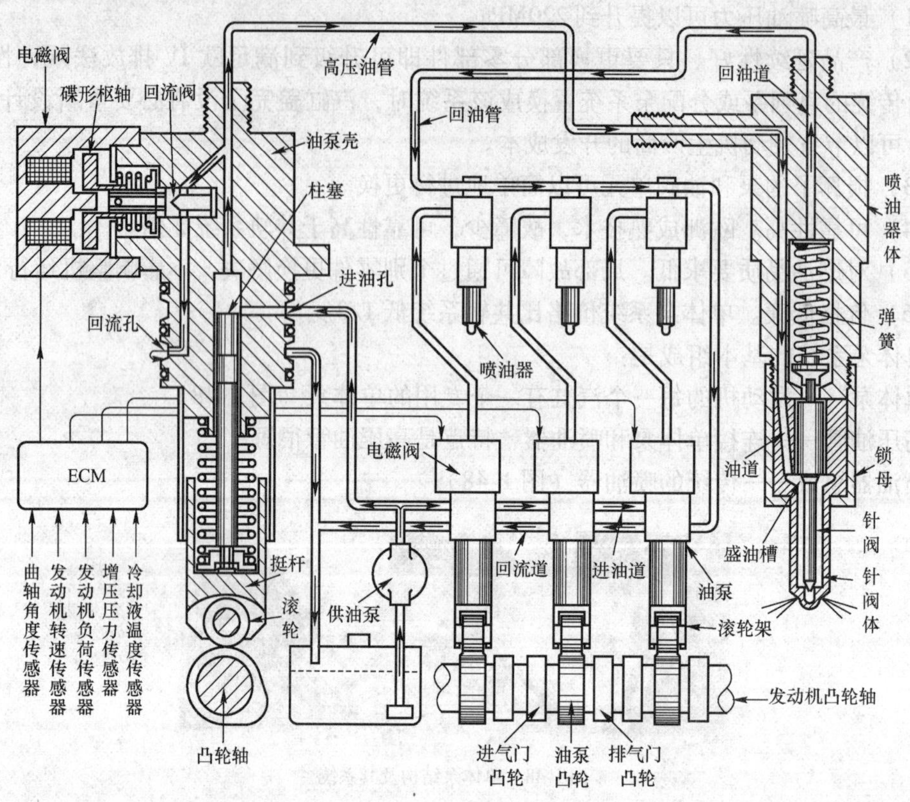

图1-49　单体泵工作原理

积里的燃油被压缩，压力迅速上升，喷油器的嘴端压力也急剧上升，当压力高于喷油嘴的开启压力（约30MPa）时，针阀升起，燃油喷入燃烧室中。

（5）卸载过程：当控制喷油脉冲信号终止时，电磁阀断电，回油通道重新打开，燃油由此溢流，柱塞腔以及喷油嘴盛油槽中压力迅速下降，针阀落座，喷射过程结束。

（三）单体泵应用

单体泵系统是当前应用最广泛的电控喷油系统之一。据介绍：满足欧Ⅴ排放法规的重型柴油机几乎全部采用单体泵；奔驰公司满足欧Ⅳ、欧Ⅴ排放法规的重型柴油机也基本是采用电控单体泵；

博世公司的电控单体泵系统在发动机上的安装见图1-50。一般可以适用于：

（1）商用车柴油机：每缸最高功率可达92kW，汽缸数量为4～18缸。

例如：

用途：商用车；

输出动力：单缸80kW；

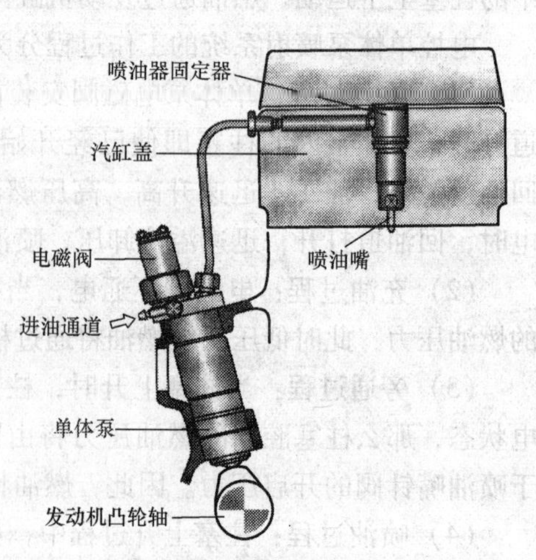

图1-50　单体泵系统安装

汽缸数：8 缸（若汽缸数更多，则需采用两个 ECU）；

控制方式：电子式、电磁阀式；

喷油压力：160/180MPa；

喷油量：每循环 150/400mm^3。

（2）大型柴油机：

喷油压力可以达到 220MPa。单缸功率可达 92kW。其余同商用车柴油机。

（四）单体泵系统实例

单体泵系统泵油与计量都是在单体泵内完成的，喷油器只负责喷油，喷油器的工作原理仍然是传统的自动阀型。

单体泵的柱塞是由发动机凸轮轴驱动的，各个汽缸对应着各自独立配置在发动机凸轮轴上的凸轮驱动柱塞运动，完成压油和卸油的作用。单体泵安装在汽缸体上特制的安装孔内。发动机的凸轮轴同时驱动进气门和排气门。所以，一个汽缸对应有三个凸轮，如图 1-49 所示。

喷油器安装在汽缸盖的正中央，其外径小，很适合小缸径的柴油发动机。因此，单体泵系统非常适用于小型及中型柴油发动机。

单体泵与喷油器之间通过很短的高压油管连接。因此，即使燃油压力达 180MPa，柴油喷射正时、断油动作仍然能够精确进行。

五、直列泵系统

现在是共轨系统的时代。1927 年问世的机械式喷油泵统治柴油机领域 70 多年。共轨系统出现之后，迅速退出。今天，只有在比较特殊的商用车、客车、建筑机械、农用机械和固定式机组中才会采用直列泵系统。直列泵系统的最大喷油压力为 130MPa。

图 1-51 和图 1-52 是博世公司现在仍在生产的两种直列泵产品。分别适用于柴油乘用车及商用车和大型柴油机。

图 1-51　乘用车直列泵

图 1-52　商用车直列泵

图 1-53 是电装公司目前仍在少量生产的 NB 型直列泵。

直列式喷油泵在每一个汽缸上配置一副柱塞偶件。柱塞偶件排成一列，凸轮轴由发动机通过齿轮或链条驱动。直列泵的转速是发动机转速的一半，始终和柴油机转速同步。燃油通过高压油管送到喷油器中，最后经喷油嘴喷入汽缸。

图 1-54 中的左图是电装公司目前仍在生产的电子控制式 V4 型分配泵，右图是电子控

制式 V5 型分配泵，这两种分配泵都是用于柴油乘用车。

图 1-53　NB 型直列泵

图 1-54　电控 V4 分配泵（左）和 V5 分配泵（右）

六、单缸泵系统

单缸喷油泵是商用车喷油系统中使用时间最长的一种形式。采用这种形式时每一个汽缸都有一个专用的喷油泵。由发动机下方的凸轮轴直接或经过挺柱驱动。单缸泵可以实现最大喷油压力 180MPa，最适合于直接喷射式柴油机。

单缸泵通过很短的高压油管连接喷油器。单杠喷油泵用于小型柴油机、内燃机车发动机和工程机械发动机等。

图 1-55 是单缸泵，图 1-56 示出了单缸泵的头部照片。

图 1-55　单缸喷油泵

图 1-56　单缸泵头部

单缸泵的柱塞套上有一个或两个对置的油孔，油孔和泵体内的低压油腔相通。当柱塞弹簧的作用力将柱塞向下压缩时，燃油经进油孔从低压腔中被吸入柱塞腔内；当柱塞在凸轮的推动下向上方移动，但是柱塞的上端面还没有完全封闭回油孔时，燃油流回低压腔中。当柱塞完全封闭柱塞套上的回油孔时，则柱塞腔内的燃油被加压，升高到一定的压力时，出油阀开启，燃油经出油阀、高压油管供入喷油嘴盛油槽内，喷油嘴开启，喷油开始。当燃油压力下降时，出油阀关闭，喷油停止。

柱塞的行程总是一定的。每个行程的供油量由柱塞的螺旋槽调整。柱塞螺旋槽和柱塞中心的进油孔相通。在螺旋槽和低压腔接通之前，柱塞腔内的高压一直是维持着的。当柱塞腔一旦和低压腔接通，则燃油经柱塞中心的油孔流回低压腔。压力下降，出油阀落座，喷油结束。在这个过程中，旋转柱塞则可以增加或减少供油量。控制供应量的动作以前是通过调速器和加速踏板连着的控制齿条及控制滑套等机械机构执行的，现在通过电子柴油控制器（图 1-57）由电子控制来执行。

图 1-57 电子发动机管理系统

（一）单缸泵的类型

单缸 PF 型喷油泵用特殊的凸缘安装在发动机上。由发动机机体上的凸轮轴驱动。在多缸机的场合下可以使高压油管长度缩短。

（二）PF 型单缸泵用途

单缸泵可适用于乘用车、商用车、客车、非高速道路车辆（例如：固定式发动机、工程机械及农用机械）、船舶、内燃机车等；

输出功率：单缸 4 ~ 1000 kW；

汽缸数量：没有限制；

控制：机械式、电子机械式；

喷油压力：150MPa；

喷油量：每循环 13 ~ 18 000 mm^3；

（三）电子柴油控制器（EDC，Electronic Diesel Control）

EDC 是电子发动机管理系统。博世公司于 1986 年首先在柴油乘用车上使用成功。1989 年开始应用于商用车。现在已经成为标准装备的一部分。在 EDC 中，只用一个电子发动机控制单元（ECU）就可以将所有的功能都集中于其内，它可以和很多的传感器及执行器连接。

博世公司的电子柴油机控制器 EDC（图 1-57）在柴油机所有的运行工况下都力求实现最理想的燃油喷射。通过各种传感器将当时的实时参数：冷却液、燃油、进气温度和压力、发动机转速、加速踏板位置、进气量等作为输入参数，根据编制好的计算程序进行快速计算，并将计算结果传送到相关执行机构，控制和调节喷油过程。

EDC 控制技术本身也在不断发展，不仅解决柴油机的动力输出、燃油经济性、有害物质的排放水平等问题，而且对车辆的驾驶性、乘坐舒适性做出贡献。该系统不仅可以对电子加速踏板位置、发动机转速、怠速转速等进行实时控制，而且可以和车载诊断系统及其他的车载 ECU（例如：自动变速系统）之间进行数据通讯，将整台发动机作为一个控制对象进行综合管理，从燃油经济性的角度调节参数，使发动机可以在最佳区域平滑地动态换挡。

因为有各种各样的条件，所以商用车的 EDC 比乘用车的 EDC 具有更多的功能。例如：为了限制商用车的最高车速，对于发动机的转速也要限制。在许多国家已经将速度调节功能列入法规管理。电子节气门用来保护发动机和变速器，也可以延伸到限制每个齿轮的转速。

第四节　博世共轨系统

博世公司在柴油机燃油喷射系统的开发研制方面一直处于世界领先的地位，对燃油喷射系统的发展和进步，对清洁柴油机在全世界的普及做出了巨大贡献。

博世共轨系统的组件如图 1-58 所示。

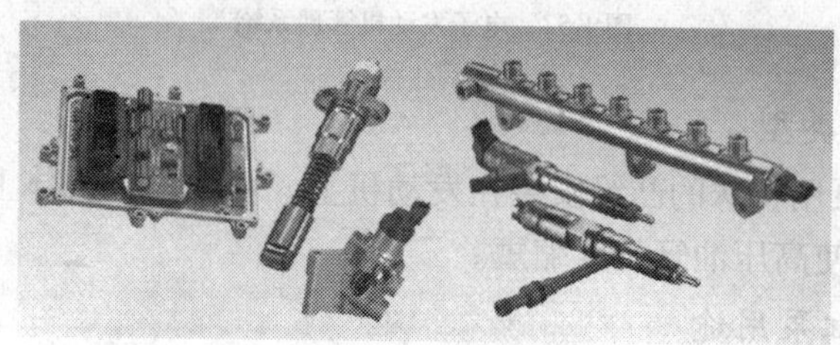

图 1-58　博世共轨系统组件

短短的十多年来，博世公司共轨系统发展迅速。参看图 1-59 和表 1-6。

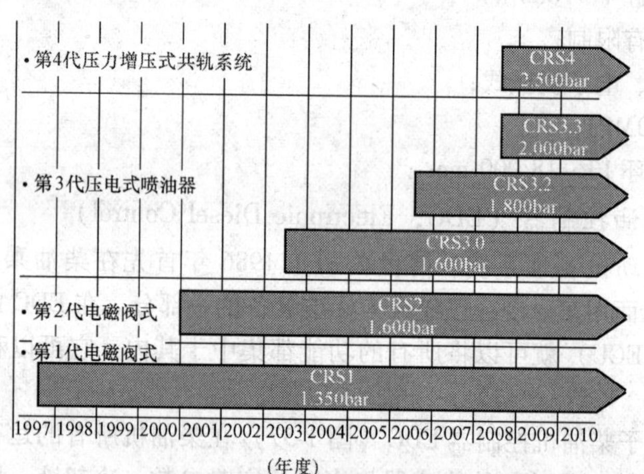

图 1-59　博世公司四代共轨系统的发展历程

博世共轨系统技术发展纪录　　表 1-6

1997 年	第一代共轨系统。喷油压力为 135MPa。 全世界首次开始销售乘用车用共轨系统（CRS）
1998 年	全世界首次开始销售乘用车用泵喷嘴系统（UIS），喷油压力为：200MPa
1999 年	商用车用共轨系统，喷油压力为 140MPa
2001 年	第二代共轨系统，喷油压力 160MPa。 电磁阀式喷油器，可以实现先导喷射
2002 年	商用车第二代共轨系统，低排放、低油耗和更好的性能。 喷油压力为 160MPa
2003 年	乘用车用第三代共轨系统，配用压电晶体式喷油器，可以实现先导喷油。喷油压力为 160MPa。排放可以降低 20%，性能提高 5%，燃油消耗降低 3%，发动机噪声降低 3dB（A）

续上表

2005 年	第一亿只乘用车用共轨喷油器装配完成。由于压电晶体喷油器开发研制成功，德意志联邦共和国总统给西门子 VDO 汽车电子公司和博世公司的研发人员颁发“德意志未来奖”。 泵喷嘴系统（UIS），喷油压力 220MPa
2008 年	5000 万套 CRS 交付使用。CRS CP4 和 CR13.3 压电晶体式喷油器，喷油压力为 200MPa。 商用车第 4 代共轨系统（CRSN4.2），喷油压力上升到 210MPa
2009 年	CRS2.5 可以满足欧 VI 排放标准，喷油压力为 180MPa。 CRS5.1，喷油压力可达 220MPa。 廉价汽车用 CRS1.1 的共轨系统。插入式单缸供油泵。 喷油压力：25～145MPa

今天，欧洲注册的新汽车每三辆中就有一辆以上是柴油车，新注册的乘用车中每两辆就有一辆是柴油车。全世界的商用车 100% 采用柴油机。

在柴油机刚刚问世的时候，因为生产量很少，一般用于大型固定式机组和船舶动力。在大型柴油机中，为了将燃料送进燃烧室内，需要采用单独的压缩机。不仅成本昂贵，而且效率也很低。

20 世纪初期，开发了小型发动机。柴油机呈现出小型化的可能，柴油机技术的发展潜力已经初步显露出来。1921 年，博世公司开始进行柴油机喷油装置的试验。

1927 年 3 月，博世公司已经可以生产喷油泵。发动机生产公司利用博世公司生产的喷油泵进行试验，结果证明，博世公司生产的喷油泵是可用的。

1927 年 11 月 30 日，博世公司正式开始批量生产机械式 PLN（泵管嘴）燃油喷射系统。批量生产的喷油泵的最初用户是德国 MAM 公司，该公司生产的货车上配置了博世公司生产的燃油喷射系统后，生产飞速发展，产量迅猛增加。次年，即 1928 年 10 月累计销售量达到 1000 台。在 1934 年 3 月，喷油泵的累计生产数量达到 10 万台。

1936 年，柴油汽车用喷油泵的成功开发是柴油机迈向成功里程上的一件大事。博世公司后来又成功开发了质量轻且可以在高转速下工作的，非常耐用的喷油泵。柴油机从此进入了飞速发展的历史阶段。

一、从高压到超高压

面向货车、微型客车和公共汽车的技术开发是博世公司的驱动技术，柴油机是博世公司的技术的重点。关于商用车先进技术的悠久的历史纪录都是从柴油机技术开始的。

博世公司柴油机技术首先是从公共汽车开始的。其后，开发了很多先进技术，从而使柴油机逐步成长为一种清洁的、经济的动力机械。将来的柴油机要满足更加严格的排放法规，研发工作将有两个基本方向。

第一，高压燃油喷射向超高压燃油喷射过渡。例如：博世公司的“CRSN3.3”共轨系统的喷油压力，中型商用车预计为 200MPa，大型商用车预计为 220MPa。2012 年，为了满足“Euro VI”和“ US 2010”等各种排放法规，喷油压力还将提升到 250MPa。

对于大型商用车的“CRSN4.2”型共轨系统是两级压力系统，其中备有两个电磁阀。因此，喷油过程可以设计得更加具有弹性。为了满足将来的排放法规，设计发动机会更加灵活。

第二，对汽车生产商的排气后处理技术提供战略性支持。为此，博世公司不仅提供燃油喷射系统，而且还提供其他零部件。其中，DENOXTRONIC 系统取得了极大成功。这种尿素水溶液喷射系统，获得了德国“生态地球奖（Öko-Globe）”。该系统和催化转换器组合起来，最大可消除排气中 85% 的 NO_x。

2008 年博世公司向商用车生产商提供 DENOXTRONIC 系统约 34 万套，2010 年计划销售 100 万套，2012 年则估计可以销售 200 万套左右。

由于柴油机具备转矩大、寿命长、油耗低等特点，柴油机成为解决汽车及工程机械能源问题最现实和最可靠的手段。因此柴油机的使用范围越来越广，数量越来越多。同时对柴油机的动力性能、经济性能、控制废气排放和噪声污染的要求也越来越高。近年来，随着计算机技术、传感器技术及信息技术的迅速发展，使电子产品的可靠性、成本、体积等各方面都能满足柴油机进行电子控制的要求，并且电子控制燃油喷射容易实现。经过多年的研究和新技术应用，柴油机的现状已与以往大不相同。现代先进的柴油机一般采用电控喷射、高压共轨、涡轮增压中冷等技术，在质量、噪声、烟度等方面已取得重大突破，达到了汽油机的水平。随着国际上日益严格的排放控制标准（如欧洲Ⅳ、Ⅴ、Ⅵ等标准）的颁布与实施，无论是汽油机还是柴油机都面临着严峻的挑战，解决的办法之一是采用电子控制燃油喷射的技术。

二、乘用车共轨系统

图 1-60 中示出了柴油乘用车燃油喷射系统的发展演化过程。

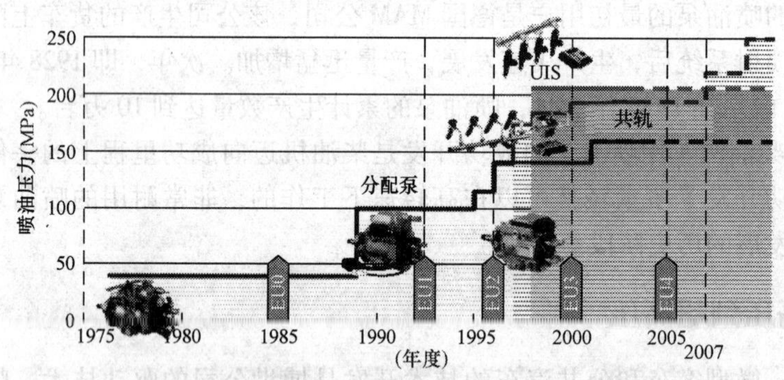

图 1-60　柴油乘用车的燃油系统

1997 年，博世公司开始销售柴油乘用车的共轨喷油系统。博世公司乘用车共轨系统见图 1-61。

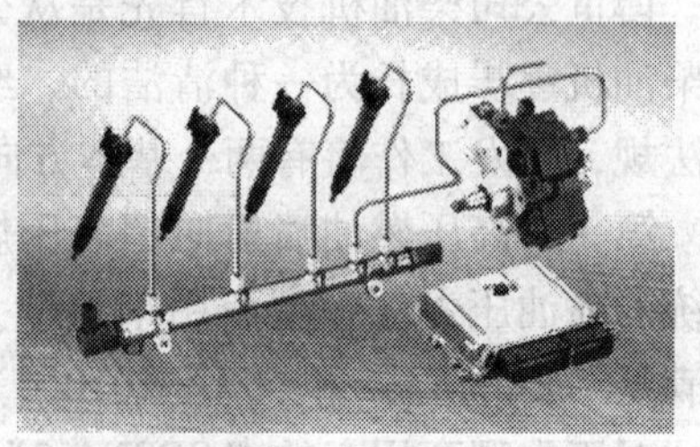

图 1-61　博世公司乘用车共轨系统

博世公司在欧洲推出柴油乘用车共轨系统之后，欧洲柴油乘用车的格局迅速发生变化。图 1-62说明，博世公司曾经花大力气研发的电控分配泵 VP-44 也曾经风光过一时。但是，共轨系统出现之后，VP-44 很快就失去了光彩，迅速退出了市场。

博世公司乘用车共轨系统的喷油压力的发展和提升过程如图 1-63。

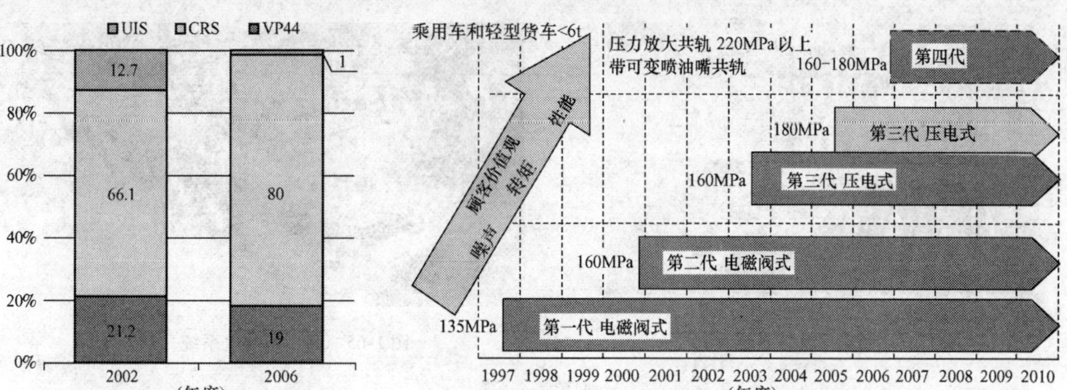

图 1-62 乘用车燃油系统　　图 1-63 柴油乘用车的共轨系统

1997 年，博世开始生产的柴油乘用车共轨系统的喷油压力是 135MPa。

2001 年，乘用车共轨系统的喷油压力提升到 160MPa。

2003 年，开始生产压电晶体式喷油器，喷油压力为 160MPa，而且可以进行先导喷油。

2005 年，喷油压力进一步提升到 180MPa，喷油压力提升得很快。共轨系统最主要的技术参数是喷油压力，其次是一个燃烧循环中最多可以喷油的次数。

在共轨系统中提高喷油压力和增加喷油次数的目的是不同的。在每一个工作循环中进行多次喷油，这在传统的喷油系统中是无法实现的。每次喷油的喷油量不同，而且每次喷油的用途也不相同。以 5 次喷油为例，每次喷油都有其特殊的目的和用途，其功能可以分解如下：

为了降低噪声、削减 NO_x 的预喷油（先导喷油）；为了得到理想的动力性的主喷油；为了削减 PM 排放的后喷油；为了排气后处理装置再生的远后喷油等。

如果某种排放成分（PM 和 NO_x）要在发动机内部进行处理，则另外一种成分就得通过后处理装置进行处理。博世公司之所以将目标瞄准 250MPa，那是因为欧洲的汽车生产商为了满足“欧 V”的需要。他们的主要客户戴姆勒－克莱斯勒集团认为：不仅货车，乘用车的后处理装置也要采用“尿素选择还原催化系统”。在超高压的下一代共轨系统内部减少 PM——超高压化是和降低 PM 直接相关的，然后再采用尿素选择还原催化系统处理 NO_x。

三、商用车共轨系统

博世公司在 1999 年向市场推出商用车共轨系统（图 1-64 和图 1-65）。

2005 年，博世公司为小型商用车推出了喷油压力达到 180MPa 的第三代共轨系统。2007 年，第三代共轨系统已可用于中型和大型商用车了。

适用于商用车的共轨系统：1999 年开始批量生产的第一代共轨系统的的喷油压力是 140MPa。2001 年开始批量生产的第二代共轨系统的喷油压力为 160MPa。在排放法规从来没有如此严格的社会背景下，博世公司还将继续不停地研发新的喷油系统。在喷油压力为 180MPa 的基础上，正在研发喷油压力为 200MPa 和 220MPa 的新系统。

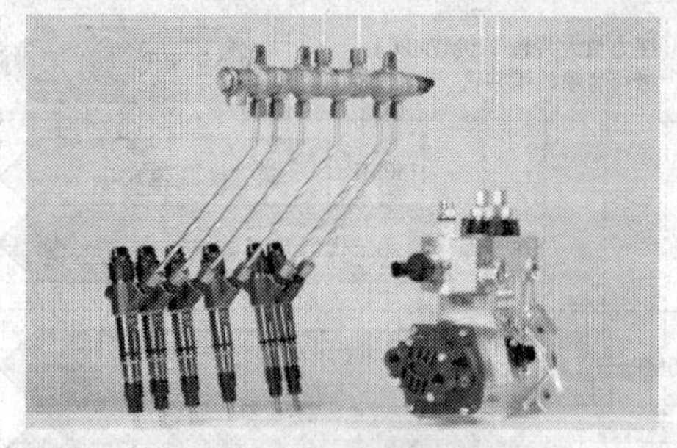

图 1-64　商用车共轨系统（1）

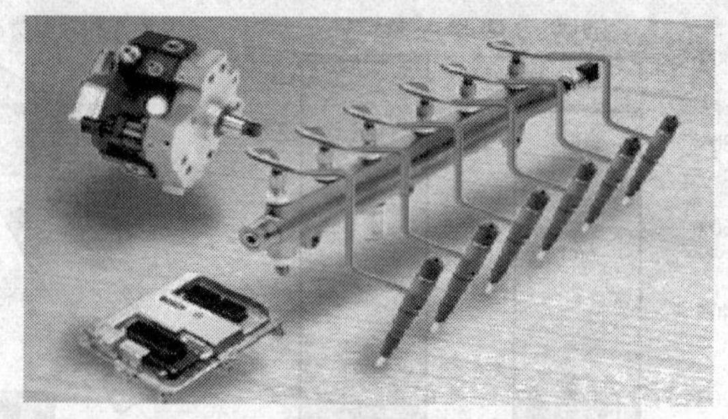

图 1-65　商用车共轨系统（2）

大型商用车用第四代共轨系统与最新开发的配有压力变换器的喷油器一起工作。在该系统中，只有当燃油压力波到达喷油器的时候才被压缩到最高压力 210MPa。此外，还有一个特点：压力变换器可以不和喷油嘴一起起动，所以能够自由地控制压力过程，可以将有害物质的生成量抑制在最小的限度内。

在商用车共轨系统中，供油泵将燃油供入相当于储压容器的共轨中。在共轨中储存了为下一步喷油准备好的，适合于发动机工作条件的压力的燃油。发动机各个汽缸都装有整体型电磁阀型喷油器，该电磁阀的开启和关闭就决定了喷油定时和喷油量。

驾驶员的意志通过加速踏板表达，ECU 则根据驾驶员的意志和当时汽车的运行状态，根据程序 MAP 所定义的参数计算出必要的燃油压力、喷油时间（喷油量）和喷油定时等。

商用车共轨喷油器（图 1-66）安装在汽缸盖内，虽然结构和工作原理和以往的喷油器不一样，但是，喷油器的作用和以往的喷油器一样。

四、大型柴油机的共轨系统

柴油机不仅用于乘用车和商用车，一般还用于如下各种场合：

固定式发动机：例如发电机组、空气压缩机、公共事业发电机、工业驱动发动机；

农业机械：例如拖拉机；

工程机械：例如推土机；

铁路机械：例如柴油机车、轨道车；

船舶：从小型帆船到大型外航客船。

大型柴油机的共轨系统见图 1-67。

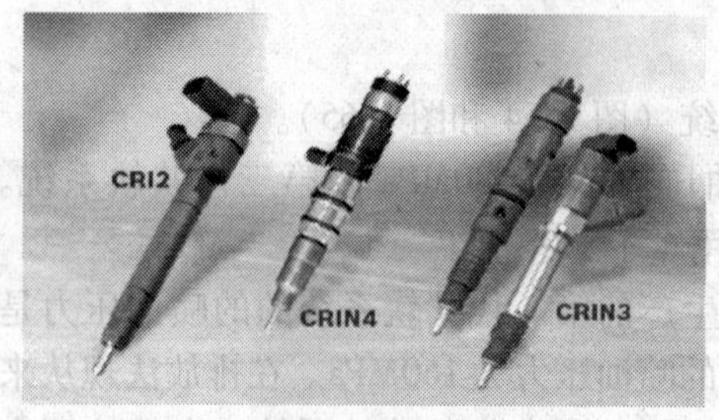

图 1-66　商用车喷油器

图 1-67　大型柴油机共轨系统

博世公司的燃油喷射系统通过高喷油压力、精准的喷油量计量可使清洁而且经济的发动机更加高效率、低公害和低油耗。共轨系统富有弹性，在全部工况范围内可使喷油过程自由地、平滑地配合，成为输出动力特性优良的发动机的开发基础。

模块化共轨系统：博世公司开发了大型柴油机用的独特的共轨系统。该系统几乎不用花费开发费用，就可以配上采用UIS、UPS、PF喷油泵的发动机的模块化设计。共轨系统由一个或两个PF喷油泵、适当的共轨、电磁阀式喷油器构成。ECU硬件及软件可以选择与之相配的系统。

共轨系统设计：高压泵将燃油强制性地供入高压蓄压器（共轨）中，在共轨内储存着满足特定条件的、可以喷射的燃油压力。驾驶员的意志通过加速踏板作为一种信息输入到ECU中。然后，在ECU中根据MAP的数值决定必要的喷油压力、喷油延续时间（喷油量）和喷油定时。和发动机每一个汽缸形成一体化的电磁阀式或压电式喷油器接收到ECU送来的喷油嘴开启和关闭的信息，则决定了喷油过程的开始和终了，也就决定了喷油定时和喷油量。

共轨系统的类型：在新一代系统中增添了具有预控制功能的供油泵。这种油泵和特殊的计量单元一起，即使在低压下也能反应瞬间的要求，供给准确的燃油量。新系统可以更加高效地实现降低燃油消耗、降低燃烧温度。

大型柴油机共轨系统的适用范围：乘用车、商用车、船舶、内燃机车；

输出功率：单缸30～200kW；

汽缸数量：3～8（乘用车）、6～16（商用车）；

控制方式：电子式、电磁阀式；

喷油压力：160MPa；

喷油量：每循环400mm³；

大型柴油机的共轨系统的喷油器（图1-68）：喷油器安装在汽缸盖内，与以前的柴油机喷油系统的喷油器具有同样的作用。这种喷油器的主要构成和其他的喷油器一样，主要是多孔式喷油嘴、油压伺服系统和电磁阀式执行器。

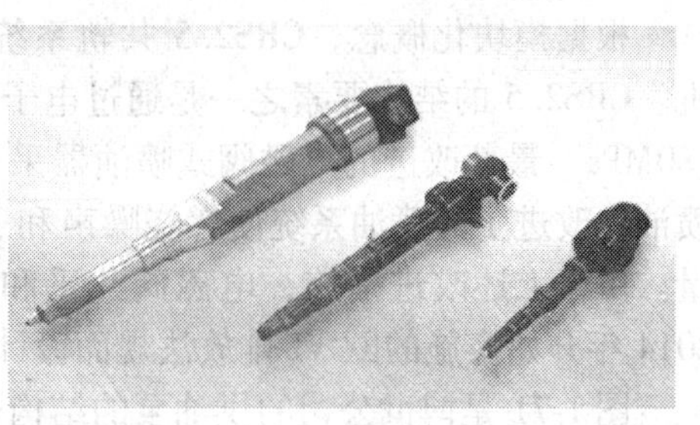

图1-68 大型柴油机喷油器

喷油器的功能：电磁阀自身不能产生开启和关闭针阀的作用力，针阀由液压放大系统间接驱动。当电磁阀关闭的时候，喷油器内的高压油路的压力和共轨内的压力相同。针阀由弹簧的作用力被压紧在座面上。当电磁阀打开的时候，燃油从电磁阀控制室流向回油端。进油量孔打破了原本保持的压力平衡，控制室的压力下降。燃烧室端的燃油腔内的压力比弹簧的作用力更高，所以针阀开启，喷油开始。当电磁阀中的电流切断以后，燃油回流的出口量孔被关闭，电磁阀控制室内的压力升高，作用在控制柱塞上的作用力变大，针阀关闭，喷油结束。

五、CRS2.5系统

博世公司2009年8月开发成功新的共轨系统CRS2.5，其特征是：

（1）CRS2.5 共轨系统是最佳电磁阀型；

（2）CRS5.1 的最大喷油压力 220MPa，结构紧凑，可进一步改善柴油机的油耗；

（3）CO_2 排放量可以实现低于 99 g / km

采用共轨系统的最新型直喷式柴油机与同等的汽油机相比，燃油消耗降低 30% 以上，CO_2 排放量降低近于 25%。

2009 年东京汽车展览会上，博世公司预测：汽油车和柴油车都还有降低 CO_2 排放量 30% 的潜力（图 1-69）。继续改善柴油机燃油喷射系统，可以对最新柴油机改善油耗和降低 CO_2 排放做出贡献。

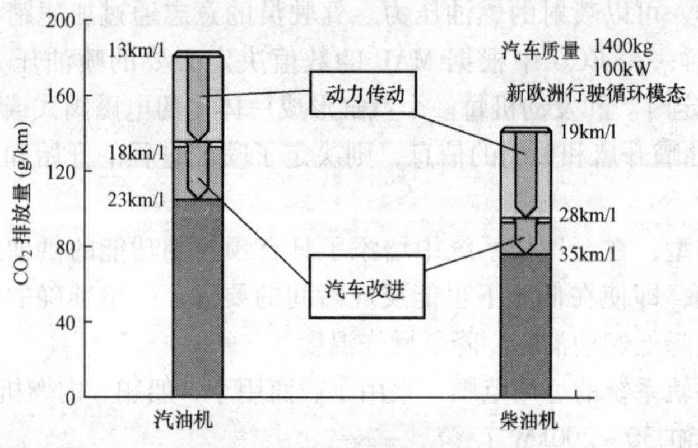

图 1-69　CO_2 排放量降低 30%

随着共轨系统的技术开发，博世公司确信柴油机可以满足将来越来越严格的排放法规。同时，可以使柴油机的性能随之提高，效率将持续得到改进。

（一）高速开关电磁阀式喷油器

根据模块化概念，CRS2.5 共轨系统（图 1-70）可以适用于 3 缸到 8 缸的多种柴油机。CRS2.5 的结构要素之一是通过电子控制的 CP4 高压供油泵可将最高供油压力提升到 180MPa。最新改进的电磁阀式喷油器采用了压力平衡阀，在很短的时间内可以实现多次喷油。改进了的喷油系统使燃烧噪声和 NO_x 排放都降低了，通过后喷油减少了炭烟排放量。由于上述改进措施，电磁阀几乎和压电阀具有相同的性能。CRS2.5 是为了满足从 2014 年开始实施的欧 VI 排放法规而设计的。

图 1-71 是博世公司的供油泵的结构图。

图 1-70　欧 VI 乘用车共轨系统

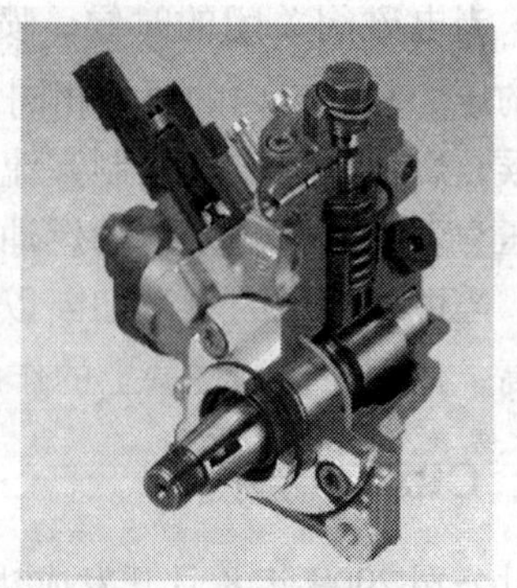

图 1-71　乘用车供油泵

（二）CRS5.1 电磁阀式喷油器

技术更加复杂了的 CRS5.1 共轨系统是专门为升功率大于 75kW 的高性能发动机设计的。该系统为了实现满足欧 VI 排放标准的燃烧过程，采用 CP4 高压供油泵。对于乘用车来说，喷油压力首次达到 220MPa。由于和压电晶体喷油器具有相当的性能，多次喷油和流体效率都提高了。在高压下，燃烧室内柴油可以更好地雾化，燃烧噪声、燃油消耗以及 CO_2 排放量都进一步降低了。

共轨系统有利于发动机小型化。博世公司的现代共轨系统都能够和有利于环境的启动－停止等子系统组合在一起。该系统有利于开发小型紧凑的新概念发动机。

所谓小型紧凑是指为了降低油耗和 CO_2 排放量而减小发动机的排量，减少汽缸数。现在，一般的做法是将共轨系统和增压系统组合，虽然柴油机小了，但仍能维持比功率不变。结果是在不牺牲输出功率的前提下可以降低燃油消耗和 CO_2 排放。博世公司认为，未来的柴油机可以比现在更加高效，燃油消耗最大可以降低到 1/3。因此，中型柴油车有望可能实现如下指标：

燃油消耗：3L/100km（即：33km/L）；

CO_2 排放：低于 99 g/km。

六、乘用车用 200MPa 的 CRS

2003 年，博世公司在全球首次将采用压电式共轨燃油喷射系统应用于乘用车，并批量生产。

为了满足欧 V、欧 VI 排放法规要求，以及为了解决当前世人关注的 CO_2 温室效应问题，必须进一步改善燃烧过程，因此，对空气系统和喷油系统的要求明显提高。其中，一种非常适合于达到未来排放和 CO_2 排放目标的燃烧过程被命名为“优化的传统燃烧系统（oCCS）”（图 1-72）。

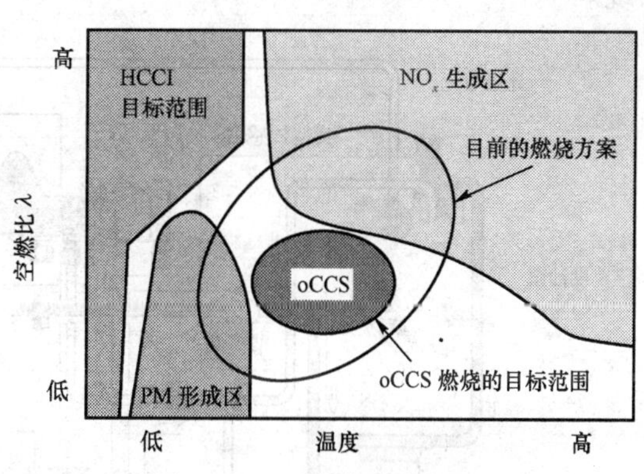

图 1-72　oCCS 燃烧过程说明图

这种燃烧过程的颗粒（PM）和氮氧化物（NO_x）排放几乎达到了如均质混合气压燃（HCCI）过程的柴油机的排放值。而且，这种燃烧过程还避免了 HCCI 燃烧过程的缺点。与欧 IV 排放标准的燃烧过程相比，这种燃烧过程的 NO_x 排放对负荷的依赖性不大。

实现 oCCS 燃烧过程所必需的前提条件是降低压缩比、降低进气涡流强度，并应具有合适的燃烧室形状。优化喷油特别重要，包括每个工作循环多达 8 次喷油，并通过采用改进型多孔喷油嘴获得最佳的喷雾特性；高效、冷却和可调的废气再循环（EGR）与优化的增压相结合等。鉴于降低了压缩比，陶瓷预热塞为排放处于临界状态的冷起动阶段提供了最佳支持。

为了挖掘利用较高 EGR 率和较高增压压力降低排放的潜力，在发动机部分负荷时必须将喷油压力提高到 80MPa（图 1-73）。

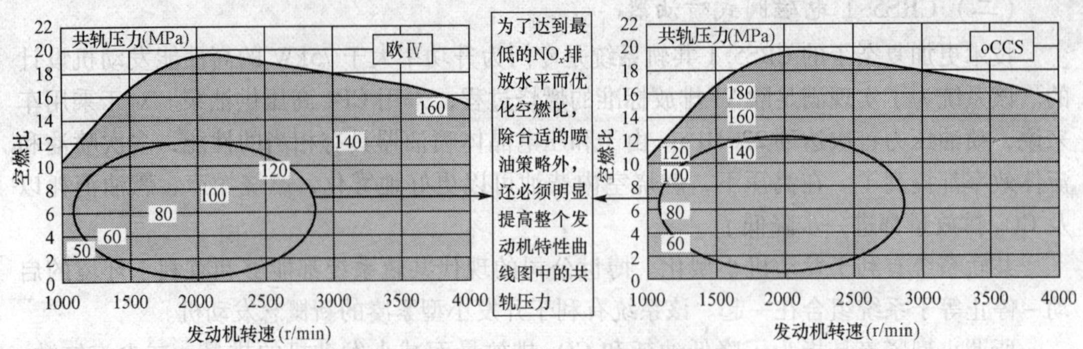

图 1-73　oCCS 燃烧过程的喷油压力特性

（一）新型 200MPa 共轨系统

博世公司已经为 oCCS 燃烧过程开发了一种新型共轨系统（图 1-74），特点是具有良好的柔性控制，喷油时间间隔短，喷油量精准度高和多次喷油，获得了优异的性能。由于喷油器、供油泵、共轨等部件及整个系统都获得了明显的改善，因此，在发动机低转速和部分负荷范围内可以达到所期望的高喷油压力。而且，发动机质量轻、效率高，有助于降低 CO_2 排放。建立系统压力迅速，采用 CP4 供油泵可适应起动 - 停车系统。

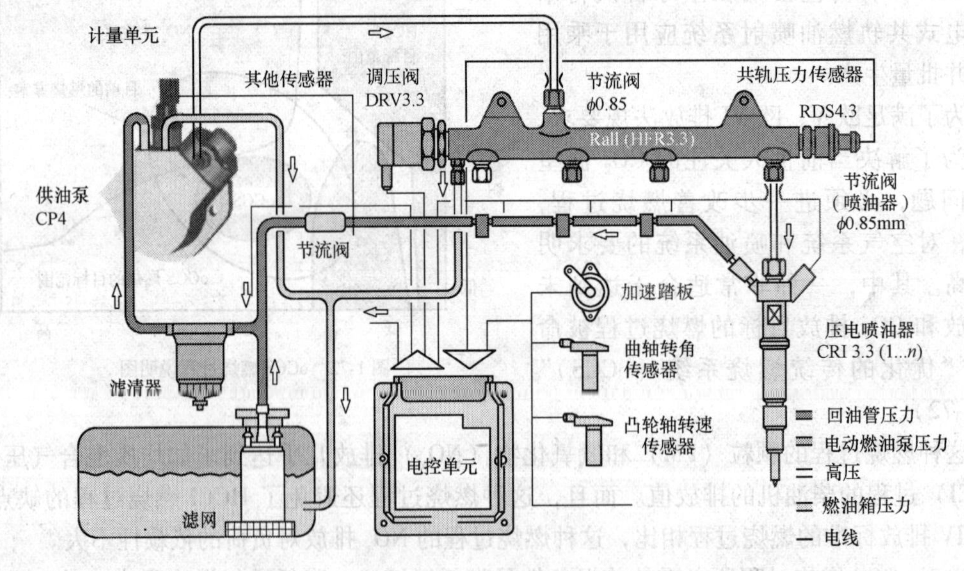

图 1-74　CRS3 共轨喷油系统

新型 200MPa 共轨系统于 2007 年投入批量生产，为发动机制造商进一步提高发动机热效率创造了条件。

（二）CP4 供油泵系列

新型 CP4 供油泵系列的基本结构与市场上可购买到的 Bosch CPlH 型 3 缸偏心轮供油泵不同。它是一种具有双凸轮和滚轮的径向柱塞泵（图 1-75）。与传统的偏心轮泵相比，这种基于双凸轮的工作原理只采用1个柱塞泵油单元，因而，CP4供油泵体积空间小，质量明显减轻。

CP4供油泵的设计目标就是针对高转速（最高试验转速达5500r/min）的。该供油泵能适应发动机以高转速和1∶1的传动比工作。双凸轮与高转速供油泵相结合，供油时间比传统的偏心轮供油泵明显缩短，减少了柱塞的泄漏，效率极佳（图1-76）。

为减少变型数量，供油泵的高压部分布置在泵头内（图1-77）。这样，不仅在变型管理方面，而且在实际高压强度和质量方面也有好处。可以采用铝合金泵体。除了上述结构特点外，与CPlH型供油泵相比，CP4型供油泵的质量只是CPlH供油泵的60%。图1-78中示出了每100MPa喷油压力对应的供油泵的质量。

供油系统的工作能力还取决于所能达到的计量精度。CP4供油泵还可以通过选择适当的传动比，能够满足3~8缸发动机的同步供油的需要。由于CP4供油泵的泵油效率高，因此，在低转速时能达到高的泵油压力，特别适用于像oCCS那样的新型燃烧过程。

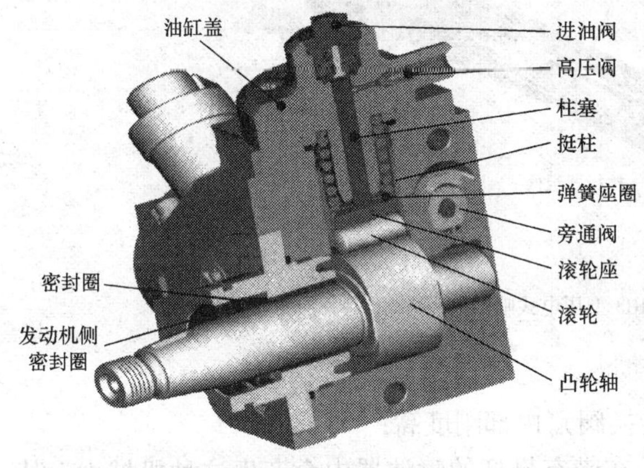

图1-75 CP4型供油泵

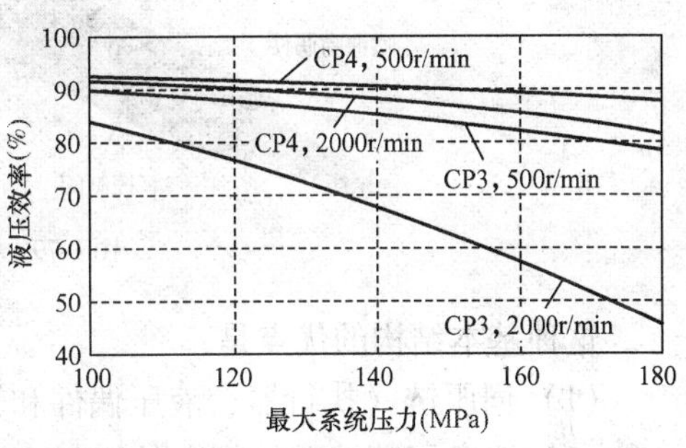

图1-76 CP4供油泵的效率

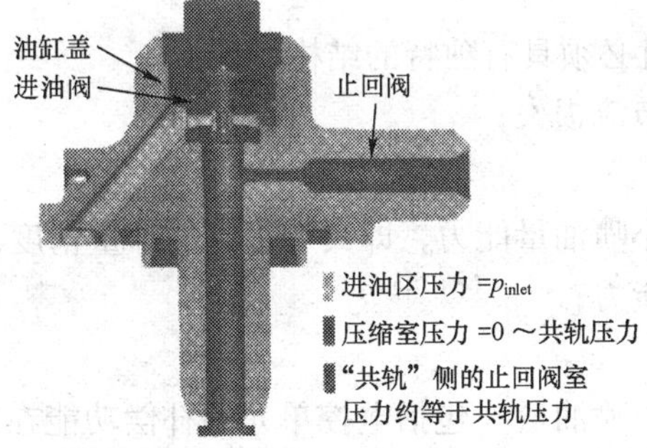

图1-77 CP4供油泵的泵油单元

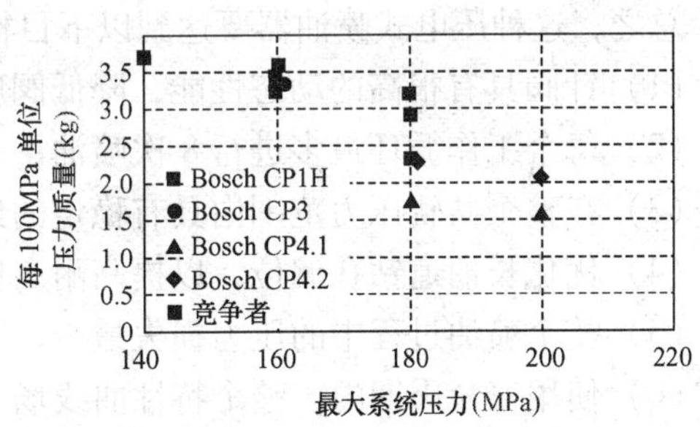

图1-78 各种供油泵的单位压力质量

（三）压电式喷油器

为达到指定的排放限值和CO_2排放目标，喷油器的质量非常重要。

所有的共轨喷油器原则上都采用相同的功能模块：①喷油嘴（它是喷油系统和燃烧室的接口）；②伺服阀；③电子机械执行器。这些模块在实现其功能时会产生一些干扰因素，例如不希望出现的泄漏，由于横向力或刚度低所产生的摩擦等。同样，随着喷油压力不断提高，对密封性和强度的要求也越来越高。在第3代共轨喷油器持续不断的研发过程中，博世公司从一开始就考虑到了这些要求，成功开发出最高喷油压力200MPa的压电式喷油器，但并没有增加质量和结构空间。

压电喷油器系列以图1-79所示的基本结构为基础，不断改进，自2003年进入市场以来，已经适应越来越高的喷油压力。这种基本结构包括喷油器体、喷油嘴和由伺服阀、液压偶件和执行器组件所组成的功能结构模块。这种功能结构模块可以根据用户的需求灵活应用，因此，在喷油器体、电插头和喷油嘴的设计中还可以有很多变型。

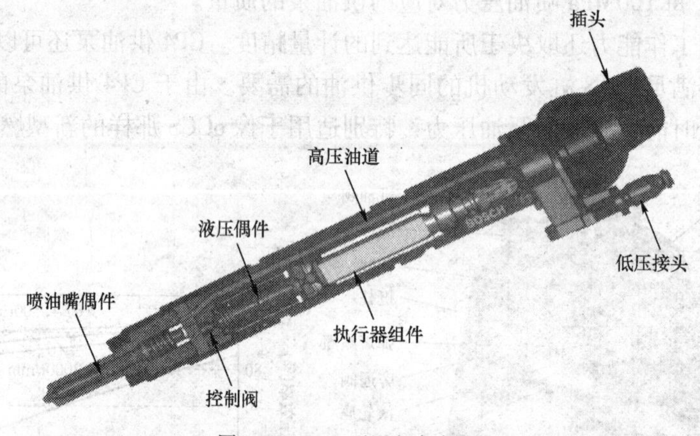

图1-79　CRI3型压电式喷油器

这种基本结构的优点是：

（1）伺服链（执行器、液压偶件和转换阀）内部刚度高；

（2）避免了喷油嘴针阀上的机械力（在带有挺杆的喷油器中会产生这种机械力，从而增加磨损）。这种基本结构能够有效地降低运动质量和摩擦，对喷油器的工作稳定性和功能变化起到积极的作用。

总之，这种压电式喷油器要达到以下目标就必须具有独特的结构设计：

（1）针阀具有很高的动态性能，降低阀座节流损失；

（2）每个工作循环最多进行8次喷油；

（3）在整个共轨压力范围内具有稳定的最小喷油量能力，即具有很高的计量精度；

（4）优化长油道钻孔偏位，以提高耐高压能力；

（5）整个喷油过程中的压力损失最少；

（6）使用寿命周期内，整个特性曲线场中的喷油量（包括电控单元的补偿功能在内）精度高，而且重复性好。

为了达到设定的目标，尤其是要大幅提高喷油压力，必须借助于功能分析来确定开发的重点（图1-80）。通过非常精确地识别喷油器每个元件的载荷及其承载能力，已经有效地扩大了这种结构的承载极限，同时优化并进一步开发了制造工艺，现已投入批量生产。从批量生产开始阶段就达到了非常高的质量。

2008年，博世公司压电喷油器已达到年产2000万只的水平。

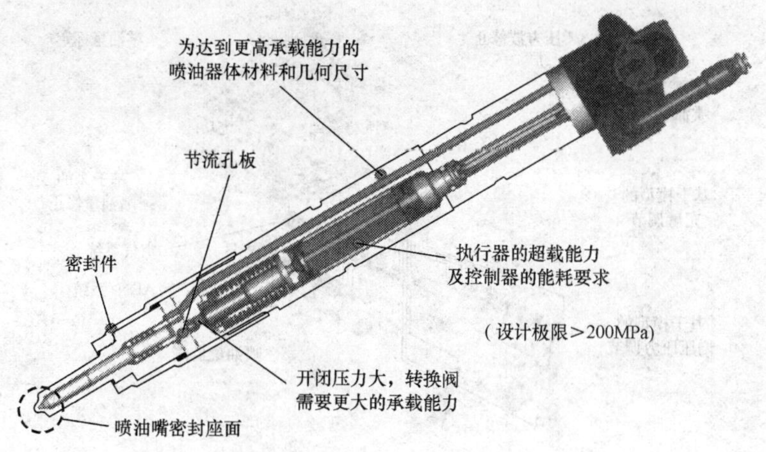

图 1-80　200MPa 压电式喷油器技术关键

（四）喷油嘴的改进

喷油嘴是燃烧室与燃油喷射系统之间的接口，因此，由喷油嘴完成的油束准备同样具有重要的意义。博世公司已经为先进的燃油喷射系统开发了一种喷油嘴方案，具有以下优点：

（1）在高喷油压力下具有高的液压效率；

（2）喷油嘴具有较强的抗积炭能力；

（3）功能几何参数偏差小，例如喷孔仰角，即喷孔中心线与喷油器轴线之间的夹角公差减小了一半。

其中，开发的关键是直径约为 100μm 的小直径喷油孔，其相应的位置、直径和表面粗糙度都需具有十分理想的精度。为此，博世公司内部开发了一种创新的机械加工技术，采用经改进的侵蚀工艺方法来确保满足极高的加工要求，结合进一步开发的工艺方法，共同对喷孔表面进行液力冲蚀加工，这样就能将喷油嘴制造出来。采用这种喷油嘴能够在中、高负荷范围内达到很高的升功率和很低的排放限值。

（五）系统的开发重点

共轨本身也是共轨系统的零件之一。对于 200MPa 共轨系统而言，可以采用激光焊接型共轨，也可以采用锻钢型共轨。但是，都必须带有能适应很高的系统压力的附件——压力传感器和压力调节器。焊接型共轨为应用标准零件提供了可能性，而锻钢型共轨则具有极大的降低质量的潜力。

博世公司作为整个系统的供应商，除了纯粹的高压液力部件之外，还为共轨系统开发了进一步优化的燃油喷射系统和空气系统的系统功能。这种功能具有及时识别可能存在的偏差的能力，并能将这种偏差最小化（图 1-81）。其中，所谓的“自学习功能”对于系统具有重要的意义，它不仅在新发动机状态，而且在整个使用寿命周期内都能优化计量精度。

为了保持低成本，通常这些功能不附加采用传感技术，这样有利于提高系统耐久性。早在 2003 年就已开发成功的零油量标定是很好的实例，自那时起，在批量生产中的应用

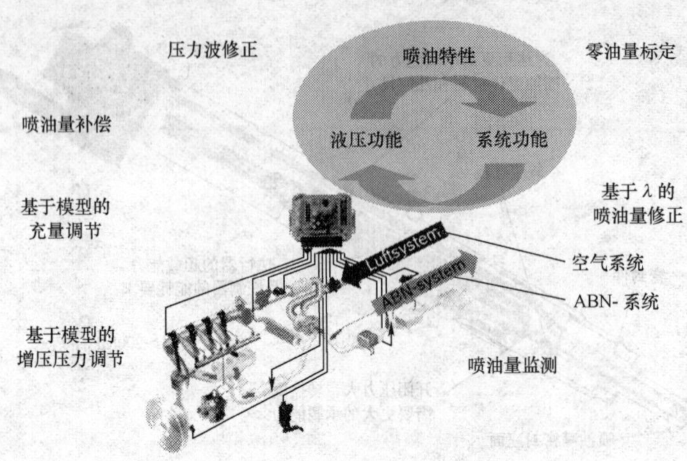

图 1-81　博世公司共轨系统的功能模块

证实了其可靠性。无须附加传感技术，这些功能就能在汽车行驶过程中连续不断地监测并修正预喷油量范围内的喷油量。

为了达到进一步降低排放和燃油消耗的目的，将进一步提高 EGR 率和增压压力，并采用缩缸强化设计技术，将对排放有重大影响的运转范围移向更高的负荷区域。因而，不仅是对于高功率发动机，对较低功率的发动机来说，也存在着继续提高喷油压力的趋势。这样，未来博世公司还将提供高于 200MPa 喷油压力的乘用车共轨系统，而已经量产的，喷油压力为 200MPa 的压电喷油器具备了最好的前提条件。CP4 供油泵和锻钢型共轨的结构设计同样具备提高压力的潜力。未来的目标是喷油压力将大大超过 200MPa，而且，装配要兼容，并且不增加质量（图 1-82）。除了提高喷油压力之外，还必须在动态性能、计量精度和油束准备等方面有所改善。

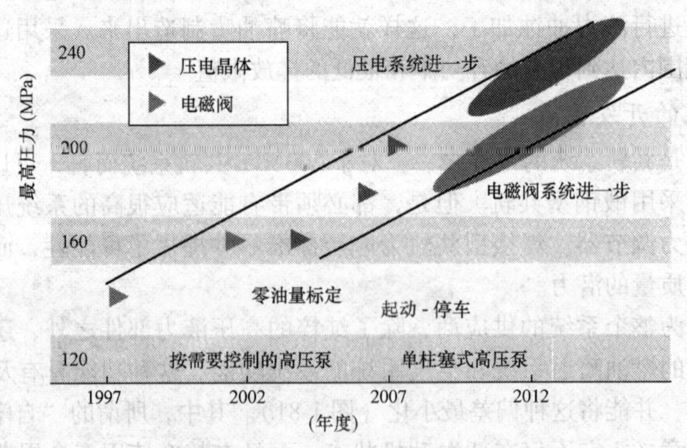

图 1-82　博世公司乘用车和轻型车的共轨系统

先进的燃烧过程对燃油喷射系统提出了更高要求，重要的是燃烧室内的喷油状态、计量精度的优化。为了充分发挥潜力，就必须提高发动机部分负荷范围内的喷油压力。

为此，博世公司开发了一种喷油系统，其特点是在整个特性曲线场范围内都能够以很短的喷油时间间隔实现柔性而又非常精准的多次喷油。为此，该压电喷油器已历经了上百万次喷油压力为180MPa的实际喷射，证实了其性能可靠，并进一步成功研发了用于200MPa系统压力的压电喷油器。采用这种新开发的，效率和质量均已优化了的CP4供油泵能满足部分负荷范围内更高的喷油压力的需求。

七、CRS1.1——廉价新战略

正在迅速成长中的亚洲市场，对于廉价汽车的需求十分迫切。博世公司重视价格不足7000欧元的廉价汽车的柴油机和汽油机用的零部件和系统。

博世公司提倡的零部件和系统不仅适合廉价汽车（LPV，Low Pice Vehicle）零部件的成本要求，而且对将来满足新兴国家市场的排放法规也会起到重要作用。

（一）高性价比和耐久性兼备的共轨系统

博世公司开发了可用于三轮汽车和超小型单缸、2缸、3缸发动机的CRS1.1的共轨系统模块（图1-83）。该系统的高压泵是以博世公司长期以来用于工程机械等领域的单缸泵（插入式喷油泵）为基础。该喷油泵的喷油压力为25～145MPa，同时兼有许多优点。例如：小型紧凑、质量轻等，而且对燃油品质并不苛求，所以最适合于廉价汽车。

该系统的电磁阀式喷油器也简化了，零件数量减少了，有利于成本控制。CRS1.1型共轨系统正在印度生产。发动机管理系统的基础是高性价比，可以适合各种排放法规基准的，具有所谓扩展性的控制单元平台。正是因为这种特征，也能够满足印度正在实施的BS4（相当于欧Ⅳ排放法规）的排放法规值。

如果使用这个单元，则可以提高现在的发动机性能。而且，该系统可以适应新兴国家将来实施的排放法规，还可以配加起动-停车系统等功能单元。

该系统被印度塔塔汽车公司配置在多种新生产的汽车上。例如：图1-84所示的超小型汽车于2009年3月24日推向市场，标准型售价为10万卢比（约2000美元）。据说由于销售火暴，凭抽签才能买到这种汽车。塔塔汽车公司表示：这种汽车不仅在印度销售，将来还将销售到欧洲市场。

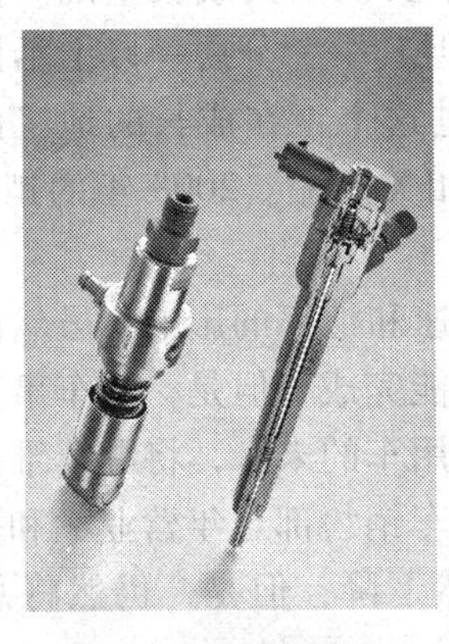

图1-83 廉价系统

图1-84 印度超小型车

（二）全球化保障的低价高质

博世公司开发面向低价车、性价比很高的方案时，充分利用全球网络。全球50个开发中心的技术人员携手合作，在同一个网络平台上，资源共享，共同开发。例如：在中国正在开发适合于中国市场的汽油系统零部件，同样在印度开发适用于低价柴油车的燃油喷射系统，并积蓄了技术力量。结果，就可以提供适合于顾客以及特定地区的需求的技术方案。

博世公司指出：汽车产业将来引领成长的是亚洲新兴市场。2035年，世界乘用车的生产量将是现在的一倍。新车的大多数将进入中国和印度市场。

表1-7说明亚洲的中国和印度将是未来最大的汽车市场。

汽车市场在新兴国家　　表1-7

国家或地区	欧洲	中国	印度
每千人拥有的汽车（辆）	500	17	11

在低价汽车生产领域，优化成本是一个至关重要的目标。经过简化现有部件和系统，并不足以生产全面且具有吸引力和竞争力的产品，必须进行特别的创新和创造，才能以不可思议的低价，提供可靠的产品功能。例如，博世公司汽油机新型控制单元平台——"Value Motronic"，在平台开发过程中，特别强调了软件功能，有意避开涡轮增压和直喷技术。同时，这种做法也运用到其部件开发活动中，例如点火线圈，通过为线圈增设自动识别点火顺序的功能，去除了相位传感器，进而降低燃油喷射系统的成本。

八、重视研发

商用车在世界市场3大经济圈内的发展情况各不相同：

欧洲——柴油乘用车热还在继续，但是，已经显示出减速的趋势；

北美——明显地落后了。2010年即将实行新的排放法规，柴油机市场将恢复景气。

亚洲——新兴市场，商用车的需求快速增长。今后数年仍将持续。亚洲地区也和其他地区一样，如果没有清洁柴油机系统，就不能满足排放法规。

在亚洲地区成功的秘密在于扎根于该地区的技术要诀及其成长基础。博世公司在全世界从事商用车产业系统的工程师共有1350名，但其中三分之一以上活跃在中国和印度。扎根在这个地区市场的技术要诀将进一步促进这个正在成长的地区的发展。博世公司向中国和印度的商用车生产商提供柴油车的相关产品。2008年的销售额逼近7亿欧元。

从汽车行业来看，由于北美不景气、欧洲发展减速和汇率的影响，虽然南美和亚洲高速成长，但是仍然不能平衡。虽然销售增长目标不能完成，但是，汽车事业部还将继续维持10%以上的高水平的研发费用。为了汽车和商用车的未来，将继续维持超过汽车行业平均水平的先行投资。图1-85是博世公司博世汽车销售部逐年营业额和研发经费的比例。最近几年来，由于经济危机的影响，销售虽然下降，但是，仍然将总销售额的10%左右的资金投入研发活动。这个比例确实很高。

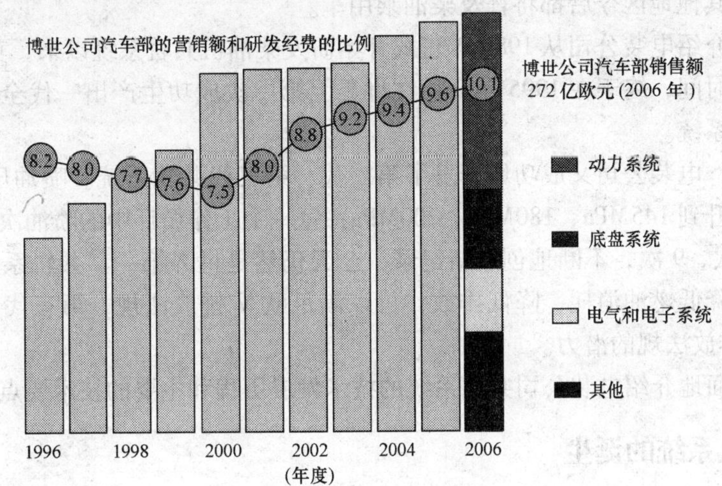

图 1-85　博世公司汽车销售部营业额和研发经费比例

第五节　电装共轨系统

现在，保护地球环境作为一项世界性的问题受到普遍关注。对于汽车产业来说，从防治大气污染和削减 CO_2 排放的角度来看，降低排放和抑制燃油消耗都是十分重要的。

图 1-86 是美日欧柴油车排放法规的趋势。历史发展已经表明：电控共轨系统是现代柴油机能够满足如此严格的排放法规的重要手段。

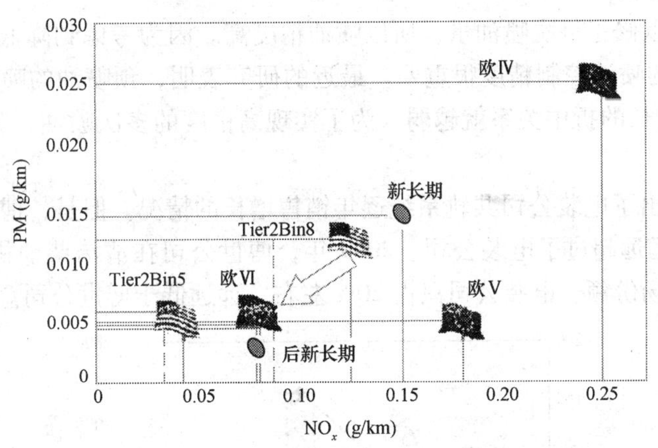

图 1-86　美日欧排放法规

近年来，燃油消耗受到特别重视。混合动力和电动汽车的研发虽然正在快马加鞭，但是，要在全世界普及尚需时日。因此，由于燃烧效率高，与汽油机相比油耗一直具有很大优势的柴油车今后将要起到更加重要的作用。1995 年共轨系统在商用车上第一次使用，在那之前一直被认为缓慢、肮脏、噪声大的柴油发动机取得了巨大的进展，排放大幅度降低。一般认为，以柴油乘用车占市场比例 50% 以上的欧洲为典范，金砖四国等新兴国家和世界其他地区今后都将普及柴油乘用车。

本文概要介绍电装公司从1985年正式开始研发柴油机共轨系统以来，克服重重困难，整整花了十年时间，终于在1995年开始在世界上第一次成功生产出一代全新的中、大型柴油车用共轨系统。

十多年来，电装公司又成功地开发了第二代、第三代共轨系统。喷油压力从120MPa开始，逐步提升到145MPa、180MPa、200MPa，每一个工作循环中的喷油次数从两次，增加到5次、7次、9次，不断地创造新纪录，今天仍然是世界第一。共轨系统为发动机提高输出动力、降低燃油消耗，降低排放，可以满足欧Ⅴ排放法规，第三代共轨系统还具有满足欧Ⅵ排放法规的潜力。

本节将全面地介绍电装公司共轨系统的技术发展历程和主要的技术要点。

一、共轨系统的诞生

1985年，电装公司成立了共轨系统项目研发小组，第二年完成了试制品。从此开始了一边试验一边改进之路。持续了整整十年，直到1995年，试制的共轨系统才作为产品正式安装到柴油机上，从此一举成功，开创了清洁柴油机历史的新篇章。

毫无疑问，共轨系统是一个全新的燃油喷射系统。最大特点可以归纳为三条：

（1）可以实现高压喷射而与发动机的转速无关，燃油喷雾可以很好地实现微粒化，从而促进燃油和空气的混合。因此可以实现更完全的燃烧，降低排气中的PM和NO_x等有害成分。为了实现这样的超高压喷射，产生高压的供油泵和蓄压的共轨必不可少。

（2）实现了以往机械式燃油喷射系统不能实现的一个燃烧循环中的多次喷油，提高了燃烧控制的自由度。

（3）由于可以修正每次喷油量，所以喷油精度高。因为考虑到降低燃油消耗和排放，所以提高喷油器的喷油控制精度很重要。最近的研究表明，预喷油的喷油量越小，PM和NO_x之间的此消彼长的折中关系就越弱。为了实现高精度的多次喷油，装用高速执行器的喷油器不可或缺。

图1-87中示出了电装公司共轨系统逐年销售增长的情况。但是，博世公司后来居上，最近十多年来，远远超过了电装公司。2009年，博世公司在清洁柴油机共轨系统领域握有60%的世界市场份额。电装公司只占20%左右，远远低于博世公司。

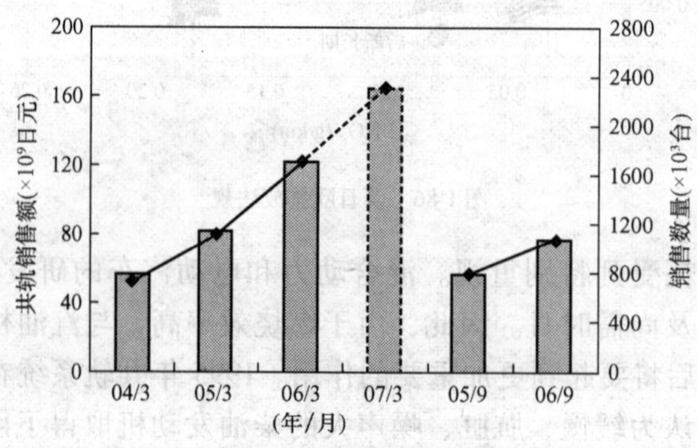

图1-87　电装公司共轨产品销售情况

二、电装公司的共轨系列

经过十多年的发展，电装公司的共轨产品已经形成了完整的系列。

图 1-88 是乘用车和轻型货车的共轨系统；

图 1-89 是用于中大型商用车共轨系统；

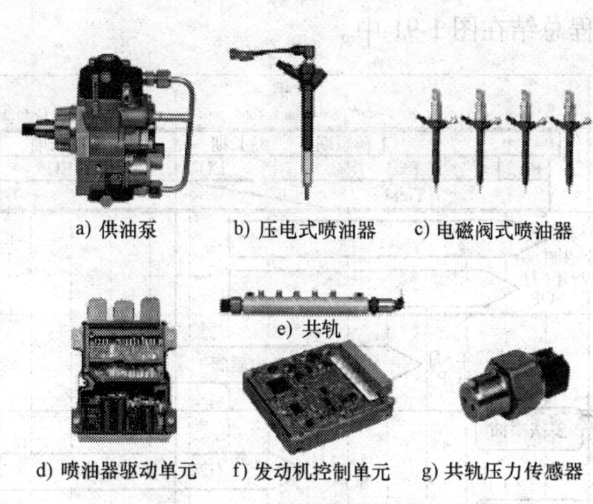

图 1-88　乘用车和轻型货车的共轨系统

a) 中型商用车供油泵　b) 大型商用车供油泵　c) 电磁阀式喷油器　d) 共轨　e) 发动机控制单元

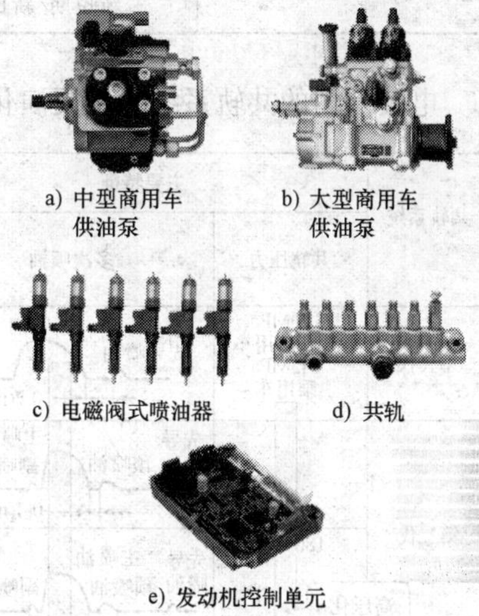

图 1-89　中大型商用车共轨系统

图 1-90 是共轨系统在柴油机上的安装位置示意图。

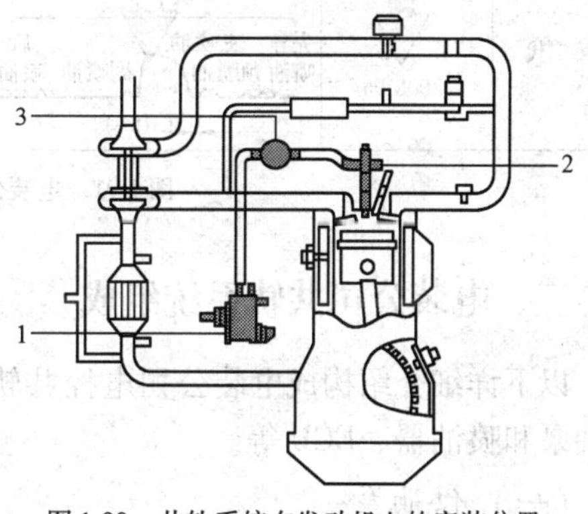

图 1-90　共轨系统在发动机上的安装位置

共轨系统的主要技术参数是：喷油压力、一个供油行程中最多喷油次数和一次喷油结束到下一次喷油开始之间的时间间隔。这几个参数就能代表共轨系统的技术水平了。

根据已经掌握的资料，将电装公司十多年来共轨系统产品的发展过程整理如表 1-8。

电装共轨系统的主要参数　　表 1-8

参数	第一代	第二代	第三代
时间（年度）	1995 ~ 2006	2001 ~ 2009	2008
喷油压力（MPa）	120（大型商用车） 145（乘用车）	180 电磁阀喷油器 压电晶体喷油器	200 电磁阀喷油器
喷油次数（次）	2	5	9
喷油时间间隔（ms）	0.7	0.4	0.2 / 0.1

续上表

参数	第一代	第二代	第三代
执行器	电磁阀	电磁阀 压电式（2005年始）	电磁阀 压电式
对应排放	欧Ⅲ/欧Ⅳ 新短期/新长期	欧Ⅲ/欧Ⅳ 新短期/新长期/后新长期	欧Ⅴ 后新长期

电装公司的共轨系统的发展演化全过程总结在图1-91中。

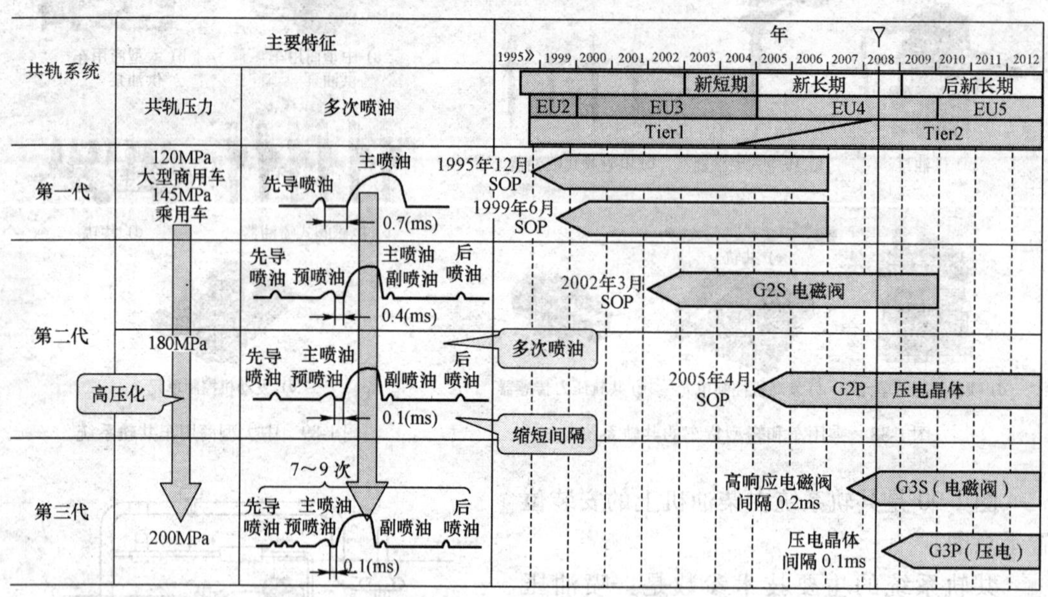

图1-91　电装公司共轨系统的历史演变

三、电装公司共轨系统组成

以下详细介绍构成电装公司电控共轨系统的基本部件：供油泵和喷油器、ECU等。

（一）供油泵

电装公司共轨系统的供油泵系列产品的主要参数如表1-9。供油泵系列由HP-0、HP-4和HP-3组成，可以满足乘用车到中、大型柴油车的匹配。图1-92中，横坐标是发动机排量，纵坐标是每循环的喷油量。

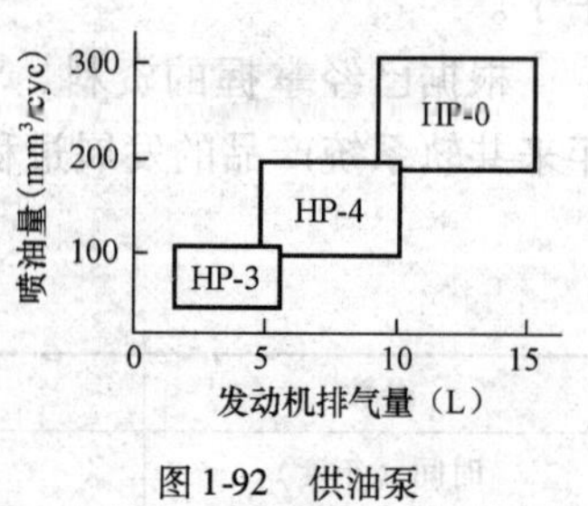

图1-92　供油泵

电装公司供油泵参数表　　表1-9

	HP-0	HP-3	HP-4
柱塞	ϕ8.5×2	ϕ8.5×2	ϕ8.5×3
凸轮升程	12mm（HD） 14mm（UHD）	8.8mm 5.6mm	8.8mm

续上表

	HP-0	HP-3	HP-4
凸轮形式	多凸桃凸轮	偏心外凸轮	
电磁阀	PCV×2	SCV×1	
最大压力	160MPa	200MPa	
最大几何供油量	680（HD）mm^3/cyc 794（UHD）mm^3/cyc	500×2 mm^3/cyc 318×2 mm^3/cyc	500×3 mm^3/cyc
润滑方式	机油	柴油	
质量	13.2kg	3.8kg	5.3kg

供油泵的基本结构如图1-93所示。基本结构形式有两种：直列泵型和分配泵型。电装公司的供油泵演变历史如图1-94。

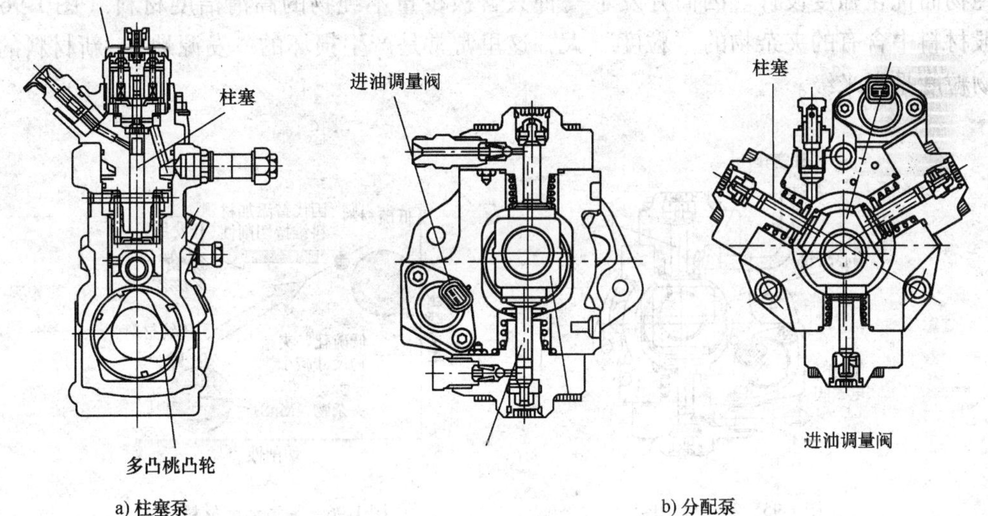

图1-93　电装供油泵的类型和结构

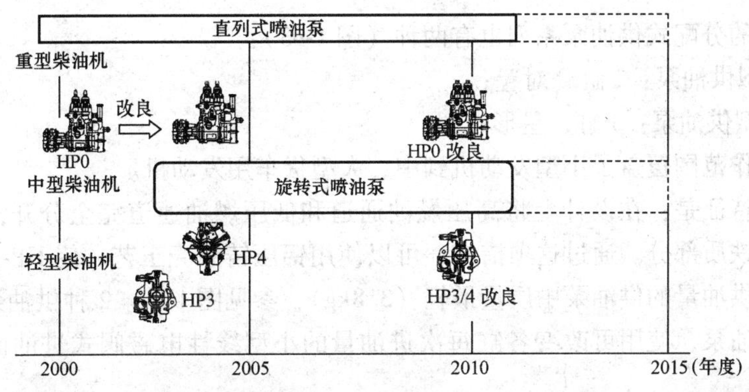

图1-94　电装公司的供油泵演变历史

1. 第一代供油泵

电装公司第一代共轨系统的供油泵有两种类型：

（1）货车用：以直列式喷油泵为基础的 HP-0 型供油泵；

（2）乘用车用：以分配型喷油泵为基础的 HP-3 型供油泵。

乘用车用 HP-3 型供油泵利用电磁阀实现进油调量，并采用了在分配型喷油泵上卓有成效的内凸轮。HP-3 型供油泵的最大压力为 145MPa，该压力对传统的内凸轮方式而言已达到极限。

2. 第二代 HP-3 供油泵

如图 1-95 所示，第二代供油泵将柱塞的驱动结构由滚子机构改为平面滑动机构，降低了驱动部分的面压，实现了 180MPa 的超高压喷射。更进一步，作为对应 180MPa 超高压喷射的另一项技术是在采用上述压力供给机构的同时，在柱塞的滑动面上涂覆陶瓷涂层，进行 0.5μm 的超精密精加工。在 180MPa 的压力下，有必要考虑到材料中微米级的不纯物而优化强度设计。因而开发了一种只含极少量不纯物的高清洁度材料（图 1-96）。一般材料中含有的夹杂物的“粒度”大，这里常常是产生损坏的“发源地”。新材料的夹杂物粒度是微米级。

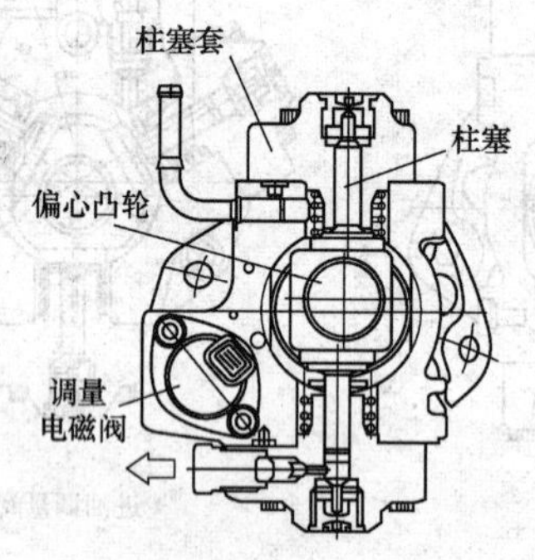

图 1-95　第二代 HP-3

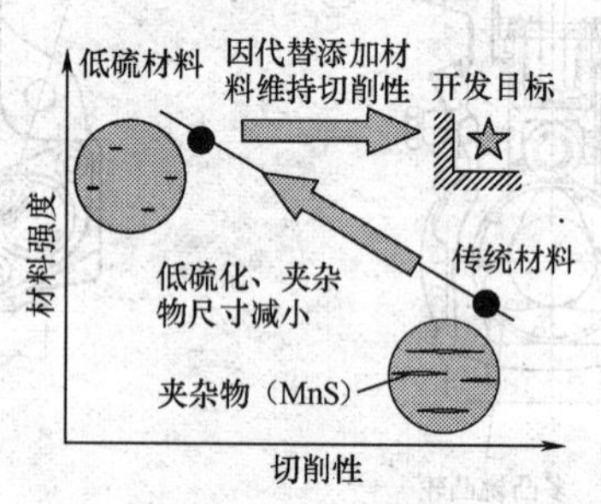

图 1-96　高清洁度材料

另外，在高压燃油通道的交叉部位进行电解磨削，以改善圆角和表面的粗糙度，提高耐压性。

电装公司的分配式供油泵系列也有两种（图 1-93）：

① HP-3 型供油泵：2 缸，对置；

② HP-4 型供油泵：3 缸，星形布置。

产品的工作范围覆盖了小型发动机到中、大型货车用发动机。

供油泵的特征是：在设计上将高压燃油通道和低压燃油通道完全分开，并将高压燃油通道集中于铁质部分。通过这项措施，可以使用铝压铸泵壳工艺，使 HP-3 型供油泵实现了具有相同供油量的供油泵中质量最轻（3.8kg），参见图 1-97。2 种供油泵都使用了内置次摆线式输油泵，使用可改变各缸每次进油量的小型线性电磁阀式进油面积控制阀来实现供油调量。

将燃油的高压部分和低压部分的燃油通道空间分开，通过有限元解析，使铝制壳体形状最佳化，高压油路部位采用铁质材料。

如上所述，为了实现 180MPa 的超高压力，将多种技术融合在一起，例如：先进的设计技术、材料技术和先进的加工技术等。正因为如此，HP-3 型供油泵实现了超高压供油。在当时的电控共轨系统中，供油压力在全世界领先。

3. 第三代 HP-3 供油泵

第三代和第二代相比：结构未变，原理未变，可以互换安装（图 1-97）。供油泵外型如图 1-98 所示。

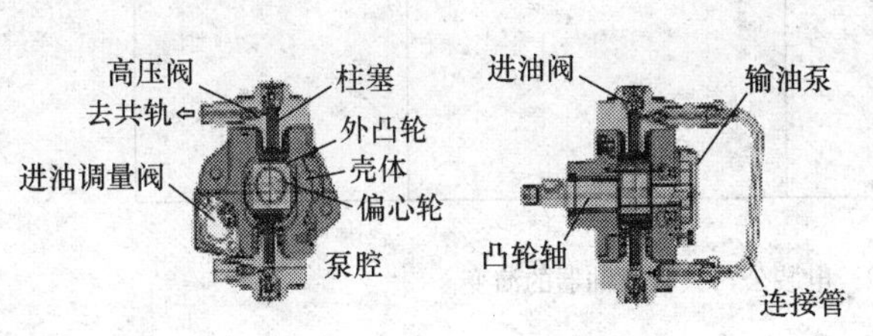

图 1-97　第三代 HP-3 供油泵

图 1-98　供油泵外型

旋转方式，外凸轮压油。为了减轻质量，壳体是铝质的。为了降低成本，供油量控制方式仍然是使用线性电磁阀式进油面积调量阀进行控制。通过进油面积调量阀将必要的燃油送入供油泵的压力腔内，通过对置柱塞升压和供油。内部有一个次摆线输油泵，既不需要其他的机械泵，也不需要电动泵。

第三代供油泵和第二代供油泵的最大不同之处是：喷油压力由 180MPa 升高到 200MPa。

与第二代供油泵相比，和原来 180MPa 供油压力的 HP-3 供油泵具有相同的功能。但是，外凸轮、凸轮环、出油阀等必须具有耐压强度的零件的材料、加工和设计方案等都已经改进了，能够适应 200MPa。在供油泵设计中坚持三条原则：

（1）高喷油压力（200MPa）：外凸轮；

（2）质量轻：壳体全部采用铝材；

（3）结构简单：进油计量采用一个进油调量阀（开启面积调量型）；

（二）喷油器

1. 第一代喷油器

喷油器的用途是将在供油泵中产生了超高压的燃油在最适当的时刻和适当的时间内，适量喷入发动机燃烧室内。

电装公司生产的电控共轨系统喷油器产品的系列如图 1-99 所示。

第一代喷油器是电磁阀控制式喷油器。按照用途分为两种：

（1）喷油压力 120MPa，适用于大中型货车；

（2）喷油压力 145MPa，适用于轻型货车和乘用车。

第一代喷油器的喷油方式可以进行预喷油和主喷油，即一个工作循环中可以进行两次喷油（图 1-100）。

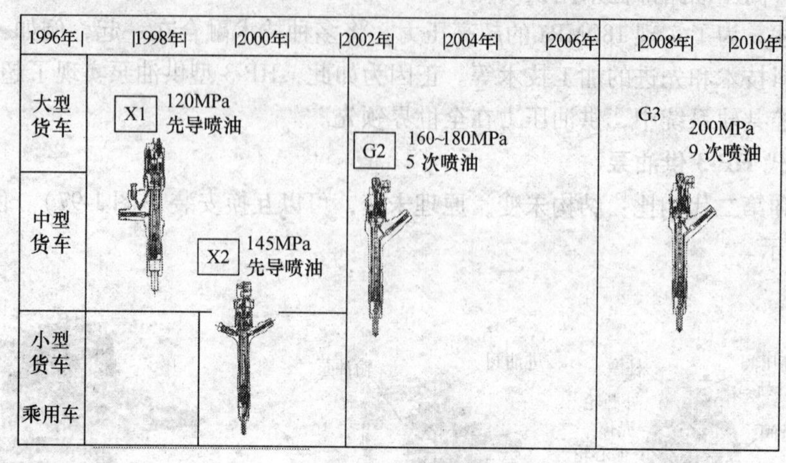

图 1-99　电装公司共轨喷油器的演变

2. 第二代喷油器

第二代喷油器如图 1-99 中 G2 所示。最高喷油压力可达 180MPa。而且，响应特性很高，在一个工作循环中，可以进行 5 次或更多次喷油。

第二代 G2 型喷油器具有多项技术特点（图 1-101）。

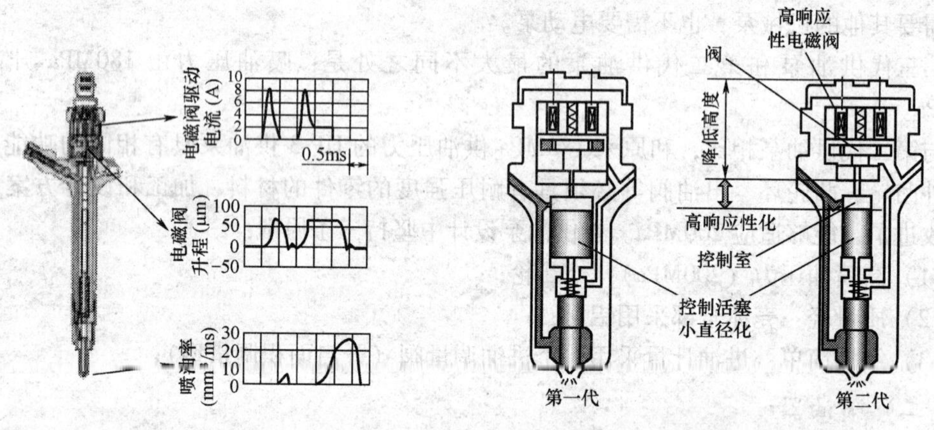

图 1-100　两次喷油　　图 1-101　第二代喷油器技术特点

第二代喷油器（G2）的设计要点：在性能方面，执行器仍然使用电磁阀式，但是尽量减轻可动部分的质量（轻量化）；使用能量损失较小的复合软磁性材料以提高磁性。结果，电磁阀的响应速度大约达到了第一代喷油器的 2 倍。通过优化油压控制室的容积，提高了与喷油开闭速度相关的油压响应速度。

通过上述各种技术措施，两次喷油间隔时间可以缩短到 4×10^{-4}s（一次喷油结束到下次喷油开始的时间间隔），在一个燃烧循环内可以完成 5 次喷油。

图 1-102 是典型的 5 次喷油示波图。表 1-10 中记录了 5 次喷油的相关数据。

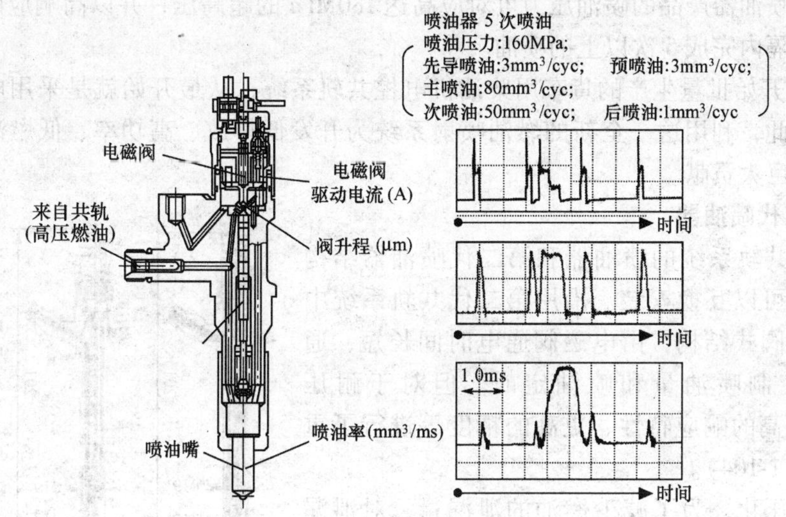

图 1-102 第二代喷油器 5 次喷油示波图

电装公司第二代共轨 5 次喷油数据表 表 1-10

条件	喷油压力：160MPa				
喷油名称	先导喷油	预喷油	主喷油	后喷油	远后喷油
喷油量（mm^3）	3	3	80	5	1

为了提高喷油器喷油量的控制精度，一方面努力提高喷油嘴的加工流量目标值，另一方面要通过提高加工精度、提高喷油器单体的喷油量调整精度。同时，还开发了特殊专用软件，可以对喷油器个体之间的喷油量进行修正。在利用电流通过执行器时间的长短直接控制喷油量的喷油器中，事先将各个喷油器的“个性参数”输入到 ECU 中，就有可能对该喷油器的喷油量和目标喷油量之差进行补偿。

在第一代喷油器中，通过修正电阻对低压小喷油量、高压大喷油量两点进行喷油量修正。但是，在第二代喷油器中电装公司开发了 QR 代码（图 1-103），从低压小喷油量到高压大喷油量之间，对多个喷油量值进行修正。这样，大大提高了整个工作范围内的喷油量精度。特别是可以将引导喷射的喷油量精度控制在 1 ±0. 5mm^3/cyc 之内。顺便说一句，引导喷油量 1mm^3/cyc 的概念可以这样理解：50 次引导喷油的累计喷油量的体积约为挖耳朵的一耳挖子的容积。可以想象，这种精确的喷油量控制是何等困难。

图 1-103 QR 编码

可以说，喷油器是共轨系统中最重要的部件。不仅作用重要，而且设计、加工、制造、装配、调试的难度也最大。喷油器的质量水平是共轨系统水平的重要标志之一。

喷油器的用途是将在供油泵中产生的超高压燃油微粒化，并在最适当的时间将必要量的燃油供给燃烧室。电装公司开始生产的第一代喷油器产品是以最高压力 120MPa 和以先导喷油、主喷油构成为特征的电磁阀式喷油器。

第二代喷油器产品的喷油压力可对应高达180MPa的超高压，并以高响应的执行器实现在很短间隔内完成5次以上的喷油。

1995年开始批量生产的货车用柴油机电控共轨系统，从最开始就是采用电子控制喷射特性，因此，利用这一全新的燃油喷射系统为开发低排放、高功率、低燃油消耗的柴油机做出了巨大贡献。

3. 第三代喷油器

第三代共轨系统的喷油器和第二代喷油器结构和原理相同可以互换安装。沿用第二代共轨系统中采用的二通阀式结构，由电磁阀通电时间长短，通电定时来控制喷油量和喷油定时。但对于耐压200MPa、更高的响应特性、更高的精度等进行了重新设计（图1-104）。

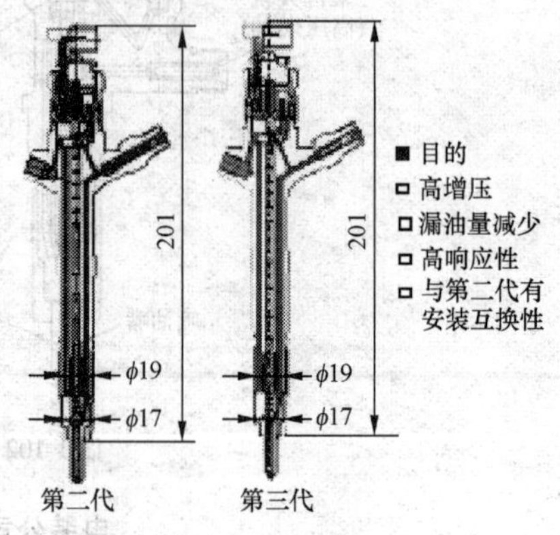

图1-104　第三代喷油器（G3）

由于高压化，为了减少燃油的泄漏量，对泄漏部分进行了改进，在200MPa的燃油压力下，尽量抑制G2喷油器在180MPa的压力下使用时的燃油泄漏量。减少燃油的泄漏量就是减少供油泵所做的功，毫无疑问，这对改善发动机的燃油消耗有好处。从控制喷油器回油温度上升这一点来看，对提高车辆燃油喷射系统整体的可靠性也是有作用的。

高响应性是通过改进磁回路、提高电磁阀的反应速度、通过油压驱动回路的最佳化、提高喷油嘴针阀的动作速度得到实现的。因此，将多次喷油时前次喷油终了到后次喷油开始之间的时间间隔由G2的0.4ms缩短到0.2ms。

高精度化的主要内容是实施改良，提高了零件的加工精度和装配精度等。还有，降低了加在电磁阀上的电力，解决了电路的发热问题。利用和G2同样的电磁阀驱动力可以使喷油次数从5次增加到9次。

（三）共轨

电装公司的共轨如图1-105所示。共轨有两种结构：乘用车共轨和商用车共轨。生产实践证明：微小的间隙和加工不良都可能导致漏油。通过耐高压材质的开发和超精密加工技术，成功地开发了耐高压、高密封性的共轨部件。

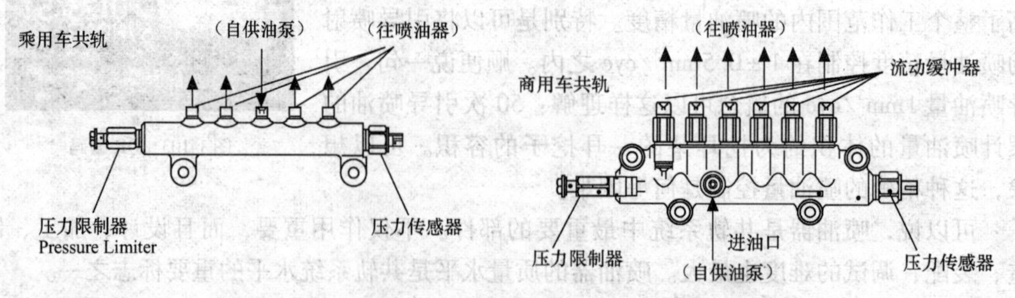

图1-105　电装公司的共轨

（四）ECU

电装公司的ECU可以对应：

（1）最高200MPa的喷油压力，一个燃烧循环中可以喷油5～9次；

（2）用于乘用车的ECU一般是4缸，供油泵则是HP-3型供油泵；

（3）用于商用车的ECU则可对应4～6缸，供油泵则是HP-0、HP-3和HP-4型供油泵。

乘用车ECU：布置在发动机上；插接件：112针；外形尺寸：125～190mm。

商用车ECU：布置在驾驶室内；插接件：167针；外形尺寸：171～236mm。

四、电装公司第二代共轨系统

电装公司第二代共轨系统从2002年开始批量生产，基本标志是喷油压力提升到180MPa（图1-106）。从该图中明显地看到的两项特征：

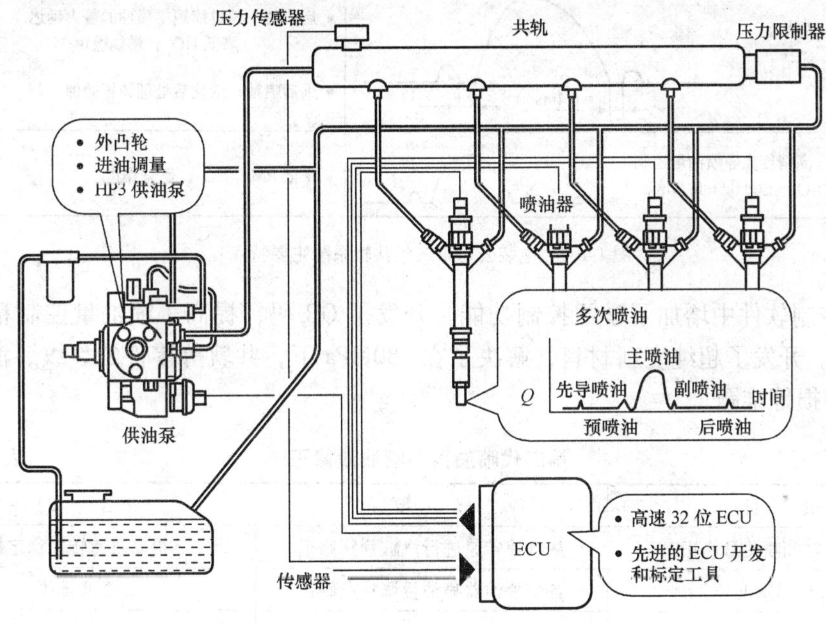

图1-106 电装公司第二代共轨系统

（1）每个工作循环5次喷油；

（2）ECU性能提升了。采用32位ECU及先进的开发工具和标定工具。

在研发第二代共轨系统的时候，作为目标提出的新要求是：

（1）喷油压力与发动机转速无关，可以从低压到高压连续控制；

（2）喷油定时设置的自由度大；

（3）喷油量、喷油定时和喷油压力具有更高的控制精度；

（4）时间间隔可以更短、精度更高；

（5）可以控制一次喷油过程中的喷油率。

生产实践表明，第二代共轨系统基本上达到了上述要求。主要的特点整理见图1-107。

（1）喷油压力提高到180MPa；供油泵采用旋转式外凸轮，采用进油调量式；为了减轻供油泵的质量，将油泵的高压部分和低压部分分开，高压部分用铁质制造，低压部分用铝质制造；HP-3型高压泵只有3.8kg，是当时世界上最轻的供油泵。

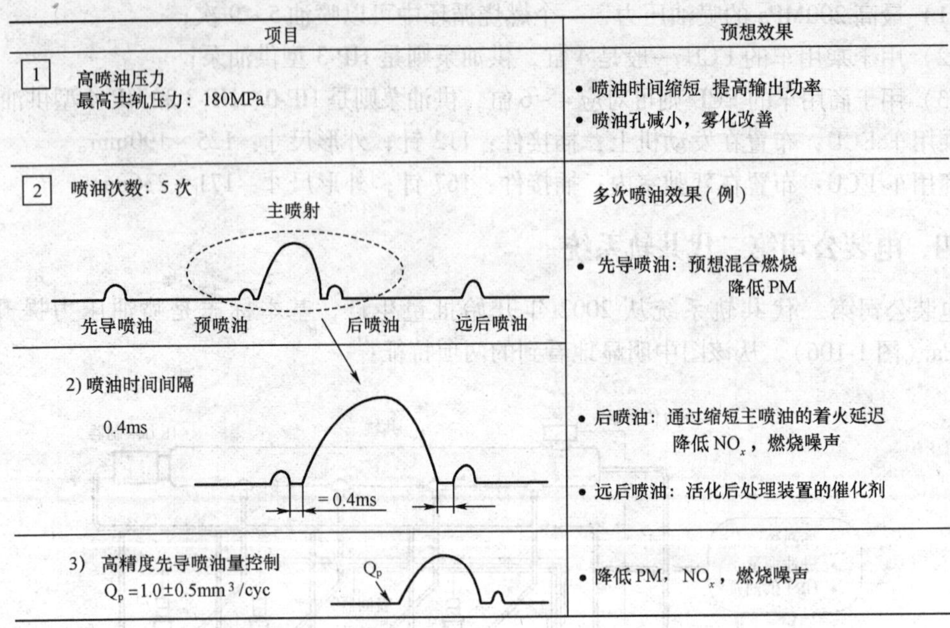

图 1-107 电装公司第二代共轨系统主要特点

（2）控制软件中增加了学习控制功能。开发了 QR 码，提高了喷油量控制精度（参看表 1-11）。开发了超纯度新材料，解决了在 180MPa 下，共轨等零件的裂纹、泄漏和喷油嘴座面磨损等难题。

第二代喷油器中喷油量修正　　表 1-11

项　目	概　要	目　的
各个汽缸间喷油量修正	从怠速转速进行汽缸判别修正	提高怠速转速稳定性
QR 码修正	各个喷油器喷油量调整点修正	降低排放
微小喷油量修正	小油量多次喷油时 根据转速变动进行修正	降低排放

（3）可以在一个供油行程中实现 5 次喷油。

五、电装公司第三代共轨系统

2008 年，电装公司开始批量生产第三代共轨系统。

电装公司在原第二代共轨系统的基础上开发了更加先进的、兼有环保和经济性两方面优势的第三代共轨系统。两代共轨系统结构相同，原理一样，具有互换性。但是，喷油压力为 200MPa，在一次燃烧行程中最多可以喷油 9 次。可以满足欧 V 排放法规，且有满足欧 VI 排放法规的潜力。

第三代共轨系统的主要特征是：

（1）喷油高压化（200MPa），提高喷雾质量；

（2）采用高速电磁阀，提高响应特性；

（3）运动零部件最佳化，减少燃油泄漏量；

（4）低能量驱动，实现喷油多次化。

（一）第三代共轨系统的开发目标

美、日、欧柴油机排放法规不断强化，对排气中 PM（颗粒物）、NO_x（氮氧化物）和 HC（碳氢化合物）的控制越来越严格，对柴油车来说面临着极为苛刻的环境（图 1-108）。因为柴油机与车辆的行驶性能、燃油消耗、噪声等品质参数密切相关，其中，燃油喷射系统的作用尤为重要。

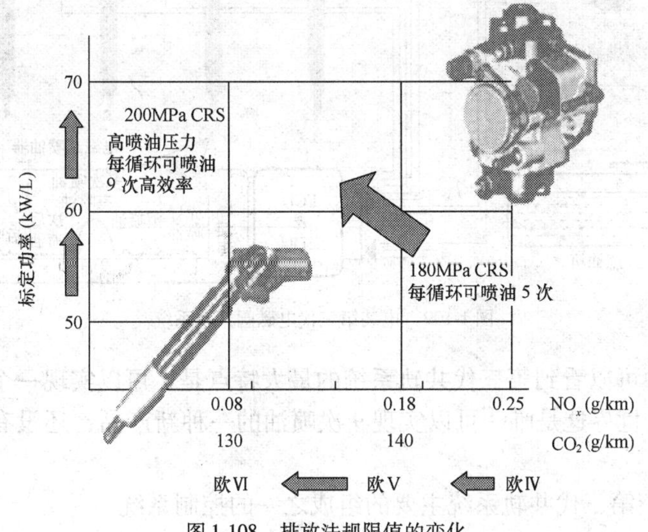

图 1-108 排放法规限值的变化

为了降低柴油机排放，改进燃烧、EGR 等发动机控制、后处理技术开发等方面的研究不断取得进展。燃油喷射系统是改进燃烧的最重要的技术之一，这在今天仍然没有变化。促进喷油雾化，可以降低 PM 排放的"高压喷射"，增加预混合燃烧比例，降低燃烧噪声的先导喷油，影响发动机产生转矩的最主要的预喷油和主喷油，促进未完全燃烧的成分再次燃烧的后喷油，与催化剂活性程度直接相关的、在一次燃烧行程中进行后喷油的"多次喷油"，使排放稳定且能降低排放的喷油压力，喷油量和喷油定时的高精度控制等都是实现高性能、高功能所要求的。为了满足上述要求，电装公司在第一代和第二代共轨系统的基础上继续改进，2008 年，在全世界第一次开始批量生产可以实现 200MPa 超高压、一次燃烧行程中可以实现 9 次喷油的第三代共轨系统。

（二）开发理念和系统构成

第三代共轨系统考虑到 2009 年 10 月实施的欧 V 排放法规，而且也充分注意到将于 2014 实施的欧 VI 排放法规。

第三代共轨系统组成如图 1-109 所示。主要组成部分如下：实现 200MPa 超高压喷油的供油泵，低能量消耗且实现了高精度、高响应特性的喷油器，压力控制用压力传感器，装有减压阀的共轨（控制燃油减压端压力），上述喷油器的驱动器和具有燃油喷射控制功能的发动机控制单元 ECU 等。基本组成和第二代共轨系统相同，可以互换安装。

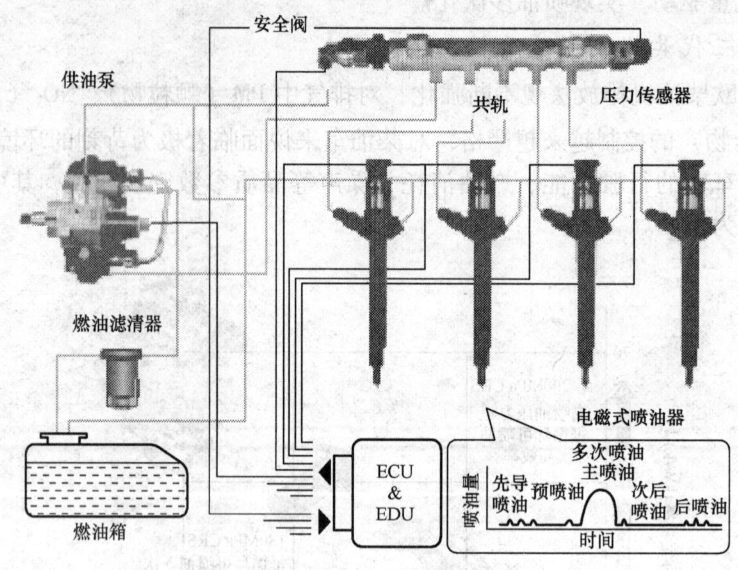

图 1-109　电装第三代电磁阀共轨系统

从图 1-109 中可以看到第三代共轨系统的最大特点是：可以实现一个工作循环中喷油 9 次。目前，在全世界这是唯一可以实现 9 次喷油的一种新产品，还没有其他公司可以生产类似的产品。

下面首先介绍第三代共轨系统主要的组成之一的控制系统。

（三）控制系统

为了实现高精度喷油，不仅要对燃油喷射系统的组件进行改进，而且需要研发提高控制精度的控制技术。增加一次循环中的喷油次数，喷油器的喷油量在各个汽缸之间的偏差将会随着喷油次数增加而加大，在车辆使用过程中，则会随着使用时间增加而加大。这些对排放性能、燃油消耗、噪声等劣化过程都有很大的负面影响，因此，高精度地控制喷油量等是非常重要的。在第三代共轨系统中，采用了下面的一些控制方法：

（1）小喷油量学习模式（SQL，Small Quantity Learning）

从发动机转速的变化中检测出小喷油量的变化并进行修正；

（2）相对喷油量学习模式（RQL，Relative Quantity Learning）

从发动机转速的积分中检出各汽缸的做功量，修正各汽缸间喷油量的偏差。

（3）平均喷油量学习模式（MQL，Mean Quantity Learning）

检出排气中 O_2 的浓度，修正平均喷油量。

下面详细地介绍 SQL 学习模式。

在第二代共轨系统中，已经采用了 SQL 的部分理念。在无负荷怠速稳定工况下，将喷油量均匀地分成 4～5 次进行喷射。将每次小喷油量从发动机转速的平衡中和以 1～2mm^3/cyc 为基准的小喷油量进行比较，修正该喷油量指令，进行学习控制。从新车开始直到旧车都能够确保低喷油压力区域内小喷油量的精度。

为了降低排放、改善油耗，将多次喷油的使用区域扩大到高压区域。在第三代共轨系统中，加入了高压区域的小喷油量学习控制模式。图1-110中说明了控制的要点。在发动机减速等工况下，在不喷油的压力条件下，使发动机喷射1～3mm³/cyc的微量燃油，从发动机转速的下降速度的变化量中推算实际喷油量，从而进行修正。通过这样的学习控制，就有可能进行直到200MPa的超高压状态下的喷油量修正。

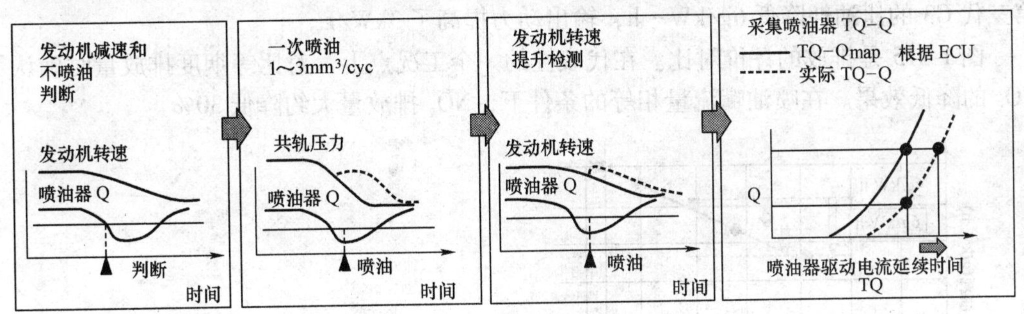

图1-110　SQL学习控制

（四）性能

1. 喷油特性

G3喷油器的性能介绍如下。图1-111中示出了喷油率波形。响应特性高的G3与G2相比，初期喷油率增大了。喷油延续时间缩短了7%。

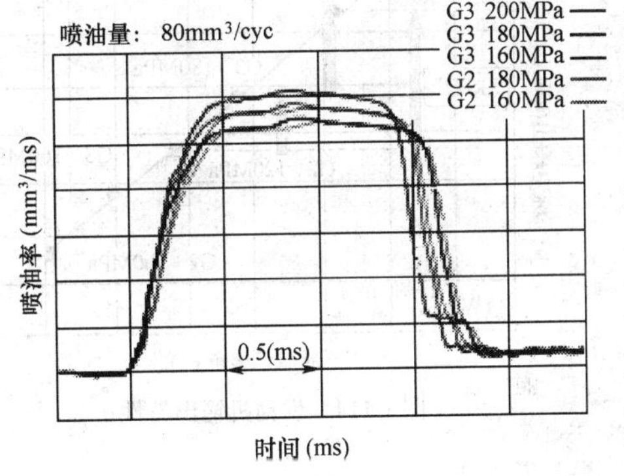

图1-111　喷油率

两种系统的喷雾束的结构参数：图1-112中示出了在喷射过程中射程的比较，图1-113中示出了喷雾平均粒径的比较。分析确认了如下结论：在常温常压下，G3与G2相比，喷雾束射程增加20%，平均粒径减小6%。

上述喷油特性的提高是由于电磁阀改进后，燃油调量阀的开闭速度提高了，再者，是由于200MPa高压喷射的结果。

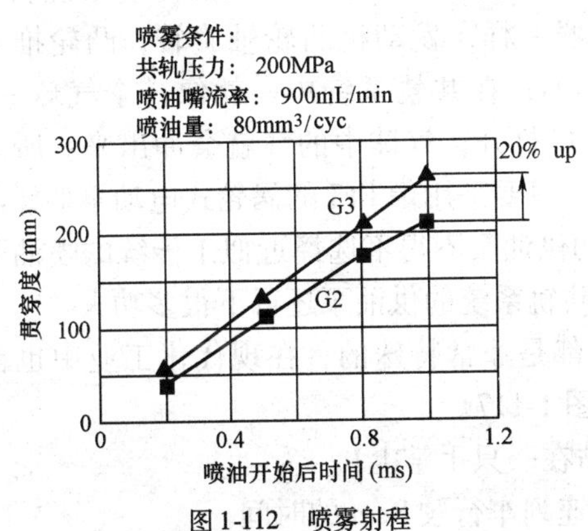

图1-112　喷雾射程

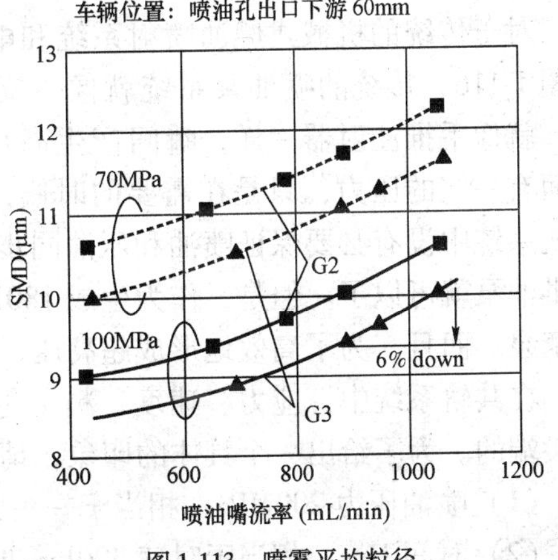

图1-113　喷雾平均粒径

2. 发动机及车辆性能

将第二代共轨系统和第三代共轨系统安装到4缸、2L的柴油机上，对其性能进行了对比。图1-114中示出了比油耗和动力输出的比较，前提是：烟度排放量、喷油时间、喷油嘴流量、进气压力都相同。由试验结果可知：相对于180MPa的第二代G2，200MPa的第三代G3的比油耗降低6g/kW·h，输出动力提高了3kW/L。

图1-115是排放的评价对比。在代表性的一个工况点上，对比等烟度排放量时确认了NO_x的降低效果。在喷油嘴流量相等的条件下，NO_x排放量大约降低30%。

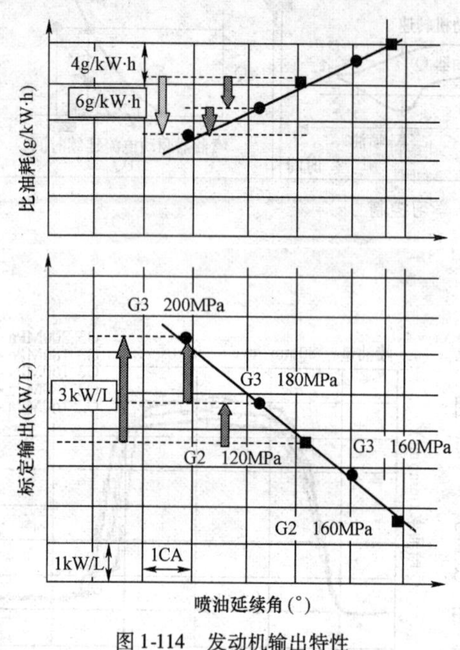

图1-114　发动机输出特性

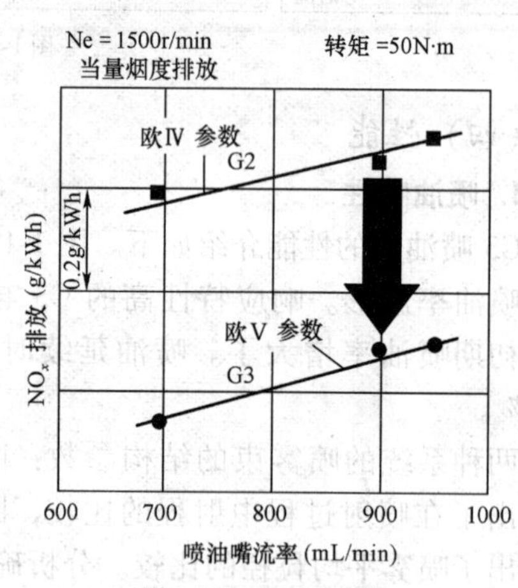

图1-115　发动机排放

六、电装公司的关键技术

下面介绍电装公司研发共轨系统过程中的若干关键技术。

（一）关于共轨系统的认识

对于传统的机械式燃油喷射系统和电控共轨系统可以用一个形象的比喻来说明。参看图1-116，传统的喷油泵系统就像一支注射器一样，发动机凸轮轴旋转，凸轮推动柱塞，就像手推注射器一样，瞬间产生高压和压油；在共轨系统中，就像一个气球一样，里面有一定的压力，只是在需要的时候，将出口打开，气球中的气就会冲出来。所以在共轨系统中没有必要保证喷油和压油同步进行。只要采用像EFI的涡轮式电动泵那样的连续供油泵就可以了。但是，作为生成180MPa的供油泵不得不选择近似于传统的喷油泵的活塞泵。而且，为了高效地形成超高压，对于共轨系统的供油泵还得下很多功夫。

在共轨系统中，应力、速度、精度等概念都是非常特殊的，在现代化工业中也都是最尖端的。为了给出一个具体的印象，请参看图1-117。

（1）喷油压力200MPa：相当于一头大象站在一只手掌上！

（2）时间1ms：相当于时速300km/h的高速列车行驶8cm的时间。

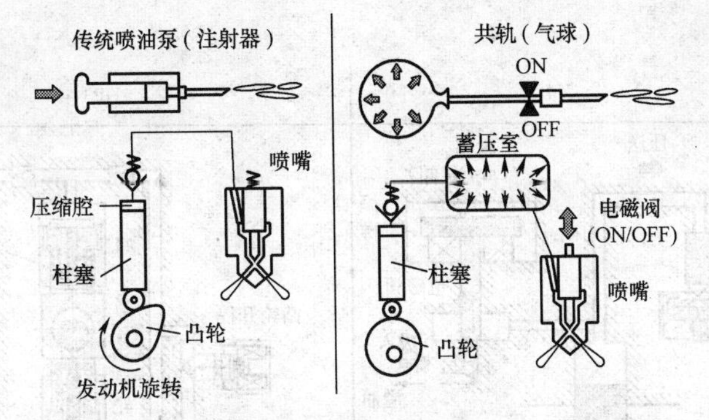

图 1-116 共轨系统的概念

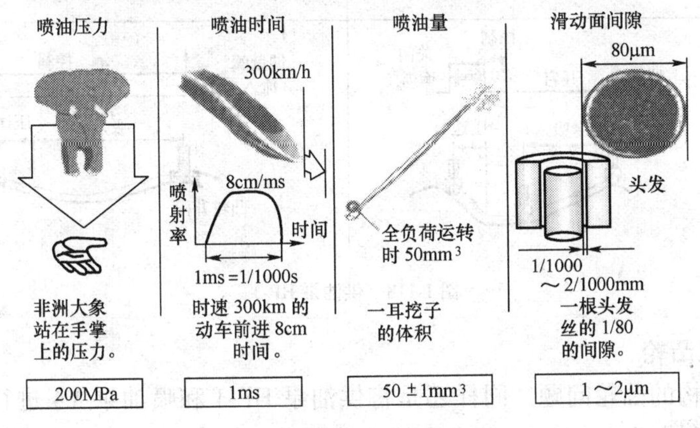

图 1-117 共轨系统中的参数

(3) 喷油量 (50 ±1) mm^3/cyc：挖耳朵的耳挖子的体积。这么一点燃油还要分成 5 次、9 次喷射，而且每一次喷油量要稳定，要重复性好。

(4) 滑动面间隙 1 ~ 2μm：普通人的头发的直径是 60μm，滑动间隙只有头发丝的 1/60！

有了这几个基本概念之后，可重新认识共轨系统了。

1. 可变供油量

在汽油机 EFI 中，常常是采用大流量供油溢流式调压阀来获得希望的压力。但是，在柴油机共轨系统中如果也采用这种方式，则大量的燃油升压后白白地流走，效率必然非常差。因此，供油泵中的出油阀设计成可变的，其工作原理是在需要多少燃油时就补充多少燃油，以此维持所需要的压力，这就是电装公司第一代共轨系统所采用的方法。

实现可变供油量的方法有许多种。现在，成为主流的方法是 HP-3/4 型供油泵，采用进油面积调量法。如图 1-118 所示，HP-3 型供油泵和 V4 型分配泵进行比较。传统的供油泵中同样也必须采用供油量可变的机构，即喷油量调节。但是，因为是突然地停止供油，最后使燃油通过电磁阀一下子溢流的方式。这种做法转矩损失很大，驱动系统产生冲击，效率很差。在 HP-3/4 供油泵中，进入泵室的燃油量预先通过面积节流，也就是根据工况改变进油量。供入的燃油量就是最后压送出去的燃油量。实现面积节流调量的执行器只是一个小型电磁阀。

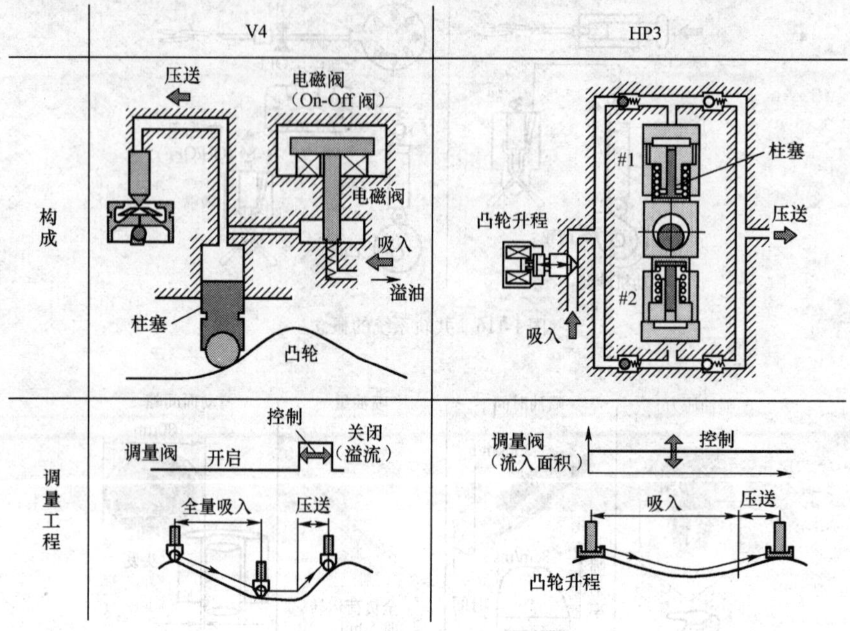

图 1-118　供油泵 HP-3

2. 采用低速凸轮

关于压油机构的凸轮问题，同样还是将供油泵 HP-3 和喷油泵 V4 进行比较。前面举过一个例子：注射器和气球。对于喷油泵只是生成瞬间的高压，因此要求采用切线型等速度非常高的凸轮。但是，在供油泵 HP-3 中允许慢慢地压油，所以偏心圆弧凸轮就足够了。图 1-119 中示出了在同样喷油量的发动机的条件下，V4 和 HP-3 的凸轮速度及驱动喷油泵的驱动转矩的比较。喷油压力 V4 = 100MPa，而 HP-3 = 180MPa，也就是说，HP-3 的

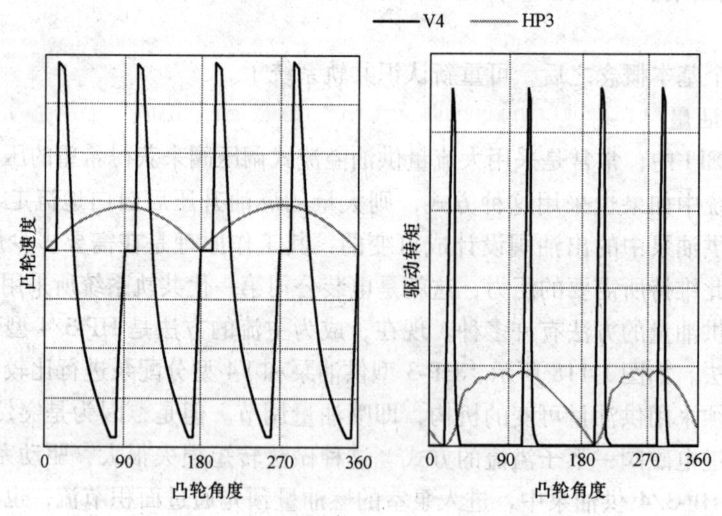

图 1-119　凸轮的速度和驱动转矩的比较

喷油压力近于V4的2倍。因此大幅度地降低了驱动转矩。对于这样的凸轮机构，工作应力也可大幅度降低，凸轮接触面的面压当然也很低。从摩擦学的角度来看是非常有利的。

3. HP-3 供油泵

图1-120中示出了参数对排放和噪声的影响。HP-3型供油泵集中了若干关键技术，可用于满足小型货车的喷油量，喷油压力可达180MPa，质量只有3.8kg，小型紧凑。另外加上低速凸轮、进油调量机构等，压油的驱动转矩很小，传统的喷油泵中需要采用齿轮驱动。但是，这里采用皮带传动也就可以了。通过溢油，不消耗高压燃油，驱动机构不产生摇动，驱动噪声83 dB，和V4相比低14dB，显得非常安静。

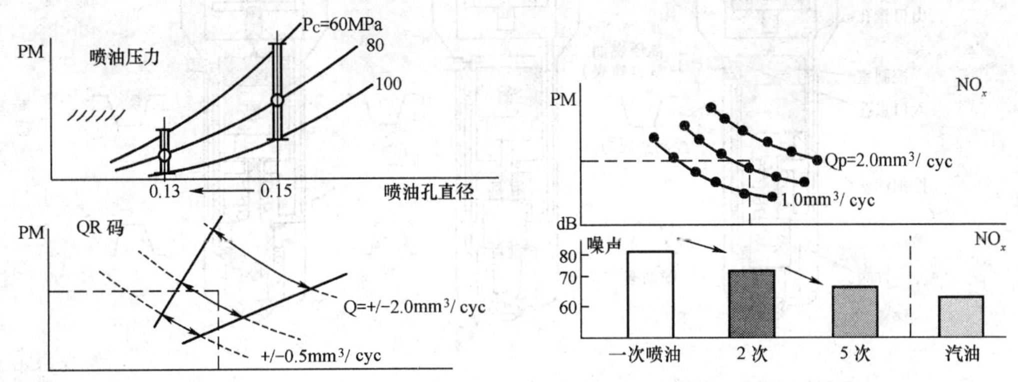

图1-120　排放和噪声的对比

作为压油机构的整体效率与传统的喷油泵相比约低40%，在全部工作范围内效率高达95%，对提高发动机的经济性起到了很大的作用。

（二）超高压下实现高速喷油

下面介绍喷油器。汽油机EFI的喷油器的喷油压力约0.2MPa，在大约20倍的动态范围内喷油。动态范围的定义是：

$$动态范围 = Q_{max}/Q_{min}$$

为了求得该项性能，对于电磁阀来说就是提高吸引力和响应特性，尽可能减小运动部分的质量。但是，在共轨系统用喷油器中，所要求的功能远远不止以上几项内容，包括压力为180MPa，动态范围100倍以上，喷油时间间隔0.1ms，一次燃烧行程中喷油9次的超高速要求等。下面介绍在喷油器中实现这些要求的技术秘密。

1. 油压伺伏机构

图1-121示出了电磁阀式共轨喷油器的结构和工作原理。最终决定燃油喷射的是喷油器前端的喷油嘴。针阀开启，喷油开始，针阀关闭，喷油结束。在汽油机燃油喷射系统中，针阀的开启和关闭是由电磁阀直接驱动的。在柴油机共轨系统中，如图1-121所示，位于控制活塞上部的控制室的压力在高压和低压之间切换，向喷油嘴针阀传递轴向作用力，从而控制针阀的运动。作为执行器的电磁阀的功能就是控制这个压力。燃油流进或流出控制室的关键是入口量孔和出口量孔的节流作用。因此，设置针阀上下运动的速度，从电磁阀的运动到针阀的运动之间有意识地留出滞后时间。通过上述油压伺服机构的控制和针阀微小的上升，可以实现1mm³以下的喷油，并且可以确保100倍以上的动态范

围。电磁阀控制的流进或流出的燃油量和控制室内的压力开关所需要的油量也是非常少的。所以，即使是在180MPa的高压下，也可以采用尺寸很小的电磁阀。这种油压伺服机构不仅应用于图1-121所示的电磁阀式喷油器，刚刚获得成功应用的压电晶体式喷油器也采用了这种油压伺服机构。

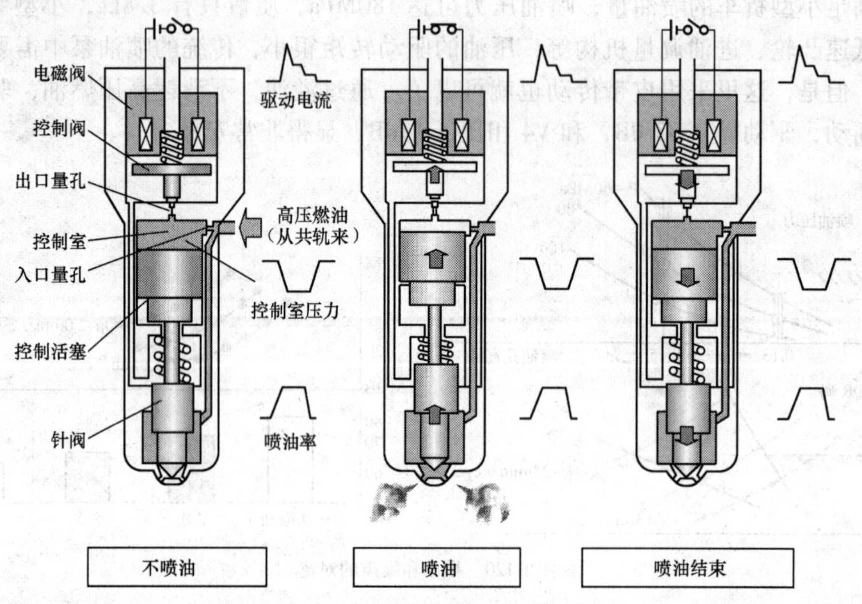

图1-121　电磁阀式共轨喷油器原理图

2. 高速执行器

如前所述，借助于油压伺服机构来驱动共轨喷油器的执行器（电磁阀式或压电晶体式执行器）应当具有极强的作用力和极高速的响应特性。图1-122中示出了相对于各种执

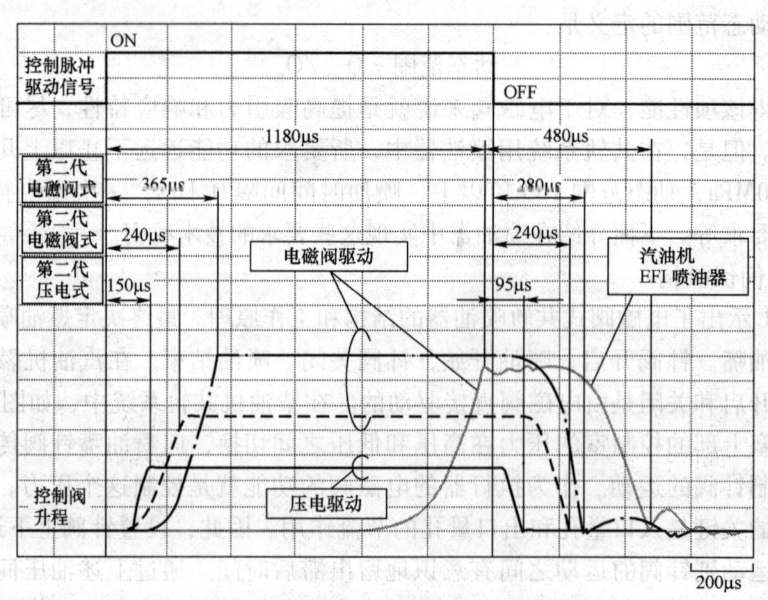

图1-122　各种执行器的响应特性

行器的驱动信号的响应特性的比较。柴油机共轨系统用执行器的 ON-OFF 端都在 300μs 以下，相对于汽油机喷油器来说，速度已经是很高了。

为了使电磁阀实现高速化，需要从结构、材料、驱动等多个方面下工夫。首先是电磁阀需要采用磁效率高且封闭磁路的平板型结构，产生电磁吸引力的有效磁路面积应尽可能大。对于同样的电流，需要得到尽可能大的吸引力，选用最大饱和磁束密度的磁性材料。但是，对于一般的电磁铁，要产生和消去很大的吸引力时，会在磁力线的周围产生妨碍磁力产生和消去的电流（一般叫做窝电流），阻碍高速响应的特性。为了抑制这种窝电流，需要采取措施，例如，在高速电动机中采取下述措施：使电磁钢板的表面绝缘，并且多层集放在一起，使磁力线的周围没有电流流过。电装公司电磁阀式喷油器的第一代产品就是采用这种方式。但是，第二代喷油器采用了新材料，上述窝电流已经完全遮断。这种材料叫做复合软磁性材料。将作为磁性材料的铁粉用化学绝缘的皮膜包起来，加压成压粉体，用它来做电磁阀的定子。晶体组织如图 1-123 所示，其互相紧靠着的微小的磁铁（铁粉）之间，从原理上来说不可能有窝电流流过。阀的开启和关闭的响应特性大幅度提高，速度很快。表 1-12 中列出了各种执行器的性能和材料特性。为了以高速、能产生超过 100N 的响应吸引力、必要的比抵抗——涡电流难以流过的程度飞跃式地提升了。

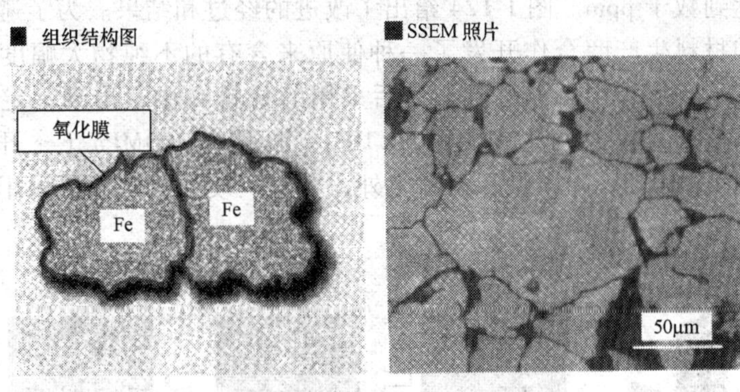

图 1-123 复合软磁性材料

各种执行器的性能和材料 表 1-12

喷油器类型	最大吸引力	定子芯的特性		
		材料、方式	磁束密度	比抵抗
第一代共轨	10	硅钢板、积成	1.5	15
第二代共轨	10	复合软磁材 固体	1.3	5000
汽油喷射	1	电磁不锈钢 固体	1	1

注：数据是和汽油 EFI 的比值。

驱动电流的输入方法：在柴油机共轨系统将高电压预先储存在电容器里，在输入的瞬间一下子就能释放出来。这样，对提高 ON 侧的响应特性可起到很大的作用。

从 2005 年开始，投放市场的压电晶体喷油器中，采用压电晶体元件作为执行器。压电晶体元件是具有加上电压就会伸长的特性的一种特殊陶瓷。将多片薄片状的压电晶体元件叠放在一起，可以得到大约30μm左右的位移。因为没有电磁阀那样的阀体的运动，采用压电晶体方式可以得到200μs以下的更高速的响应特性，对实现高速喷射或缩短多次喷油中的时间间隔都是非常有效的，今后会进一步扩大采用。

3. 超高压下确保可靠性

在180MPa超高压喷油的环境下存在着很多高应力。例如：泵的凸轮面上作为超高压的反作用力会产生非常高的面压。为了防止烧伤，需要施加超高硬涂层；高压燃料被减压成大气压时会产生非常多的热量，传统系统使用频率很高的橡胶和树脂类材料不可以使用。

为了防止燃油通路因承受各种应力且一直受到高压燃料冲刷可能发生的开裂，有必要研发一种新型钢材。流过超高压燃料、形成燃料流通孔的材料一般都具有较高的硬度，而且是表面加工得非常光滑的特殊钢材。但是，锐角交叉的孔部需要特别小心对待，也就是说，如果材料表面存在非常微小的缺陷，由于缺口效应，往往会从那个地方开始产生应力集中，最糟糕的情况是孔口完全裂开。这些微小缺陷有的是由于加工留下的伤痕，有的是在180MPa的环境下，由材料中原来含有的细微的不纯物引起的。喷油器量孔板部位有交叉加工的、直径在0.2mm左右的小孔。在开发初期所使用的材料中含有不纯物（直径大约10μm以上的碳化物），在180MPa的超高压环境下产生裂纹的概率达到数十ppm。图1-124给出了改进的经过和结果。为了避免产生这种裂纹，电装公司和材料生产商合作开发了一种使原来含有的不纯物大幅度地细化的一种新材料。从金相组织照片中可以看到，最后采用的材料C中，出现一定尺寸以上的不纯物的概率与初期的材料A相比减少到1×10^{-6}。即使在200MPa下，开裂现象产生的概率也会下降到1×10^{-6}。除了量孔材料之外，共轨、喷油器体等都采用了这种新开发的特殊钢材。

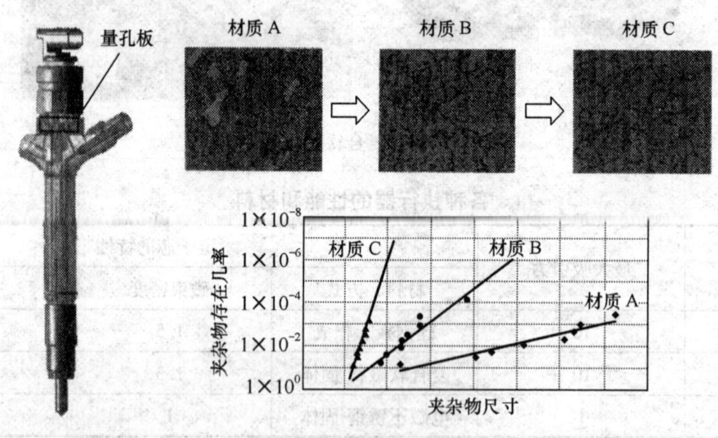

图1-124　高耐压材料

4. 高精度下确保喷油量

共轨系统喷油量是由喷油器决定的。因此，对于各个喷油器之间的喷油量的偏差，在运行的全部工况范围内必须控制得非常小。近年来，排放法规越来越严格，因此，对于喷油量偏差的要求也越来越严格了。

偏差产生的原因在于喷油嘴的喷油孔的流量（流量取决于喷油孔的大小和燃油流动的难易程度）、喷油嘴的针阀升程、电磁阀开闭的响应性、控制量孔的流量等多个方面。当然，采用加工制造方面的最新加工工艺技术可最大限度抑制零件之间的偏差。但是，实际情况仅是加工装配的状态下的努力是不能够满足要求的。因此，电装公司采用QR编码进行电子修正。关于QR编码的概念请参看图1-125。

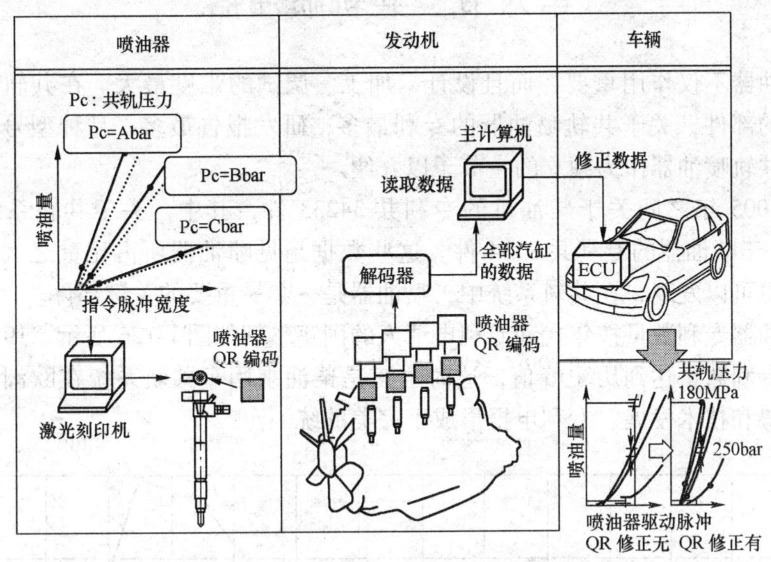

图1-125　QR码修正

QR编码是二元的信息码。在很小的面积上可以记录很多的信息。喷油器在组装之后，在调整工序中，按照实际使用的燃油压力、控制脉冲宽度运转，测量实际喷油量。将每一次喷油量和目标喷油量进行比较，给定脉冲宽度如何变化才能和目标喷油量一致？这些信息就是QR编码，将其记入喷油器上部的零件内。将喷油器装配到发动机上的时候，读取该QR码，将QR码中记录的喷油量修正量转移到车辆的ECU中。结果，ECU就可以对逐个喷油器的输出脉冲宽度进行微妙的修正，这样就可以实现各个喷油器之间的偏差很小的喷油量。进行这项修正的关键之处是应当设定能够覆盖发动机所有运行工况的4～10个点，然后，在各个点之间用内插法进行修正。所以，在发动机全部运行的工况内都可以保证高精度的喷油量。加上高压、高速和高耐力的所谓产生动力的技术，这些细微的机械电子要素也是构成共轨系统的要素之一。

七、总结

关于电装公司第三代共轨系统所具有的潜力及其效果可以总结如下：

（1）喷油压力达到200MPa，最多可以实现一个工作循环中9次喷油，实现了高精度喷油量控制，对提高输出动力、降低燃油消耗、净化排放起到了很大的作用。

（2）在原有技术的基础上延伸，开发了主要构件，在原用发动机上可以实现互换安装。

自从1995年在全世界第一次开始生产共轨系统以来，电装公司作为共轨系统的专业供货商丝毫没有懈怠，一直进行着技术开发。今天，电装公司可以提供取得了新的进展的第三代共轨系统，实现了新的技术革新，满足走在时代潮流之前的、多种多样的而且是高难度的顾客要求。电装公司的这一技术使柴油车的排放、行驶性能、燃油消耗、噪声等都得到了改善，在保护地球环境和节省燃料两个方面做出了巨大贡献。

第六节　共轨喷油器

共轨喷油器不仅作用重要，而且设计、加工、调试的难度最大。在共轨系统中，作为一个独立的部件，关于共轨喷油器的专利最多，研发报告最多，品种型号也最多。所以，本书将共轨喷油器作为独立的一节予以介绍。

1990～2005 年之间关于柴油机的专利共 34233 件，其中，关于共轨系统的专利共 12071 件，关于喷油器的专利共 8534 件。这些数据足见喷油器所占比重之大。从生产和使用实践中也可以发现，在共轨系统中，喷油器是一个最重要的关键部件。

共轨喷油器专利数量按年代和专利申请人的国籍整理如图 1-126 所示。1999～2001 年期间申请的专利数量达到历史峰值，这时也正是柴油乘用车共轨系统在欧洲最兴旺的时期。市场形势和技术发展、专利申报形成了完美的统一。

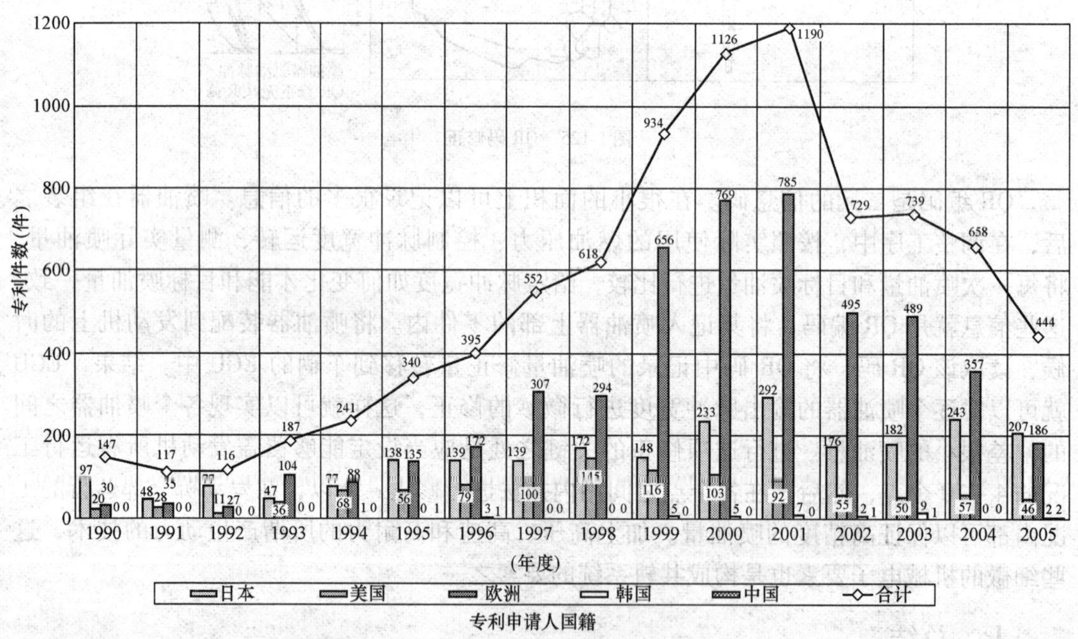

图 1-126　共轨喷油器专利

进入 20 世纪 90 年代以后，关于共轨喷油器的专利申请数量开始增加。在电装公司于 1995 年将共轨系统正式年投入市场之前，日本的专利数量最多。其后，欧洲的专利数量开始增加。博世公司在 1997 年向市场推出乘用车共轨系统以后，喷油器的专利数量增加得很快，迅速超过了日本。

据统计，关于共轨喷油器的专利数，欧洲最多，占 57.8%，随后是日本和美国。

一、喷油器技术发展

喷油器技术发展的核心内容就是围绕如何实现越来越精细地控制喷油过程而展开的。所谓精细控制喷油过程是指在一个供油行程中最多可以喷油的次数及每次喷油量的控制精度等。

初期阶段的共轨系统一般可以喷油两次。后来发展到5次，7次。到现在为止，每一个供油行程中博世公司产品可以喷油7次，电装公司产品已经实现9次。喷油次数增多，随之而来的技术难题有两个：

（1）每一次的喷油量越来越小，各个喷油器的喷油量偏差和稳定性要求越来越高；

（2）前一次喷油终了到后一次喷油开始的时间间隔越来越短，响应特性要求越来越高。详见附表1-13。

喷油次数和时间间隔　　表1-13

喷油次数（次）	2	5	7～9	
时间间隔（ms）	0.7	0.4	0.2	0.1

图1-127中示出了在柴油乘用车中进行对比试验的结果。在同样的条件下，多次喷油可以明显降低汽车的噪声。2次喷油比1次喷油降低3dB，5次喷油又比2次喷油降低

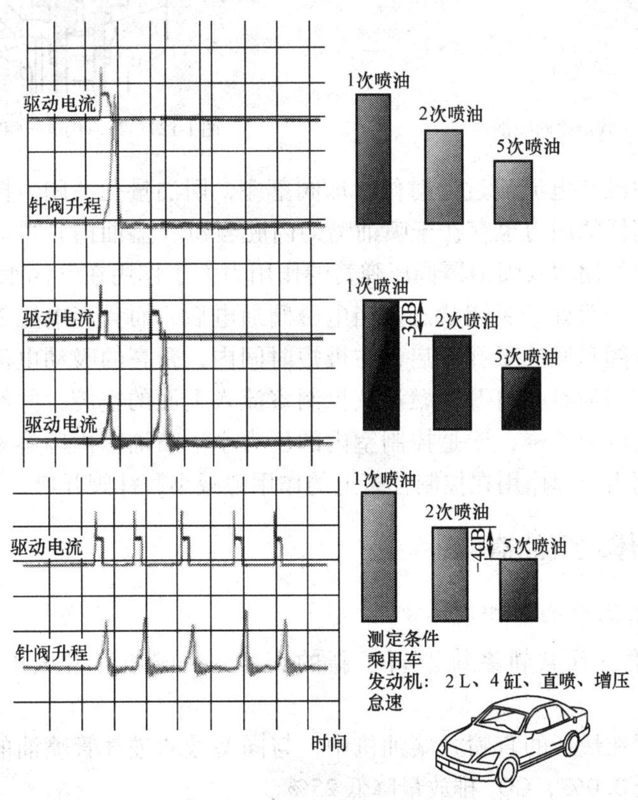

图1-127 多次喷油降低噪声

4dB。效果非常显著。通过高精度多次喷油，可以实现最佳燃烧效果，抑制 NO_x 产生，使燃烧噪声大幅度降低，燃油消耗得到改善，CO_2 排放量减少。这样的效果只有在共轨系统中才能做到，在传统的机械式燃油喷射系统中是不可能实现的。

二、电磁阀式喷油器

关于电磁阀式喷油器的工作原理请参看第三章第七节。

博世公司第一代电磁阀喷油器如图 1-128 和图 1-129 所示。喷油器的工作原理如下：喷油器中设计了一个控制室，上面有一个回油量孔，通常由球阀关闭；下面有一个进油量孔，并和共轨油道相通。球阀的开启和关闭由 ECU 控制，在必要的时候 ECU 发出指令，控制针阀开启或关闭。

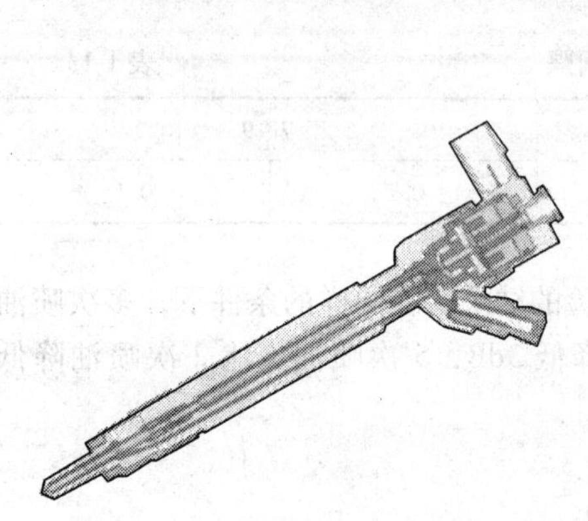

图 1-128　第一代电磁阀喷油器

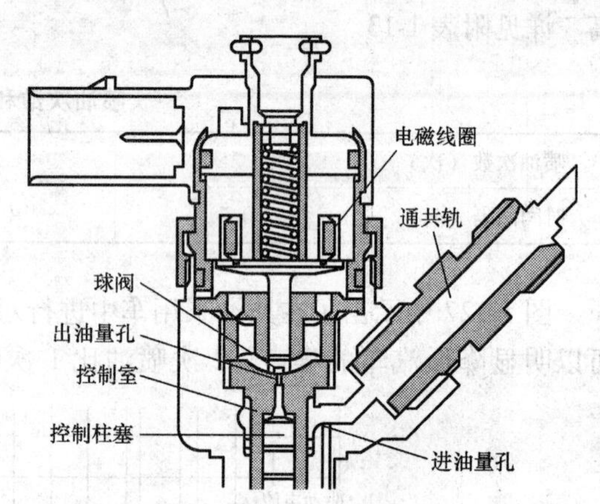

图 1-129　第一代电磁阀喷油器头部

当电磁线圈中没有电流流过的时候，球阀落座，回油量孔关闭。控制室内压力和共轨的高压一样。同样的压力也存在于喷油嘴的内腔容积（盛油槽）中。共轨压力在控制柱塞端面上施加的作用力及喷油器调压弹簧的作用力大于作用在针阀承压面上的液压力，针阀关闭。喷油器一般处于关闭状态。当电磁阀通电后，而且当电磁铁的作用力大于弹簧的作用力时，球阀和回油量孔开启，在极短时间内，升高的吸动电流成为较小的电磁阀保持电流。随着回油量孔打开，燃油从控制室流入上面的空腔，并经回油通道回流到油箱。控制室内的压力下降，于是控制室内的压力小于喷油嘴内腔容积中的压力。控制室中减小了的作用力引起作用在控制柱塞上的作用力减小，针阀开启，开始喷油。

三、压电晶体式喷油器

（一）压电晶体喷油器概况

博世公司的第三代共轨系统取得了新的突破——成功开发压电晶体喷油器（图 1-130）。

压电喷油器用在最新的直喷式柴油机中，与同型号的进气管喷油的汽油机相比，燃油消耗率可以降低 3.0%，CO_2 排放量降低 25%。

在戴姆勒－奔驰公司的 C 220 Bluetec 概念车上，第三代共轨系统的排放值可以满足欧 VI 排放法规。在 ML320 BluTec、Gl320 BluTec、R320 BluTec 三种汽车上装用压电喷油器的共轨系统可以实现欧 VI 排放法规，在大型 SUV Gl320 BluTec 汽车上，按 ECE 试验模态，每单位燃油行驶里程为 10. 6km/L，CO_2 排放量达到 250g/km。

2003 年 5 月，博世公司开始批量生产第三代压电喷油器。这是柴油共轨喷油技术领域的重大突破喷油压力为 160MPa。在无排气后处理措施的情况下，用于重型汽车时的排放值可达到欧 IV 排放标准。

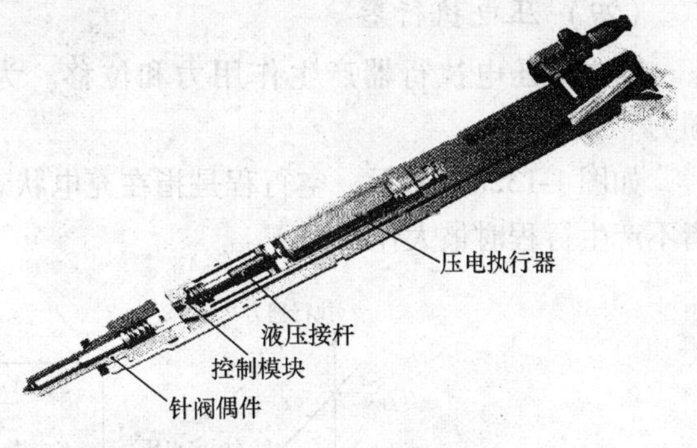

图 1-130　压电喷油器（CRI3）

实践证明，博世公司压电喷油器 CRI3 有如下特点：

（1）改善排放效果：20%；

（2）提高输出功率：7%，降低油耗：约 3%；

（3）降低燃烧噪声：约 3dB（A）；

（4）结构紧凑、质量轻；

（5）改善在发动机缸盖上的安装自由度；

相对于电磁阀喷油器质量减轻 30%（从 500g 降低到 335g）。具体地说，每只压电喷油器比电磁阀喷油器轻 165g。如果是 6 缸发动机，一套共轨系统仅喷油器的质量就可以减轻 1kg。

同时，驱动喷油嘴针阀的挺杆没有了，运动部分的质量只有电磁阀喷油器的四分之一。所以，提高了针阀的运动速度，可以更加精准地控制喷油率。

（二）压电喷油器结构

压电喷油器的结构如图 1-131 所示。喷油器的基本组成是：压电执行器（压电堆）、液压接杆和伺服阀（控制模块）等。

（三）CRI3 喷油器

在博世公司压电式喷油器中，喷油嘴针阀是由一个伺服阀来控制的，喷油量则由其控制持续时间决定。

压电执行器在非工作状态时处于原始位置，伺服阀关闭，高压区和低压区相互隔断。此时液压接杆补偿可能存在的（由于热膨胀所引起的）间隙，喷油嘴借助于紧挨着控制室的共轨压力保持关闭状态。

压电执行器起作用时就将伺服阀打开，从而使控制室中的压力降低，喷油嘴开启。若伺服阀关闭，控制室中的压力随之增大，喷油嘴针阀也随之关闭。

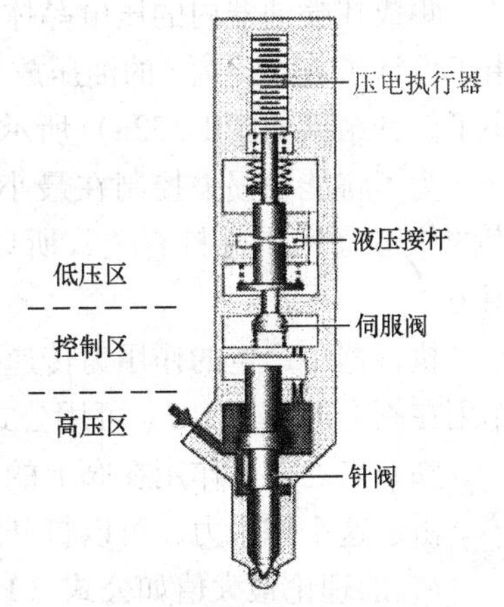

图 1-131　压电喷油器结构

为了能够最佳地利用共轨喷油器中压电执行器的高动态特性，必须遵守严格的设计规范。下文通过与普通共轨喷油器的对比来简要介绍压电式喷油器的性能。

（四）压电执行器

通电时压电执行器产生作用力和位移。为了描述组件的特性，先解释空行程和闭锁力。

如图1-132a）所示，空行程是指在充电状态下不产生作用力时的行程 X_{A0}，闭锁力是指不产生行程时最大作用力 F_{AB}。

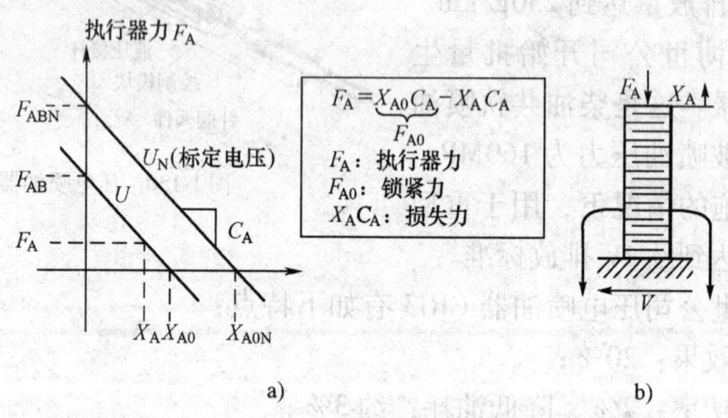

图1-132　压电式执行器的原理

在图1-132a）中，连接这两点（$F_{AB}-X_{A0}$）的直线的斜率就是压电执行器的刚度 C_A。

图1-132b）是压电晶体基本原理说明图。将若干层压电晶体薄片叠放在一起，在其上端加上作用力 F_A，则压电晶体片被压缩，产生位移 X_A。

压电晶体的特性是将压力转换成电压，即一定量的作用力产生相应的电压 U。反之亦然。

空行程和压电执行器的长度成正比，也就是和压电晶体片的层数近似成比例。锁紧力和压电晶体可动部分的截面积成反比例。所以，执行器的锁紧力可用式（1-1）进行计算。

根据结构形式和所使用的压电陶瓷，它们取值分别为几毫米和几千牛顿。

集成在喷油器内的压电晶体执行器可以使用上图中直线段之间的相应位移和作用力。由于设计了放大比为 i 的油压放大器，所以可以将压电执行器的行程放大，但是作用力减小了。其结果如图1-132a）所示。

为了将能量损失控制在最小的范围内，必须将空行程和锁紧力设计得最小。由于产生的作用力只和材料有关，所以，对于阀端的要求值是小行程以及尽可能低的油压作用力。

执行器中产生的作用力传递给放大比为 i 的液压放大器。如考虑伺服阀的全行程，则作用在阀上的作用力 F_V 可用公式（1-2）计算，但式中的 C_K 是阀的刚度。

阀开启之前，作用在阀上的作用力 F_{AB} 可由公式（1-3）计算。

由于这个作用力，可以打开承受系统压力为160MPa的伺服阀。

F_{VB} 的理论最大值如公式（1-4）所示。

计算公式：

$$F_{AB} = C_A \times A_0$$

$$= \frac{EA}{LX_{A0}} = \frac{EA}{d \cdot d \cdot U} \tag{1-1}$$

式中：F_{AB}——执行器的锁紧力；

X_{A0}——空行程；

C_A——执行器的刚度；

E——弹性模量；

A——执行器的横截面积；

L——执行器有效长度；

d——执行器压电晶体的片数。

$$F_V = \left(\frac{X_{A0}}{i} - \frac{X_V}{i^2}\right) * \frac{C_A C_K}{C_A + C_K} \tag{1-2}$$

式中：F_V——阀的作用力；

X_V——阀的行程；

i——液压放大比；

C_K——放大器刚度；

$$F_{VB} = \frac{F_{AB}}{i} \cdot \frac{C_K}{C_A + C_K} \tag{1-3}$$

式中：F_{VB}——伺服阀闭锁力。

$$F_{VBmax} = \frac{F_{AB}}{i} \quad 用于：C_K \to \infty \tag{1-4}$$

式中：F_{VBmax}——伺服阀的最大闭锁力。

压电执行器电压与行程的线性关系相当精确。实际上，压电系数取决于电场强度即所施加的电压。

按照式（1-1）计算出执行器闭锁力与行程呈近似的线性关系。在实际情况下，放大器的刚度 C_K 会降低执行器阀端可用的闭锁力 F_{VB}。

式（1-2）示出了阀作用力 F_V 与液压放大比 i 的关系。阀端闭锁力 F_{VB} 及其理论上可能的最大值分别由式（1-3）和（1-4）计算。

此外，该特性与电压有关。如果外加的电压增大，则产生的位移和作用力也随之增大。

为了将能量损失控制在最小的范围内，必须将空行程和锁紧力设计得最小。由于产生的作用力只和材料有关，所以，对于阀端的要求值是小行程以及尽可能低的油压作用力。

作用在阀上的作用力 F_{AB} 可以打开承受系统压力 160～200MPa 的伺服阀。

（五）压电喷油器的伺服阀

这种压电喷油器中没有传统的挺杆，因此运动质量和摩擦作用力大大降低，并且喷油器的稳定性和喷油误差比传统的喷油系统明显改善。伺服阀与喷油嘴针阀的紧密连接使针阀能对压电执行器的动作迅速作出反应。从执行器的开始点到喷油始点之间的延迟时间约为 150μs。这样，就能提高针阀速度，可以实现具有重复性的最小喷油量。

此外，从喷油器的结构方面来看，从高压区到低压区都没有燃油直接泄漏的部位。因此，整个系统的液压效率很高。

这种喷油系统中，预喷油和主喷油之间的间隔可以做得很小。喷油次数和喷油模态都能与发动机工况相匹配。

（六）喷油嘴模块

由于压电执行器集成在喷油器中，去除了连接针阀和控制室的连接杆，到压力控制室的运动部分的长度相对于传统的喷油器只有1/3，从152mm缩短到42mm。

要将许多功能高度集成在最小的空间内，必须开发新的喷油嘴模块，实现新的功能（图1-133）。

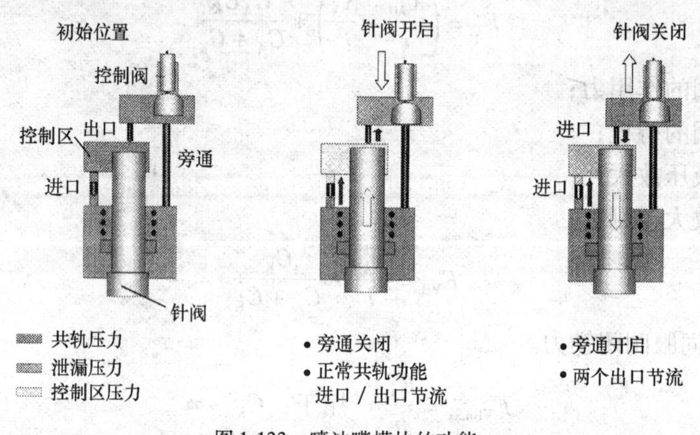

图1-133 喷油嘴模块的功能

压电执行器中电压与行程的线性关系具有较精确的近似值。实际上，压电系数取决于电场强度，即所施加的电压。

据介绍，博世公司正在开发电磁阀新型喷油器，目标是实现和压电喷油器具有同等程度的响应特性。计划在2014年大量交付使用。

为了进一步改善喷油系统的高精度和确保汽车的使用寿命，开发了新的软件功能。

（七）发动机试验

压电喷油器的外形如图1-134所示。最初的开发目的是进一步改善系统的整体性能。

在相同的系统压力（160MPa）下，电磁阀系统的全负荷特性可与压电系统相比，两种系统在整个转速范围内都能获得满意的转矩曲线。但是，在重要影响排放的部分负荷范围内，新的压电技术就显示出它的潜力。也就是说，使用电磁阀系统也能达到一个非常好的水平，但是与压电系统相比，由于压电喷油器的喷油特性优化，先导喷油量小，在保持低噪声水平的情况下，炭烟和 NO_x 排放量还能降低约13%～18%（图1-135）。由于运动质量减小，液压控制链缩短，先导喷油量在需要的时候能够减小到1 mm^3 以下。

由于乘用车用第三代共轨喷油系统能大大扩展调节燃烧过程的自由度，在排放和噪声的综合平衡方面允许将优化的焦点转移到有利于降低噪声的水平上。在中等负荷时，通过第二次先导喷油，噪声还可以再降低3dB（A）。

根据所选择的燃烧过程，后喷油为减少炭烟排放提供了很大的可能性。在后喷油相位和喷油量方面为发动机开发人员提供了更大的自由度，允许在排放、噪声和燃油消耗之间达到最佳平衡。例如，根据运行工况，通过后喷油，炭烟排放最多能降低35%。为了满足未来各种不同排气后处理方案对喷油系统的要求，第三代共轨喷油系统能够在膨胀行程的不同相位进行喷油。这样，能在燃烧进行中为可能存在的颗粒过滤器的再生准备好热量，完成 NO_x 催化剂的再生。

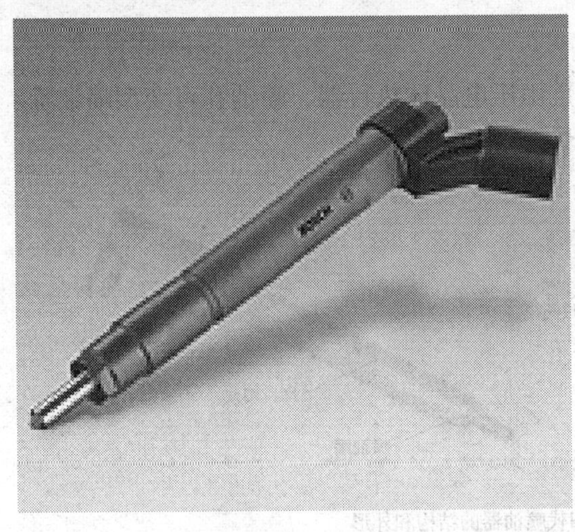

图 1-134 第三代压电喷油器

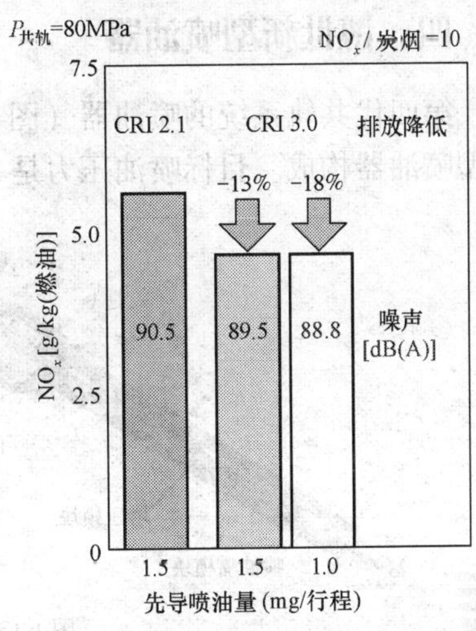

图 1-135 压电喷油器的排放和噪声

第三代共轨喷油系统将压电执行器集成在喷油器体中，实现了柴油共轨喷油技术领域的一次技术飞跃。这项革命性的创意将喷油嘴针阀的最高速度提高到 1.3m/s，比电磁阀喷油器快了一倍。非常优异的压电喷油器性能为发动机开发提供了更大的自由度。进油计量型供油泵结构紧凑而高效。电控单元附加的软件修正功能确保系统的误差很小。

Bosch 公司第三代压电式共轨喷油系统能使质量为 1800kg 左右的汽车不用排气后处理就能达到欧 IV 排放标准，充分显示出采用压电式喷油器的优越性能。

为了满足欧洲和美国更严的排放要求，在 160MPa 的基础上，博世公司又开发了新代的乘用车用共轨喷油系统，其系统喷油压力 180MPa，并已开始生产。此外，还对更新一代的乘用车用共轨喷油系统进行试验研究，以进一步提高柴油乘用车的魅力。

汽车驾驶员们认为：压电喷油器对于降低排放、降低油耗、提高输出功率以及降低发动机的噪声等都有明显效果。

压电喷油器将整个共轨系统的技术水平提升了一级。压电喷油器正式批量生产进一步强化了博世公司作为世界第一的柴油机燃油系统专业生产商的地位。

第三代共轨系统的喷油压力虽然是 160MPa，但是系统的综合技术含量提高了。该系统的“油压速度”是非常出色的。主要是因为：采用压电喷油器高度集成化，将压电执行器、驱动部分和喷油器端部的喷油嘴偶件之间的距离缩短了。设计工程师们将喷油器中的运动质量减小了 75%，针阀偶件部分的运动零件从 4 个减少到 1 个。这样，博世公司生产的压电喷油器与其他公司的电磁阀喷油器或压电喷油器相比速度提高 2 倍。

一般的共轨系统可以实现多次喷油，一个工作循环中最多可以分成 5 ~ 7 次喷油。但是，在第三代共轨系统中，发动机设计工程师们可以将喷油过程分成若干个喷油阶段（Step）。这样，部分负荷状态下设定的喷油量可以更小，计量精度可以更高。直接的结果是：不仅柴油机的排放量可以降低 10% ~ 15%，而且输出动力会上升 5% ~ 7%。当然，因发动机的开发目的不同，具体数据各不相同。但是，所有发动机的噪声都可以降低3dB（A）。

四、博世新型喷油器

第四代共轨系统的喷油器（图 1-136）由压电晶体执行器、喷油孔可变型喷油嘴、增压型喷油器构成。目标喷油压力是 250MPa。

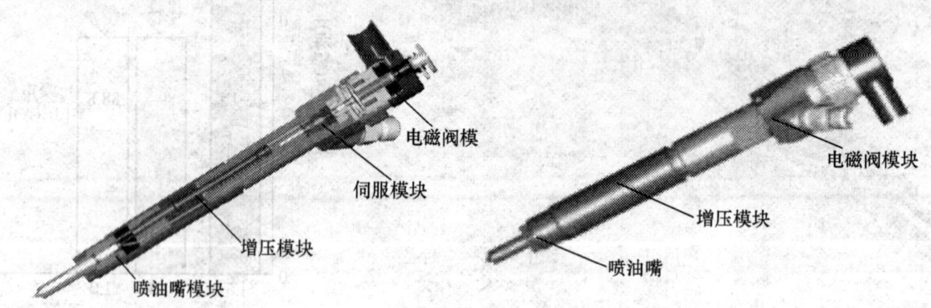

图 1-136　第四代喷油器的结构和外形

（一）喷油孔可变的喷油嘴

现有的喷油嘴中，喷油孔排列在一条线上，将燃油雾化，喷入燃烧室中。但是，第四代共轨系统中的喷油嘴的喷油孔排列在两条线上，有两个相互滑套的针阀分别控制两排上下排列的喷油孔（图 1-137）。第一排喷油孔的直径很小。即使是在怠速和中小负荷时也能准确计量喷油，可以减少排放、提高经济性。在第二次切换时，其余的喷油孔打开。在最短的时间内，向汽缸内供给准确计量了的燃油。这样，可以提升发动机的最大输出功率。

图 1-138 就是装用喷油孔可变的喷油嘴的喷油器（CR14-PV）。其特点是：以 CRI3 为基础；系统压力为 160 ~ 180MPa；安装空间和 CRI3 相同；第一排小直径喷油孔用于部分负荷；第二排大直径喷油孔用于全负荷。

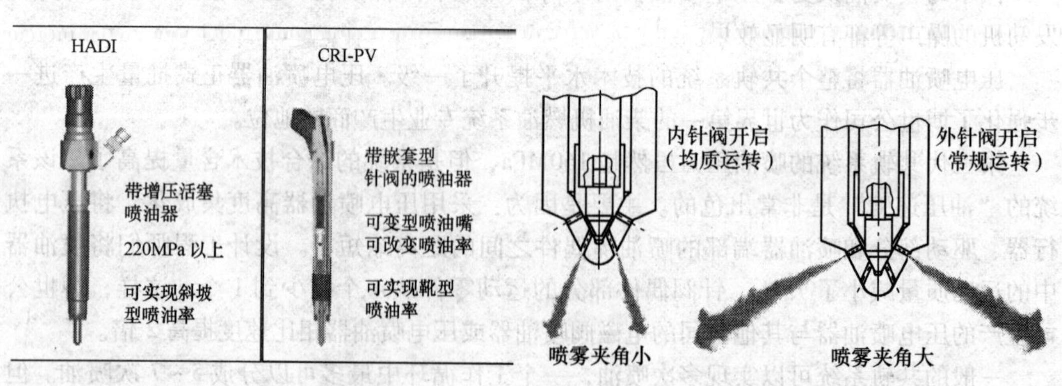

图 1-137　CRS4 型喷油器

图 1-138　喷油孔可变的喷油嘴

第四代共轨系统还没有进入实用化阶段。不过，我们可以预先估算燃油消耗的大体数据。

第二代共轨系统的喷油压力是160MPa，第三代共轨系统的喷油压力提升到180MPa。因此，发动机的输出动力增加了5%～7%，而且，燃油消耗降低了3%。当然，这些发动机性能的提高不仅仅是喷油压力提高了的结果，考虑到与整个系统相关的所有因素，一般认为：喷油压力提高20MPa，燃油消耗可以改善3%。也就是说，喷油压力每提升10MPa，经济性可以改善1.5%。

如果根据上述推论，目前，主流的第三代共轨系统的喷油压力是180MPa。那么，第四代共轨系统的目标喷油压力是250MPa，所以：

$$(250-180)/10\times 1.5\% = 10.5\%$$

据此，当第四代共轨系统正式进入实用阶段的时候，现在的清洁柴油车的燃油经济性还有10.5%改善的可能性。

博世公司的开发目标是：直喷发动机的燃油经济性的改善目标值是15%。Mercedes-Benz的GLK是200MPa，如果采用第四代共轨系统和两级涡轮增压，则燃油消耗可达14.5km/L，CO_2排出量为183g/km，可以满足"欧V"和"美国Bin5"排放法规。这也可以说明，第四代共轨系统可以期待燃油耗还有10%～15%改善的可能性。

可变喷孔的喷油嘴与以前的喷油嘴相比，喷孔数量、位置、直径和形状等都不一样。压电喷油器控制在同一根中心轴线，相互滑套着的两个针阀，分别打开两排喷孔。第一排喷孔的直径很小，在燃烧初期阶段少量的燃油慢慢地喷入，平稳地燃烧，因而燃烧噪声很低。在部分负荷范围内，因为燃烧率高，排放大幅度降低。在试验研究中证实，燃烧噪声显得特别低，排气中的颗粒和NO_x浓度降低70%。一旦进入大负荷范围，第二排直径大的喷油孔开启。当然，最理想的应是在可变喷油嘴的大部分速度和负荷的范围不带预喷油而工作。如果那样，可能会进一步抑制颗粒排放。

（二）液力增压型喷油器

现在，博世公司正在开发一种压力增压型喷油器。特点是：供油泵在蓄压器—共轨内生成比较低的压力（大约135MPa），通过增压器将油压提升到喷油压力220MPa。在高压下，将一定量的燃油通过直径很小的喷油孔喷进燃烧室。这样，燃油可以充分雾化，更容易和空气混合，完成清洁而又高效的燃烧。

图1-136和图1-137所示是上述乘用车用第四代共轨系统的喷油器——HADI（Hydraulically Amplified Diesel Injector）。主要特点是：增压比1∶2；系统压力为135MPa；喷油压力为220MPa；针阀压力/升程都可以控制；可以形成靴形喷油规律；安装空间和第二代相同；采用传统的喷油嘴。

博世公司认为：电磁阀喷油器的喷油压力将来可达200MPa以上。博世公司正在开发一种新的电磁阀喷油器，从性能上来说，和压电喷油器是同等的。电控共轨系统的中期目标是通过采用220MPa以上的喷油压力，使柴油机的性能和排放得到进一步改善。

博世公司的CP4供油泵的供油压力可以达到200MPa以上。对于实现中期目标将会起到很大的作用。在低转速、中高挡负荷时也能实现很高的喷油压力，改善燃烧过程。

喷油系统的可变性是重要的要素。采用先进的喷油器既可以降低NO_x排放量，也可以降低噪声。通过后喷油可以减少排烟。这样的共轨技术可以对未来柴油机满足更加严格的排放法规作出积极贡献。

（三）无进油孔喷油嘴

围绕喷油嘴的改进内容也不少。图1-139示出了博世公司的无进油孔的新型喷油嘴和喷油器的方案。

（四）低回流喷油器

CRSN3.3型共轨系统与以前的共轨系统相比，喷油压力提高了：中型货车为200MPa，重型货车为220MPa。这样，燃烧效率提高，不仅燃油消耗降低、排放减少，而且，同等水平的输出功率也提高了。

2012年计划开始生产喷油压力为250MPa的新产品，以此可能满足将来的排放法规。此外，每一工作循环中最多可以进行8次喷油，可以明显改善发动机的燃烧和提高工作特性。

新型低回流喷油器可以降低燃油消耗。因为在该系统中，喷油器内有一个小型蓄压室（图1-140）。这样，流向低压油路的回油量可以控制在最小的限度内。回油量减少，高压供油泵的供油量、由此导致供油泵的驱动功率降低。所以，喷油系统的效率提高。

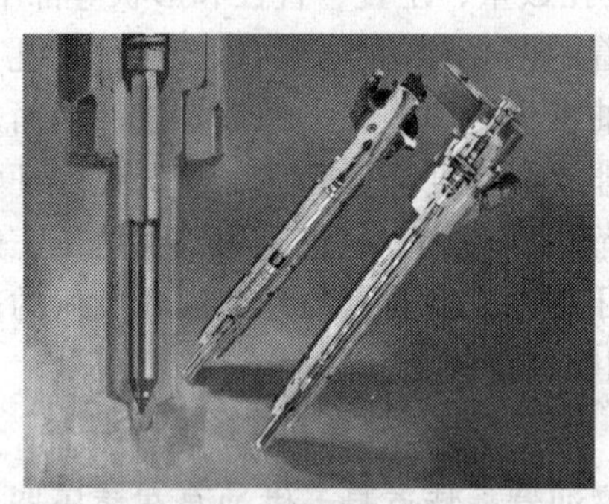
图1-139 压电式执行器

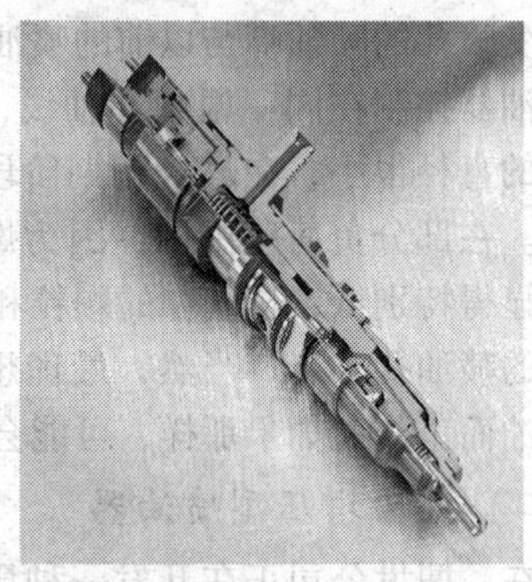
图1-140 低回流喷油器

新型低回流喷油器的外形和以前的旧型喷油器的安装尺寸相同。所以，发动机生产商只要稍微改动一下现生产发动机的参数，就可以安装这种新型喷油器。

五、西门子压电式喷油器

共轨系统的喷油压力从120～150MPa的水平逐步向200MPa甚至更高的水平发展。高压喷油可以在不改变发动机性能的前提下改善排放。但是，高喷油压力会造成燃烧加速而使汽缸压力急剧上升，发动机噪声增大。而这种燃烧噪声尤其对于乘用车柴油机来说是不可容忍的。降低燃烧噪声最有效的措施就是多次喷油。在主喷油前进行先导喷油或所谓预喷油，使作用在活塞上的压力上升率平缓。

随着排放法规越来越严格，需要在主喷油前进行1～2次预喷油和主喷油后进行1～2次后喷油，从而实现燃烧过程的优化。图1-141中示出了在发动机中低转速时，喷油系统柔性控制的重要性。在发动机转速低于2500 r/min范围时，喷油次数与发动机转速和转矩关系需要实现5次喷油；而在中速范围需要有2～3次喷油；在发动机额定转速时只需要1次喷油。

为了实现喷油系统的柔性控制功能，也为了实现电控共轨喷油器的小型化，西门子公司VDO部门开发了以压电晶体为执行器的电控高压共轨喷油系统(PCR)。

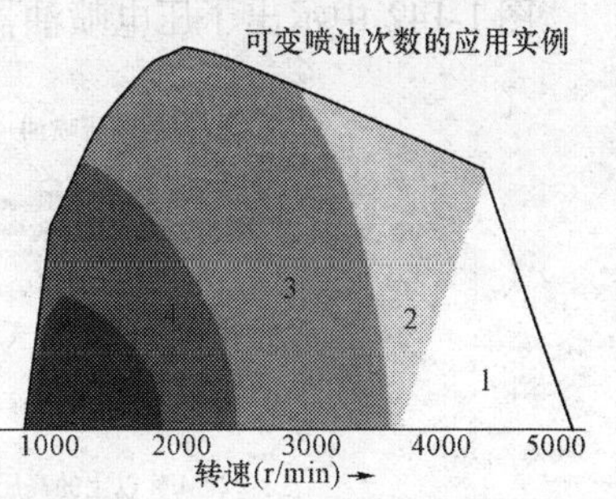

图1-141 喷油次数

电控高压共轨喷油系统自1995年实际应用以来，已经有德国博世、日本电装，美国德尔福等公司生产的各种系统装于各种不同用途的柴油机上。在开始阶段，这些系统都是采用电磁阀作为电控共轨喷油器的执行器，而德国西门子公司把压电晶体作为共轨系统喷油器的执行器，用于大批量生产，这是一种突破。不仅如此，VDO已经成为全世界共轨系统压电式喷油器压电执行器的专业供货商。博世、电装、德尔福等生产压电式喷油器所用的压电执行器都是由西门子提供的。

(一) 对未来喷油系统的要求

2000年底之前，共轨喷油器都是使用电磁阀技术来控制喷油过程的开始和结束的。由于当时电磁线圈的电感性，电磁阀系统还有一些问题，存在较大的偏差。

但是，现在看来电磁阀技术还是大有潜力可挖，2008年电装公司已经成功地开始大批量生产第三代共轨系统，开发了新型电磁阀式共轨喷油器，而且取得了两项技术突破：

(1) 一个供油循环中可以喷油9次；

(2) 喷油压力为200MPa；

这是世界性的突破。博世公司也在开发新一代电磁阀式共轨喷油器，目标瞄准250MPa。

虽然如此，压电晶体式喷油器仍然具有不可替代的优越性。

由于排放和能源问题，清洁柴油机对于未来的喷油系统要求是：

(1) 燃油系统的喷油压力还将继续提高，而且必须采用多次喷油，使燃烧过程经常处在平缓的压力上升状态下（指燃烧室中的压力和温度），保证燃烧过程中的噪声水平不致过高。

(2) 为了更好地将炭烟和颗粒排放物燃烧掉。后喷油是十分必要的。将炭烟颗粒在发动机内部处理并降低，是一项意义重大的开发研究目标。

(3) 针对排放的尾气在催化过滤系统和颗粒滤清器中的后处理过程，对喷油系统提出了新的要求。为了保证后处理装置DPF的再生条件，要求在主喷油后，在适当的时刻再次喷入精确定量的燃油，保证在催化氧化系统中和颗粒滤清器中的尾气达到一定的温度，以便将排气中的有害成分转化成无害的水和二氧化碳。这项要求对发动机在低、中转速范围内特别重要。因为必须保证发动机在任何工况下都有必要的温度将颗粒滤清器中颗粒燃尽。

(4) 从排放法规和日益提高的乘车舒适性要求出发，必须提高喷油系统的燃油分配精度，保证其精准度。因此。在发动机要求有多次喷油的工况下，保证响应的快速性和精确性是非常重要的。这是开发工作的焦点。

图 1-142 中示出了压电喷油器的多次喷油和喷油规律的曲线。

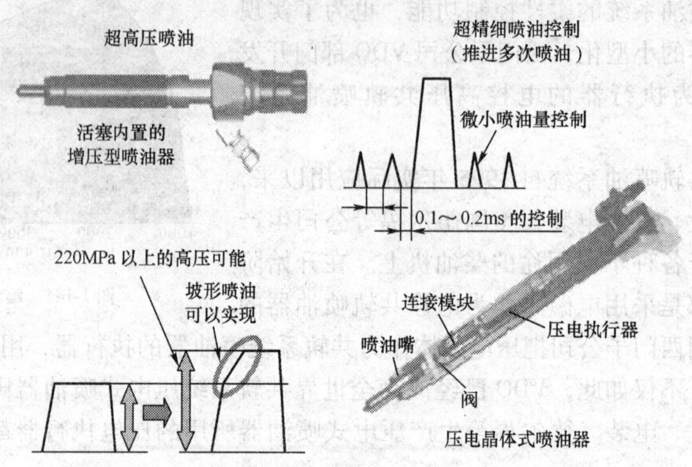

图 1-142　压电喷油器的多次喷油

西门子在很久以前就已经将压电晶体作为执行器并应用在喷油系统中。在 1980 年就已经实验研究压电效果在汽油喷油系统中的应用。西门子 VDO 首先将压电技术应用在共轨喷油系统中，并进行了相应的台架试验。试验的结果令人非常满意。这种压电共轨技术的应用，对降低燃烧噪声、满足日益苛刻的排放法规以及达到喷油器良好的分配精度都是有益的。

西门子公司于 1996 年开批量试生产压电晶体作为共轨喷油器的执行器。2000 年开始将批量产品提供给客户。目前，包括博世、电装等公司生产压电晶体喷油器时都采用西门子 VDO 的电压晶体堆元件。

由于压电式系统的喷嘴开闭速度比电磁阀式快，因此可缩短最低喷油时间间隔。具体来说，将喷油器执行器由电磁阀式改成压电式，喷嘴打开的速度由 0.5m/s 提高到了 1.2m/s，喷嘴的关闭速度由 0.5m/s 提到了 0.7m/s。结果，最短喷油间隔由 0.4ms 缩短到了 0.1ms。

使用压电式能够减少 HC（碳氢化合物）排放量。公布的数据显示，喷油压力为 180MPa 时，发动机的压缩比在 17～18 附近，压电式和电磁阀式并没有太大的差别，但压缩比为 15.8 时压电式可将 HC 排放量控制到 200×10^{-6} 以下，约为电磁阀式喷油器的 1/4。

2005 年，由于压电晶体技术开发成功，德国联邦总统亲自对西门子 VDO 和博世公司的研发人员颁发了“德意志未来奖”。

图 1-143 中示出了博世和电装生产的压电喷油器。

采用博世公司生产的压电晶体式喷油器 CR13 在发动机上进行对比试验，结果是：

排放改善效果：15%～20%；提高输出功率：5%～7%；降低燃烧噪声：约 3dB（A）；降低油耗：约 3%；改善了安装自由度；结构紧凑、质量轻，相对于电磁阀式喷油器质量减轻 30%（由每只 500g 降低到 335g）；提高了针阀速度，相对于现在的共轨系统来说，速度快了两倍。

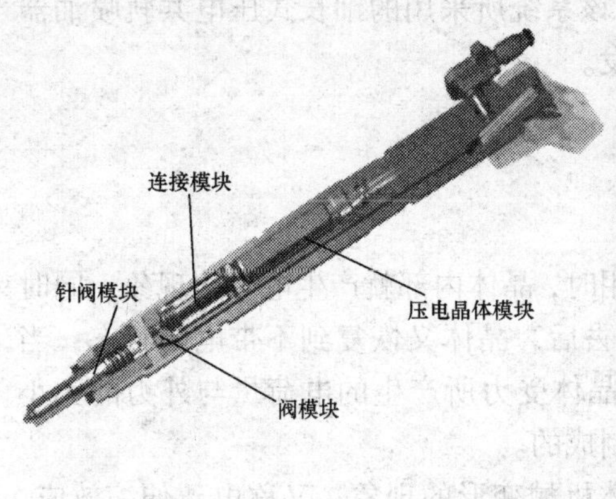

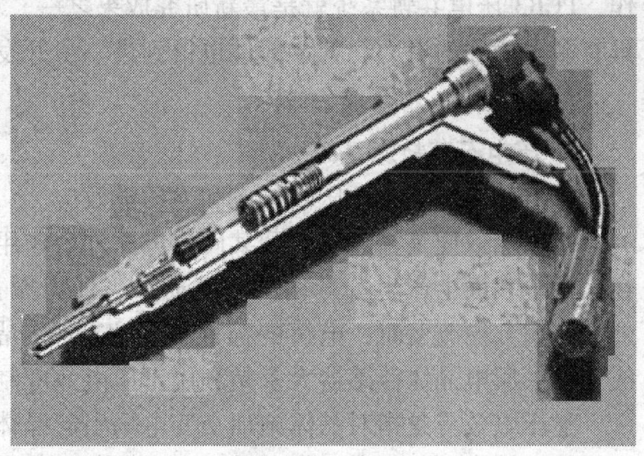

图 1-143 博世（左）和电装（右）的压电喷油器

现在看来，压电晶体执行器有两点不足之处：

(1) 价格昂贵。从成本考虑，工程师们还是尽量不用或少用；

(2) 如果使用生物柴油时，由于黏度大，容易造成卡死现象。在欧洲已经决定，使用生物柴油时不用压电喷油器。

(二) 西门子 PCR2 和 PCR3

西门子第二代压电共轨喷油系统（PCR2）具有人们所期望的优点和令人满意的控制柔性。该系统的喷油参数（喷油压力、喷油时间和每次喷油量）可在发动机特性曲线范围内自由选择。这样，发动机开发商就可能对新开发的或现有发动机的噪声、尾气排放进行改进，采用各种技术措施使柴油机的优越性得以充分发挥。

这种喷油系统由于有很大的控制自由度和发展潜力，所以对满足未来柴油机的要求是一种巨大的技术储备。

用户的要求和日趋严格的排放法规有力地推动了西门子第二代压电共轨式喷油系统的研发工作。研究工作的主要目标是燃油经济性、优良的行驶性能、低噪声和驾乘舒适性、具有满足欧Ⅳ排放标准的潜力以及可接受的最终成本等。创新的 PCR2 压电共轨式喷油系统成为最佳的解决方案之一。该系统的核心部件是适合于小喷油量的压电晶体喷油器，以及具有流量和压力调节阀，能使泵油效率更佳的 DCP2 高压供油泵，特别是具有压电驱动器的电控单元（ECU）。PCR2 系统的喷油压力可达到 150MPa，预喷油量只有 $1.0\sim1.5mm^3/cyc$，而且预喷油和主喷油之间的时间间距可以选择。这些都是实现低噪声燃烧和改善排放的良好条件。

西门子以其首次批量生产的新型 PCR2 第一次向全世界推出压电控制的共轨喷油系统，开创了柴油机喷油技术的新篇章。该系统安装在载质量为 1590kg 的汽车上，稳妥地达到了欧Ⅲ排放标准。经过大量的发动机台架和整车试验，已经证实了 PCR2 共轨系统性能的长期稳定性。要提高功率可进一步提高喷油压力，为获得最佳的燃烧过程可进一步优化多次喷油和创新的控制策略，使该系统具备面对未来挑战的潜力。

PCR2 共轨系统特别适合于小排量的柴油乘用车。为了在压电共轨系统领域内始终保持创新和领先地位，西门子在推出第一批压电共轨系统的同时就已着手下一步的研发工作，PCR3 压电共轨系统就是最新研究成果之一。该系统所采用的细长式压电共轨喷油器具有多次喷油的潜力，其余部件也得到进一步开发。

（三）压电晶体执行器

1. 压电石英技术基础

压电效应可分为正压电效应和逆压电效应。

正压电效应是指：当受到某固定方向外力作用时，晶体内部就产生电极化现象，同时在某两个表面上产生符号相反的电荷；当外力撤去后，晶体又恢复到不带电的状态；当外力作用方向改变时，电荷的极性也随之改变；晶体受力所产生的电荷量与外力的大小成正比。压电晶体传感器大多是利用正压电效应制成的。

逆压电效应是指对晶体施加交变电场引起晶体机械变形的现象，又称电致伸缩效应。用逆压电效应制造的变送器可用于电声和超声工程。

2. 压电晶体执行器结构

由于在一个压电晶格单元中产生的晶格变形非常微小，所以，要利用压电晶体作为执行器有很大的困难和挑战性。为了保证压电执行器能够提供必要的行程，必须将尽可能多的压电晶体薄层烧结成为一个立方体。

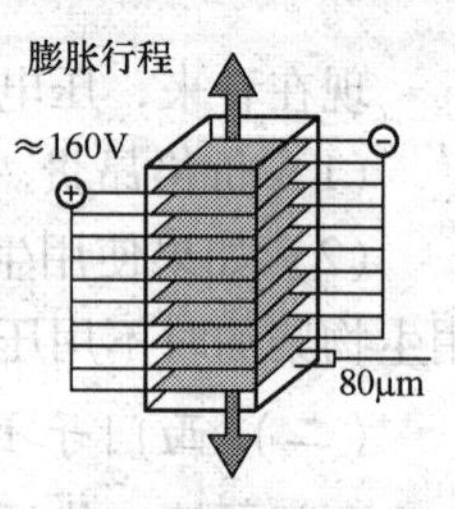

图 1-144　压电晶体原理

实际压电晶体喷油器中，压电执行器长为 30mm，共由 300 多层石英薄片组成，每层厚度只有 80μm（图 1-144）。

这种多层石英单元结构是一个整体的执行器。安装在喷油器总成内部。其正常使用温度在 -40～140℃之间。这个执行器可以提供 40μm 的工作行程。

今天所使用的压电执行器是由一种被称为 PZT 的陶瓷材料，采用多层技术制造。这种陶瓷石英材料是配比非常精确的铅—锆酸盐—钛酸盐烧结而成的，并在其烧结过程中加入由银—钯合金材料作为电极。毫无疑问，这种执行器的开发成功是化学、电子学和物理学等学科综合应用的成果。同时，为了得到可控制的、可靠的大批量生产方法，西门子公司解决了如何在烧结过程中防止在每层石英之间的接触扩散等问题。

3. 压电晶体执行器特点

对比电磁阀式执行器，压电执行器首先具有反应速度快的特点。作为机电式的单元组件，压电执行器如同一个多层的石英陶瓷聚合装置，或更确切地说，就是一个能量存储器，其能量在电压的作用下，马上会释放出来。由于压电晶体晶格的变形速度在 0.1ms 内。所以，它比目前所有能够利用的物理方法都要快。

与电磁阀式的结构相比，带有压电晶体石英执行器的共轨喷油系统有下述的明显优点：

（1）压电晶体执行器在实际使用中没有时间死点；

（2）开闭速度快，精度高；

（3）系统的重复精度非常高；

（4）避免了由于设计中的局限而产生的偏差，例如，由于间隙的影响等；

（5）非常稳定，寿命长；

（6）压电晶体执行器作为一个独立的单元，可以实现预加工和检验后供货；

（四）压电式喷油器

这种压电控制的喷油器能够实现非常迅速、精确的喷油定量，而且重复性好。同时，这种喷油器的开启速度要比其他的共轨系统快得多。因而允许预喷油和主喷油之间的时间间隔可以自由选择，使柴油机能获得相当柔和的燃烧过程，降低燃烧噪声。

喷油器由电控单元控制。由于压电执行器能够回收能量，因而 ECU 所需的控制能量要比迄今为止的其他共轨系统低得多。此外，由于采用较简单的电流控制，因而具有较高的电磁兼容性和较高的抗干扰性。

1. 压电喷油器结构和原理

压电晶体喷油器总成由 30 多个零件组成，压电晶体执行器模块是其中的一个元件。图 1-145 是西门子压电晶体喷油器的照片。图 1-146 是西门子压电喷油器的结构图。

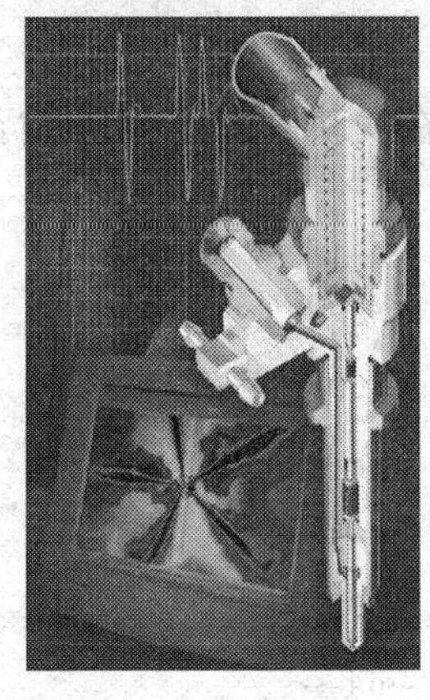

图 1-145 压电喷油器

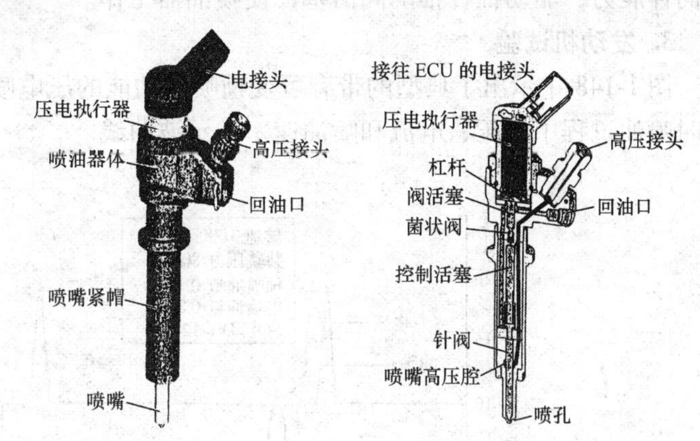

图 1-146 西门子压电喷油器

共轨提供的压力通过喷油器的进油孔作用在喷油嘴和控制室中。当压电晶体执行器没有通电时，其下面的二位二通阀处于关闭状态。这时，由于控制活塞压住针阀顶在针阀体的座面上，喷油嘴呈关闭状态。当压电晶体执行器通电后，膨胀大约 40μm 的工作行程。通过一个比例为 1∶1.5 的杠杆将二位二通阀打开。在控制室中的压力下降的同时，针阀打开。压电晶体执行器在开启时进行充电，并在关闭时重新放电。压电喷油器的喷油过程如下：

（1）喷油器断电时：

来自共轨的高压燃油经进油口进入控制室和喷油嘴高压腔。腔内的菌状阀在弹簧力的作用下将通往回油口的孔关闭。由于控制室内控制活塞的面积大于喷油嘴尖端上的面积，因此控制室内的燃油高压施加在喷油嘴尖端上的液压力较大，喷油嘴处于关闭状态。

（2）喷油器通电时：

一旦通电，则压电执行器借助于杠杆推动阀活塞，使菌状阀将控制室通往回油口的孔打开，控制室内的压力降低，使作用在喷油嘴针阀尖端的液压力大于控制活塞上的液压力，于是喷油嘴针阀向上运动，燃油经喷油孔喷入燃烧室。在发动机停机时，连接控制室和回油口的菌状阀以及喷油嘴针阀都是关闭的。为了喷油嘴针阀和针阀体导向孔之间的润滑，有少量燃油从高压端经其间的间隙直接泄漏到回油孔。

2. 驱动原理

控制软件中包含有转矩自适应系统。对来自驾驶员及系统中各传感器的信号进行协调处理。然后，控制模块将逐个调节喷油量。各种有关喷油的技术参数，例如，喷油量的分配，喷油时间以及燃油压力等，都可以进行各种灵活开发和利用。

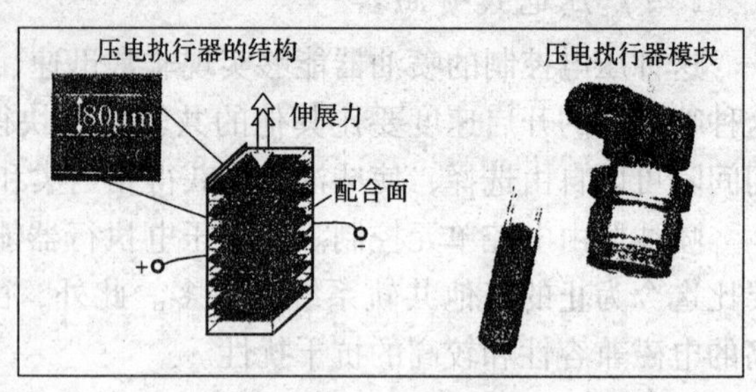

图 1-147　压电执行器

压电执行器的结构如图 1-147 所示，由多层压电元件组成的压电组件在接收到来自发动机电控单元的电脉冲信号时产生轴向伸展力，驱动杠杆推动阀活塞，使喷油器工作。

3. 发动机试验

图 1-148 中示出了典型的带有可变预喷油功能的压电喷油器在发动机试验台上进行试验时喷油过程中电压、电流和喷油速率的示波曲线。

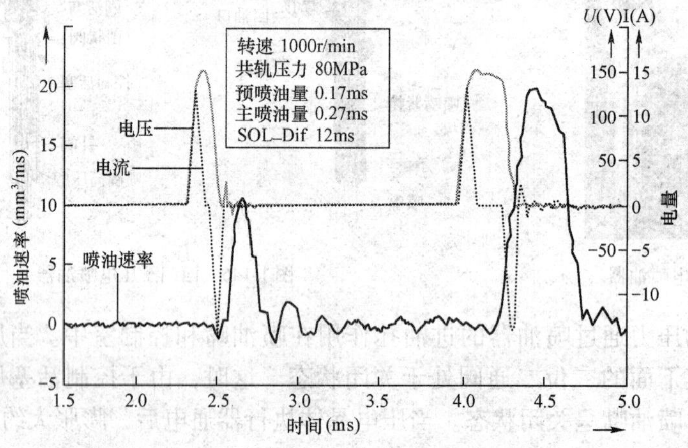

图 1-148　电压、电流和喷油速率

4. 喷油器加工与装配

为了满足市场要求，西门子公司 VDO 汽车零部件部对压电晶体共轨系统（PCR）的生产规模进行了扩大，扩建新的加工车间，并将逐步地使那里成为柴油喷油部件生产中心。

压电晶体喷油器系统的机械特性要求其部件必须具有非常高的表面质量和几何精度。目前所加工的最小喷油孔直径是 0. 12mm，同时要求喷油孔有一定的锥度形状，并将其内侧孔口使用液体磨料研磨成圆角。

喷油嘴偶件的最后组装使用全自动插配机床，对喷油嘴中孔孔径进行气动测量，然后，选择合适的针阀插配到针阀体中，保证其配合间隙在 2μm 左右。

由于共轨系统工作在 150MPa 的压力下，所以，其核心元件——针阀、针阀体以及喷油嘴偶件的尺寸都必须在非常小的加工公差范围内。

(五) 压电晶体执行器应用前景

压电技术有利于在高压直喷系统中实现预喷油和多次喷油。

高压共轨系统并不是唯一能够利用压电技术的领域，最新的一种压电执行器，由于具有更快的开关速度，从原理上可以应用在其他喷油系统中。

压电技术进一步的开发研究，可以在系统中实现可变针阀开启行程，从而实现对喷油开始、喷油结束和喷油过程的更加灵活的控制。在一个工作循环中喷油次数最多可以达到8次。

西门子公司VDO部门开发的以压电晶体为执行器的共轨系统（PCR），可以在保持相同的质量和外形尺寸的条件下，提供更大的功率和对燃烧过程更好的控制能力。因此，压电晶体执行器技术的应用，给发动机内部性能的优化和更加良好的颗粒燃烧提供非常优越的条件。

六、德尔福压电直接控制式喷油器

2008年，德尔福公司的新型压电直接控制式柴油机喷油系统投入批量生产。这种200MPa喷油压力共轨系统的喷油嘴针阀直接由1个压电陶瓷执行器驱动，无须经过伺服阀转换，针阀能非常迅速地开启和关闭，且与喷油压力无关。

在推出直接控制式共轨系统的同时，Delphi还提供2种柴油机共轨喷油系统的系列产品：

(1) 采用压力平衡伺服电磁阀的Multec系列（DFI-1系列）；

(2) 采用压电直接控制式喷油器（DFI-3）的直接控制式共轨系统（图1-149）。

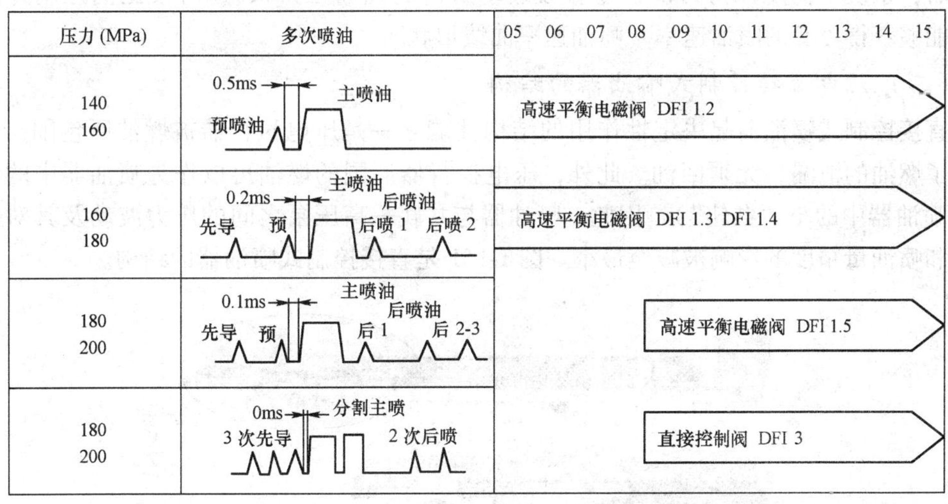

图1-149 Delphi共轨系统的发展

这两种共轨系统的所有重要零件均有互换性，因此能够在发动机系列内从伺服电磁阀转换到直接控制，而无须对基础发动机进行变更设计，高压泵和共轨均可继续使用。两种喷油器型式的外形尺寸相同，能够用于相同的汽缸盖。

（一）压电直接控制式喷油器的特点

采用压电陶瓷执行器直接控制喷油器的喷油嘴针阀（图1-150），不再使用伺服液力转换，因此，与传统的喷油器相比，直接控制式喷油器能以更高的精度、更高的压力效率（目前高达200MPa）和更高的速度将柴油喷入燃烧室。为了适应未来排放和燃油耗的挑战，该系统具有下列特点：

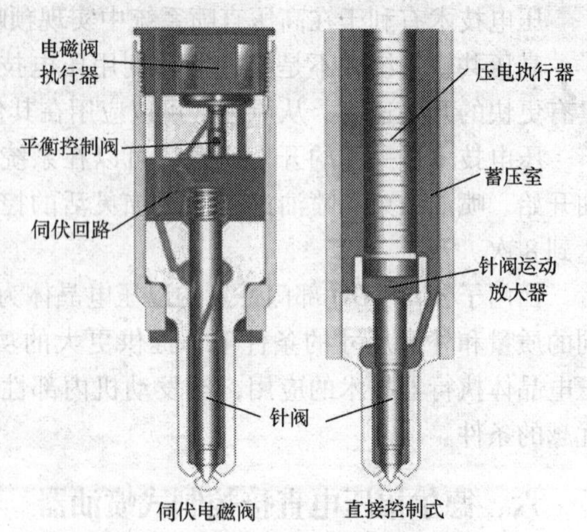

图1-150　电磁阀式和直接控制式

（1）喷油嘴针阀的开启和关闭速度达到3m/s，比目前的共轨系统快3倍；

（2）在所有的共轨压力下都能获得矩形的喷油速率（传统的伺服系统无法达到，特别是在低于平均共轨压力的范围内）；

（3）多次喷油（7次或更多），包括最短的液力喷油间隔、高稳定性喷油（各次喷油之间彼此没有干扰影响）以及与发动机和汽车匹配的高效标定（柔性的喷油控制时间）；

（4）喷油量无偏差，因此在整个使用寿命期内喷油稳定，从而能够获得恒定不变的功率和排放；

（5）无燃油泄漏，降低二氧化碳（CO_2）排放，并适合于起动—停车系统（发动机停机后，系统中仍能保持再次快速有效起动所需的燃油压力），还可按比例控制针阀行程，能够获得可变的喷油速率（喷油速率曲线形状）。

（二）压电直接控制式喷油器的结构

直接控制式喷油器起决定性作用的结构性能之一是压电执行器被燃油所包围，完全避免了燃油的泄漏，无须回油。此外，压电执行器周围的燃油可以作为喷油器中的蓄压室（喷油器中的小“共轨”），因此。喷油器与共轨—高压泵之间的压力波动及其对针阀运动和喷油量精度的影响被减至最小。图1-151是直接控制式喷油器的结构。

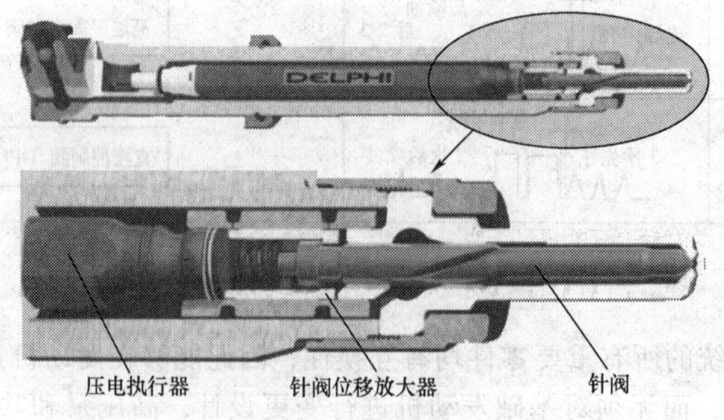

图1-151　压电直接控制式喷油器

在压电直接控制式喷油器中，应用了创新的、以共轨压力为动力的2级针阀运动放大器。通过压电执行器与喷油嘴针阀之间的直接耦合，确保达到最高的执行速度。

这种针阀运动放大器准备好分级运动的能量，因而能完全满足针阀开启和关闭阶段所需能量要求。为使打开喷油嘴所必需的压电单元电流最小，在第1放大级中将压电执行器与喷油嘴针阀刚性耦合，当针阀第1级打开结束时。第2放大级中的液压针阀运动放大器开始作用，它使得用于最大针阀升程所必需的压电执行器的升程降至最小。

喷油嘴针阀座面锥角从传统的60°加大到90°。较大的座面角度减小了针阀无节流开启所必需的针阀升程，同时优化了针阀顶端作用力的流体动力学平衡。通过减小针阀座面的流量，能进一步改善这些性能。这些措施减小了针阀开启所必需的作用力的变化幅度，从而减小了压电执行器中的电流。

(三) 液力和雾化品质

直接控制式喷油器针阀的开启和关闭速度十分快。与伺服式喷油器不同，针阀的开闭不取决于共轨压力。因此，即使在更低的共轨压力下，仍具有至今无法达到的针阀速度（图1-152）。喷油嘴针阀的高速动作提高了喷油束的动量，并且获得了更好的喷油雾化性能，促使了空气与燃油更均匀的混合。

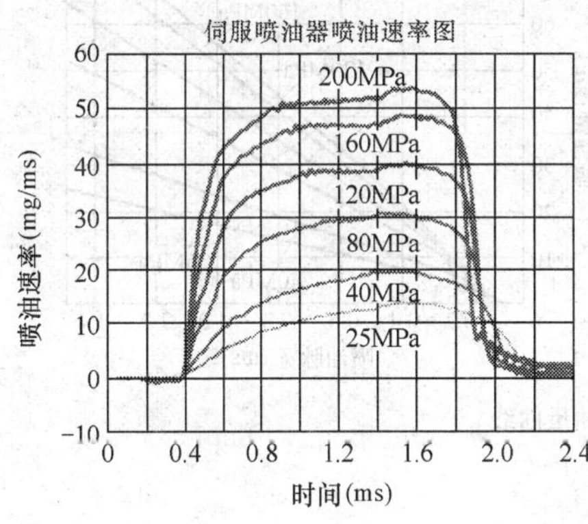

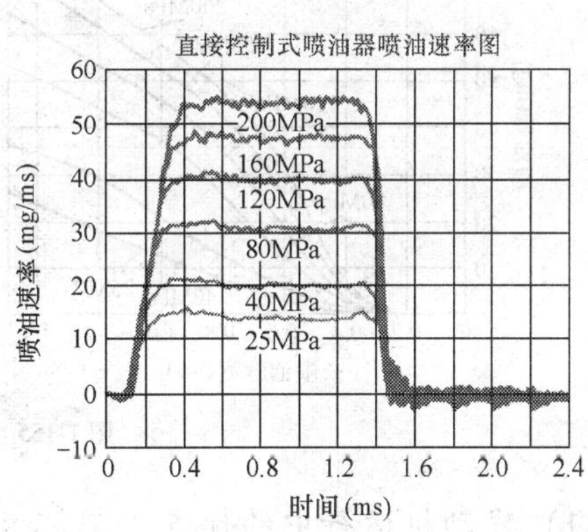

图1-152 喷油率的比较

图1-153示出了喷油过程开始阶段的喷油束的照片。直接控制式喷油器中针阀开启比伺服喷油器更快，因此，喷油开始后前者的喷油束的贯穿度要比后者更大，喷油束的直线段更长，从而促进了空燃混合气的形成，这对燃烧过程中颗粒（PM）和氮氧化物（NO_x）排放之间的折中将起到积极的作用。在喷油终了时，这两种喷油器具有同样的明显差异。直接控制式喷油器关闭得更快。因此，最后阶段喷入燃烧室的燃油仍然具有好像未被节流的喷雾束的动量。因而，这些燃油在燃烧室中也贯穿得更远，同时也由于具有较好的雾化品质，燃油气化程度提高，混合气形成质量改善，更加有利于进一步降低PM排放。

直接控制式喷油器中的燃油容积很小，它起到了喷油嘴附近蓄压室的作用。这种蓄压室在流动过程中无各种节流，可保证喷油嘴压力室（可以理解为针阀座以上的容积）中的压力高而又稳定，因此，确保在整个喷油过程中喷油嘴具有相同的流量。同样，由于喷油器中蓄压室的作用，降低了喷油器和共轨之间的压力波动。因而先导喷油和主喷油之间不会相互影响。因为压力室中的压力稳定，使得主喷油不受喷油间隔的影响而保持稳定（图 1-154）。

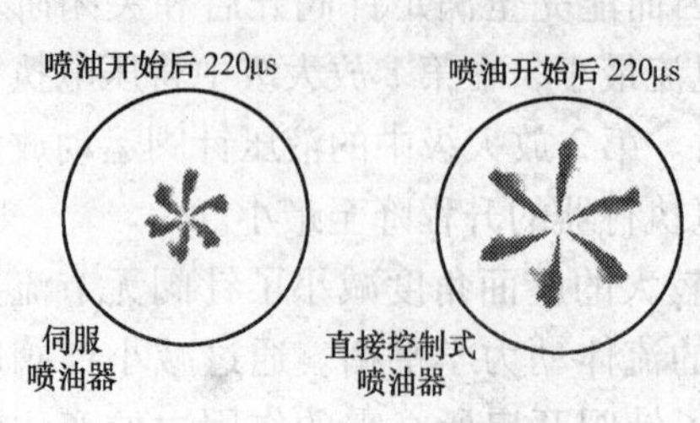

图 1-153　雾化质量的比较

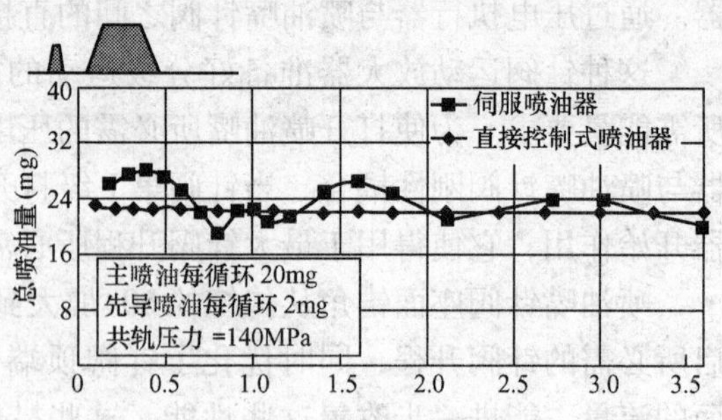

图 1-154　主喷油量恒定

由于针阀完全开启和关闭的可重复性不受共轨压力的影响，因而获得了线性的喷油量特性曲线场，其曲线的走向只是喷孔流量的函数，几乎不受针阀座节流的影响（图 1-155）。

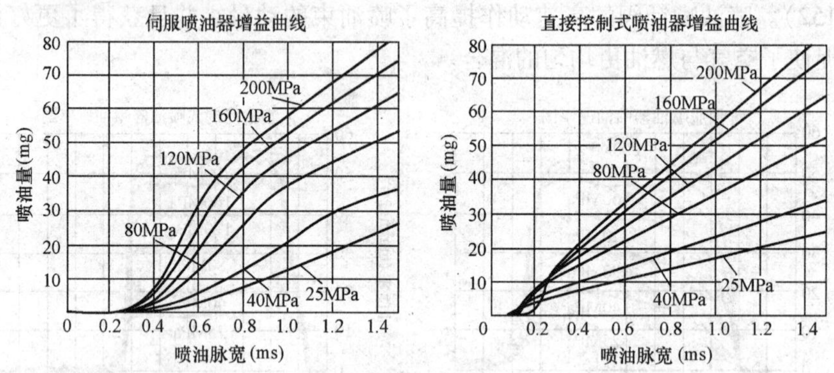

图 1-155　喷油量曲线

（四）发动机运行中的优点

为了优化未来燃烧过程，期望提高平均有效喷油压力，以便能最佳地利用缸内可用的氧，从而提高 ECR 的适应性，并获得高的升功率。这样，可改善混合气的形成。在部分负荷时 PM 排放保持不变的情况下对降低 NO_x 排放会发挥积极作用，在全负荷时能进一步提高升功率。

由于直接控制式喷油器能获得近似矩形的喷油速率，因此，在喷油持续期短的情况下，能将更多的燃油喷入燃烧室，从而能发挥上述优点，即在 PM 排放和排气温度保持不变的情况下提高发动机的升功率。与伺服系统相比，直接控制式系统在中低负荷时能改善 PM 排放和 NO_x 排放之间的目标冲突。

这种喷油器在整个发动机使用寿命期内能做到无泄漏运行，避免了有害的功率损耗。直接控制式喷油器多次喷油品质优异（图 1-156），因为相邻两次喷油之间没有相互影响。这对低共轨压力下的小喷油量具有特殊的意义，因为大部分燃油能够在针阀全开的情况下以最好的雾化品质喷入燃烧室。对喷油量很小的先导喷油来说，柴油机喷油系统整个寿命期内都能够保持良好的喷雾质量。

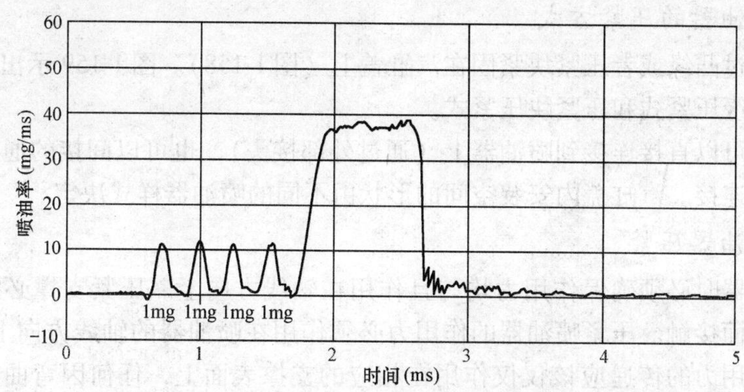

图 1-156 喷油时间间隔对喷油量影响小

七、共轨喷油器安装

共轨喷油器精度高，安装时必须注意操作。以下介绍博世共轨喷油器的安装规范。

（一）喷油器类型

共轨喷油器有两种结构型式：外部接口型和内部接口型。

（1）内部接口型

图 1-157b）是带有内接高压接头的喷油器。喷油器可以接受侧向高压接头直线密封压紧力。喷油器有一个导向直径。在导向段以外喷油器和汽缸盖是不应该直接接触的。喷油嘴的小外圆也不能碰到汽缸盖。

高压接头上的两个圆球通过汽缸盖安装孔内的两个凹槽导向，防止高压接头本身转动。凹槽必须按照要求加工。

（2）外部接口型

图 1-157a）是外部接口型喷油器（高压接头由螺纹连接到喷油器上）。喷油器在汽缸盖里的径向导向由两个导向直径来保证，汽缸盖内喷油器安装孔也有两个导向直径。喷油器在导向段以外不允许和汽缸盖接触。喷油嘴的小外圆也不应该和汽缸盖接触。

压紧喷油器时必须确保作用力沿着喷油器的轴向，压紧支撑必须通过半径并保持直线接触或球面接触，如图 1-158 所示。在确定压紧部件和转矩要求的时候，必须评估和考虑到密封圈的变形、螺纹和支撑面变形的影响以及摩擦力产生的分力等。

a) 外部接口型喷油器 b) 内部接口型喷油器

图 1-157 喷油器的两种结构形式

a) 凸缘压紧式 b) 压紧块压紧式

图 1-158 喷油器的两种压紧方式

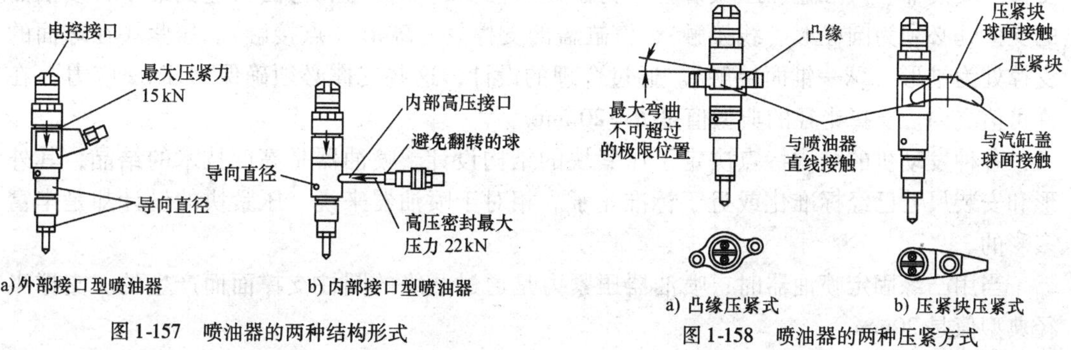

（二）喷油器的压紧方式

喷油器通过凸缘或者压紧块紧固在汽缸盖上（图 1-158）。图 1-159 示出了两种喷油器压紧方式：凸缘压紧式和压紧块压紧式。

高压油管可以直接连接到喷油器上（通过外部接头），也可以间接的通过汽缸盖内的内部高压接头连接。汽缸盖内安装空间的形状由不同的喷油器样式决定。

（三）喷油器压紧

压紧喷油器时必须确保作用力均匀且作用在轴线方向上。压紧支撑必须通过半径且直线接触或球面接触。压紧喷油器的作用力必须作用在喷油器的轴线方向上，如图 1-160 所示。这些作用力的传递应该仅仅作用在相应的支撑表面上，任何因弯曲、翘曲或者公差引起的附加作用力都是不允许的，因为任何附加作用力都可能导致喷油器性能不良。

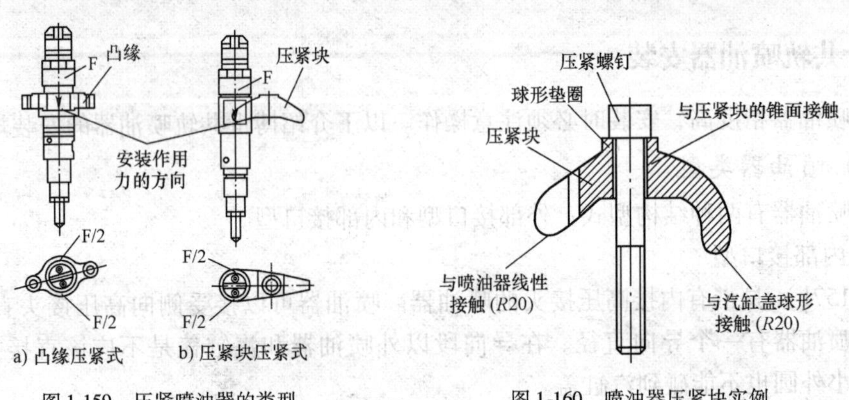

图 1-159　压紧喷油器的类型

图 1-160　喷油器压紧块实例

在确定压紧部件和转矩要求时必须评估和考虑到密封圈的变形、螺纹和支撑面变形的影响以及摩擦力产生的分力等。

（四）压紧块和凸缘

在选择喷油器的压紧件时必须注意：喷油器压紧力只作用在喷油器的轴心线方向上。喷油器压紧力典型值为 10kN，这是由密封圈必需的区域面积压力决定的，不应大于 15kN。因为必须考虑摩擦和各种安装工艺所产生的分力。过高的压紧力可能导致喷油率异常。

高压油管必须牢固地支撑好，否则可能导致高压油管振裂和燃油泄漏。

压紧块（图 1-160）的作用是不用弯曲喷油器而实现高度和偏差补偿。压紧块有 3 处支撑：喷油器、汽缸盖和压紧螺栓。为了使喷油器的侧向力和弯曲力达到最小，喷油器的支撑处必须为圆柱形（线接触），汽缸盖的支撑处是球形（点接触）。压紧块在球面的支撑处为锥形（球—锥面接触）。通过合理的设计，这些支撑必须确保“Hertz 应力”在许可值之内。支撑半径的典型值是 $R = 20$mm。

各种发动机的结构特点决定了压紧块的结构设计。喷油器是高度技术的结晶，其外形和安装尺寸已经标准化或近于标准化了。相对于喷油器来说，压紧块的设计却是丰富多彩的。

当用凸缘固定喷油器时，喷油器压紧力是通过凸缘的圆柱支撑面而产生的。支撑半径典型值是 20mm。

凸缘两边的拧紧力必须相等。凸缘与喷油器成90°角，凸缘两边必须同时夹紧。在拧紧过程中或拧紧之后，不允许超过凸缘规定的最大倾斜位置。

(五) 燃烧室密封

为了喷油器和燃烧室保持密封，应使用铜质密封垫圈（图1-161）。喷油器与汽缸之间的连接方式不管是压块压紧方式还是凸缘压紧方式，密封圈表面的压力名义值都应该控制在一定的范围之内。这个作用力可以允许燃烧室压力达到20MPa。这个密封区域必须通过发动机耐久性试验来确定和验证。在耐久性试验中，必须考虑使用极限粗糙表面公差的喷油器，并且喷油器压紧力最小。

在任何时候，喷油嘴小外圆圆周上不允许承受任何侧向作用力。因此，在密封圈的选择和位置公差选定时都应当特别小心。在轴向力的作用下，密封圈应可以在径向产生变形而不接触到汽缸盖内孔壁。中心突起使密封圈产生一个自由变形从而使油嘴小外圆上不产生侧向力。

安装喷油器时都必须使用新的密封圈。使用过的密封圈会变硬。如果使用旧的密封圈很有可能造成泄漏，并且导致喷油器压紧力异常，喷油器和喷油嘴也会受到不良影响。

由于紧固组件而引起的喷油器在圆周角度方向上的偏移量不可超过±3°（图1-162），高压油管必须能够补偿连接点角度和高度的偏移量。

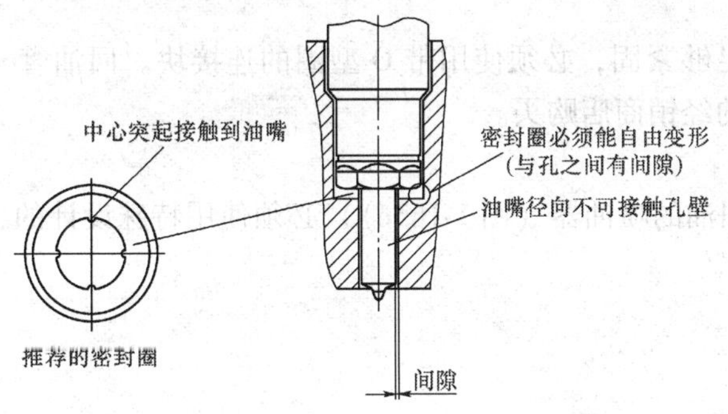

图1-161 燃烧室密封圈（铜垫圈）

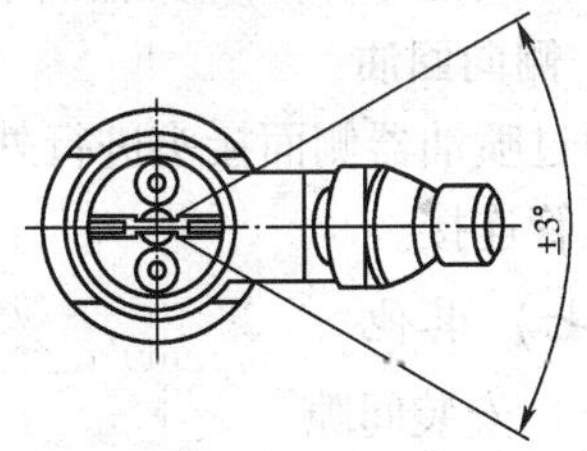

图1-162 喷油器角度偏移量

(六) 回油方式和回油管

喷油器的回油方式有内部回油、顶部回油和侧向回油（图1-163）。

1. 内部回油

在内部回油结构中，必须确保回油能够完全密封。O型圈位于喷油器回油孔的上部区域，第二个O型圈可在稍低的位置。如果在稍低的位置不使用O型圈，则密封圈必须能够密封燃烧室，(图1-163a))。如果采购的喷油器不带O型圈，那么必须保证随后安装O型圈，并且无损坏、无任何扭曲。

内部回油喷油器的主要安装步骤如下（图1-164）：

(1) 将喷油器插入汽缸盖的喷油器安装孔内，推荐预紧力1~2kN；

(2) 完全松开压紧块或凸缘，确保喷油器在汽缸盖内正确定位置；

(3) 以3.5~8.0kN的力预拧紧高压接头，相当于对M22×1.5的螺纹上施加15~20N·m的作用力；

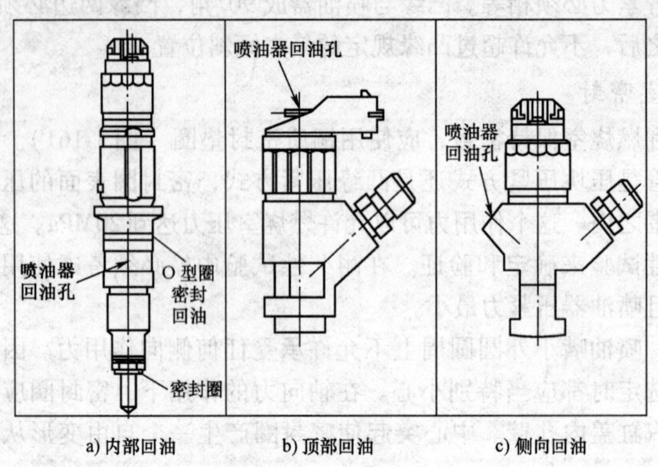

图 1-163　喷油器回油方式

（4）将喷油器拧紧。施加必要的喷油器拧紧力（最大 15kN）；

（5）拧紧高压接头，保证必要的密封压力：12～22kN，相当于对 M22×1.5 的螺纹上施加 50～55N·m 的作用力。

2. 顶部回油

为了确保完好的密封和回油管足够紧固，必须使用带 O 型圈的连接块。回油管（包括软管及其他零件）可从燃油系统的经销商店购买。

3. 侧向回油

通过喷油器侧面接头进行外部回油的喷油器（图 1-163c））必须使用特殊设计的、适当的软管连接。

（七）其他

（1）安装间隙

安装喷油器时需要特别注意喷油器前端部及喷油嘴和汽缸盖之间的间隙（图 1-165）。

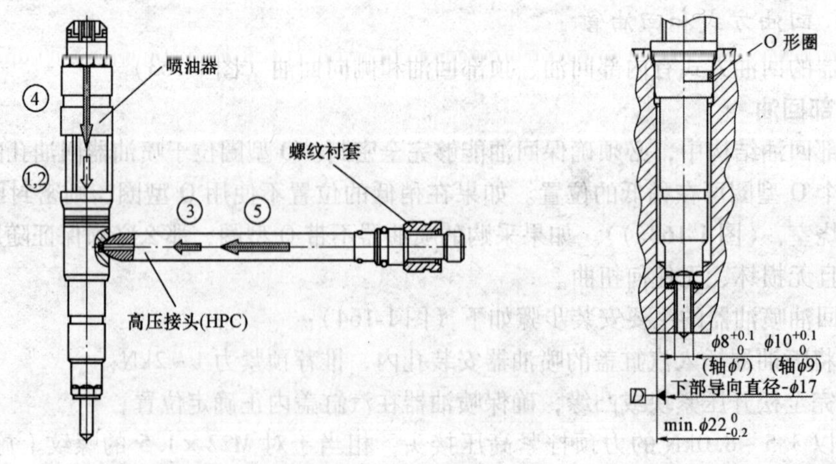

图 1-164　喷油器安装步骤

图 1-165　喷油器安装图

（2）电气连接

喷油器和控制单元的电气连接应采用生产商提供的、制定系统的线束。

第七节 共轨系统研发竞赛

1995 年，日本电装公司生产成功载货汽车用共轨系统，世界上第一辆配置共轨系统的载货汽车是日野公司的“RANGER”汽车。

1997 年，博世公司生产成功柴油乘用车用共轨系统，并由奔驰公司和菲亚特公司采用。

2009 年市场统计，全世界共轨产品的销售额中，博世公司占 60% 以上，电装公司占 20% 左右。

在共轨系统领域中，博世公司和电装公司就代表这个领域的国际水平。这两家公司一直处于你追我赶的状态，在竞争中推动共轨技术不断发展。

一、柴油机的喷射系统

1893 年狄赛尔发动机诞生。狄赛尔发动机的工作过程是：在上止点之后，向被压缩了的空气中吹进炭粉，使之燃烧，然后再平稳地膨胀到大气压。

1894 年 2 月 17 日，试制的柴油机突然变得稳定，发动机第一次依靠自身的力量开始输出动力。虽然这次运转仅仅稳定工作了一分多钟，但是，却迎来了柴油机的新时代。

燃油系统是柴油机的心脏。没有心脏的柴油机是没有大的作为的。在柴油机问世以后的三十多年中，虽然各大生产商千方百计地开发研制新的柴油机，但是一直没有突破性的进展

1927 年 11 月 30 日，博世公司正式开始批量生产机械式喷油泵。从此，制约狄赛尔发动机的技术关键被攻克。柴油机开始进入蓬勃发展的历史新阶段。

1995 年，第一辆装配了共轨系统的柴油货车走向市场。大约又经过了 10 年，共轨系统在全世界取代了传统的机械式燃油系统，开拓了全新的清洁柴油发动机的发展之路。

今天，共轨系统是开发新型柴油机的创新性系统。这已经成为社会共识。

共轨系统彻底改变了柴油机的传统形象，开创了清洁柴油机新时代。

二、共轨研发竞赛

1995 年，电装公司在世界上第一次成功地实现了柴油共轨系统产业化。由于日本汽车产业结构的实际情况，该系统只适用于柴油货车。三菱、五十铃、日产柴油机等公司都先后开始采用电装公司生产的共轨系统。2000 年，共轨系统的应用范围从汽车扩大到农业机械和建筑机械。

燃油系统领域的龙头老大——博世公司并不只是以羡慕的眼光在一旁观看，没有走电装的货车之路，而是瞄准了市场潜力很大的柴油乘用车。

在 1997 年，博世公司开发了喷油压力为 135MPa 的柴油乘用车共轨系统，以高级乘用车为中心开始批量供应电控共轨系统。

从此以后，世界上汽车零部件领域的两强——德国博世公司和日本电装公司近十多年来围绕柴油机共轨技术展开了一场火花四溅的“战争”。

（一）乘用车共轨系统

乘用车的共轨系统的发展是从欧洲开始的。1997 年，博世公司的柴油乘用车用共轨系统第一次被奔驰公司和菲亚特公司采用。欧洲人从保护地球的观点出发，对二氧化碳（CO_2）排放法规特别热心。人们对省油的柴油乘用车都非常感兴趣。环境性能非常优越的电控共轨系统恰恰就在这个时候问世，受到人们的热烈欢迎。博世公司和欧洲汽车生产商合作，掀起了一股波澜壮阔的清洁柴油车的热潮。

对于日本汽车生产商来说，如果没有非常优秀的柴油乘用车投入市场，在欧洲就没有立足之处。1997 年 7 月，电装公司和丰田公司合作，在匈牙利建立合资公司，共同开发 145MPa 喷油压力的，用于乘用车柴油机的电控共轨系统。1999 年，电装公司的柴油乘用车共轨系统成功地安装到丰田公司生产的“AVENSIS”乘用车上，追赶上了对手。其后，五十铃公司、日产公司也都采用了该系统。日本汽车生产商在欧洲取得了一席之地。

但是，电装公司清醒地认识到：为了和席卷全世界的博世公司抗衡，仅仅只依靠 10MPa 的差距，力量似乎太单薄了。差距不大的竞争中是没有优势的可言的。所以，电装公司制订了下一个电控共轨系统的目标是 180MPa 喷油压力，一个燃烧循环中成功控制喷油 5 次，PM 和 NO_x 排放大幅度降低，而且具有无故障运行 100 万 km 的耐久性。

共轨系统彻底改变了柴油车的传统形象。传统的外形脏、噪声大、又慢又笨的柴油机一下子变成了清洁、环保、节能的发动机。在欧洲，只有柴油机才能称得上“高级”发动机。

（二）后来居上——博世公司

1993 年，电装公司的藤泽英也等人到博世公司交流，介绍了电装公司的共轨系统。当时博世公司还没有共轨系统。

1994 年，博世公司收购了菲亚特公司的共轨部门，包括技术和全体技术人员，投入了大量的人力、财力，开始着手研发乘用车共轨系统。当时，欧洲乘用车市场上由于采用电控分配泵等，柴油车的比例已经达到 20%。所以，博世的共轨系统从一开始就针对柴油乘用车进行研制。

1997 年，博世公司成功地将他们生产的乘用车共轨系统配置到戴姆勒 · 克莱斯勒生产的乘用车上。随后，博世公司迅速发展，成功地向欧洲顶级汽车生产商：宝马、标致和雷诺等公司供应共轨系统。

（三）喷油压力之争

对于高压共轨系统来说，喷油压力越高，每一个循环中喷油次数越多，则技术水平越高。

自从共轨系统开发成功以来，博世公司和电装公司之间围绕着提高喷油压力的竞赛一个回合又一个回合地展开。

在高压化方面首先取得优势的是博世公司。博世公司的第一代共轨的喷油压力是 135PMPa。到了 2000 年，第二代的喷油压力是 160MPa，2003 年开发的第三代共轨式柴油压电陶瓷传感器的喷油器，响应特性大大提高（图 1-166）。

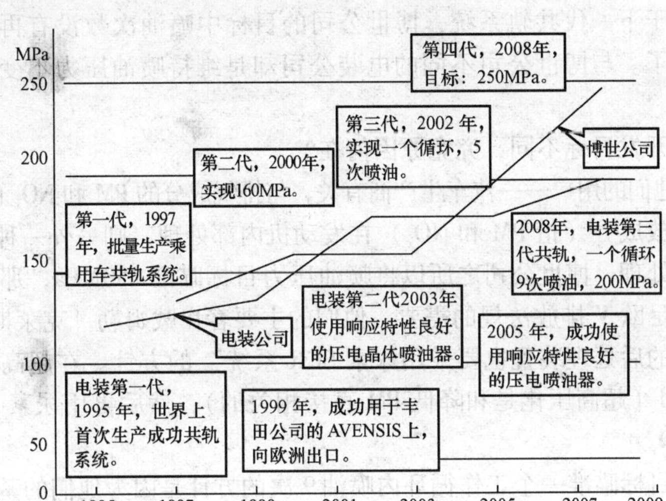

图 1-166　博世公司和电装公司关于共轨的研发竞赛

电装公司在日本国内加紧向日野、五十铃等货车生产商和丰田、日产、马自达等乘用车生产商开展供货业务。

2005 年 5 月，电装公司开始向欧洲市场投放喷油压力为 180MPa 的压电喷油器。日本部分汽车生产商、大众公司、福特公司等都选用电装公司的产品。

电装公司在 1999 年对第一代共轨进行了改进，实现了喷油压力 135MPa。这样的共轨系统用于丰田公司中型 AVENSIS_ SEDAN 汽车上。2002 年实现了 180MPa，超过了博世公司。同时，一个工作循环内可以实现 5 次喷油，实现了精细控制喷油过程。

2000 年度，电装公司共轨系统的销售额大约是 97 亿日元，到 2004 年迅速扩大到 822 亿日元。这个时候，才开始勉强盈利。但是，2004 年到开始生产共轨系统的 1995 年已经过去了 10 年。

（四）截然不同的开发目标

电装公司认为："今天的技术，3 年之后就没有用了。"因为世界上排放法规在不断强化。为了满足排放法规，共轨系统需要不断进步。

日本在 2009 年实施"后新长期法规"，欧洲在 2008 年实施欧 V 排放法规。

为了满足这样的排放法规，博世公司宣布，要开发比现在高 70MPa，即 250MPa 的所谓第四代共轨系统。

电装公司的目标是 200MPa。在喷油压力方面虽然不如博世公司，但是，电装公司的秘密武器是超高速喷油技术——一个工作循环中喷油 9 次。现在，电装公司的第三代共轨系统已经实现了这两项目标。2008 年，电装公司成功开始批量生产喷油压力为 200MPa 的共轨系统，一个工作循环中可喷油 9 次。

博世公司现在能够实现一个循环喷油 5 次，这已经是非常高的技术了。预喷油和主喷油之间的时间间隔仅仅只有万分之一秒。要知道，人的眼睛眨一下的时间是五百分之一秒（0.2s）。

很显然，对于下一代共轨系统，博世公司的目标中喷油次数没有再提高，但是将喷油压力大大提高了。与博世公司不同的电装公司却是维持喷油压力不变，但是增加了喷油次数。

两家的基本开发目标不同，究竟原因何在？

其实，这和他们的用户——汽车生产商有关，与排气成分的PM和NO_x的处理策略有关。

如果某种排放成分（指PM和NO_x）在发动机内部处理，则另外一种成分就必须通过后处理装置进行处理。博世公司之所以将喷油压力目标瞄准250MPa，那是因为欧洲的汽车生产商为了满足欧V排放法规的需要。他们的主要客户戴姆勒·克莱斯勒认为："不仅是货车，乘用车的后处理装置也要采用尿素SCR系统"的方针。在超高压的下一代共轨系统内部减少PM（超高压化是和降低PM直接相关的），然后再用尿素SCR系统在后处理装置中处理NO_x。

电装公司的目标瞄准一个工作循环内喷油9次的方针是因为他们的基本考虑和欧洲人相反。他们的主要客户丰田集团、日野汽车公司等是为了满足"日本后新长期法规"，不用尿素系统。所以，电装公司要利用下一代共轨系统在发动机内部尽可能降低NO_x——一个工作循环中喷油9次可以有效地降低NO_x，然后再在后处理装置中利用带催化剂的颗粒过滤器来捕集和降低PM。

但是，据最新资料，博世公司为了实现oCCS燃烧，已经开发成功喷油压力为200MPa，一个工作循环中可以喷油8次的乘用车共轨系统。与电装公司相比也就仅仅相差一次而已。

（五）竞争战略

今后，博世公司和电装公司两强之间的竞争局面会更加激烈。共轨产品的主要供货商另外还有德国的西门子公司和美国的德尔福公司，两家公司包揽了大众汽车公司的需求。

2004年电装公司年度销售额中，共轨系统的产值只占公司总销售额的3%。从收益来看，确实微乎其微。但是，电装公司为什么要花那么大的代价投入其中？是因为共轨系统左右丰田集团的欧洲战略。丰田公司的欧洲战略已经明确，他们要增加在欧洲的柴油车销售。到2006年在欧洲销售的柴油车数量要达到和欧洲汽车生产商平分秋色的水平。因此必须开发新型柴油机，共轨系统是关键。从2006年5月份开始，丰田公司向欧洲销售的AVENSIS新型发动机中，采用了技术非常先进的压电晶体式喷油器的共轨系统。

电装公司自己摸索了一条共轨系统的开发之路。2005年4月，电装公司100%出资，在德国开设了一家柴油车发动机零部件工程公司。着手柴油机零部件的性能评价等应用设计工作，目的在于扩大向欧洲汽车生产商推销共轨系统。

对于电装公司来说，如果仅仅只面向丰田集团，则没有规模效益。而且，开发费用巨大，为应对和博世公司的竞争，必须向其他的汽车生产商扩大销售。这种外销路线强化之后，可以推动规模生产效应。这样，丰田公司本身也可以得到廉价购买产品的好处，反过来，又支持了丰田公司的欧洲柴油车战略。

总而言之，电装公司在共轨产品上的竞争战略，与丰田公司在欧洲的战略是完全一致的。

对此，博世有什么动作呢？

2006年5月，博世公司在日本横滨的红砖仓库前广场组织了一次“超清洁柴油汽车节”。3天内向3.8万名参观者宣传了超级清洁柴油机。博世公司在北美也频繁地举行讲演会和试驾柴油乘用车等活动，向人们介绍和推销柴油乘用车，促进普及和扩大柴油乘用车。

在宣传清洁柴油机这一方面，博世公司确实是不遗余力。

另外，博世公司于2006年在中国建设柴油机零部件工厂和研究所。博世公司没有放慢脚步，而是在全世界范围内加速谋求新的扩张。

正因为这样的竞争，柴油机共轨系统技术呈现出日新月异的进步。

第二章　环保与排放

环境污染和大气质量已经危及人类的生存，成为影响健康和制约经济发展的重要因素。人口密集地区的重要污染源之一是机动车辆。汽车排污占温室效应气体总来源的三分之一。

温室效应将会导致沙漠化扩大、冰川融化、洪水泛滥和海平面上升。这些都是全球性的灾难。面对空气污染和温室效应，我们每个人都无法逃避，唯一可做的就是：减少排污，保护环境。

第一节　柴油机排气净化

柴油机排气污染物的净化原理、方法和技术是当今世界环境领域的热门和难点课题。随着环保法规日趋严格，柴油机排气污染物对环境的污染和对人体健康的危害越来越受到重视。

柴油机问世以来，由于良好的动力性、经济性和耐久性等优点，在各种动力装置、船舶和车辆上都得到了广泛的应用。从20世纪80年代后期开始，乘用车上也越来越多地应用柴油机。目前，德国生产的1.4～2.0L排量的乘用车中60%以上是柴油机乘用车，而法国的高级乘用车中使用柴油机的比例高达88%，商用车100%使用柴油机。

从世界范围来看，汽车柴油化已成为一种不可逆转的趋势。

柴油机与同等功率的汽油机相比，微粒（PM）和氮氧化物（NO_x）是排放中两种最主要的污染物。从目前降低汽车尾气排放的技术途径来看，要达到欧Ⅳ排放标准，如果仅从发动机本身采取措施，是不能够满足要求的。通常需要采取某种排气后处理的方式来降低污染物的排放量。

一、汽车排气组分及其危害性

汽车给现代文明带来了巨大的福祉，也给社会环境（特别是人口拥挤的大都市）带来了沉重的环境负担。图2-1是城市大气中浮游颗粒（SPM）的来源及各类汽车的排放统计。可见，大气中的颗粒物主要来源就是汽车，尤其是商用车。因为商用车都是中重型柴油机。

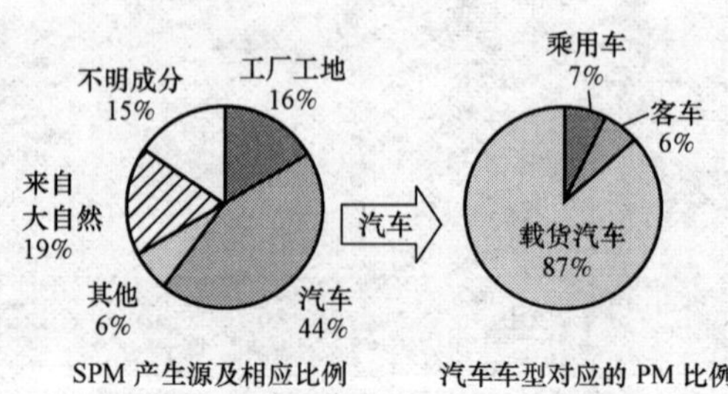

图2-1　城市大气中的颗粒与汽车

（一）排气组分

柴油机排气具有复杂的化学组成，而且随着发动机的工况不同，排气的组成也显著不同。汽车排放的污染物中含有颗粒物（PM）、烃类（HC）、一氧化碳（CO）和氮氧化物（NO_x）等。因为排气中氧气（O_2）含量较高，故 HC 和 CO 排放量较少，一般只有汽油机的 10%；NO_x 排放量与汽油机大致处于同一量级；而 PM 的排放量比汽油机高得多。

CO 是烃基燃油燃烧不完全的产物，主要是在缺氧或过低温度下形成的；

HC 是由于燃油的不完全燃烧和缸壁的淬冷作用、缝隙效应、曲轴箱漏气等原因形成的；

NO_x 是在高温燃烧条件下空气中的氧和氮反应生成的，生成量取决于缸内燃烧温度、反应时间及氧的浓度。

颗粒物的组分包括未氧化的或未完全氧化的 HC，硫酸盐以及与硫酸盐相结合的水和颗粒等其他物质。毒理学研究表明，空气中的超细颗粒物（$Dp<100$nm）能附着大量有毒物质，通过呼吸道进入人体并对人体造成严重危害。柴油机排气中的微粒直径为 3nm 到 1μm 的微粒的数量浓度高达 $10^7 \sim 10^9$ 个/cm^3，是城市大气中超细颗粒的重要来源。因此，国内外广泛开展了柴油机超细颗粒排放物研究。柴油机排放中，直径 $Dp<50$nm 的微粒在排气总质量中所占比例为 1% ~10%，但其数量浓度却占排气总颗粒数量的 90% 以上。

SO_x 是燃油中含硫（S）物质在燃烧后形成的产物的统称，主要是 SO_2、SO_3 和硫酸盐颗粒。

（二）排气的危害性

表 2-1 中总结了汽车排放的主要成分及其对人类的危害性。

汽车排放的主要成分及其危害性 表 2-1

污染物	简要说明	对人类的危害
碳氢化合物（HC）	燃油未完全燃烧产物的总称。大气中的碳氢化合物受到太阳紫外线的照射后会产生化学反应，产生光化学烟雾（OX）。 OX 是出现光化学烟雾的主要原因。在高浓度环境中，人的呼吸道黏膜会受到刺激，对人的呼吸器官产生影响。	烯烃：略带甜味，有麻醉作用，对呼吸道黏膜有刺激，形成有毒的光化学烟雾；芳香烃：对血液和神经系统有害，多环芳香烃（PAH）及其衍生物有致癌作用；醛类：刺激性物质，对眼、呼吸道、血液有毒害。
一氧化碳（CO）	CO 是燃料不完全燃烧产生的。大气中 CO 主要的人为源泉就是汽车。 CO：无色、无臭的有毒气体。可导致人体组织缺氧，严重时窒息死亡。	CO 会和血液中的红血球结合，引起血液中氧浓度降低，造成向细胞输氧功能障碍，引起缺氧状态。
氮氧化物（NO_x）	氮氧化物（NO_x）主要以 NO 和 NO_2 的形式存在于大气中。刚从汽车中排放出来的时候主要是 NO，NO 在大气中传播的时候，和大气中的氧气（O_2）反应，转化成 NO_2。	高浓度的 NO_2 除了刺激呼吸器官外，和氮氧化物、碳氢化合物一起，在阳光的紫外线的作用下生成 OX，容易形成光化学烟雾。
颗粒物（PM）	微粒：柴油机排出的微粒物质主要有黑烟、蓝烟和白烟。黑烟：燃油不完全燃烧生成的炭烟，影响视线，危害呼吸系统，炭烟微粒吸附有 SO_2 和多环芳烃，有致癌的危险；蓝烟和白烟：燃油或润滑油的微粒；蓝烟：粒径在 0.5μm 以下；白烟：粒径在 1μm 以上。由于颗粒物（PM）是很小的固体物质。特别是粒子直径小于 10μm 称为浮游颗粒物。因为 SPM 很小、很轻，一直浮游在大气中而不沉降，很容易被人呼吸而进入人体内部。	一般说，直径小于 10μm 的微粒、通过呼吸、进入鼻腔以后，大部分就附着在鼻腔的黏膜上，而不会到达肺部。但是，直径小于 1μm 的微粒则会附着在呼吸道气管和肺泡上，引起呼吸器官疾病。甚至有人预言，这种浮游颗粒对人类的危害可能比今天所认识的更加可怕。

（三）降低排放

对于汽油机来说，三效催化剂已经成功开发并得到了广泛应用，可同时将汽油机排放的主要污染物NO_2、CO和HC削减90%以上。而柴油机至今还没有理想的后处理技术可同时淌除主要污染物NO_x和PM。因此，减少NO_x和PM的排放量是解决柴油机排气的主要课题。

降低柴油机排放主要应该从燃油品质、内燃机技术和排气后处理技术三个方面着手，配套使用，协调发展，才能满足越来越苛刻的排放法规（图2-2）。

对于燃油品质，应根据法规水平采用相应质量的燃油，以保证排气中污染物的含量维持在合适的水平，并有利于后处理技术的正常发挥作用。

决定燃油品质的主要参数是含硫量。采用低硫或无硫的清洁柴油有助于降低柴油机的排放，同时有利于催化后处理技术的使用。由于PM和NO_x在生成机理上存在“Trade-off”（此消彼长）的关系，通过发动机内改善燃烧的技术努力减少其一，而另一污染物却随之增加。因此，机内改善燃烧的技术是不能将PM和NO_x同时削减的。只有将燃油品质、机内改善燃烧和排气后处理技术有机地结合起来，才能使柴油机排放满足日益严格的排放法规。

目前柴油机排放后处理技术主要有以下4类（图2-3）：

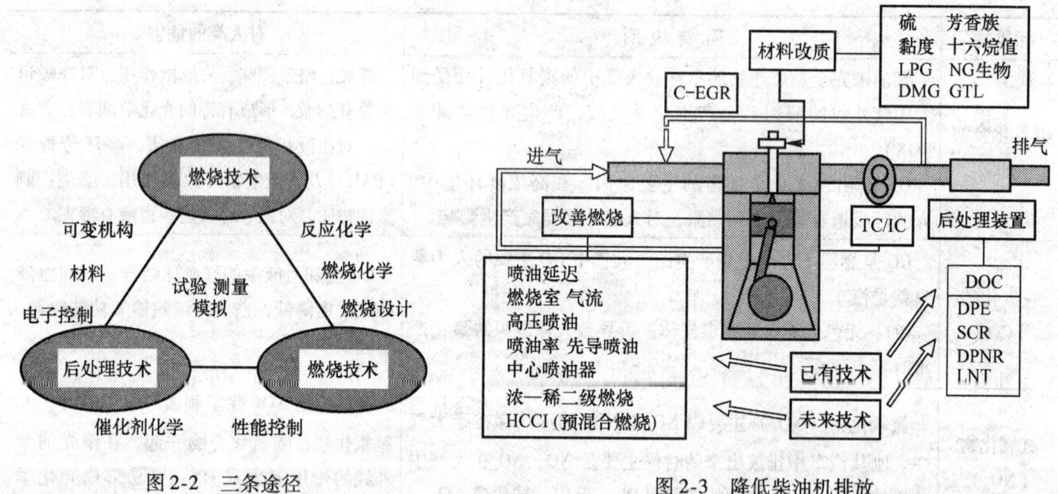

图2-2 三条途径　　图2-3 降低柴油机排放

（1）氧化处理（DOC），主要用于氧化除去CO、HC、HN_3（尿素SCR系统）和PM中的可溶有机成分（SOF）等；

（2）柴油机颗粒过滤器（DPF）及其再生技术，用于过滤去除颗粒等颗粒状物质；

（3）净化氮氧化物技术，主要有尿素SCR系统和氮氧化物储存还原（NSR）法两种；

（4）其他后处理装置。

这些后处理技术分别针对某一种或几种污染物的处理技术，是解决柴油机排气排放污染问题的最重要的手段。

二、技术发展

专利是技术领域中最敏感的触角。及时分析研究世界专利的动态是科研工作者的基本功，是把握技术动态的重要的手段。

（一）专利动向

图 2-4 是围绕降低柴油机有害物质这一主题对全世界的技术专利进行收集，并按年代和申请人国籍进行分析和整理的结果。专利时间：1990 ~ 2006 年之间；专利内容：在全世界范围内（美、欧、日、中、韩）关于防止地球的温室效应、减少 CO_2 排放，减少柴油机有害排放物的专利信息。专利技术细分则有：共轨系统（CRS）的高压喷油技术、废气再循环以及增压技术、排气后处理技术等，以及支持上述技术的零部件开发、传感器技术、电子控制技术等。

由图 2-4 可以看出最近十多年来世界专利的动向，简单归纳如下：

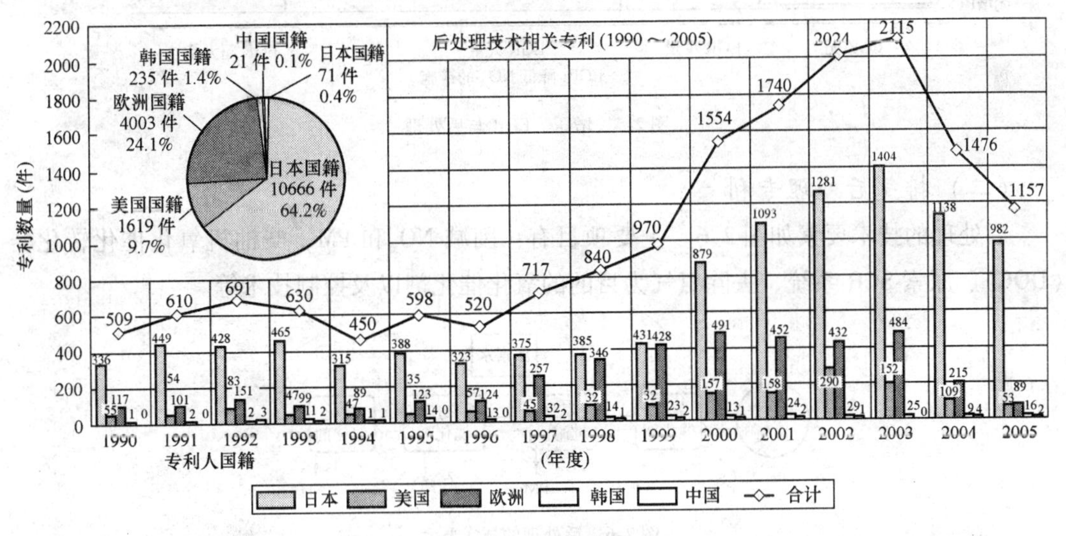

图 2-4　后处理的专利统计

从 1995 年开始，在美、欧、日、中、韩申请注册专利的件数急速增加，2001 ~ 2003 年达到顶峰。专利申请人国籍比例：日本 53. 8 %，欧洲 34. 1%、美国 10. 3%、韩国 1. 2 % 、中国 0. 1%。日本一直是专利大国。

从技术的角度可以分成三类：共轨喷油装置、燃烧控制技术和后处理技术。共轨喷油装置欧洲人申请的数量最多；燃烧控制技术和后处理技术则是日本人申请的件数最多。

据统计，丰田公司是第一专利大户，接着的是电装公司和博世公司。在欧洲，博世公司的专利数占压倒性的多数。“专利战争”在全球正在如火如荼地进行，从专利中可以嗅到浓烈的火药味。

图 2-5 中示出了增压、EGR 与排放主要成分颗粒物（PM）和氮氧化物（NO_x）之间关系。动向 A、B、C 都是值得注意的。

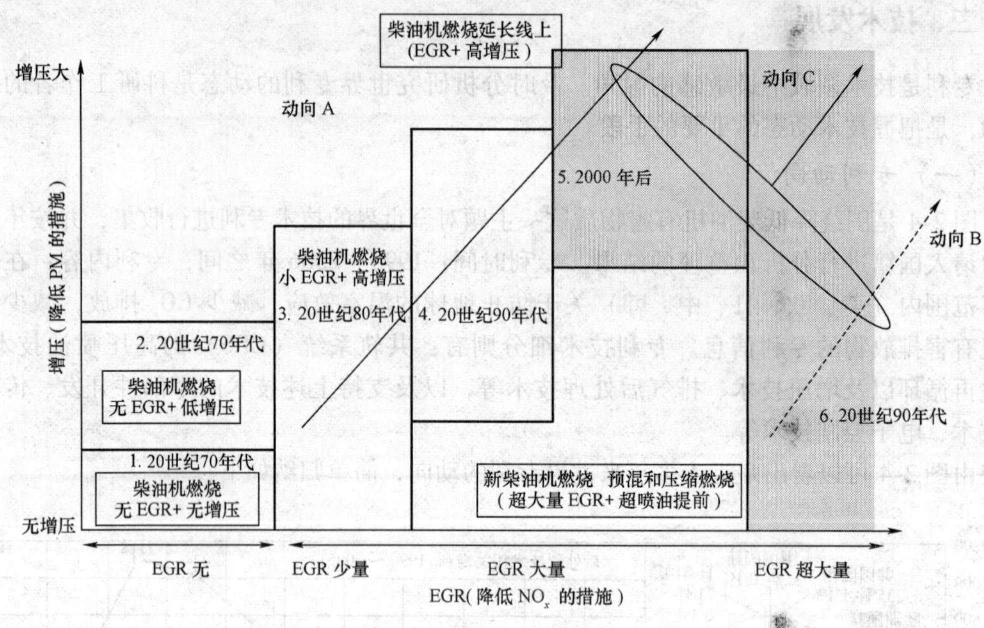

图2-5 增压、EGR与后处理

（二）排气后处理专利

后处理的技术要素如图2-6。主要项目有：削减NO_x和PM，柴油机氧化催化转化器（DOC）、尿素SCR系统、去除氨气为目的的氧化催化剂以及控制技术等。

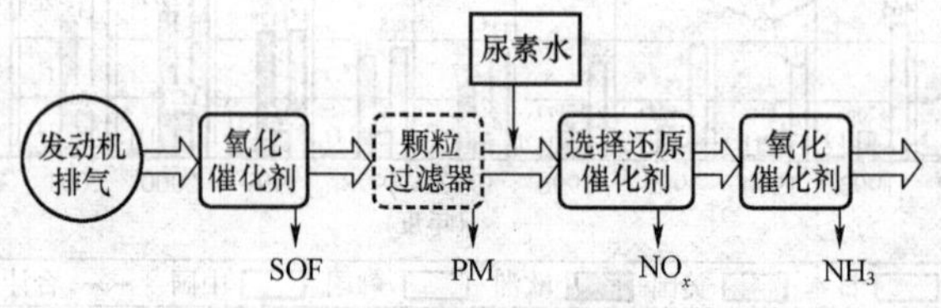

图2-6 后处理的技术要素

1990年以后的一段时间内，专利申请件数变化不大。但是，从1997年开始，以欧洲为中心专利申请数量开始增加。特别是2000年以后，日本、欧洲和美国的专利申请量迅速增加。清洁柴油乘用车不断研发和大量投放市场推动了柴油机后处理专利申请量大幅度增加。

从统计曲线中可以看到，在1990～2005年之间，日本申请的柴油机后处理专利量是全世界总量的64.2%，其次是欧洲和美国（图2-4）。

后处理技术可以分为6个分项（图2-7），各个分项的发展并不平衡，有些稳步成长，有些逐步淡出：

6A01：尿素SCR（选择还原法）；

6A02：HC-SCR（选择还原法）；

6A04：储存还原法（NSR：NO_x储存降低法）

6B01：带催化剂的DPF（柴油机颗粒过滤器）；

6B02：加热再生型；

6C01：DOC（柴油氧化催化转化器）。

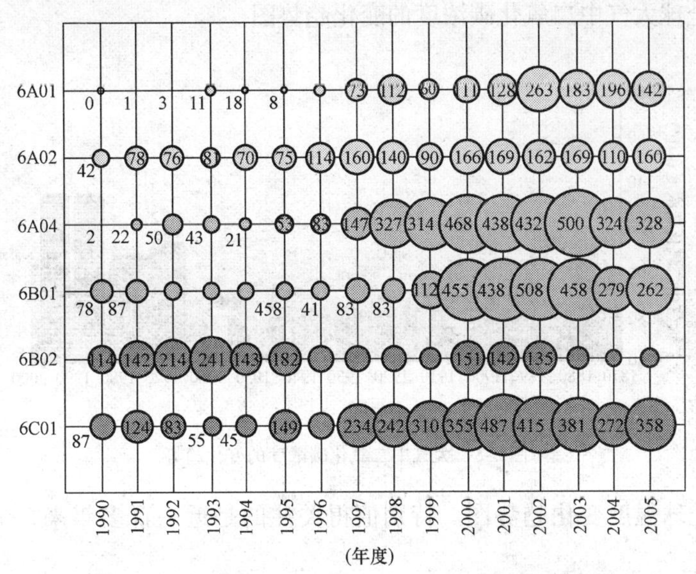

图 2-7　后处理的 6 个子项

值得注意的是后处理技术的分项中，如果选中专利数量多的几个分项进一步分析，则可看出各项技术的发展趋势。例如，削减 NO_x 的技术有：尿素 SCR（技术子项 6A01）、HC-SCR（6A02）以及储存还原（6A04）法。尿素 SCR 选择性催化还原法是最具现实意义的方法，它能把发动机尾气中的 NO_x 减少 90% 以上。

（三）后处理技术动向

从专利的数量和申请时间进行分析，尿素 SCR 法和储存还原法都是从 20 世纪 90 年代开始的。也就是从开始采用电控共轨系统（CRS）、对燃烧过程可以进行电子控制的时候开始，专利数量开始迅速增加，这正好和清洁柴油机的研发、推广的时间一致。尿素 SCR 系统首先在商用车上开始实用，然后，在欧洲成功地应用到柴油乘用车上。但是，HC-SCR 在此之前更早的时候，即 1990 年以前就进行研究了，然而，直到现在都没有取得好的成果。储存还原法（NSR）开始的时候主要是由日本的汽车公司研究，直到实用成功。

在欧洲对 NSR 也曾进行过开发，从中也可以看到各家汽车生产商的竞争态势。

第二节　削减温室气体排放

近百年来，中国的年平均气温升高 0.5～0.8℃，略高于同期全球平均温度的升高值。

中国气象局的气象监测统计报告显示，2006 年全国年平均气温达到 10℃，比常年高出 1℃，这是 1951 年以来的最高温度。事实上，在过去的 10 年里，除 1996 年外，其余年份都是有气象观测纪录以来全球气温最高的 9 个年份。这种不太冷的冬天警示人们："温室效应”及二氧化碳排放问题应当引起关注，并需认真对付，否则，我们的地球将会出现大问题。

图 2-8 是全球大气中二氧化碳浓度的变化趋势图。

图 2-8　大气中二氧化碳浓度的变化趋势

图 2-9 是全球温度变化趋势图。特别值得关注的是近一百多年来，全球温度在明显上升。

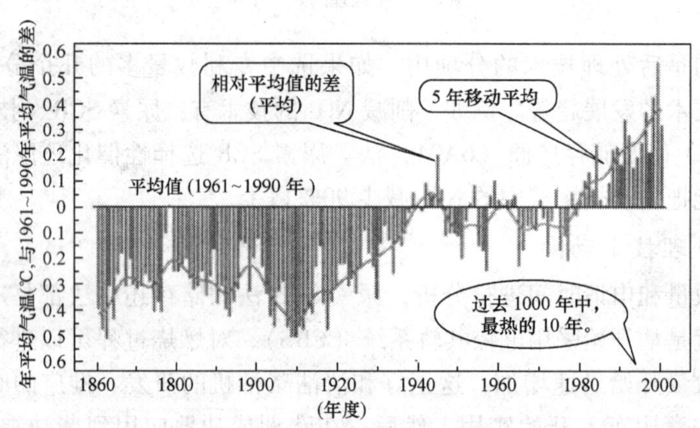

图 2-9　年平均温度的变化趋势

为了防止温室效应，必须降低二氧化碳的排放量。为此，发展柴油机是一项重要的战略。

一、环境和汽车排放

2009 年中国生产汽车 1379 万辆，超越日本，首次成为全球第一大汽车生产国。中国汽车的社会保有量达到 7500 万辆。

全世界范围内汽车的发展和普及引起了一些新的问题：有限的石油资源大量消耗、汽车排放导致温室效应和大气污染日渐严重，直接危及人类生存环境。

汽车排气中的二氧化碳（CO_2）是典型的温室气体；氮氧化物（NO_x）是诱发酸雨和大范围光化学烟雾的主要原因；颗粒排放物（PM）直接诱发呼吸器官疾病，特别是近年来全面推广的共轨系统的排气中微小颗粒可以长久悬浮于空气中，对人类的危害可能比想像的更加可怕等。这些都已经成为全球共同关心的大问题（图 2-10）。

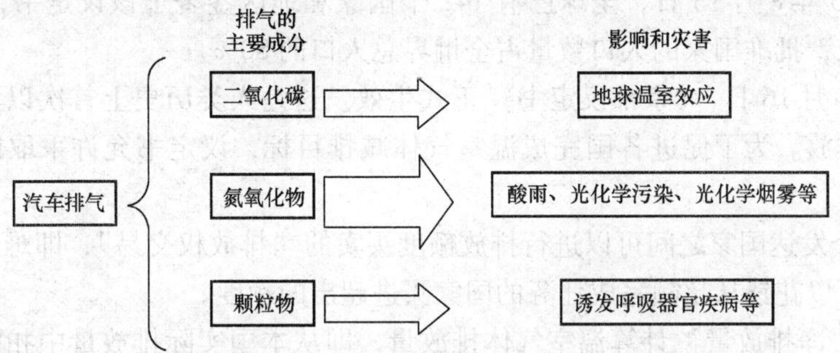

图 2-10　汽车排气引起的主要问题

近年来，NO_x 和 PM 在人类集中居住的大城市成为重要的大气污染源。汽车排气对地球以及局部地域的大气环境造成了很大的影响。

21 世纪被称之为环境的世纪。在全环球范围内尽量减少环境负荷是保证可持续发展的地球环境的重大课题。

二、京都议定书

地球温室效应的主要原因之一是二氧化碳。1997 年 12 月在京都召开了气候变化框架条约第三次缔约国会议（COP3）。签订了《京都议定书》。

《京都议定书》规定，到 2010 年，所有发达国家二氧化碳等 6 种温室气体的排放量，要比 1990 年减少 5.2%（图 2-11）。具体说，各发达国家从 2008 年到 2012 年必须完成的削减目标是：与 1990 年相比，欧盟削减 8%、美国削减 7%、日本削减 6%、加拿大削减 6%、东欧各国削减 5% ~8%。新西兰、俄罗斯和乌克兰可将排放量稳定在 1990 年水平上。

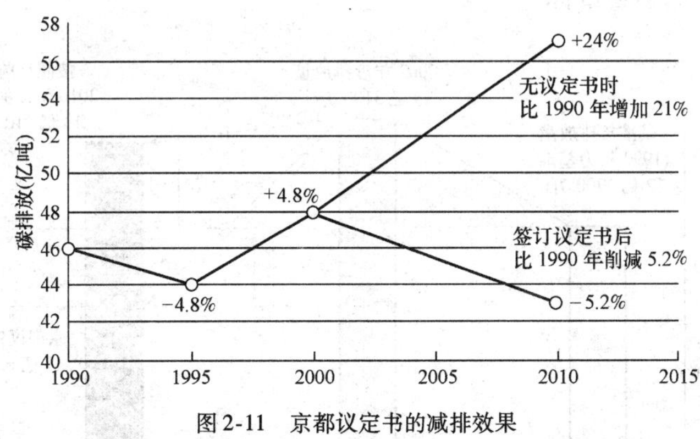

图 2-11　京都议定书的减排效果

《京都议定书》需要占全球温室气体排放量 55% 以上的至少 55 个国家批准，才能成为具有法律约束力的国际公约。

欧盟及其成员国于 2002 年 5 月 31 日正式批准了《京都议定书》。

2004 年 11 月 5 日，俄罗斯总统普京在《京都议定书》上签字，使其正式成为俄罗斯的法律文本。

截至 2005 年 8 月 13 日，全球已有 142 个国家和地区签署了该议定书，其中包括 30 个工业化国家，批准国家的人口数量占全世界总人口的 80%。

2005 年 2 月 16 日，《京都议定书》正式生效。这是人类历史上首次以法规的形式限制温室气体排放。为了促进各国完成温室气体减排目标，议定书允许采取以下四种减排方式：

（1）两个发达国家之间可以进行排放额度买卖的“排放权交易”，即难以完成削减任务的国家，可以花钱从超额完成任务的国家买进超出的额度。

（2）以“净排放量”计算温室气体排放量，即从本国实际排放量中扣除森林所吸收的二氧化碳的数量。

（3）可以采用绿色发展机制，促使发达国家和发展中国家共同减排温室气体。

（4）可以采用“集团方式”，即欧盟内部的许多国家可视为一个整体，采取有的国家削减、有的国家增加的方法，在总体上完成减排任务。

各个国家之间可以互相购买排放指标，也可以以增加森林面积吸收二氧化碳的方式按一定计算方法抵消。

中国年排放 28.93 亿 t 二氧化碳，人均 2.3t，美国年排放 54.1 亿 t 二氧化碳，人均 20.1t，欧盟年排放 31.71 亿 t 二氧化碳，人均 8.5t。

中国于 1998 年 5 月 29 日签署了该议定书。

图 2-12 中示出了日本减排温室气体二氧化碳排放量的情况。2008 ~ 2012 年的 5 年中，相对于基准年（1990）的排放量削减 6%。对象气体为二氧化碳（CO_2）、甲烷（CH_4）等六种温室效应气体。2005 年，日本政府对照京都议定书的要求后得出结论：如果按照当时的各种措施继续实施，到 2010 年日本温室气体的排放量将达到 13 亿 1100 万 t，这就相当于需要将京都议定书的削减量提高到 12%。即如果继续按照当时的措施实施，很有可能达不到目标。

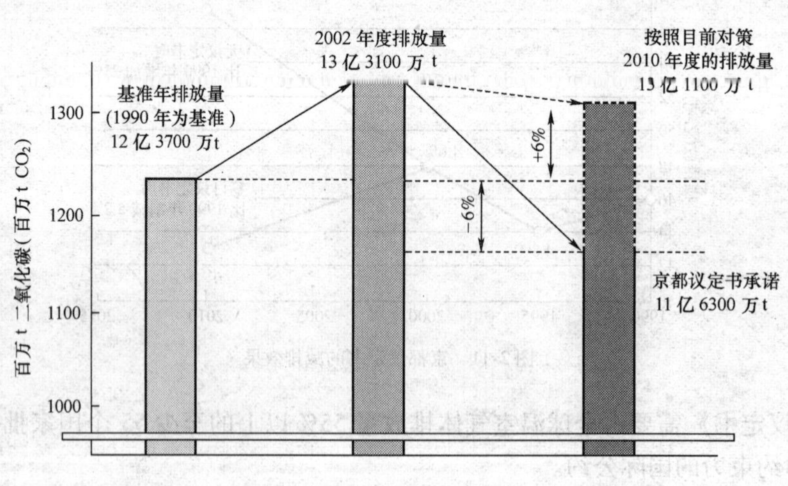

图 2-12　日本对京都议定书的承诺

三、公司平均燃料经济性指标（CAFÉ）

一家汽车生产公司平均燃料经济性指标的英文全称是 Corporate Average Fuel Economy，简称为 CAFÉ。

汽车排气和燃油消耗直接相关，与此不同的是原来并没有燃油消耗法规。但是，为了防止地球的温室效应，汽车耗用同样的燃油应尽可能行驶更长的距离，这和削减二氧化碳（CO_2）排放是一个意思。所以，美日欧都在不断强化燃油消耗法规（图 2-13）。

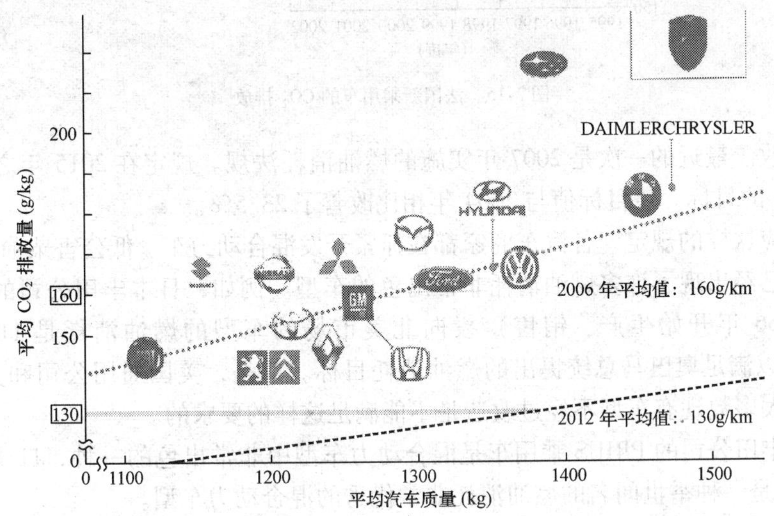

图 2-13　汽车生产商平均 CO_2 排放量

图 2-14 是英国新注册的乘用车的平均 CO_2 排放量的变化趋势图。

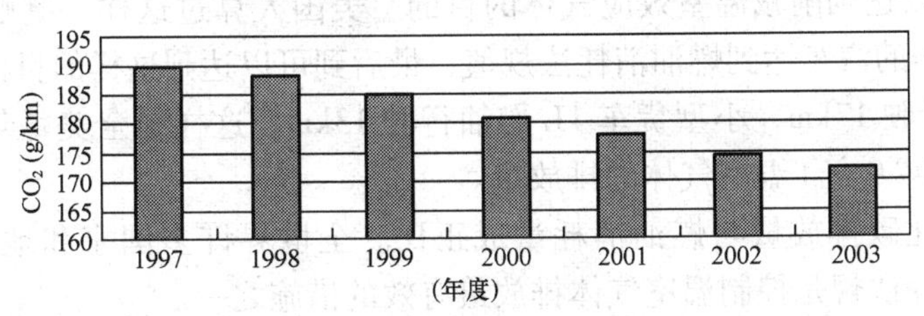

图 2-14　英国新车的平均 CO_2 排放

图 2-15 是法国新注册乘用车的 CO_2 排放量的变化趋势图。

燃油耗法规的计量方法和表述方式各个国家不完全一致。例如：欧洲规定：在 2012 年之前 1L 汽油的行驶距离为 17.9km，二氧化碳（CO_2）排放量减少 20%。

2007 年美国出台的新能源法规定：在 2020 年之前 1L 燃油应当行驶 14.9km，比当时提高 40%。但是，最近又进一步强化了，实现目标的时间再提前 4 年。各汽车生产商正在努力，在 2016 年之前满足该要求是一种义不容辞的义务。

日本应对地球温室气体的工作始于 1978 年，而且第一次引入了燃油消耗法规。其后，

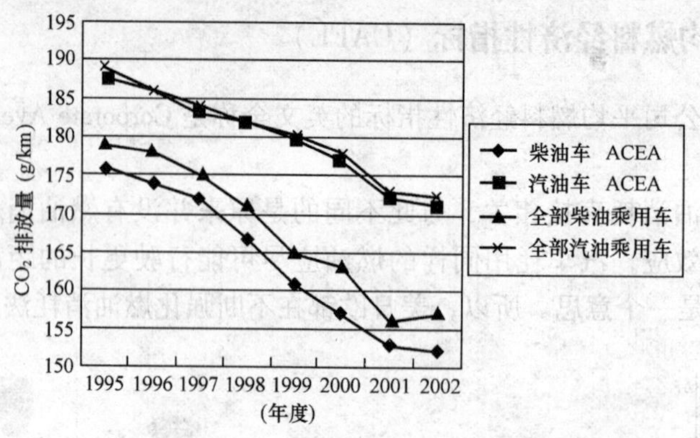

图 2-15　法国新乘用车的 CO_2 排放

经过多次修改。最近的一次是2007年实施的燃油消耗法规。规定在2015年之前1L燃油行驶16.8km的目标。该目标值与2004年相比改善了23.5%。

为了适应这样的规定，各汽车商家都在抓紧开发混合动力车、低公害柴油车等。

社会上已经出现了许多燃油消耗非常出色的车型。例如，日本丰田公司的COROLLA乘用车（1966年开始生产、销售）投向北美市场的车型的燃油消耗是1L燃油行驶18.2km，可以满足奥巴马总统提出的燃油消耗目标。但是，美国通用公司和克莱斯勒公司等生产的大多数现有车型不经过改造是不能满足这样的要求的。

再如，丰田公司的PRIUS乘用车是混合动力车型中非常出色的一种，1L燃油可以行驶38km。这是一种举世闻名的燃油消耗非常优秀的混合动力车型。

2006~2007年间，由于石油价格高涨，燃油消耗良好的日本汽车在全世界都受到欢迎，非常畅销。因此，2007年丰田公司的汽车销售量超过通用公司而成为世界第一。

实施燃油消耗法规的目的是：通过改善汽车的燃油经济性既可以节省能源、节省化石燃料，也还可以达到削减温室效应气体的目的。美国人算过这样一笔账：如果从2012年开始每年有5%的汽车达到燃油消耗法规值，最后到可以达到这样的目标：2016年普通乘用车1L燃油行驶17km，小型货车1L燃油行驶13km。这样，全美每年可以节省燃油18亿桶，可以削减9亿t温室气体的排放量。

汽车的二氧化碳排放量与燃油消耗量成正比。全世界许多国家和地区的经验表明，执行汽车燃油消耗法规是控制温室气体排放最有效的措施之一。

目前，全世界已有9个国家和地区建立了汽车燃油消耗法规。欧盟更是率先通过谈判设定了机动车二氧化碳排放目标，以此作为控制温室气体排放的重要手段。根据1998年3月签订的欧洲汽车制造商协会（ACEA）协议，2008年在欧洲销售的新机动车行驶1km排放的二氧化碳将由原来的163g降低至140g，而且，到2012年将降至120g，降幅达到26%。

图2-13是各汽车商家的二氧化碳排放值。图中的x轴是汽车生产商家的平均车辆质量，y轴是 CO_2 的平均排放量。由图可见，2006年的平均值是160g/km。显然，汽车质量和 CO_2 的排放量之间呈近似的线性关系。由图可见：日本除丰田和本田公司之外各家公司的汽车的质量和 CO_2 排放量的比值都偏高。换言之：除丰田和本田之外，日本汽车的

特点是“质量轻，燃油消耗不佳”。

例如：大众（VW）和日产汽车的CO_2平均排放量都是略高于160g/km，但是，两家公司的汽车的平均质量分别是：大众车质量将近为1.4t，日产车却只有1.2t。一般认为，这是大众公司的TSI燃油消耗策略成功的缘故。

为了提高汽车的燃油经济性，一般需要从提高动力装置功率、优化空气动力学设计和降低车身质量等方面着手。这些技术正在迅速发展，每年都有新的成果出现。

图2-16是ACEA承诺的二氧化碳排放控制目标。

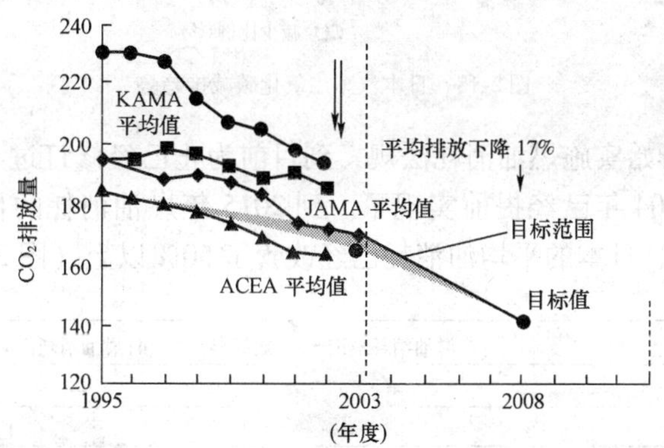

图2-16 ACEA承诺的CO_2排放目标

图2-17是德国生产的乘用车的CO_2排放的统计数据。

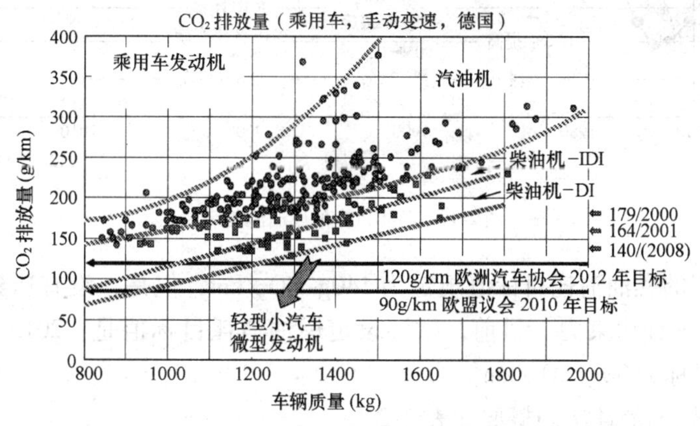

图2-17 德国汽车CO_2排放量

图2-18是日本生产的汽车的CO_2减排趋势。

降低汽车的燃油消耗是1973年的石油危机的时候提出的。美国首先出台了能源法案，开始导入了汽车燃油消耗法规。根据这一政策，1975年制定了能源政策保护法案。

基于设定的最高可能水平的规则，对汽车商家生产的乘用车和小型货车等两种车型规定了的燃油消耗作为企业的平均燃油消耗法规值（CAFE）。结果，从法规制定之时开始到20世纪80年代初期，汽车燃油消耗确实稳步改善。但1985年以后，燃油消耗连年持平，燃油消耗法规的效果再也没有显现。

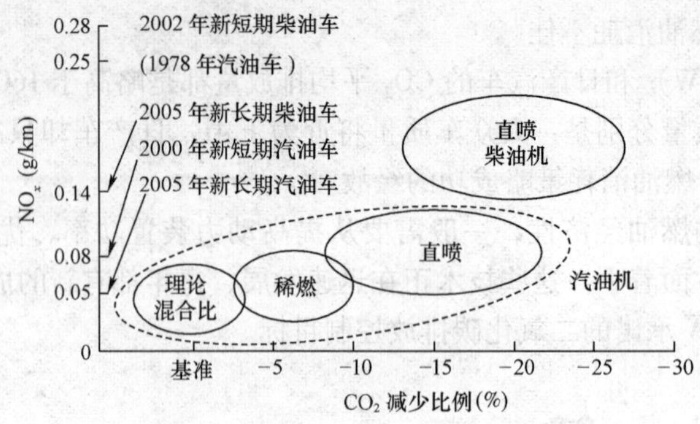

图 2-18　日本汽车二氧化碳减排趋势

日本在 1987 年开始实施燃油消耗法规，到目前为止已经修订过 4 次。2010 年的燃油消耗法规目标值在 2004 年已经提前实现了。到 2015 年燃油消耗的目标值提高 23%。通过不断改善燃油消耗，日本的平均油消耗已经改善了 50% 以上（图 2-19）。

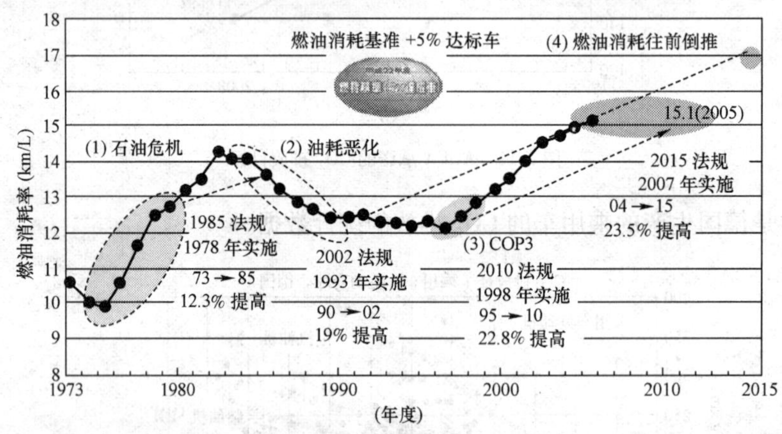

图 2-19　日本汽车的燃油消耗率

欧洲 2008 年的燃油消耗目标值规定为 140g-CO_2/km，但是，没有达到目标。欧洲是自由协议，政府没有约束力。目前，欧洲设定燃油消耗目标值是：2012 年前后为 130g-CO_2/km，最终目标为 90g-CO_2/km。

美日欧汽车燃油消耗法规概要如表 2-2。

美、日、欧汽车燃油消耗法规概要　　　表 2-2

日本	2015 年，全部乘用车的燃油消耗应当满足 1L 汽油行驶 16.8km。与基准年 1990 年相比平均提高 23.5%
欧洲	2012 年，CO_2 排出量相当于 130g/km。和日本差不多
美国	到 2020 年之前，1gal 燃油行驶 35mile，即相当于 1L 燃油行驶 14.9km，平均改善 40%

燃油消耗法规直接与国家的能源安全有关。中国将会成为汽车保有量第一的汽车大国，我国应当认真研究、制定和实施燃油消耗法规。

四、普及柴油车

2007 年，西欧乘用车新车销售量中 52% 以上是柴油车。卢森堡的柴油乘用车比例竟然高达 75. 4%。如果仅从高级乘用车方面来看，该比例要超过 82%，比利时达到 87%，奥地利为 77%，意大利为 70%。在欧洲，只有柴油机才能称得上“高级”发动机。

现在和未来几年，世界清洁柴油机的发展趋势如图 2-20。

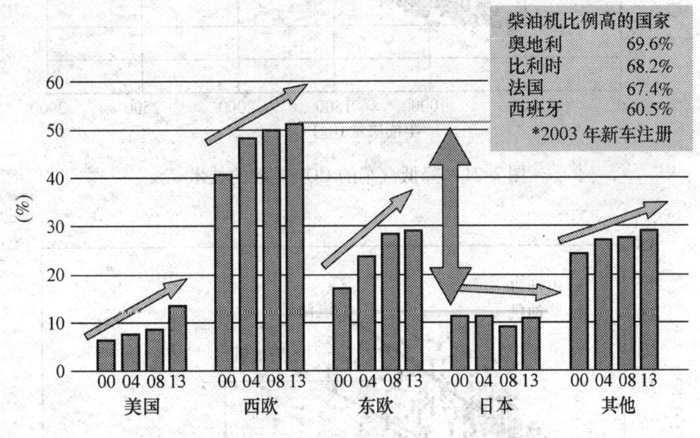

图 2-20　柴油乘用车在世界各地区比例

为什么在欧洲柴油乘用车如此受欢迎？其中原因很多，简单地说就是：柴油车的各项指标不比汽油车差，而且运行成本便宜，温室气体排放量低。环保意识非常强的欧洲人都乐于选购柴油车。

汽车生产商为了满足汽车燃油消耗法规，其中，发展柴油乘用车是一条基本策略。

最近十多年来在欧洲出现的柴油乘用车热正是这一动向的直接结果。除上述之外，其他的原因还有：燃油税、财政激励、研发支持和柴油机技术进步等已经彻底改变了柴油机在人们心目中的传统形象。

CO_2 排放与经济发展水平密切相关。据世界银行统计，世界三大经济体（北美、欧盟和日本）的 CO_2 排放量占到全球总量的 45%。

伴随着国民经济的快速增长，中国的 CO_2 排放也一路攀升，在过去 15 年中，以年均 5% 的速度持续增加。目前，已占到全球排放总量的 20% 以上，成为仅次于美国的世界第二大 CO_2 排放国。而国际能源署最新发布的报告预测，中国将可能超过美国，成为世界第一的 CO_2 排放国。

根据欧盟成员国的统计数据，由于直喷式柴油机、涡轮增压、共轨系统等一系列先进技术的应用使得现代柴油机可比同级别汽油机节省 25% ~30% 的燃油。

图 2-21 是降低汽车 CO_2 排放的主要技术。

图 2-22 是柴油乘用车 OC_2 排放量与汽油车的对比。在同样的转矩下，柴油车的 CO_2 排放量低 35%。

图 2-23 是日本汽车 2500 年油耗的目标。

多年来，各国都在竞相开发低公害汽车。日本在混合动力汽车的研发方面取得了突

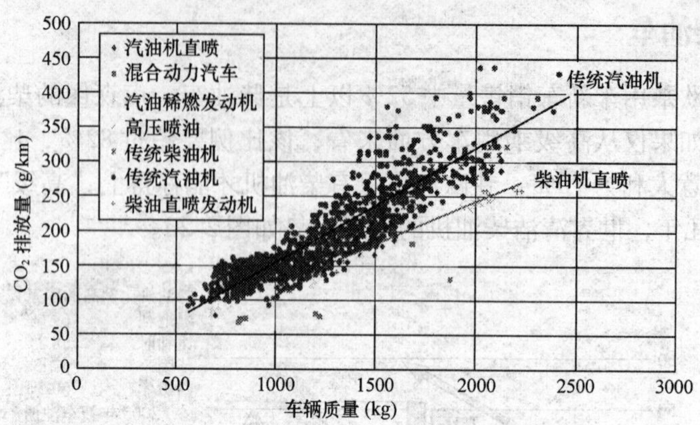

图 2-21　降低汽车的 CO_2 排放的技术

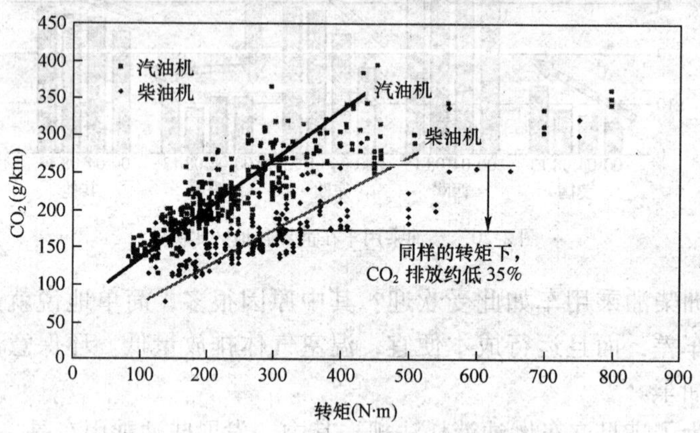

图 2-22　乘用车的 CO_2 排放

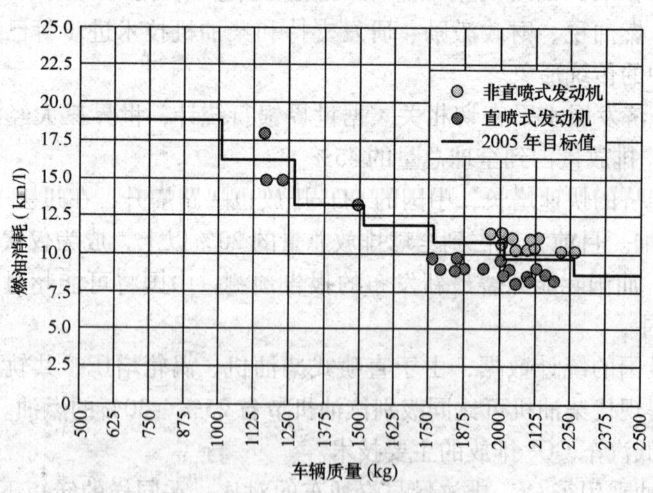

图 2-23　日本汽车 2005 年的燃油消耗

出的成绩。在当前的技术条件下，尽管混合动力汽车的成本仍比同类汽油车高出 30% 左右，但其良好的节能效果和排放性能已受到越来越多的消费者的青睐。2005 年混合动力汽车在美国销售了20.5万辆，占当年汽车总销量的1.2%。

2006年国家发改委公布的《乘用车燃料消耗量》显示，我国34家汽车企业409个车型的百公里实测平均油耗为8.12L，折合CO_2排放约为188g/km。可见，中国汽车工业的CO_2减排仍有相当长的路要走。

国家发改委在2004年公布的《汽车产业发展政策》中提出，要求汽车的燃油经济性在2010年前乘用车新车平均油耗比2003年降低15%以上。要依据有关节能方面技术规范的强制性要求，建立汽车产品油耗公示制度。

对于乘用车，已制定、发布和执行了《轻型汽车燃料消耗量试验方法》（GB/T19233—2008）和《乘用车燃料消耗量限值》（GB19578—2004）两项国家标准。对于单车燃料消耗量更高的商用车，已制定了《轻型商用车辆燃料消耗量限值》。

混合燃料和柴油作为主要的减少温室气体排放的解决方案，柴油有着额外的好处，在柴油的精炼过程中所消耗的能源较少，也就是柴油炼制过程中排出的温室气体较少。

例如：以中东产的原油为原料精炼的产品中：汽油和挥发油约为25%，柴油和煤油约为27%，重油约为48%。但是，如果有特殊需要，可以通过工艺流程改变产品的比例。换言之，如有特殊需要，可以单独增加汽油产量，也可以单独增加柴油的产量。CO_2的排放量也随之变化（图2-24）。

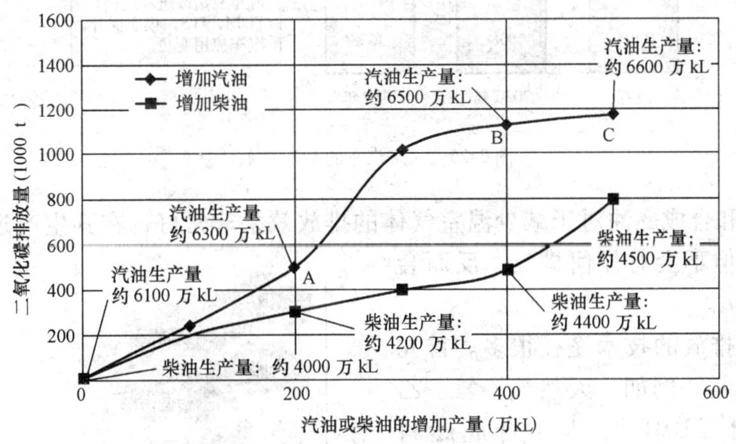

图2-24　单独增加汽油或柴油产量与CO_2排放量

假如有一批原油按照普通精炼流程可以得到汽油6100万kL和柴油4000万kL。

改变工艺可以得到A-B-C六种方案，单独增加汽油产量或者单独增加柴油产量相应的CO_2排放量如表2-3。

单独增加汽油或柴油的生产量与CO_2的关系（×1000t）　　表2-3

	汽油基准产量：6100（万kL）			柴油基准产量：4000（万kL）		
单独增加到	6300	6500	6600	4200	4400	4500
CO_2排放量	500	1130	1180	300	470	800

由表 2-3 可见，单独增加柴油产量所产生的 CO_2 比单独增加汽油产量时少得多。

目前，世界各国对柴油车的认识和应用水平的差异很大。例如：欧洲柴油乘用车比例达 50% 以上；中国柴油乘用车比例 <1%；日本柴油乘用车新车注册比例为 0.1%。

日本人作过如下计算：

如果将日本国内柴油乘用车保有比例提高到 10%，则：

（1）全国运输部门一年可以削减 CO_2 排放量 200 万 t；

（2）假设柴油需要量增加 10%（由原本生产汽油的那部分原油炼制），则石油公司炼油过程中可以削减 CO_2 排放量 170 万 t。

将这两部分加起来，即削减 CO_2 约 370 万 t/年，这是一件很了不起的事情。

图 2-25 是未来汽车的 CO_2 排放削减的预测。如果现在汽车的 CO_2 排放量为 100%，则 30 年后将可能降低到 50%，50 年后将会进一步降低到 30%。

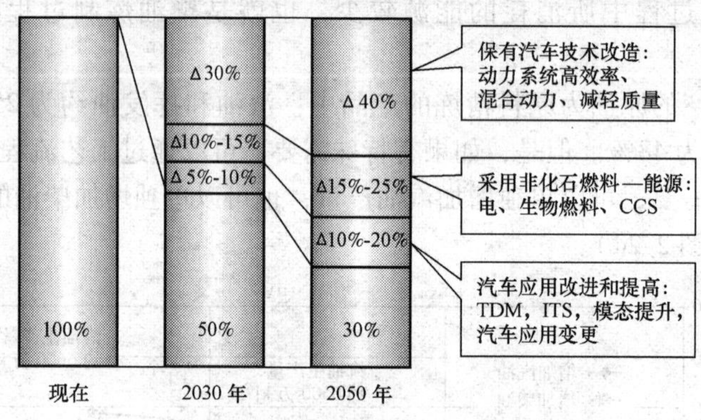

图 2-25　未来汽车的 CO_2 排放

生物燃油和合成燃油对于减少温室气体的排放效果非常好，在其生产过程中由于植物的成长，不但不会有任何排放，反而会吸收大量的 CO_2。

削减 CO_2 排放的技术途径很多。首先是开发多种燃料，例如：天然气、氢、乙醇、二甲基醚（DME）、人工合成燃料（GTL、BTL、CTL）、生物燃料等；其次是开发新动力汽车，如：混合动力汽车、纯电动汽车、充电式电动汽车、燃料电池汽车等。

图 2-26 是未来汽车的变化趋势和 CO_2 的减排趋势。

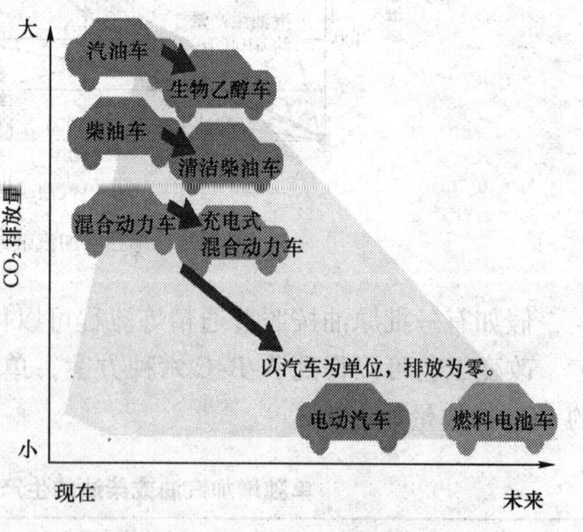

图 2-26　汽车的 CO_2 减排趋势

图 2-27 是欧洲采用 DPF 以后每年减排的 CO_2 排放量（估计）。

综上所述，节能和降低汽车排放，包括降低 CO_2 的排放将是汽车产业的长期战略任务，而且有无限的潜力可以挖掘。

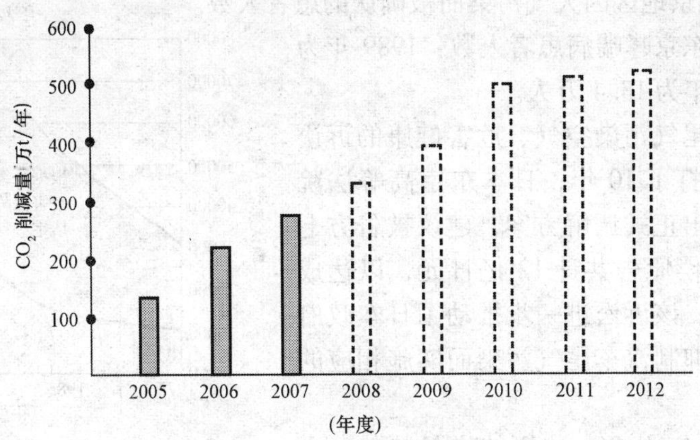

图 2-27 欧洲采用 DPF 减排 CO_2

第三节 排 放 法 规

加利福尼亚州是美国，也是全球第一个发布机动车排放标准的地区，至今仍是美国唯一有权制定本州的排放标准的州。

20 世纪 40 年代，当时美国第三大城市洛杉矶就拥有 250 万辆汽车，每天大约消耗 1100t 汽油，排出 1000 多 t 碳氢化合物（HC），300 多 t 氮氧化合物（NO_x），700 多 t 一氧化碳（CO）。这些有害成分排放到大气后，由于强烈阳光辐射引发了化学反应而生成光化学烟雾，直接造成的危害是：气体刺激人的眼睛、灼伤喉咙和肺部、引起胸闷等；同时使植物大面积受害。研究判定：罪魁祸首就是汽车排放出来的尾气。

继洛杉矶之后，光化学烟雾污染在世界各地不断出现，如东京、大阪、墨西哥城、伦敦以及澳大利亚、德国的部分城市都已经成为大气污染严重的地区。

1999 年 8 月，日本东京悬挂起许多标语口号，对柴油乘用车“不乘，不买，不卖”，展开了一场“禁止柴油车”的运动。东京的地方法规规定：货车、客车等柴油车的排气中颗粒（PM）含量如果不满足东京地方制定的法规值，则禁止这些柴油车（包括从周边其他地方进入东京都内的柴油车）在东京都内行驶。而且这样的环保条例在其他地域也在实施。

这就是 20 世纪末柴油车在世界上许多地方的所遭遇的尴尬局面。因为柴油机的排放问题已经危及人类的生存环境。所以，各国不得不制定越来越强化的汽车排放法规。

1996 年 5 月 ~2000 年 11 月，东京地区市民连续提起诉讼，被告是道路管理公司和 7 家汽车生产公司。原告提出损害赔偿和降低空气污染物排放的要求。2002 年 10 月，东京地方法院判决：居住在距离道路 50 米以内的哮喘病患者中 7 人应获得赔偿，道路管理者承担赔偿责任。判决认为：排气中的 SPM（浮游颗粒物）和 NO_x 诱发呼吸器官疾病，如哮喘、慢性气管炎、肺气肿及其继发疾病。

东京地方法律规定：对于因大气污染诱发疾病的，年龄未满 18 岁的患者可以得到补助。

图 2-28 是东京地区因大气污染而被确认的患者人数。

根据调查，东京哮喘病患者人数：1989 年为 7.7 万人，1998 年为 13.4 万人。

关于柴油车尾气污染空气、危害健康的诉讼官司在日本东京打了 10 年，日本东京高等法院向原被告双方提出正式调解方案，建议被告方七大汽车制造商赔偿原告共计 12 亿日元，以达成和解，终结纷争。该诉讼进一步推动了日本政府和有关部门为了抑制汽车尾气污染而实施相应的环境保护对策。

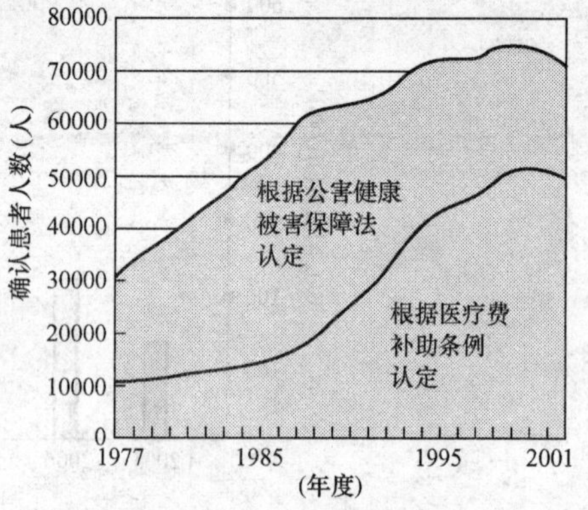

图 2-28　东京大气污染患者

图 2-29 是大气中 CO_2 浓度的增长趋势。由图可见，近 100 年来，大气中 CO_2 浓度增加明显。由于温室气体的影响，地球温度在迅速升高，人类居住的地球环境在迅速变化，这已经引起了全人类的警惕。减少汽车排放，保护自然环境已经成了一件非常迫切的任务。

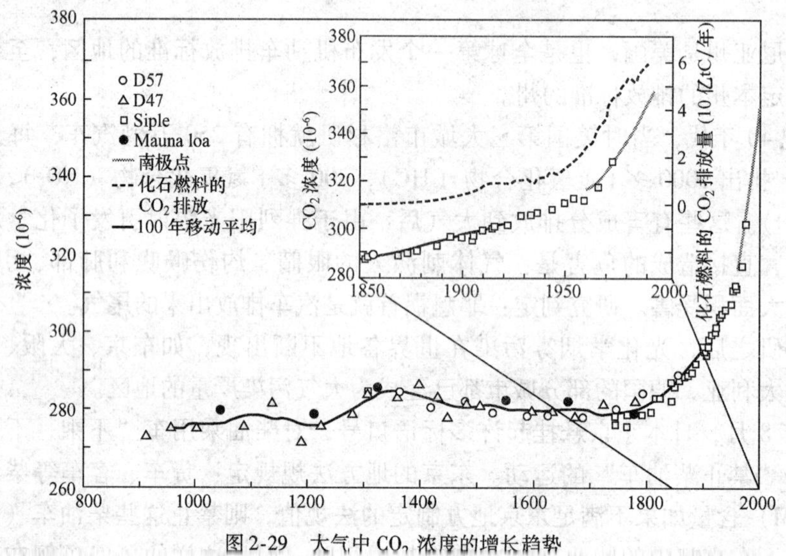

图 2-29　大气中 CO_2 浓度的增长趋势

一、三大汽车排放法规体系

为了防止环境污染，各国相继对汽车排放的污染物提出严格要求，制定强制性排放法规，控制汽车污染物排放量。汽车排放法规的实施，需要采用相应的控制技术。汽车企业根据排放限值的目标要求，与政府、高校和研究部门一起研制和应用这些技术，为排放法规的制定提供依据和保证，排放法规的实施又推动了控制技术的发展和应用。

美国和日本最早于 20 世纪 60 年代起就开始控制汽车排放。美国排放法规要求最严，日本一直紧随美国。1994 年起美国开始执行低污染汽车法规（LEV，low emission vehicle）后，美、日之间的距离略为拉开。欧洲控制排放比美国和日本晚一些，而且标准要求较松。但是，从 1992 年欧洲开始实施欧 I 排放法规后，步伐逐渐加快，超过日本，接近美国 LEV 计划。

美国、日本和欧洲的汽车排放法规形成当今世界三大汽车排放法规体系。因为我国汽车排放法规主要参照欧洲，故本书将以欧洲为重点，同时介绍美国和日本的发展动态。

（一）美国的排放法规体系

美国是世界上最早执行排放法规的国家，也是排放控制指标种类最多、排放法规最严格的国家。美国的汽车排放法规分为联邦排放法规即环境保护局（EPA）排放法规和加利福尼亚州（以下简称加州）空气资源局（CARB，California Air Resources Board）排放法规。联邦排放法规总是落后于加州排放法规 1 ~ 2 年。

由于美国法规的先进性，许多控制汽车排放较早的国家一直都在采用美国法规，美国法规的测量方法一般较欧洲法规和日本法规复杂，其运行工况多为瞬态工况，因此对设备的要求也比较高。

美国关于汽车排放的主要标志性法规可以列举如下：

1960 年加州立法控制汽车排气污染物。

1963 年美国政府颁布《大气净化法》当年，加州开始控制曲轴箱燃油蒸发物排放；

1966 年加州颁布实施“7 工况法”汽车排放法规；

1970 年加州开始控制乘用车燃油蒸发物排放；

1970 年美国联邦政府开始制定一系列车辆排放控制法规：1972 年采用 LA-4C（FPT-72）测试循环，并增加对 NO_x 的排放控制；1975 年改用 LA-ACH（FPT-75）测试循环。1975 年起到 20 世纪 80 年代，美国排放法规大幅度加严，特别强化对 NO_x 的限值，同时提高对 HC 和 CO 的控制。

1994 年加州制定的低污染汽车排放法规，将轻型车分为过渡低排放车（TLEV）、低排放车（LRV）、超低排放车（ULEV）和零排放车（ZEV），并且规定从 1998 年起销售到加州的轻型车应有 2% 为无污染排放（零排放），2001 年应为 5%，2003 年应达到 10%。同时计划在 2004 年进一步强化汽车排放法规（SULEV），限值为 ULEV 的 1/4。

2008 年 12 月 12 日，美国加州“大气资源委员会（Air Resources Board）”引入了两项关于大型柴油车的排放政策。因为在加州约有 100 万辆大型柴油货车在行驶。

“全美货车、客车排放法规（Statewide Truck and Bus Rule）”中规定：从 2011 年 1 月开始，大型柴油货车的持有人必须给货车安装“排气过滤器”。在 2014 年之前，应该给所有的货车安装完成。而且在 2012 ~ 2022 年期间，必须阶段性地将发动机更换成 2010 年以后生产的新型发动机。

在“关于削减大型车辆温室气体的排放对策”中规定：为了削减温室气体排放量和节省能源，长途货车持有人必须义务性地给货车安装流线型空气动力部件。为了实施该方案，加州颁布了总额为一亿美元的补助金和融资计划。

美国政府针对汽车行业不断推出新政，降低排放，降低油耗等。例如：

2009 年 2 月 17 日，美国发动机制造商协会宣称，EPA2010 将于 2010 年 1 月 1 日起实施，届时美国境内的重型货车必须符合 NO_x 排放量不高于 0.2g/kWh、颗粒物限值为 0.013 g/kW · h 的要求。据美国私有货车司机协会的资料，截至 2009 年 1 月，美国商用车特别是货车销量锐减，很多制造商纷纷裁员、减产。为应对经济危机，大部分汽车业主在短期内并没有换车计划，而是继续使用旧车。

2009 年 5 月 19 日，美国总统奥巴马宣布一项新的针对小型汽车和轻型货车的排放标准和油耗标准。该标准将于 2012 年起开始实施。美国将以每年 5% 的幅度上调汽车节能标准。到 2016 年新标准全面实施时，消费者需为每辆新车额外支付 1300 美元。根据新的标准，到 2016 年小型汽车和轻型货车的平均能耗将达到 1gal 汽油行驶 35.5mile，即每 100km 耗油约 6.62L。

（二）日本的排放法规体系

日本紧跟美国，从 1966 年开始，对汽车排放进行控制。先后采取 4 工况法、10 工况法、10.15 工况法检测试验，将 CO 法规值控制由小于 3% 逐步加严到小型车 CO 小于 1.5%，并增加了 HC 和 NO_x 作为排放控制指标。排放指标控制从汽油车扩展到柴油车。

日本汽车排放法规限值有最高值和平均值两种，每一辆车的排放量不得超过最高值，每一季度测得的汽车的平均排放值不得超过排放法规规定的平均限值。

1974 年日本开始实施载重柴油车的排放法规。该法规中没有颗粒排放的内容。在 1994 年的排放法规中追加了 PM 的法规值。

2003 年的法规（新短期）中规定了曲轴箱窜气法规、大幅度延长耐久行驶距离、义务安装车载诊断系统（OBD）等。这些排放法规的变更是和柴油机的技术提高相同步。

从图 2-30 中还可以看到日本汽车技术和排放法规的发展轨迹：

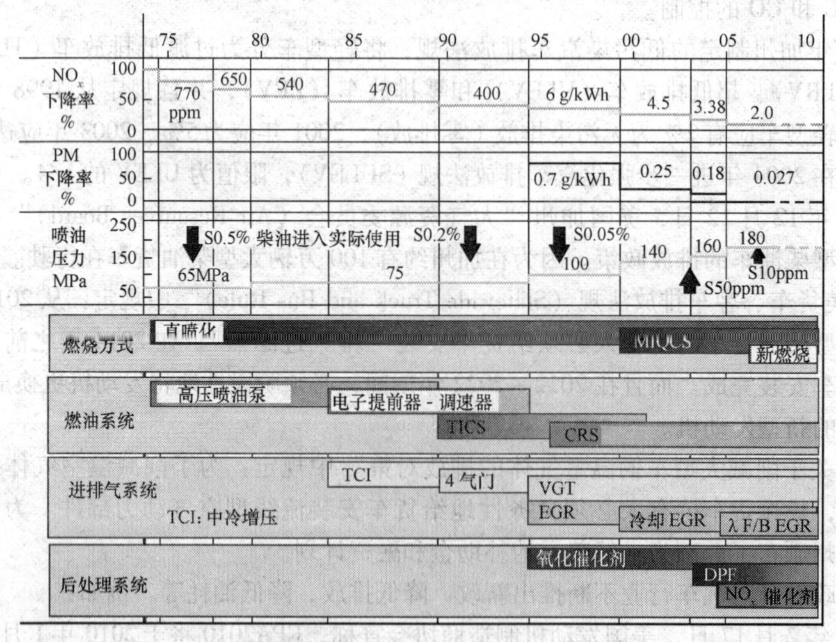

图 2-30　日本货车的排放和技术

（1）各阶段排放法规值在迅速降低；

（2）排放的表记方法在 1994 年发生了变化；

（3）燃油的含硫量逐步降低：

0.5%→0.2%→0.05%→0.005%→0.001%

（4）喷油压力逐步提高：

65→75→100→140→160→180MPa

（5）发动机技术伴随排放法规同步发展：燃烧方式、喷油系统、进排气系统和后处理系统等。

图2-31中用更加简明的方法说明了日本PM和NO_x排放法规值迅速降低的过程。经过30多年的发展，NO_x排放值已经削减了95%；经过10多年的发展，颗粒排放值PM已经降低了99%。这也同时说明，NO_x比PM难以处理。

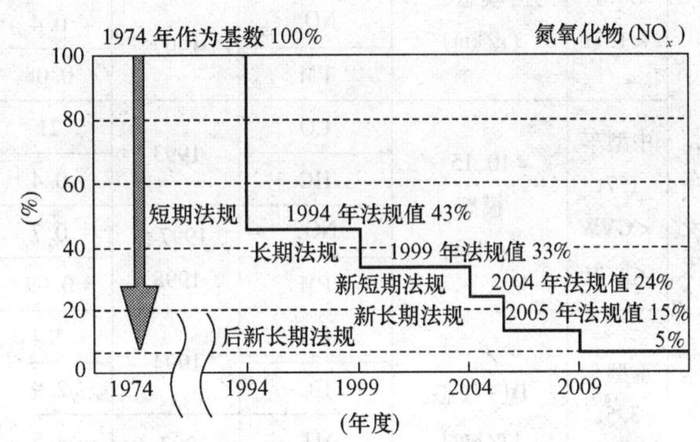

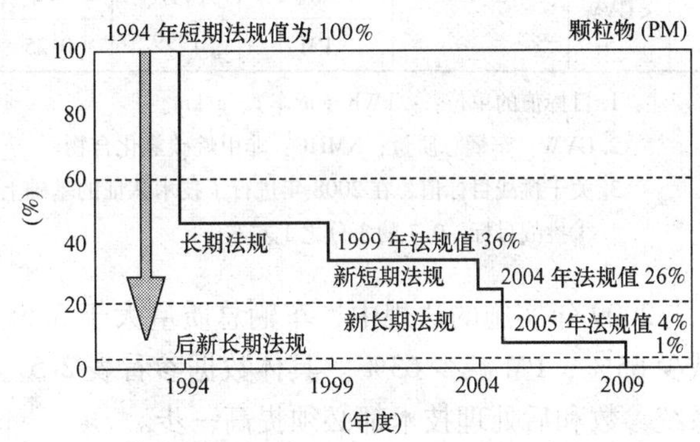

图2-31 日本排放法规历史

日本是世界上第二大汽车生产国。从1966年起开始控制汽车排放污染，对新车进行4工况检测，规定控制CO小于3%，1969年加严到2.55%。

1971年规定：小型车CO小于1.5%，轻型车CO小于3%。

1973年采用10工况法，增加HC和NO_x为排放控制指标。

1986年对柴油乘用车排放进行控制，对在用车实施定期车检法规。

1991年起新车采用10.15工况法试验，排放限值不变。

1993年开始对所有柴油车排放进行控制。

表2-4是日本柴油车排放法规模态和法规值。日本一直在不断强化排放法规，总在努力推出世界上最严格的排放法规，这大概是由于日本总在努力寻求世界市场的缘故吧。

日本柴油车排放法规模态和法规值 表2-4

车辆	模态	气体成分	长期法规		新短期法规		后新长期	
			开始时间（年）	法规值	开始时间（年）	法规值	开始时间（年）	法规值
乘用车		CO					2009（参考）	0.63
		NMHC						0.024
		NO_x						0.08
		PM						0.005

续上表

车辆		模态	气体成分	长期法规		新短期法规		后新长期	
				开始时间（年）	法规值	开始时间（年）	法规值	开始时间（年）	法规值
货车、客车	轻型车 GVW <1.7t	10.15 模态（g/km）	CO	1988	21	2002	0.63	2009	0.63
			HC		0.4		0.12		0.024
			NO_x	1997	0.4		0.28		0.08
			PM		0.08		0.052		0.005
	中型车 1.7t <GVW <3.5t	10.15 模态（g/km）	CO	1993	21	2003	0.63	1.7t <GVW <2.5t（2010）	0.63
			HC		0.4		0.12		0.024
			NO_x	1997、1998	0.7		0.49	1.7t <GVW <3.5t（2009）	0.15
			PM		0.09		0.06		0.007
	重型车 3.5t <GVW	D13 模态（g/km）	CO	1994	7.4	2003、2004	2.22	3.5t <GVW <12t（2010） 12t 以上（2009）	2.22
			HC		2.9		0.87		0.17
			NO_x	1997、1999	4.5		3.38		0.7①
			PM		0.25		0.18		0.01

注：1. 目标值的单位：g/kWh（货车）、g/km。

2. GVW：车辆总质量；NMHC：非甲烷碳氢化合物。

3. 关于挑战目标值，在 2008 年进行了技术认证的基础上，根据需要再决定目标值和最终实施时间。

①挑战目标：0.7 的 3 分之 1 左右。

2009 年实施的法规中，车辆总质量大于 3.5t 的重型柴油车：NO_x 的排放量比新长期减少 65%，PM 减少 63%。具体数据参看表 2-5。为了达到这样的严格的排放标准，喷油系统参数和后处理技术都必须提高一步。

日本重型柴油车 2009 年的目标 表 2-5

车辆		PM	NO_x	NMHC	CO	完成时间（参考）
乘用车		0.005（↑62%）	0.08（↑13%）	0.024 0%	0.63 0%	2009 年
货车、客车	轻型车 GVW <1.7t	0.005（↑62%）	0.008（↑48%）	0.024 0%	0.63 0%	2009 年
	中型车 1.7t <GVW <3.5t	0.007（↑53%）	0.15（↑40%）	0.024 0%	0.63 0%	1.7t <GVW <2.5t2010 年 2.5t <GVW <3.5t2009 年
	重型车 3.5t <GVW	0.01（↑63%）	下期目标：0.7（↑65%） 挑战目标：0.7 的 1/3 左右（↑88%）	0.17 0%	2.22 0%	3.5t <GVW <12t2010 年 12t <GVW2009 年

（三）欧洲的排放法规体系

欧洲经济委员会（ECE）从 1960 年颁布实施第 1 项 ECE 法规至今，已经形成了完整的，包括安全、环保、节能三大领域的汽车排放法规体系。

欧洲经济委员会从1970年开始以ECE R15法规的形式对轻型汽油车排气污染物和曲轴箱污染物排放进行控制。以后每隔3~4年修订一次，形成了ECE Rl5-01（1975）、ECE Rl5-02（1977）、ECE Rl5-03（1979）等系列排放法规。

在1975年前执行的RCE R15和ECE Rl5-01法规中只限制CO和HC的排放量，从1977年的ECE Rl5-02法规开始增加了对NO_x的限值要求。为控制NO_x的排放，1982年~1985年实施的ECE Rl5-04法规，对HC和NO_x的总量作为一个限值来控制；从1988年起排放法规细分为ECE R83（88/76/EEC）和ECE R15-04两部分，其中ECE R83适用于最大总质量不大于2.5t或定员6人以下的燃油（含铅汽油、无铅汽油、柴油）汽车，RCE Rl5-04适用于总质量大于2.5t而小于3.5t的汽车。为了达到ECE R83法规要求，1989年起ECE开始使用无铅汽油。

ECE在1991年修改了ECE R83-00法规，形成了欧Ⅰ排放法规，从1992年开始实施。该法规积极向美国排放法规靠拢，加严了排放限值。考虑道路交通情况的变化，修改了试验规范，改为ECEl5（城区）工况+EUDC（城郊）工况试验循环。

1996年起执行欧Ⅱ排放法规，排放法规限值已接近美国过渡低污染车（TLEV）的限值水平。欧Ⅱ法规中不仅在型式认证时对汽车排放限值加严，而且在生产一致性检查时排放限值与型式认证的限值相同。

2000年执行的欧Ⅲ排放法规中，HC和NO_x分别给出限值，在欧Ⅱ基础上，将其限值再降低一半。排气测量方法改为发动机起动后立即采样，同时加严对HC、CO的限制。以前的方法都是在发动机起动后40s才开始采样，而70%的HC都是在起动后125s内生成的，原来起动后40s内不采样，使冷起动时约有30%的排放污染物未测到。新增加了如低温冷起动排放试验、OBD系统功能检查、LPG/NG汽车排放试验、8万km内的在用车工况法排放一致性检查、替代用催化器的认证试验等项目，确保在用车排放量的持续达标要求。

欧洲柴油乘用车排放法规的实施时间和法规值如图2-32。

在全球的汽车工业领域，欧洲汽车排放标准应用较为广泛。在亚洲国家中，泰国、印度、韩国等均不同程度或采用、或参照了欧洲标准（这些国家于1999年和2000年先后实施了欧Ⅱ排放标准或相当于欧Ⅱ的标准）。

我国的汽车排放标准也是借鉴欧洲标准制定的。

欧洲排放标准是由欧洲经济委员会（ECE）的排放法规和欧共体（EEC）的排放指令共同加以实现的，欧共体（EEC）就是现在的欧盟（EU）。

以下是欧洲柴油车排放法规的数据表。

表2-6 欧洲柴油乘用车（≤2500 kg）的排放标准；

表2-7 欧洲柴油轻型商用车（≤1305 kg）的排放标准；

表2-8 欧洲柴油轻型商用车（1305~1760 kg）的排放标准；

表2-9 欧洲柴油轻型商用车（1761~3500 kg）的排放标准；

表2-10 欧洲载货汽车和公共汽车的排放标准；

表2-11 欧洲大型货车的排放标准。

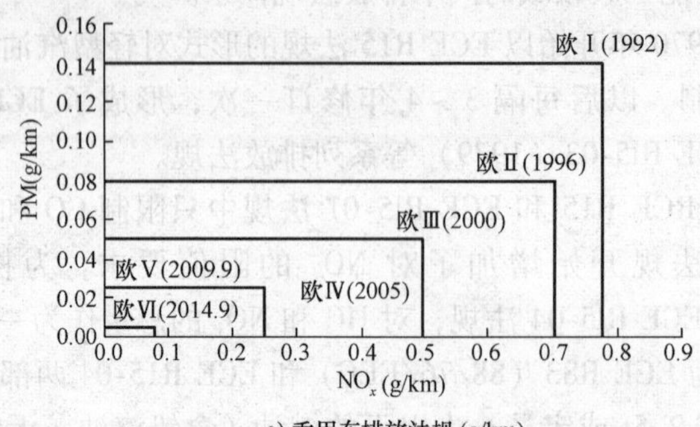

a) 乘用车排放法规 (g/km)

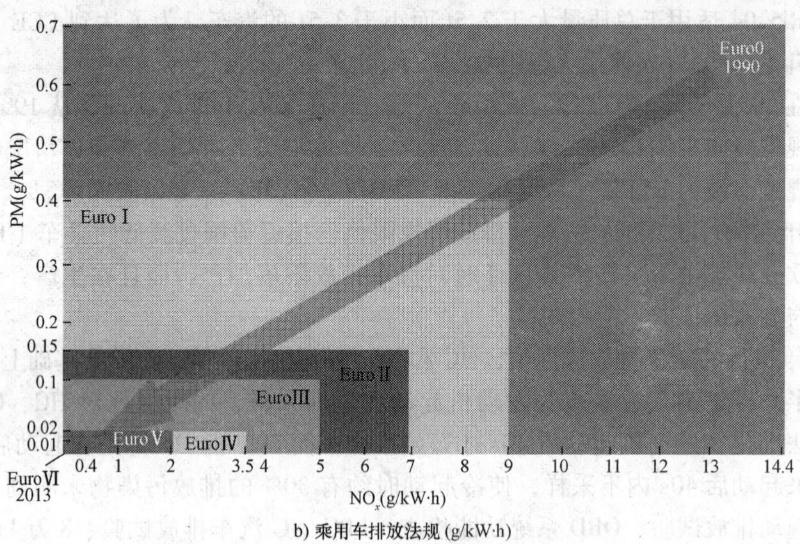

b) 乘用车排放法规 (g/kW·h)

图 2-32　欧洲柴油乘用车排放法规

欧洲柴油乘用车的排放标准（单位：g/km）　　表 2-6

等级	开始时间	CO	HC	NO_x	HC + NO_x	PM
欧Ⅰ*	1992.7	2.72 (3.16)	–	–	0.97 (1.13)	0.14 (0.18)
欧Ⅱ	1996.1	1.0	–	–	0.7	0.08
欧Ⅲ	2000.1	0.64	–	0.5	0.56	0.05
欧Ⅳ	2005.1	0.5	–	0.25	0.3	0.025
欧Ⅴ	2009.9	0.5	–	0.18	0.23	0.005
欧Ⅵ（将来）	2014.9	0.5	–	0.08	0.17	0.005

注：在欧Ⅴ以前，质量≥2500kg 的乘用车被归类为轻型商用车。

* 括号内的数字为生产一致性排放限值。

欧洲柴油轻型商用车的排放标准 1* （单位：g/km） 表 2-7

标准等级	开始时间	CO	HC	NO_x	HC + NO_x	PM
欧Ⅰ	1994.10	2.72	–	–	0.97	0.14
欧Ⅱ	1998.1	1.0	–	–	0.7	0.08
欧Ⅲ	2000.1	0.64	–	0.5	0.56	0.05
欧Ⅳ	2005.1	0.5	–	0.25	0.3	0.025
欧Ⅴ	2009.9	0.5	–	0.18	0.23	0.005
欧Ⅵ（将来）	2014.9	0.5	–	0.08	0.17	0.005

注：轻型商用车 ≤1305 kg（light commercial vehicles）。

*欧洲排放标准——类别 N1-Ⅰ。

欧洲柴油轻型商用车的排放标准 2* （单位：g/km） 表 2-8

标准等级	开始时间	CO	HC	NO_x	HC + NO_x	PM
欧Ⅰ	1994.10	5.17	–	–	1.4	0.19
欧Ⅱ	1998.1	1.25	–	–	1.0	0.12
欧Ⅲ	2001.1	0.8	–	0.65	0.72	0.07
欧Ⅳ	2006.1	0.63	–	0.33	0.39	0.04
欧Ⅴ	2010.9	0.63	–	0.235	0.295	0.005
欧Ⅵ（将来）	2015.9	0.63	–	0.105	0.195	0.005

注：轻型商用车 1305 ~1760 kg。

*欧洲排放标准——类别 N1-Ⅱ。

欧洲柴油轻型商用车排放标准 3* （单位：g/km） 表 2-9

标准等级	开始时间	CO	HC	NO_x	HC + NO_x	PM
欧Ⅰ	1994.10	6.9	–	–	4.9	0.25
欧Ⅱ	1998.1	1.5	–	–	0.96	0.17
欧Ⅲ	2001.1	0.95	–	0.780	0.86	0.1
欧Ⅳ	2006.1	0.95	–	0.39	0.46	0.06
欧Ⅴ	2010.9	0.74	–	0.28	0.35	0.005
欧Ⅵ（将来）	2015.9	0.74	–	0.125	0.215	0.005

注：轻型商用车 1761 ~3500 kg。

*欧洲排放标准——类别 N1-Ⅲ。

欧洲货车和公共汽车的排放标准（单位：g/km，烟雾：m-1） 表 2-10

标准等级	开始时间	试验循环	CO	HC	NO_x	PM	烟雾
欧Ⅰ	1992（功率 <85 kW）	ECE R-49	4.5	1.1	8.0	0.612	–
	1992（功率 >85 kW）		4.5	1.1	8.0	0.36	–
欧Ⅱ	1996.10		4.0	1.1	7.0	0.25	–
	1998.10		4.0	1.1	7.0	0.15	–

续上表

标准等级	开始时间	试验循环	CO	HC	NO_x	PM	烟雾
欧Ⅲ	1999.10（EEV）①	ESC & ELR	1.0	0.25	2.0	0.02	0.15
	2000.10		2.1	0.66	5.0	0.10	0.8
欧Ⅳ	2005.10	ESC & ELR	1.5	0.46	3.5	0.13②	0.5
欧Ⅴ	2008.10		1.5	0.46	2.0	0.02	0.5
欧Ⅵ（将来）	2013.1		1.5	0.13	0.5	0.02	–

注：①EEV 是环境友好汽车（Enhanced Environmentally Friendly Vehicle）。

②仅适用于单缸排量小于 0.75L，标定转速大于 3000r/min. 的车辆。

欧洲大型货车的排放标准　　表 2-11

标准等级	开始时间	CO	HC	NO_x	PM
欧盟前期	1988-1992	12.3	2.6	15.8	–
欧Ⅰ	1992-1995	4.9	1.23	9.0	0.40
欧Ⅱ	1995-1999	4.0	1.1	7.0	0.15
欧Ⅲ	1999-2005	2.1	0.66	5.0	0.1
欧Ⅳ	2005-2008	1.5	0.46	3.5	0.02
欧Ⅴ	2008-2012	1.5	0.46	2.0	0.02

注：类别为 N2，EDC——New European Driving Cycle（尚未完成）。

二、三大法规体系的关系

三大法规体系排放限值之间没有必然的可比性。因为试验模态、测试循环等各不相同。这里列出一些对比资料，供参考。

（一）柴油乘用车和小型商用车的排放法规值

表 2-12 是日本和欧洲乘用车、小型商用车柴油机排放法规值的对比表。其中，所谓第 8 次答辩是日本国内的讨论意见。关于 NO_x 排放值，2009 年日本是世界上最严格的。

日本乘用车、小型商用车柴油机排气法规值（单位：g/km）　　表 2-12

法规类型	NO_x	HC	$HC+NO_x$	CO	PM
新短期法规（2003，2004）	0.28，0.30	0.12	–	0.63	0.052，0.056
新长期法规（2005）	0.14，0.15	0.024	–	0.63	0.013，0.014
第 8 次答辩（2009）	0.08	0.024	–	0.63	0.005

注：①根据 JAMA 资料及其他资料整理而成。因为测试模态不同，所以不能进行简单的对比。

②日本的乘用车和小型商用车（车辆总质量 1.7t 以下）的法规值相同。

日本的 NO_x 和 PM 法规值：上档的等价惯性质量为 1250kg 以下，下档的等价惯性质量归入 1250kg 以上的乘用车的法规值。

小型商用车的法规值和等价惯性质量 1250kg 以下的乘用车相同。

(二)日、欧柴油乘用车和小型商用车排放法规值

表2-13是日、欧柴油乘用车和小型商用车排放法规值的对比。

日、欧柴油乘用车和小型商用车排放法规值(单位:g/km) 表2-13

日本						
		NO_x	HC	HC + NO_x	CO	PM
新短期法规(2003,2004)		0.28 0.30	0.12	–	0.63	0.052 0.056
新长期法规(2005)		0.14 0.15	0.024	–	0.63	0.013 0.014
第八次答辩(2009)		0.08	0.024	–	0.63	0.005
欧洲						
		NO_x	HC	HC + NO_x	CO	PM
欧Ⅲ	乘用车(2000)	0.5	–	0.56	0.64	0.05
欧Ⅲ	小型商用车(2001)	0.50	–	0.56	0.64	0.05
		0.65		0.72	0.80	0.07
		0.78		0.86	0.95	0.10
欧Ⅳ	乘用车(2005)	0.25	–	0.30	0.5	0.025
欧Ⅳ	小型商用车(2006)	0.25	–	0.30	0.50	0.025
		0.33		0.39	0.63	0.04
		0.39		0.46	0.74	0.06

注:①根据多方面资料整理而成,各种数据不可进行简单的对比。

②日本乘用车和小型商用车(车辆总质量小于1.7t)的法规值相同。

日本的 NO_x 和PM值中:上档——等价惯性质量小于1250kg;下档——等价惯性质量超过1250kg的乘用车的排放值;小型商用车的法规值和等价惯性质量小于1250kg的乘用车相同。第八次答辩值中的HC栏的数据是NMHC的数据。

③欧洲小型商用车的类型N1中,最上面一行的数据是车辆总质量小于1305kg,中间一行的数据是1305~1760kg,最下面一行的数据是大于1760kg的商用车的数据。

欧Ⅴ是欧洲委员会于2005年提出,预定于2010年实施的下一代排放法规。

德国环境部提出的方案是:NO_x = 0.08 g/km、PM = 0.0025 g/km。

(三)美、日、欧重型柴油车排放法规

表2-14是美、日、欧重型柴油车排放法规值的对比。

美、日、欧重型柴油车排放法规对照表(单位:g/kW·h) 表2-14

		NO_x	HC	NMHC	CO	PM
日本GVW超3.5t	长期法规(1997~1999)	4.50	2.90	–	7.40	0.25
	新短期法规(2003,2004)	3.38	0.87	–	2.22	0.18
	新长期法规(2005)	2.0	–	0.17	2.22	0.027
	第八次答辩(2009)	0.7		0.17	2.22	0.01

续上表

			NO_x	HC	NMHC	CO	PM
美国 GVW 超 3.86t	1998 年基准		5.364	1.743	–	20.786	0.134
	2004 年基准		①NO_x + NMHC 3.218-或 ②NO_x + NMHC 3.353（NMHC：0.671）			20.786	0.134
	2007 年基准		0.268		0.188	20.786	0.013
欧洲 GVW 超 3.5t	欧Ⅱ（1995）	–	7.0	1.1	–	4.0	0.15
	欧Ⅲ（2000）	过渡模态	5.0	–	0.78	5.45	0.16
		稳态		0.66	–	2.1	0.10
	欧Ⅳ（2005）	过渡模态	3.5	–	0.55	4.0	0.03
		稳态		0.46	–	1.5	0.02
	欧Ⅴ（2008）	过渡模态	2.0	–	0.55	4.0	0.03
		稳态		0.46	–	1.5	0.002

注：①GVW——车辆总质量。

②2009 年日本的 NO_x 法规值是 0.7g/kW·h，并将其 1/3 作为挑战目标。

③美国的 NO_x、HC 和 NMHC 栏中有①和②，这由汽车生产商决定。

④欧洲的欧Ⅴ：乘用车的法规尚在讨论中，重型车已经决定。在欧Ⅳ中要求：安装 OBD（on board diagnosis，车载自诊断系统）应作为一种义务。

（四）三大法规体系的比较

图 2-33 是美日欧三大排放法规体系的综合对比图。

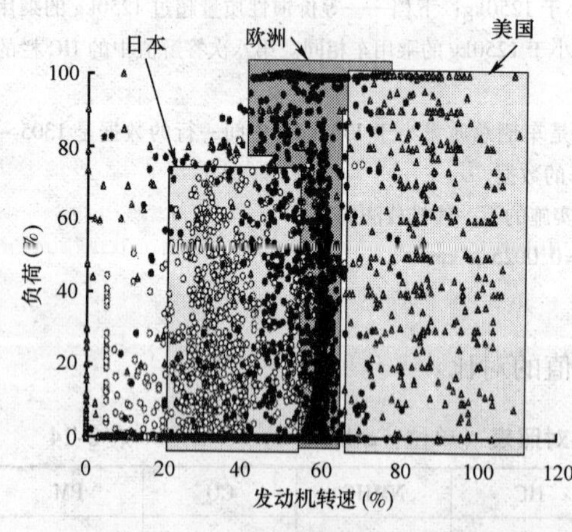

图 2-33 日美欧排放法规试验模态比较

在 2006 年，美日欧商用车（车辆总质量大于 3.5t）NO_x 的法规值分别是：日本：2.0g/kW·h，美国：3.35g/kW·h，欧洲：3.5g/kW·h。相应的 PM 法规值分别是：日本：0.027g/kW·h，美国：0.13g/kW·h，欧洲：0.03g/kW·h。相对地日本的法规值最严格。

今后的动向：日本在 2009 年的后新长期法规，欧洲的欧Ⅵ法规，美国从 2007 年开始对 PM 和 NO_x 进一步强化。因此，柴油机排放法规还将不断强化，柴油机将会变得越来越洁净。

三大法规体系之间因国家和地域的关系，各自的重点不同。如图 2-33 所示，美日欧排放法规的试验模态、侧重的转速范围、负荷区域都有差异。一般地说，柴油机排气法规中北美的要求最严格，但是，三者之间不能简单地对难易程度进行对比评述。

（五）三大法规体系的区别

由图2-34可见，日本新长期法规所采用的排放试验模态（JE05）与美国（FTP）及欧洲（ETC）相比，在低速、低负荷的范围内的使用频度较高，排气的温度较低，以期达到提高催化剂的低温活性度。NO_x 还原综合反应如下式。但是，当 $NO:NO_2=1:1$ 时，反应方程式是：

$$NO+NO_2+2NH_3 \longrightarrow 2N_2+3H_2O \tag{2-1}$$

该过程的反应速度很快，在低温下提高净化效率是非常有效的。这是和欧美的最大不同。详细说明请参看尿素SCR系统。

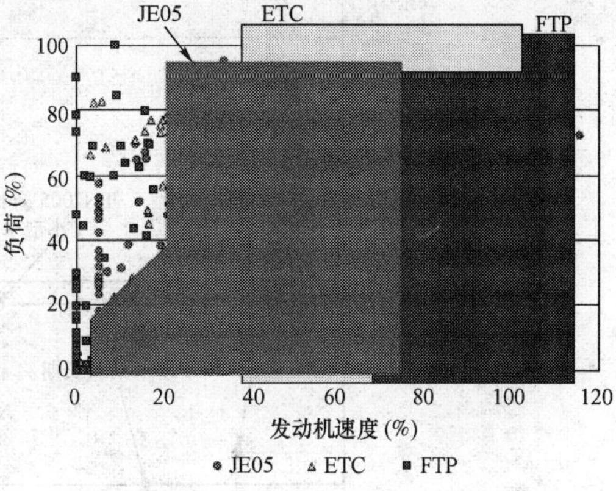
JE05
ETC
FTP
负荷(%)
0
20
40
60
80
100
0
20
40
60
80
100
120
发动机速度(%)
• JE05 ▵ ETC ▪ FTP

图2-34 美日欧行驶频谱比较

三、排放法规的动向

（一）乘用车排放法规

图2-35是世界各地区乘用车排放法规的时间对照表。可见，美、日、欧的排放水平都在逐步强化。特别是欧洲和日本今后还有更强化的排放法规。发展中国家正在导入和实施欧洲等已经实施了的排放法规。

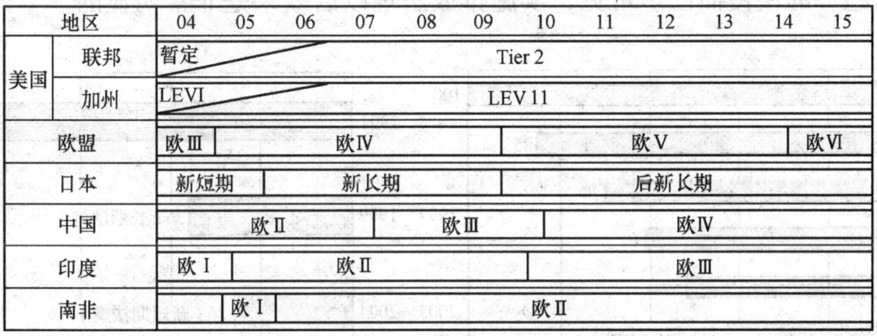
地区
04 05 06 07 08 09 10 11 12 13 14 15
美国
联邦
暂定
Tier 2
加州
LEVI
LEV 11
欧盟
欧Ⅲ
欧Ⅳ
欧Ⅴ
欧Ⅵ
日本
新短期
新长期
后新长期
中国
欧Ⅱ
欧Ⅲ
欧Ⅳ
印度
欧Ⅰ
欧Ⅱ
欧Ⅲ
南非
欧Ⅰ
欧Ⅱ

图2-35 世界各地区乘用车排放法规

图2-36是美、日、欧最近柴油乘用车排放法规的对比图。在欧洲，欧Ⅴ排放法规将在2010年实施。PM排放值将在0.003～0.005g/kWh之间。因此，2010年以后，美、日、欧的排放值大体上都在下述范围内：PM排放值为0.003～0.005g/kWh，NO_x 排放值为0.08g/kWh以下。

联合国下属组织提出的“改进PM测量方法”（PMP，Particle Measurement Programme）中指出了测量颗粒数量的方法。估计在未来更加严格的法规中会加入颗粒数量的法规值。

（二）柴油重型车排放法规

图2-37是日本重型柴油车 NO_x 和PM排放法规值逐步降低的示意图。其实，这就是

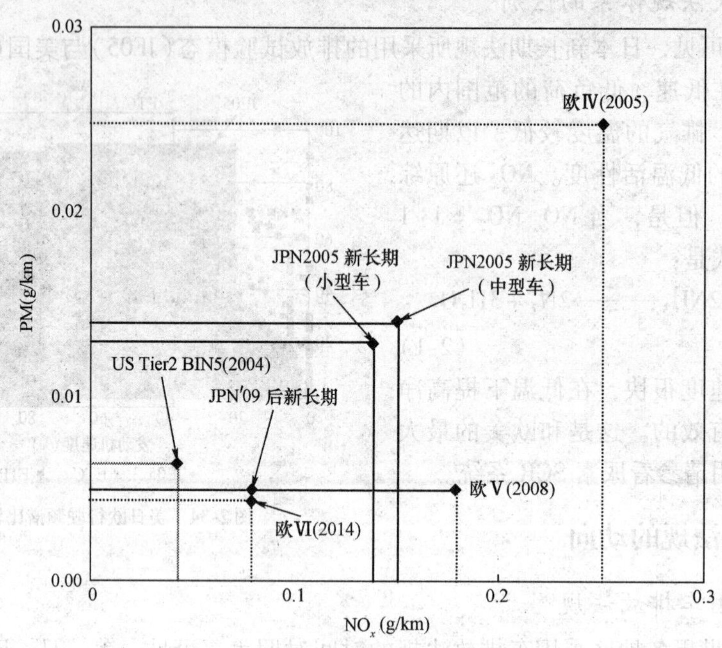

图 2-36　美、日、欧柴油乘用车排放动向

世界上各地区的排放法规的共同的发展趋势——越来越强化。彼此之间的区别只在于程度的强弱和趋势的快慢而已。可见，实施排放法规以后效果是非常明显的。

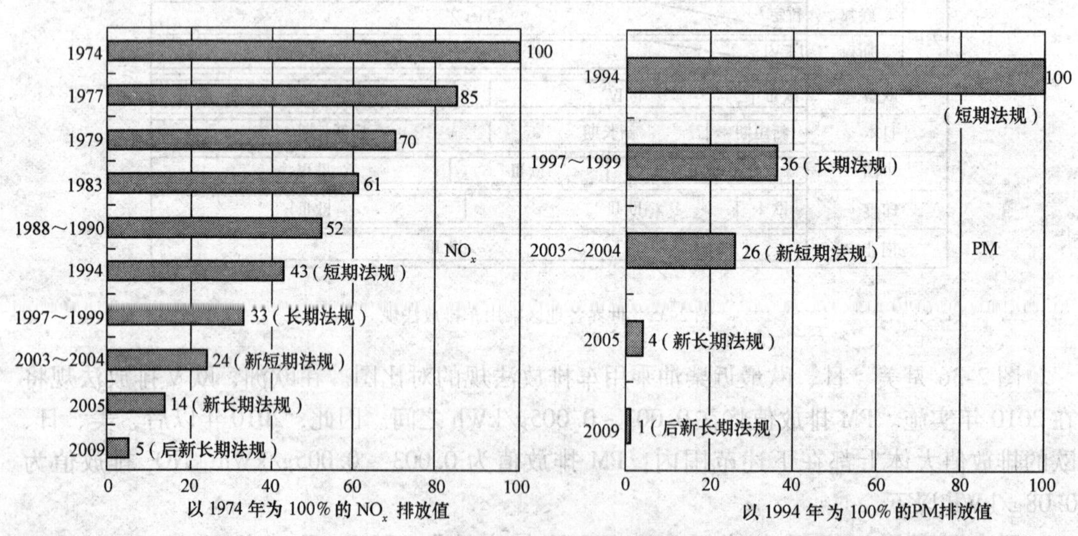

图 2-37　日本重型车排放法规值逐步降低图

图 2-38 中示出了美、日、欧重型柴油车的排放法规值。在欧洲，2008 年实施欧Ⅴ法规，以后将要实施欧Ⅵ法规。因此，到 2010 年的时候，根据美、日、欧重型柴油车的排放法规的要求，NO$_x$ 排放值大概是 1g/kW・h，PM 的排放值大概是 0.03g/kW・h。2009

年日本重型柴油车的 NO_x 的目标值是 0.7g/kW·h，但是，挑战目标值是“0.7g/kW·h 的 1/3 左右”，而且还可能进一步寻求降低 NO_x 的排放值。该挑战目标值是否可以具体化，需要根据大气质量，并考虑到技术开发的实际情况而决定。总的来说，三大排放法规的法规值正在越来越趋于一致。

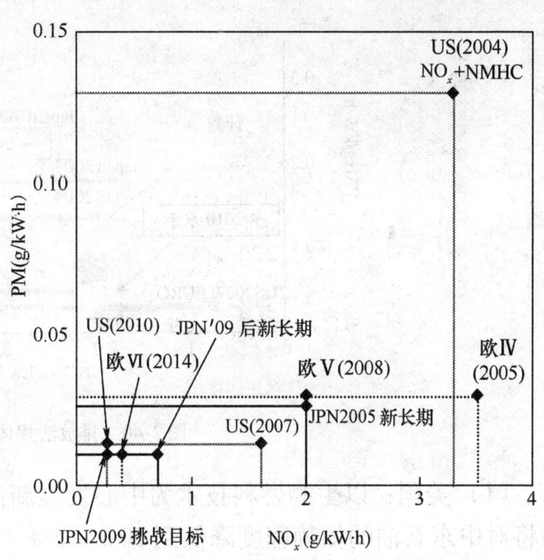

图 2-38 美日欧重型车排放法规

图 2-39 中示出了美、日、欧柴油乘用车的排放法规及未来趋势。在 2015 年之前，美、日、欧等先进国家和地区的排放法规将会达到“最终阶段”——无论是柴油车，还是汽油车，其排放法规值都将收敛于最低值。而且，大气质量随之改善，浮游颗粒和二氧化氮等有害污染物，除了在局部区域外大体上都能达到大气环境标准。

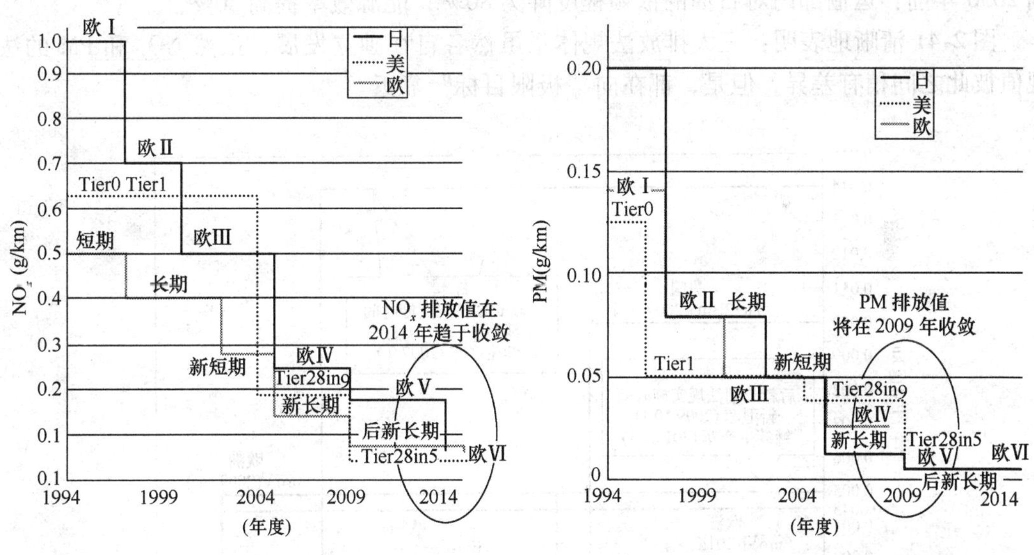

图 2-39 美、日、欧乘用车排放法规体系及未来趋势

今后，将会逐步集中到发展中国家排放的污染物的流入和固定发生源的治理。而且，发展中国家也会追随欧美等先进的排放法规，逐步推进和实施更加强化的排放法规。

四、美日欧排放策略

图 2-40 总结了美、日、欧三大法规体系的现状和未来趋势。

今后，美、日、欧三大法规体系的发展策略可以概括介绍如下：

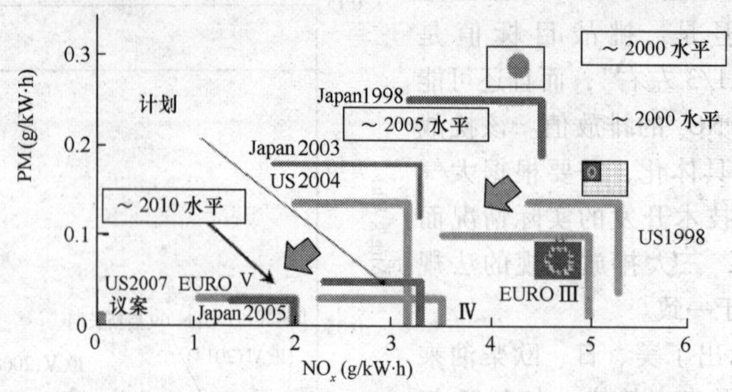

图 2-40　排放法规体系的发展趋势

（1）美国：以生物燃料技术为中心发展新能源。2017 年前将实施 30% 乙醇；2025 年前将对中东石油的依赖程度降低到 20% ~5%。

（2）欧洲：以清洁柴油机为中心的战略，同时推进生物燃料。到 2020 年前：将 CO_2 排放降低 20%；义务性地使用 10% 的生物燃料。

（3）日本对发动机、燃料和基础设施同时开发推进，实现世界上最和谐的汽车社会；到 2030 年前：运输部门对石油的依赖程度降为 80%；能源效率提高 30%。

图 2-41 清晰地表明：三大排放法规体系虽然各自在独立发展，虽然 NO_x 和 PM 的法规值彼此之间稍有差异，但是，都在向“极限目标”靠近。

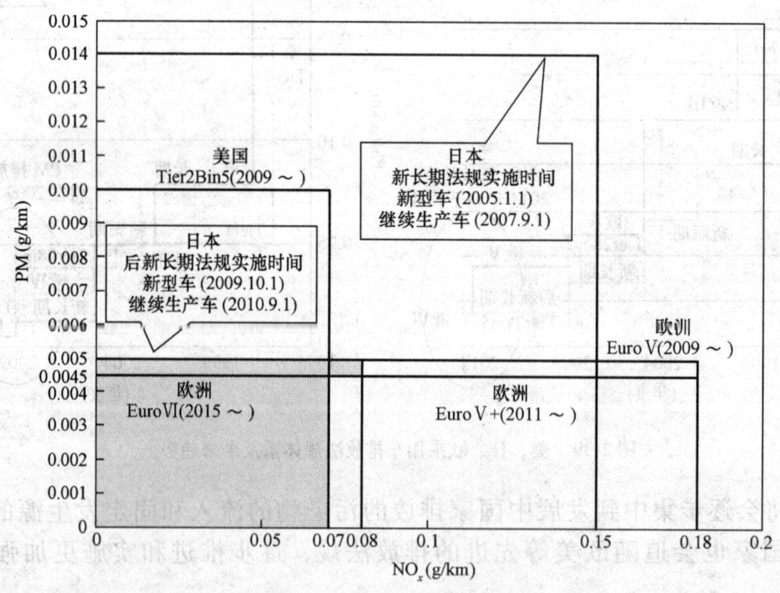

图 2-41　三大排放法规体系的规划

将来，也许会通过国际技术协调，取各方之长，最终形成一个包括试验模态、测试手段和法规值等的国际统一法规体系（图 2-42）。

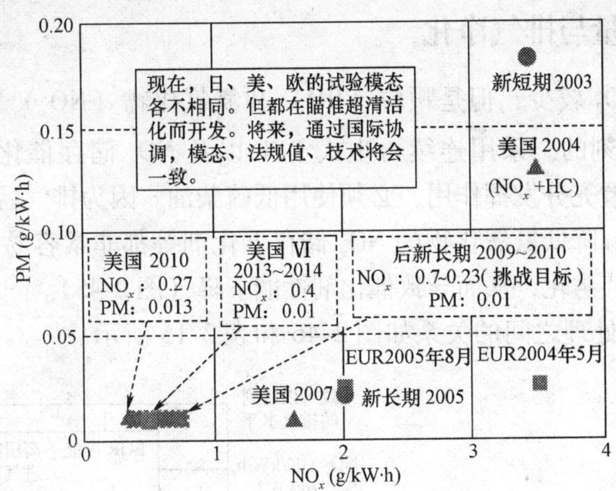

图2-42　三大法规体系将会统一

第四节　排气后处理

通过改进发动机燃烧而降低柴油机排放是有限度的。经验表明：欧Ⅵ以上排放法规必须采用适当的后处理才能满足（图2-43）。

目前，在全世界范围内柴油机排放后处理主要集中在降低排放物中的NO_x和PM两种最主要的有害成分。

降低NO_x和PM的主要方法如图2-44。削减颗粒排放的主要手段是颗粒物过滤器，净化NO_x的主要手段是尿素SCR系统。由于这两种方法特别重要，而且技术比较复杂，这两部分将在第五节和第六节中专门介绍。其他方法将在本节说明。

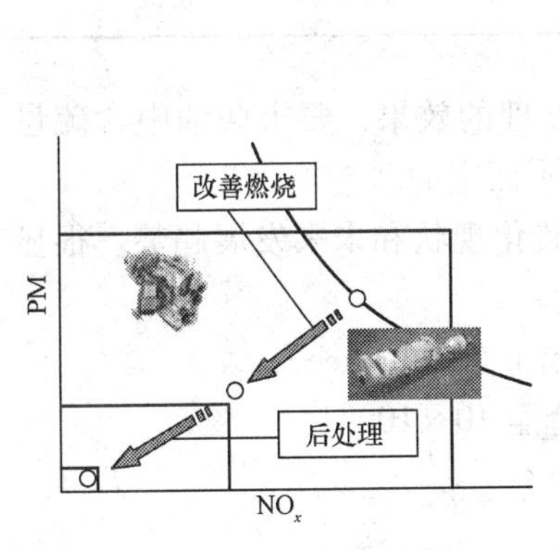

图2-43　后处理与排放

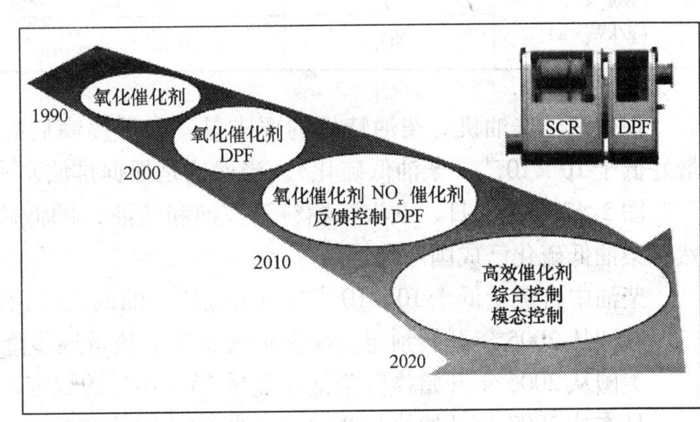

图2-44　常用后处理方法

随着我国柴油车排气后处理技术不断发展，以及国内油品质量不断提高，可以相信，在我国将会出现新的适合我国国情的排气后处理装置，不断提高柴油机排放的处理水平。

一、柴油含硫量与排气净化

柴油机排气中CO_2较少，但是颗粒（PM）和氮氧化物（NO_x）对大气的污染，特别是在大城市是非常深刻的。采用连续再生式 DPF 以及NO_x储存催化剂等后处理装置时，为了使这些后处理装置充分发挥作用，必须使用低硫柴油。因为排气后处理中使用的降低颗粒排放的氧化催化剂、降低氮氧化物的NO_x储存催化剂等都非常容易受到柴油中硫分的影响，引起催化剂中毒、劣化，从而导致催化剂性能下降（图 2-45）。

柴油含硫量与后处理之间的关系如图 2-46 和表 2-15 所示。

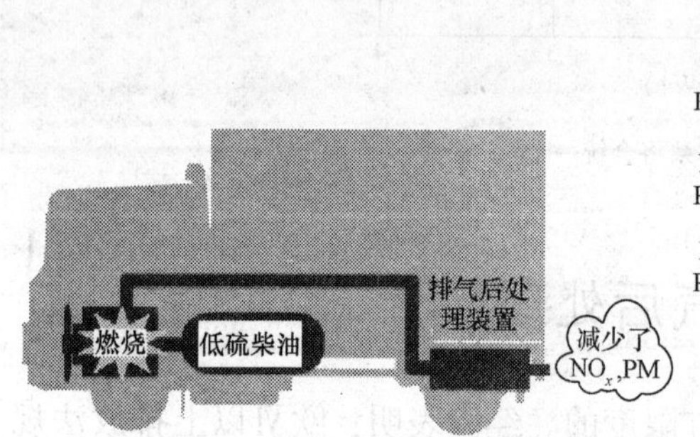

图 2-45　柴油含硫量与降低排放

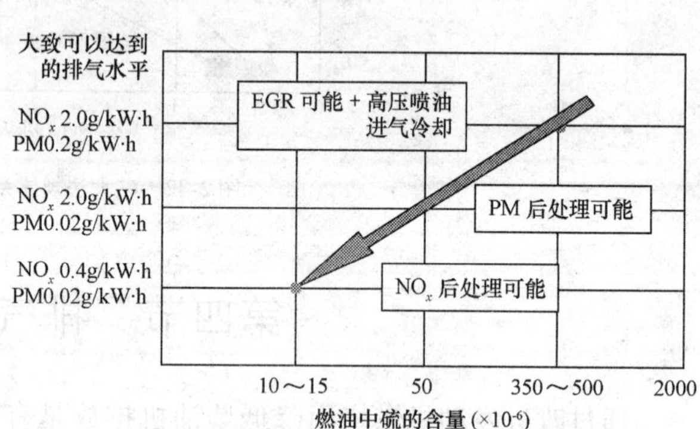

图 2-46　硫含量与后处理

柴油含硫量与排放处理　　表 2-15

排放处理		EGR + 高压喷油	PM	NO_x
含硫量（$\times10^{-6}$）		350 ~ 500	50	10 ~ 15
排放水平（g/kW·h）	PM	2.0	2.0	0.4
	NO_x	0.2	0.02	0.02

现代清洁柴油机对柴油特性的要求是：为了提高后处理的效果，要求柴油中含硫量最好低于 10×10^{-6}（柴油低硫化）。当然这是根据排放水平而定的。

图 2-47 是美、日、欧汽车燃料（汽油和柴油）的低硫化现状和未来发展趋势。很显然，柴油低硫化已成国际趋势。

柴油中含硫量低于 10×10^{-6}的叫做低硫柴油或无硫柴油（Sulfur free）。

欧洲从 2005 年开始预定分阶段地使柴油含硫量逐步降至 10×10^{-6}。

美国从 2006 年开始执行柴油含硫量 15×10^{-6}的规定。

日本从 2007 年开始执行柴油含硫量 10×10^{-6}的规定。

（一）柴油低硫化

柴油中含有的微量硫分由于燃烧而氧化，生成硫的氧化物（SO_x），覆盖在催化剂上，成为催化剂性能下降的主要原因。硫的氧化物（SO_x）还会和燃油中的水分结合，生成颗粒物（PM）。因此，减少燃油中的硫分（S）和减少颗粒（PM）排放直接相关。

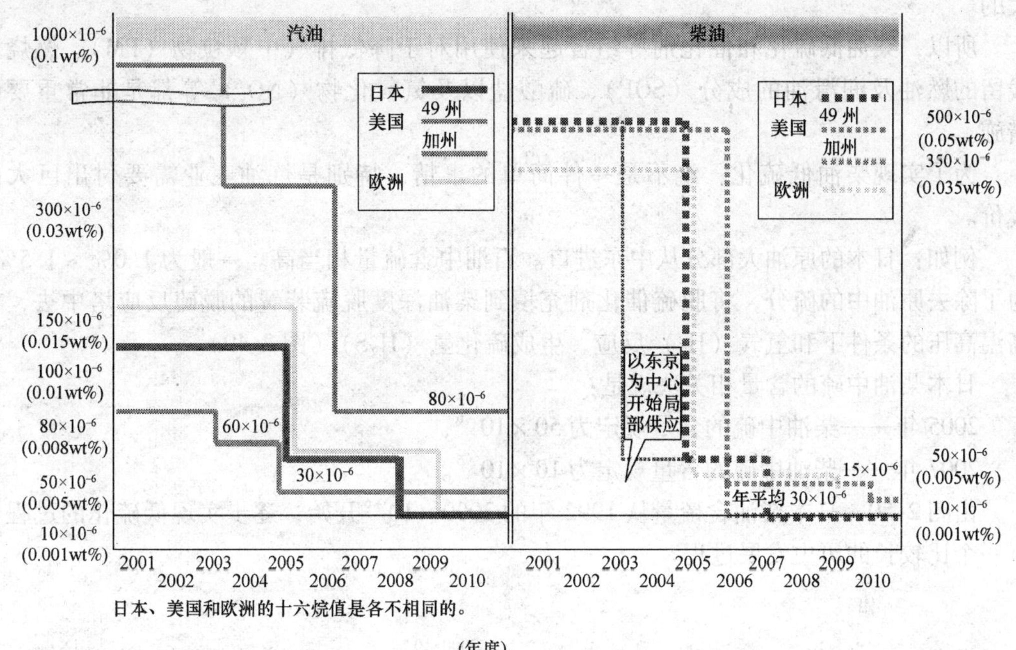

图 2-47　柴油低硫化现状和未来趋势

图 2-48 是按稳态 ECE－R49 循环，在装有氧化催化剂的非直喷柴油机中，燃用不同含硫量（$\times10^{-6}$）的柴油进行试验，研究 PM 排放与柴油含硫量的关系。从试验结果可以看出：柴油中含硫量与 PM 排放之间近似成线性关系。

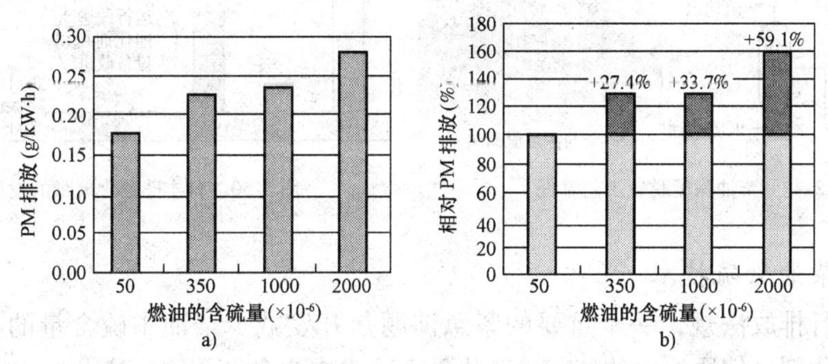

图 2-48　不同含硫量燃油的试验结果

图 2-48b）是以百分比形式表示的同样结果。假设最低含硫量燃油的 PM 排放为 100%，该图显示当使用极端含硫量的柴油，即分别为 50×10^{-6} 和 $2\,000\times10^{-6}$ 时，PM 排放的差值几乎达到 60%。值得注意的是，当燃油含硫量为 350×10^{-6} 和 $1\,000\times10^{-6}$ 时，PM 的排放差值仅为 5%。这两种含硫量燃油与最低含硫量燃油的 PM 排放相比高出约 30%。

上述试验显示出关于柴油含硫量与 PM 排放值之间的关系的一种。更多的试验表明，在不同的实验条件下或不同的试验目的时，含硫量和 PM 排放之间的关系变化还是比较大的。

所以，柴油低硫化和催化剂等组合起来使用对于降低排气中颗粒物（PM）、燃烧后残留的燃油及润滑油的成分（SOF）、硫酸盐以及氮氧化物（NO_x）等都是非常重要的措施。

为了实现柴油低硫化，绝不是一件简单的事情，特别是炼油工业需要付出巨大的代价。

例如：日本的原油大部分从中东进口。石油中含硫量相当高。一般为1.0%～1.5%。为了除去原油中的硫分，将脱硫催化剂充填到柴油深度脱硫装置的脱硫反应塔中去，在高温高压的条件下和氢气（H_2）反应，生成硫化氢（H_2S）（图2-49）。

日本柴油中硫的含量相关法规是：

2005年——柴油中硫的含量规定为50×10^{-6}；

2007年——柴油中硫的含量规定为10×10^{-6}。

由图2-50，日本柴油含硫量从1992年的2000×10^{-6}开始，逐步实现低硫化的过程也有一个比较长的历史发展过程。

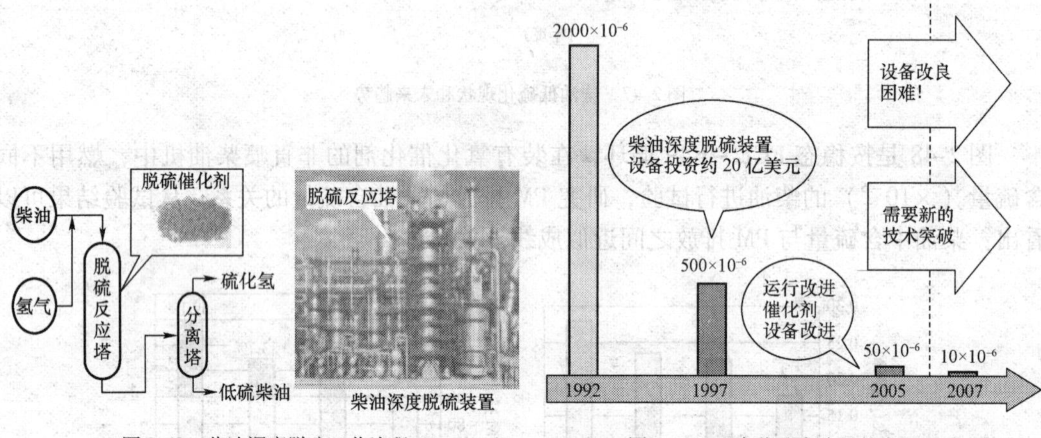

图2-49　柴油深度脱硫工艺流程

图2-50　日本柴油含硫量的发展历程

（二）柴油除硫技术

为了执行排放法规，一个重要的紧急课题是开发减少柴油中硫含量的技术。因此，采用脱硫催化剂，使原油中的硫变成硫化氢而除去成为令人关注的技术。

为了适应这种情况，日本开发成功钴（Co）钼（Mo）系柴油深度脱硫催化剂，并于2004年5月开始在日本国内的炼油公司的柴油脱硫装置中应用，同年的7月和9月，进一步在其他公司大力推广。

新开发的催化剂是将固体酸附着在铝质载体（Al_2O_3）上（催化剂附着在其表面，并使之分散，增加催化剂的催化面积），采用钴（Co）和钼（Mo）作为活性金属（图2-51）。

钴钼催化剂有两个特点：

（1）脱硫反应活性点多层化。

新开发的催化剂表面活性金属的结构成功地实现了多层化，促进脱硫反应的活性点

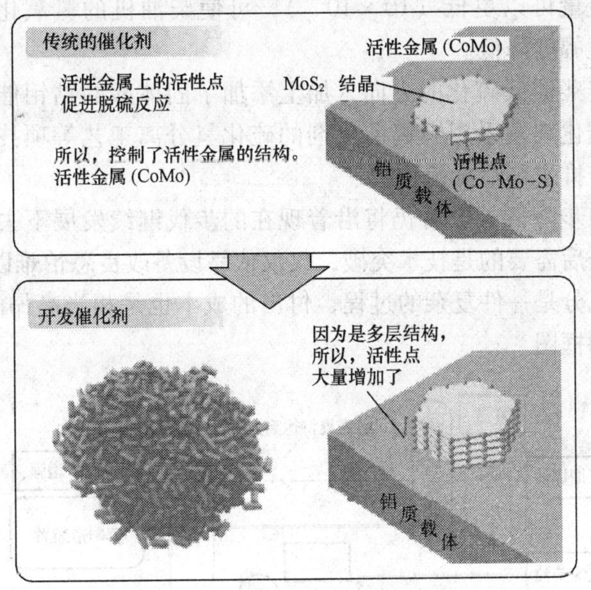

图 2-51　钴钼活性催化剂

大幅度增加。

(2) 添加具有异性化能的固体酸。

柴油中由于存在烃基，使脱硫困难。所以，首先要设法去除这些阻碍脱硫的化合物。这是因为硫分子附近的烃基（R）成为立体的障碍，妨碍硫原子接近催化剂上的脱硫活性点。

新开发的催化剂中，通过固体酸使硫原子附近的烃基（R）异性化，使硫原子容易接触催化剂上的脱离活性点，使分子结构改变，去除上述立体障碍的影响。结果，可以高效地去除柴油中的硫原子（图 2 52）。该催化剂开发成功使脱硫催化剂的性能产生了质的

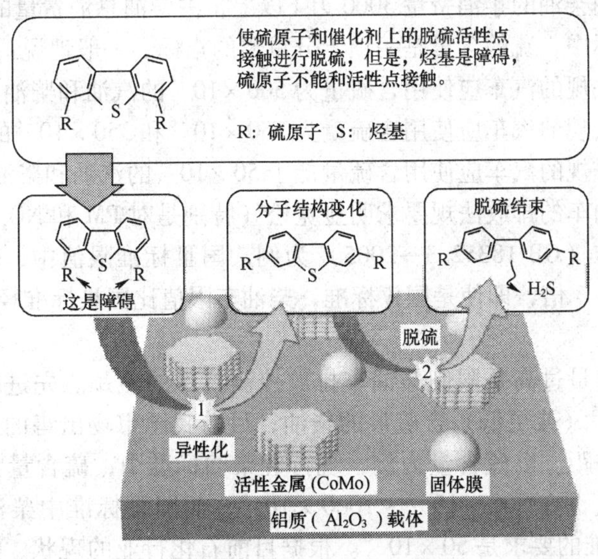

图 2-52　催化作用说明

飞跃，使柴油的含硫量可以更低（10×10^{-6}），可使柴油机的氮氧化物（NO_x）和颗粒（PM）排放有可能大幅度降低。

今后将继续沿着柴油低硫化的方向，加上添加了固体酸的钴钼催化剂，以及由该项开发而得到的镍钼催化剂及采用镍钨催化剂的硫化氢分离工艺等项技术，满足各家炼油公司的需要，进一步推进柴油低硫化。

柴油含硫量在稳步降低，今后仍将沿着现在的步伐继续发展下去。不过，日本的研究专家明确指出，今后需要的是技术突破，仅仅依靠设备改良恐怕难以奏效。

去除柴油中的硫分是一件复杂的过程，付出的成本也是相当高昂的。图 2-53 是低硫柴油生产工艺过程的框图。

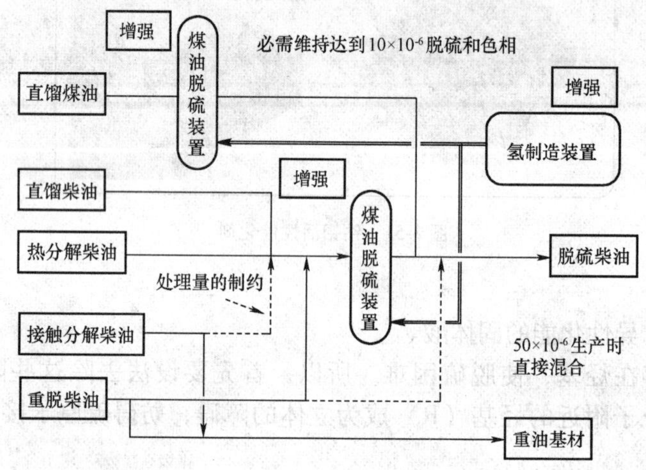

图 2-53　低硫柴油生产工艺流程框图

（三）中国汽车柴油的含硫量

目前，我国车用柴油的年消费量 3000 万 t 以上，占柴油总消费量的 1/3。

柴油的质量指标中，硫的含量是一项十分重要的指标。一般地说：

符合欧Ⅱ排放法规的汽车应使用含硫量为 500×10^{-6}的汽油和柴油；

符合欧Ⅲ排放法规的汽车应使用含硫量为 150×10^{-6}和 350×10^{-6}的汽油和柴油；

符合欧Ⅳ排放法规的汽车应使用含硫量低于 50×10^{-6}的汽油和柴油。

目前，我国柴油车的排放法规要求明显宽松（特别是对 PM 和 NO_x）；以 2005 年发布的轻型汽车排放标准（GB 18352.3—2005）为例，国Ⅲ标准限值中，轻型柴油车氮氧化物限值是汽油车的 3.3 倍，即使是国Ⅳ标准，柴油车限值比国Ⅲ标准轻型汽油车的限值也要高出 1.7 倍。

车用柴油的硫含量过高是限制柴油车排放控制技术的瓶颈。先进的低排放柴油车必须使用低于 50×10^{-6}（或更低）含硫量的柴油；目前我国市场出售的柴油品质与轻型柴油车的要求有很大差距。以硫含量为例，现行轻柴油标准中，硫含量为 2000×10^{-6}，市场柴油的平均硫含量也在 $800\times10^{-6}\sim1000\times10^{-6}$，而国Ⅲ标准中柴油硫含量的要求为 350×10^{-6}，国Ⅳ标准的要求是 50×10^{-6}。根据目前石化行业的现状，短期内很难大量生产低硫柴油。因此，轻型柴油车在国内的发展受到了柴油品质的制约。

由于我国尚未制定出相应的车用低硫柴油标准，给实施更加严格的排放标准带来了困难，也使许多先进的清洁柴油机技术无法在中国得到应用，特别是柴油车的尾气净化装置。

为了改善环境空气质量，保护人类健康，应在技术成熟的情况下尽早对新生产的柴油车加装控制颗粒物和 NO_x 催化净化装置；但前提是在全国范围内应尽早保证供应含硫量低于 500×10^{-6} 和 50×10^{-6} 的车用柴油。

二、氧化催化转换器

（一）催化剂

催化剂具有诱导化学反应发生改变，使化学反应变快、减慢或者在较低的温度环境下进行化学反应的作用。催化剂在工业界也称为触媒。催化剂自身的组成、化学性质和质量在反应前后不发生变化。一种催化剂并非对所有的化学反应都有催化作用，例如二氧化锰在氯酸钾受热分解中起催化作用，对其他的化学反应就不一定有催化作用。某些化学反应并非只有唯一的催化剂，例如氯酸钾受热分解中能起催化作用的还有氧化镁、氧化铁和氧化铜等。

1994 年，为了分解排气中的 PM 和 SOF 正式在柴油车（货车和客车）上安装通过型催化剂（Flow-through）（图 2-54）。十多年过去了，目前，通过型氧化催化剂已经作为柴油车后处理技术被广泛认识、普及和推广。

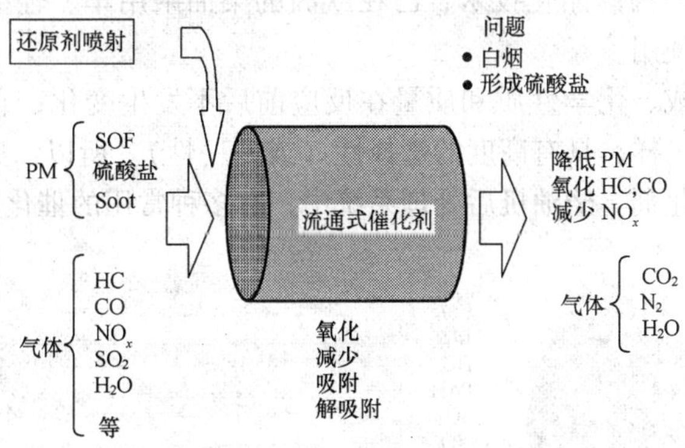

图 2-54　通过型催化剂概念图

这些通过型催化剂本身也在不断地改进。例如：提高 SOF 的捕捉效率、改进低温着火性（SOF、HC 和 CO）、抑制硫酸盐生成等。结果，颗粒（PM）净化率得到迅速提高。

目前，由于氧化催化剂的作用，PM 的降低率为 20% ~60 %。具体数值因汽车种类及发动机的特性不同而有所差异，因燃油中硫（S）的含量、SOF 的比例以及排气温度等因素的不同而不同。

图 2-55 中示出了柴油机后处理中经常使用的催化剂的性能。与排气温度、燃油特性、对象的法规模态配合可以适用于各种车辆。

随着通过型催化剂的发展，利用排气中的 HC 净化 NO_x 的催化剂（HC-NO_x）正在开发中。这些既有催化剂的性能，又具有 HC-NO_x 的性能，并随着 HC 浓度、温度变化而变

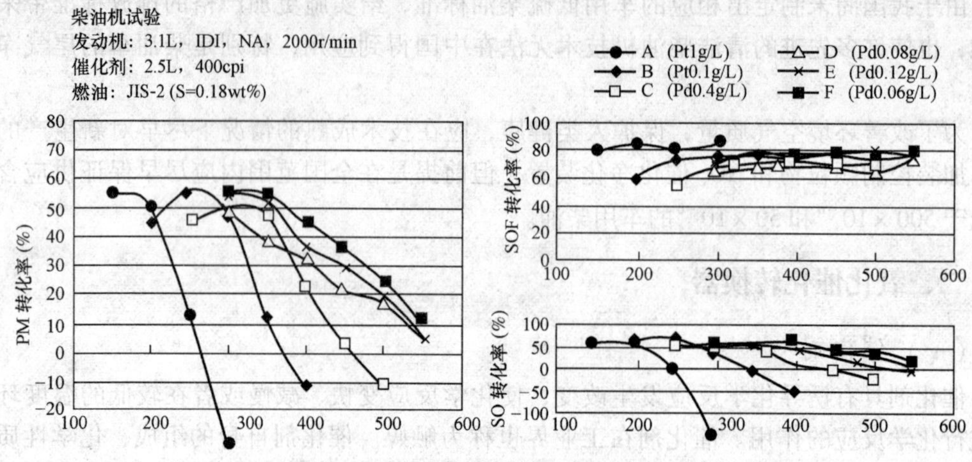

图 2-55　各种通过型催化剂的性能

化，与发动机的控制的匹配是发挥其性能的关键。

（二）氧化催化剂

氧化催化剂通常是用陶瓷蜂窝体或者金属蜂窝体为载体，其上承载氧化物涂层和活性金属成分而构成。常用的活性金属组分有贵金属铂（Pt）和钯（Pd）等。

氧化催化剂对颗粒的净化性能容易受到柴油品质，特别是容易受到燃油中硫含量的影响。氧化催化剂是一种商品化技术，已在欧洲的柴油乘用车、轻型货车以及美国重型柴油货车上广泛安装使用。

催化剂自身的组成、化学性质和质量在反应前后不发生变化；它和反应体系的关系就像锁与钥匙的关系一样，具有高度的选择性（或专一性）。所以，柴油机排气中不同成分需要采用不同的催化剂。柴油机后处理系统中，有多种常用的催化剂（图 2-56）。

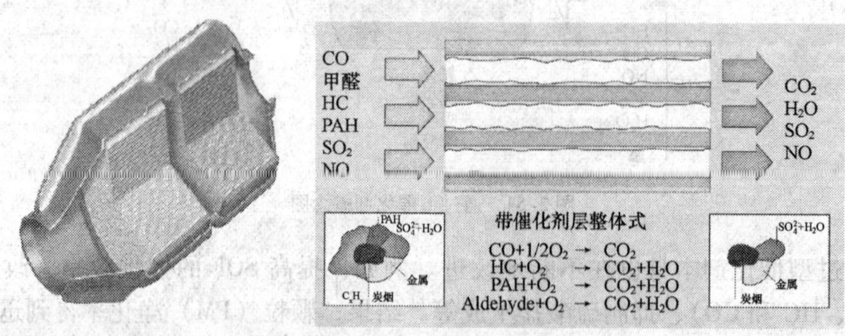

图 2-56　DOC 的照片和工作原理

（三）氧化型催化转化器

1. 名称

柴油机氧化催化剂的英文是 Diesel Oxidation Catalyst。这是相对于汽油机中经常使用的三效催化剂（TWC，Three Way Catalyst）而采用的名称。

柴油机氧化催化剂是指涂覆在陶瓷或金属载体壁面的铂、钯、铑等贵金属以及硝酸铈等稀土金属。但是，实际生产中将涂有这些催化剂的载体一起称为柴油机氧化催化器。因为这是一个具体的实物，所以一般将 DOC 称之为氧化催化器或柴油机氧化催化器。当然还有其他许多种名称，例如：氧化型催化转换器、柴油氧化催化转换器等。这种现象并不奇怪，专业名词的统一是一件困难的事情。不仅国内名称不统一，国外的名称也不统一。例如颗粒过滤器有多种不同的名称：过滤器、捕集器、捕捉器等；英文名称也不统一，例如 Filter，Trap 等。

氧化催化器（DOC，Diesel Oxidation Catalyst）比较合理的定义是：安装在柴油车发动机排气系统中，能降低排气中 CO、THC（Total HydroCarbon）和颗粒物中的 SOF 污染物排放量的装置。

博世公司氧化催化转换器的英文名称为：Oxidation catalytic Converter。

2. 概述

氧化催化器对削减柴油机排放中的可溶性有机成分（SOF）具有良好的效果。在排气系统中增设柴油机氧化催化器，则颗粒物中的 SOF 在铂、铑和钯等贵金属催化剂或稀土催化剂的作用下发生氧化反应，最后转化为 CO_2 和 H_2O 而除去。通常其削减效率可达 80%，同时还可除去排气中的 HC 和 CO 等有害物质。图 2-56 说明了另外一些少量有害污染物也会被 DOC 除去。

在 20 世纪七八十年代，国外就开始对柴油车排气后处理装置进行研究。DOC 是应用最广泛的装置之一。目前，全世界道路和非道路柴油机中仍然在大量应用该处理装置。30 多年来，全世界已有 1000 多万辆柴油车安装了 DOC，数百万辆在用柴油车改造加装了 DOC。

氧化催化器可以部分地消除颗粒物中的 SOF。因为 SOF 在高温下呈气态，在氧化催化剂的作用下很容易燃烧掉。但是，当温度低于 150℃时，由于 SOF 附着在颗粒的周围，使颗粒变大变粗，催化剂基本不起作用。随着温度的升高，排气中微粒等主要成分的转化效率逐渐增高。当温度高于 350℃时，由于硫酸盐大量产生，反而使微粒排放量增大。而且，硫酸盐还会覆盖在催化器表面降低催化剂的活性和转化效率。此外，硫对大多数催化剂都有毒性，会引起催化剂中毒。

3. 原理

图 2-57 中示出了几种常用的 DOC。

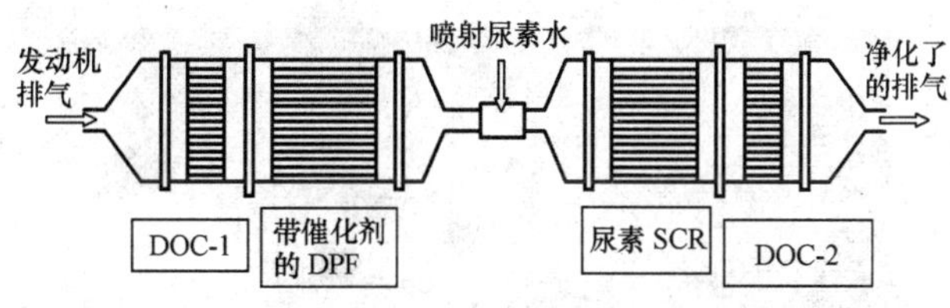

图 2-57 后处理系统实例

图 2-58 是在欧Ⅳ排放标准下对 DOC 进行试验而得到的结果。CO 和 PM 的处理结果都在欧Ⅳ排放标准的限值以下。

图 2-59 是某种 DOC 的实物照片。新旧两种 DOC 都在低温下处理 32 小时，但是，旧

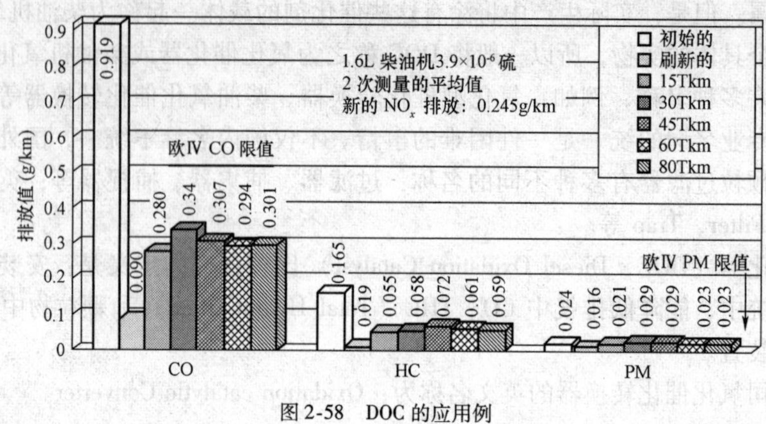

图 2-58 DOC 的应用例

DOC 的质量增加了 8g，新的只增加 3g。很显然，旧的 DOC 很快就堵死了，不能再继续工作了。

图 2-60 中示出了 DOC 和 DPF 组合的基本化学反应方程式。在 DOC 中，由于催化剂的作用，HC 和 CO 都已经转换成 CO_2 和 H_2O。

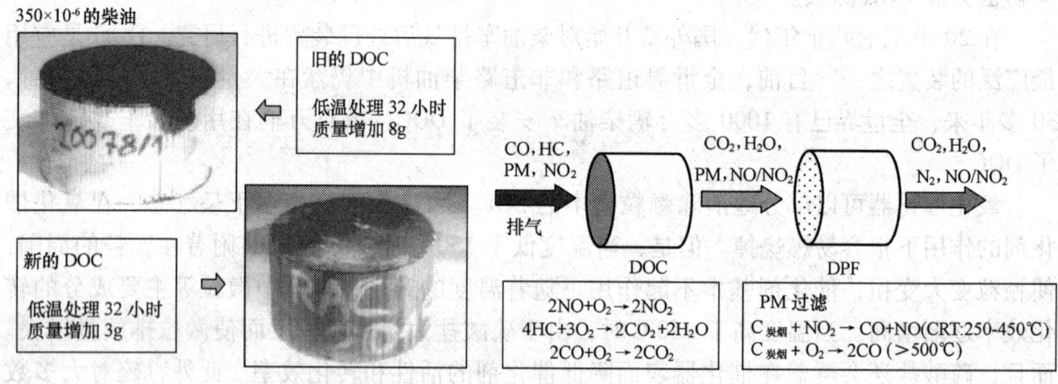

图 2-59 DOC 的实物照片

图 2-60 DOC-DPF 组合

4. 氧化催化转化器的化学反应

图 2-61 是博世公司的氧化催化转换器。氧化催化转换器中的主要化学反应是：

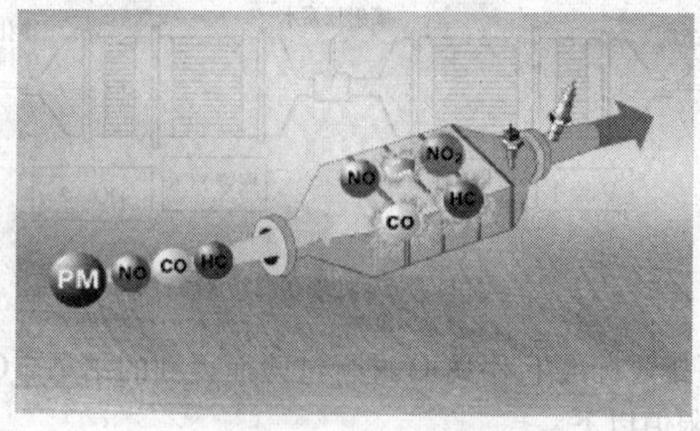

图 2-61 博世的 DOC

氧化反应：

$$HC + O_2 \longrightarrow CO_2 + H_2O$$

$$CO + O_2 \longrightarrow CO_2$$

还原反应：

$$NO_x + CO \longrightarrow N_2 + CO_2$$

基本原理是：贵金属起催化作用，促进 CO/HC 氧化、NO_x 还原。

铑/钯：将 NO 还原成氮；钯/铂：将 CO/HC 还原成水和二氧化氮；

铑（Rh，Rhodium）：提高 NO_x 转化率；钯（Pd，Palladium）：协助催化反应。

已经广泛应用的氧化催化转换器可有效地降低柴油机排气污染，特别是一氧化碳（CO）及不可燃的碳氢化合物（HC）。通过氧化结合在烟尘粒子上的重质碳氢化合物，还可降低颗粒排放量。氧化催化转化器的安装位置距离发动机越近越好。距离越近，转换器达到有效工作温度（起动温度）的速度就越快。

氧化催化转换器包括陶制或金属制的主体，有长宽各为 1mm 的单元孔。孔壁镀铂铑作为催化物质。在配备颗粒过滤器的车辆上，氧化催化转换器位于过滤器之前。催化转化器释放的 NO_2 在颗粒过滤器中氧化，使残余的颗粒（主要是炭）转化为对大气无污染的氮气（N_2）和二氧化碳。

图 2-62 是 DOC 和 DPF 的常用布置。

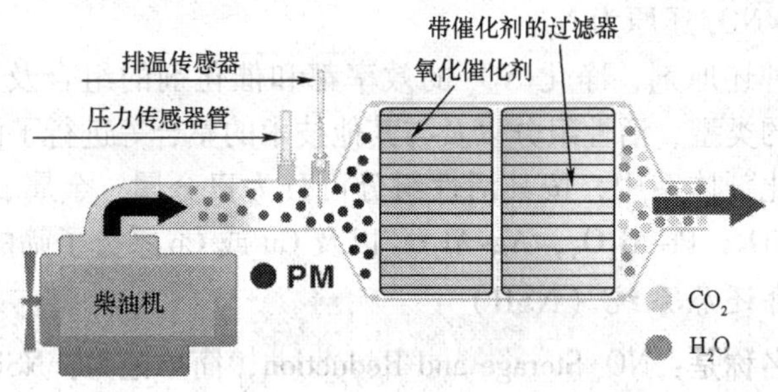

图 2-62 DOC + DPF 的布置

三、净化 NO_x

目前，削减柴油机 NO_x 排放的后处理技术主要有选择性催化还原和储存催化还原两种方法。关于选择性还原的尿素 SCR 系统的详细介绍请参看第五节。

近年来，开发出的能同时减少 NO_x、PM、HC 和 CO 的多功能四效催化处理技术是引人注目的，因为这不仅克服了消除 NO_x 和 PM 之间的矛盾，还便于发动机设计人员灵活地引入后处理技术。该方法存在的主要问题是柴油机排放的 PM，HC 和 CO 量较少，不足以将 NO_x 全部还原。因此，只使用一种催化剂达到使柴油机排气中的四种主要污染物同时净化的目的是非常困难的。四效催化削减技术实际上应该是一种组合技术。效果并不十分理想，还不能满足排放法规的严格要求。

（一）NO_x 选择性催化还原（尿素 SCR 系统）

柴油机排气中 O_2 含量高，属于稀燃气氛，所以常规用于汽油机排气净化的三效催化剂不适用于柴油机排气净化。在富氧条件下削减 NO_x 排放是一个具有挑战性的课题。柴油机排气 NO_x 选择性还原催化剂的开发要面对来自排气和催化剂两方面的问题：在排气方面存在排气中还原剂 HC 量少（HC 与 NO_x 的比值低）和排气温度低的问题；而在催化剂方面，催化剂高活性温度区间（温度窗口）窄，一种催化剂的高活性温度区间很难覆盖柴油机排气温度变化范围（200～500℃）。

选择性催化还原技术是指利用排气中有机物为还原剂或另外添加还原剂，在氧浓度高出 NO_x 浓度两个数量级以上的条件下，高选择性地优先把 NO_x 还原为 N_2。其催化过程通常采用 NH_3、尿素、醇类和各种烃类作为还原剂。近年来，国外已经实用化的尿素 SCR 技术主要是采用氨为还原剂的 V_2O_5-WO_3-TiO_2 催化体系。目前，NH_3-SCR 被认为是最有希望实际应用于柴油机排气 NO_x 净化的技术。鉴于 NH_3 的毒性，研究者采用浓度为32.5%的尿素水溶液代替氨选择性催化还原 NO_x，即 Urea-SCR 系统（图2-63）。

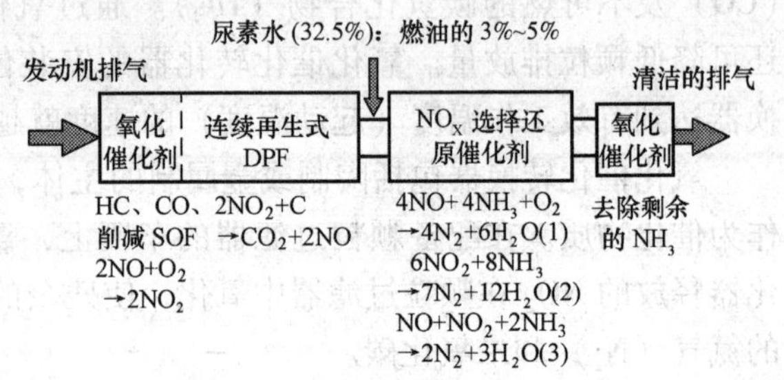

图2-63　尿素选择性还原系统

NO_x 的 HC-SCR 技术是当今 NO_x 催化净化的研究热点之一，其原理和 NO_x 的 NH_3-SCR 技术类似，在催化剂作用下，HC 选择性地将 NO_x 还原为 N_2。

无论是采用哪种还原剂，净化 NO_x 的效率都和催化剂的组合及其活性相关。因此，人们对选择催化剂的类型、活性组分以及与其他技术的整合等进行了深入研究。

在所研究的催化剂体系中，按其活性组分可分为贵金属、金属、金属氧化物和沸石体系，其中 V_2O_5-TiO_2，Pt-Al_2O_3，Ag-Al_2O_3 以及 Cu 或 Co 系分子筛的研究最为广泛。

（二）NO_x储存还原系统（NSR）

该系统的英文名称是：NO_x Storage and Reduction，简单记为：NSR。

丰田公司在20世纪90年代中期提出以 NO_x 储存还原催化技术来解决稀燃条件下 NO_x 引发的污染问题。设计的 Pt/Ba/Al_2O_3催化剂也已经成功投放使用无硫或超低硫燃料的日本市场。该技术是将催化剂和 NO_x储存材料（LNT，Lean NO_x Trap）结合起来。

NSR 使用的储存体主要是碱金属或碱土金属（如 Na^+，K^+，Ba^+ 等）的硝酸盐，贵金属 Pt 作为 NO_x 的还原剂。图2-64为储存催化还原反应原理图。

稀燃条件下，NO 在贵金属（Pt）作用下被氧化成 NO_2。NO_2 与相邻碱性组分（Ba）反应生成亚硝酸钡 Ba（NO_2）$_2$ 或硝酸钡 Ba（NO_3）$_2$ 而储存起来（图2-64a）①和②）；

间歇浓燃条件下，硝酸盐和亚硝酸盐分解，释放出 NO_x（图2-64a）③），它们在催化剂作用下可被 HC、CO 和 H_2 等还原剂还原为环境友好的 N_2（图2-64a）④）。浓燃和稀燃、储存和还原的相互之间的时间关系如图2-64b）所示。

催化剂铂的用量：100～130g/ft^3（3.5～4.6g/l_{cat}）；

在模拟稀燃－浓燃交替运行的工况下，NO_x 的脱除效率能够达到90%以上。

贵金属是 NSR 催化剂的氧化还原活性中心，在储存过程中，它首先将 NO 氧化为易储存的 NO_2，然后在还原过程中将脱附的 NO_x转化为 N_2。通常认为 Pt 对 NO 的捕获和氧

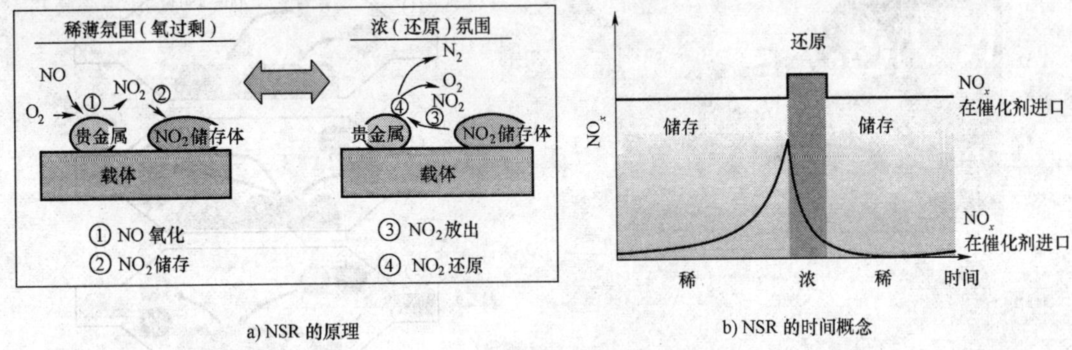

a) NSR 的原理　　b) NSR 的时间概念

图 2-64　NSR 的原理说明

化能力最好。因此，在 NSR 催化剂中被广泛使用。

NO_x 储存还原催化剂技术所用催化剂是以三效催化剂为基础，先以稀燃汽油机为对象研制开发，目前已成功应用于缸内直喷式汽油机。日本丰田公司将 NSR 技术与颗粒物捕集技术成功整合后，在日本轻型柴油车上示范应用，并大力向欧洲推广该技术。

该系统的优点是不需要持续加入还原剂，主要问题是低温活性低和抗硫中毒性能差。柴油中硫含量较高，这在很大程度上限制了储存催化技术在柴油机上的使用。要除去 NO_x 储存体中的硫，使储存体再生，还需采取喷入燃料的方式使排气温度升到 900℃ 左右才行。造成大量的燃料消耗，以上过程还要影响稀释剂和催化剂的寿命。

(三) NO_x 储存催化转换器

博世公司开发的 NO_x 储存催化转换器的英文名称是：NO_x Storage catalytic Converter，简称储存催化转换器，或 NO_x 储存转换器。一般缩写为 NSC。

NSC 在柴油机排气处理系统中具有重要作用，不仅可大大提高车辆的清洁性，还可满足未来更加严格的排放法规（图 2-65）。位于氧化催化转换器及颗粒过滤器之后，且具有特制涂层以捕捉尾气中的 NO_x。

NO_x 储存催化转化器运行原理如图 2-66。

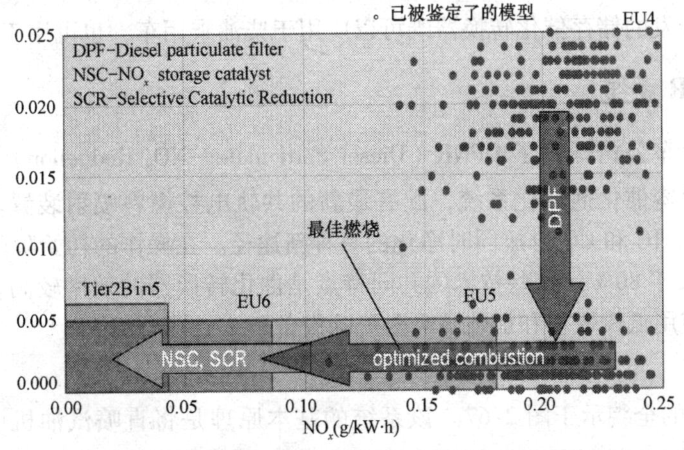

图 2-65　NSC 和 SCR 将用于更严格的排放法规

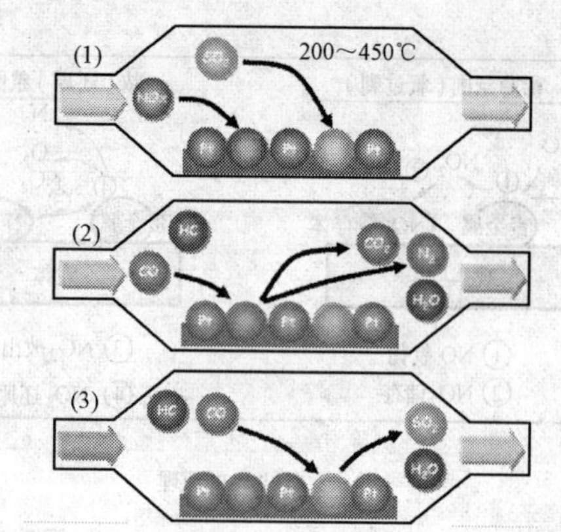

图2-66　博世NSC的原理

（1）当 $\lambda>1$ 时，储存：

NO和 SO_2 氧化，并储存在活性体上（BaO）。

（2）当 $\lambda<1$ 时，再生：

NO_x 释放，并由CO去除，排气中需有2%～3%的CO。

（3）$\lambda\approx1$ 时，除硫：

SO_2 和CO反应，排气温度≥650℃。

整个工作原理可以说明如下：在稀燃条件下（$\lambda>1$），首先，NO被氧化生成 NO_2，然后生成 NO_3^-（硝酸盐），储存到催化转换器的碱性金属物（氧化钡）中。和颗粒物过滤器一样，在 NO_x 储存器中的真正的作用是再生，也就是被储存的 NO_x 完成无害化处理，并定期释放出来。

为了催化转化器再生，必须在浓的排气条件下（$\lambda<1$）才能完成。因为在这样的氛围下，在排气中有非常多的还原剂（CO、HC、H_2）。所以，涂敷在催化转换器上的贵金属使硝酸盐 NO_3^- 转化成无毒的氮气（N_2）。和发动机的工作点也有关系，能够储存的时间是30～60s，再生需要的时间大约1～2s。

为了确认再生的必要性，需要多个温度传感器和压力传感器。储存催化转换器最高可将排气中的 NO_x 削减85%。

博世公司开发的储存催化转换器既可以应用于柴油乘用车，也可用于商用柴油车。

四、DPNR系统

日本丰田汽车公司开发了DPNR（Diesel Particulate—NO_x Reduction）技术。DPNR使用一个简单、紧凑催化剂转化系统，配有最新的共轨电控燃料喷射装置。开创了直喷柴油机PM、NO_x、HC和CO排放同时净化的一种新途径。在操作的初始阶段，DPNR的PM和 NO_x 转化率大于80%。这些技术的共同特点是催化转换器的效率较高，但是容易产生硫中毒，需要使用低硫燃料和加装硫吸附脱除设备。

（一）概述

DPNR系统的全貌示于图2-67。该系统的基本原理是将直喷汽油机中所采用的 NO_x 储存还原催化剂和柴油机的最新控制技术结合起来，通过柴油机中空燃比控制技术与催化技术的组合，开发成功的能同时降低并连续净化 PM 和 NO_x 的后处理装置。

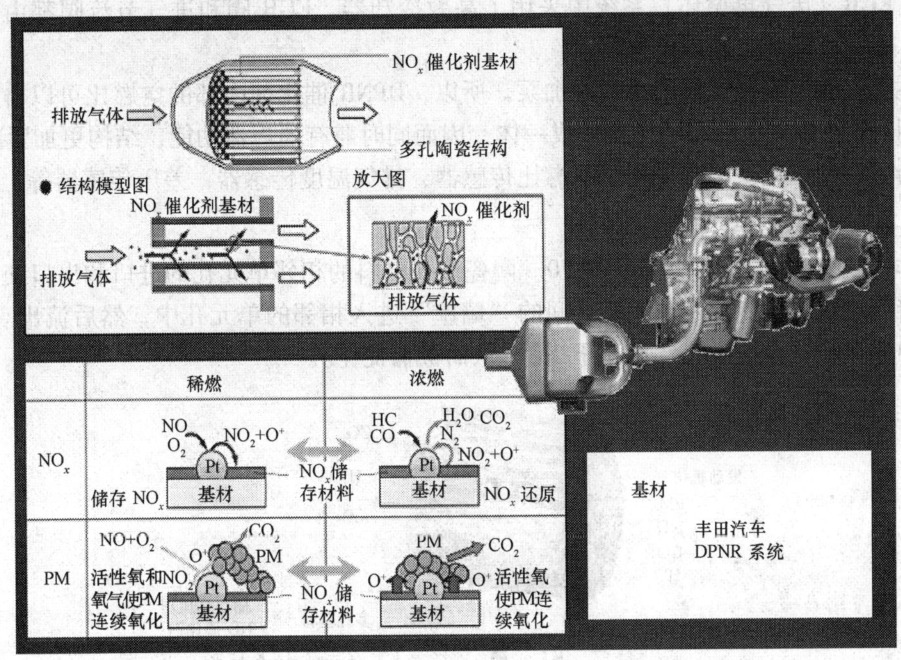

图 2-67 丰田公司的 DPNR 系统

2003 年 10 月日本国内使用的 Dyna 型汽车及 2003 年 11 月销往欧洲的 Avensis 型汽车都配置了这种 DPNR 系统。2007 年 5 月，丰田公司在日本国内销售配置了 DPNR 系统的柴油轻型货车（2～3t），NO_x 和 PM 的排放量分别比法规值还要低 50%。

DPNR 系统的外型如图 2-68。

DPNR 系统在具有捕集 PM 功能的多孔陶瓷结构材料的“墙壁”内侧均匀地涂敷一层为稀燃汽油机开发的 NO_x 储存还原型催化剂。针对基体材料壁的结构，调整了微孔直径，使 PM 容易流入基体材料壁内部的微孔。

图 2-69 中示出了适用于商用车的 DPNR 系统。在该系统中，共轨喷油系统可在 140MPa

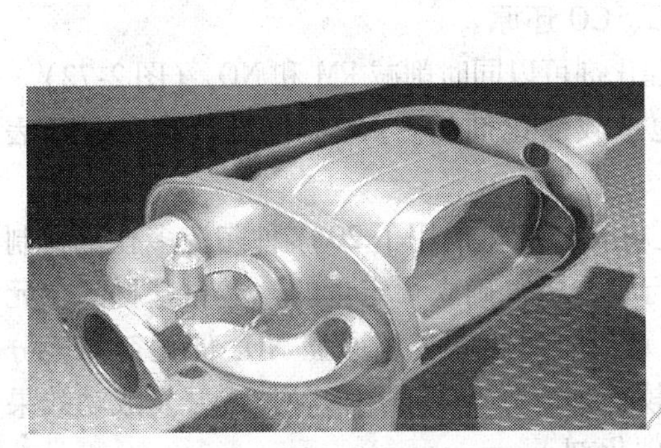

图 2-68 DPNR 的外观

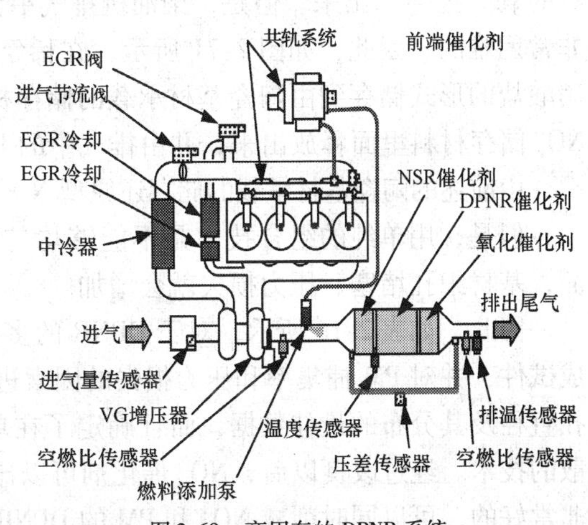

图 2-69 商用车的 DPNR 系统

的高压下正常工作，后喷油等可以自由控制，这些对排气净化都起到了很大的作用。此外，EGR（废气再循环）系统中采用了高效冷却器。EGR阀和进气节流阀都由起动机驱动，响应性能高、精度也好。

在排气管上安装了新的燃料添加泵。所以，DPNR催化剂内部的空燃比可以自由地进行控制。DPNR催化剂和消声器做成一体，因而同时兼有消声器功能，结构更加紧凑。

为了控制催化系统，采用了空燃比传感器，排气温度传感器，差压传感器等。

（二）净化机理

排气中PM的净化原理如图2-70。陶瓷多孔材料的相邻单元孔的进口和出口交替地用堵头堵死。进气只能穿过单元孔之间的“墙壁”进入相邻的单元孔中，然后流出。所以，排气中的颗粒就会被微孔“筛选下来”，从而被捕捉住。

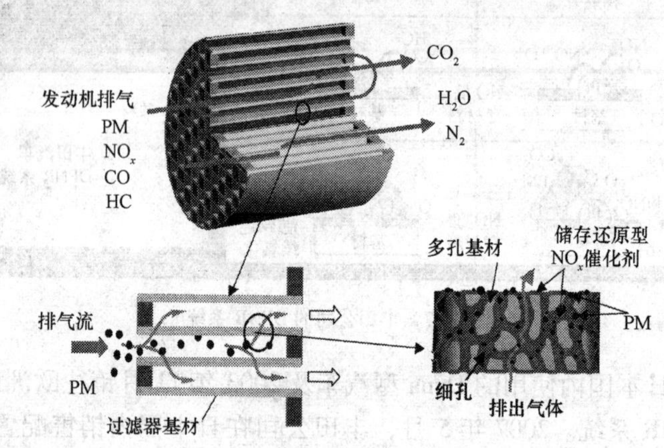

图2-70　DPNR催化剂原理

一般情况下，要使PM燃烧掉，必须在600℃的高温下才有可能，但是，在氧化氛围（浓氛围）和还原氛围（稀氛围）不断交替循环的情况下，产生的活性氧和气相中的氧可以使PM从低温开始连续氧化。

为了利用催化剂使尾气中的NO_x净化，必须通过还原反应，也就是将NO_x中的所含有的氧“抢夺”出来。但是，柴油机排气中含有过量的氧，采用以往的技术还原NO_x是非常困难的。因此，如图2-71所示，在稀氛围气的时候，NO_x在金属铂上被氧化，并以硝酸盐的形式储存到由陶瓷基材承载的储存材料里面。然后，在瞬间的浓氛围气下NO从NO_x储存材料里面释放出来，并由排气中的HC、CO还原。

由前述的陶瓷基材承载的储存还原型NO_x催化剂可以同时削减PM和NO_x（图2-72）。

但是，用单纯的组合技术是不能够均匀地承载催化剂的。PM仅仅堆积在基材的表面，基材细孔堵塞、压力损失就会增加。

因此，如表2-16所示，对于DPNR的多孔材质和催化剂用了20多种陶瓷多孔基材制成试件，并对PM捕集率和压力损失的因素进行了分析，确立了定量的、多孔基材的单元孔直径及其分布的最佳数据，而且确定了在单元孔内部使储存还原型NO_x催化剂高度分散的技术。经过改良以后，NO_x催化剂可以比较均匀地分布了。用这种技术开发成功效果非常好的，可以同时削减NO_x和PM的DPNR催化剂。

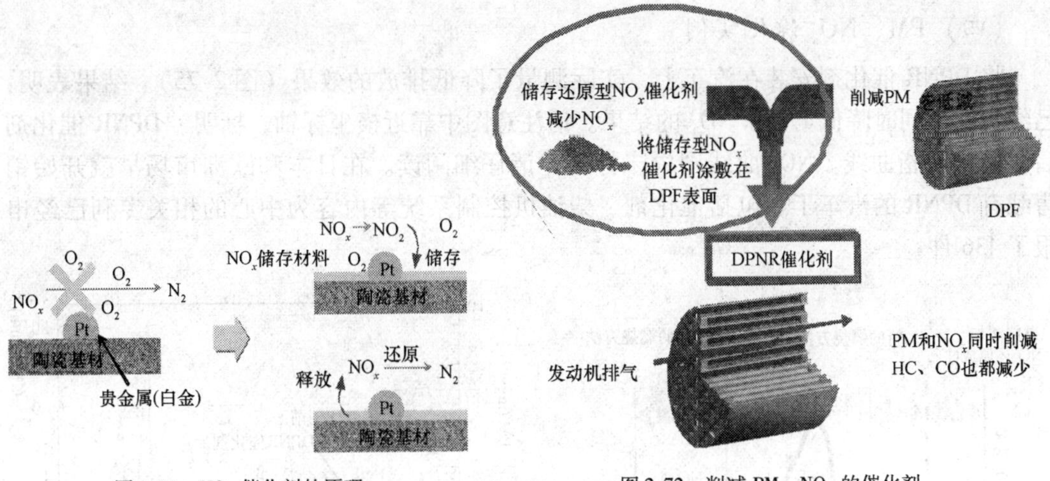

图 2-71 NO_x 催化剂的原理

图 2-72 削减 PM、NO_x 的催化剂

基材、微孔直径等多参数解析结果

表 2-16

		提高 PM 捕集率	降低压力损失
效果的原因	内部细孔	20 ~ 40μm 多	20 ~ 40μm 多
		气孔率小	气孔率大
	表面细孔	50μm 以上少	100μm 以上多
		50μm 以下多	-
相关系数		0.83 ~ 0.95	0.98 ~ 0.99

(三) 空燃比控制

如前所述，形成浓混合气的方法是采用最新开发成功的燃料添加泵来自由地控制空燃比。燃料添加泵布置在 DPNR 催化剂的上游，由共轨的供油泵将燃料供给燃料添加泵，以大约 1MPa 的压力将燃油加到 DPNR 催化剂中。商用车的燃料添加泵的安装实例如图 2-73。

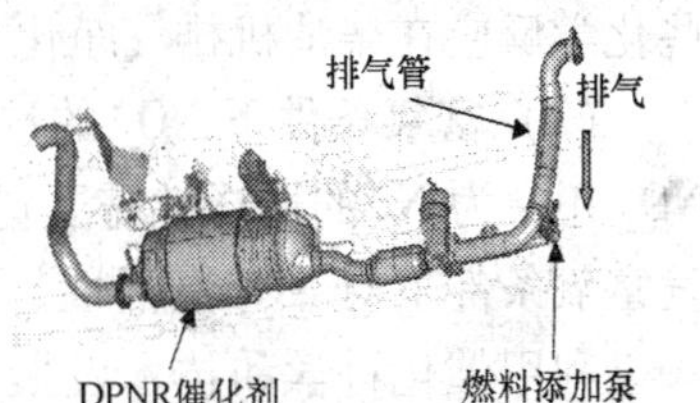

图 2-73 排气系燃料添加系统

另外，为了最大限度地促进 DPNR 催化剂的氧化 PM、还原 NO_x 性能，已经确立了新的燃烧方式。一般地说，如果加大 EGR 的量，则含氧量减少，PM 增加。但是，发现了一种新的燃烧方式：使空燃比进一步加浓，则燃烧温度降低，并不伴随着 NO_x 的增加，PM 却急剧减少。为了抑制这种新的燃烧方式，重新开发了高精度、高响应特性的 EGR 系统和进气节流阀。这样，安装在排气管上的燃料添加泵和这种新的燃烧方式组合起来可以使本来不可能获得的浓混合气氛围变得可以获得（图 2-74）。

为了使燃料添加泵和新燃烧方法正常运行，必须使喷油量、喷油时间等精准控制和前述 DPNR 催化剂相互配合，则 DPNR 可以实现同时降低 PM 和 NO_x。

（四）PM、NO_x 净化实例

将 DPNR 催化剂安装在汽车上，实际测量了降低排放的效果（图 2-75）。结果表明：已经达到了同时降低 PM 和 NO_x 的结果。请注意图中靠近横坐标轴，标明“DPNR 催化剂后”箭头所指曲线。NO_x 曲线图中未标注，请仔细阅读。在日本和欧洲市场早就开始销售载有 DPNR 的汽车了。包括催化剂、柴油机控制系统等内容为中心的相关专利已经申报了 436 件。

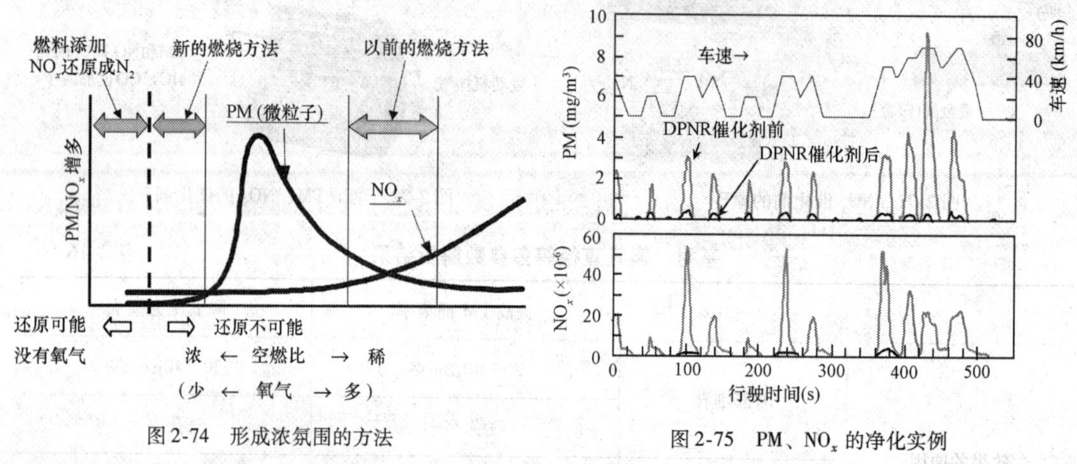

图 2-74　形成浓氛围的方法

图 2-75　PM、NO_x 的净化实例

五、排气净化展望

目前，关于柴油机排气净化的研究很多，每种技术都有其自身的优点，但是至今还没有一种有效的方法能完全满足未来十分严格的柴油机排放的要求。综合国内外的研究进展，在柴油机排气净化催化剂的研究中主要存在以下问题：

（1）柴油机排气中涉及到的化学反应相当复杂，既有颗粒、烃类的氧化反应和 NO_x 的还原反应，也有部分水蒸气重整反应与水煤气变换反应，还存在少量 SO_2 的影响。这些化学反应在柴油机排气净化方面还需要继续研究。

（2）富氧条件下 NO_x 的选择性催化还原是目前环境催化领域研究的热点和难点问题。NO_x 还原为 N_2 的选择性需要提高，还原的温度窗口需要加宽和下移到低温范围。研制开发富氧条件下对 NO_x 高活性、高选择性和高稳定性的 SCR 催化剂具有紧迫性和重要意义。

利用催化科学和技术发展的巨大推动作用，结合合理的柴油机排气处理技术路线，尽快解决柴油机排放污染的问题，将对保护环境、促进人类的身体健康具有重要的实际意义，是一种惠及全人类的社会效益。

第五节　尿素 SCR 系统

尿素 SCR 系统是指采用尿素水作为还原剂，净化柴油机排气中 NO_x 的技术。

SCR 的英文全称是：Selective Catalytic Reduction。意即选择性催化还原。

所谓选择性还原是指在催化剂的作用下，并在氧气存在的条件下，NH_3 优先和 NO_x 发生还原反应，生成氮气和水，而不和排气中的氧进行氧化反应。

博世公司的尿素 SCR 系统的全称是 The SCR catalytic converter，意即 SCR 催化转化器。为了简单和叙述方便，本书统一名称为尿素 SCR 系统。

图 2-76 是日本尿素 SCR 系统国内市场的规模。图中右侧纵座标是尿素 SCR 系统的安装率。但是，到现在为止日本只有日产柴油机和三菱扶苏两家公司在大型柴油车中采用尿素 SCR 系统。

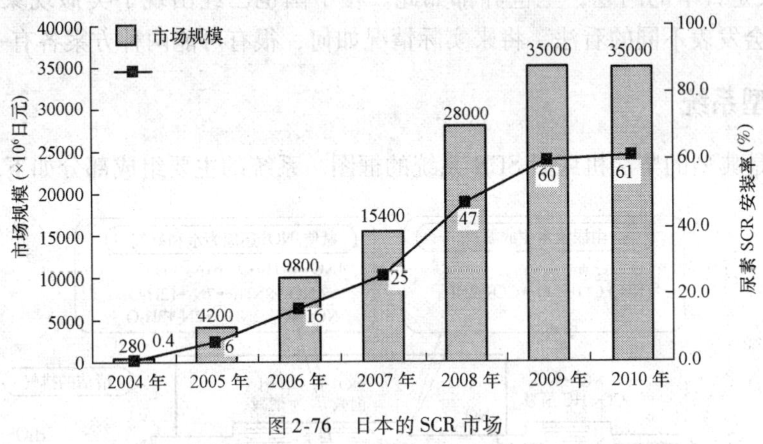

图 2-76 日本的 SCR 市场

图 2-77 是在 4 台柴油机上进行的一组试验——每一台柴油机分别带和不带尿素 SCR 系统进行同样的试验。由结果可以看出：SCR 系统具有明显的减少 NO_x 和 THC 的效果。

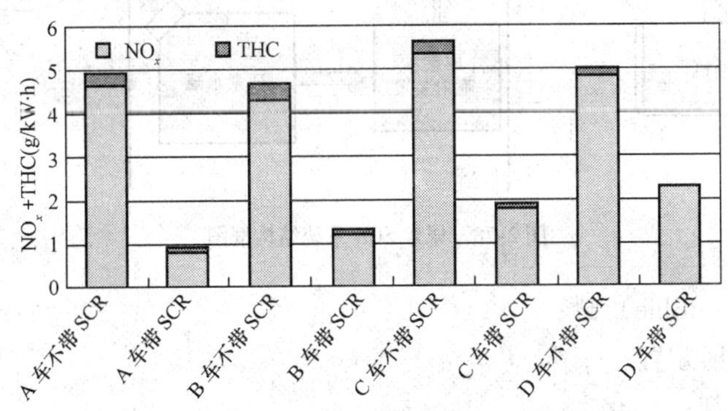

图 2-77 尿素 SCR 系统对排放的影响

其实，SCR 系统早在 20 世纪 70 年代就已经开始发展。不过，当时主要是应用在蒸汽或燃气涡轮机发电厂、定转速柴油发电机或船舶柴油机上。其主要原因乃是因为在工厂内产生的排气一般都是定流量或定流速的。因此，不需要太复杂的控制就能达到良好的效果。不过，车辆发动机和固定式发动机不同，除了在怠速状态以外都是变转速运动，NO_x 的产生量随时都在变化。所以，NH_3 与排气中 NO_x 的反应就显得非常重要。

为了满足 2005 年排放法规，日本出现了两种基本方案：“大剂量 EGR + DPF 系统”和“PM 低排放柴油机 + 尿素 SCR 系统”。从长远的观点看，各汽车生产商的技术战略都在向同一个方向靠近。所以，为了满足新长期排放法规，日本的汽车市场分成了 DPF 和 SCR 两大阵营。但是，在 2010 年以后，有可能大家都向 DPF + SCR 的方向靠拢。

在燃油耗指标直接影响商品价格的商用柴油车市场，最重要的课题就是关于燃油耗的开发。对燃油耗具有不良影响的后处理系统在实用化过程中和实际行驶过程中还有障碍；控制方法和基础设施的整备等问题也很关键。具体地说，在 DPF 系统中，为了除去炭烟（再生）如何控制温度；在 SCR 系统中，供应尿素水的基础设施整备问题；在行驶过程中，一旦尿素水没有了，如何办等等。

这些不仅是日本的问题，全世界都如此。在中国也已经出现了类似现象。不同的人对 DPF-SCR 会发表不同的看法。将来实际情况如何，很有可能两种方案各有一方天地。

一、典型系统

图 2-78 是典型的柴油机尿素 SCR 系统的框图。系统的主要组成部分如下。

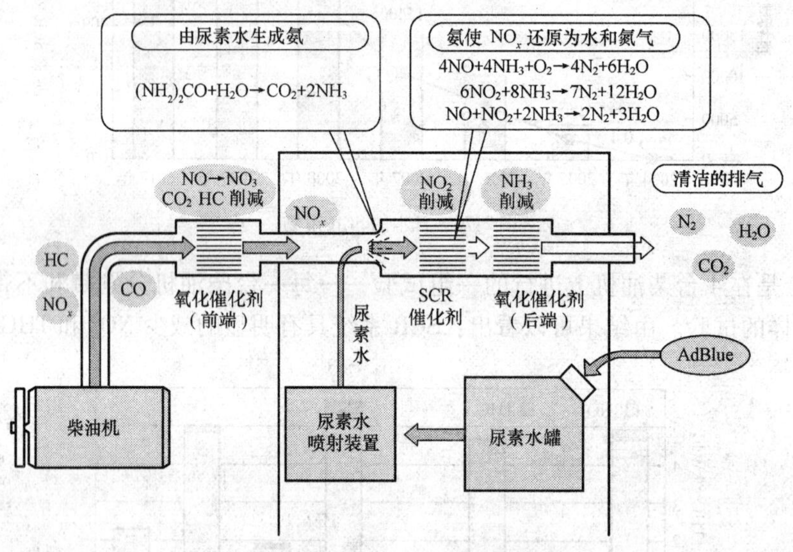

图 2-78 尿素 SCR 系统结构框图

（1）尿素水（AdBluc）罐，

（2）尿素水喷射装置；

（3）SCR 催化剂；

（4）前端氧化催化剂——去除排气中的 CO 和 HC；

（5）后端氧化催化剂——去除可能泄漏到后端的氨气。

博世 SCR 系统中最关键的部分是 DENOXTRONIC 系统，这是博世公司开发的，专门用于喷射尿素水的独立装置，将在后面专门介绍。

二、工作原理

柴油机排放要满足欧Ⅳ或更高的排放法规，如果仅用发动机内部的技术措施是不能满足排放限值的，必须采用发动机外部的辅助净化措施才能满足排放法规。

净化排气中 NO_x 的最有效的技术是尿素 SCR 系统。欧洲和日本都在 2004 年左右向市场推出了该系统，而且得到越来越多的汽车生产商的垂爱，现在正在向全球推广。

（一）正常处理流程

发动机排出的尾气首先进入氧化催化转化器。排气中的 CO 和 HC 等有害成分在这里经氧化催化剂的作用转变成无害的 CO_2 和 H_2O，并将 NO 氧化为 NO_2 以后随排气流进入下游。这里的化学变化和处理特征等请参看图 2-78。

一般的尿素 SCR 系统中采用压缩空气辅助尿素水喷射。正常工作时，一路空气供给尿素水喷嘴，使尿素水溶液在喷射时雾化；另一路空气供给尿素泵，控制尿素水溶液回流量的大小（图 2-79）。在柴油乘车等小型车辆上，由于空间的限制，一般采用无压缩空气的尿素 SCR 系统（图 2-80）。

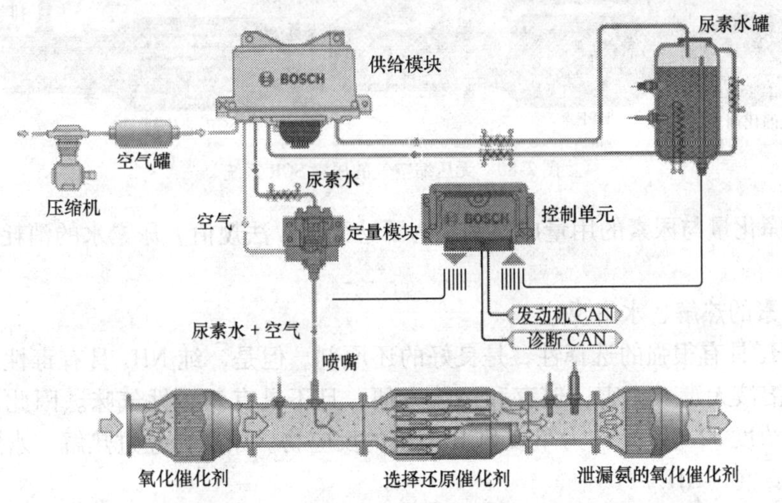

图 2-79 利用压缩空气喷射尿素水的尿素 SCR 系统

尿素泵起动，在定量模块的进口处建立起具有一定压力的尿素水溶液待用。电控单元采集柴油机的转速、转矩、排气温度和 NO_x 排放等信号，电控单元按照控制策略发出需求的尿素水溶液流量的控制指令，驱动电路驱动计量阀动作，尿素水溶液与空气混合经喷嘴喷入排气管。尿素水溶液喷入排气管后，在高温及催化剂作用下发生热解和水解反应生成氨气，然后氨气进入 SCR 转化器将 NO_x 还原，最后使 NO_x 转变成无害的氮气和水，排入大气。

（二）主要化学反应

尿素-SCR 催化还原的基本原理是：将浓度为 32.5% 尿素水溶液喷入具有一定温度的尾气中，在特定催化剂的作用下，排气中的 NO_x 产生化学反应，转变成氮气（N_2）和水（H_2O）而被净化。

尿素水溶液存储于特制的不锈钢或塑料储罐中，通过定量模块和控制单元，连续地以雾化了的微粒的形式喷射到 SCR 转化器之前的尾气中。在喷射之前，尿素水溶液先通过一个格栅进行充分雾化，在炙热的尾气作用下，尿素转化为氨气，再与催化转换器中的 NO_x 发生反应，生成氮气和水。

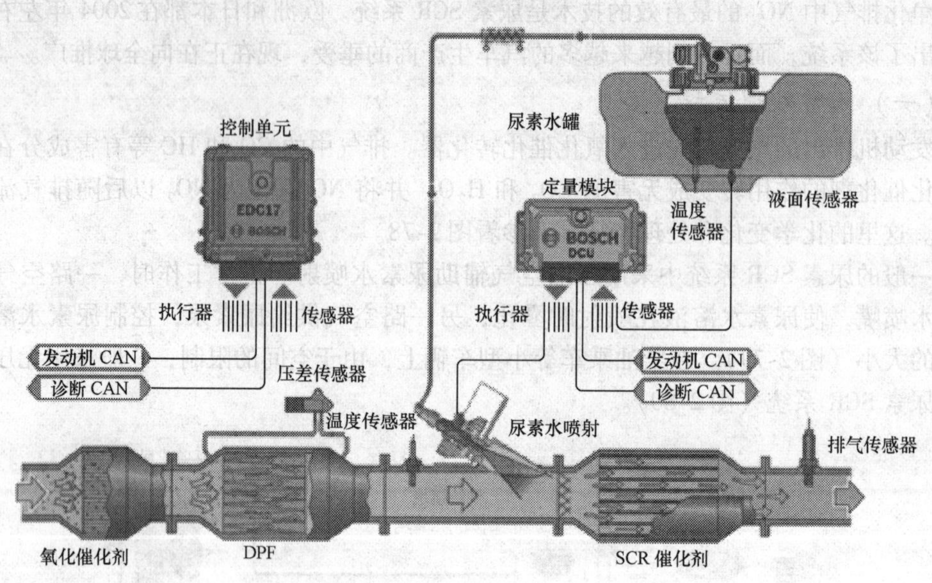

图 2-80　无压缩空气的尿素 SCR 系统

NO_x 的净化量与尿素的用量成比例。为了达到欧Ⅳ法规值，尿素水的消耗量约为柴油燃料的 6%。

（1）尿素的热解、水解反应

由于 NH_3 具有很强的选择性，是良好的还原剂。但是，纯 NH_3 具有毒性，且不易储存。尿素水溶液无毒、无害，储存和运输方便，且不具有刺激性气味。因此，一般用尿素水溶液（浓度 32.5%）作为车载 SCR 系统的反应物。尿素在经过热解、水解等一系列反应后生成氨气（NH_3）。

在高温排气管中尿素热解

（>180℃），生成等摩尔的氨气和氰酸（HNCO）

$$(NH_3)_2CO \longrightarrow NH_3 + NHCO \tag{2-2}$$

氰酸在催化剂作用下进一步水解生成等摩尔的氨气和二氧化碳

$$NHCO + H_2O \longrightarrow NH_3 + CO_2 \tag{2-3}$$

SCR 催化剂对化学反应 2-3 有催化作用，能够促进氰酸的进一步水解。反应(2-2)属于吸热反应，因此在氰酸和氨气到达催化器的进口时就已经成为气态。

（2）NO_x 的催化还原

NO_x 的催化还原反应中主要反应如下：

$$4NH_3 + 4NO + O_2 \longrightarrow 4N_2 + 6H_2O \text{（标准 SCR）} \tag{2-4}$$

$$2NH_3 + NO + NO_2 \longrightarrow 2N_2 + 3H_2O \text{（快速 SCR）} \tag{2-5}$$

柴油机排放的 NO_x 中 NO 含量通常占 85%～95%。因此，在 NO_x 的催化还原反应中化学方程式 2-3 是最主要的反应，称为标准 SCR 反应。

在温度 300～400℃时反应效率较高，但在温度较低（250℃，如柴油机冷起动）的时候，NO_x 转化效率较低，故需要寻求一种能够在柴油机排气温度较低时仍能保持较高 NO_x 转化效率的方法。

大量研究结果表明，当增加 NO_x 中 NO_2 比例时，可以提高低温条件下 SCR 对 NO_x 的转化效率，当 NO 与 NO_2 浓度之比为 1 时将会有最佳的 NO_x 催化转化效率（图 2-81）。该反应可在较低温度下进行。反应优先级比化学方程式 2-4 高，在低温条件下的反应速率是标准 SCR 反应的 17 倍，故称为快速 SCR 反应。排气中的 NO_2 和一部分 NO 能够通过化学方程式 2-4 快速地消除，该反应称为快速 SCR 反应。在 SCR 反应器上游安装预氧化催化器（活性成分为铂）将一部分 NO 氧化成 NO_2，可解决低温情况下 NO_x 转化效率低的问题。

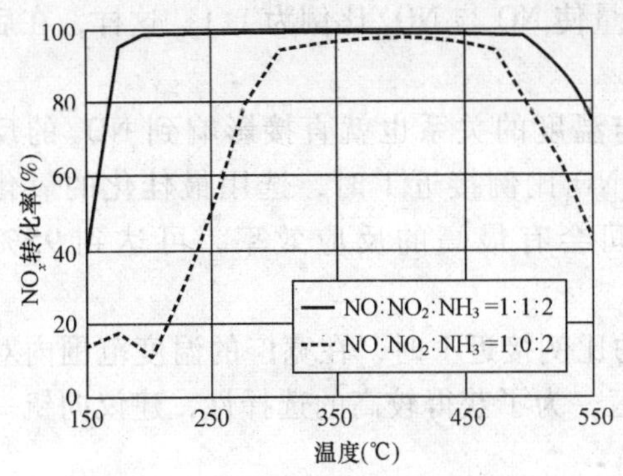

图 2-81　NO/NO_2 比例与转换效率

$$2NO + O_2 \longrightarrow 2NO_2 \tag{2-6}$$

NO_2 超过 50% 时将发生反应 2-7，其反应速度比标准 SCR 要慢得多，称为慢速 SCR 反应。不能及时反应的 NO_2，将随尾气排出，因此 NO_2 的含量不得超过 50%。

$$8NH_3 + 6NO_2 \longrightarrow 7\ N_2 + 12\ H_2O\ (\text{慢速 SCR}) \tag{2-7}$$

经过化学方程式 2-5 和 2-6 的反应，大部分的 NO_x 被转化为无害的氮气和水。

三、尿素 SCR 系统的两项关键技术

目前，净化柴油机排气中 NO_x 排放的最好的技术措施是尿素 SCR 系统。决定 SCR 系统质量的关键因素是：

（1）催化剂；

（2）尿素水喷射控制。

（一）催化剂

SCR 系统中的关键技术之一是催化剂。在 SCR 系统中常用的催化剂有：

（1）铂金（Pt）催化剂。不过这种技术主要在低温下应用，因为铂金在高温下对于 NO_x 的选择性较差，以金属为底的 SCR 催化剂有较高的温度反应范围。

（2）V_2O_5 催化剂。这可以在 260℃ 到 450℃ 之间使用。与铂金催化剂相比有较广的反应范围，NO_x 转换效率从 225℃ 开始上升，到 400℃ 最高，之后便开始下降。以 V_2O_5/TiO_2 为催化剂时大约是在 500 ~ 550℃ 进行转换反应，但催化剂也必须有稳定剂来增加高温耐久的能力。目前不管在固定式发动机的或是车辆发动机的处理系统上，使用最广泛的是三氧化钨（WO_3）。

V_2O_5/TiO_2 最高可以到 700℃，在经过 750℃ 的高温耐久后，催化剂会失去活性。

（3）SiO_2/Al_2O_3 催化剂。一般称之为沸石催化剂（Zeolite Catalyst），已经用于固定式柴油发动机上，其工作温度可以高达 600℃。图 2-82 是不同材质的催化剂与反应温度及转化率的关系曲线。

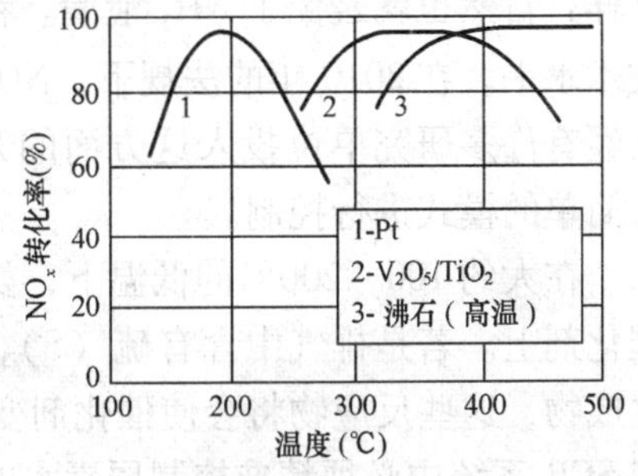

图 2-82　催化剂与转化率

前面已经说到：当 NO 与 NO_2 比例为1:1 时将会有最佳的反应效率，然而发动机排气中所含的 NO_x 中 NO 占90%以上。因此，目前的 SCR 系统中，在其前端布置氧化催化剂，其中一个功能是首先将 NO 转换成为 NO_2，并尽量使 NO 与 NO_2 比例为1:1。这样，在后面的反应中可以增加 NO_x 的转换效率。

因此，如何控制氧化催化剂的反应效率与温度的关系也就直接影响到 NO_x 的反应效率。另外，由图2-81 可以看出：当 NO_2/NO 比例接近1时，选用最佳化的氧化催化剂与 SCR 系统，温度在250～350℃区间会有最高的反应效率，可达到95%以上。

SCR 系统选用钒—钛催化转换器，钒和钛的比例接近1时，在宽广的温度范围内对 NO_x 具有较高的转化率，在550～580℃的高温区，为了获得较高的选择性，建议向钒—钛催化转换器中加入二价铁作为促进剂。

钒—钛催化转换器的优点在于它能促进催化反应，而且不会形成新的 NO_x。更重要的一点是，当汽车尾气中的 NO_x 较少或没有时，氨会被氧化为氮分子。

（二）控制技术

尿素 SCR 系统的关键技术之二是尿素水喷射控制系统。即如何控制尿素水的喷射量和喷射质量是决定尿素 SCR 系统质量优劣的关键因素。

首先，尿素水喷射量直接影响 SCR 系统的反应效率和 NH_3 的逸散问题。

尿素水喷射量不足将导致系统反应效率降低，反之，尿素水喷入过多，则可能导致过多的 NH_3 不参与反应，而直接排入大气，造成二次污染物。

尿素 SCR 系统中尿素水的控制模式有两种：

（1）开环控制。开环控制的控制逻辑是：尿素水定量模块（Dosing Module）接受控制命令将尿素水喷入排气管中与排气进行反应，随即结束，并没有任何反馈信息返回到尿素水控制单元中对下一步控制指令进行修正。这是开环控制的标准方式，最大的好处是设计简单，但是，相对地控制精准度不佳。控制精准度不佳有可能造成排气处理效果不好，但这并不会造成任何危害。另一方面，若是造成尿素水喷入过量，则可能产生氨气泄漏到后端部分，如果不采取措施进行处理（例如，后端布置氧化催化剂），则将造成二次污染。

（2）闭环控制。SCR 系统中，通过快速且实时的 NO_x 与 NH_3 检测，并将检测到的信息反馈到控制单元中去，控制程序对尿素水的喷射量进行修正，然后喷入适量的尿素水。这样，自然也就避免了 NH_3 泄漏。在闭环控制系统中，技术难题是 NO_x 与 NH_3 传感器的技术水平。在2010年的法规下，NO_x 传感器必须有 20×10^{-6}～40×10^{-6}的灵敏度。因此，已经有许多研究单位投入这方面的开发工作，但是，限于技术与成本，目前只是采用较为简单的模式进行控制。

在大约100～200℃的低温下，氨气与氧和水反应生成 NH_4NO_3，这一生成物会沉淀在催化剂上。若是排气中含有硫（S），也有可能反应生成 $(NH_4)_2SO_4$ 或是 NH_4HSO_4 两种生成物，这些反应物将会使催化剂变得污浊，降低催化剂的效率。因此，从这一点考虑，在 SCR 系统中必须精准控制尿素水的喷射量、喷雾质量和喷射率，提高 NO_x 的反应效率与防止过多的氨气泄漏到大气之中，避免二次污染。

SCR系统中的尿素水喷射量最终由发动机管理系统控制。发动机工作过程中进入SCR系统催化转换器的NH_3与NO_x的摩尔比大约等于1。尿素水喷射率由SCR系统的平均温度（由SCR催化转换器前、后2个温度传感器求得）和排气NO_x传感器和发动机的基本参数进行综合控制。

尿素水喷入量必须与NO_x的浓度相匹配，在保证净化NO_x的同时，不能超过一定的剂量。尿素的喷入量过少，则不能达到应有的处理水平；尿素的喷入量过多，则会使多余的氨气排入到大气中去，导致新的污染。所以，必须要有高灵敏度的NO_x浓度传感器以及相应的高精度的尿素喷射装置。

为了选择降低NO_x排放量的最佳方法，必须研究柴油发动机的尾气排放情况，特别是NO_x排放时的温度区间及其浓度。

测试数据表明，大约80%的NO_x是在柴油机最大负荷时排放的，其相应的温度区间为350～550℃。由于尾气经过排气管路会有一定程度的降温，因此催化转换器的工作温度可以限定在250～500℃。

SCR的工作效率取决于气体的温度，如果在200～500℃的温度范围内工作，其效率是85%，实际车辆的操作条件都可以达到这个要求。欧Ⅳ法规要求的转化率是50%，欧Ⅴ法规要求达到70%。所以SCR系统完全能够满足要求。

但是，在发动机冷起动时，排气温度可能低于有效催化反应温度，所以必须安装快速升温装置，以便冷起动时的排气温度尽快达到工作温度。

图2-83是博世公司典型的尿素SCR系统。该系统可用于乘用车，也可用于商用车和大型柴油车。博世SCR系统中最具特色的控制部件DENOXTRONIC（以下简单记为：De-NO_x）如图2-84。

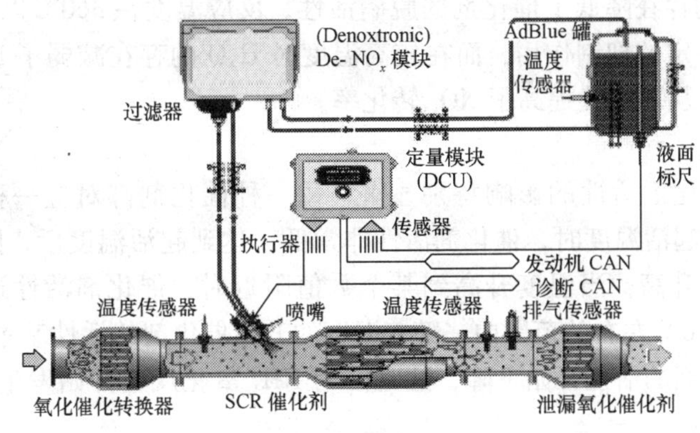

图2-83　博世尿素SCR系统

四、影响SCR的因素

影响SCR系统工作质量的因素很多，整理如下。

（1）NO_2和NO比例

由于快速SCR的反应速率比标准SCR的反应速率快得多，因此增加NO_x中的NO_2的比例可以提高NO_x转化效率。其措施是在尿素水喷嘴上游加装预氧化催化转换器。转化

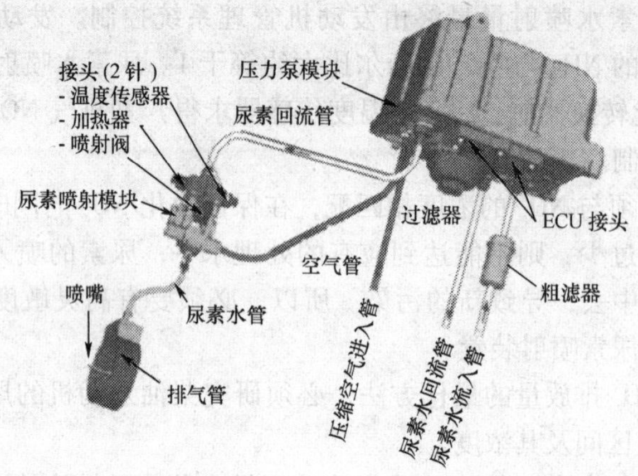

图 2-84　De-NO_x 模块

率提高程度与温度有关，温度低于 200℃时，NO_x 转化效率随 NO_2 比例的增加而线性增加，当 NO 和 NO_2 之比为 1∶1 时，NO_x 的转化效率最高；温度为 300℃左右时，随着 NO_2 比率的增加，NO_x 转化效率只是稍微有所增加；当 NO_2 的量超过 NO 时，NO_x 转化效率受到很大负面影响，因为在这个温度下 NO_2 与 NH_3 发生慢 SCR 反应，速度比较慢。此外，还有可能出现 NH_3 泄漏，造成对环境的二次污染。

（2）H_2O

研究结果表明，对于大多数 SCR 催化剂，低温时 H_2O 的存在将会使催化剂的活性降低，而在较高温度时 H_2O 基本不影响 NO_x 转化率；H_2O 的影响因催化剂不同而不同。

采用 150～550℃的水蒸气对 V_2O_5-WO_3/TiO_2 催化剂的 SCR 活性影响的研究结果表明，低温时 H_2O 的存在降低了催化剂的脱硝活性，反应温度在 360℃以下时 H_2O 对催化剂 SCR 活性具有一定的抑制作用，而在较高温度时 H_2O 的存在减弱了 NH_3 被 O_2 直接氧化为 NO_x 的能力，从而间接提高了 NO_x 转化率。

（3）温度

排气温度对催化剂活性的影响特别显著，每一种催化剂都对应一种活性温度区间。当温度低于催化剂起活温度时，催化剂活性非常低，达到起活温度后，随着温度的升高，催化剂的活性逐步升高，当温度升高到某个数值附近时，催化剂活性迅速升高到峰值。在这一温度之上 200℃左右的范围内，随着温度的升高催化剂的活性基本不变；当温度进一步升高时，催化剂的活性开始下降，这是因为 NH_3 氧化反应开始发生，使 NO_x 转化率下降，反应式如下：

$$4NH_3 + 5O_2 \longrightarrow 4NO + 6H_2O \tag{2-8}$$

$$4NH_3 + 3O_2 \longrightarrow 2N_2 + 6H_2O \tag{2-9}$$

（4）空速

所谓空速就是：Gas Hours Space Velocity（GHSV）。这是催化剂评价的通用参数，是指单位反应体积所能处理的反应混合物的体积流量，空速的倒数为接触时间。反应温度较低时，催化剂活性不高，随着空速增加，气体与催化剂接触时间变短，反应时间变短，NO_x 转化率下降；随着温度的升高，催化剂活性急剧升高，反应所需时间大大缩短，空速的影响减弱，温度升高到一定程度后，空速的大小对转化率的影响变得很小。

（5）尿素

由于氨气来源于尿素，因此喷入排气管中的尿素水的多少和质量直接影响氨气的生成，从而最终影响 NO_x 的转化效率。

随着喷入尿素水量的增加，生成的氨气增多，从而使更多的 NO_x 转化，NO_x 转化效率提高。但是，如果喷入的尿素水过多，则会造成氨气过剩。过多的氨气从排气管排出，对环境造成二次污染。

尿素水的喷射质量与喷嘴位置、喷嘴结构有关。随着喷射点到催化剂入口距离 L 的增加，由于尿素水雾滴与排气相互作用的时间加长，液滴蒸发以及尿素热解更为充分。NH_3 在催化剂载体前端横截面内的平均浓度相应增大，分布也更趋均匀。喷嘴结构型式不影响尿素的热解过程，但是喷嘴孔数较多有利于将液滴分散到更大的范围内，从而使得还原剂在排气中分散得更加均匀。NH_3 分布越均匀，反应越充分，NO_x 转化效率越高。

（6）燃油

与 EGR + DPF 技术方案相比，采用 SCR 技术方案的柴油机对柴油的含硫量不很敏感，但是燃油中硫的含量对 SCR 系统的影响仍然不能忽视。当使用硫含量比较高的柴油时，在发动机排气中含有二氧化硫（SO_2），二氧化硫在催化剂的作用下容易被氧化成三氧化硫（SO_3）。通常在排气温度低于 250℃ 的情况下氨气和 SO_3 容易结合生成硫酸氢氨（NH_4HSO_4）和硫酸氨（$(NH_4)_2SO_4$），如反应式（2-10）和式（2-11）。生成的硫酸氢氨和硫酸氨也会沉积在催化剂表面，减小催化剂的表面积，从而降低 SCR 催化剂的活性，造成催化剂的硫中毒。

所以，燃油品质的提高与 SCR 的广泛使用有着密切的关系。

$$NH_3 + SO_3 + H_2O \rightarrow NH_4HSO_4 \tag{2-10}$$

$$2NH_3 + SO_3 + H_2O \rightarrow (NH_4)_2SO_4 \tag{2-11}$$

（7）DOC（Diesel Oxidation Catalyst）

一般情况下，柴油机的排气中 NO 比较多，为了适当增加 NO_2，在 SCR 系统的前面要配置 DOC。如图 2-85 所示，尿素 SCR 系统带或不带 DOC 的情况下，NO_x 净化率的比较。由图可见：低温范围内，带 DOC 时净化率可以大幅度提高。

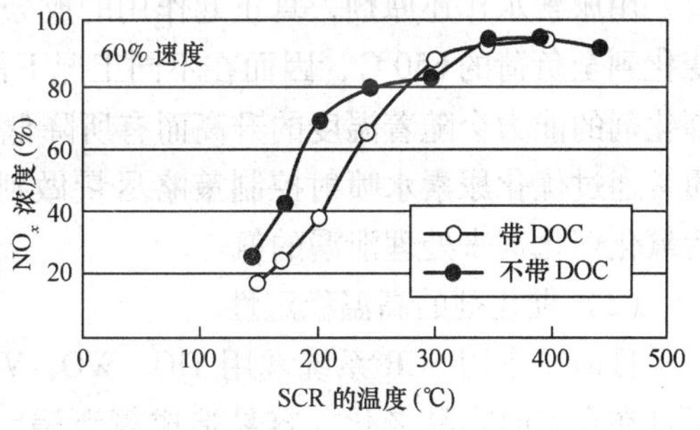

图 2-85　SCR 系统和 DOC

（8）SCR 系统提高燃油经济性

目前有两种技术法案都可以使柴油机满足现在的排放法规：

①改善发动机燃烧，在发动机内部抑制颗粒 PM 生成，然后，通过尿素 SCR 后处理系统将 NO_x 除去；

②通过大剂量的 EGR 降低发动机排气中的 NO_x，然后，通过颗粒过滤器 DPF 将 PM 除去。

就这两种方案对燃油经济性进行比较后发现：燃油经济性和发动机的 NO_x 排放之间

具有很强的制约关系。仅在发动机方面进行工作，如果要降低 NO_x 排放，则随之而产生的后果是燃油经济性恶化。

从汽车本身对燃油经济性进行分析：大剂量 EGR + DPF 方案中，因运行条件，对 DPF 要进行强制性再生。这样，燃油经济性大约会降低3%左右。但是，在尿素 SCR 方案中因为要消耗尿素水，所以必须考虑尿素水的经济成本。这虽然会因行驶条件不同而不同，但是，基本条件是尿素水的用量和价格。尿素水的用量虽然会因为行驶条件不同而相差很大，但是，尿素水的最大用量约为燃油消耗量的5%左右。假如尿素水的价格是燃油的一半，则换算成柴油的当量值燃油消耗大约恶化2.5%。

将上述内容全部考虑进来，对于采用两种不同方案都可以满足排放法规的汽车燃油经济性进行了计算。例如：行驶条件以大型商用车为例，最高行驶速度为90km/h。这时的 DPF 没有必要进行强制再生，可以不考虑因强制再生所需要的燃油消耗。尿素 SCR 系统与大剂量 EGR + DPF 相比较，燃油消耗可以改善6.5%，即使考虑尿素水溶液的消耗量，燃油消耗仍然可以改善4%。如果是在速度比较低的城市中行驶，尿素水溶液的消耗量会更少，但是，DPF 却需要进行强制再生，所以，两者之间的差异会更大，参看图2-86。方案 A：没有考虑尿素水的价格；方案 B：将尿素水的价格考虑进去。

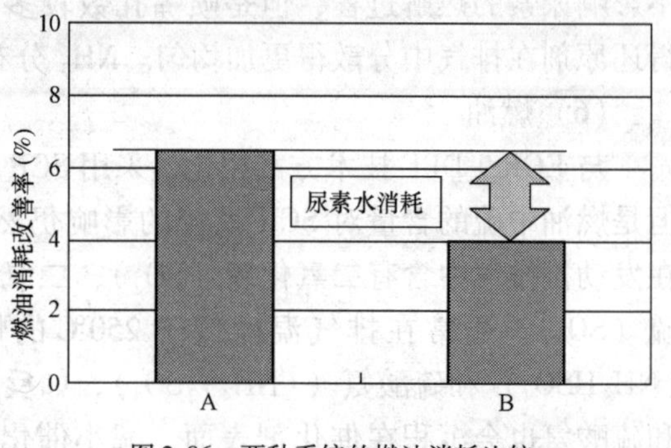

图 2-86　两种系统的燃油消耗比较

五、SCR 存在的问题

（1）氨泄漏

用尿素水作还原剂，真正起作用的成分是 NH_3。车辆的排气温度可能从怠速的100℃变化到全负荷的650℃，因而在不同工况下需要喷射的尿素水量变化很大，而 NH_3 吸附到催化剂的能力会随着温度的升高而有所降低。因为变数较多，这样就很容易造成氨泄漏。通常通过优化尿素水喷射控制策略尽量做到精准控制喷射量，以及在 SCR 催化剂后安装后氧化催化剂来处理泄漏的氨。

（2）催化剂的高温稳定性

目前，车用 SCR 系统常用 TiO_2-WO_3-V_2O_5 作为催化剂。这种催化剂抗硫中毒性好，不过在高温时容易老化，容易造成氨泄漏。所以催化剂的高温稳定性很重要。一般催化剂可以接受的最高温度能达到600℃，一旦超过这个温度，催化剂很容易老化。这可能是由于锐钛矿型的 TiO_2 转化成了金红石型的 TiO_2，活性表面积减少了。

在高负荷时排气温度可能达到700℃，不过这样的工况几率小，即使出现，持续时间也很短。所以，提高催化剂高温稳定性仍然是催化剂发展的一个方向。

（3）尿素“不正常”反应

尿素水溶液喷入排气管后，首先经过热解反应生成氨气和氰酸。氰酸除了在催化剂作用下生成氨气和二氧化碳外，在高温下氰酸会发生缩合反应，即380～400℃时沸腾缩合生成缩二脲、缩三脲和三聚氰酸。这些化合物的“结晶体”会堵塞排气管，影响催化剂的催化效率，使发动机的性能急剧下降。同时由于氰酸发生缩合反应，造成氨气产生量减少。由于尿素水喷射量是对不同工况下原机排放状况以及 NO_x 的转化能力而确定的。但是，尿素“不正常”反应具有不确定性，会引起标定与实际尿素水需求量发生偏差，从而造成 NO_x 转化效率降低或氨气泄漏。

六、关于 SCR 系统的其他问题

(一) 尿素和尿素水

尿素是一种无色、无臭、无害的物质。其特性是保湿性很好，所以在化妆品中也经常使用。尿素的分子式是：$CO(NH_2)_2$，含有两个氨基；

尿素 SCR 系统中使用的尿素水溶液已经不是一种普通的尿素水溶液，而是具有特殊的含义的一种产品。一般称为 AdBlue。

(1) 尿素

形态：无色结晶物

分子量：60.05；化学分子式：NH_2-CO-NH_2；密度（20℃时）：1335kg/m^3；

熔点：132.7℃；可溶性（17℃时）：100g/100gH_2O

(2) 尿素水（AdBlue）基本特性

尿素 SCR 系统中使用的尿素水已经是一个专有名词。AdBlue 已经成为德国汽车工业协会的注册商标。

AdBlue 的由来是“先进（Advanced）”和“蓝天（Blue）”的合成词。所以，奔驰公司干脆将尿素 SCR 技术称为“蓝色技术（Blue Tec）”。有人将喷射尿素水叫做“添蓝”。

尿素水的基本特性参数是：

浓度：32.5 ±0.5%（质量浓度）；

成分：尿素为 32.5%，水为 67.5%；

分解温度：135℃（在熔点以上分解）；

蒸汽压力：1.2×10^{-5}mmHg 柱（25℃）；

溶解性：20℃时，100ml 水中溶解 50g。

凝固点：－11℃。

冻结时的体积膨胀率约 10%。因此，在一个封闭容器内装满了尿素水溶液时，一旦冻结，由于体积膨胀可能导致容器破裂。为了妥善解决冻结问题，一般是在发动机停止运转以后，从装满尿素水溶液的部分排出尿素水溶液，切断系统电源。另外，内部使用的橡胶管等应选用在低温下也能保持弹性的材料。

为了保证即使外界温度下降到冻结温度以下，仍能保证装置工作，将尿素水溶液以及橡胶管接通加热器，使内部结冰的水溶液解冻。但是，如果加热过度，可能导致尿素水溶液浓缩。因此，必须适当控制加热器的温度。

稳定性：在通常的操作中是稳定的。和强烈的氧化剂反应，则可能产生火灾和爆炸。

反应性：和强氧化剂、亚硝酸盐、无机盐化物、亚氯酸盐、过氯酸盐会产生激烈反应。

应当避免的条件：避免加热、和强氧化剂等直接接触。

危险的有害生成物：氨气、氮氧化物。

有害性：该液体对眼睛和皮肤有刺激作用。没有毒性，即使饮入也没有危险，但是如果饮得太多，则可能出现腹痛、呕吐、下痢。长时间、高浓度的液体接触皮肤，则可能引起炎症。作为氮素源，可能会影响湖沼、海域的富营养化。

因为尿素水溶液对金属有腐蚀作用，对于接触尿素水溶液的金属材料应考虑选用防锈、防腐蚀的材料。因为尿素水溶液表面张力和黏度低，所以需要考虑气密性问题。为此，结合面的表面形状和插入件的内外径公差等都是设计师应该考虑的内容。

保存温度	保存期
0℃	∞
10℃	75 年
20℃	11 年
30℃	23 个月
40℃	4 个月
50℃	1 个月
60℃	1周

图 2-87　尿素水保存时间

尿素水的保存时间和温度的关系密切，随着温度升高很容易变质（图 2-87）。

AdBlue 是专门用于降低柴油车 NO_x 排放的一种尿素水溶液。从生产、储存到供应过程中的每一个环节都要满足德国标准：DIN70070 标准。为了保证质量，避免流通过程中产生混乱，欧洲各国都一致承认商标由德国汽车工业协会统一管理。

2007 年 8 月 24 日，日产柴油机工业和德国汽车工业协会就关于“AdBlue”的商标签订了协议。协议规定：日产柴油机工业可以在世界各国使用“AdBlue”商标，大型货车 Okunn 配置尿素 SCR 系统可以在海外市场销售。日本国内的商标权和尿素水基础设施的管理事务也委托给德国汽车工业协会。日产柴油机工业公司作为尿素 SCR 系统的领导型企业，今后在日本、在亚洲将会在 AdBlue 的质量管理、基础设施建设等方面继续承担责任。

（3）尿素水溶液对材料的影响

为了研究尿素水溶液对各种材料的影响，将金属、树脂、橡胶等材料进行了尿素水浸渍试验。举一个例子：将金属试件分别投入尿素水溶液和蒸馏水中，为了促进其加速腐蚀将温度提高到 80℃，浸渍 120 小时以后，对比结果。

金属材料选定了不锈钢（SUS）、铝、铸铁、钢（镀锌）、黄铜和铜等，因为这些材料有可能用于尿素水罐和接头等。在上述条件下测定了腐蚀量。结果如图 2-88 所示。只有铜和黄铜的腐蚀量比较大，其他材料几乎没有什么变化。因此，一般采用完全没有看到任何腐蚀的不锈钢制作尿素水罐。

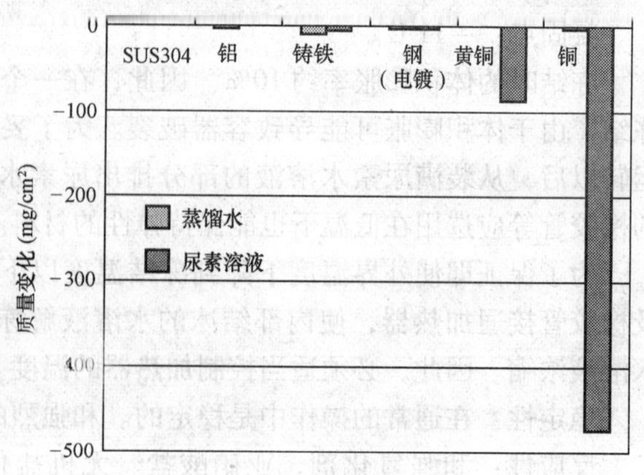

图 2-88　尿素水对各种材料的腐蚀性

（4）AdBlue 的加工

日本三菱化学集团将多年积蓄起来的关于尿素的知识和技术充分活用，为了在汽车领域中谋求扩大市场，积极研究开发。目前已经建成两个生产据点，拥有 AdBlue 年产 33000t 的生成能力。

日本三井公司生产 AdBlue 的原

料——尿素，在大阪的尿素装置于1969年开始生产。现在，三井公司有三个生产点生产高品位的尿素水（AdBlue）。第一个生产点在大阪，年产能力20000t；第二个据点在神奈川，年产能力10000t；第三个据点在福冈，年产能力30000t。这三个生产据点采用相同的工艺技术。在生产现场利用离子交换树脂去除杂质，生产纯净水。然后将粉末状的尿素溶于水中，生产AdBlue。

在技术方面，曾经发生过这样的事情：尿素水中的碳酸盐和杂质产生化学反应，生成的化合物堵塞了喷嘴的小孔。三菱化学公司在尿素水中加入了特殊的添加剂，防止产生碳酸盐等，避免了喷嘴堵塞的问题。开发了一种不纯物抑制技术，并提出了专利申请。

AdBlue的特性标准已于2004年9月成了JASO（日本汽车标准）。为了防止催化剂中毒、因杂质等引起堵塞等现象，应当在非常严格的标准条件下使用。

今后，尿素SCR系统将会成为下一代保护环境的标准系统，在全世界范围内迅速普及。以日产柴油机为首的日本国内的各家柴油汽车生产商都开始使用类似SCR系统以后，日本国内的尿素水年需求量将会达到60万t。

图2-89是三井公司的AdBlue生产流程。

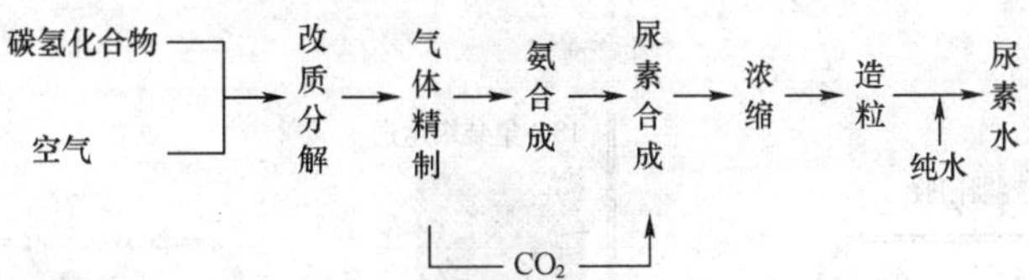

图2-89 AdBlue生产流程

（5）尿素水罐

尿素水溶液储存在一个车载的、容积一般为18.9～113.6L的储罐中（AdBlue储罐）。储罐的尺寸应尽量大，以减少驾驶员添加液体的次数，但同时又要满足车辆底盘布置和质量的限制。

图2-90是生产商提供的柴油货车SCR系统的尿素水溶液储罐。

图2-91是尿素水罐和尿素的照片。尿素水罐的容积：大的容积为1050L，还有200L、20L和10L的。材料、形状、容积、包装等各不相同，用户有很大的选择灵活性。

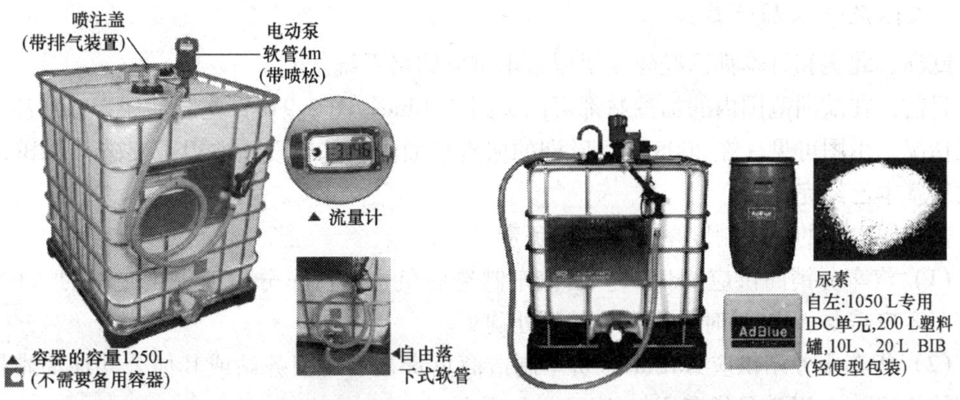

图2-90 货车用尿素水储罐　　图2-91 尿素和尿素水罐

图 2-92 是货车上尿素水罐和柴油箱并列在一起的照片。为了和柴油油箱明显地区别开来，尿素水罐进口的大小和颜色与柴油油箱不同。

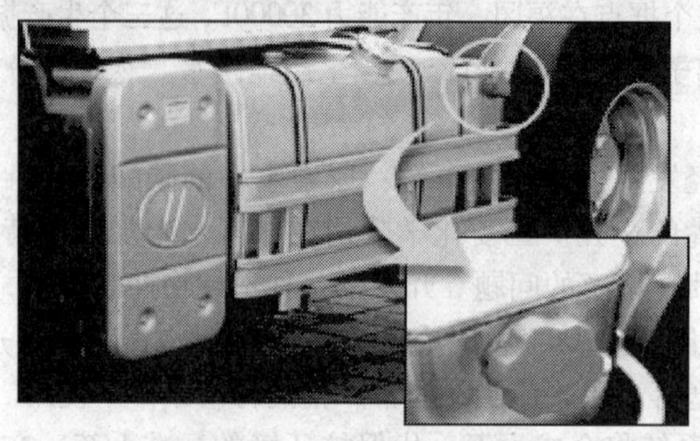

图 2-92　汽车内的尿素水罐

图 2-93 是另一种 AdBlue 配送系统。从生产工厂到储运槽车、储罐—用户—储槽—容器回收等，这种系统可以覆盖一个地区。

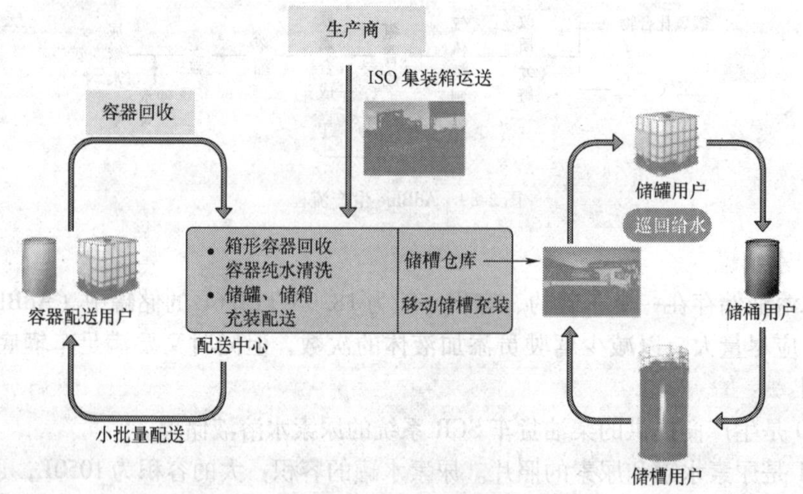

图 2-93　尿素水配送系统

（二）尿素水加注系统

欧洲、北美和日本都已经建成了尿素水供应网络系统。

目前，在欧洲范围内的加油站都可以买到 AdBlue。图 2-94a）是欧洲尿素水加注站的发展情况。由图可见，在 2008 年，欧洲的尿素水加注站基础设施取得了突破，AdBlue 供应网络基本已经完成。

美国尿素水的供应制度是由供应商负责。

（1）汽车分销商供应 AdBlue。由汽车制造商负责向汽车分销商提供足够的 AdBlue。当汽车客户需要 AdBlue 时，可在分销商处购买。

（2）货车服务站供应 AdBlue。货车制造商负责在货车服务站或其他公共加油站提供足够的 AdBlue，以满足货车添加 AdBlue 的需要。

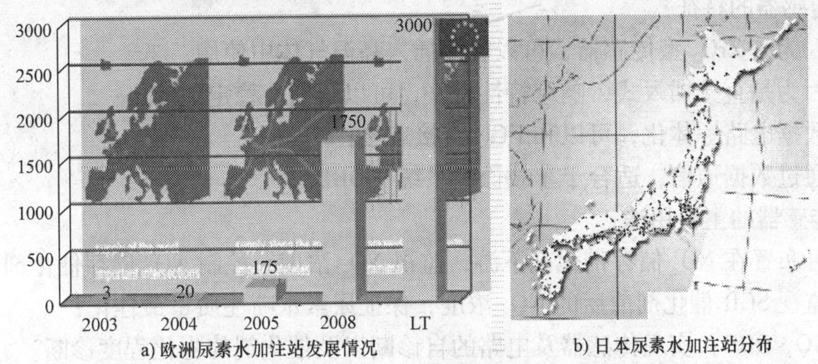

a) 欧洲尿素水加注站发展情况

b) 日本尿素水加注站分布

图 2-94 欧洲和日本的尿素水加注站

（3）应急计划。如：开通全天 24 小时热线电话，制造商保证通过热线电话订购 AdBlue 的价格不能超过汽车分销商供应的价格。

目前，全日本已建成尿素水供应点 3000 多处。

日本伊藤忠公司开始销售尿素水 AdBlue，主要供给方式是供给容积为 $1m^3$ 的容器。然后将注满了尿素水的容器置于小型拖车上（图 2-95），作为移动尿素水供应站。目前，日本的关东地区、关西地区等 5 个地区成为巡回供应地区。在巡回供应不到的地区，用充满了尿素水的 $1m^3$ 的容器进行配送，并和用完了的空容器进行交换。供应区域正在稳步扩大。为了方便用户，他们也有 200L、20L 的小容器供应。

图 2-95 尿素水的移动供应车

图 2-96c）是汽车加油站的照片，在加油机的旁边并列着一台尿素水销售机。由于多家公司生产，所以，尿素水销售机的规格型号已有多种，可供市场选择。

a) 尿素水加注站

b) 5000L尿素水罐

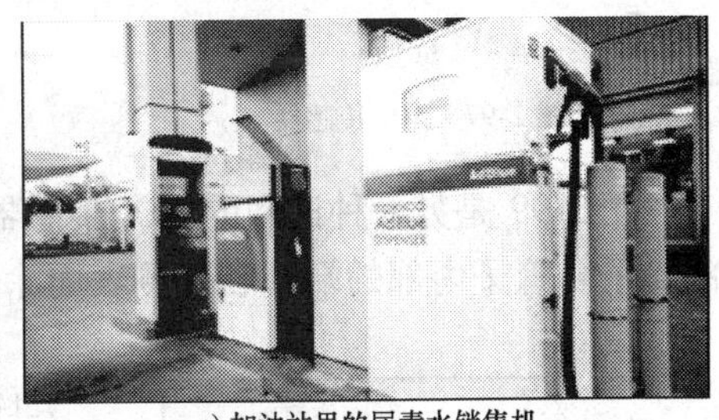

c) 加油站里的尿素水销售机

图 2-96 加油站和尿素水加注站

（三）NO_x 传感器

为了提高尿素 SCR 系统净化 NO_x 的效率，需要对尿素水喷射进行闭环控制。因此，NO_x 传感器是非常重要的。

图 2-97 是一种 NO_x 传感器的照片。应用 ZrO_2 厚膜技术已经开发成功 NO_x 浓度传感器。将传感器安装在排气管上，可以长时间、精度良好地测定排气中 NO_x 的浓度。可以独立工作的传感器控制电路和传感器作成一体而商品化了。

NO_x 传感器的特征：

（1）因为是 ZrO_2 型传感器，可以直接插入高温气体中使用；

（2）因为是直接插入式，响应特性良好，可以长期、稳定地输出；

（3）数据电路一体化，可以和 ECU 直接连接；

（4）通过数据通信，适合于车载诊断系统（OBD）。

NO_x 传感器的主要用途：

（1）可布置在 NO_x 储存催化剂下游，监视 NO_x 浓度，控制 NO_x 储存催化剂的再生；

（2）监视 SCR 催化剂前后的 NO_x 浓度，保证尿素水喷注质量最佳化；

（3）NO_x-OBD：实现传感器及电路的自诊断以及催化剂的劣化程度诊断。

图 2-98 中示出了实测结果和化学发光式（CLD）NO_x 分析仪的结果一致，呈线性特性。

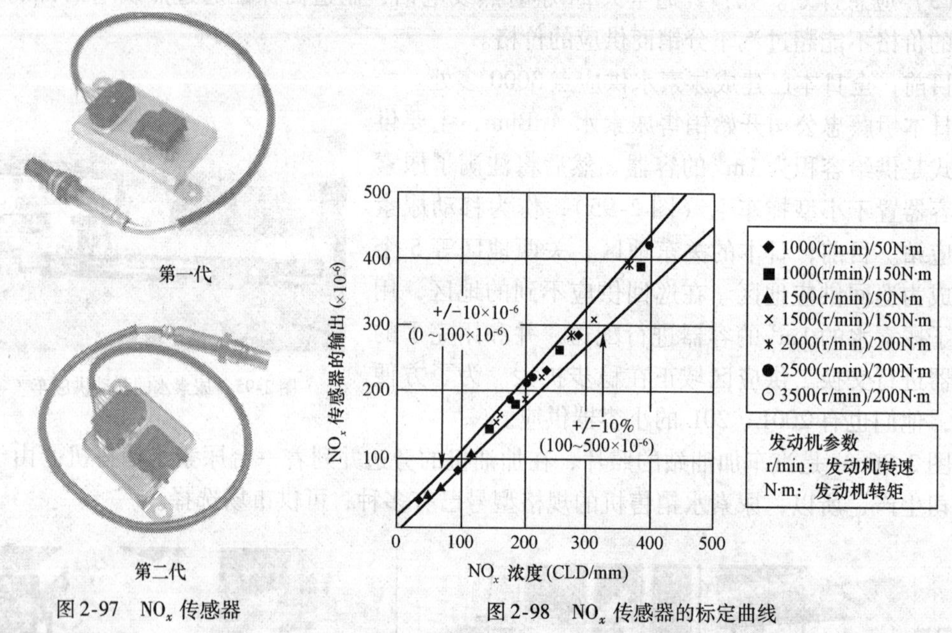

图 2-97　NO_x 传感器

图 2-98　NO_x 传感器的标定曲线

图 2-99 是另一种试制的 NO_x 传感器的示意图。采用一端已经封死了的氧化锆（YSZ）的管子。管子内部的端部和外侧表面涂覆 Pt 的糨糊状涂层，在 1000℃下烧成参考极和对应极。然后，将各种氧化物的粉末和乙基纤维素以 1∶1 的比例混合、调制成糨糊状。并将其在 YSZ 管的端部外侧涂成带状，在 100℃的环境中干燥后，在氧化物层的上面缠绕 Pt 线作为集电极。最后，在空气中 800℃进行热处理做成检测极。

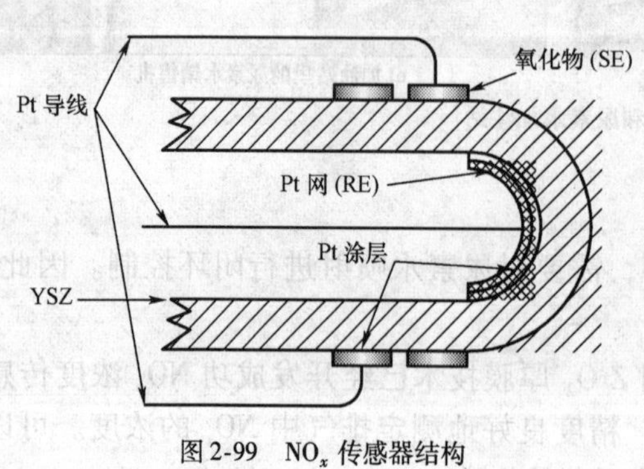

图 2-99　NO_x 传感器结构

日本三井金属公司于 2003 年 9 月开发成功尿素水传感器。该传感器是采用 SCR 系统净化大型柴油车 NO_x 排放，使之满足新的排放法规的不可缺少的传感器。该传感器采用对温度非常敏感的簿芯片，应用该公司2001年实用化了的质量流量传感器而展开的，可以准确检测SCR系统中必要的尿素水溶液。该传感器的开发成功对于SCR系统的推广应用做出了巨大贡献。

（四）AdBlue的消费量

奔驰公司新型柴油乘用车ML320 BLUE TEC配置了尿素SCR系统。尿素水的用量为每100km消耗0.1L。车上配带的尿素水罐的容量为28L。因此，行驶28000km才需要加注一次尿素水。

以上是关于尿素SCR系统的概况介绍。下面分别介绍日本和欧洲两家最具代表性的尿素SCR系统。其实，这两家的水平也就是当代尿素SCR系统的最高水平。

七、日本的尿素SCR系统

NEDO（New Energy and Industrial Technology Development Organization）是日本的一个独立行政法人机构，直属经济产业部，负责新能源和节能技术等开发指导。

为了将尿素SCR系统尽快投入实际应用，必须对安全性等一系列重要课题进行客观评价。对此，NEDO专门成立了一个课题组“高效清洁能源汽车的开发研究”，协调组织日本汽车研究所、五十铃汽车、日野汽车、三菱扶苏等汽车生产商加入、组织攻关。

从研究阶段开始，直到最后对人类的健康评价等，组织参加的各家公司和日本汽车研究所分工合作，各自承担子课题进行研究。倾国家之力，推进了尿素SCR系统的进展。

从开发初期开始的试验项目经过国家相关部门的认证，各个阶段积累起来的经验都是非常有效的。所以，经过很短的研发之后，就将该产品投放市场。

（一）日本NO_x排放法规

大型柴油机全世界每年的总生产量约100万台。其中：欧洲35万台，美国35万台，日本7.5万台。随着地球温室效应日益严重，大型柴油机的排放问题受到人们的关注。

燃油经济性好、动力性能非常出色的大型货车以及客车等车辆都是采用柴油发动机为动力的。另一方面，大型柴油车行驶距离长，活动范围广。日本东京汇集四面八方的物流车辆。因此，大型柴油车辆造成的污染确实让人们头痛。面对当时的严峻形势，日产柴油机决定在大型柴油车上首先采用尿素SCR系统。

尿素SCR系统是具有广泛实用价值的降低NO_x排放、节省燃油、同时可以降低CO_2排放的系统，因而受到极大关注。

日本在1968年制定了“大气污染防止法”和汽油车的排放法规。对于柴油车：1972年制定了黑烟排放基准，1974年制定了一氧化碳、碳氢化合物和氮氧化物排放法规。

近10多年来，越来越严格的排放法规一个又一个地相继出台：1994年短期法规、1998年长期法规、2003年新短期法规、2005年新长期法规，2009年10月正式实施后新长期法规等。

图2-100是日本针对车辆总质量超过3.5吨的柴油货车和公共客车的排放法规值的逐步发展的数据。各对应法规的法规值分别表示在纵坐标上。

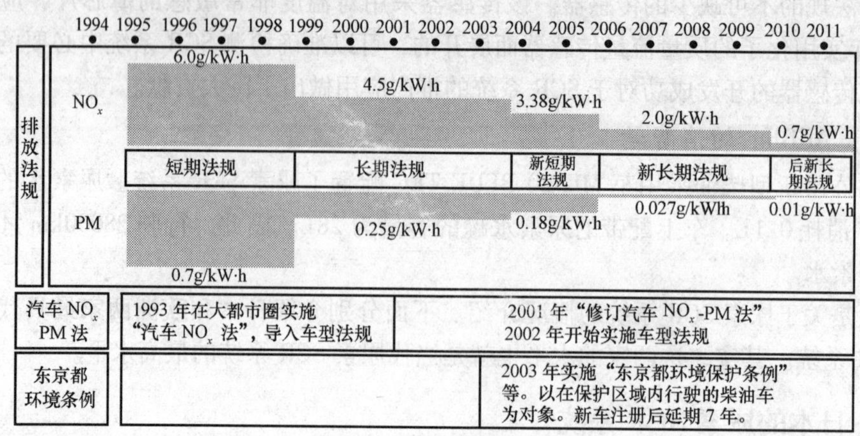

图2-100 日本重型柴油车的排放法规

（二）NEDO的尿素SCR系统

对应新长期法规的技术路线有两条：SCR方式和DPF方式。尿素SCR系统在欧洲已经成为标准，多家汽车生产商已经成功地应用于批量生产的汽车上。

在NEDO项目中，制定了需要使用的尿素水的标准。

适用于大型柴油车的尿素SCR系统已经在日产柴油机生产的大型柴油车上作为标准系统正式使用。

对于2009年10月开始实施的日本后新长期排放法规以及未来更加严格的排放法规，采用尿素SCR系统都是可以满足的。

图2-101是NEDO当时提出的尿素SCR系统的原理图。

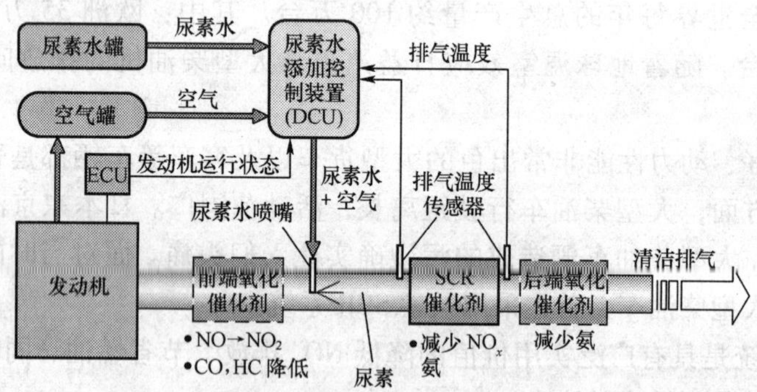

图2-101 NEDO的尿素SCR系统

在NEDO的尿素SCR系统中向排气中喷入尿素水，由于排气的热量使尿素水分解成氨气，在钒或沸石等催化剂的作用下使NO$_x$完成还原反应。

尿素SCR系统作为固定式发动机的脱氮催化剂已经是成熟的技术。但是，用作柴油机排放处理则是以欧洲为中心，在2004年才取得成功的。

采用NO$_x$催化剂可以改善燃烧和改善颗粒排放，其他降低NO$_x$的催化剂，例如所谓NO$_x$储存催化剂，在还原的时候需要喷入过多的燃油以形成还原氛围，当燃油中含有硫分的时候，为了防止催化剂劣化也必须喷入过量的燃油。所以，NO_x 储存催化剂系统中燃油经济性不好。而在尿素 SCR 系统中就没有这些制约，所以，既可以实现既降低 NO_x 排放，又改善燃油经济性，同时可以降低 CO_2 排放，真可谓一举多得。

研发初期，为了评价尿素 SCR 系统的适用性，NEDO 试制了四种不同的系统（表 2-17）。系统 B 仅仅配置了 SCR 一种催化剂；在系统 A 中配置了前端氧化催化剂，C 和 D 中加上了前端和后端氧化催化剂。SCR 催化剂的载体金属如表 7-17 中所列。

NEDO 试制的尿素 SCR 系统的催化剂　　表 2-17

	前端氧化催化剂	SCR 催化剂	后端氧化催化剂
系统 A	（白金系，5.1L）	（钒系，46.4L）	—
系统 B	—	（钒系，30L）	—
系统 C	（白金系，8.5L）	（沸石系，53.4L）	（白金系，7L）
系统 D	（白金系，8.5L）	（钒系，17L）	（白金系，8.5L）

试验结果的性能评价结论如下：

（1）NO_x 净化效果

各个系统都在稳定工况（柴油机 13 模态）和过渡工况下试验，然后评价其 NO_x 净化效果。试验结果整理在表 2-18 中。

四种系统的效率　　表 2-18

系统	NO_x 降低率
系统 A	68.2%
系统 B	70.2%
系统 C	65.1%
系统 D	52.5%

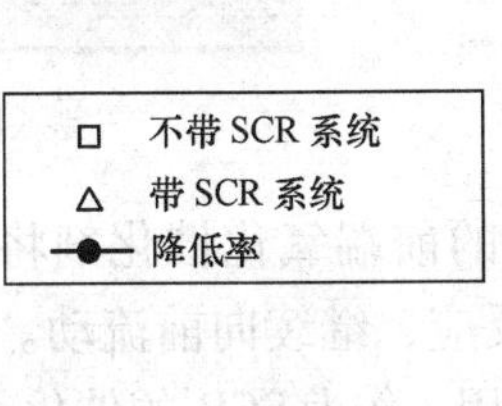

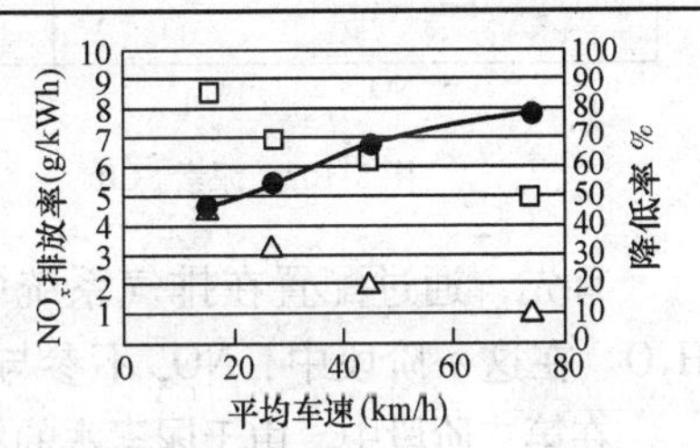

（2）NO_x 净化率：稳定工况下为 52% ~70%；过渡工况下，当平均车速低的时候为 30% ~50%，平均车速高的时候为 52% ~70%。各个系统之间的效率存在差异的原因是：因为系统都是第一次试制，尿素水喷射控制方法等还不尽合理。但是，从试验结果来看，如果进一步进行试制、试验和调整，则尿素 SCR 系统高效地净化 NO_x 的效果是值得期待的。

后来的研究报告证明：这个结论是对的，一般的尿素 SCR 系统的 NO_x 净化率达到 90% 左右。

八、日产 FLENDS 尿素 SCR 系统

日产公司通过超高压喷油实现了降低油耗和 PM；由于颗粒（PM）和氮氧化物（NO_x）之间存在着此消彼长的相互制约关系（Trade-off），即在发动机内采取措施降低颗粒排放，则与之相伴的是氮氧化物会随之增加；反之亦然。如图 2-102 所示。

图 2-102 是日产决定采用 SCR 系统的简单说明图。图中右侧的曲线对应着日本 2004 年的排放法规，左侧的曲线对应日本 2005 年的排放法规（新长期排放法规）。在 2004

年，当时的技术水平还不能满足新长期排放法规。所以，急于寻找到满足新长期法规的方法。

图 2-102 中表明：该过程可以理解为分成两个步骤实现：

（1）首先在发动机内采取技术措施降低颗粒（PM），如图步骤 1，达到 A 点；

（2）然后，再通过尿素 SCR 系统使 NO_x 氧化还原，达到 B 点，净化排气后排入大气。

尿素 SCR 催化剂可使排气中的 NO_x 产生还原反应。所以，为了降低 PM 排放量，在发动机内部即使产生的 NO_x 稍微多一点也没有关系。采取机内措施减少 PM，首先应满足对应的颗粒排放限值。这是采用尿素 SCR 系统的关键一步。

图 2-103 简单、明了地说明尿素 SCR 系统降低 HC、CO 和 NO_x 及最后完全处理掉可能泄漏出来的 NH_3 的工作原理。

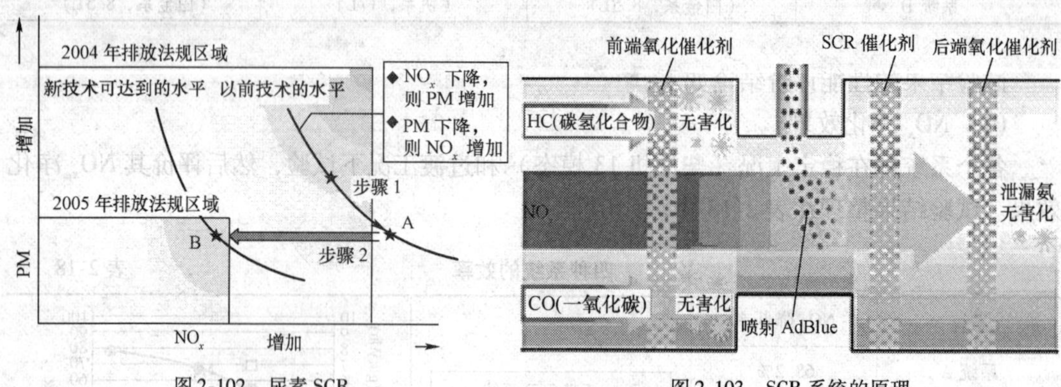

图 2-102　尿素 SCR　　　　图 2-103　SCR 系统的原理

首先，通过配置在排气系统中的前端氧化催化剂将 HC 和 CO 转换成无害的 CO_2 和 H_2O。在这一阶段中，NO_x 不参与反应，继续向前流动。

在第二阶段中，由于尿素水的作用，作为 SCR 的催化剂而进行还原反应。尿素水 AdBlue（$(NH_3)_2CO+H_2O$）和 NO_x 反应，使之变成氨（NH_3）和二氧化碳（CO_2）。

选择性还原催化剂和氮氧化物产生化学反应，使 NO_x 分解成无害的氮气和水，最后排入大气。

图 2-103 右侧还有一道后端氧化催化剂，它的作用是处理可能泄漏的氨气，使之无害化。以免泄漏对大气环境造成二次污染。

整个过程的特征是：无需使用颗粒过滤器（DPF）就可以达到净化排气，并满足日本新长期排放法规要求。本系统可以方便地进一步满足更严格的排放法规的可能性。

FLENDS 已经成功地应用到大型货车 Kuonn 和大型城市观光客车 Space-arrow、线路客车 Soace-runner 等大型柴油车上（图 2-104）。

图 2-104　FLENDS 系列

FLENDS 系统的最大特点是：在 FLENDS 系统中充分实现了同时降低 PM、NO_x 和燃油消耗（也就相当于降低了 CO_2 排放量）。

采用电子控制尿素水添加系统，将尿素水以最适当的喷射量和良好的雾化质量喷入排气流中。

将尿素水喷入催化剂中的新技术，当时日产公司是全世界第一次实用化成功的公司。

图 2-105 中示出了日产的 FLENDS 尿素 SCR 系统的框图。

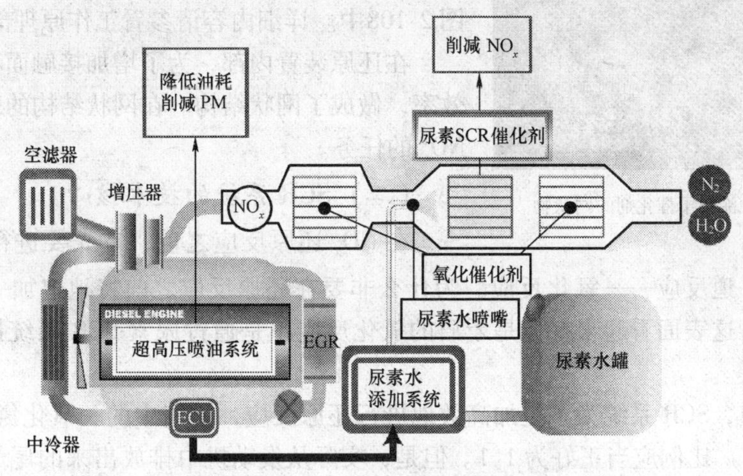

图 2-105 FLENDS 的 SCR 系统

图 2-106 中说明了在 FLENDS 中实现了既不牺牲油耗，而又同时降低了 PM 和 NO_x。

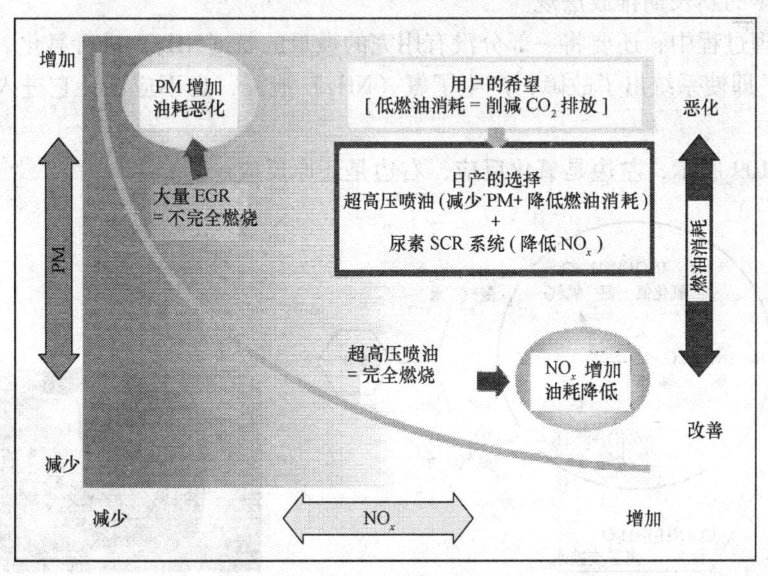

图 2-106 油耗-PM-NO_x 兼优

日产公司和三菱扶苏公司合作，在全日本已经建成了尿素水供给系统，尿素水供应点 3000 多处。汽车驾驶员随时可以通过手机检索到离自己所在位置最近的尿素水添加站。

（一）NO_x 转化机理

在尿素 SCR 系统中，是如何将发动机排放出来的尾气中的 NO_x 变成氮气（N_2）的？

根据发动机的运转条件，计算出发动机排放出的 NO_x 量，据此供给必要的、适量的尿素水。首先，尿素水转化成氨，氨和 NO_x 一边和涂布了催化剂的网状支持体（图 2-107）接触，一边向消声器方向移动。在这个过程中完成还原反应，NO_x 变成了无毒、无害的氮气

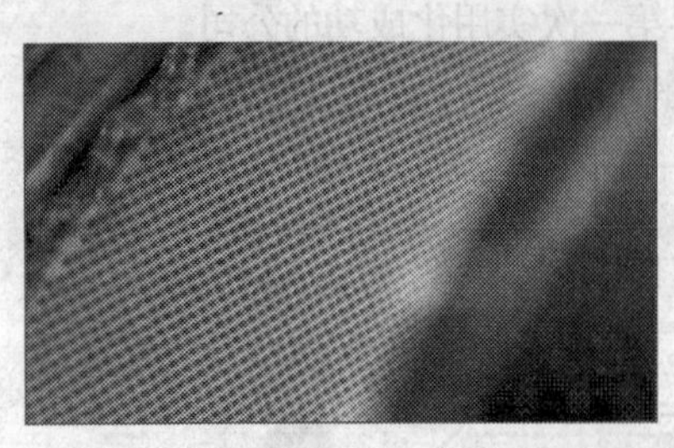

图 2-107　涂布了催化剂的网状物

和水排放到大气中。

该过程的主要化学反应方程式形象地表示在图 2-108 中。详细内容请参看工作原理部分。

在还原装置内部，为了增加接触面积、提高反应效率，做成了网状结构。在网状结构的表面完成除去 NO_x 的任务。

（二）SCR 系统的技术核心

在 NO_x 还原反应之前，首先要进行和还原反应正好相反的一道反应——氧化反应。为什么非要在还原反应之前特地追加一道氧化反应呢？实质上，这表面看起来好像是矛盾的氧化反应正是通过尿素 SCR 系统提高去除 NO_x 的效率的关键。

我们知道，SCR 系统为了更加高效地进行还原反应，排气中的一氧化氮（NO）和二氧化氮（NO_2）比例应当正好为 1∶1。但是，实际从发动机中排放出来的尾气中绝大部分是一氧化氮（NO）。所以，在还原反应之前，加入一道氧化反应，使一部分一氧化氮转换成二氧化氮。正是这一创造性的设想，使得该系统可以满足当时世界上最严格的排放法规——日本的新长期排放法规。

在后处理过程中，还要将一部分没有用完的微量的氨（NH_3）进行氧化，使之转换成氮气（N_2）。即使系统出了故障，产生了氨（NH_3）泄漏，也不应该让它进入大气，造成二次污染。

如图 2-109 所示，左边是氧化反应，右边是还原反应。

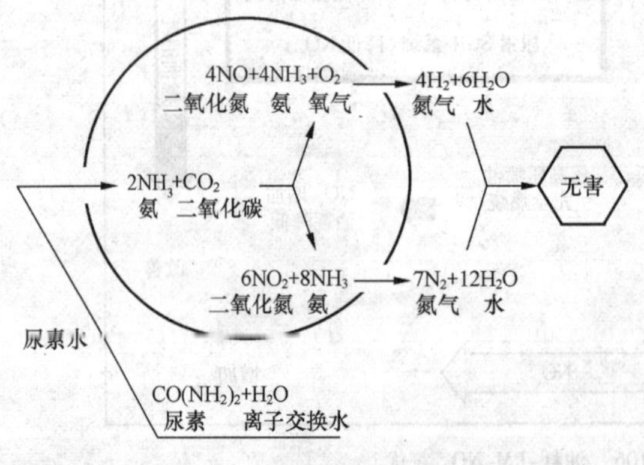

图 2-108　FLENDS 的化学方程式

图 2-109　氧化和还原反应

向世界提供能够满足非常严格的排放法规的产品，这是每一个汽车生产商必然的追求。研究表明，同时兼顾排放和燃油经济性的技术方案就是尿素 SCR 系统。

日产柴油机公司是世界上第一个成功地将尿素 SCR 系统应用于重型货车和客车，并取名为 FLENDS（Final Low Emission New Diesel System），即终极版低排放新型柴油机系统。日产柴油机一再重申：FLENDS 是指配置了高压共轨系统、尿素 SCR 系统的重型货车，而不是单纯的尿素 SCR 系统一项。

日产公司采用的“超高压喷油系统 + 尿素 SCR 系统”具有三方面好处：同时降低了

PM 和 NO_x；降低了燃油消耗；削减了温室气体 CO_2 的排放量。

FLENDS 是世界上第一个采用尿素 SCR 系统的大型货车，是对地球环境和物流领域的巨大贡献。

2004 年 12 月，日产柴油机公司在其生产的货车上配置了 SCR 系统进行销售。三菱扶苏公司的大型货车 SUPER GREAT 则是日本采用 SCR 系统的第二个重型柴油车车型。

日本的汽车生产商在排放后处理方面分成了两大阵营。日产柴油机和三菱扶苏：采用尿素 SCR 系统，而且结成合作伙伴，可以互相利用对方建成的尿素水供应设施。日野和五十铃等：采用颗粒物过滤器（DPF）方案。最新消息表明：一切都在变化中，为了未来更加严格的排放法规，SCR 系统和 DPF 两种技术手段也许是哪一样也不能缺少。

丰田公司则是采用独自开发的 DPNR 系统。

九、博世公司的 SCR 系统

博世公司的 SCR 系统的全称是 SCR catalytic converter，含意是 SCR 催化转换器。博世 SCR 系统的工作原理和前面介绍的尿素 SCR 系统相同。

图 2-110 是博世公司配装于柴油货车上的 SCR 系统。最值得关注的是 DENOXTRONIC 模块。其实际功能是尿素水溶液定量喷射系统，所以也可称之为供给模块。

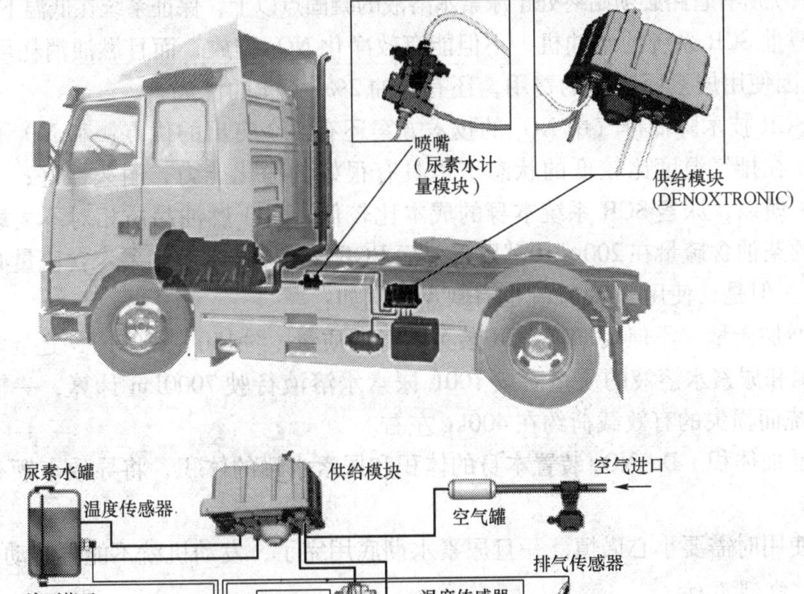

图 2-110 博世公司的尿素 SCR 系统

为了易于表述和说明，将 DENOXTRONIC 模块简单地表述为：De-NO_x。由于有多种产品，所以分别标记为：De-NO_x-1，De-NO_x-2 和 De-NO_x-PC/LP 等。上述代号分别表示：DENOXTRONIC-1（图 2-111）、DENOXTRONIC-2 和 DENOXTRONIC-PC/LD 等。

De-NO_x 模块的主要组成部分如图 2-111 所示，分三部分：

（1）尿素水供给模块；

（2）尿素水喷射模块；

（3）尿素水喷嘴。

De-NO_x 模块的主要功能是：

（1）供给功能。根据发动机的 NO_x 初始排放量向排气流中喷射最合适的流量和质量的尿素水溶液；

（2）诊断功能。随车诊断仪能检测到主要的功能故障，而且，诊断功能始终对系统进行检查；

（3）定量功能；

（4）控制功能。

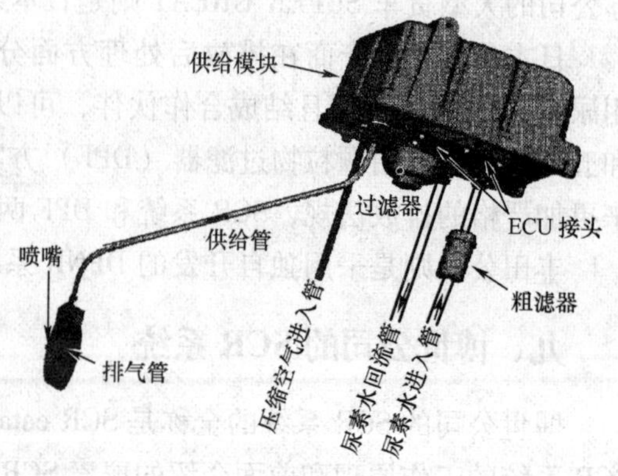

图 2-111　De-NO_x-1（紧凑型）

整个系统所有管路必须始终处于尿素水溶液的凝固点以上，保证系统在低温下正常运行。

采用博世 SCR 系统的柴油机，不但能有效净化 NO_x 排放，而且燃油消耗可降低5% ~ 7%，扣除因使用尿素而增加的费用，还有节油 2% ~3% 的优势。

采用 SCR 技术降低排气中 NO_x 的技术方案还有几个突出的优点：和 NO_x 储存还原催化剂比较，在排气温度比较低的状态下也具有很好的净化能力，耐久性好；不使用白金等贵金属，所以，尿素 SCR 系统本身的成本比较低；对于燃油品质相对不太敏感（欧Ⅳ排放标准的柴油含硫量在 200×10^{-6} 以下，而 EGR + DPF 技术方案要求含硫量必须在 55×10^{-6} 以下）。但是，使用 SCR 系统也有缺点。例如：

（1）增加质量。不但要增加 SCR 装置本身的质量（约 150 ~ 300kg），还要增加一个尿素水溶液罐和尿素水溶液的质量。按 100L 尿素水溶液行驶 7000km 计算，一辆汽车因采用 SCR 系统而损失的有效载荷约在 400kg 左右。

（2）增加体积。De-NO_x 装置本身的体积和尿素水罐的体积，将导致车辆有效可利用空间减少。

（3）使用时需要小心谨慎。一旦尿素水彻底用完了，发动机就不能再起动了。

（一）典型系统

博世典型的尿素 SCR 系统如图 2-112。该尿素 SCR 系统应用范围很广，既可以用于柴油乘用车，也可以用于商用车和大型柴油车。在发展过程中，SCR 系统出现了多种变形，功能原理是一样的，但是，各种类型之间存在着若干差异。

图 2-79 是比较早期的产品，需要利用压缩空气辅助喷射尿素水。

图 2-80 是和颗粒物过滤器 DPF 配合使用的 SCR 系统，而且是专门用于乘用车和轻型商用车的。

图 2-113 所示是博世 SCR 系统在柴油乘用车上的布置。

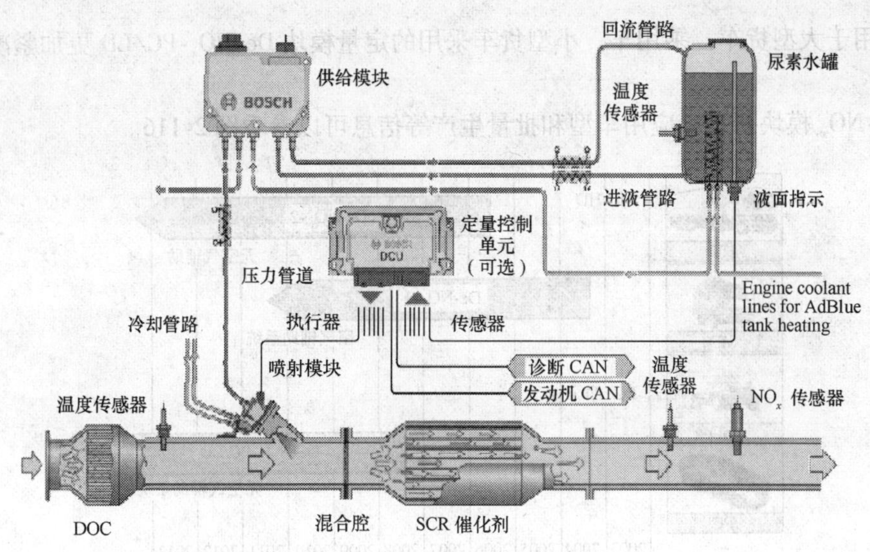

图 2-112 博世 De-NO$_x$ 2.2 系统

（二）供给模块（De-NO$_x$）

De-NO$_x$ 模块是实现净化排气中的 NO$_x$，使柴油车的排放更加洁净的核心部分。博世公司的 De-NO$_x$ 模块是 SCR 转换器中的关键部件。

De-NO$_x$ 模块的发展可分成两个阶段：

De-NO$_x$-1：博世公司 2004 年开始批量生产的第一代 De-NO$_x$ 系统（图 2-114）需要通过压缩空气实现尿素水喷射。ECU 计算处理发动机管理必需的数据和排气系统的数据，也就是闭环反馈系统。

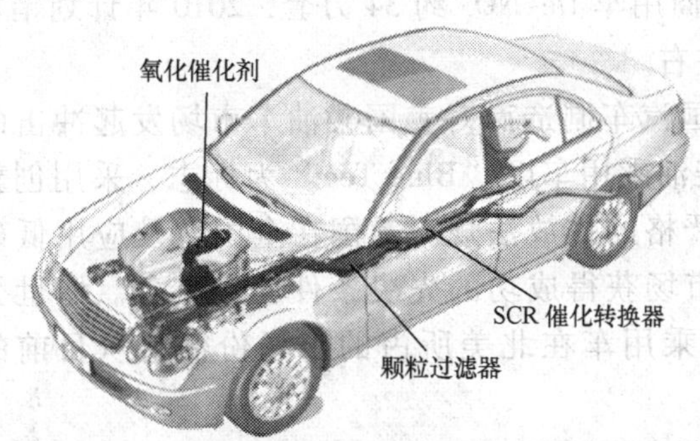

图 2-113 SCR 系统的实际布置

图 2-114 De-NO$_x$ -1

De-NO$_x$-2：2006 年投放市场的第二代 De-NO$_x$ 系统已经不用压缩空气就可以喷射尿素水了（图 2-115）。因此，减少了系统零部件数量，同时简化了在车辆上的装配工作量。

图 2-115 De-NO$_x$ -2

供给模块 De-NO$_x$-1 于 2004 年开始批量生产，并成功应用于柴油商用车。由于是模块化设计，其后，进一步小型化，开发成功 De-NO$_x$-2。从 2006 年开始主要应用于大型货车。乘用车、小型货车采用的定量模块 De-NO_x-PC/LD 更加紧凑、小型化。

De-NO_x 模块研发、应用车型和批量生产等信息可以参看图 2-116。

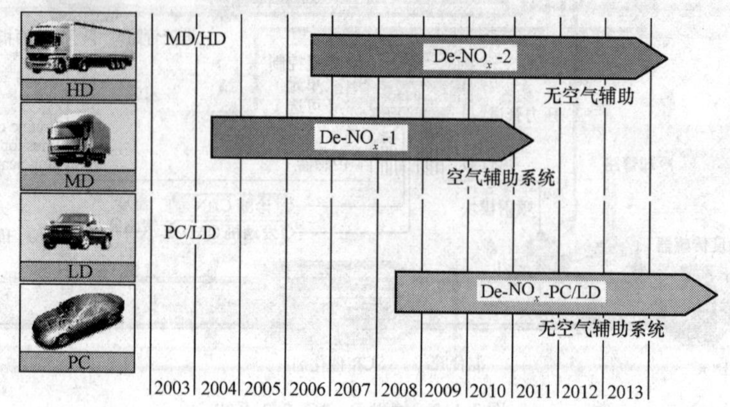

图 2-116　De-NO_x 模块的发展历程

De-NO_x 模块与 SCR 系统共同作用，最高可净化排气中 85% 的 NO_x 排放；与其他满足欧Ⅳ排放标准的方案相比，发动机燃油耗最高可降低 5%。

需要说明一点：NO_x 净化率、降低油耗的数值等在多处出现，数值多少有些差异。仅供参考。这些数据的差异是由于在不同车型、不同工况、不同条件下得到的。不能直接类比。

尿素水溶液喷射控制系统（DENOXTRONIC）曾经获得德国生态地球环境奖（Öko-Globe）。博世公司公开报道：2008 年销售商用车 De-NO_x 约 34 万套，2010 年计划销售 100 万套，2012 年估计可以销售 200 万套左右。

SCR 催化剂与 AdBlue 组合运用是德国汽车制造商对美国柴油车市场发起冲击的主导核心技术。销售到北美市场的现代柴油乘用车以“Blue Tec”为标志，采用创新的排气后处理技术，可以满足美国市场严格的排放法规。美国在全国普及应用低硫柴油，这标志着 Blue Tec 柴油车在北美市场获得成功的先决条件已经具备。博世公司的市场调研显示，至 2016 年，压燃式乘用车在北美所占的市场份额将从目前的 5% 上升至 16%。

博世公司的 De-NO_x 模块可以保证在所有的工况下 AdBlue 的喷射量和发动机以及 SCR 催化剂特性最佳配合。De-NO_x 模块的有效性已经被实践证实。

柴油机排气后处理采用的尿素水溶液喷射装置 De-NO_x 在全美已经登记注册。除去排气中 NO_x 的 De-NO_x 对于满足由 EPA（环保局）和 CARB（加利福尼亚州大气资源委员会）以全美 50 个州为对象的而制定的、世界上最严格的美国排放法规作出了贡献。美国排放法规 TierII Bin5 中 NO_x 的法规值是非常严格的。博世公司提供到美国市场的 De-NO_x 模块最大可以净化排气中 NO_x 的 85%，而且，配用该系统的柴油车辆最大可以降低油耗 3%。美国针对生态汽车设置了优惠税率。对购入生态汽车的用户，根据车辆对环境的贡献程度可以给予一次性 600～1200 欧元的减税奖励。

2008 年末，在美国评选的“年度绿色汽车（Green Car of the Year）”中，大众公司的 Jetta TDI 榜上有名，该车采用了博世公司的共轨系统。

1. PC/LD 用 De-NO_x-2 模块

博世公司不仅提供燃油喷射系统，而且还提供其他零部件。其中，De-NO_x 取得了极大成功。

梅塞德斯－奔驰公司的在全美 50 个州销售 M 级、GL 级和 R 级超低排放的 Blue Tec 柴油乘用车。因为 2009 年全美 50 个州都要实施“TierII Bin5”排放法规。采用 Blue Tec 的柴油车和汽油车几乎具有完全相同的排放。

在商用车中采用 AdBlue 已经非常普遍，在乘用车中采用 AdBlue 开始于 2008 年 7 月。AdBlue 的消耗量约 100km 为 0.1L。因为 AdBlue 和排放有关，所以，行驶应加以限制。在北美市场的要求是：一旦警示灯点亮，则表示 AdBlue 的残余量已到警戒限量了。以后每行驶 10mile 则要计一个数。当计数达到 20 时，发动机就不能起动了。但是，大约在 28 000km之内既不要检查，也不要维护可以放心使用。

日本采用 AdBlue 的清洁柴油车使用同样的规则。马自达是日本在柴油乘用车上采用小型 SCR 系统的第一家汽车生产商，预计在 2009 年下半年在欧洲市场开始销售 Mazda CX-7 型柴油乘用车。当然，该车满足欧Ⅴ排放法规。

由于尿素 SCR 系统需要安装尿素水罐及专用装置，此前主要用于拥有充裕配置空间的大型车。但是，柴油乘用车用 CX-7 型发动机可以净化一部分 NO_x（氮氧化物），减轻后处理作业负担，因此可减少尿素 SCR 系统的尿素水用量。由此缩小了尿素水罐的容积，实现了整个系统的小型化，因而能够配备于乘用车中。

2. 商用车的 De-NO_x 模块

采用 De-NO_x 模块的重型商用车可满足欧Ⅴ排放标准。

定量控制单元（Dosing Control Unit，DCU）与发动机 ECU 联网、并根据发动机的运行参数：工作温度、发动机转速等，对实际需要的 AdBlue 进行精确计算并及时注入排气流中。

3. 大型柴油机的 De-NO_x 模块

博世 De-NO_x 模块主要用于重型商用车。De-NO_x 模块与 SCR 系统配合使用，最高可净化 85% 的 NO_x 排放。

采用 De-NO_x 模块的大型柴油机与采用其他措施满足欧Ⅳ排放标准的发动机相比，燃油消耗最大可以降低 5%。采用 De-NO_x 模块，重型商用车可达到欧Ⅴ排放标准。技术发展过程和商用车系统基本一致。

4. 最新 De-NO_x 模块

博世公司最新推出的 De-NO_x 模块如图 2-117。

（三）De-NO_x-1 详细说明

1. 安装

De-NO_x-1 可以安装在汽车底盘或尿素水罐的外架上。通过按钮式开关可使尿素水溶液和车辆供给的压缩空气连接起来。通过 CAN-Bus 和发动机之间进行通信。

尿素水溶液和压缩空气的混合物通过计量管和喷嘴喷入排气流中。必须保证计量管（Dosing Line）在过渡工况下也应该具有良好的响应特性，最大长度限定为 1.5 米。如果因为结构制约，对于不能达到这个长度的车辆可选用模块化结构（图 2-118）。

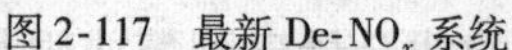

图 2-117　最新 De-NO_x 系统

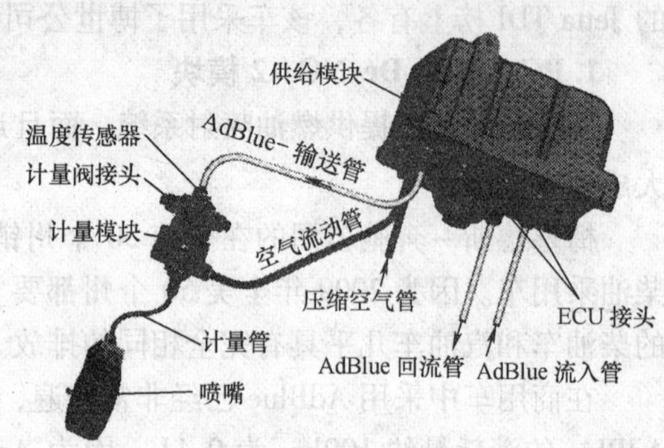

图 2-118　De-NO_x-1（模块化）

模块化结构中压缩空气和尿素水的混合部分和模块本体分开独立进行。为了确保计量管长度的限制、本体和喷嘴之间的长度可以自由设定。定量模块可以安装在汽车底盘或发动机上。不过，现在绝大多数都是采用模块化结构。

2. 主要组成部分

De-NO_x-1 的主要组成部分是：

DCU（Do*sing* Control Unit）——对系统整体进行控制；

尿素水溶液用膜片泵（使用无需维护的无刷电动机）；

尿素水溶液用过滤器（带压力、温度传感器）；

尿素水溶液用喷嘴（喷射阀）；

控制空气压力的控制阀和压力传感器；

尿素水溶液和空气的混合腔；

尿素水溶液用排出阀、汶丘里阀；

防止尿素水溶液在导入管中冻结的加热器，应保证在外界温度很低的条件下仍然可以正常工作。

3. 系统控制电路

图 2-119 是尿素水溶液和压缩空气的控制电路。

从装置外进来的尿素水溶液由膜片泵加压。该加压泵内部装置了安全阀，多余的尿素水返回去。被加压了的尿素水进入过滤器，过滤器的出口装有压力传感器。保证测量压力值和设定压力值一致的条件下控制加压泵的转速。这样，即使过滤器的阻力增大了，也仍能保证尿素水压力一直维持恒定。

在过滤器部分也要装置防冻的加热器。经过加压和过滤的尿素水溶液由电磁泵调节流量。尿素水流量控制是通过改变电磁泵的驱动脉冲宽度进行的。

尿素水目标喷射量是通过计算决定的。计算的方法是：从发动机 ECU 通过 CAN 总线送来的发动机实时工况的信息和安装在催化剂附近的温度传感器的信息计算得出的。根据计算得到的目标尿素水量，按照 MAP 图的数据改变电磁阀驱动脉冲宽度。上述演算和控制都是由 De-NO_x-1 的内部的 DCU（Dosing Control Unit）完成的。

经过调节的尿素水溶液被喷入混合腔内，和压缩空气进行混合。

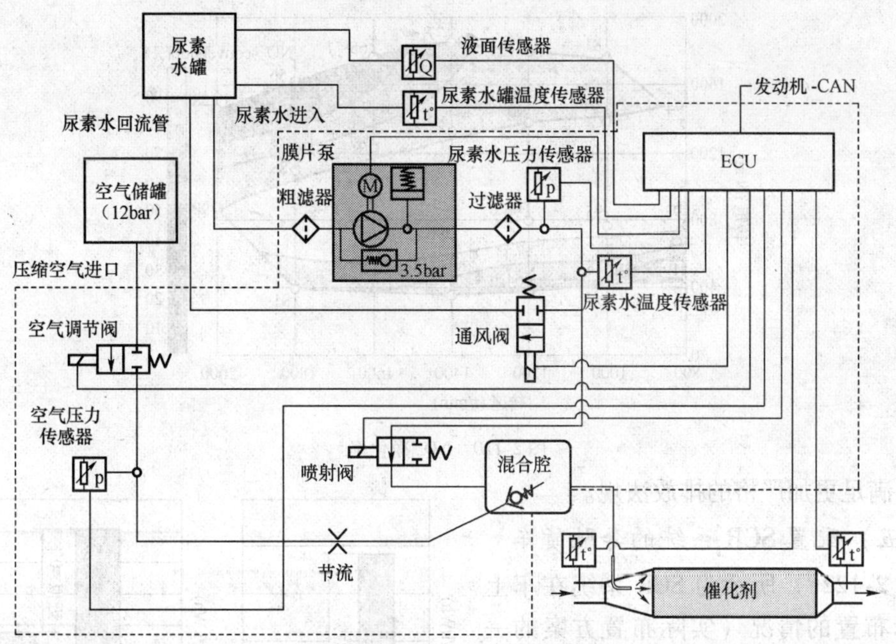

图 2-119　尿素水喷射装置 De-NO_x-1（紧凑型）的工作电路

压缩空气的供给源主要是利用大型货车、客车的压缩空气的一部分。该压缩空气在 De-NO_x-1 内部由电子控制进行调压，通过节流孔，进入混合腔。进入混合腔的压缩空气的进口处设有止回阀，防止尿素水溶液反向流入压缩空气系统。

从混合腔出来的尿素水溶液和压缩空气的混合气通过计量管进入安装在排气管上的喷嘴。尿素水溶液的混合气通过该喷嘴喷入排气流中，在下游的催化剂上和排气中的 NO_x 发生还原反应。

DCU 的基本功能除了上述系统控制功能之外，还具有和 OBD（On Board Diagnose）在线自诊断功能、诊断试验之间的通信功能。

4. 耐久性

对于货车、客车所采用的尿素水喷射装置必须确保高的可靠性和耐久性。因此，博世公司在开发阶段就进行了各种各样的试验。例如：耐久加速试验、环境试验、水喷雾试验、主要部件的耐久振动试验等。通过测量耐久试验等，总共达到累计 100 万 km 以上的耐久试验水平。

（四）带尿素 SCR 系统发动机的 NO_x 净化率

图 2-120 和图 2-121 所示为 12L 商用柴油机在 ESC（European Stationary Cycle）模态下实际试验测量到的 NO_x 净化率和 PM 削减率。

在宽广的运行工况下，NO_x 净化率 >80%，PM 削减率 >40%。

在其他的试验中还证实：氨气的泄漏浓度（平均值）可抑制在 9×10^{-6}以下（在 SCR 催化剂的后面不布置后端氧化催化剂）。

可以相信：随着催化剂进一步改进和尿素水喷射控制进一步提高，尿素 SCR 系统一

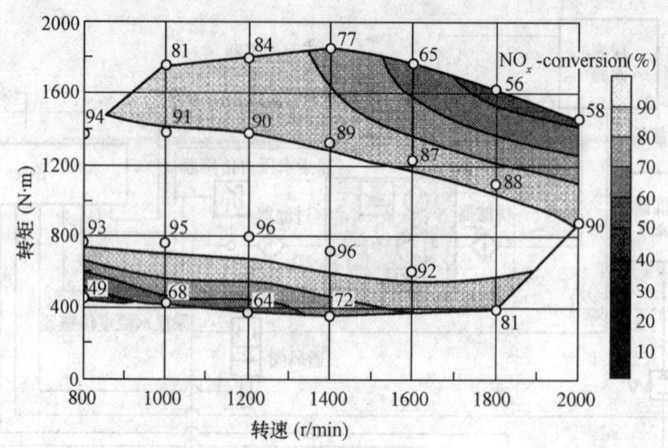

图 2-120　NO$_x$ 净化率

定可以满足更加严格的排放法规。

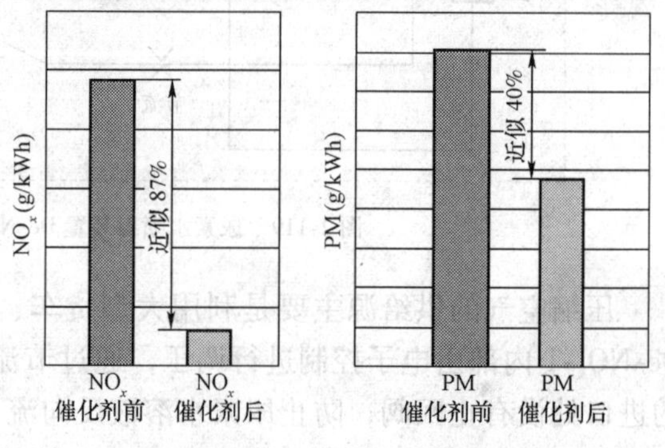

图 2-121　NO$_x$ 和 PM 削减率

（五）配置 SCR 系统的奔驰货车

图 2-122a）所示为 SCR 系统在车上的实际布置的情况（实际布置方案的一种），奔驰应用 Blue Tec 技术货车。2005 年，戴姆勒公司就成功地将先进的高效节油技术 Blue Tec 应用到商用车领域。到 2008 年已有 160 000 辆拥有 Blue Tec 的商用车在欧洲的大街小巷中行驶，其中包括梅赛德斯－奔驰的重型载货汽车。这些车辆中，超过 90% 已经达到欧Ⅴ排放标准。达标时间远远早于排放标准的预期实施时间。

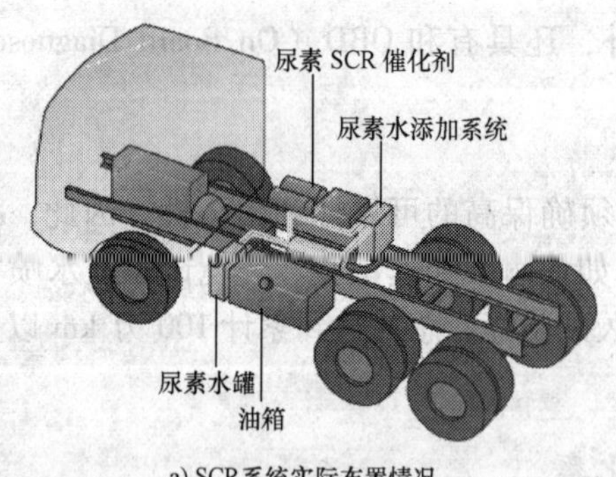

a) SCR系统实际布置情况

b) 应用Blue Tec技术的载货汽车

图 2-122　奔驰的 Blue tech

通过专业研究发现，Blue Tec 之前的技术很难解决的欧Ⅳ和欧Ⅴ排放标准要求达到的颗粒物和 NO$_x$ 排放标准，在 Blue Tec 技术出现之后，使颗粒物的排放量大大降低，欧洲排放标准得以顺利实施。与欧Ⅲ标准相比，Blue Tec 不仅减少了有害物质的排放，同时也提高了动力效果，降低了油耗；不仅保护了环境，也节省了运营成本。

Blue Tec 技术在 2005 年初作为梅赛德斯－奔驰长途运输货车的一项特殊选配，已经成功应用于实际操作。客户可以选择 Blue Tec4 以达到欧Ⅳ标准，或者可以选择 Blue Tec5 以达到欧Ⅴ标准。

（六）尿素 SCR 与排放法规

图 2-123 中表明了尿素 SCR 系统在世界三大排放法规中的地位。这充分说明了尿素 SCR 系统在三大排放法规中是去除 NO_x 不可缺少的重要技术措施，必将在全世界得到更加广泛的应用。

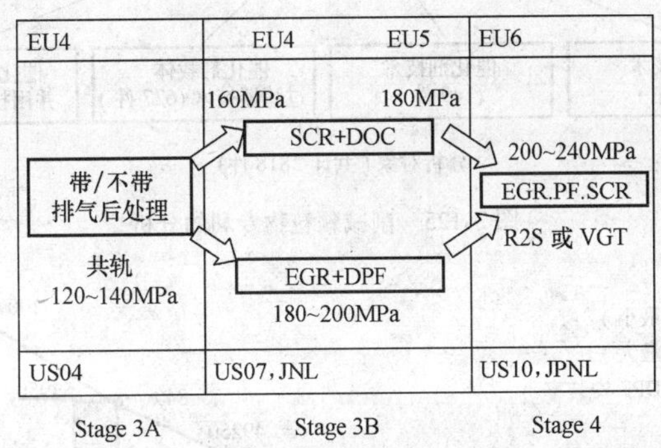

图 2-123 SCR 在三大排放法规中的地位

第六节 柴油机颗粒过滤器

柴油机排气中最重要的有害物质是：氮氧化物（NO_x）和颗粒物（PM）。图 2-124 是当代最典型的排气后处理系统中降低颗粒排放物的堇青石过滤器和碳化硅（SiC）过滤器。过滤器一般写作 DPF（Diesel Particulate Filter）。

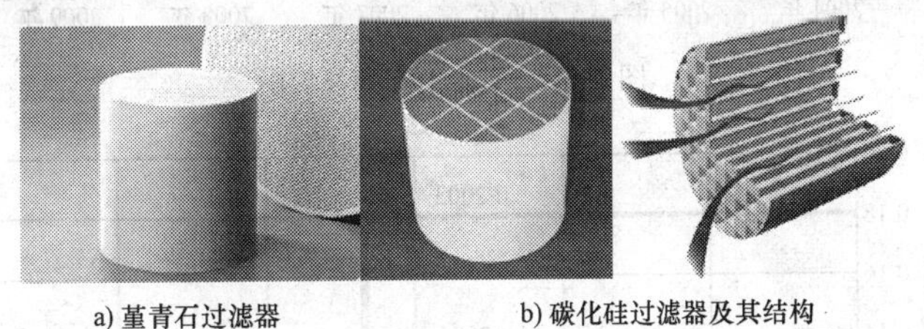

a) 堇青石过滤器　　b) 碳化硅过滤器及其结构

图 2-124 堇青石和碳化硅过滤器及其结构

图 2-125 显示了当代削减排气中颗粒排放的技术潮流。对全世界已经发表的关于削减柴油机颗粒排放的 2818 件专利进行了分类整理。其中：过滤器技术是 1698 件，占总数的 60%。其次是催化剂和过滤器并用技术 344 件，占总数的 12%。可见，颗粒过滤器是削减颗粒物排放的最主要的技术。

图 2-126 所示是日本 DPF 的市场规模的统计和预测。图中显示：2009 年日本 DPF 市场规模达到 634 亿日元/年。

图 2-127 是美日欧排放法规值的演化记录。三大排放法规彼此如同追逐比赛一样，都在向“终极位置”接近。

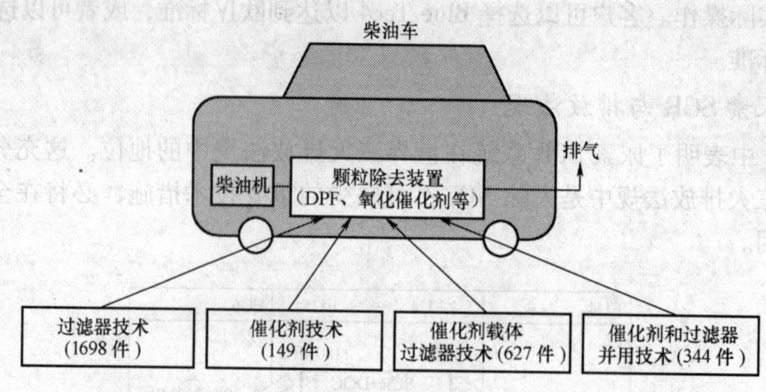

图 2-125 削减颗粒物专利的分析

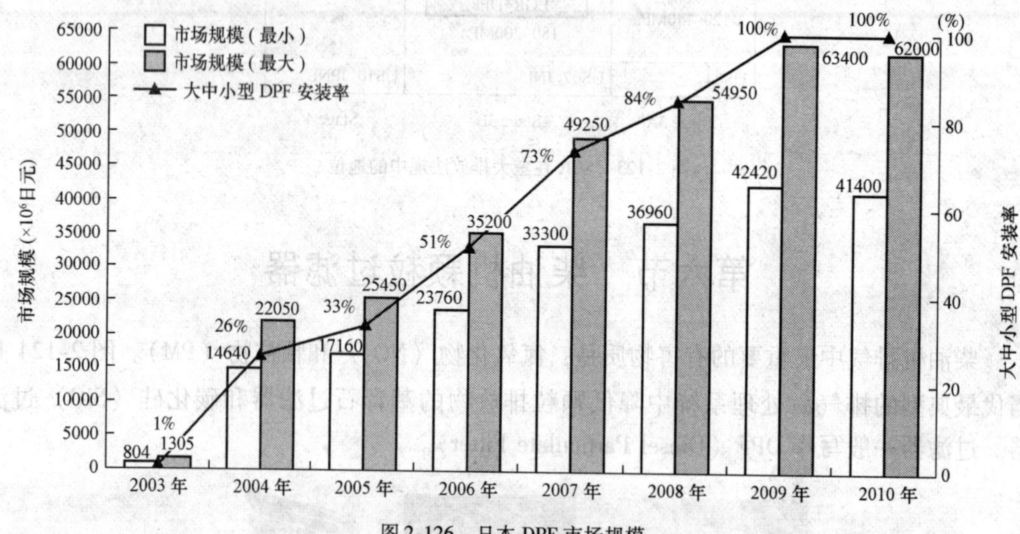

图 2-126 日本 DPF 市场规模

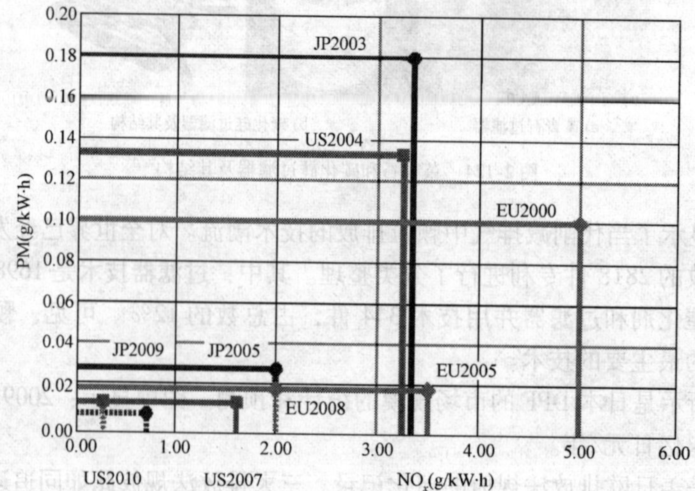

图 2-127 美日欧排放法规值

降低排放的最新技术确实改善了柴油机的排气质量。但是，随着排放法规越来越严格，仅仅通过发动机内部技术措施很难满足越来越严格的排放法规。

研究指出：为了满足欧Ⅴ排放法规，需要安装柴油机颗粒过滤器（DPF）。

另一方面，柴油机排气中的超微粒子对于人类健康的影响也已经成为人们关注的重要课题。例如，柴油机颗粒对于人类肺部健康、哮喘病和儿童呼吸系统都有影响。

柴油机排放的颗粒，从颗粒直径来看，大部分都是粒径为0.1～0.3μm的粒子，从个数浓度来看，大部分都是粒径为0.005～0.05μm的粒子，在质量浓度中，它们所占比例不过为1%～20%，但在粒子个数浓度中，这部分粒子却占到90%以上。

这样的粒径和数量之间的关系可能隐藏着一些新的规则。也许这些微小颗粒对人类健康的影响远比今天知道的要可怕得多。

从地球规模来看，减少CO_2排放是当务之急。其中，推广和普及清洁柴油机是最现实、最有效的措施。为了能够实现接近于零的排放，如果仅仅从发动机本体方面考虑是不可能的，因此，必须采用排放后处理。

自1970年美国颁布Muskie法以来，世界各国都先后开始实施汽车排放法规，而且，法规越来越严格。为了应对严格的排放法规，已经开发了很多种排气后处理装置。

汽车排气后处理装置的划时代的进步在于采用催化转化剂，特别是为了有效发挥催化剂功效而开发的蜂窝状陶瓷功不可没。蜂窝状陶瓷载体的特性见表2-19。

蜂窝状载体的特征 表2-19

	12mil/200cpsi	12mil/300cpsi	6mil/400cpsi
开口率（%）	68.9	62.7	75.0
压力损失比（%）	73	115	100
几何学表面积（cm^2/cm^3）	18.5	21.6	27.3
体积密率（g/cm^3）	0.51	0.62	0.43

一、蜂窝陶瓷

柴油机颗粒物过滤器（DPF）的常用材料是堇青石和碳化硅（SiC）。

堇青石是低热膨胀材料，作为一体化的产品具有耐热冲击性。另外，由于其低热容量，通过与催化剂的结合，虽具有高的PM着火特性，但其耐热性有限。

SiC的导热系数和热容量大，故在大量PM再生时可抑止最高温度。由于热膨胀大，故为了缓和应力，必须在设计上下功夫。两种材料的相同点是都满足DPF壁面材料要求的气孔率和气孔直径分布的优化，这些与PM堆积时的压力损失、催化剂承载性、再生时的升温性、对再生时高温的适应性及机械强度等都有一定关系。

DPF用耐热陶瓷材料制成。一般采用加热的方法烧去捕集到的、滞留在过滤器内部的颗粒物。过滤器可以去除排气中90%以上的颗粒物。

堇青石大型陶瓷过滤器比金属型升温快，用于货车柴油机排气净化。SiC材料比堇青石的耐热性优越，适于乘用车等条件苛刻的场合。

堇青石的比重比SiC轻，升温性好，是一种适于连续再生的材料。对于大型柴油机颗粒物过滤器来说，质量可以轻一些。所以主要用于货车等。

为了减小压力损失，单元结构追求最简化，日本 NGK 公司开发了气孔率高的陶瓷材料，并将其实用化。该公司从 2003 年 4 月开始批量生产 SiC 过滤器，主要供给欧日柴油乘用车生产商。到目前为止，堇青石过滤器已经累计生产 7 亿只以上，随着汽车事业的发展，采用 SiC 材料的 DPF 的用量将会越来越大。

具有代表性的堇青石和碳化硅柴油机颗粒物过滤器主要参数如表 2-20 和表 2-21。

堇青石柴油机颗粒物过滤器主要参数 表 2-20

外形	圆形（最大直径：外径 270mm 外径、内径 10.5mm）
单元结构	5mil/300cpsi 、6mil/400cpsi、8mil/300cpsi

SiC 柴油机颗粒物过滤器主要参数 表 2-21

气孔率	46% ~60%	单元结构	12mil/300cpsi
外形	圆形、椭圆形等		

柴油机排气中 PM 的固体部分单纯依靠蜂窝状结构无法除去，还要求有过滤功能。从形状、功能、装载性和可靠性等综合判断，效果最好的是多孔陶瓷壁流式 DPF。其构造如图 2-128 所示。在蜂窝状陶瓷的入口端和出口端相互交错地用堵头将单元孔堵死。当发动机排气从单元孔的进口端进入以后，必定要从相邻的单元孔中排出，因此排气必定要透过单元孔的多空陶瓷的薄壁。在排气透过薄壁时，蜂窝状结构的壁面像筛子一样，将大于“筛子孔”的颗粒全部挡住。这就是所谓的“过滤器”作用。

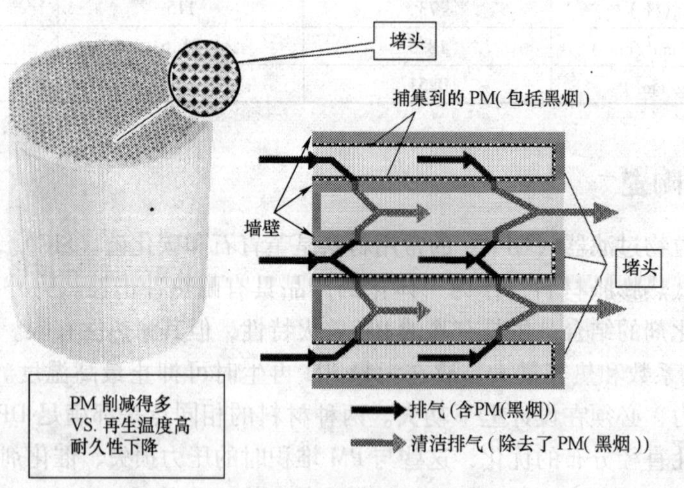

图 2-128 蜂窝壁流式 DPF

对 DPF 的主要要求是能捕集 PM、压力损失小、不因 PM 再次发热而发生破裂或熔化、具有耐热冲击性和耐热性。

选用过滤器材料时应当考虑的特性参数：高的颗粒捕集特性和高透过性，也就是压力损失应当低；

蜂窝壁流式 DPF 的材料是多孔陶瓷材料，除了堇青石和 SiC 之外，还有有很多种，但是各有优点和缺点。蜂窝壁流式 DPF 的材料如表 2-22。

蜂窝壁流式 DPF 的材料 表 2-22

	堇青石	SiC	铝质	莫来石	ZP	Si_3N_4	ALN
高强度	◇	◎	○	○	◇	◎	○
低杨氏模量	◎	◇	◇	◇	◎	◇	◇
低热膨胀	◎	◇	◇	◇	◎	◇	◇
高热传导率	◇	◎	○			○	◎
高耐热性	◇	◎	○	○	○	○	◎
高耐蚀性	○	◎	○	○	○	○	◇
符号说明	◎——优 ○——良 ◇——劣						

过滤器的性能要求稳定。在柴油机排气温度条件下，为了燃烧掉捕集到的颗粒进行再生时所产生的热冲击，高温不会影响产品性能；

过滤器的化学性能要求稳定。特别是在燃烧颗粒、进行再生时产生的高温和热冲击及有堆积起来的燃油残烬（Ash）等都不应影响陶瓷性能。所以，对于 DPF 的材料所要求的特性如图 2-129 所示：高强度，低杨氏模量，低热膨胀，高热传导率，高耐热性，高耐蚀性。

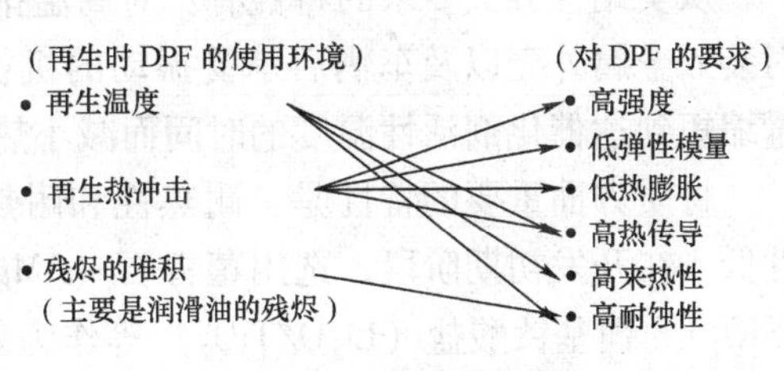

图 2-129 DPF 材料的特性

目前，DPF 材料是汽车零部件中价格不菲的一种。大型柴油机中一般使用堇青石材料，乘用车中使用 SiC 材料。

堇青石的主要特性如表 2-23。

堇青石蜂窝状结构的代表性特性值 表 2-23

项 目		特 性 值
结晶组成		堇青石（$2MgO/2Al_2O_3/5SiO_2$）
热特性	热膨胀系数（10^{-6}/℃）（40～800℃）	<1.0
	比热［J/（g·K）］	0.84
	软化温度（℃）	1 400
	熔点（℃）	1 455
物理特性	孔容积（cm^3/g）	0.2
	气孔率（%）	35
	平均孔直径（μm）	4

续上表

项　目		特性值	
机械特性	压缩破坏强度 /MPa（C、B、A）	A	>8.3
		B	>1.1
		C	>0.1
耐热冲击性	电炉→室温空气（℃）	>650	

今后要继续研究的课题是对 DPF 的体积、直径和长度之比、壁厚和孔密度的选定、蜂窝状陶瓷和 SiC 材料的选择及组合、系统和催化器的组合等进行优化。

二、蜂窝壁流式 DPF

所谓蜂窝壁流式是指结构形状做成蜂窝状的、集合了多个六角形或四角形等特定形状的单元孔的过滤器制品。车用过滤器中，通常是把含贵金属的 γ-氧化铝涂覆在蜂窝状陶瓷各孔的内表面上，从而发挥三效催化器的功能，提高与排气之间的接触效率，尽可能降低排气的流通阻力，抑制发动机输出功率降低，这体现了蜂窝状陶瓷的特性。

从实用性方面要求的特性有：对高温排气的耐高温性、对骤冷和骤热的耐热冲击性、对装入金属外壳以及车辆后承受振动的机械强度、与催化剂的紧贴性、为在冷起动时尽量缩短到达催化剂活性温度的时间而减小热容量（熄火性）等。

材质方面重要的特性是：耐热性和耐热冲击性，在满足高熔点的同时还要求热膨胀性低。在开发初期阶段，选用堇青石（$2MgO/2Al_2O_3/5SiO_5$）、锂基硅酸铝（$Li_2O/Al_2O_3/4SiO_2$）、锂基钛酸盐（Li_2O/TiO_2）等作为候补的热膨胀性低的材料。但是，从耐久性以及结晶的稳定性考虑，还是选用堇青石。现在的车用蜂窝状陶瓷几乎全部是由堇青石材料制成的。为了增强与催化剂的紧贴性，一般采取对材料进行多孔加工的方法。

一般情况下，按照单元孔间的壁厚以及一定单位截面积上的孔的个数（孔密度）来区分蜂窝状结构的构造。惯用的表示方法是：壁厚的表示单位为 mil（1mil 为 1/1000in），密度是在 $1in^2$ 范围内的孔个数（略写为 cpsi）。孔做得越小（增加孔的密度），就越能增加和排气的接触面积（几何学上的表面积），也就增加了机械强度，将单元孔流路的水力直径减小，在压力损失增大的同时热容量也增大。若将单元孔的壁厚变薄，就能降低热容量和压力损失。

1975 年，蜂窝状结构的孔密度是 200cpsi，壁厚是 12mil。1977 年为了提高净化性能，将孔的密度提高到 300cpsi；1980 年下半年又进一步提高了孔的密度，壁厚为 6mil，孔密度为 400cpsi。与以前相比，壁厚减小了一半，几何学上的表面积增加了 26%，体积密度减少了 30%，开口率增加了 20%。

现在，主要使用 6mil、400cpsi 的密度结构。但是，最近更薄的小于 3mil 的超薄壁产品也已实用化，而且这一比例还在增加。

为了适应美国的 Tier2 以及欧洲的欧 V 等排放法规，需要进一步提高排气净化性能，对于载体则要求通过薄壁化改善熄火性及进一步增加孔的数量。考虑到地球环境对油耗的要求，所以要求减少因薄壁化带来的压力损失。通过提高净化性能，减小载体体积以及减少贵金属的使用量都将成为可能。

薄壁蜂窝状结构的孔的壁厚为3mil（75μm），其孔壁与一张纸币的厚度相当，壁厚为2mil的孔壁与一张纸巾的厚度相当，这种超薄壁的蜂窝状结构结合发动机的精密控制以及新型催化剂技术，已经完全可以满足美国的ULEV、SULEV及欧洲的欧Ⅳ排放法规，对净化环境作出了重要贡献。

多孔蜂窝单元（Cell）的所有壁面都是作为过滤器而起作用，所以，过滤器的表面积可以做得很大，压力损失可以做的很小。

三、堇青石DPF

在汽油机排气净化系统中堇青石作为净化载体已经得到了承认。它是一种低热膨胀、耐热冲击性能良好的材料。堇青石DPF已经大量用于工程机械设备中，但是，为了适应新的排放法规还需要进行若干改进。

首先，对材料特性和蜂窝单元的结构进行改进，使之最佳化。图2-130是日本大量生产的、气孔率为54%及60%的堇青石DPF的材料的显微照片和小孔分布。图2-131是气孔率及蜂窝单元结构与压力损失特性的关系。

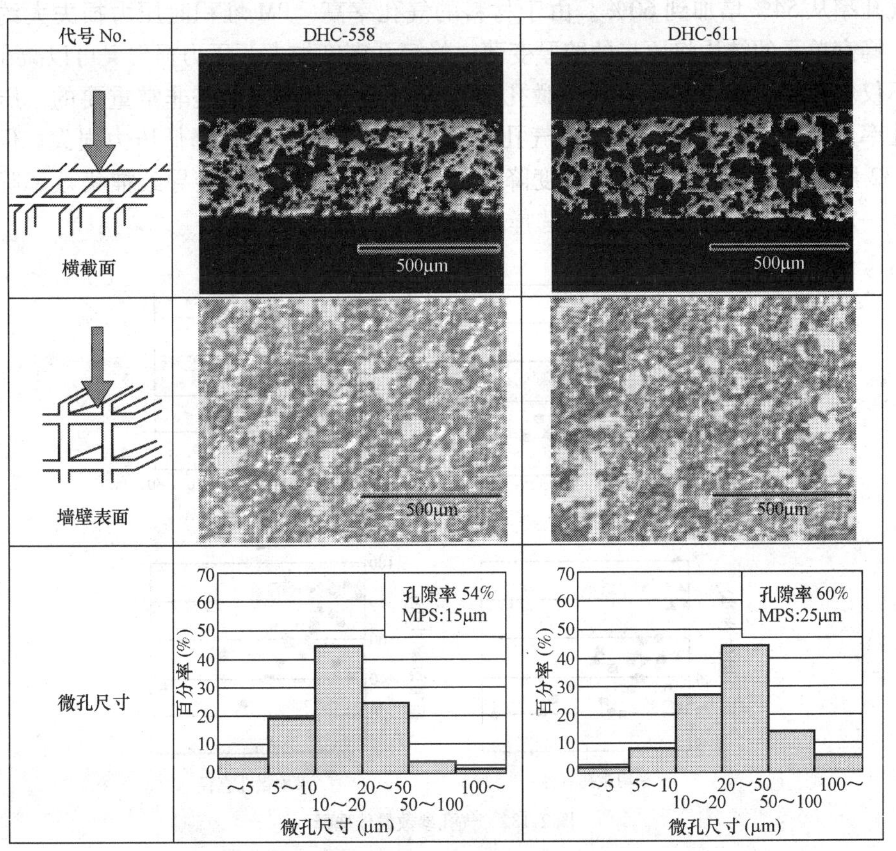

图2-130　堇青石DPF的结构和微孔分布

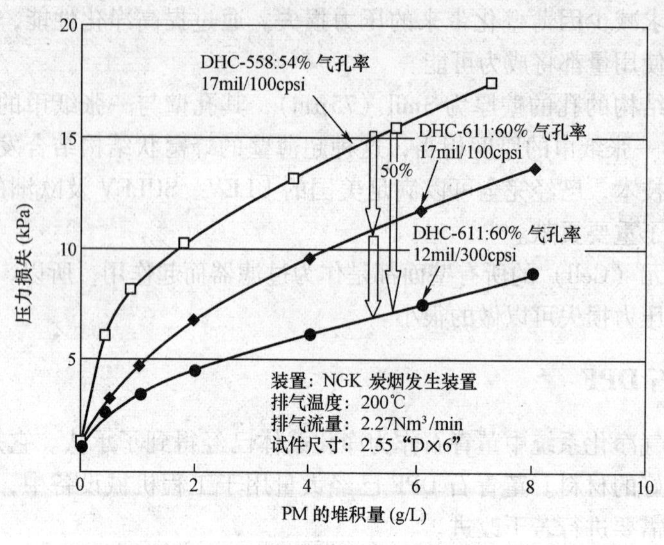

图 2-131　DPF 的压力损失

在图 2-130 中，DHC-588 是传统的大批量生产的材料。DHC-611 是带氧化催化剂的 DPF，2003 年开始批量生产。

气孔率从 54% 增加到 60%。由于材料的气孔率高，PM 堆积时压力损失大约降低了 30%；蜂窝单元的结构将原来的壁厚变薄，蜂窝孔密度加大，压力损失又可以减小 20%。

不仅气孔率，还有气孔直径、微孔分布等对于压力损失也是非常重要的。压力损失和气孔率及平均孔径直接相关，高气孔率和大气孔直径都可以降低压力损失。但是，如图 2-132 所示，高气孔率会导致强度降低，平均微孔直径加大会导致捕集效率降低。因此，在一定的范围内气孔参数最佳选择是关键。

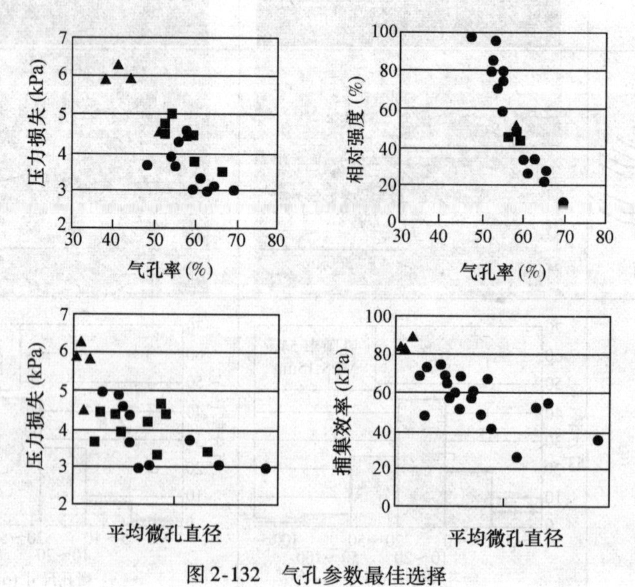

图 2-132　气孔参数最佳选择

堇青石是一种可以灵活地控制气孔率和微孔分布的材料。由于它的低热膨胀特性，所以可以用作大型柴油机的大容量 DPF 的整体式蜂窝结构，成本方面具有优势。

但是，由于热传导率低，容易出现局部过热。所以在采用堇青石 DPF 的系统中必须严格控制温度和残烬的堆积量。

近年来，日本丰田公司公开发表了采用堇青石 DPF 的独特的 DPNR 系统，可以同时去除 PM 和 NO_x 引起了业界的广泛关注。从 2002 年 4 月开始，丰田公司开始在欧洲销售配置了由日本绝缘子公司和电装公司共同生产的带堇青石 DPF 的 DPNR 系统。从 2003 年 10 月开始，配置了 DPNR 系统的汽车进入市场销售。

四、Si-SiC 制 DPF

SiC 是具有非常良好的耐热性、耐蚀性，高强度、高硬度，高热传导率的一种材料。最近，作为 DPF 用的多孔材料重新被人们认识。

SiC 的特征是具有 2500℃以上的分解温度，耐热性优越、化学耐久性出色，适于用作 DPF 的材料。它是非氧化陶瓷，价格比较便宜，这是它能够成为汽车零部件的重要原因。

SiC 的另一个重要特征是：高热膨胀率、高杨氏模量，这正是 DPF 所要求的。但是，它有一个缺点：耐热冲击性不好。所以，在开发 SiC-DPF 的过程中应从设计和材料两个方面注重耐热冲击性的提高。当 DPF 采用 SiC 材料的时候，为了克服这个缺点，开发了 SiC 和 Si 的复合材料 Si 耦合 SiC（Si-SiC）。

Si-SiC 材料的设计思路如图 2-133 所示。作为新材料的特性与再结晶的 SiC 的比较结果如表 2-24 所示。Si-SiC 和再结晶 SiC 的截面微结构（$\Delta t = 600℃$）照片如图 2-134 所示。

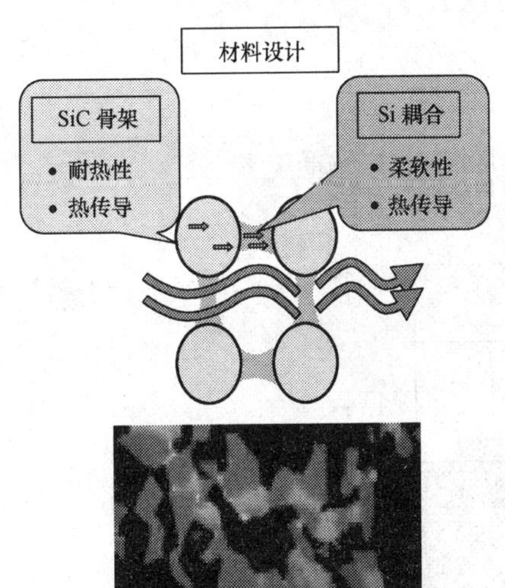

图 2-133　Si-SiC 的材料设计

再结晶 SiC 和 Si－SiC 的性能对比　　表 2-24

材料特性		再结晶 SiC	Si-SiC
气孔特性	气孔率（%）	45	46
	平均孔径（μm）	10	15
热特性	热传导率（W/mK）	50	30
	热膨胀系数（$\times 10^{-6}$/K）	4．3	4．1
机械特性	杨氏弹性率（GPa）	49	20
	弯曲强度（MPa）	50	26
耐蚀性	耐氧化性（%）（1200℃，24 小时的质量增加）	3	3

两种材料通过水中突然冷却、耐热冲击的实验结果如图 2-135 所示。在烧结之前，Si 耦合 SiC 的基本工艺过程和堇青石 DPF 完全相同，包括将原料粉末搅拌混合、蜂窝体成型、干燥、封堵端口、烧结等简单工艺。但是，Si-SiC 的烧结工艺比较特殊，和 1400℃

大气环境中烧成的堇青石不一样，必须和其他 SiC 陶瓷一样，在氩气氛围中烧结。烧成温度与 2200℃以上的再结晶 SiC 相比要低得多，在 1600℃以下就可以了。

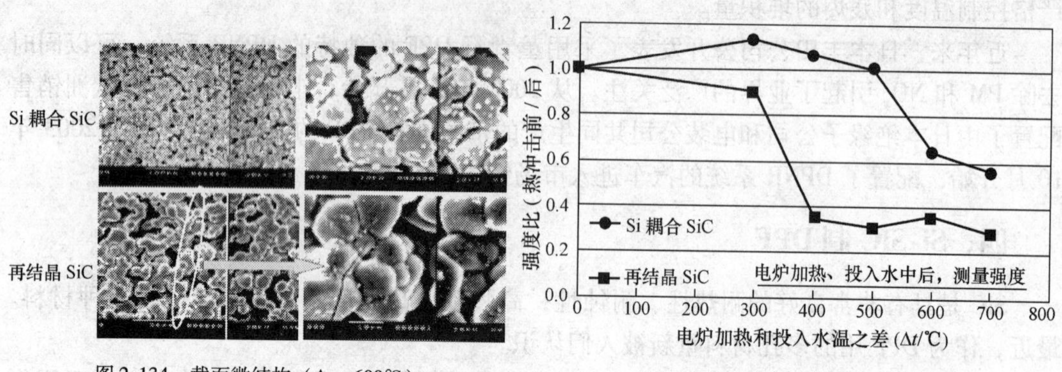

图 2-134　截面微结构（$\Delta t = 600$℃）　　图 2-135　耐热冲击的对比评价

图 2-136 是堇青石和 Si-SiC 的 DPF 的照片。

这两种 DPF 的材料大致分类可以归纳如下：

排量在 5L 以上的柴油机货车等大型车采用堇青石 DPF；

对于乘用车和排量不满 5L 的 SUV 车用柴油机，特别是欧洲的汽车生产商都以采用 SiC 的 DPF 为主。

在图 2-136 中将堇青石和 Si-SiC 的两种材料的优点、缺点进行了归纳。

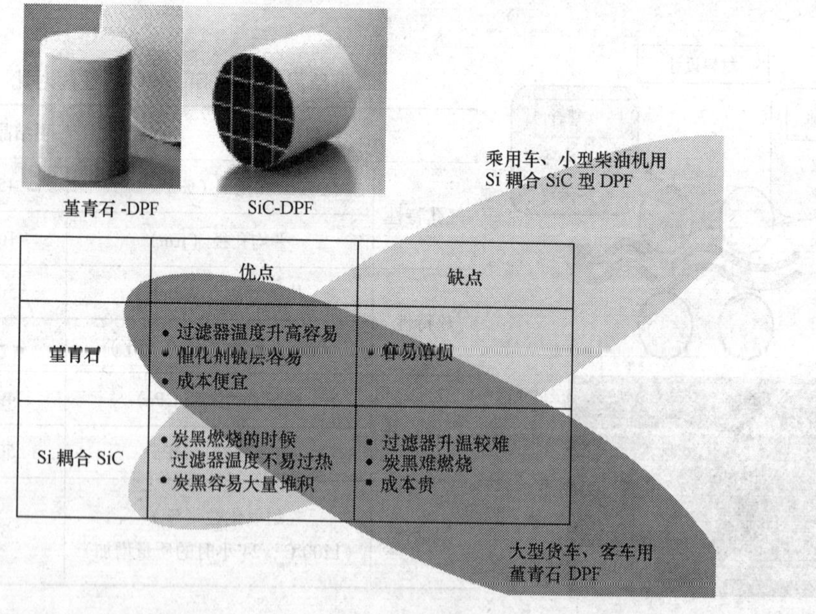

	优点	缺点
堇青石	• 过滤器温度升高容易 • 催化剂镀层容易 • 成本便宜	• 容易熔损
Si 耦合 SiC	• 炭黑燃烧的时候过滤器温度不易过热 • 炭黑容易大量堆积	• 过滤器升温较难 • 炭黑难燃烧 • 成本贵

图 2-136　DPF 的材料

SiC 材料的原料、工艺成本都比较低，堇青石则要贵得多。

为了促进普及，要求成本能够更低，为了能够适应市场急速扩大，需要一套适合于大批量生产的技术。

五、再结晶 SiC-DPF（R-SiC-DPF）

采用 DPF 的柴油机排气净化系统于 2000 年开始实用化，这已经成为处理颗粒排放的里程碑。随后，迅速发展，出现了各种各样的系统。其中，最具代表性的是采用再结晶 SiC（R-SiC，Re-Crystallized Silicon Carbide）的颗粒过滤器，由于它的耐久性特别出色，所以，从 2000 年实际应用以来，一直在不断扩大普及，一枝独秀。这种结构经久耐用，已被市场普遍接受。

1. SiC-DPF 的结构

对 DPF 系统的要求是具有滤除颗粒状物质功能，可以再生功能和保持压力损失低、不妨碍发动机运转的功能等。

（1）关于过滤功能：为了适应欧Ⅳ、欧Ⅴ等越来越严格的排放法规，要求可以将 90% 以上的颗粒状物滤除。对于蜂窝式、交叉堵死端部出口的壁流式过滤器，在初期阶段很容易达到过滤特性的目标值。但是，行驶 20 万 ~ 30 万 km 以后，一般就再也难以继续维持稳定的过滤性能了。

（2）关于再生性能：过滤器的耐用性能对 DPF 来说是非常重要的。过滤捕集到的颗粒物可以通过燃烧、除去而再生。再生时产生的热量在过滤器内部形成温度场。该温度场会产生热冲击，可能导致裂纹，反复的热应力作用有可能促进裂纹扩展。因此，设计时必须考虑到，而且要采取措施使 DPF 经受得起这种不断循环、反复作用的热冲击。

另外，再生时产生的热量，形成高温，会促使基材和涂层催化剂劣化。

虽然炭黑的堆积量相同，在燃烧的时候，由于过滤器的热容量、热传导率的关系，过滤器达到的最高温度及达到最高温度的梯度是不同的。

（3）关于保持低的压力损失的功能：DPF 由于滤除颗粒 PM，随着时间的推移压力损失也会随之上升。通常的情况下，捕集了 PM 时的压力损失是没有捕集时的 6 ~ 8 倍。正是由于这一种变化，使 DPF 的设计变得复杂化。因为通过 PM 层的阻力与 PM 层的气孔结构有关，这与发动机的运行状态、PM 的再生率以及局部燃烧的程度等也有关系。更有一点值得注意：在 PM 中由于含有润滑油和燃料添加剂的金属成分等，由它们形成了残烬（燃烧后剩下的部分）。对于残烬的控制，或叫做残烬的耐久性，对于 DPF 设计来说是一个重要的设计因素。因为在一般的情况下，对于残烬的具体情况是弄不清楚的。残烬残留在过滤器内，占据了过滤器的容积。因此，过滤器的过滤面积减小了，所以，压力损失随着行驶距离的增加而不断上升。这种现象在 PM 完全燃烧掉以后还会存在，是一个非常令人头痛的问题；还有，残烬究竟存留在 DPF 的哪一部分也是需要关注的，因为不同的部位对压力损失的影响不同，如果滞留在过滤器的表面，那就更加严重了。在一般的过滤器容积下，是不能够覆盖柴油机的服务周期的全部的。中途需要更换过滤器。在欧洲，已经成立了 DPF 过滤器的清洗网络系统。第一代 SiC-DPF 在大约行驶 8 万 km 以后更换一次。取下来的 DPF 经过清洗、X 光拍照和超声波检查。检查裂纹和其他损伤情况。如果检查证明是完好无损的，就重新返回市场再用。能够经受得了这样的重新回用的特性可以认为是它的耐用特性之一，显示了 SiC-DPF 的优越特性。

2. 多孔质体形成方法

采用 SiC 形成多孔质体的方法有多种。其中最有代表性的方法是：再结晶 SiC（R-

SiC）和Si耦合-SiC（Si-SiC）两种。图2-137中说明了再结晶SiC的烧结技术。所谓再结晶SiC就是将SiC升温到2000℃附近，在非活性的氛围中，作为原料的SiC粒子之间由于相互扩散形成链接键，剩下来的粒子之间的空间成为气泡。因此，SiC粒子的大小、烧结方法、烧结助剂（B、Al_2O_3等），通过适当选取造孔材料，则气孔直径、气孔率、气孔分布、烧结温度等都可以在宽广的范围内控制，这是最重要的特点。DPF的基本特性、流动特性（过滤、捕集效率和压力损失）以及催化剂涂层的均一性等都能和系统相配，有可能实现最佳设计和批量生产。

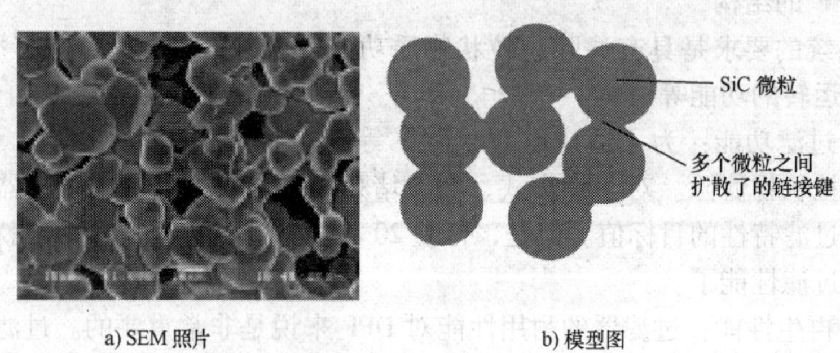

a) SEM 照片　　b) 模型图

图2-137　再结晶SiC烧结技术

从陶瓷的角度来看，所谓再结晶是指结晶质或大部分是结晶质的固体中，原子向稳定的位置移动时产生的微结构变化。对此，应用再结晶一词。换一句话说，在固体状态下的相变、烧结、粒子成长以及析出及固溶体的分离等现象皆可称为再结晶。

在图2-138中说明了R-SiC的气孔分布。由此可以知道：因微孔直径会导致气孔分布不同，因气孔率会导致微孔容量变化等。近年来，可以生产60%～70%的所谓超高气孔率的R-SiC-DPF。

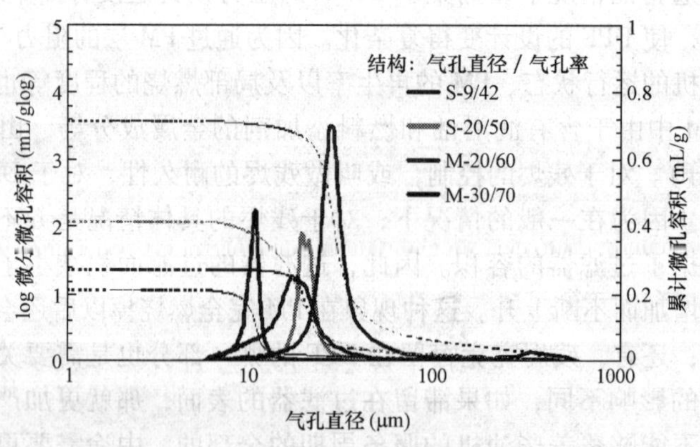

图2-138　气孔结构和SiC的微孔分布

3. R-SiC的优点和缺点

R-SiC材质的优点和缺点可以归纳如下。

组成成分：95%以上是由R-SiC构成；

特点：高热传导率、高强度、化学性能稳定、耐热性、耐高温疲劳性；

缺点：线膨胀系数大。显示陶瓷特有的脆性断裂，一旦超过临界值，就会发生粒子内部裂纹扩展，引起强度下降。

R-SiC 的特点很多。首先值得提出的是高热传导率。采用电热器等进行局部加热时，从前面开始局部加热，形成高温部分，使 PM 着火，由于火焰的燃烧传播而完成再生。因此，热传导率低的材料的再生时间短。但是，在现在成为主流的所谓后喷油再生方式中，高温的大流量的排气流会冲过来。因此，温度上升，气体热流通过墙壁的时候就会产生从气体向过滤器多孔材质传导。

由公式（2-12）可知，过滤器温度的升高只取决于气体所带有的热量、过滤器的比热和质量。

$$\Delta T = \frac{Q_{in} - Q_{out}}{C_p \cdot W} \tag{2-12}$$

式中：ΔT——过滤器的温升，K；

Q_{in}——过滤器上游的气体热量，J；

Q_{out}——过滤器下游的气体热量，J；

C_p——过滤器的比热，J/（kg·K）；

W——过滤器的质量，kg。

因此，为了降低 PM 再生过程中的最高温度和局部热点的影响，热传导率越高越好。特别是带有催化剂涂层的情况下能够决定安全再生的 PM 量的不是裂纹，大多数情况下是催化剂的许容温度。因此，如果堆积了同样多的 PM，温度难以升高的特性是非常重要的。所幸的是，R-SiC 正好具有这种特性。而且，高强度、化学性能稳定、耐高温疲劳特性优越等 SiC 的材料特性使 R-SiC-DPF 在很长的时间内能够充分发挥它的特性，故可以实现经久耐用。

但是，R-SiC 也有缺点。那就是脆性（共价高的陶瓷特有的破坏模式），热应力超过极限，就会产生破坏，裂纹扩展，导致急剧的强度下降，不像金属材料那样，因为它没有韧性。

4. 长方体分割结构

长方体分割结构是可以充分利用上述 SiC 特性，并克服了上述缺点而开发的一种结构，主要特点如下：

（1）将 SiC 过滤器分成几个小的部分，用陶瓷光纤强化了的特殊黏结材料做成具有弹性的结构；

（2）黏结材料是用陶瓷光纤强化了热传导材料、无机黏结材料的合成材料；

（3）当长方体过滤器内部的应力超过允许极限的时候，虽然也会生产裂纹，因为抑制了相对于和圆柱轴线成直角的圆柱截面内的连通，难以形成致命的裂纹连贯（和圆柱轴线方向成直角的断裂破坏模态）。

图 2-139 中示出了长方体分割结构。R-SiC 过滤器采用长为 34.3mm 的长方体制成。黏结剂厚度大约 1mm。长方体只是作为独立的过滤器的元件，为了可以提供各种形状和大小的过滤器，只要用黏结材料将几组长方体黏结起来就可以了。采用和内部不同的材料形成外周壁，可以做成所有尺寸的过滤器。

图 2-139　长方体过滤器

这样，长方体过滤器和黏结剂的功能分开，各自承担自身的功能。分别记述如下：

（1）长方体过滤器的功能：

滤除颗粒物；提供燃烧颗粒 PM 的存储场所，可以经受得住燃烧再生的热作用；蜂窝结构可以提供足够大的过滤面积，由于过滤 PM 层的厚度变薄了，压力损失很低。

（2）黏结剂的功能

由于弹性支撑长方体过滤器，可以减轻相邻的长方体之间的应力传递；相邻的长方体之间可以有效地传递热量，减轻了热冲击；PM 不在长方体之间通过，没有间隙填埋，黏结剂本身可以承受热冲击。

由上述可以理解，长方体本身已经承担了过滤器的作用，黏结剂并不是仅仅构成过滤器的形状，而是可以保证过滤器经久耐用。这些都是设计的本来目标。

5. DPF 设计和 R-SiC-DPF 的功能

图 2-140 所示是过滤壁的结构。由多孔材质制成。根据用途、要求的功能设计气孔结构。该 DPF 用于燃料添加剂系统。

图 2-141 所示为长方体过滤器中捕集颗粒物 PM 的说明。由图可见，PM 是在一边均匀地过滤堆积，一边被捕集的。入口单元和出口单元用单元壁隔开，气体被 100% 过滤。

图 2-142 的参数：壁厚：0.4 ±0.03mm；单元节距：1.89mm；单元密度：178cpsi 上述都是设计值，而不是保证值。

为了观察堆积了的颗粒物 PM，图 2-142 是横截面的放大照片。这种类型的气孔结构中的过滤形态（PM 完全没有浸入到 SiC 的壁内），一般称之为表面过滤（相对的还有深层过滤）。

图 2-140　过滤壁的结构

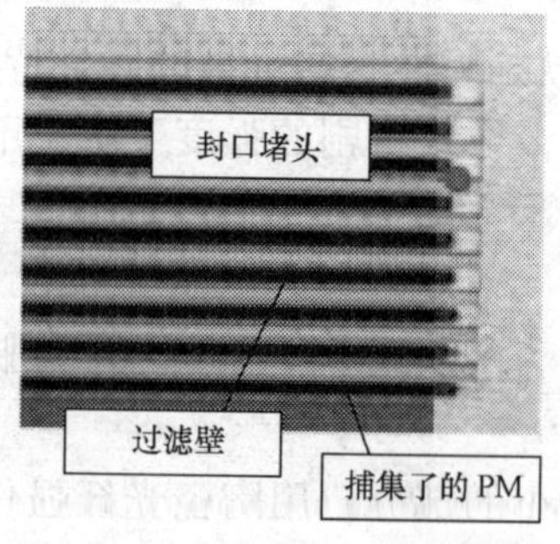

图 2-141　捕集 PM 的过程

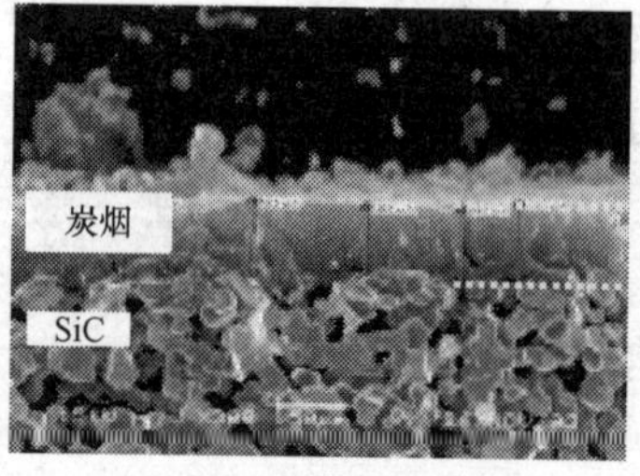

图 2-142　过滤壁和 PM

这种壁流式 DPF 的历史已经很长久了。从专利信息来看，可以追溯到 1979 年。根据专利资料，DPF 基本设计要求和特性当时都已经考虑到了。各种单元结构和过滤特性都有非常详细的说明。但是，一直到近几年，由于实用化的原因（环境负荷增加、排放法规强化、二氧化碳需要削减）使人们重新认识柴油机，特别是新的喷油方式和控制方式、燃油添加剂开发等使人们认识到需要开发经久耐用的 DPF。

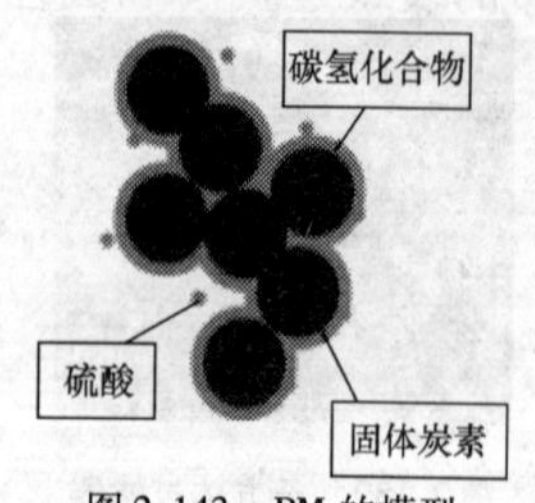

图 2-143　PM 的模型

6. PM 和过滤效率

DPF 的过滤捕集对象是颗粒物 PM。图 2-143 是 PM 的模型。PM 是由固体碳素、碳氢化合物和硫酸等组成。其中：碳素的绝大部分是无定形碳素，石墨化率很低，大约只有5%左右。微晶的大小只是2～3nm左右，在发动机汽缸内凝集，形成发动机颗粒排放物PM。

图2-144是PM的显微照片，放大倍数为16万倍。如果仔细观察，凝集的形态可以看得很清楚。

图2-145是PM实际检测的组成成分的一例。

SOF（Soluble Organic Fraction）是可溶性有机成分，主要成分是燃烧的燃料成分（主要为碳氢化合物），分解温度约300～400℃。量的多少因发动机的运行条件和催化剂不同而不同。

SO_x是燃油中的硫分氧化而成的，常常会造成催化剂中毒，容易和水结合形成硫酸，成为排气管等腐蚀的主要原因。

金属成分是指包含于润滑油中的Ca、Mg、Zn等，它们和发动机的清洁剂、润滑剂等有直接关系。为了促进PM的燃烧再生，经常向燃油中添加Ce系和Fe系等燃料添加剂。这也是PM中金属成分的来源之一。根据设计和成分的不同，PM中金属成分的含量也会有很大的不同。

IOF是不可溶有机成分，即Insoluble Organic Fraction，主要为固体碳素，PM的主要成分。燃烧温度约600℃。

图2-146所示为PM的SiC-DPF的过滤性能。过滤器的参数是：气孔直径为9μm，气孔率为42%。

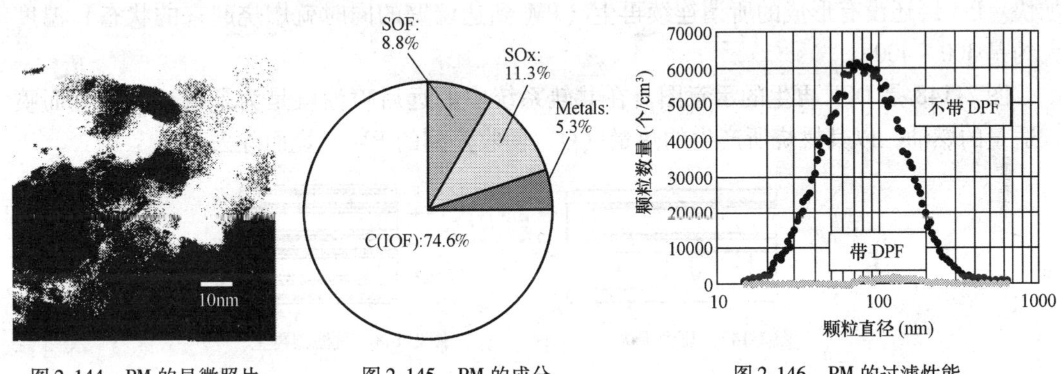

图2-144　PM的显微照片　　图2-145　PM的成分　　图2-146　PM的过滤性能

评价装置：移动扫描颗粒分选仪（SMPS，Scanning Mobility Particulate Sizer），可以对颗粒计数。根据该装置的检测结果，过滤效率达到98%。

PM的平均中间颗粒直径是100nm，颗粒直径分布在10～1 000nm之间。

从过滤器中逃逸出来的PM中间颗粒直径大约为100nm，比这更大的粒子或更小的粒子的过滤效率都很高。

目前的排放法规是用PM的质量规定的。按照质量法的过滤效率，绕过过滤器凝缩在稀释隧道上，作为粒子计数而得到的过滤效率有一个差值。所以，一般情况下，结果总是比粒子计数法的效率低。

这个效率值因发动机和燃烧状态变化很大，一般范围是70%～95%。

另外，过滤效率还会因时间不同而不同。初期状态下，PM的凝胶层还没有形成，所以，过滤效率比较低。如果 PM 堆积到 0.1～0.2g/L 左右的状态时，过滤效率突然一下子升高，达到 95% 以上。这样，将蜂窝单元端头堵死的壁流式 DPF 在刚刚安装上的初期阶段一般说都能充分满足要求。

7. 压力损失性能

图 2-147 所示为压力损失的原因。图中：

$$P = \triangle P_1 + \triangle P_2 + \triangle P_3 + \triangle P_4$$

$\triangle P_1$——由于孔径引起的损失；

$\triangle P_2$——由于墙壁的摩擦；

$\triangle P_3$——由于墙壁的渗透性；

$\triangle P_4$——由于炭烟的渗透性。

P3 是因为 PM 层对气体流过的抵抗阻力，是压力损失的重要原因之一。与没有 PM 的状态相比，随着 PM 堆积，抵抗阴力可能是初期阻力的若干倍。在蜂窝式过滤器中增加过滤面积，PM 堆积不管如何的薄，仍然保持压力损失。从减少再生的频度来看，这是很重要的。

为了使发动机高效运转，在达到不能允许的压力损失之前，一般采用燃烧除去 PM。在 DPF 中，一般称之为“再生”。

PM 的燃烧速度可按化学动力学中的阿列纽斯（Arrhenius）公式表示。最重要的因素是温度。对于 PM 来说，在 PM 堆积了的状态下，如果温度在 550～650℃时，则燃烧速度加快。PM 层还没有形成的所谓连续再生（PM 到达墙壁的同时就燃烧起来的状态）温度大约是 300～400℃。

图 2-148 是 DPF 再生的示意图。在共轨系统中的远后喷油就是为了过滤器再生而喷入适量的燃油，以其燃烧所产生的热量（Q）使收集到的 PM 燃烧而除去。

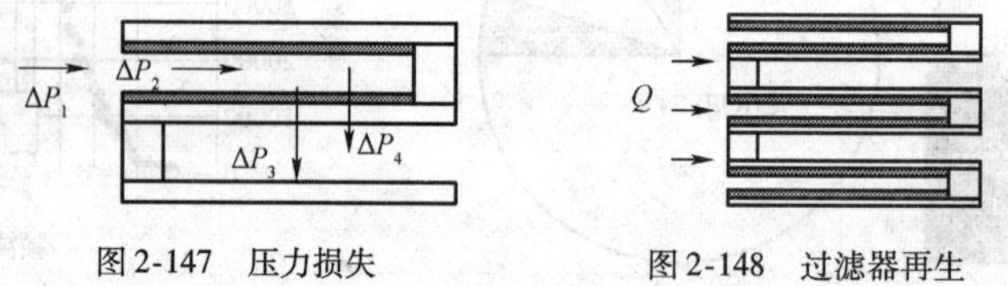

图 2-147　压力损失　　　图 2-148　过滤器再生

8. 再生极限

再生前过滤器内 PM 究竟能堆积的量的极限值叫做再生极限。这个数值高，则再生频度就低，燃油耗恶化就会改善，后喷油对发动机的负荷就能够减轻。

对于再生极限有多种定义，代表性的有如下几种：

（1）过滤器的过滤效率开始降低的 PM 量；

（2）过滤器内出现裂纹时的 PM 量；

（3）过滤器开始溶损的 PM 量；

（4）过滤器强度开始降低时的 PM 量；

（5）催化剂开始劣化时的 PM 量。

可以从中选择最低的一个。对于 R-SiC 来说，定义在过滤器内出现裂纹时的 PM 量为极限量。再生极限试验是指将带有预定量 PM 的过滤器置于非活性气体中升温，达到

720℃时让常温气体流入，进行试验。

在堇青石 DPF 中，在常用流速下溶损的破坏模态是常见的。通常，在被控制的状态下，不会成为问题。但是，由于 PM 不均匀再生、在高温下老化（Aging）、和排气中的金属成分等发生反应，问题出现了。

再生极限试验也可以叫做热冲击试验。试验时，将热电偶插入过滤器内，记录温度变化和温度梯度等信息，从而获得有用的设计资料。

如图 2-149 所示，一般的热冲击试验是将试件投入水中的淬火试验和 PM 再生时、比较加上负荷后的滤清器的温度变化过程。

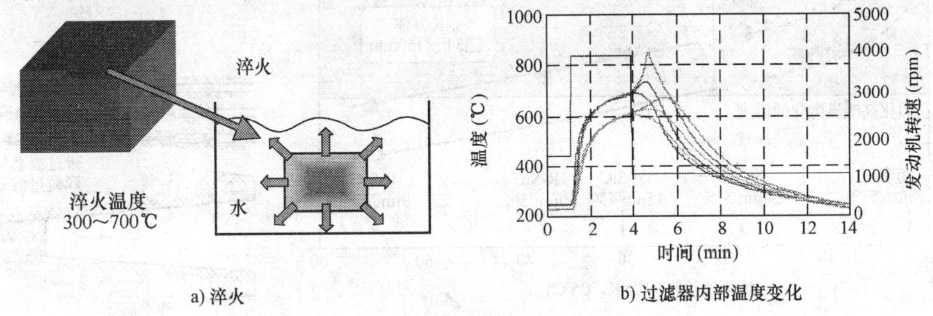

图 2-149 水中淬火和再生时过滤器内部温度变化

水中淬火时，因为是从外表面瞬间冷却，所以，材料的热传导率与耐热冲击性无关。一般采用一次热冲击破坏抵抗系数进行评价（公式 2-13）。

PM 再生需要 2 ~ 5min 时间，是一种速度相当慢的现象，与材料的热传导率有关系。所以，一般采用二次热冲击破坏抵抗系数进行评价（公式 2-14）。

$$R = \frac{\sigma(1-v)}{\alpha E} \tag{2-13}$$

$$R' = \frac{\sigma(1-v)k}{\alpha E} \tag{2-14}$$

式中：R——第一次热冲击抵抗系数；

R'——第二次热冲击抵抗系数；

σ——强度；

v——泊松比；

k——热传导率；

α——热膨胀系数；

E——杨氏模量。

从这个观点出发，材料的热传导率和 PM 再生中最高温度的关系如图 2-150 所示。

即使是对于等量的 PM 再生，如果是同样的材料，则气孔率高的最高温度高一些；如果是同样的气孔率，则热传导率低的最高温度要高一些。

为了抑制催化剂和过滤器的热劣化，这个指标成为重要的系统设计要素。根据使用的催化剂的种类、数量来选择气孔率、热传导率。

9. R-SiC-DPF 的耐久性进一步提高

以前的 DPF 系统中，由于残烬堆积而不得不提前更换过滤器。但是，由于燃料添加剂和过滤器的革新，最近已经出现了不需要维护的实例。这种过滤器技术是进口端的容积比出口端大，其实这种思路很早以前就已经有了。但是，最近弄清楚了：特定的形状具有非常良好的特性。

图 2-151 所示为博世公司过滤器的单元孔方案，带有明显的锥度，进口端大于出口端。

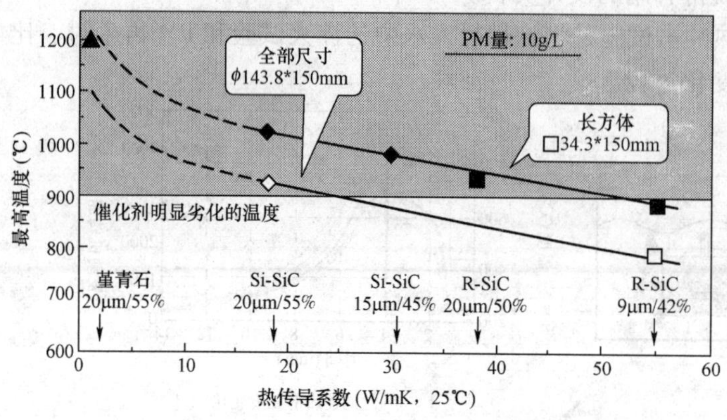

图 2-150　热传导率和再生时过滤器内最高温度

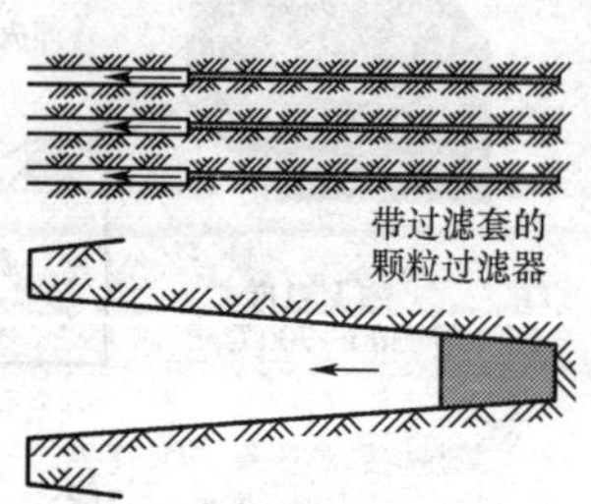

图 2-151　博世过滤器的单元孔

图 2-152 所示为多种进口端比出口端大的过滤器的设计方案。

	传统方案	进口/入口=六边形/三角形	进口/出口=四边形/长方形	进口/出口=八边形/四方形
单元设计	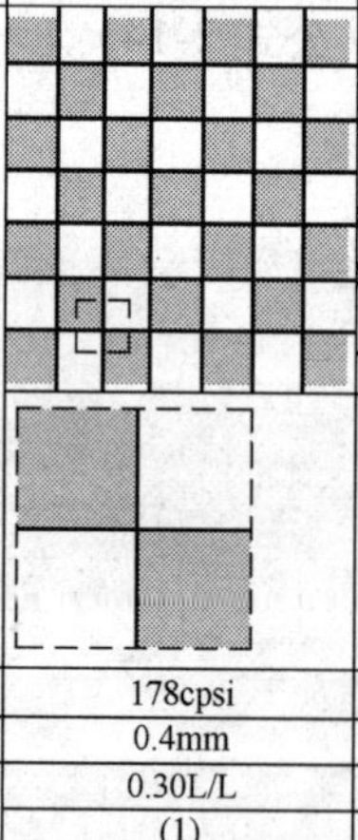	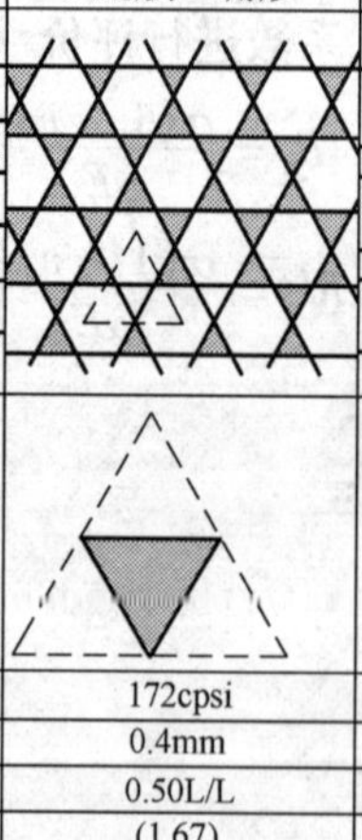	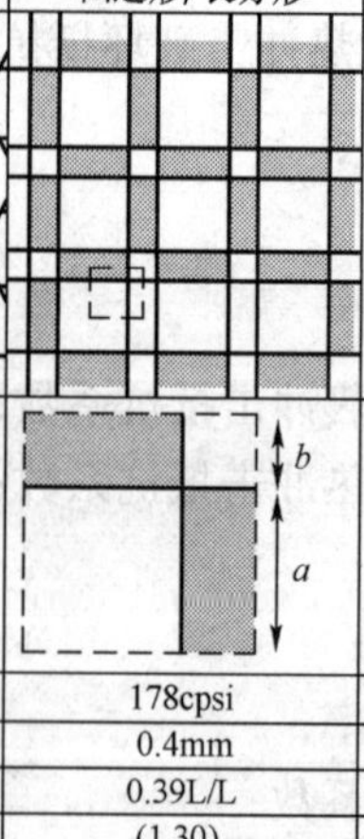	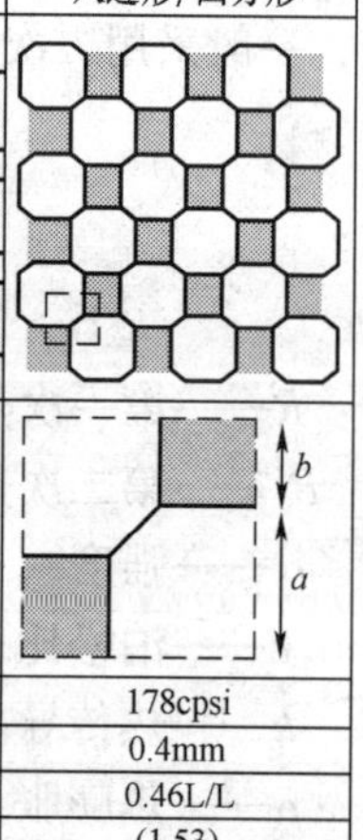
单元密度	178cpsi	172cpsi	178cpsi	178cpsi
墙壁厚度	0.4mm	0.4mm	0.4mm	0.4mm
进口容积	0.30L/L (1)	0.50L/L (1.67)	0.39L/L (1.30)	0.46L/L (1.53)
蜂窝密度	0.72g/cm³	0.71g/cm³	0.72g/cm³	0.70g/cm³
孔径比（进口端） （出口端）	30.6% 30.6%	53.5% 7.0%	39.6% 21.5%	37.0% 24.2%
过滤面积	0.80m²/L	0.58m²/L	0.80m²/L	0.63m²/L （不计斜壁） 0.84m²/L （计斜壁）

图 2-152　单元设计和过滤器设计

例如：$a/b=2.5$　例如：$a/b=1.5$

*过滤器长度：150mm，堵头长度：35mm（本计算中使用）

图 2-153 所示为相应的过滤器的压力损失特性。

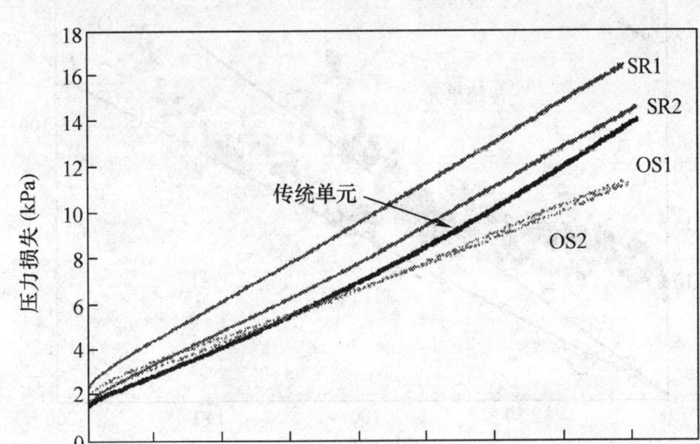

图 2-153　各种过滤器压力损失特性

由这些结果可知：在八边/四边形单元（OS：Octo Square）中，PM 堆积时压力损失非常小。这是因为进口单元共有的斜的壁面也和 PM 的体积一起过滤，PM 层与传统的单元相比变得薄了。

图 2-153 中示出了入口端的容积比出口端的容积大的几种过滤器的压力损失的测量结果。其中：

SR：四边形/长方形单元；OS：八边/四边形单元。

图 2-154 所示为捕集到的炭烟的照片。其中：炭烟质量为 10g/L。该照片是过滤器的横截面的放大照片。

	传统单元	OS2
照片	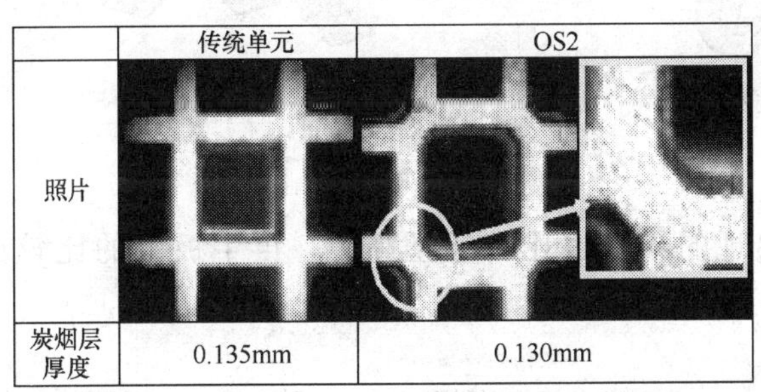	
炭烟层厚度	0.135mm	0.130mm

图 2-154　捕集到的炭烟照片

图 2-155 中示出了采用 OS 单元设计提高残烬耐久性的效果。其中：

发动机：1.9L，柴油机；

CeO_2：25×10^{-6}；

PM 堆积：6.5 ~ 7.5g/L；

PM 再生：1250（v/min）/60Nm；

在新开发的八边/四边形单元中，相对于残烬量，压力损失的上升显著地降低了。从压力损失极限的设定方面看，过滤器的生命周期大约提高了 1.5 倍。

前面介绍了再结晶 SiC 的缺点。说明陶瓷特有的脆性破坏。如果一旦超过了极限值，

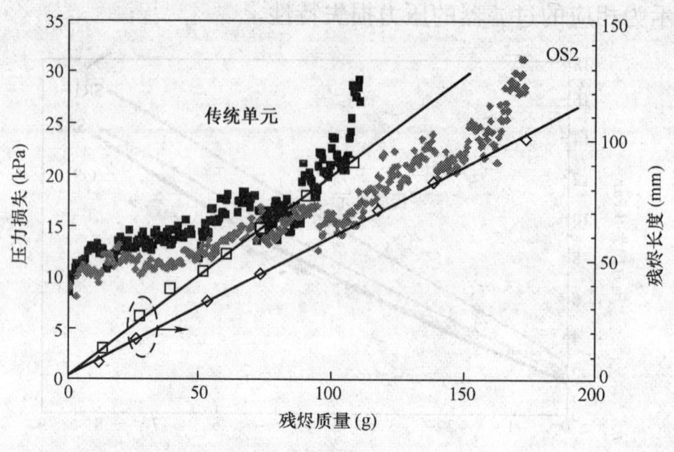

图 2-155　过滤器压力损失曲线

颗粒内部的裂纹就迅速扩展开来。最近，已经找到了克服这个缺陷的方法。

如图 2-156 所示。用链接键将 SiC 的颗粒连接起来，由于变厚了，杨氏模量降低了。采用这种方法之后，即使超过了极限值，用肉眼观察看不到裂纹扩展现象。颗粒之间的链接键部分可以看到微细的裂纹，可以认为，正是出现了这种微细的裂纹而缓和了应力的发展。

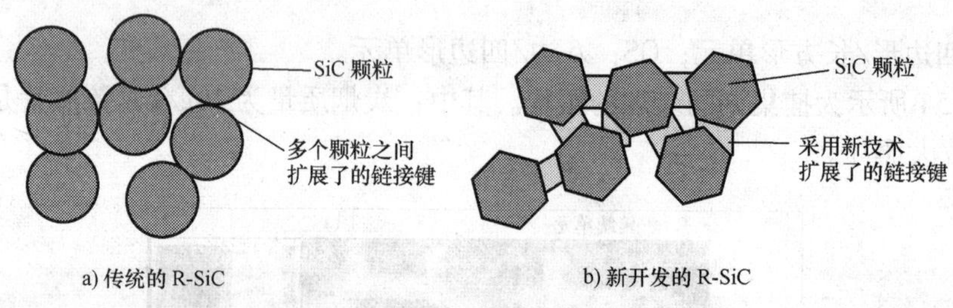

图 2-156　新开发的 R-SiC

这种微细裂纹出现的界限也比普通型高了。再生极限的比较试验结果如图 2-157 所示。

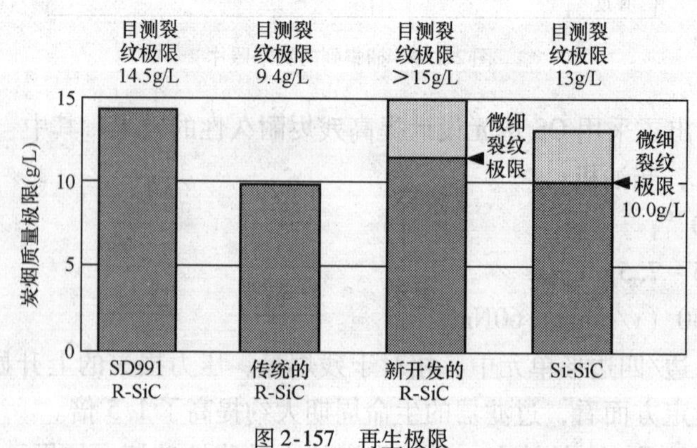

图 2-157　再生极限

如上所述，克服了 R-SiC-DPF 的缺点，进一步发挥它的特长，这是实现大量生产 R-SiC-DPF 的重要因素。今后，随着系统的变化，技术革新仍将不断地向前发展。

六、DPF 形态和材质

过滤器是用物埋方法除去柴油机排气中的微细颗粒物的装置。为了得到高的除去率，下述课题是重要的：

（1）压力损失和捕集效率平衡；

（2）捕集了的颗粒及时除去、过滤器再生；

（3）耐久性，维护保养简单方便。

到目前为止，DPF 已经有多种形态、多种材质正在研制和使用（图 2-158）。例如：

（1）壁流整体式

由多孔材料制成的、蜂窝形、单元流路相互交错堵死的整体结构，滤除颗粒状物质。常用材料有：堇青石、SiC、SiN 等。堇青石和 SiC 制的产品在市场上已经使用。堇青石制品气孔率易于提高，压力损失易于控制，但是耐热性存在悬念；SiC 耐热性很好，但是气孔率一直不如堇青石。

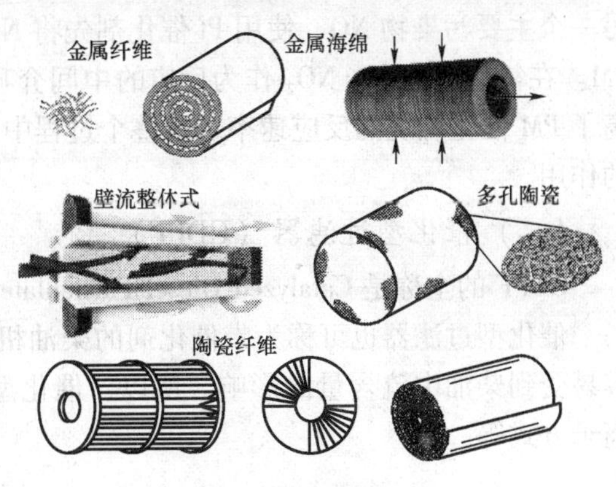

图 2-158 过滤器的材质

（2）陶瓷纤维

将陶瓷纤维固定成薄片状，绑定或蜷曲成一定形状，滤除颗粒物。

（3）多孔陶瓷

像浮石一样带有无数小孔的陶瓷结构体。

（4）金属纤维、金属海绵

将具有耐热性的金属材料纤维化而成型的材料，制成海绵状多孔质构造，或者做成金属丝网一样的，作为过滤器使用。

七、削减排气中的颗粒物

（一）颗粒物的催化燃烧

过滤器所采用的过滤材料和再生问题都是需要研究的关键技术。目前，这两大关键技术均有所突破。

碳化硅壁流式过滤器在国外应用广泛。再生技术方面，依靠柴油机控制为基础的催化再生已经有较好的使用经验，在众多形式的再生技术中，催化再生技术成为核心技术，它通过控制柴油机燃烧来提高排气温度，或使过滤体内的颗粒物在催化剂的作用下低温燃烧，从而大大缩短再生时间，提高再生程度，具有很好的应用前景。

对于颗粒的催化燃烧，颗粒与催化剂之间的接触形式被认为是一个很重要的反应速率控制因素。

实验室研究的颗粒与催化剂的接触有两种：一种是紧密接触，这是为了研究在最佳条件下催化剂的内在本质活性；另一种是松散接触，这是接近于实际柴油机排气条件下的催化剂活性研究。催化剂在松散接触时的活性总是低于紧密接触时的活性，但活性降低的程度随催化体系的不同而有很大的差异。选择合适的催化体系，例如一些具有低熔点和高挥发性的熔融金属盐或氯化物等能使催化剂在松散接触时的催化活性接近于紧密接触时的催化活性。

近年来，对柴油机排放颗粒燃烧催化剂的研究较多，其中碱金属修饰的过渡金属氧化物催化剂和负载型贵金属催化剂是在催化剂与颗粒松散接触条件下活性较高的催化体系。

目前，活性最好的催化剂是负载型贵金属 Pt 催化剂。该催化剂利用柴油机排气中的另一个主要污染物 NO，使用 Pt 催化剂先将 NO 氧化为 NO_2，再用氧化性极强的 NO_2 氧化 PM。在氧化过程中，NO_2 作为反应的中间介质，实现了 PM 与催化剂的非直接接触，提高了 PM 催化燃烧的反应速率。在整个过程中，NO_2 相当于反应中间物或气体分子催化剂的作用。

（二）催化型过滤器（CDPF）

CDPF 的全称是 Catalyzed Diesel Particulate Filter，或简写为 Catalyzed DPF。

催化型过滤器也可称为带催化剂的柴油机颗粒过滤器（图 2-159）。一般的催化剂很容易受到柴油中硫含量的影响。所以，催化型过滤器不采用传统的催化剂，而是采用等离子方式等。

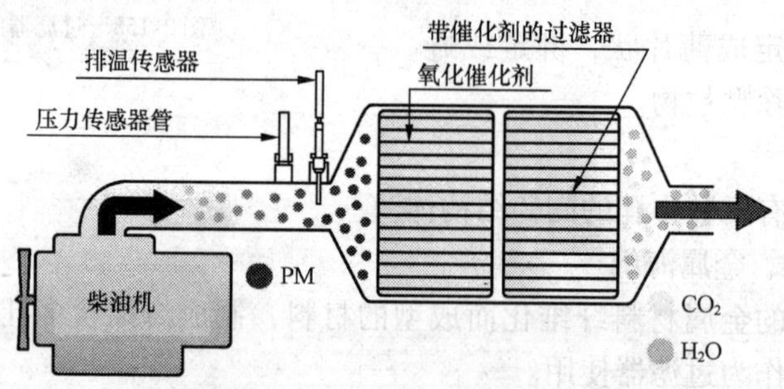

图 2-159　带氧化催化剂的过滤器

在过渡工况下，排气温度低，开发了可以提高颗粒削减率的、有效利用排热的技术。采用催化型过滤器可以满足欧Ⅳ排放法规。在某些对排放要求特别严格的场合下，可以采用组合式多重后处理手段（图 2-160）。

（三）连续再生式过滤器

连续再生式过滤器简称为 CRT，全称是 Continuously Regenerating Trap。

CRT 系统的基本原理是利用柴油机排气中的 PM 内的炭烟、排气中的 NO_x，使 PM 燃烧、从而再生。

在 DPF 中捕集到的炭烟，利用大气中的氧进行燃烧处理的时候，一般是在 500 ~ 600℃温度下开始激烈的燃烧，但是在 CRT 中，由于是利用 NO_x 中的一种成分 NO_2，开始

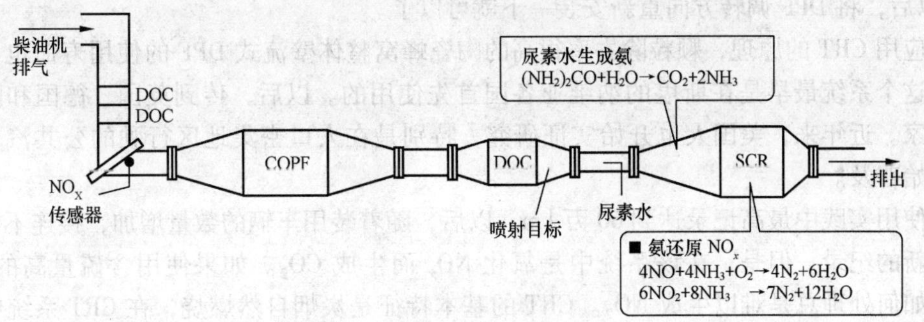

图 2-160　组合式后处理装置

燃烧的温度降低到 280°C。所以燃烧过程变得缓慢，提高了装置的安全性。

CRT 的前端是高性能的 DOC（柴油机氧化催化器），后端是 DPF（图 2-161）。在 DOC 中将 HC 和 CO 进行氧化处理，但生成了 NO_x，然后在 DPF 中捕集 PM（炭烟）并完成处理。

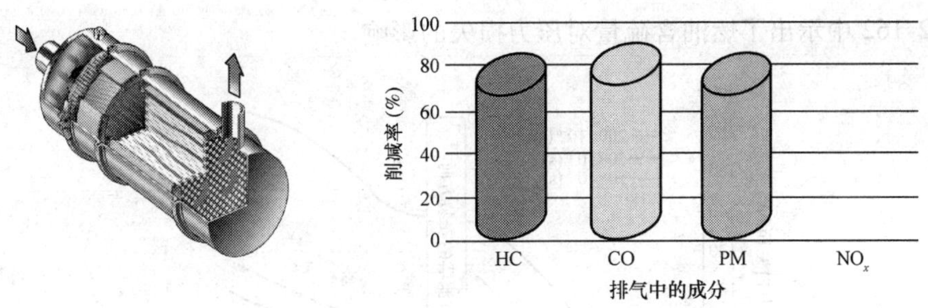

图 2-161　CRT 的结构和试验结果

目前，世界各地许多大中型柴油车辆中都将这种 CRT 系统作为基本的排气后处理系统而配置。

CRT 的使用条件：

捕集到的 PM（炭烟）中应当具有足够的 NO_x。在该系统中，通过 NO_x 而完成将捕集到的 PM 进行燃烧而处理掉。所以，需要有足够的 NO_2。一般说来，NO_x/PM 的比值不应低于 20，最好应该是 40 以上，最好对应 NO_2 可以燃烧的温度氛围。

（四）CRT 概述

CRT 是专门为了削减柴油机排放出来的有害物质而开发的 DPF 的一种。1989 年在美国获得专利，已经成为 Johnson Matthey 的注册商标。CRT 系统是可以使柴油机排放出来的颗粒和 NO_x 同时燃烧掉的划时代的一项发明。

一般的 DPF 装置中利用大气中的氧气燃烧 PM。在氧气中燃烧时开始温度是 500 ~ 600℃。一旦开始燃烧，发展速度非常快。一般的 DPF 的最大问题是由于炭烟快速燃烧，产生大量的热，甚至可能损坏 DPF。但是在 CRT 中可以在 350℃的低温下燃烧 PM。

为了利用 NO_2 燃烧炭烟，在 CRT 中是在低温下开始的，燃烧比较缓慢，所以低温燃烧是有利的。一旦确立系统的功能，则以后的维护保养可以是一年一次，或每行驶 10 万

km 以后，将 DPF 调转方向重新安装一下就可以了。

应用 CRT 的原理，颗粒除去率很高的陶瓷蜂窝整体壁流式 DPF 的使用寿命也可以很长。这个系统最早是在斯堪的纳维亚各国首先使用的。以后，传到英国、德国和欧洲其他国家。近年来，美国人也开始实证研究，特别是在人口密集地区行驶的公共汽车上首先开始普及。

使用实践中最高记录达到 60 万 km。以后，随着装用车辆的数量增加，接连不断的创造出新的纪录。但是，在该系统中是氧化 NO_x 而生成 CO_2。如果使用含硫量高的燃油，不管如何处理总是难以生成 NO_2。CRT 的基本特征是炭烟自然燃烧，在 CRT 系统中必须燃用低硫柴油。

1. 燃油的硫浓度

试验证明采用 50×10^{-6}以上的硫浓度的柴油几乎没有成功过。

低硫柴油是全世界的发展趋势。凡是使用催化剂的所有排气净化装置都会受到燃油含硫量的制约。据 1999 年 1 月发表的美国能源部的调查报告，使用含硫量超过 150×10^{-6} 的柴油时排气中 PM 的排放量反而出现增加的现象。

图 2-162 中示出了燃油含硫量对压力损失的影响。

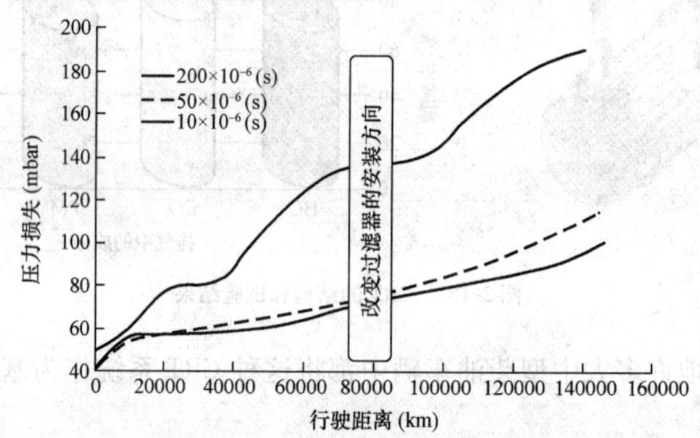

图 2-162　含硫量对压力损失的影响

2. 使用实践

1986 年开发以来，当时在柴油中含硫量达到 50×10^{-6}的瑞典进行试验。现在，含硫量 10×10^{-6}的低硫柴油广泛使用，开辟了广阔的应用前景。英国、德国、法国、芬兰、挪威等欧洲各国都在试验应用。2001 年 3 月实际使用数超过 10000 台。

1999 年 2 月美国开始试用。首先在 1000 辆客车上使用。使用时间一年或每行驶 10km 以后，需要将过滤器调转方向重新安装一次以后继续使用（图 2-163）。

到目前为止实际装用 CRT 系统的有：城市公交车、机场和城市之间的专用线路车、垃圾收集车、固定线路运送车、邮政专用车等行驶模态基本固定的车辆。Volvo 等知名汽车生产商也开始选用了。

3. CNG 和 CRT

以前一直认为：CNG 汽车排放好，环保、清洁。所以，许多地方都投入大量资金，发展 CNG 汽车。数年前，欧洲首先发出了“CNG 汽车真的清洁吗”的疑问，1998 年在纽

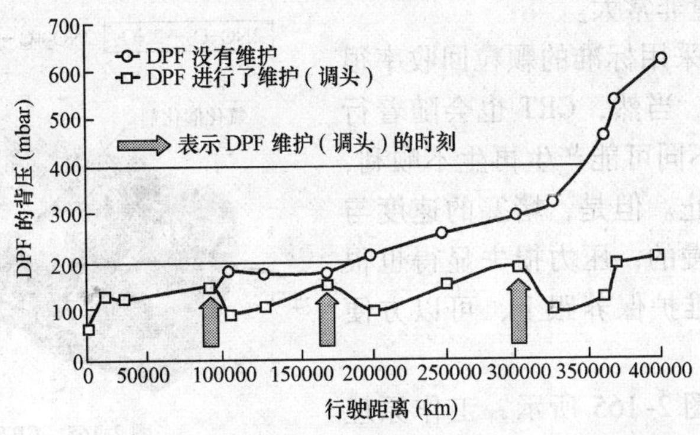

图 2-163　过滤器维护与背压

约市营客车上进行了一组试验：安装 CRT 的柴油车和带催化剂的 CNG 客车，试验结束后发表了报告（图 2-164）。

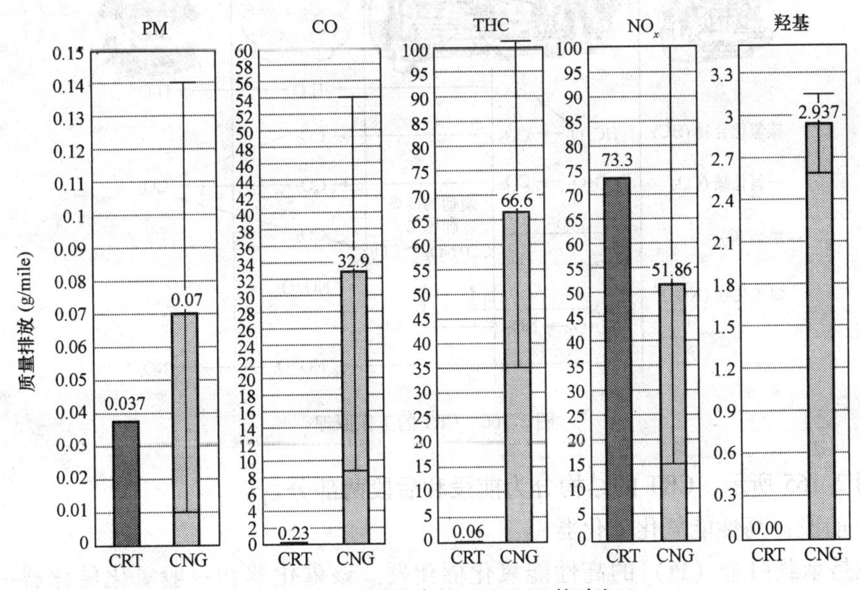

图 2-164　纽约客车的 CRT-CNG 的对比

美国加州环保局（CARB）对几组发动机进行了试验研究，并发表了试验数据（图 2-164）。分析对比试验数据，可以得到如下结论：

（1）将安装氧化催化剂的 CNG 巴士的试验结果与安装 CRT 的柴油车相比，测量的数据分散度大；

（2）对于 NO_x 和 THC（碳氢化合物总量）排放量（包括分散度）两者之间没有大的差异；

（3）CNG 车的 THC 的排放量非常多。

（4）如果再加上法规控制排放物，则表明排气中含有羰基化合物。羰基化合物是碳氢化合物的一种，是醛和酮的代表物质。这些物质包括甲醛、乙醛和丙烯醛等都是毒性很高的物质，出现在美国环保局（EPA）制定的大气污染有害物质清单中。在 CNG 车中羰基化合物的排放量非常大。

（5）在 CRT 中采用标准的颗粒回收率很高的堇青石过滤器。当然，CRT 也会随着行驶条件、行驶模态不同可能产生再生不顺利，甚至导致发动机停止。但是，堵塞的速度与以往相比是非常缓慢的，压力损失显得也很缓慢，所以，如果维护保养跟上，可以方便地掌握压力损失。

CRT 的结构如图 2-165 所示，工作原理如图 2-166 所示。

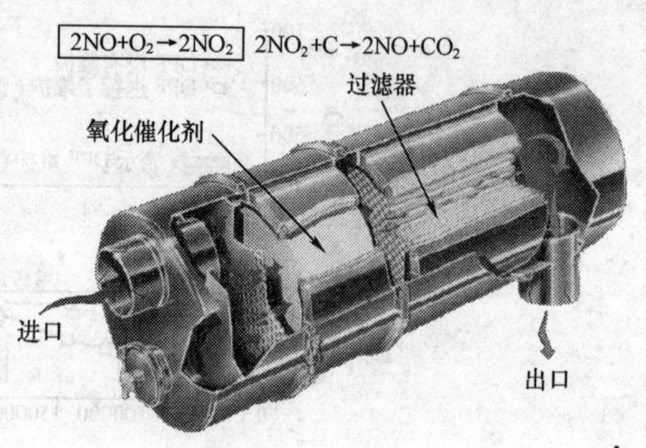

图 2-165　CRT 结构图

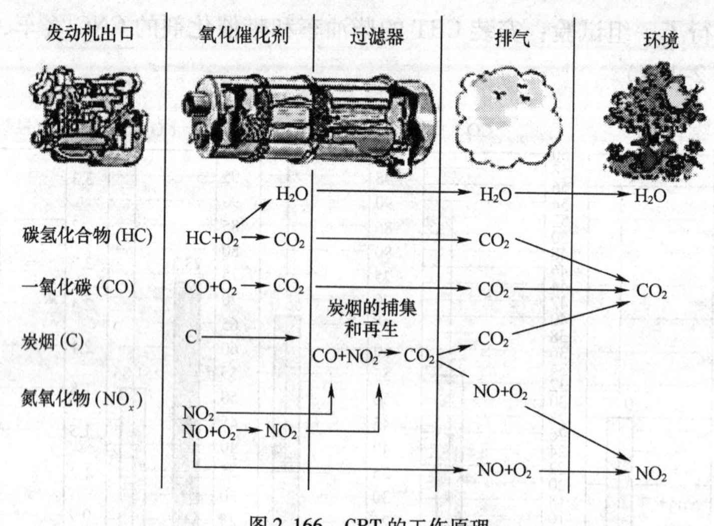

图 2-166　CRT 的工作原理

如图 2-165 所示，CRT 的结构分为前段和后段两部分。

（1）前段：高性能氧化催化器

前段是承载白金（Pt）的高性能氧化催化器。该催化器和一般氧化催化器一样，几乎可以使所有的一氧化碳（CO）和碳氢化合物（HC）全部转换成二氧化碳和水。但是，该催化器还有另一个特殊功能——可以高效地将 NO_x 中的 NO 转变成 NO_2，使 NO_2 的比例临时性地提高。前段生成的 NO_2 在后段过滤器中使捕集到的炭烟（Soot）在低温下燃烧。还有一点，形成 PM 的 SOF 也和其他的碳氢化合物一样会被氧化掉。

（2）后段：陶瓷过滤器

该过滤器就是以往一直沿用堇青石陶瓷、具有蜂窝状细孔的过滤器。在前段中氧化催化器没有反应完了的炭烟（Soot）将会堆积在这一段中。所以，过滤器的性能将是决定炭烟回收率的关键因素。目前的标准是：一般的堇青石过滤器的回收率大约为 80% ~ 90%。堆积在后段的炭烟将通过前段生成的 NO_2 燃烧掉，并生成 CO_2 而排出去。

如前所述，如果利用氧气燃烧炭烟，温度不到 500℃ 以上是不能进行的。而且，一旦开始燃烧，则燃烧速度很快，温度很高，过滤器的材料有时会被烧得熔化而损坏，所以难以实用化。

另外，采用陶瓷的不织布或毡毯制造的过滤器确实不易产生微孔堵塞现象。但是，最近又提出了一个新问题：它们对 2.5μm 以下的小直径炭烟颗粒根本不起作用。还有，在这些过滤器中，如果出现了某种程度的堵塞，由于“催跑”现象可以将此前收集到的炭烟在行驶中一下子全部吹出去。

根据上述结果，人们正在改变他们的基本方针。从 2001 年开始，EPA 也开始着手进行验证代用燃料的有效性问题。

4. SCRT

SCRT 被称之为应对下一代排放法规的技术。

美日欧相互之间每天都在彼此追赶研发更新的排放技术。例如：JP2009 后新长期法规、US-10 法规和欧Ⅴ、欧Ⅵ排放法规等。为了应对更加严格的排放法规，SCRT 可能是应对下一代排放法规的最好技术。

为了满足将来更加严格的环境要求，以 CRT 技术为基础，再和尿素 SCR 技术（选择性催化还原技术）组合起来，形成四元催化系统（图 2-167）。这可能将会成为主流技术。

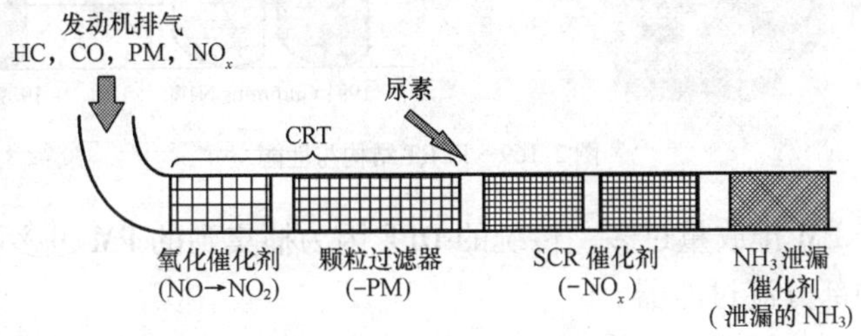

图 2-167　SCRT 的基本结构

SCRT 的结构如图 2-168。在 CRT 之后紧接着的是尿素水喷雾，尿素水分解得到氨，氨将 NO_x 处理成无害的氮气（N_2）和水（H_2O），排入大气中。使用条件是低硫柴油燃料。

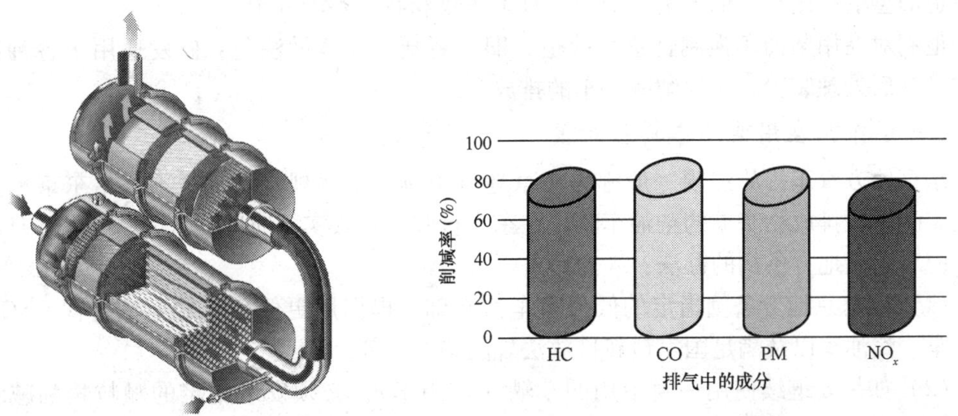

图 2-168　SCRT 结构及效果

SCRT 的实际效果如图 2-168 所示，该系统可去除排气中四种有害成分的 80% 左右。

将尿素 SCR 系统和上述 CRT 系统组合起来的催化 SCRT 将可能是提供给全世界柴油

机以及柴油车辆生产公司的最好的后处理方案之一。

（五）部分流过滤器（PCRT，Partial Filter CRT）

新生产的柴油车的排放水平不断地提升，而在现实社会中排放水平很低的旧型车辆却仍在大量地行驶着。所谓旧车更新（Retrofit）就是在一直在使用中的车辆上安装特殊的排放后处理装置，提升旧型车辆的排放水平。

PCRT 就是将 CRT 的核心部分换成部分流过滤器，降低整体的颗粒捕集率，使得原来 CRT 难以应用的、PM 排出量很高的发动机也可以配置颗粒过滤器。PM 的削减性能与传统的 DOC 相比提高了一倍，达到 50% ~77%（图 2-169）。该系统已经得到 CARB（加州气象资源局）的认可，相当于 TierII 排放法规 。

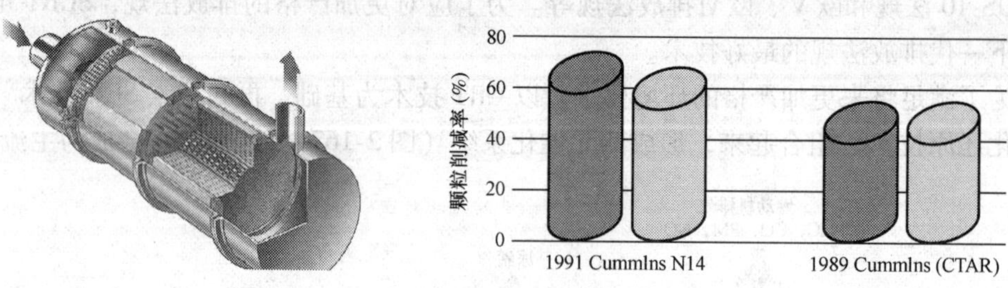

图 2-169　PCRT 结构与性能

在日本，原来 PM 排放量过多、传统的 DPF 因为捕集到的 PM 过多而难以使用的柴油机也可以采用这种部分流过滤器。

八、东京和香港治理在用车排放

一般的排放处理策略是只管新车，不管旧车。或者说：新车新标准，旧车旧标准。旧车继续使用，等待自然淘汰。但是，有些地方却不能容忍这种状态，他们采取积极手段改造旧型的在用车。例如美国加州，日本东京和我国香港等地。

他们对在用柴油车强制性进行改造，旧车更新。具体做法是：研发适用于各种旧型车的排气后处理装置，从而削减旧车的排放。

（一）东京在用柴油车排放对策

东京地方汽车排放法规一般称为东京地方条例。条例规定：凡是不满足东京地方条例规定的颗粒排放物基准的柴油车禁止在东京行驶。正式实施时间：从 2003 年 10 月起。

应对东京地方条例的办法：

（1）以东京地方条例指定的低公害车为基础，提倡用更低公害的车辆替代 CNG 车、LPG 车、汽油车以及满足国家最新排放法规的柴油车等。

（2）如果要继续使用一直沿用的车辆（在用车），必须安装指定的颗粒物削减装置（DPF 和 DOC）。

如图 2-170 所示，不满足 NO_x-PM 的柴油车加装被特定机构认定为合格的 NO_x-PM 削减装置之后，则该汽车就被视为满足地方条例、排放合格的汽车了。

这里介绍的是东京地方法规。其他类似的地方法规（大阪、名古屋）大体也是如此，

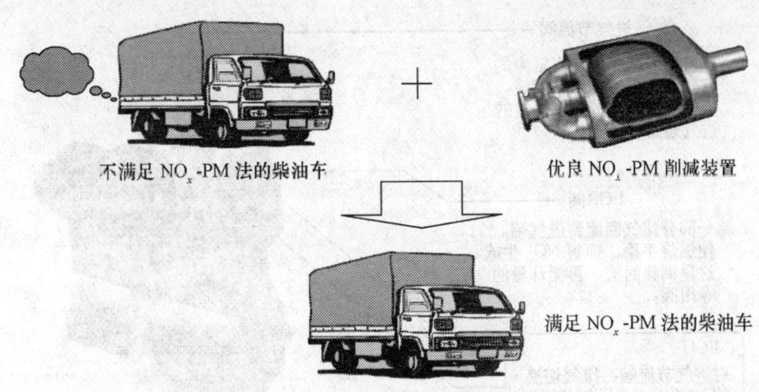

图 2-170　加装 NO_x-PM 削减装置

彼此之间当然会有一些差异，那只是程度上的，不是原则性的。

（二）NO_x-PM 削减装置性能评价制度

2002 年 8 月，日本国土交通部推出了“NO_x-PM 削减装置性能评价制度”。根据该制度，国土交通部和东京相关机构组织专业人员紧急研发和评价 NO_x-PM 削减装置，并及时公布。

研发和指定的 NO_x-PM 削减装置有两种：

（1）DPF——柴油机颗粒过滤器：利用过滤器捕集、燃烧并除去柴油机排气中的颗粒物（PM）的装置。

（2）DOC（氧化催化转换器）——利用白金等催化剂的氧化作用除去柴油机排气中的颗粒物（PM）的装置。

如图 2-171 所示，如果某在用柴油车排放超标，那么安装上“优良 NO_x-PM 削减装置”，则该车在车检中就被认为排放合格车。这是东京地方条例关于控制在用车排放的核心内容。

安装了颗粒物削减装置的柴油车的就在醒目位置贴上“排放合格通行证”。

根据最新资料：2009 年 8 月 3 日，日本国土交通部认定的 NO_x-PM 削减装置是：8 家生产公司，共计 19 种型号；

2009 年 7 月 7 日东京地区公告：

DPF：21 家生产公司，共计 92 个型号；

DOC（在用车安装）：22 家生产公司，共计 102 种型号；

这里介绍其中几种比较有代表性的装置。

（三）NO_x-PM 削减装置

1. DEPRO-ECS

DEPRO-ECS 被日本国土交通部认定为优良 PM 削减装置，同时也被东京相关机构指定为颗粒物削减装置。在用柴油车装上这种装置就被认为满足排放，通过车检，可以在东京地区行驶。图 2-171 是 DEPRO-ECS 的系统图。这是一种比较复杂的颗粒物削减装置。其构成及各部分的作用等在图中已经作了比较详细的说明。

DEPRO-ECS 系统将排气的一部分引入进气系统作为 EGR，并和利用排气的热量及催化剂作用的连续再生式 DPF 组合起来，可以成为同时降低 NO_x 和 PM 的柴油车排气净化系统。该系统的最大的特点是：采用连续再生式 DPF，利用 EGR 系统降低 NO_x，所以一般不需日常维护。

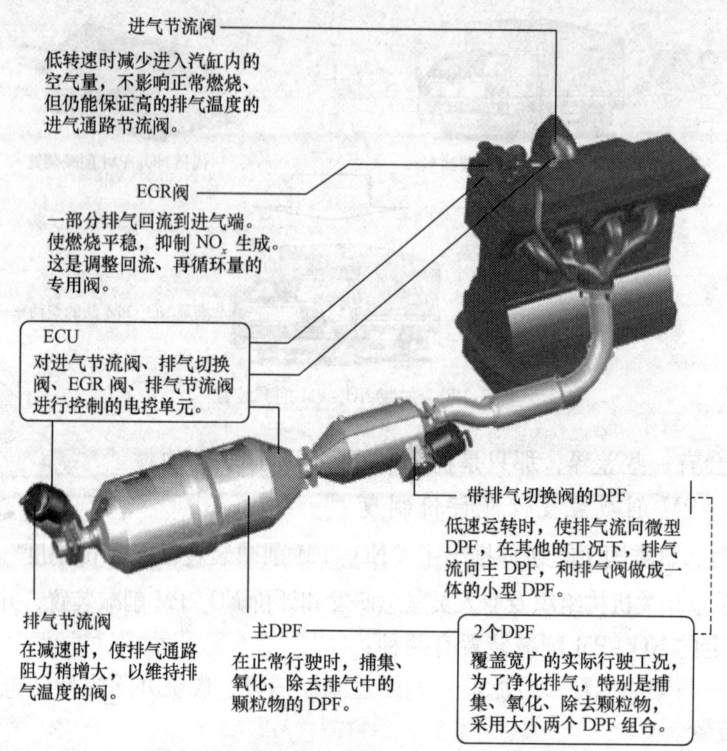

图 2-171　日本国土交通部认定的 DEPRO－ECS 系统

DEPRO-ECS 系统采用两个 DPF 组合使用，分担不同的作用，在任何行驶条件下都可以进行 PM 捕集和再生，结构简单。而且利用已有的 EGR 系统可以同时削减 NO_x。

DEPRO-ECS 系统可配用于多种柴油车。

2. UCS（连续再生式颗粒削减装置）

UCS 是 Unicat 公司生产的、被指定为东京地区颗粒物削减装置。

UCS 是一种利用催化剂连续处理和削减柴油机排气中一氧化碳、碳氢化合物和颗粒物等有害物质的净化系统。

目前，UCS 有 8 个品种。例如：UCS-05BX、UCS-10BX 等（图 2-172）。

通过氧化催化剂的催化作用和利用排气的热量使过滤器捕集到的 PM 颗粒燃烧的方式而净化排气。适用于排量为 3 ~ 24L 的柴油车。燃用含硫量为 50×10^{-6} 以下的柴油。

主要技术特征：

（1）连续再生方式

采用陶瓷氧化催化剂和 DPF 催化剂使排气中的有害物质反应，进行无害化处理，同时捕集 PM 并使之连续反应而净化。

（2）交互流路方式

为了有效利用催化剂性能，使排气交替地流过 DPF 催化剂。这样，既可以提高装置的安

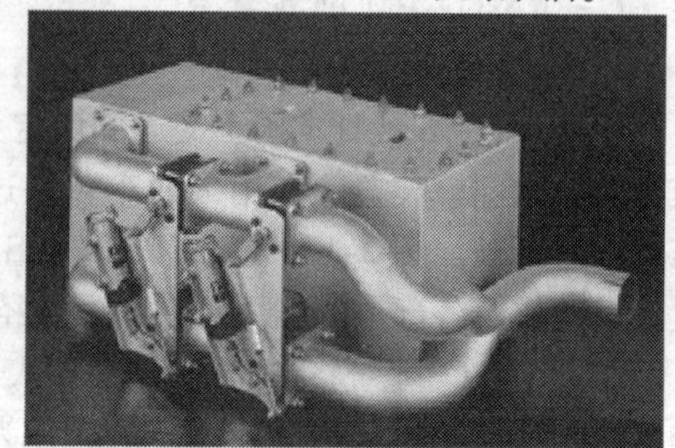

图 2-172　10BX 型 UCS

全性；同时又可以延长DPF催化剂的使用寿命。

净化效率：燃用低硫柴油，城市行驶模态下PM削减率大于70%。

工作原理请参看图2-173和图2-174。

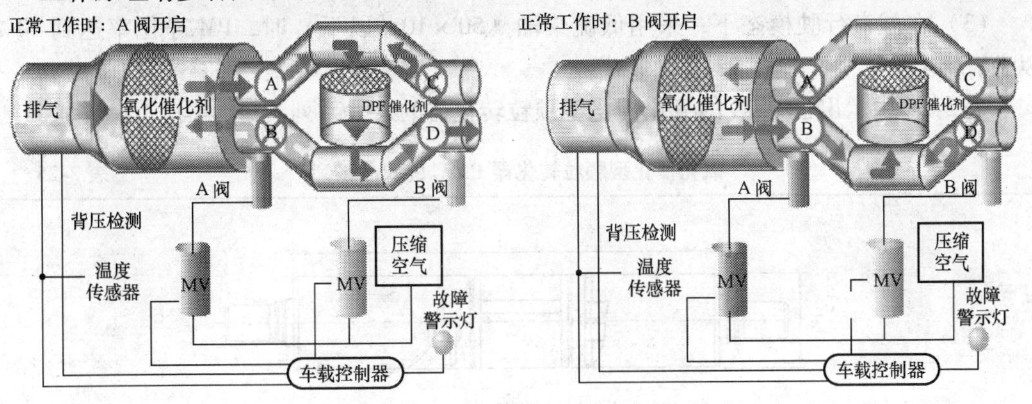

图2-173　正常工作时A阀和B阀交替工作

控制方式：正常工作时，通过压力传感器、温度传感器、定时器等共同作用而进行控制，在最适当的条件下，用空气汽缸使排气切换阀动作，A阀和B阀每过1h切换一次，改变流过DPF的排气的流动方向。这样，使流向DPF的气体定时地交互流过。万一流路堵塞，排气压力异常升高时，驾驶座位下的异常警示灯点亮，发出警告，同时将DPF切换成旁通回路工作（图2-174）。即使在这样的情况下，氧化催化剂仍然将CO、HC、PM（SOF）等有害成分除去，然后再排入大气。系统的结构设计尽可能不让有害物质排入大气中。

3. 带催化剂的颗粒转化器（PMC）

PMC（PM Converter）是将柴油机排气中的一氧化碳、碳氢化合物和颗粒物等有害物质通过特殊的、高性能催化剂进行净化处理的装置。

图2-175所示是被指定为东京地区削减柴油机颗粒物的装置之一。该产品是质量可靠、系列齐全、价格低廉的氧化催化型颗粒物转化器。可以和汽车原来的消声器调换使用。该PMC的主要特点是：

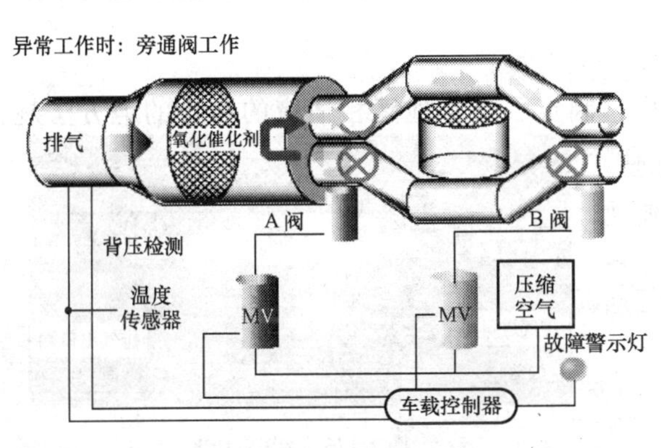

图2-174　异常工作时旁通阀开启

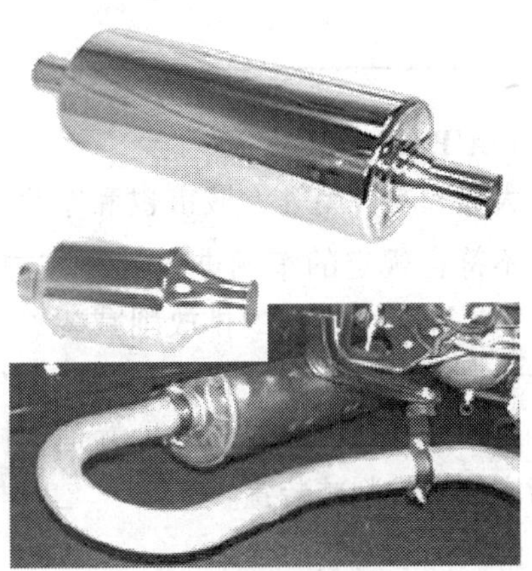

图2-175　PMC实物照片和安装示意图

（1）使用特制的、高性能催化剂，高效地净化柴油机排气中的 CO、HC、PM 等有害物质；

（2）根据发动机的排量等可以从丰富的产品系列中选用合适的型号；

（3）在城市行驶模态下，采用低硫柴油（50×10^{-6}以下）时，PM 净化率达到 40%以上。

表 2-25 中示出了 PMC 的氧化催化型颗粒转化器的尺寸系列。

氧化催化型颗粒转化器 PMC 的尺寸系列　　表 2-25

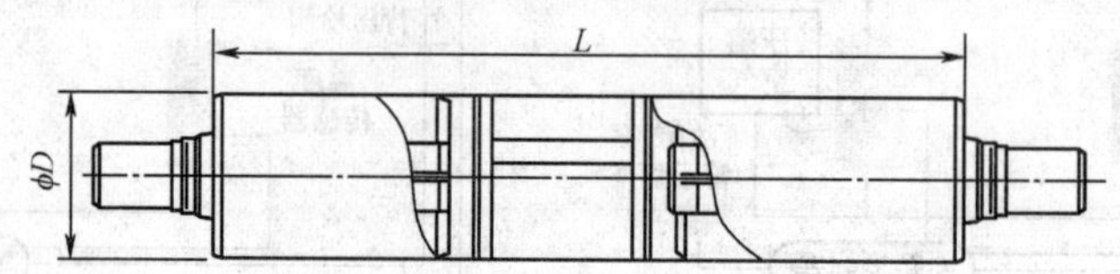

型号	指定代号	尺寸（mm）		消声器形状	质量（kg）	适用车型
		ϕD	L			
PMC-04TS	033-C	154	161	A 型	4	客车、货车、其他。
PMC-06TS		203	500	A 型	12	
PMC-10TS		242	650	A 型	17	
PMC-14TS		280	750	A 型	23	
PMC-27BW		280	900	A 型	26	
PMC-14BW		280	750	B 型	23	
PMC-27BW		280	900	B 型	26	
PMC-14BL		280	750	C 型	23	
PMC-27BL		280	900	C 型	26	

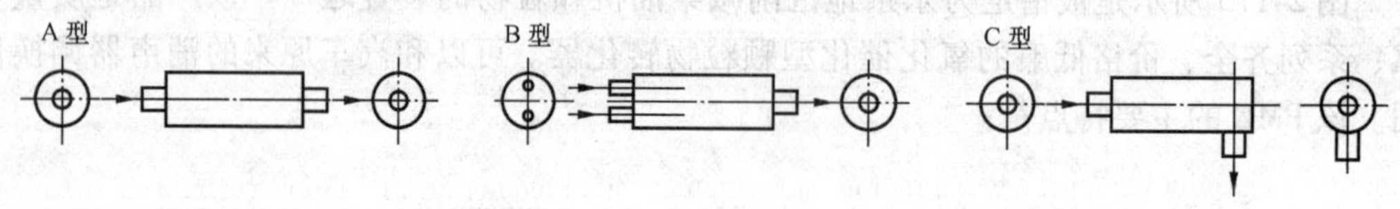

4. A′PEX-DPF

大阪和名古屋等大城市也和东京一样，制定了与本地区相适应的独立的地方法规，禁止不符合规定的车辆进入和在域内行驶。但是如果配装上指定的排放削减装置则被视为排放合格车辆而准行。

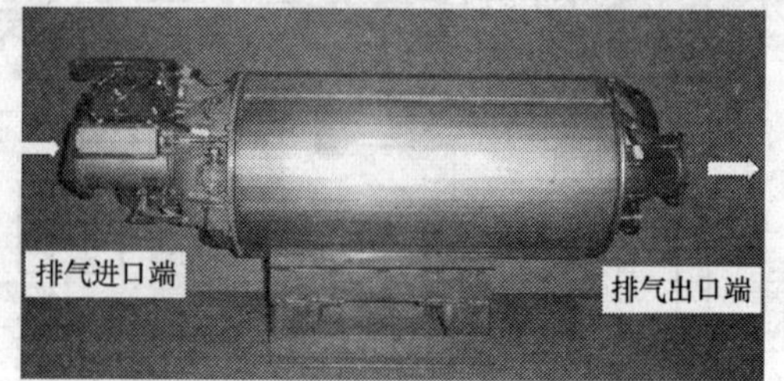

图 2-176　APEX-DPF

A′PEX-DPF（图 2-176）就是这样一种被指定的排放削减装置。

（1）开发目的

PM 捕集率：大约 80%；

黑烟捕集率：大约95%。

出色的耐久性：采用碳化硅纤维的DPF；金属网和过滤器一体成型，再生时没有燃烧残余物；

广泛的通用性：所有车辆，无须选择柴油种类，均有良好的捕集效率；轻量、紧凑，三个圆筒过滤器可以装入几乎和消声器同样大小的壳子里；

低成本：合理的设计，价格低廉；DPF本体小型化，安装布置方便（图2-177）。

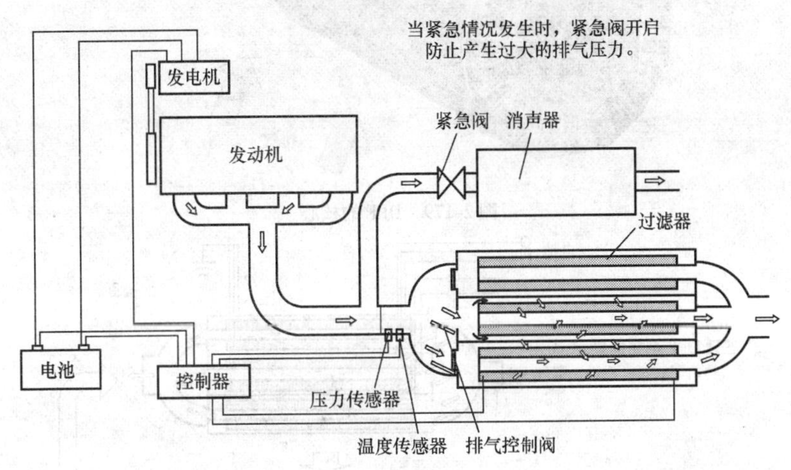

图2-177 A′PEX-DPF 系统

(2) 结构

基本材料：碳化硅无纺布和金属网。用金属网将耐热性非常优越的碳化硅无纺布夹紧，确保绝对的耐久性能。为了加热将PM燃烧掉，将通电加热的加热器夹在碳化硅无纺布之间，充分利用电的加热效果（图2-178）。采用5层结构、折叠成蛇腹状（图2-179），一方面可以保证捕集面积，另一方面可以做到结构紧凑。排气从外侧进入，通过过滤器后进入内腔，最终从端部排出。图2-178所示为DPF的基本材料，图2-179所示为DPF的核心部分。图2-180中说明了过滤器捕集、加热和再生的过程。将3个小直径的过滤器紧密布置，组装在一个圆筒形壳体中。所以，不需要旁通管，非常紧凑。平常，过滤器都可用于捕集。但是，为了让再生的过滤器“休息”，可以充分有效地使用过滤器。图

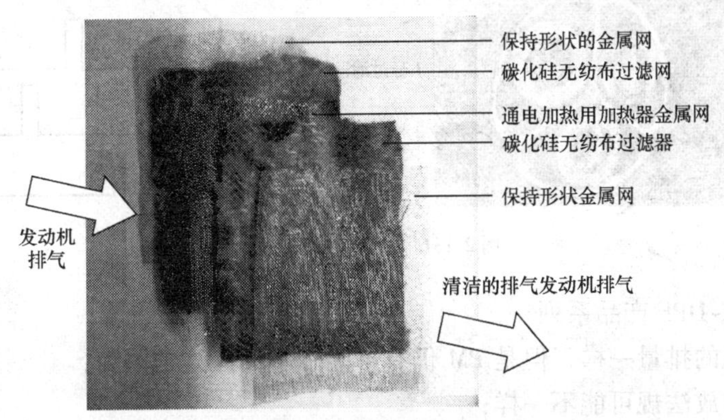

图2-178 DPF的基本材料

2-181所示为三只 DPF 按照一定次序进行“捕集、加热、再生”的控制脉冲图。

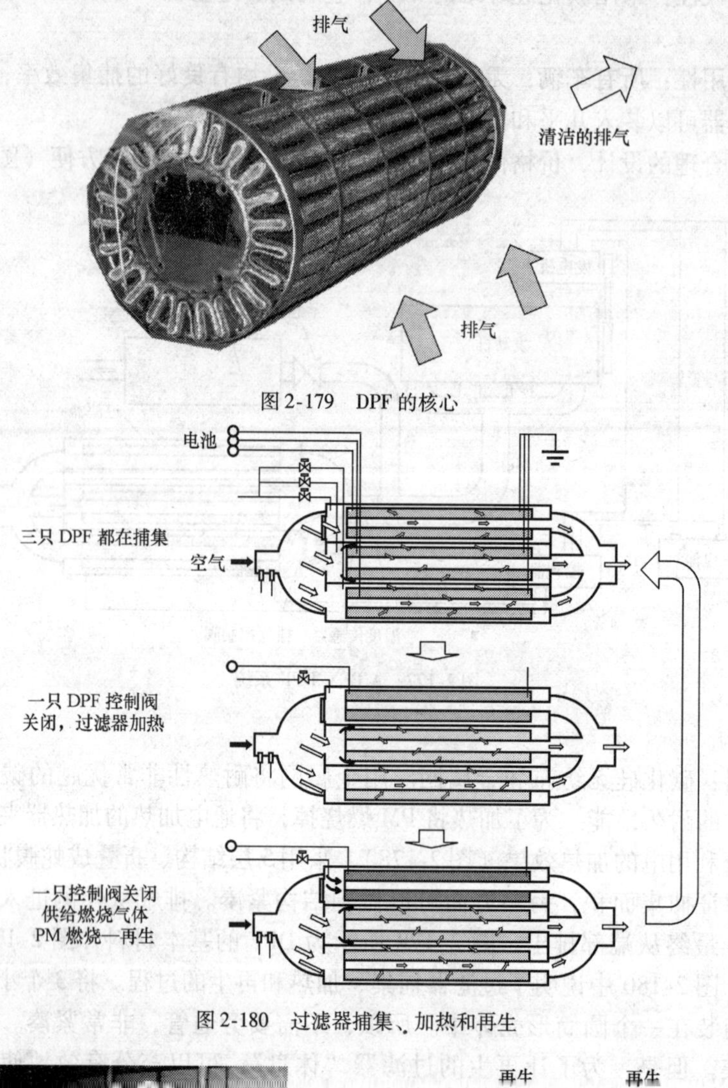

图 2-179　DPF 的核心

图 2-180　过滤器捕集、加热和再生

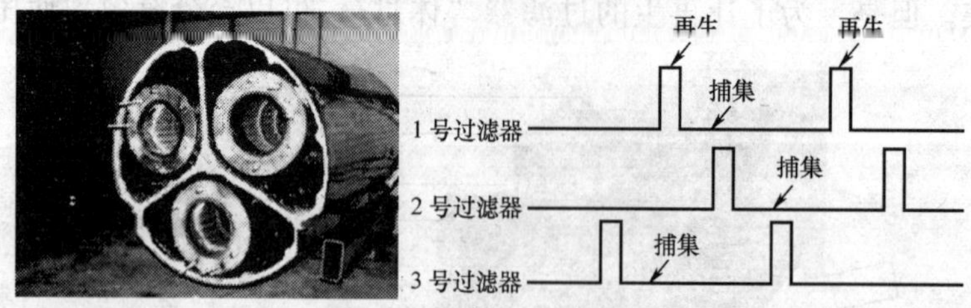

图 2-181　过滤器的再生循环

（3）A′PEX-DPF 产品系列

虽然发动机的排量一样，但是 PM 仍有可能不一样。这是因为：

①使用的排放法规可能不一样；

②发动机是否带增压器会对 PM 的捕集产生不同的影响；

③根据发动机本身的状态和喷油装置的磨损状态的差异，在组装 DPF 之前，需要对发动机的整体进行调整。

所以，在配置 DPF 的时候，必须对发动机进行事前检查，根据必要进行调整以后，然后再选定 DPF 的尺寸（表 2-26）。

A′PEX-DPF 的尺寸系列 表 2-26

DFP 的尺寸	1-系列	2-系列	3-系列	4-系列
适用的排气量（L）	16 ~	9 ~ 15	6 ~ 8	3 ~ 5
大致对应的汽车品种	10t 以上货车、超大型客车	10t 货车、大型客车	4t 货车	2、3t 货车

（4）DPF 的噪声

①试验方法：按照标准（1650r/min）；

②试验汽车的噪声法规值：107dBA；

③试验结果如表 2-27；

DPF 和排气噪声 表 2-27

试验条件	过滤器数量	捕集状态	噪声（dBA）
消声器			87
DPF	2 个	再生之后	87
DPF	2 个	捕集满	86
DPF	3 个	再生之后	87
DPF	3 个	捕集满	86

④结论：安装了 DPF 以后的汽车排气噪声稍低于安装消声器的排气噪声。完全满足汽车的排气噪声法规值。

（5）综合评价

①DPF 系统具有绝对的耐久性；

②东京地区指定品种，可配装于任何年度型号；可配装于小型货车到超大型货车系列；

③普通柴油、低硫柴油都可以使用；在交通拥挤阻滞、城市中心、高速公路等行驶条件下均可，没有选择和限制；

④质量轻、小型紧凑，安装布置容易；

⑤价格低廉。

（四）香港治理在用柴油车

（1）自然条件

人口：681 万人；面积：1098km^2；道路长度：1932km。

领有牌照的车辆：522745 辆 平均 1km 道路上有 711 辆汽车在行驶；世界参考数据：东京平均 1km 道路有 248 辆汽车在行驶；加州平均 1km 道路有 93 辆汽车在行驶。这说明香港的汽车密度很高。

(2) 空气质量

在干线道路附近可吸入悬浮粒子和氮氧化物的水平偏高，原因是：

柴油车辆密集度高。在香港柴油车的比例高达25%（新加坡为17%，美国为4%）。

街道两旁高楼耸立形成峡谷效应，加剧空气质量的降低。

2001 年空气中污染颗粒物的排放量达到8140t。其中：汽车排放占61%。

柴油车辆引起的空气污染问题：柴油车的颗粒排放量占车辆排放的98%；空气中的黑烟100%均为柴油车辆所排放。车辆排放的氮氧化物占75%

结果：空气污染指数（API，Air Pollution Index）屡创新高，参见表2-28。

香港的空气污染指数　　表2-28

时间	正常的日子	2003.11.1	2003.11.2
香港 API	72	86	126

(3) 2000 年实施新的综合整治计划

投入资金：14 亿港元

目标：整治车辆废气排放。在2005 年底之前达到粒子排放量减少80%，氮氧化物排放量减少30%，满足欧Ⅲ法规。

主要措施：

①对新车辆实施严格的废气排放标准，与美国和欧盟基本同步。

②柴油燃料规格：跟随欧盟，逐步采用低含硫量柴油（表2-29）。

香港柴油含硫量　　表2-29

柴油含硫量	香港实施日期	柴油含硫量	香港实施日期
0.2%	1995 年4 月	0.05%	1997 年4 月
$0.035\% = 350 \times 10^{-6}$	2001 年1 月	$0.005\% = 50 \times 10^{-6}$	2002 年4 月
$0.001\% = 10 \times 10^{-6}$	2009 年开始（推荐）		

③加强对在用柴油车辆的排放检查，加强监控排放过量黑烟的车辆过滤器、柴油催化器；为在用柴油车加装 DOC、DPF 等。

④对公共汽车进行技术改造：从1995 年开始试验 DOC。安装 DOC 共计2600 部，安装 DPF 约700 部。

⑤对轻型柴油车辆（4t 以下）加装 DPF，有效降低颗粒排放30%以上。2001 年10月约24000 部车辆完成安装。

对重型柴油车辆（4t 以上）加装排气削减装置，34 000 车辆汽车完成安装。

(4) 实际效果

上述措施实施后，至2005 年已经收到明显的效果，车辆颗粒排放量和氮氧化物排放量如图2-182 所示。

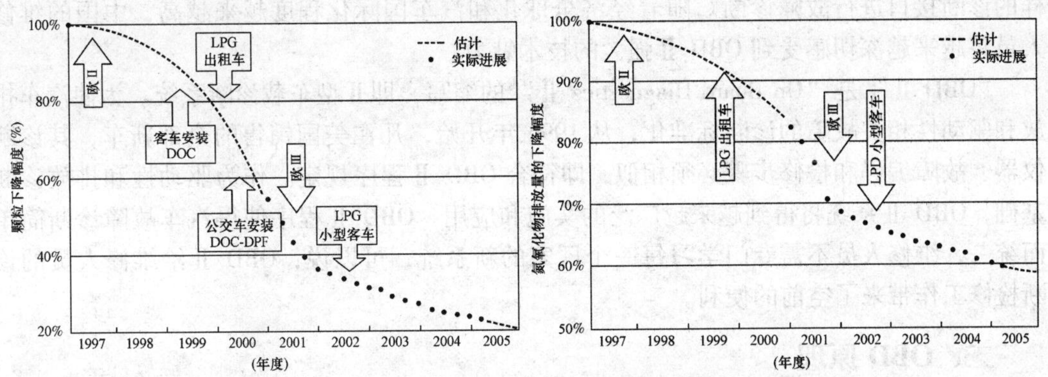

图 2-182　香港大气中污染物逐年下降

第七节　车载诊断系统

第一代车载诊断系统（OBD，On Board Diagnostics）是美国加州大气资源局（CARB，California Air Resources Board）于1988年开发的，用于汽车排放装置的故障诊断。随着技术进步，对OBD提出了增加新功能的要求，美国于1996年开发了新一代诊断装置，称之为OBDⅡ。

欧盟也制定了车载诊断系统的相关标准，称之为E-OBD（European On Board Diagnostics）。从2001年开始，法律规定适用于汽油车。从2004年开始适用于柴油车。

相应地日本开发的车载诊断系统称为：J-OBD。

OBDⅡ通过对排放控制装置和发动机的主要零部件进行连续地、定期地监督，对主要零部件和车辆的状况进行诊断。如果发现了问题，则OBDⅡ发出信息，使驾驶座下面的信号灯点亮，并将诊断信息显示在存储器上，以便技术人员判断问题所在。

图2-183说明了OBD在全世界范围内的实际使用情况。这是一项新技术。

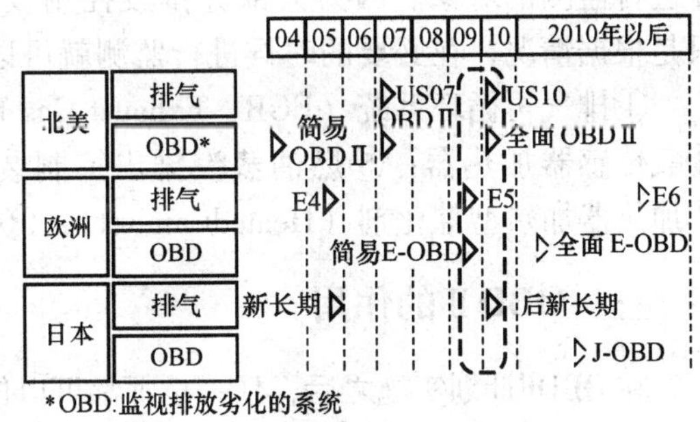

图 2-183　OBD 的应用

一、车载诊断系统

在电控汽车的故障诊断中，面对品种各异的汽车，面对形形色色的故障，维修人员要用各种各样的检测设备，配上形状各异的诊断插头，对照纷繁复杂的维修资料，在发动机舱内、翼子板内侧、仪表板壳内、乘客座位下等许多位置寻找诊断接口，读取故障信息。这对维修人员的检修工作来说，实在是太劳心费神了。

车载诊断系统OBD Ⅱ程序在美国颁布实施的，给汽车专业人士的诊断带来了空前的便利。任何维修人员都可使用同一设备，对所有根据标准生产的汽车在同一位置通过同样的诊断接口进行故障诊断。随着经济全球化和汽车国际化程度越来越高，中国的维修人员将越来越深切感受到 OBD Ⅱ强大的技术魅力。

“OBD Ⅱ”是“On Board Diagnostics Ⅱ”的缩写，即Ⅱ型车载诊断系统。为使汽车排放和驱动性相关故障的诊断标准化，从 1996 年开始，凡在美国销售的全部新车，其诊断仪器、故障编码和检修步骤必须相似，即符合 OBD Ⅱ程序规定。作为驱动性和排放诊断基础，OBD Ⅱ系统将得到越来越广泛的实施和应用。OBD Ⅱ程序使得汽车故障诊断简单而统一，维修人员不需专门学习每一个厂家的新系统，可以说，OBD Ⅱ给维修人员的诊断检修工作带来了空前的便利。

二、OBD 原理

OBD 实时监测发动机、催化转换器、颗粒过滤器、氧传感器、排放控制系统、燃油系统、EGR 等系统和部件。然后将与排放有关的部分信息，送入 ECU，当出现排放故障时，ECU 记录故障信息和相关代码，并通过故障灯发出警告，告知驾驶员。ECU 通过标准数据接口，及时对故障信息访问和处理。

OBD Ⅱ检测对象分成经常监视对象和定期检测对象两种：

所谓经常监视对象是指 OBD Ⅱ一刻也不停地监测的对象。只要点火开关开启，就开始不停地检测，针对所有的检测如果返回的数值不正常就认为是发生了异常。

经常监测的对象有：

①失火；②燃油系统；③综合构成元件（CCM，Comprehensive Components），各生产商定义不同，但是，排放控制系统的监督传感器等一般均在其列。

所谓定期监测对象和上述经常监测对象不同。例如发动机起动，只是在特定的时刻才进行监测的对象。因为大部分排放控制设置和发动机零部件没有必要时时刻刻监测，只是根据情况，在必要的时候进行监测就可以了。例如：

①排气再循环系统（EGR，Exhaust Gas Recirculation）；②氧气传感器；③催化装置；④氧传感器加热器；⑤燃油蒸汽排出抑制装置；⑥二次空气供给装置（SecondaryAir）；⑦加热器加热型催化剂（HeatedCatalyst）；⑧空调系统等。

三、OBD Ⅱ的作用

在 OBDⅡ计划实施之后，任一技师都可以使用同一个诊断仪器诊断任何根据标准生产的汽车。OBDⅡ成熟的功能之一是当系统点亮故障灯时，记录下全部传感器和驱动器的数据，可以最大限度地满足诊断维修的需要。面对各国日益严格的汽车排放法规，OBDⅡ监视排放控制系统的目标是：随着汽车运行中效率的降低，当汽车排放水平已达到新车排放标准的 1.5 倍时，点亮故障灯、存贮故障码。此外，OBD Ⅱ还要求配置某些附加的传感器硬件，例如附加的加热氧传感器，装在催化转换器排气的下游。采用更精密曲轴或凸轮轴转角传感器，以便更精确地检测是否失火，全部车型配置一个新的 16 位诊断接口。这样，计算机的能力大大提高，不仅能够跟踪部件的损坏，而且满足了汽车排放的严格限制。

四、诊断代码及相关规定

当车辆的 OBD Ⅱ系统发现了问题的时候，立即记录到存储器上。诊断代码指出在什么样的范围内出现了问题，实际问题出在车辆的哪一部分等，给维修人员指出线索。

诊断代码由5位英语字母和数字组成。在OBDⅡ系统中，将车辆分成4个系统（构成要素）。最前面的一位表示是哪一个系统，其后的4位显示详细信息。下面是诊断代码的一个例子（图2-184）。

OBDⅡ程序的设计要求避免系统之间的混淆，要求使用标准的16位诊断接口，下面所介绍的也仅是作为一个具体的例子，供参考

图2-185是车载诊断仪实物的照片。

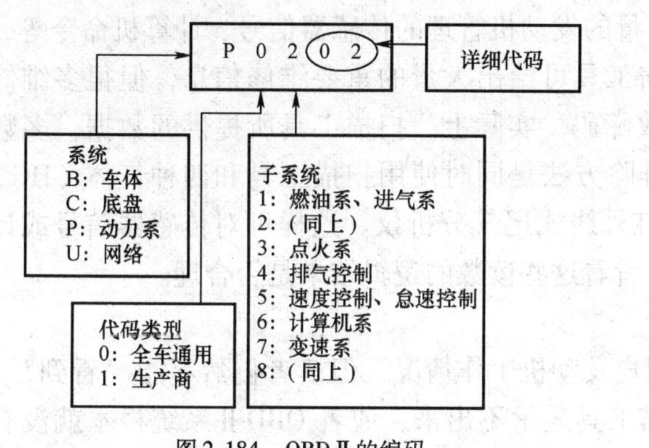

图2-184 OBDⅡ的编码

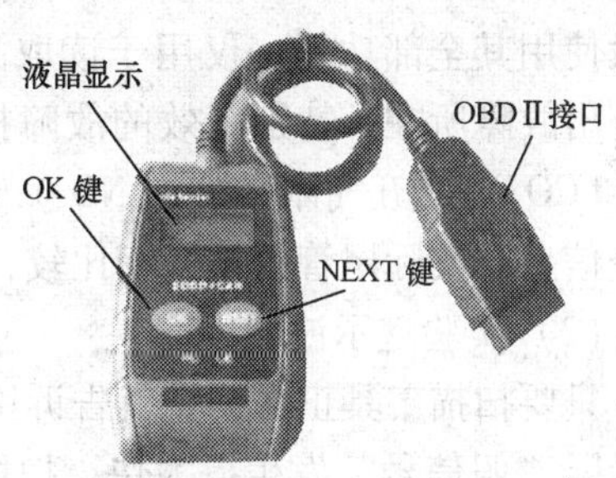

图2-185 车载诊断仪

液晶显示诊断结果。上下两行，每行8个字符；

OK键用来选择菜单代码和返回主菜单；

NEXT键滚动菜单，或取消操作；

OBDⅡ接口和车辆数据接口（DataLink Connector）连接，16针，所有的生产厂家均已经标准化。

（1）通用术语和缩写词

例如，为计算机提供曲轴转角和转速信息的装置称为曲轴位置传感器，缩写均为“CKP”，计算机统一都称为“PCM”。

（2）通用数据诊断接口

每车都装有一个标准形状和尺寸的16位诊断接口，每一位的信号分配相同，并位于相同的位置，装在仪表盘之下，在仪表盘的左边与汽车中心线右侧300mm之间的某处。应当注意的是，诊断接口的某些端子，指定为特定的信号。而其他端子则可让制造商使用，或在当前型号的车上尚未使用。

（3）通用诊断测试模式

这些测试模式，对全部OBDⅡ汽车都是通用的，使用OBDⅡ扫描工具就可测试。

（4）通用扫描工具

满足OBDⅡ要求的扫描工具，必须能访问和解释任何车型与排放相关的诊断故障码，扫描工具有线束可与标准的16位连接器相接。

（5）通用诊断故障码

在对上海别克、广州雅阁等乘用车进行故障诊断时，自诊断系统都可以显示标准OBDⅡ故障代码，如“PO125”、“PO204”，分别代表有转速信号时发动机5min内没达到

10℃和4号喷油嘴输出驱动器不正确的响应控制信号。

（6）标准化协议

要求制造商使用相同的多路通信语言，进行PCM与其传感器和执行器间的通信，以及诊断工具之间诊断信息的发送与接收。

五、诊断设备

（1）扫描工具

OBDⅡ条例规定了故障代码，大量的发动机管理的传感器信号、计算机命令等，并可通过一个通用的扫描工具读出。扫描工具可给出大量的重要维修信息，但很多维修人员并没使用其全部功能，仅用于读取故障码。实际上，扫描工具所提供的数据，多数可用于查出故障所在。特别有效的故障排除方法是同时使用扫描工具和四种气体（HC、CO、O_2和CO_2）或五气体（外加NO_x）红外线式尾气分析仪。这样可对传感器信号或计算机命令信息与实际尾管的排气相比较，看看这些读数的逻辑结果是否合理。

（2）实验室示波器

只要扫描工具正常，它就告诉用户发动机工作情况，但读者仍然不能“看到”问题，或者因“假信号”发生得太快，扫描工具显示不出来，或者OBDⅡ系统根本就没有编程识别这种差异。针对这种情况，使用实验室示波器非常有效。因为取样的频率高，所以信号的每一重要细节都被显示出来，这样高的速度可在发动机运转时识别出任何可造成故障的信号。如果需要，任何时间都可重看波形，因为这些波形都可存于内存中。

典型的现代实验室示波器具有双线或多线功能。即同时可在屏幕上看到两个或多个单独的信号。这样就可观察一个信号如何影响另一个信号。例如可将氧传感器电压信号输入到通道A，将喷油器脉冲输入到通道B，然后观察脉冲是否响应氧传感器信号的变化。

可将实验室示波器看成一个高速可视电压表。能够看到清晰的信号波形，在图形上能捕捉到瞬间干扰、尖峰脉冲、噪声和所测部件的不正常波形。

值得注意的一点：OBD只是在排放不达标时报警，但如果油品不合格，安装OBD就将形同虚设。据了解，国内合资汽车厂近年引进中国的一些车型，也会在欧洲同期销售，它们在生产之初就配备有OBD并达到了欧Ⅲ甚至欧Ⅳ标准，在国产后减去或关闭OBD的一大原因就是为了避免因油品不合格而导致报警，从而带来不必要的麻烦。

六、欧Ⅲ/欧Ⅳ阶段的柴油车OBD

按照国家轻型汽车Ⅲ、Ⅳ阶段排放标准的规定和借鉴欧洲国家实行OBD系统的做法，北京市在执行新标准时，新定型车辆OBD系统同步实施，已经在国Ⅲ环保车型目录中发布的车型推迟一年安装OBD系统。

不采用OBD系统，不影响车辆的正常使用。

北京市鼓励使用安装OBD系统的汽车，对于安装OBD系统的汽车，延长车辆定期排放检测周期，登记注册6年内的车辆，每两年排放检测一次，6年后，每一年检测一次。

（1）欧Ⅲ阶段，柴油系统可能的故障及其相关的在线诊断技术内容（图2-186）：

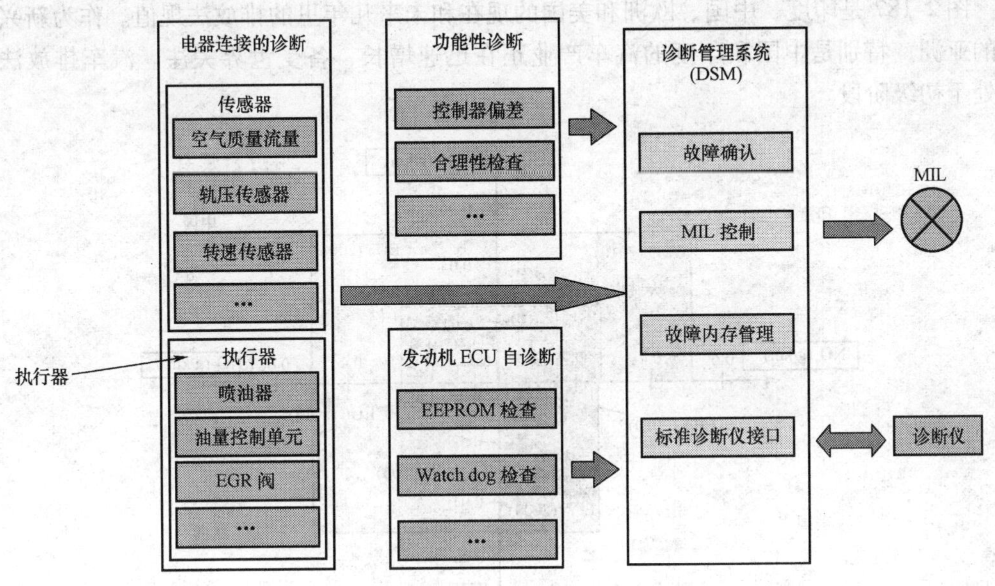

图 2-186　柴油机 OBD 技术及其控制策略

①废气再循环；
②空气流量传感器；
③共轨压力传感器；
④OBD 相关的控制策略（OBD control strategy）；
⑤在用车符合性检查（In-service conformity test）；
⑥检查/保养检测。
（2）欧Ⅳ阶段：柴油车 OBD 的发展：
①系统复杂程度增加；
②被检测部件的增加；
③可变几何截面增压器（如有）；
④颗粒过滤器（如有）；
⑤标定工作增加。

第八节　排放法规策略案例

美、日、欧等国家和地区为了解决柴油机排放问题已经做出了卓越的贡献。20 世纪 70 年代以前，汽车都是自然排放，没有排放法规一词。

从 20 世纪 70 年代开始，由于汽车的社会保有量大幅增加，排放污染环境，在人口密集地区引发疾病；在全球范围内出现气候异常，自然灾害频发，直接危害人类生存。为了应对汽车排污、减轻汽车排放引发的一系列社会问题，为了保护自然环境，制定排放法规。从 20 世纪 60 年代美国加州开始实施排放法规以来，也就是半个世纪的时间，排放法规从无到有，从低级到高级，不断升级，不断强化，直至今天，已经留下了许许多多控制汽车排放，减轻污染的成功经验。

图2-187是印度、中国、欧洲和美国的现在和未来几年里的排放法规值。作为新兴市场的亚洲，特别是中国和印度的汽车产业正在迅速增长，备受世界关注。汽车排放法规也处于初级阶段。

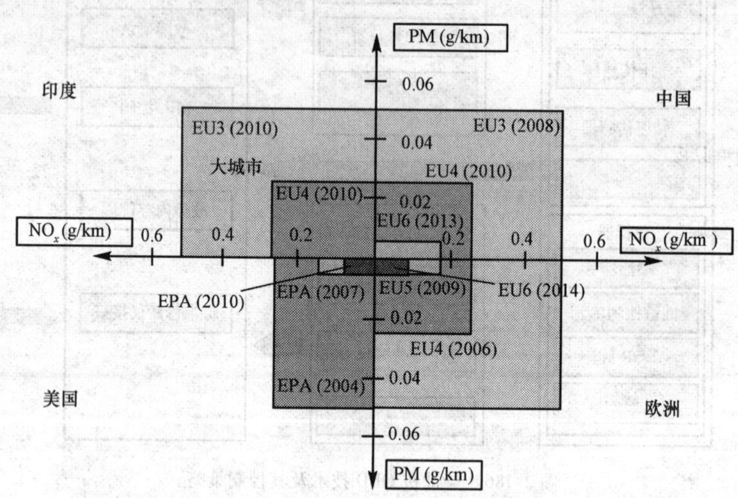

图2-187　中－印－欧－美排放水平

在发动机内通过改善燃烧等技术手段降低排放是一条可行的办法。但是，由于颗粒物排放和氮氧化物之间存在着此消彼长的相互制约关系，所以变来变去只能在图2-188中的双曲线上移动。从右边的曲线跃升到左边的曲线上必须伴随着新的技术突破。

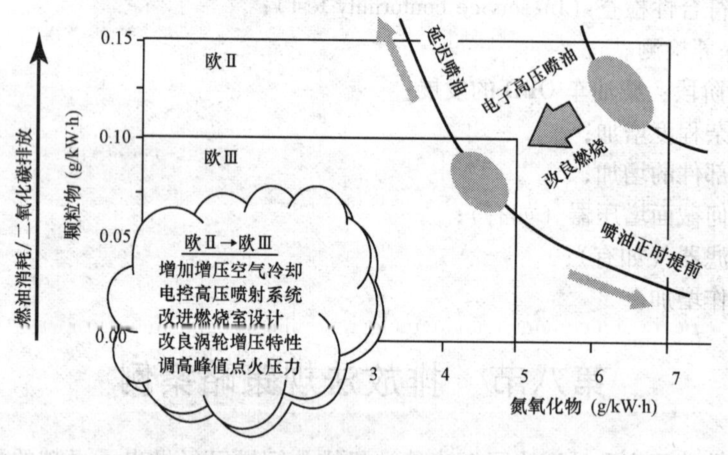

图2-188　从欧Ⅱ提升到欧Ⅲ

图2-189中总结了到目前为止控制排放的四次大的技术突破。每一次技术突破都带来了排放值的跳跃式改善：

第一次突破：电子控制技术＋氧化催化剂——从欧Ⅰ提升到欧Ⅱ；

第二次突破：高压喷油＋4气门技术＋先导喷油＋VGT——从欧Ⅱ提升到欧Ⅲ；

第三次突破：DPF或尿素SCR、低硫柴油等——从欧Ⅲ提升到欧Ⅳ；

第四次突破：NO_x储存催化剂＋压电喷油器＋DPF＋尿素SCR等——欧Ⅳ以上更加严

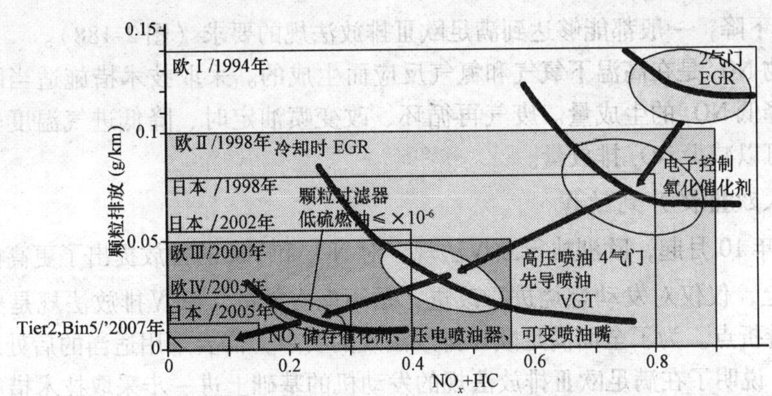

图 2-189 新技术与排放法规升级

格的排放法规。

柴油机排气中的有害成分主要有：PM、NO_x、NMHC、HC 等。但是，集中力量、努力削减的主要成分逐步集中到 PM 和 NO_x 两种成分。在图 2-190 中非常清楚地说明了这种趋势。

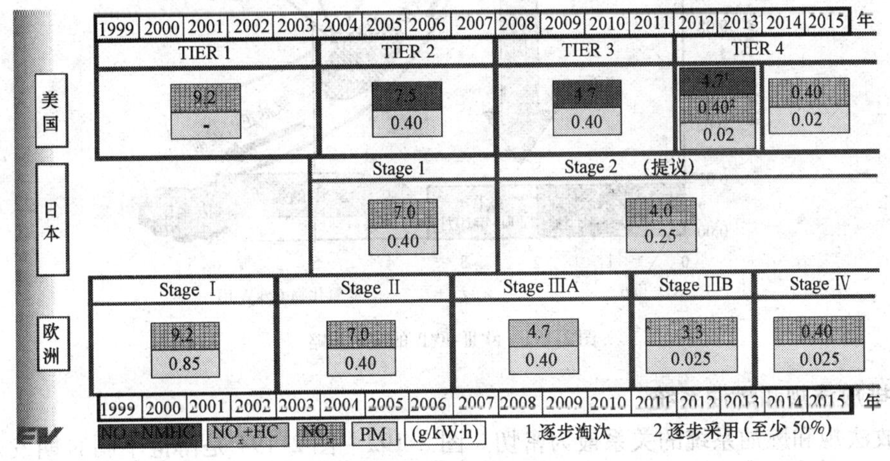

图 2-190 美日欧排放指标的发展趋势

特别值得关注的是颗粒物排放。作为排放控制对象的时间较晚，但是，由于柴油机颗粒过滤器（DPF）的效果很好，所以比较容易降低。十多年来，与开始时的法规值相比已经降低了 99%。但是，由于现在电控共轨系统普及，电控共轨系统的排气中的微小颗粒，长久悬浮在空气中而不沉降，进入人的气管和肺部，逐渐沉着而不去除，后果如何正在成为技术工作者们关心的课题。在图 2-190 中，颗粒排放指标也是十分醒目的。

一、排放法规应对案例

（一）欧Ⅱ提升到欧Ⅲ

为了将满足欧Ⅱ排放法规的发动机提升到满足欧Ⅲ排放法规，一般只要对柴油机进行改进，如加强增压中冷、多气门技术、废气再循环或冷却式废气再循环、采用电控高压喷油系统（例如：共轨系统、电控泵喷嘴、单元泵）等，在降低油耗的同时，NO_x 和

PM 都能有所下降，一般都能够达到满足欧Ⅲ排放法规的要求（图 2-188）。

氮氧化物 NO_x 是在高温下氧气和氮气反应而生成的。采取技术措施适当降低汽缸内温度，可以降低 NO_x 的生成量。废气再循环、改变喷油定时、降低进气温度、改变燃烧室设计等都可以减少 NO_x 排放量。

（二）从欧Ⅲ提升到欧Ⅳ

自 2006 年 10 月起，欧洲执行欧Ⅳ法规，对 NO_x 和 PM 的排放提出了更高的要求。在欧Ⅲ的基础上，仅仅对发动燃烧进行改进，是不能奏效的。欧Ⅳ排放法规是柴油机排放控制技术的转折点。为了全面满足欧Ⅳ排放法规的要求，需要采用适当的后处理装置。

图 2-191 说明了在满足欧Ⅲ排放法规的发动机的基础上进一步采取技术措施，使排放水平提升到满足欧Ⅳ法规要求的基本思路。

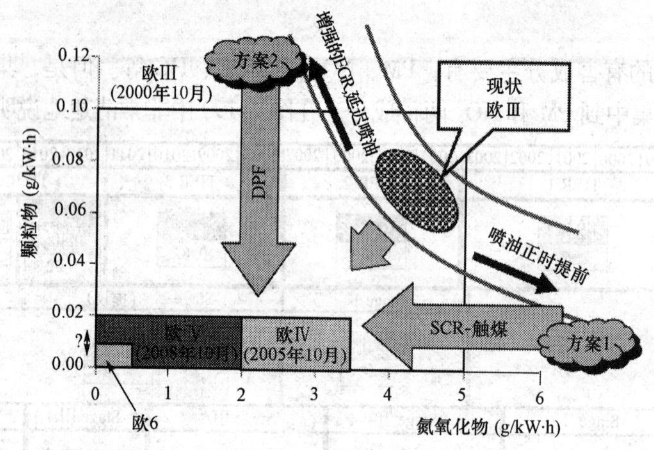

图 2-191　欧Ⅲ-欧Ⅳ的应对策略

1. 排放法规和燃油系统

排放法规和燃油系统的关系最为密切。图 2-192 ~ 图 2-194 是博世不同时期发表的排

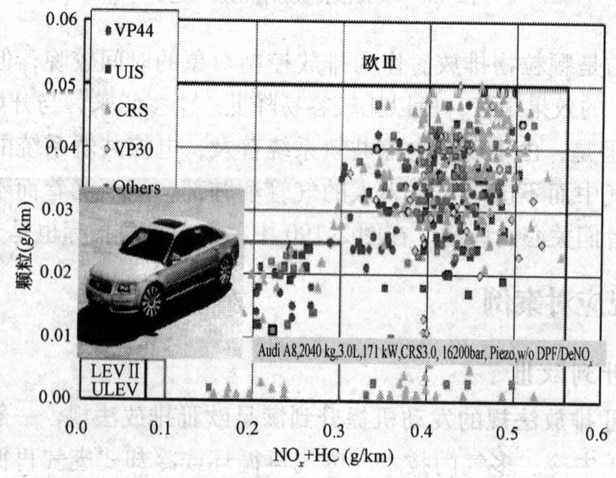

图 2-192　博世：欧Ⅱ-欧Ⅲ和燃油系统

放法规和燃油系统之间的匹配关系。在欧Ⅲ法规时代，主要的燃油系统是电控分配泵：VP30 和 VP44 以及泵喷嘴（UIS）和共轨系统（CRS）。

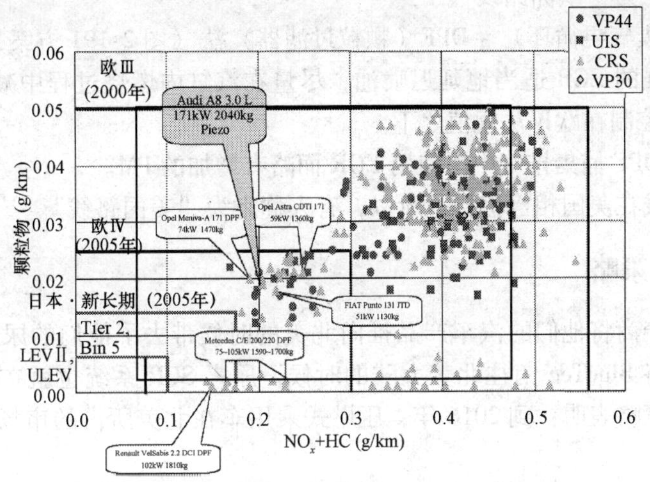

图 2-193　博世：欧Ⅲ-欧Ⅳ和燃油系统

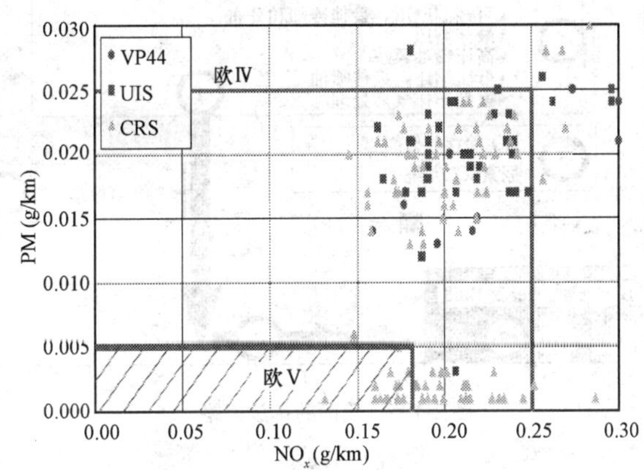

图 2-194　博世：欧Ⅳ-欧Ⅴ和燃油系统

在欧Ⅳ时代，电控分配泵基本上退出了舞台，主要的燃油系统是电控泵喷嘴和共轨系统。

2002 年，博世燃油系统产品中 VP44 占 12.7%，但是到了 2006 年，已经不到 1% 了。在此期间，共轨系统的占有率从 66.1% 上升到 80%。

在欧Ⅴ法规时代，燃油系统几乎成清一色的共轨系统。

2. 两条路线

如果要将柴油机在欧Ⅲ排放法规的基础上提升到满足欧Ⅳ法规，则有两条机外净化技术路线：

（1）尿素 SCR 系统法（图 2-191 方案 1）

先通过超高压喷射并优化燃烧，将喷油正时适当提前，使燃烧过程中生成的 PM 量在预定的法规值之下；但是，为此也需付出一些代价——在燃烧过程中 NO_x 生成量增多了。为此，再使用尿素 SCR 系统来降低排放中的 NO_x。这种解决欧Ⅳ排放法规的策略在欧洲很盛行，有人称之为“欧洲路线”。

（2）EGR（废气再循环） + DPF（颗粒过滤器）法（图 2-191 方案 2）

首先通过增强的 EGR 适当地延迟喷油，尽量在汽缸内燃烧过程中减少生成 NO_x，并将 NO_x 的生成量控制在欧Ⅳ法规值之下。

然后，再用 DPF 捕集排气中因使用 EGR 而略有增加的 PM。

这种技术路线在美国相当盛行。所以，有人称之为“美国路线”。

二、美国的策略

欧洲汽车生产商将他们的汽车产品推向北美的时候带去了他们的尿素 SCR 技术。特别是奔驰等公司将 BlueTec 销往北美大陆的时候，尿素 SCR 系统也就在北美开始落地生根。博世公司的策略表明：到 2016 年，压燃式乘用车在北美所占的市场份额将从目前的 5% 上升到 16%。

图 2-195 中示出了美国解决 PC/LD 柴油车排放的基本策略。

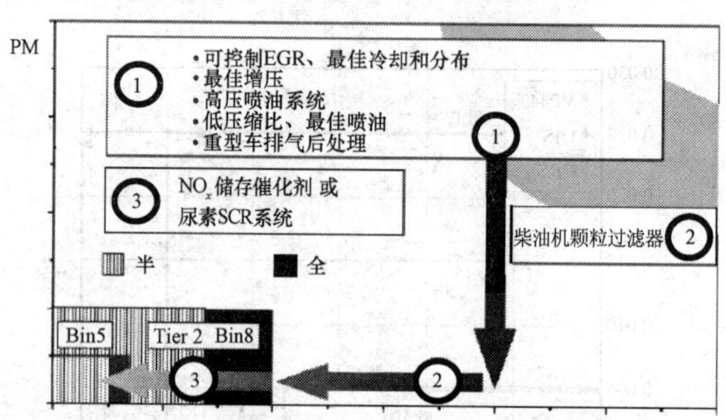

图 2-195　美国的排放策略

第一步：可控 EGR，最佳的冷却和分布；增压、先进的增压手段；高压喷油系统；低压缩比、最佳喷油控制等；

第二步：柴油机颗粒物过滤器——大幅度降低排气中的颗粒物；

第三步：尿素 SCR 系统或 NSR（NO_x 储存催化剂），而且也正在考虑 DPF + SCR 的方案。细心的读者可在本书的其他章节中看到有关介绍。这一步对应着更加严格的排放法规。不久的将来，也许国际上相关机构会采取统一行动，将排放后处理技术列入国际标准进行统一管理。

三、日本的排放对策概略

图 2-196 中示出了日本解决柴油车排放的基本策略。请注意图中无后处理的极限线。一般认为：为了满足欧Ⅳ排放法规就需要采用某种后处理。

为了便于比较美、日、欧围绕欧Ⅳ水平的排放法规值，整理了表 2-30。在该表中列

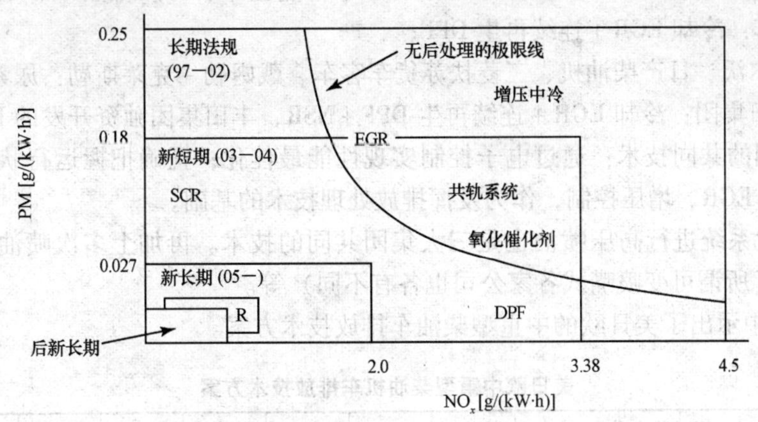

图 2-196 日本柴油车的排放策略

出了日本长期法规及新短期法规的法规值和欧美相应法规值的对比。

美日本欧柴油乘用车的排放法规值比较 表 2-30

	日本（g/kW·h）			欧洲（g/km）		美国（g/kW·h）	
法规	长期	新短期	新长期	欧Ⅲ	欧Ⅳ	US'07	US'10
执行时间	1997 年 ~ 2002 年	2003 年 ~ 2004 年	2009 年至今	2000 年 ~ 2005 年	2005 ~ 2009 年		
PM	0.25	0.18	0.027	0.56	0.025	0.14	
NO_x	4.5	3.38	2.0	0.50	0.25	3.26	

在日本实施长期法规和新短期法规的时候，不用后处理。

但是，为了满足其后更严格的排放法规（新长期法规），则需要排放后处理补助手段。日本国内汽车生产商分成了三个流派（表 2-31）。

日本新长期排放法规的对应技术 表 2-31

生产商		日野中重型车 三菱扶苏中型车 五十铃重型车 日产中型车乘用车生产商的货车和客车	丰田公司	沃尔沃、日产柴油机 戴姆勒－克莱斯勒三菱扶苏货车客车
电控技术、整体性能最佳化		○	○	○
燃烧最佳化	共轨系统、多次喷油、涡轮增压、电控可变喷油嘴	○	○	○
$PM + NO_x$ 对策	冷却 EGR + 连续再生 DPF	○		
	冷却 EGR + 连续再生 DPF + NSR		○	
	尿素 SCR 系统			○

（1）日野中重型车、三菱扶苏中型车、五十铃重型车、日产中型车、乘用车生产商的货车和客车：冷却 EGR + 连续再生 DPF；

（2）沃尔沃、日产柴油机、三菱扶苏货车客车、戴姆勒 - 克莱斯勒：尿素 SCR 系统；

（3）丰田集团：冷却 EGR + 连续再生 DPF + NSR，丰田集团独资开发的 DPNR 系统。

三大集团的共同技术：通过电子控制实现性能最佳化；正确把握运行状态，通过高压燃油喷射、EGR、增压控制，作为发挥排放处理技术的基础。

利用共轨系统进行高压喷油也是三大集团共同的技术。再加上多次喷油、可变喷嘴式涡轮增压（所谓可变喷嘴式各家公司也各有不同）等。

表 2-32 中示出了美日欧的中重型柴油车排放技术方案。

美日欧中重型柴油机车排放技术方案 表 2-32

<table>
<tr><th></th><th></th><th>2004 年</th><th>2005 年</th><th>2006 年</th><th>2007 年</th><th>2008 年</th><th>2009 年</th><th>2010 年</th><th>2011 年</th><th>2012 年</th><th>2013 年</th><th>2014 年</th></tr>
<tr><td rowspan="2">欧盟</td><td>重型汽车</td><td></td><td colspan="3">SCR</td><td colspan="4">SCR</td><td colspan="3">DPF，SCR</td></tr>
<tr><td>中型汽车</td><td></td><td colspan="3">SCR</td><td colspan="4">SCR</td><td colspan="3">DPF，SCR</td></tr>
<tr><td rowspan="2">美国</td><td>重型汽车</td><td colspan="3">EGR</td><td colspan="3">EGR，DPF</td><td colspan="4">EGR，DPF，SCR</td><td></td></tr>
<tr><td>中型汽车</td><td colspan="3">EGR</td><td colspan="3">EGR，DPF</td><td colspan="4">EGR，DPF，NSC or
EGR，DPF，SCR</td><td></td></tr>
<tr><td rowspan="2">日本</td><td>重型汽车</td><td colspan="3">EGR</td><td colspan="3">EGR，DPF 或 SCR</td><td colspan="4">EGR，DPF，SCR</td><td></td></tr>
<tr><td>中型汽车</td><td colspan="3">EGR</td><td colspan="3">EGR，DPF 或 SCR</td><td colspan="4">EGR，DPF，SCR</td><td></td></tr>
</table>

四、应对欧Ⅳ-欧Ⅴ法规的策略

目前，世界上已经有很多车型实现了欧Ⅳ以及欧Ⅴ排放法规。将实际车辆的具体方案进行统计和归纳如下，请参考。

（1）欧洲的中重型柴油车满足欧Ⅳ和欧Ⅴ法规的技术方案：

四气门 + 增压中冷 + 电控共轨系统（或单体泵、或泵喷嘴）+ 可变截面增压器（VGT）（或旁通阀增压器）+ 尿素 SCR 系统。根据统计，该方案约占 80%。

（2）美国的中重型柴油车满足 EPA-07 排放法规的技术方案：

四气门 + 增压中冷 + 电控共轨系统（或单体泵、或泵喷嘴）+ 可变截面增压器（VGT）（或 2 级增压器）+ 冷却式 EGR + DPF。根据统计，该方案应用比例很高。

（3）日本的中重型柴油车满足新长期法规（JP-05）排放法规的技术方案：

四气门 + 增压中冷 + 电控共轨系统 + 可变截面增压器（VGT）+ 冷却式 EGR + DPF。表 2-33 中搜集整理了世界上著名汽车商满足欧Ⅳ排放法规的策略。从中可以看到：基本上都采用一种后处理装置。

著名企业的欧Ⅳ策略　　表2-33

企业名称	欧Ⅳ策略
MAN，Volvo Iveco，DAF，Scania	SCR但无EGR，常规发动机 + 空气系统 + 喷油系统，经济性好，但是需要附加基础设施
MAN	EGR + PM催化剂 常规发动机 + 空气系统 + CRS需要颗粒物过滤器（含氧化催化转化器）
Scania	EGR但无后处理装置 高压燃油系统 + 先进的空气系统

图2-197中列出了近10年左右美日欧柴油机排放后处理的技术方案。从中可以看到：解决欧Ⅳ水平级的排放策略基本就是两条：DPF和SCR。初期阶段两者用其一。为了对付更加严格的排放法规，两者同时并用，甚至还要再加上其他的手段。这可能就是未来排放的基本趋势。

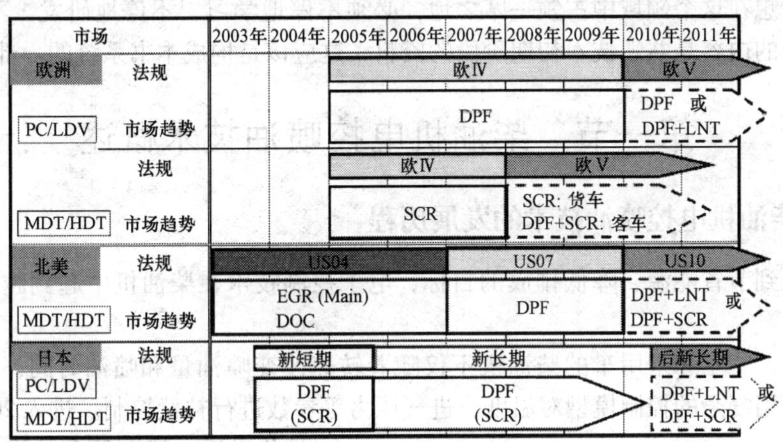

图2-197　美日欧市场排放法规的现状与未来

以上介绍了应对越来越严格的排放法规的多种策略。提供给读者们在解决中国的排放问题时参考。

第三章 燃油系统主要组成部分

柴油机电子控制喷油技术从诞生以来，时间不长，但已经取得了巨大的进步。

20世纪90年代中期以来，电控共轨系统进入产业化新阶段。以其不可抗拒的迅猛之势，将统治柴油机70年的机械式燃油系统赶出了舞台。

共轨系统技术发展迅速。今天开发的新技术，三年后就会失去作用，被更新的技术所代替。要想在这个领域中占领一席之地，必须不停地学习，不停地研发，不停地创新。本章所介绍的内容是共轨技术初期阶段的资料，这应该是构成本书系统的一部分。

第一节 柴油机电控喷油技术概述

一、柴油机电控喷油技术的发展历程

为了达到节省能源、降低排放的目标，电子控制技术在柴油机中起到越来越重要的作用。

近年来，货车和乘用车的柴油机不仅随着转速改变喷油量和喷油时间，而且随着负荷的变化采用复杂的控制模型对温度、进气压力等参数进行补偿控制。进入20世纪80年代以后，越来越多的汽车柴油机采用电子控制，而且电子控制的项目愈来愈多（图3-1）。这些技术在不同的柴油机上、在不同的条件下逐步实施，使柴油机的电控喷油技术水平一步一步地推高。柴油机电控喷油装置一代又一代的向前发展。终于产生了一代全新的柴油机燃油系统——柴油机电控共轨式燃油系统。

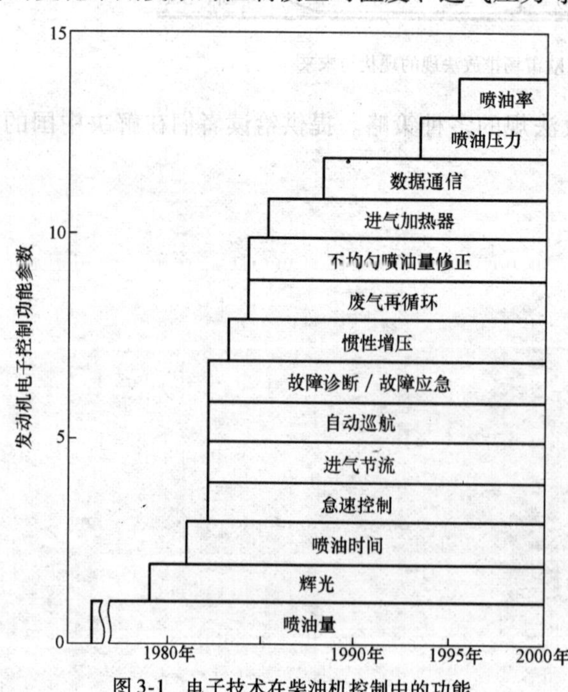

图3-1 电子技术在柴油机控制中的功能

各种不同用途的柴油机对燃油系统的要求不同，电控喷油装置的应用情况也不尽相同（图3-2）。

今后，为了满足各种社会要求，电子控制的功能还将不断扩大，机构也会越来越复杂。

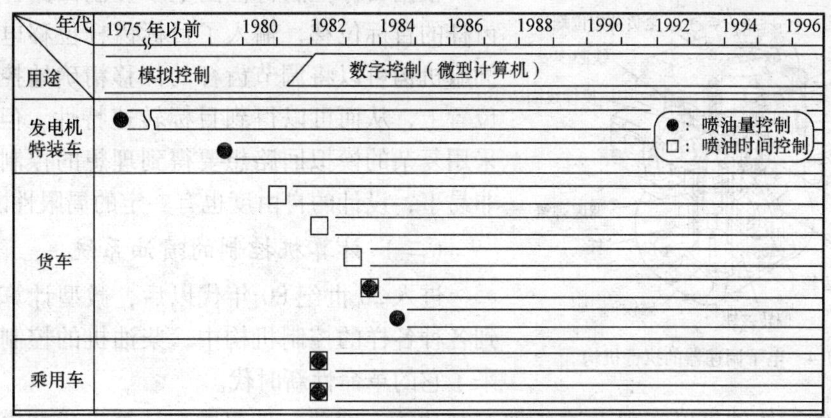

图 3-2　电子控制技术在柴油机中的应用情况

二、电控喷油系统的原理和实践

在传统概念中，柴油机依靠自身压缩、着火、燃烧而作功。作为一台性能优良的柴油机来说，其基本标志就是油耗低、具有良好的可靠性和耐久性，而与电气系统没有多大关系。但是，随着时代的发展，对柴油机的噪声、排放和提高性能的要求愈来愈高，将电子技术应用于柴油机，以求满足上述的时代要求已成必由之路。

在柴油机燃油系统电子化的道路上，与汽油机相比有着很大的差异：在汽油机中采用喷油器代替化油器，导致燃油系统巨大的变化，这个转型比较顺利，所用时间也比较短。但在柴油机中要求高精度地控制高压燃油喷射是非常困难的，而且由于传统的机械式柴油机燃油喷射系统具有非常优越的控制性能，所以，像汽油机那样在柴油机中采用电子控制喷射系统直到 20 世纪 90 年代才得到发展。

（一）采用模拟电路控制的喷油系统

最初投入使用的柴油机电子控制系统始于 20 世纪 70 年代。采用模拟电子控制回路、传感器和执行器代替控制喷油量的调速器（图 3-3）。

该系统是为特殊用途的柴油机设计的。例如：消防汽车的送水控制、固定发电用柴油机的控制等。采用电子控制系统代替机械式调速器控制机构可以更加精密地控制柴油机的转速。

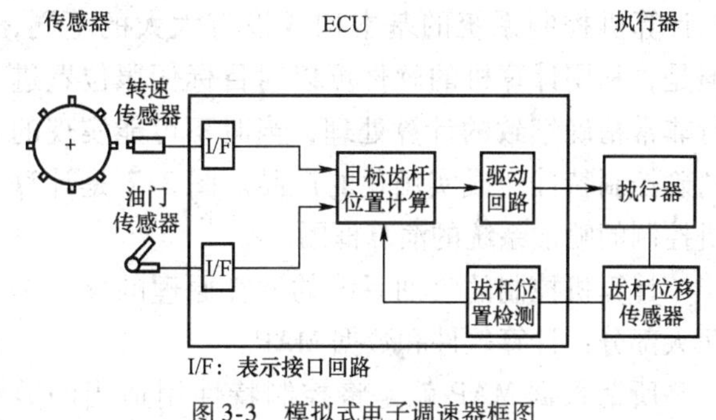

图 3-3　模拟式电子调速器框图

模拟伺服式控制系统的基本构成是：采用电磁执行器控制喷油泵的调节齿杆，由传感器检出调节齿杆的位移，通过反馈系统把调节齿杆的位移当着目标喷油量进行控制。在电子回路中，作为控制发动机的基本信号有：油门位置（输入目标控制转速）和实际发动机转速（图 3-4）。

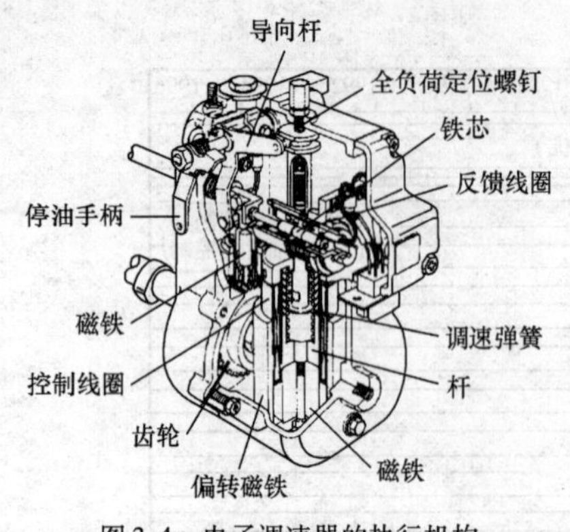

图 3-4　电子调速器的执行机构

根据目标控制特性由电子控制回路计算出调节齿杆的目标位移，输入了目标齿杆位移电压的电子伺服机构可以将调节齿杆的位移精确地控制在目标位置上，从而可以得到目标转速特性。但是，即使采用复杂的模拟回路想要得到理想的控制特性也绝非易事，设计的自由度也有一定的局限性。

（二）计算机控制的喷油系统

进入 20 世纪 80 年代以后，微型计算机被应用到各种各样的控制机构中，柴油机的控制技术也迎来了它的革命性新时代。

通过编写软件可以实现上述各种控制功能，因此，采用微型计算机代替模拟控制电路。在模拟电路中设计自由度低的问题大大改善。采用计算机的柴油机电子控制系统已经可以圆满地解决 20 世 80 年代的提出的噪声和排气净化的要求。

图 3-5 是柴油机的采用计算机电控喷油系统的构成框图，图 3-6 是采用计算机控制的电子调速器的执行机构。

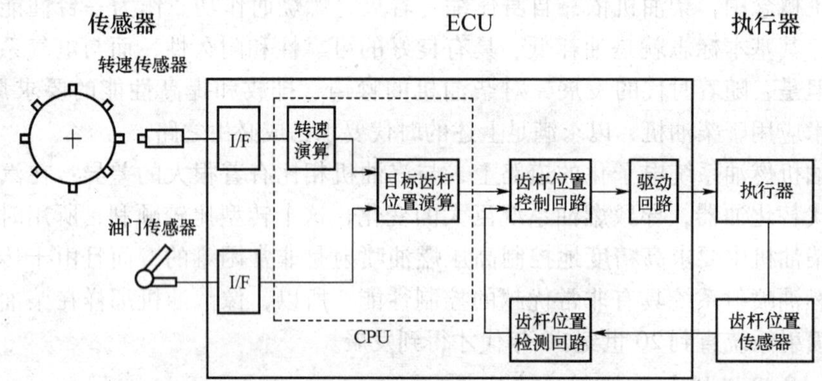

图 3-5　计算机控制的电子调速器系统框图

采用伺服机构控制调节齿杆的模拟控制电路与计算机控制系统的基本构成没有太大的不同，但是，利用计算机的软件可以对目标伺服位置进行非常精确细致的计算处理，当时不可能实现的精确控制特性变成实用化的产品。图 3-7 是计算机控制的喷油系统的演算框图。

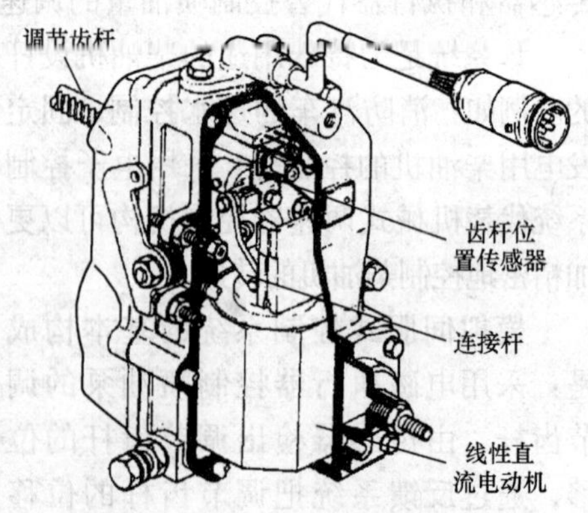

图 3-6　计算机控制的电子调速器的执行机构

计算机控制的喷油系统的演算原理的核心是两大部分：计算软件和数据 MAP。

所谓数据 MAP 就是将控制特性用适当的数组记录下来，并预先存储在计算机的存储器内，根据油门开度和发动机转速从 MAP 数组中计算出目标位置。也就是说，使发动机性能能够达

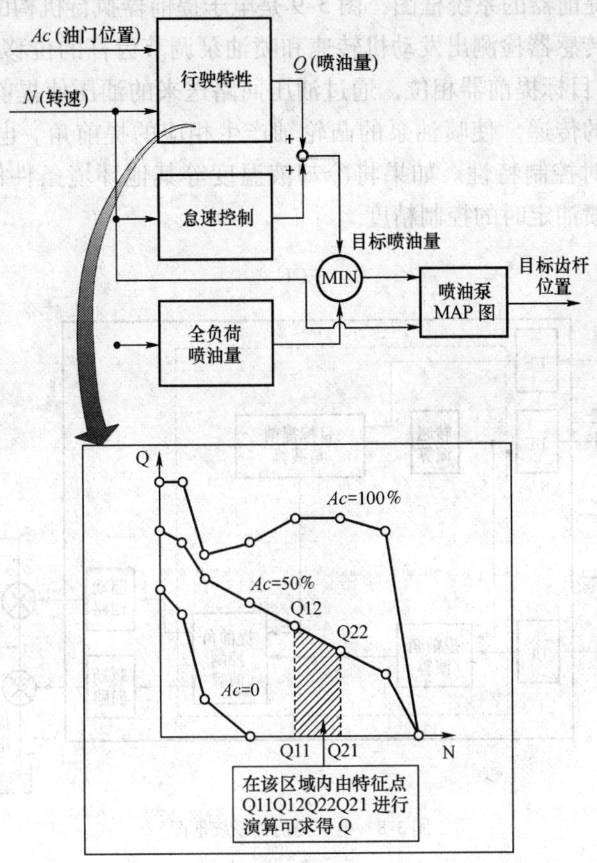

图 3-7 调速器控制的演算原理图

到最佳的调速器特性曲线图预先输入到计算机的存储器中。

计算机的存储容量是有限制的，所以，不能无限制地将特性数据输入到计算机中，只能将具有代表性的特征点的数据输入到计算机的存储器内，对于数据和数据之间的工况，采用内插法计算求取。也就是说，采用折线近似地代替复杂的调速器特性曲线。

顺便说明一下，上述的数据 MAP 法在现在最新的喷油控制系统中也在使用，几乎没有什么变化，这是一种最基本的，也是最有效的技术方法。

（三）喷油定时的电子控制

为了做到最佳控制发动机的噪声和排放，必须根据发动机的实际运行工况控制喷油定时。在柴油机的机械式喷油系统中，利用机械式或油压式提前器使发动机的驱动轴和喷油泵的凸轮轴之间产生相位差，从而控制喷油定时。

机械式提前器中，主要是利用飞块的离心力控制喷油定时。所以，喷油定时只是根据转速的变化而改变，与其他参数无关。相对于此，和电子调速器的控制功能一样，电子控制喷油定时系统的自由度大大提高了。也就是说，利用电子、油压伺服机构代替机械系统中的飞块，通过计算机的计算结果控制喷油定时，则可以使发动机的排放、噪声达到最佳化。

图 3-8 是电子提前器的系统框图，图 3-9 是电子提前器执行机构的结构图。该系统的动作原理如下：由传感器检测出发动机转速和喷油泵调节齿杆的位移，根据当时的状态，从数据 MAP 中求出目标提前器相位，通过油压回路送来的油压使提前器活塞动作，经过大凸轮的偏心凸轮的传递，使喷油泵的凸轮轴产生相应的提前角。电子提前器可以得到比较理想的喷油定时控制特性。如果将冷却液温度等其他环境条件作为初始条件输入，则可以进一步提高喷油定时的控制精度。

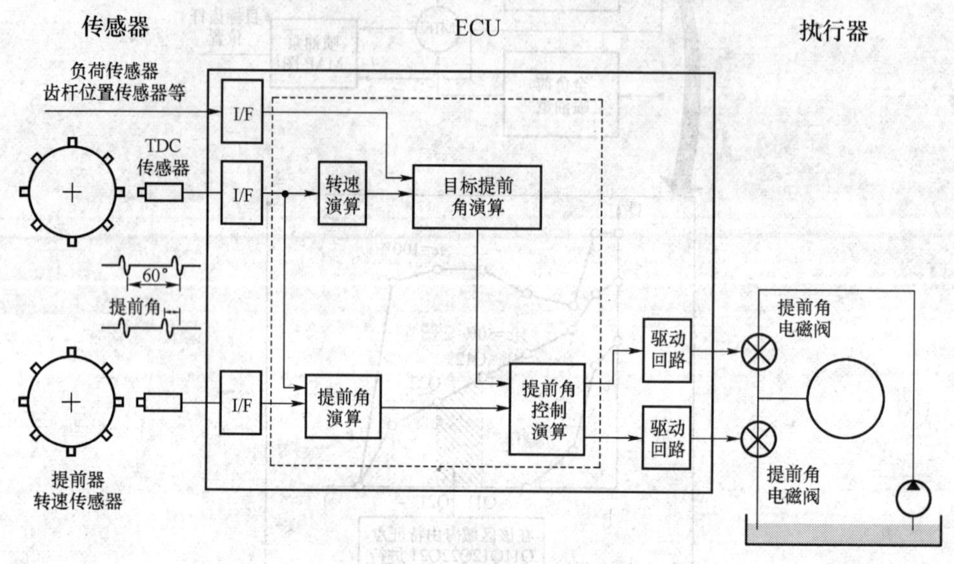

图 3-8　电子提前器系统框图

（四）综合电子控制系统

在分别实现了喷油量和喷油定时的电子控制之后，当然就会考虑到用一个电子控制系统同时控制两个参数。

图 3-10 正是基于上述考虑而设计的综合电子控制系统的框图，作为其一例的电控分配泵的结构如图 3-11 所示。

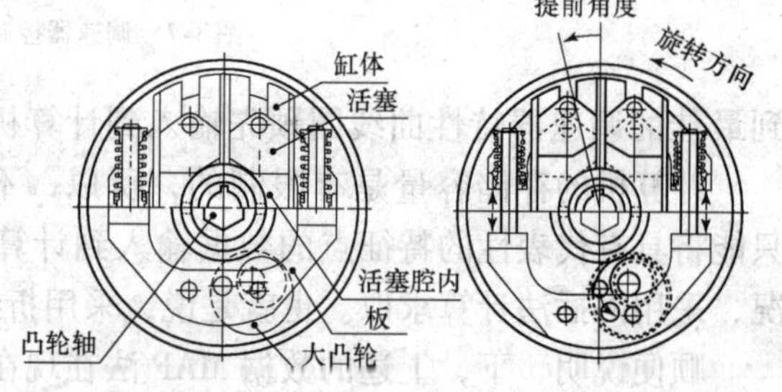

图 3-9　电子提前器执行机构图

该综合电控系统中，不仅传感器和电子回路公有化，而且将调速器控制和喷油定时控制有机地结合起来，控制精度更高，控制自由度更大。

根据油门开度和发动机转速确定最佳喷油量的同时，还考虑到喷油量和冷却液温度、转速等参数的相互关系，然后计算出使排放值达到最好的喷油定时，并加以控制。

再进一步，在该系统中还可以加上 EGR 和增压器等附加装置的控制、怠速工况的定速控制、自动巡航控制等附加功能，逐步发展成发动机综合控制系统。

（五）电磁阀控制喷油系统

上述介绍的电子控制式喷油系统应该称之为黎明时期的电控喷油系统。基本特点是通过电子伺服机构对调节齿杆或调速器滑套进行位置控制。该类系统的主要组成是：电

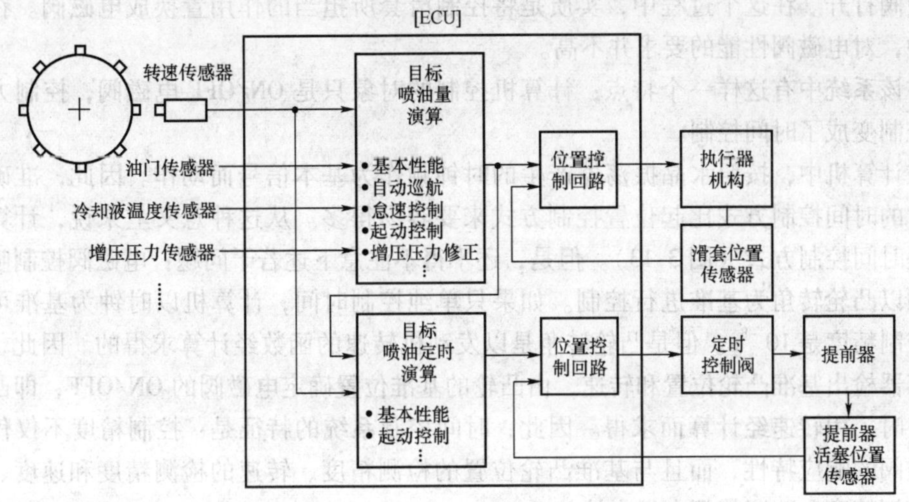

图 3-10 综合电子控制系统的系统框图

磁阀式执行器、位置传感器和伺服回路，相对来说机构是比较复杂的。

为此，电子技术又向前发展了一步，采用更加简单的机构——电磁阀控制喷油系统。正如大家所知，所谓电磁阀就是根据电流的通电或不通电使油压回路接通或切断。其原理是非常简单的。将电磁阀的基本功能应用于燃油压送回路，则计算机就可以直接控制燃油喷射。也就是说，柱塞升起，当关闭进油孔时，压油开始；在进油孔打开时，压油结束。因此，电磁阀完全可以用来控制喷油量和喷油定时。但是，柴油机的喷油压力从数百大气压到 2000 大气压左右，若要采用电磁阀直接控制这样高的压力，则要求电磁阀具有足够大的控制作用力；在控制喷油量和喷油定时的精度方面，则要求电磁阀具有几个微秒（μs）的响应特性。在 20 世 80 年代，将该原理用于分配泵控制，开发了高速电磁阀及其电子控制回路。但是，并没有达到采用电磁阀完全同时控制喷油量和喷油定时的日的。

在电控分配泵产品中，喷油定时的控制部分采用传统的油压伺服机构，电磁阀开启只控制喷油结束（即电磁阀开启，表示喷油结束），从而控制喷油量（图 3-12）。

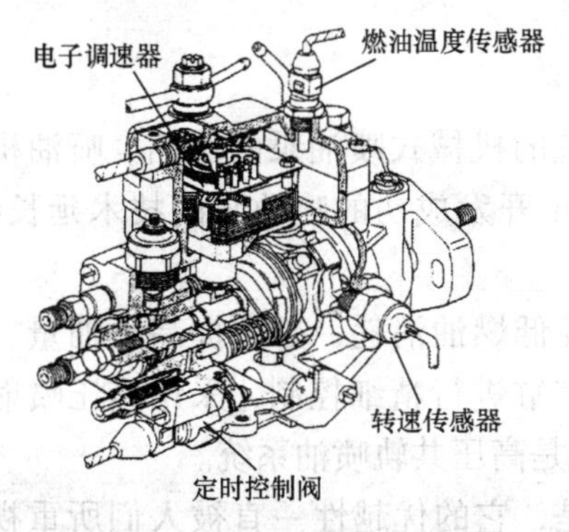

图 3-11 综合电子控制系统的喷油泵

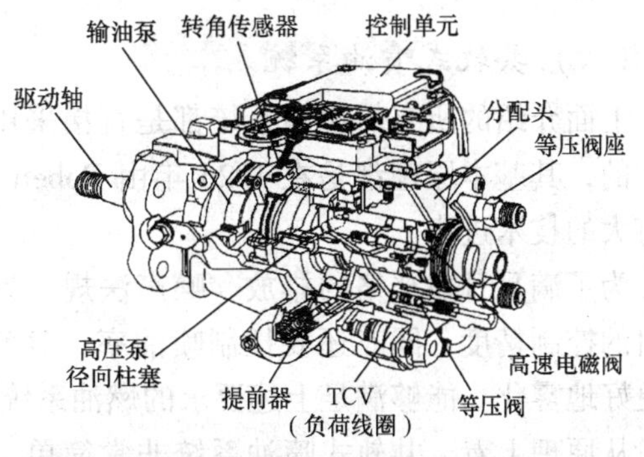

图 3-12 时间控制式分配泵结构图

对于电磁阀，切断电流时的响应是非常快的，利用这一特性，在压油开始前油压比较低的时候，使阀开启，柱塞升起的过程之中对燃油加压，当达到目标喷油量时切断电流，使阀打开。在这个过程中，实质是将控制滑套所担当的作用置换成电磁阀。在这种方法中，对电磁阀性能的要求并不高。

在该系统中有这样一个特点：计算机控制的对象只是 ON/OFF 电磁阀，控制方式从位置控制变成了时间控制。

在计算机中，按照水晶振荡器产生的时钟频作为基本信号而动作。因此，准确地控制定时的时间控制方式比起位置控制方式来要容易得多。从这种意义上来说，计算机控制就是时间控制方式（图 3-13）。但是，还不得不注意下述若干问题：电磁阀控制喷油定时必须以凸轮转角为基准进行控制。如果只单纯控制时间，计算机以时钟为基准可以达到的控制精度是 10^{-8}s。但是凸轮转角是以发动机转速的函数经计算求得的。因此，必须由传感器检出基准凸轮位置和转速，由凸轮的基准位置确定电磁阀的 ON/OFF，即凸轮的角度定时，用转速经计算而求得。因此，时间控制系统的特征是：控制精度不仅仅决定于电磁阀的响应特性，而且与基准凸轮位置的检测精度、转速的检测精度和速度、计算机的演算精度和速度等都有很大的关系。

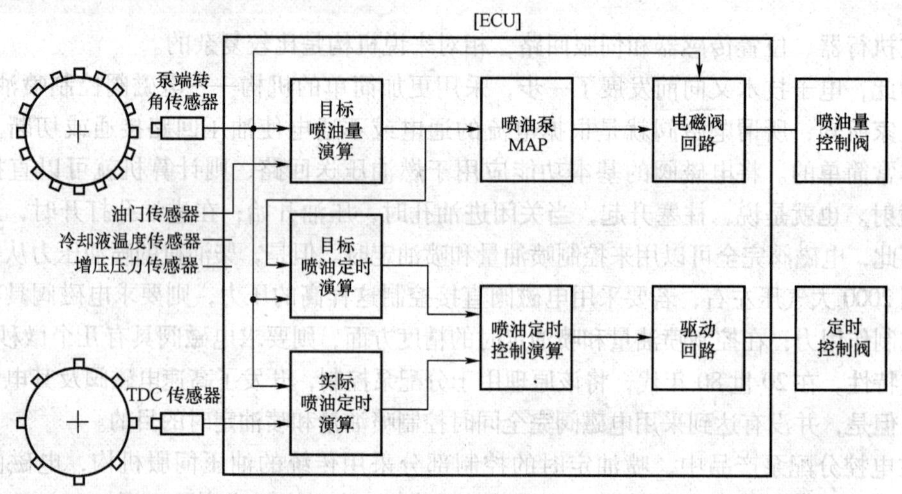

图 3-13　时间控制系统的时间控制框图

（六）共轨式喷油系统

上面介绍的所有的喷油系统都是直接采用传统的机械式喷油泵的压油、喷油机构而工作的，其基本原理都是在 1926 年由 Robert Bosch 开发成功的喷油泵的技术延长线上，没有大的技术进步。

为了满足日益严格的排放、噪声法规，为了降低燃油消耗，必须提高喷油量、喷油定时的控制精度，同时还要控制喷油率，对各个汽缸进行精细控制，采用高压喷射使燃油更好地雾化。能够满足上述要求的燃油系统只能是高压共轨喷油系统。

从原理上看，共轨式喷油系统非常简单，但是，它的优越性一直被人们所重视。为了实现采用共轨系统直接控制柴油机的高压喷油，必须要有高超的电子技术、高速而且具有良好控制力的电磁阀技术、能够准确检测高压的传感器等，总而言之，必须具有综合的高新技术作为前提。

电控共轨式喷油系统于20世纪90年代中后期才正式进入实用化阶段。图3-14是电控共轨系统的控制框图。由发动机驱动的高压供油泵将燃油加压后供入共轨内，到目前为止，共轨内的燃油压力可以维持在130～160MPa范围内。

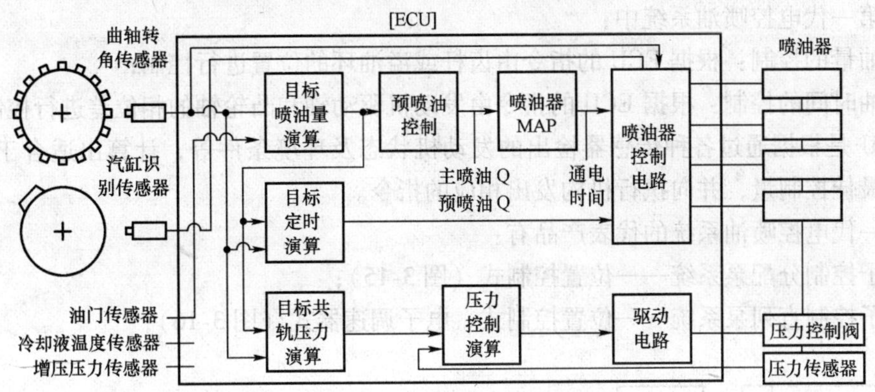

图3-14　共轨系统的控制框图

变成了高压的燃油经喷油嘴喷射到相应的汽缸内。喷油器是由计算机单独控制的。共轨系统的特征是：与传统的喷油泵系统不同，高压的产生和喷油控制是分别独立进行的。由此，可以根据发动机的负荷以及转速等各种各样的运行工况，在20～140MPa的宽广范围内改变喷油压力，可以实现预喷油、主喷油以及多次喷油等，根据需要改变喷油率的形状。为了改善柴油机的排放，可以自由自在地改变喷油参数和喷油形态。向着洁净的柴油机时代，可以高自由度地控制燃油喷射，在一次工作循环中可以实现多次喷油（3次、5次或更多次），可以实现标定转速4000r/min——相当于4．2μs的高速控制，将柴油机的燃烧效率、排放性能大大提高一步。

三、电控喷油系统的三代历史

到目前为止，柴油机电子控制喷油系统已经经历了三代变化（表3-1）。

柴油机电控喷油系统的开发与应用　　表3-1

	控制特点	喷油量	喷油时间	喷油压力	喷油率	代表产品	1980年	1985年	1990年	1995年	2000年	2005年	2010年	2015年	2020年
第一代	凸轮压油+位置控制	可	可	不可	不可	COVEC-F									
		不可	可	不可	不可	ECD-P1									
		可	可			TICS									
第二代	凸轮压油+电磁阀时间控制	可	可	不可	不可	ECD-V3									
		可	可			EUI									
第三代	燃油蓄压+电磁阀时间控制	可	可	可	可	ECD-U2									

（一）第一代：凸轮压油 + 执行机构位置控制

第一代电子控制式燃油喷射装置中，将机械式调速器和提前器换成电子控制的机构。燃油的压送机构和机械式喷油系统相同。

在第一代电控喷油系统中：

喷油量的控制：根据 ECU 的指令由齿杆或溢油环的位置进行控制；

喷油时间的控制：根据 ECU 的指令由发动机驱动轴和凸轮轴的相位差进行控制；

ECU 是根据通过各种传感器检出的发动机状态及环境条件等，计算出适合于发动机状态的最佳控制量，并向执行机构发出相应的指令。

第一代电控喷油系统的代表产品有：

电子控制分配泵系统——位置控制式（图 3-15）；

电子控制直列泵系统——位置控制式、电子调速器式（图 3-16）；

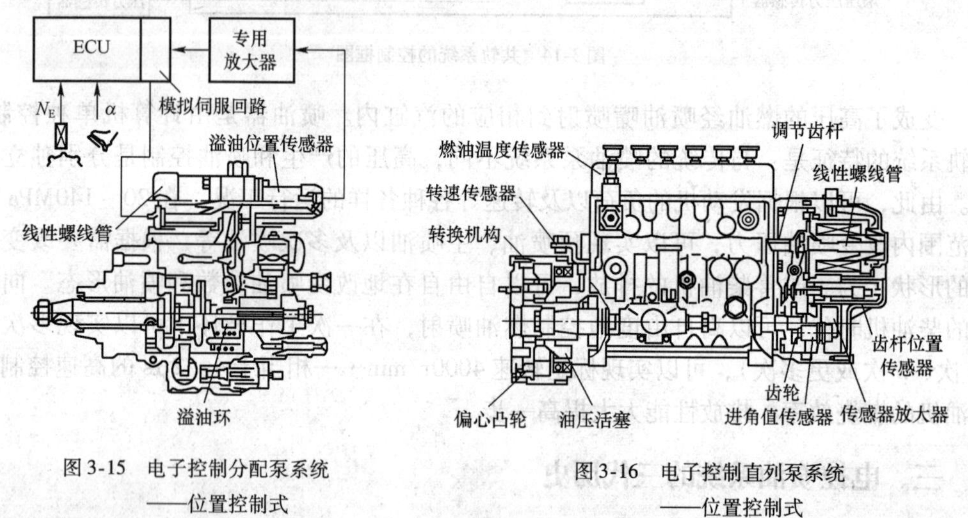

图 3-15　电子控制分配泵系统——位置控制式

图 3-16　电子控制直列泵系统——位置控制式

电子控制直列泵系统——位置控制、可变预行程式（图 3-17）；

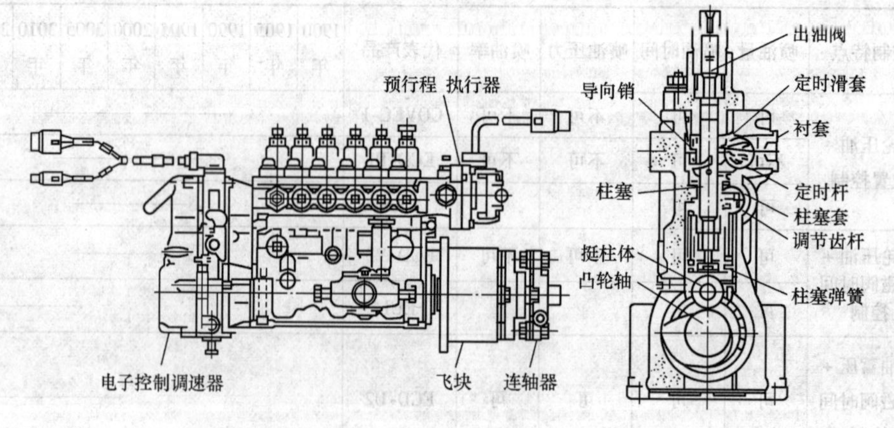

图 3-17　电子控制直列泵系统——位置控制、可变预行程式

(二) 第二代：凸轮压油 + 电磁阀时间控制

第二代电控喷油装置是在第一代位置控制式的基础上发展起来的。采用高速电磁阀对喷油量和喷油时间进行时间控制。由于采用了高速电磁阀，其控制自由度较第一代有了阶跃式的提高；

第二代电控喷油装置的代表产品有：

电控分配泵系统——时间控制式（图 3-18）；

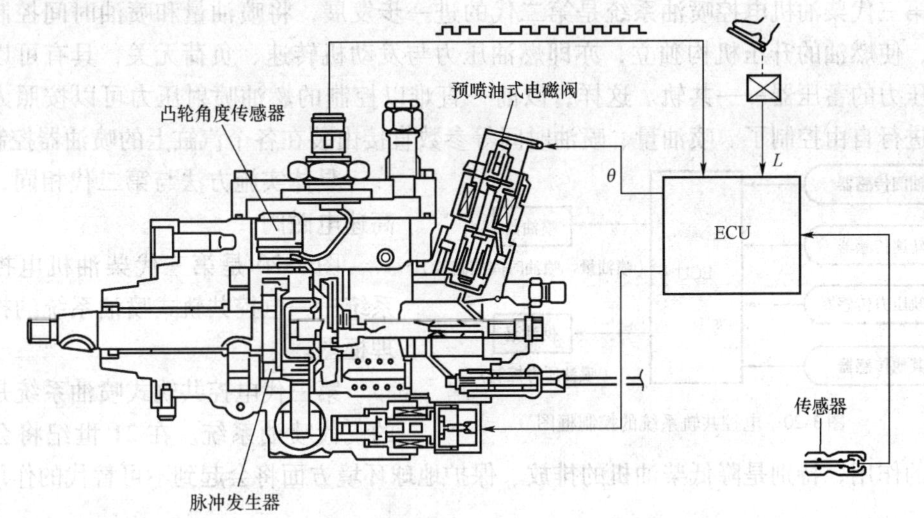

图 3-18 电子控制分配泵系统——时间控制式

电子控制泵喷嘴系统——时间控制式（图 3-19）；

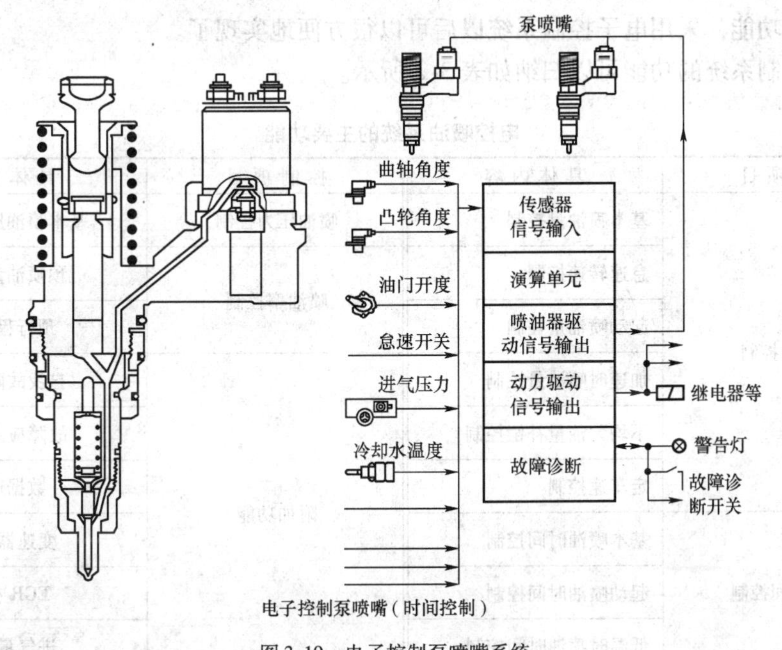

图 3-19 电子控制泵喷嘴系统

第二代电控喷油装置的特征是：燃油升压是通过喷油泵或发动机的凸轮来实现的。升压开始的时间（与喷油时间对应）以及升压终了时间（从升压开始到升压终了的时间与喷油量相当）是由电磁阀的ON/OFF控制的，也就是说，喷油量和喷油时间是由电磁阀直接控制的。

因为每一次喷油都要调节电磁阀，所以就有可能实现减缸控制等，使每一次喷油参数都能达到最佳。

（三）第三代：燃油蓄压＋执行电磁阀时间控制

第三代柴油机电控喷油系统是第二代的进一步发展，将喷油量和喷油时间控制融为一体，使燃油的升压机构独立，亦即燃油压力与发动机转速、负荷无关，具有可以独立控制压力的蓄压器——共轨。这样，以前一直难以控制的燃油喷射压力可以按照人们的意志进行自由控制了。喷油量、喷油时间等参数直接由装在各个汽缸上的喷油器控制；具体实施方法与第二代相同，采用高速电磁阀。

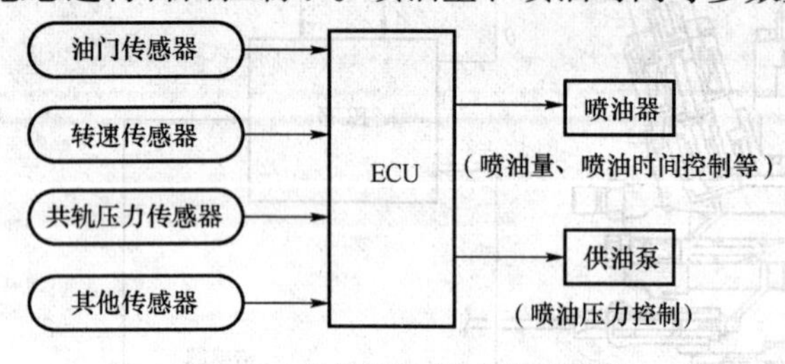

图3-20　电控共轨系统的控制框图

图3-20是第三代柴油机电控喷油系统——电控共轨式喷油系统的控制原理框图。

第三代电控共轨式喷油系统是全新的一代喷油系统。在21世纪将会发挥巨大的作用，特别是降低柴油机的排放、保护地球环境方面将会起到不可替代的作用。

第二节　电子控制系统的基本理论

采用灵活的电子控制功能可使燃油系统控制自由度大大增加。以前，人们根本无法想像的控制功能，采用电子控制系统以后可以很方便地实现了。

电子控制系统的功能可以归纳如表3-2所示。

电控喷油系统的主要功能　　表3-2

控制项目	具体内容	控制项目	具体内容
喷油量控制	基本喷油量控制	喷油压力控制	基本喷油压力控制
	怠速转速控制	喷油率控制	预喷油量控制
	起动喷油量控制		预行程控制
	加速时喷油量控制	附加功能	自我故障诊断
	不均匀油量补偿控制		故障应急系统
	定车速控制		数据通信
喷油时间控制	基本喷油时间控制		变速器控制
	起动喷油时间控制		EGR控制
	低温时喷油时间控制		进气量控制

一、喷油量控制

电子控制系统的喷油量控制方法如图 3-21 所示。根据各种传感器的信息，ECU 计算出目标喷油量；为了得到目标喷油量，计算出喷油装置需要多长的供油时间，并向驱动单元发送驱动信号；根据 ECU 送来的驱动信号，喷油装置中的电磁阀开启或关闭，控制喷油装置供油开始、供油结束的时间，或只控制供油结束时间，从而控制喷油量。

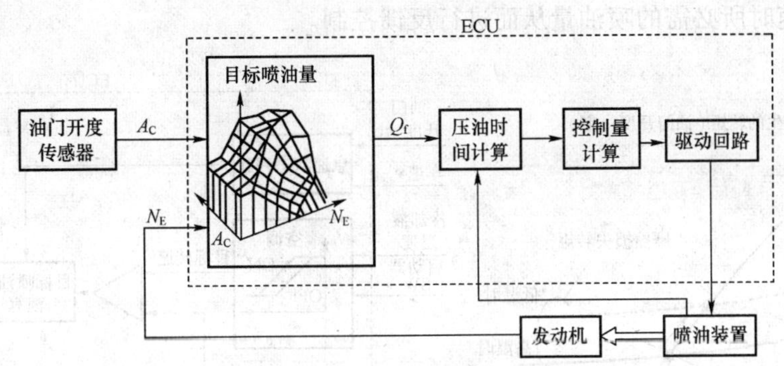

图 3-21　目标喷油量控制框图

在电子控制燃油喷射系统中，目标喷油量特性已经数值化，绘成三维图形（即 MAP 图）。所以，可以得到自由的喷油量特性。

（一）基本喷油量控制

不同的发动机要求不同的转矩特性。为了得到不同的转矩特性通常是通过控制喷油量来实现的。

代表的特性如图 3-22 所示。特别是等速特性，与发动机负荷无关，始终保持恒定的转速。该特性广泛地应用于发电机用发动机中。在机械式调速系统中调速率约为 3%；负荷变化，转速随之变化。但在电控喷油系统中，通过发动机转速的反馈控制，可以得到恒定不变的转速。

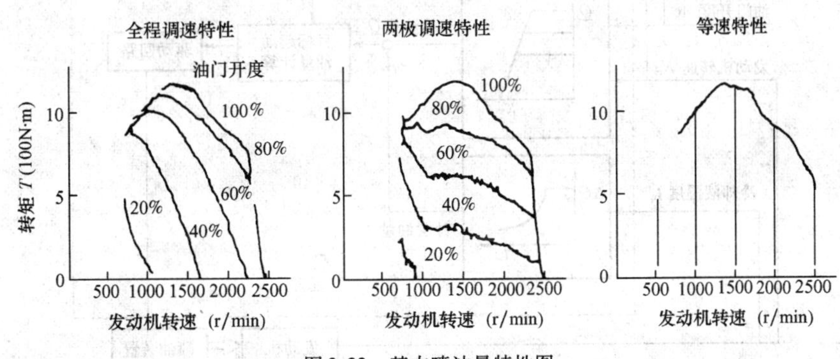

图 3-22　基本喷油量特性图

（二）怠速转速控制

在怠速工况下，发动机产生的转矩和发动机自身的摩擦转矩平衡，维持稳定的转速。如图 3-23 所示，如果在低温下工作，润滑油的黏度大，发动机的摩擦阻力大，怠速工况下，发动机转速不稳，乘车者感到不舒服；而且，发动机起动时容易失速。相反，如果发动机怠速转速高，则发动机噪声大，燃油消耗率高。为了克服上述问题，即使发动机负荷转矩发生了变化，还要保证维持目标转速所需要的喷油量，这就是怠速转速自动控制功能。

怠速转速的控制框图如图 3-24 所示。发动机的实际转速和发动机的目标转速（由发动机的冷却液的温度、空调压缩机的负荷状态决定）进行比较，根据两者的差值求得回复到目标转速时所必需的喷油量从而进行反馈控制。

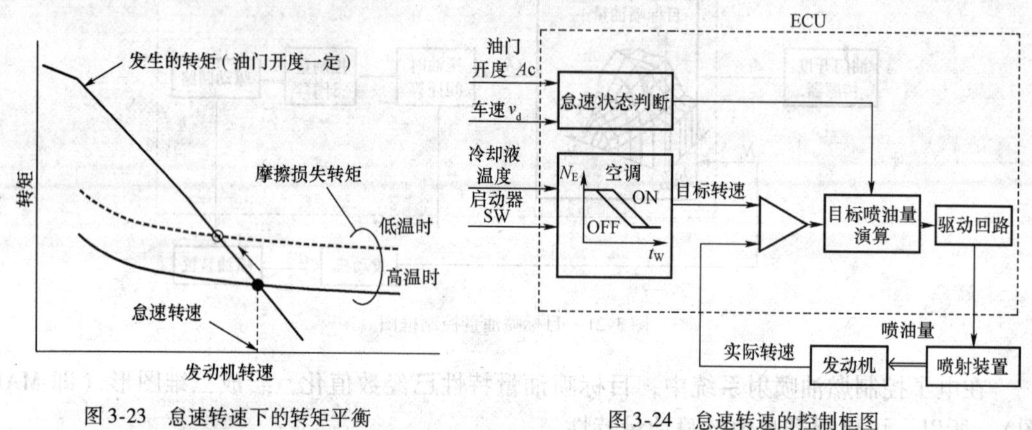

图 3-23　怠速转速下的转矩平衡

图 3-24　怠速转速的控制框图

（三）起动油量控制

汽车加速踏板和发动机转速决定基本喷油量，冷却液温度等决定补偿喷油量，比较两者的关系之后，控制起动喷油量。控制框图如图 3-25 所示。

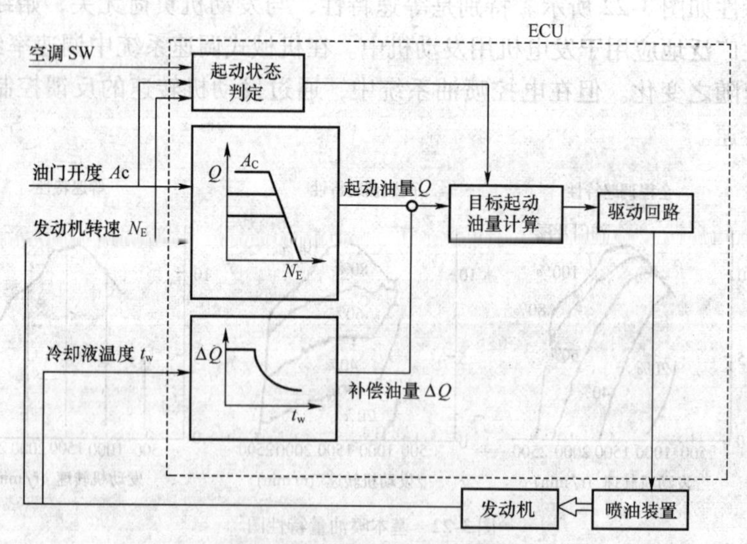

图 3-25　起动喷油量的控制框图

（四）不均匀油量补偿控制

在发动机中，由于各缸爆发压力不均匀，曲轴旋转速度变化引起发动机振动。特别是在低转速的怠速状态下，乘车者会感到不舒服。各缸喷油量不均匀、各缸内燃烧的差异等引起各缸间的转速不均匀。因此，为了减少转速波动，需要检出各个汽缸的转速波动情况。为了使转速均匀平稳，则需要逐缸调节喷油量，使喷到每一个汽缸内的燃油量最佳化。这就是不均匀油量补偿控制。

控制框图如图 3-26 所示。检出各缸每次爆发燃烧时转速的波动，再和所有汽缸的平均转速比较，根据比较结果，分别给各个汽缸补偿相应的喷油量。

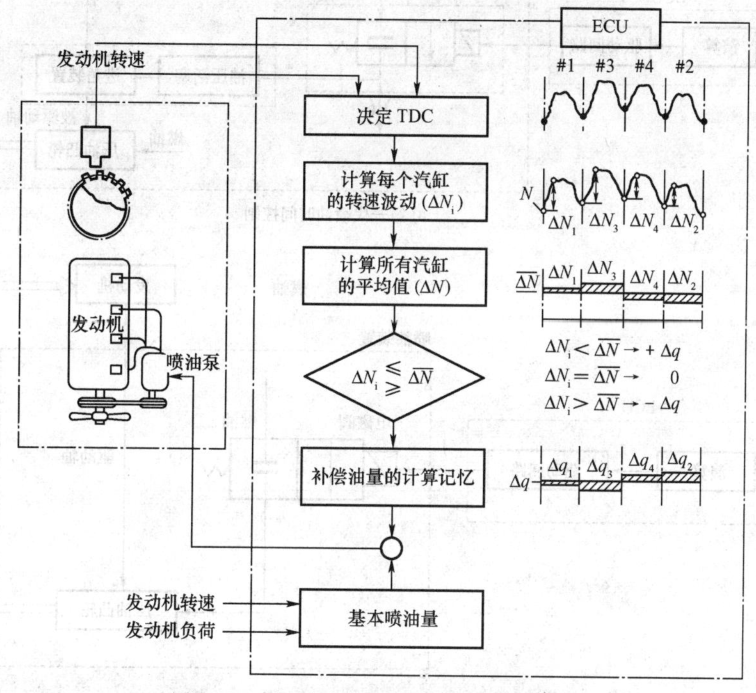

图 3-26　各缸喷油量不均匀性的补偿控制框图

（五）恒定车速控制

汽车在高速公路上长距离行驶时，驾驶员为了维持车速一直要操纵加速踏板，很容易疲劳。对此，不要驾驶员操纵加速踏板而维持定速行驶的控制过程就是恒定车速控制。

恒定车速控制的框图如图 3-27 所示。

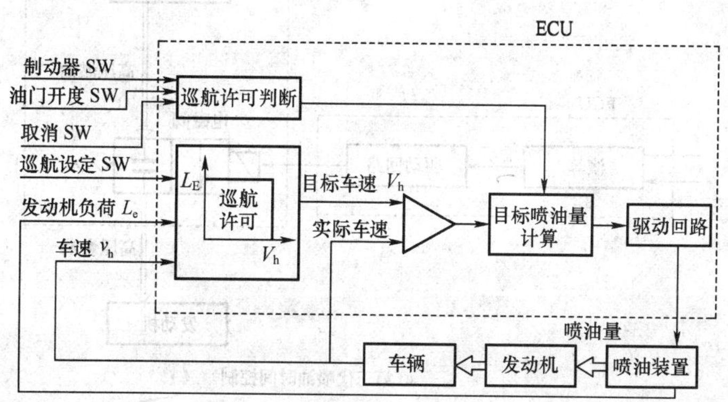

图 3-27　恒定车速控制框图

二、喷油时间控制

电子控制燃油喷射系统中喷油时间的控制方法如图 3-28 所示。

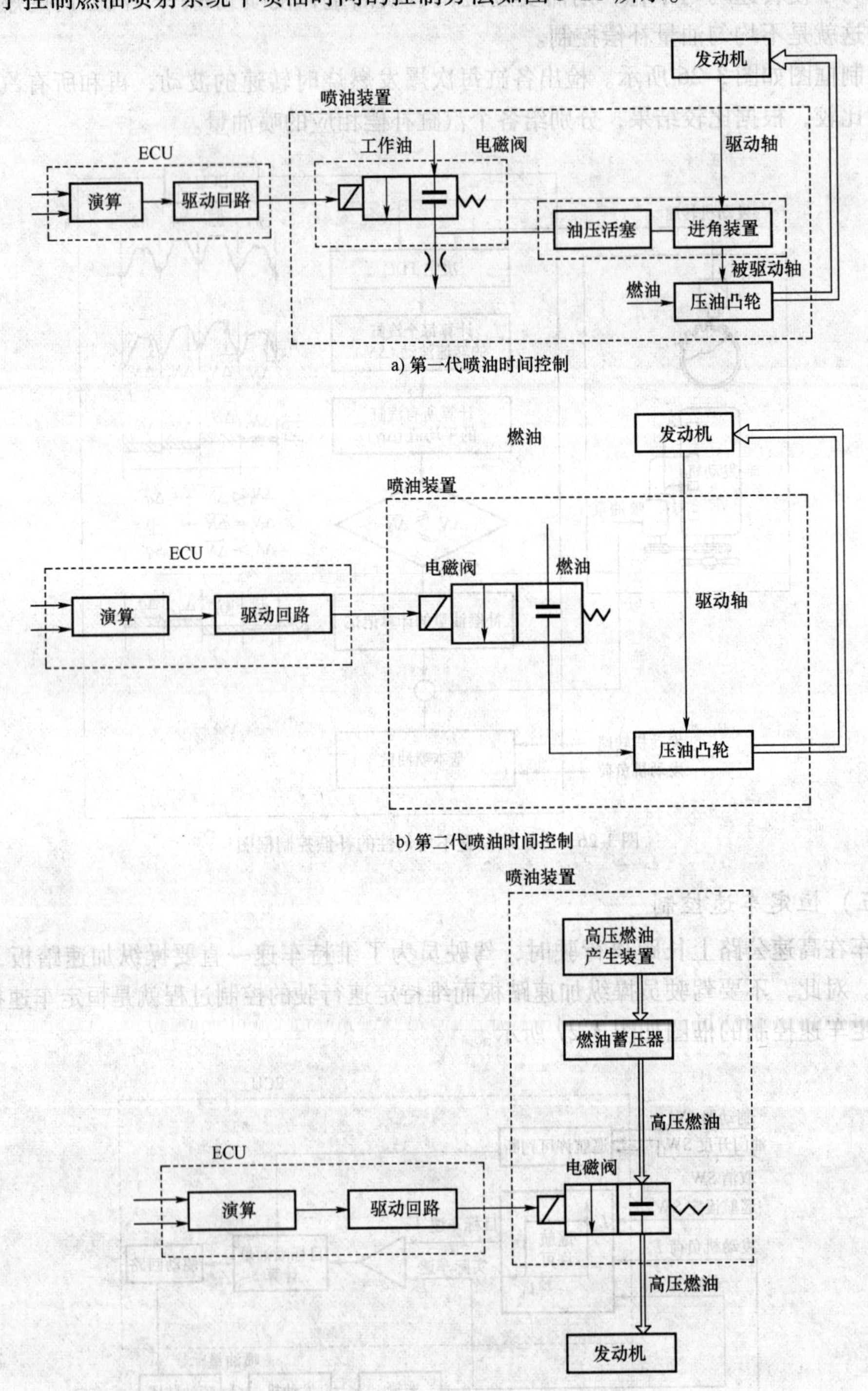

图 3-28　喷油时间控制框图

根据各个传感器的信息，在ECU的演算单元中计算出目标喷油时间；喷油装置中的电磁阀从ECU接受到驱动信号，控制流入或流出提前器的工作油。由于工作油对提前机构的作用，改变了燃油压送凸轮的相位角，或提前，或延迟，从而控制喷油时间（图3-29）。同样地，如果将ECU中目标喷油时间值用数据表示成三维图形（MAP图），则可得到自由的喷油时间特性。

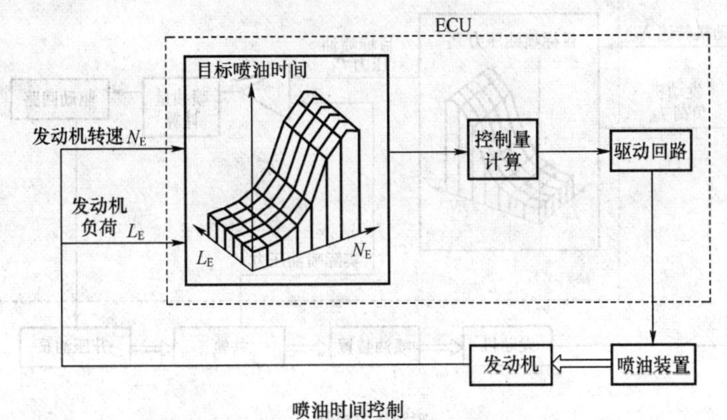

图3-29　目标喷油时间计算框图

目标喷油时间采用图3-28c）中的方法进行计算。

为了实现发动机中的最佳燃烧，必须根据运行工况和环境条件经常地调节喷油时间。该项功能就是最佳喷油时间控制功能。控制框图如图3-30所示。根据发动机的转速决定基本喷油时间，同时，还要根据发动机的负荷、冷却液温度、进气压力等对基本进气时间进行修正，决定目标喷油时间。

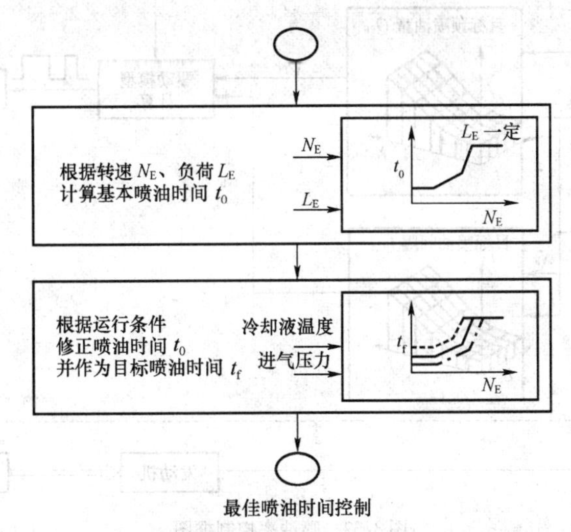

图3-30　最佳喷油时间控制框图

三、喷油压力控制

共轨式喷油系统中喷油压力的控制方法如图3-31所示。根据各个传感器的信息，

ECU 演算单元经过演算后定出目标喷油压力。根据装在共轨上的压力传感器的信号，ECU 计算出实际喷油压力。并将其值和目标压力值比较，然后发出命令控制供油泵，升高或降低压力。将 ECU 中的目标喷油压力特性用具体数据表示成三维图形，即所谓 MAP 图，可以得到最佳喷射压力特性。

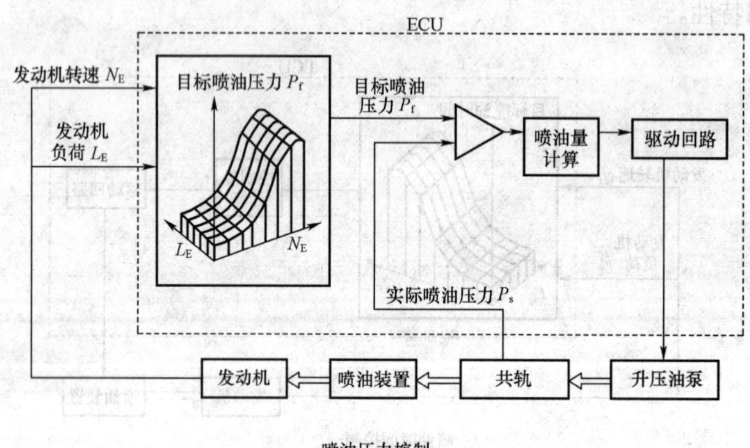

图 3-31　喷油压力控制框图

四、喷油率控制

最新电控喷油系统中喷油率的控制，特别是预喷射的控制可以用图 3-32 进行说明。

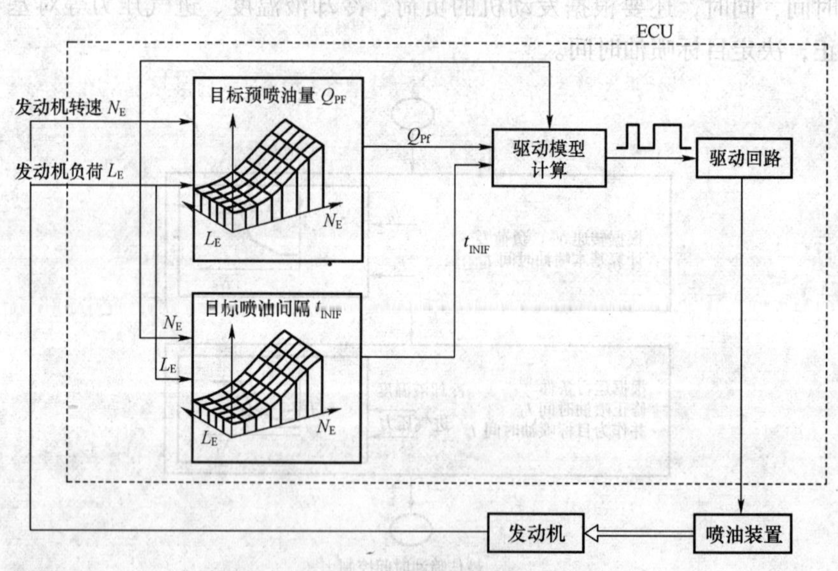

图 3-32　喷油率控制框图

在发动机压缩行程中，需要若干次驱动喷油装置的电磁阀才能完成。根据传感器的信息，ECU 演算单元计算出喷油参数。喷射参数中最重要的是：预喷射油量和预喷射时间间隔。这些参数值根据发动机的运行情况具有其相应的最佳值。将这些最佳值作为目标最佳预喷油量和目标最佳预喷油时间，具体数据表示在三维图形中，即可以实现喷油率最佳控制。

第三节　电控喷油系统的结构和原理

表3-3中整理了截至20世纪末，全世界范围内批量生产过的电子控制燃油喷射系统的代表性产品。这些产品都是电控共轨系统的基础。学习共轨系统的时候，首先应当了解这些初级的电控燃油系统。今天，这些产品几乎全部都已经停止生产了。

电子控制喷油产品　　表3-3

基本型喷油泵	主要产品					
	博世	电装	杰克赛尔	罗卡斯	AMBA	Stanadyne
分配泵	VP14，VP20，VP29，VP30 VP34，VP36，VP37，VP44	ECD-V1 ECD-V3 ECD-V4 * ECD-V5 *	COVEC-F MODEL-1	EPIC DP200EG	M80 电控100	PCF DS
直立泵	直立电控泵		COPEC TICS			
泵喷嘴	EUI			EUI		
共轨系统	UNIJET、CRS	ECD-U2 ECD-U2（P）				

注：* 这两种产品尚有少量生产。

一、电控喷油系统的组成和特征

电控系统由三部分组成：传感器、控制器（ECU）和执行器。这三部分的作用分别是：

传感器——实时检测柴油机、车辆运行状态及使用者的操作意志、操作量等信息，并送给控制器。基本传感器有：发动机转速传感器、齿杆位移传感器、喷油提前角传感器及加速踏板位置传感器等。

控制器——其核心部分是计算机。它负责处理所有信息、执行程序并将运行结果作为控制指令输出到执行器。此外，还有通讯功能，即和其他的控制系统（如传动装置控制器）进行数据传输和交换，同时考虑到其他系统的实时情况，适当修正喷油系统的执行指令，适当修正喷油量、喷油提前角等。与此同时，还可以向其他控制系统送出必要的信息。

执行器——根据控制器送来的执行指令驱动调节喷油量及喷油正时的相应机构，从而调节柴油机的运行状态。在直列泵系统中，有调速器执行器（调节喷油泵的齿杆位移）和提前器执行器（调节发动机驱动轴和喷油泵凸轮轴的相位差），从而调节喷油时间，在分配泵系统中也还有一些独特的执行器。

首先以电控直列泵系统为例，说明电控直列泵喷油系统的基本组成（图3-33）。

电控直列式喷油泵系统和传统的机械喷油系统相比具有如下特点：

（1）相对于机械控制喷油泵系统来说控制自由度较大。

机械式喷油系统中基本控制信息是发动机转速和加速踏板位置，而且这两个基本参数要转换成飞块的离心力和弹簧的作用力，通过力的平衡关系控制齿条的位置。

作为补偿控制信息有冷却液温度和进气压力。这些基本参量也必须以适当的方式转换成作用力，并通过杠杆机构调节弹簧，从而补偿控制凿杆位置。因此，必须在弹簧特性的范围内设定控制方式。所以，自由度很小。此外，信息量过多，则杆系复杂，装置庞大。由于在发动机上的安装约束，限制了控制信息量。

在电控喷油系统中，发动机的状态和环境条件都可以用各种传感器检出，控制器则可计算判断出最适合于发动机状态的控制条件，并输出到执行器。信息检测过程中，不需要机械杆件，所以，信息量的多少不受制约，可以从最合适的位置检出最适当的信息。

（2）可以直接检控制对象，并可进行反馈控制。因机械磨损而引起的时间效应可以给予补偿，控制精度高。

（3）为了提高服务性和安全性，可以追加故障诊断和故障应急等功能。

（4）通过数据信息传输功能，可以提高全系统的功能，而且可使机构简单。

（5）只要改变 ECU 中的程序，就可以改变工作过程。

二、电控直列泵结构和原理

电控直列泵喷油系统中，由调速器执行机构控制调节齿杆的位置，从而控制供油量；由提前器执行机构控制发动机驱动轴和喷油泵凸轮轴间的相位差，从而控制喷油时间。调速器执行机构和提前器执行机构是电控直列泵系统中的两个特殊机构。

（一）实例

图 3-33 所示为日本电装公司曾经生产过的电控直列泵系统——ECD-P 系统的简图。

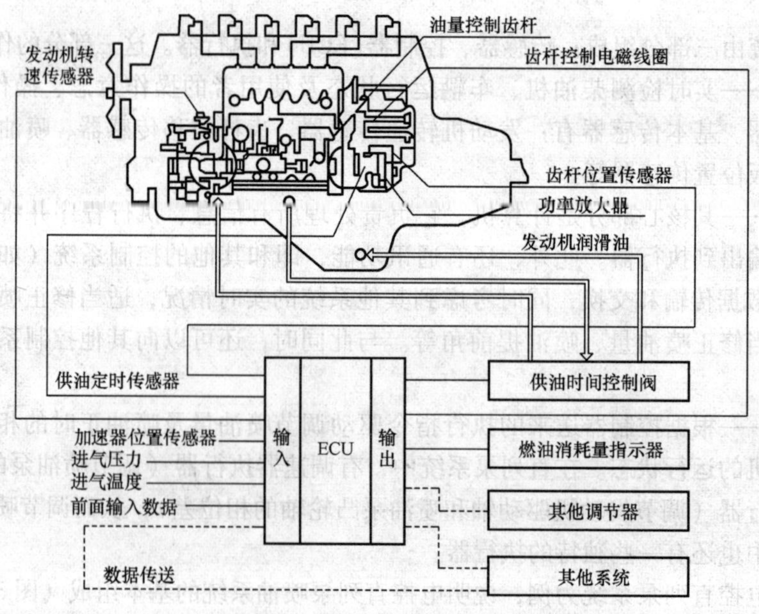

图 3-33　电控直列泵系统的概念图

ECD-P 具有电控供油时间的功能。它由液压执行器、ECU、传感器及显示仪表等组成。执行器由发动机润滑油通过电磁阀来驱动，无需另外的油源。该系统从 1982 年起投产。

日本电装公司在 ECD-P 的基础上又发展了 ECD-P2 和 ECD-P3 等产品。ECD-P3 系统具有电控供油时间和电控供油量的双重功能。新系统曾用于日本三菱公司的 6D22T 型柴油机和美国约翰·迪尔公司及美国康明斯公司生产的柴油机上。1985 年产量为 2000 台。据称，ECD-P3 系统的价格为非电控的原喷油泵系统的 1.8 ~1.9 倍。

ECD-P3 系统可与电装公司生产的 PE(S)-A、NB(EP-9)、PE(S)-P、NE(EP-ll)等各型直列泵配用。可同时电控供油量和供油时间两个参数。

（二）电子调速器

电控直列泵系统中，调速器执行机构的作用相当于飞块。用电磁作用力或电磁液压力代替离心力控制齿杆位移。表 3-4 中列出了具有代表性的电子调速器的执行机构。

典型的电子调速器的执行机构　　表 3-4

<table>
<tr><td rowspan="6">调速器执行机构</td><td rowspan="4">电磁执行器</td><td>线性螺线管</td></tr>
<tr><td>线性直流电动机</td></tr>
<tr><td>旋转螺线管</td></tr>
<tr><td>步进电动机</td></tr>
<tr><td rowspan="2">电磁油压执行器</td><td>电磁铁 + 油压马达</td></tr>
<tr><td>电磁铁 + 油压膜片</td></tr>
</table>

流经线性螺线圈中的电流增加时，则滑动铁芯在箭头所示方向被吸引，并和复位弹力平衡在某个位置(图 3-34)。控制齿杆和滑动铁芯连接在一起，和滑动铁芯一起运动，从而改变喷油量。

在调速器执行机构的箱体内，还装有齿杆位移传感器、传感器放大器和转速传感器等。

电子调速器通过计算机计算出最佳喷油量，用线性螺线圈、线性直流电动机等代替传统的杠杆机构，电动地控制调节齿杆的位移。因此，可以根据发动机的运行状态将喷油量控制到最佳。

下面以图 3-35 所示的线性螺线管为例，详细地说明其结构和工作原理

1. 系统的构成

电子调速器的内部主要由下述 4 部分构成：

（1）线性螺线管——控制线圈中的电流，使喷油泵的调节齿杆移动；

（2）齿杆位置传感器——由线圈和铁芯构成，检测出调节齿杆的位置；

（3）转速传感器——检测出发动机的转速；

（4）传感器放大器——将检测到的齿杆位置传感器的输出信号放大后送到计算机中。

还有：将加速踏板的角度转换成电信号的油门传感器、冷却液温度传感器和起动信号等。

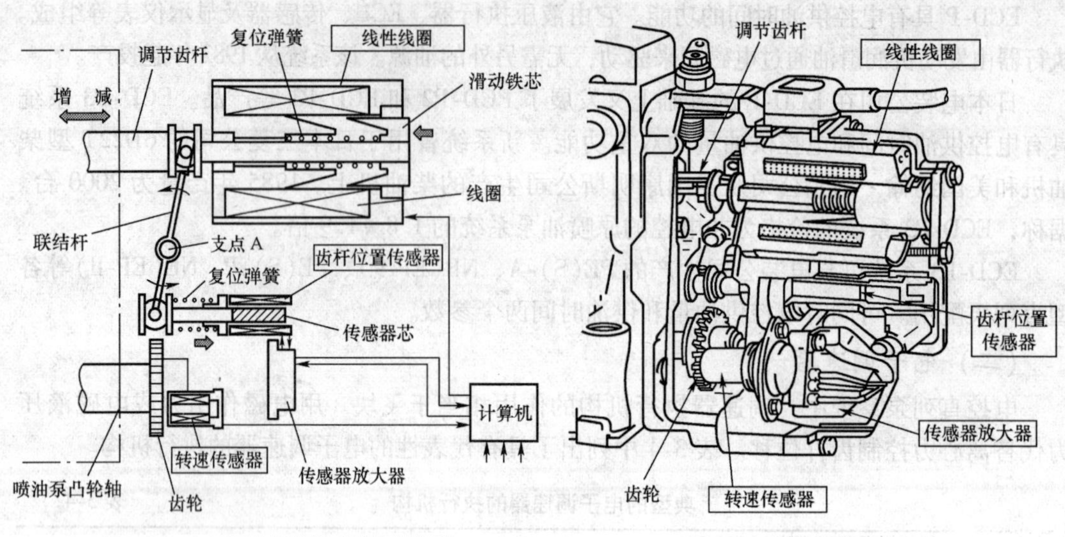

图 3-34 电子调速器控制喷油量的说明

图 3-35 调速器的执行机构

2. 喷油量控制

喷油量通常是由油门开度和发动机转速决定的。

当电流流过线性螺线圈时，滑动铁芯被拉向图示箭头的方向，在复位弹簧作用力的作用下，滑动铁芯在某一个平衡位置停住。

调节齿杆和滑动铁芯是连在一起的，和铁芯一起连动，向增加喷油量的方向移动。如果，铁芯向箭头相反的方向移动，则调节齿杆使喷油量向减少的方向移动。

现在，假设调节齿杆向增加喷油量的方向移动，和调节齿杆连动的联结杆则以支点 A 为中心，向反时针方向转动，联结杆的下端和齿杆位置传感器的传感器铁芯连动。所以，传感器的铁芯向右方（箭头方向）移动。因此，齿杆位置传感器的输出发生了变化。

齿杆位置传感器送来的信号经过传感器放大器进行整流、放大，输入到计算机中。然后，计算机将该信号和齿杆位置的目标值进行比较，根据两者的差值向线性螺线圈发出驱动信号，改变喷油量（图 3-34）。

（三）电子提前器

1. 提前器的执行机构

提前器执行机构位于发动机驱动轴和凸轮轴之间，调节两轴之间的相位，而且由它传递喷油泵的驱动转矩。因此，相位调节需要很大的作用力，大多采用液压进行调节。

角度提前机构的典型例子是偏心凸轮方式和螺线形花键轴。

偏心凸轮方式的实例如图 3-36 所示。

电磁阀由 ECU 驱动，控制作用在油压活塞上的油压。油压活塞左右移动使转换机构上下运动，从而改变发动机驱动轴和凸轮轴之间的相位。

相位差的检出方法如图 3-37 所示。

发动机驱动轴和凸轮轴上分别装有转速脉冲发生器和喷油时间传感器（进角脉冲发

生器）（图3-38）。

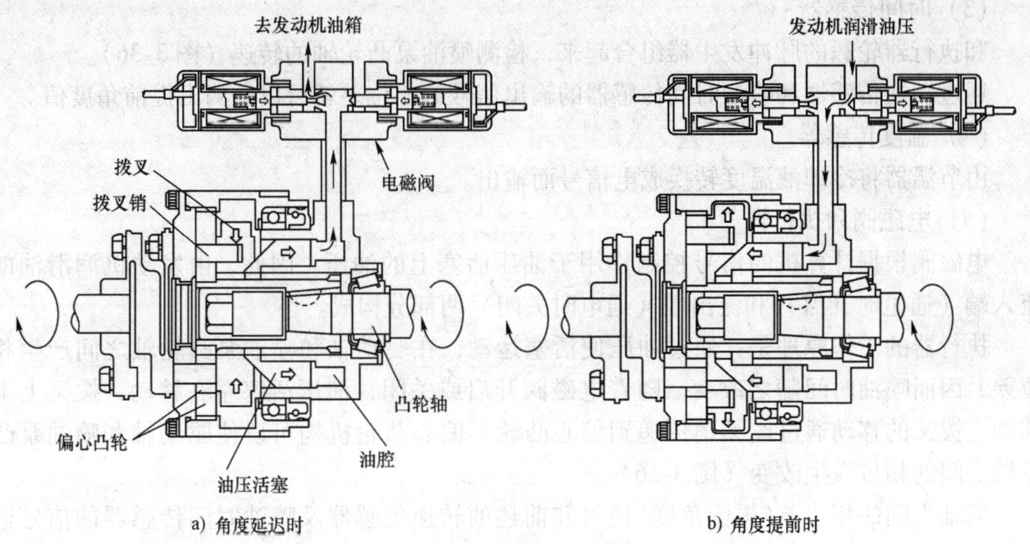

图3-36　提前器的执行机构

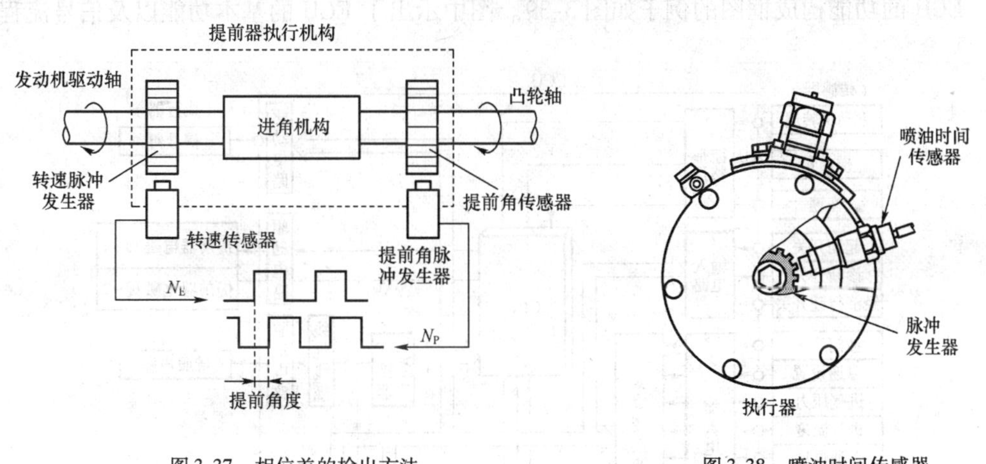

图3-37　相位差的检出方法　　　　图3-38　喷油时间传感器

对应两个脉冲发生器分别装置了传感器。从这两个传感器的信号 Ne 和 N_1 可检出两者的相位差。

2. 电子提前器的系统构成和工作原理

除了发动机的转速外，电子提前器对于发动机的负荷也可以通过适当改变喷油时间而加以控制。

（1）齿杆位置传感器

安装在喷油泵齿杆罩上。将调节齿杆的位置转换成电信号，并送入计算机内。

（2）传感器

和执行器外周的脉冲发生器组合而成。检测出喷油泵驱动轴的转速，并将该信号作为提前角基准信号使用。

（3）时间传感器

和执行器轮毂的脉冲发生器组合起来，检测喷油泵凸轮轴的转速（图3-36）。

通过转速传感器和喷油时间传感器的输出信号的相位差就可以检测出提前角度值。

（4）温度传感器

由节温器将冷却液温度转换成电信号而输出。

（5）电磁阀和执行器

电磁阀根据计算机的信号控制作用于油压活塞上的油压。因此，由发动机润滑油的流入端（通电时开启）和流出端（通电时关闭）两部分构成。

执行器的工作原理是：通过油压使活塞运动，在驱动轴和喷油泵凸轮轴之间产生相位差，因而喷油时间随之改变。随着电磁阀开启或关闭，油压活塞左右移动，拨叉上下移动。拨叉的移动通过拨叉销传递到偏心凸轮。偏心凸轮机构可以使驱动轴和喷油泵凸轮轴之间的相位发生改变（图3-36）。

两轴之间的相位差（提前角度）通过和前述的转速传感器及喷油时间传感器的信号进行比较后而检测出来。

（四）控制器——ECU

ECU的功能构成框图的例子如图3-39。图中示出了ECU的基本功能以及信号流程。

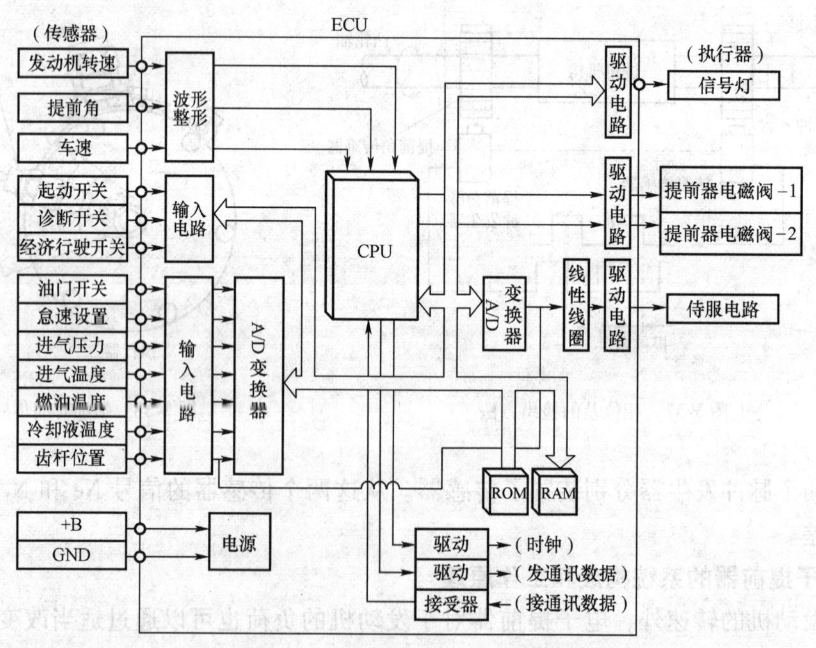

图3-39 控制单元——ECU的功能框图

（五）传感器

电控直列泵燃油系统中常用的传感器种类很多，例如：电感式、电流式、半导体式、热敏电阻式等。详细资料请参看第七章——传感器。

（六）提前角和喷油率可控式直列泵

第二代电控直列泵系统的代表产品是杰克赛尔公司的提前角和喷油率可控系统（TICS，Timing and Injection rate Control System）。该泵曾经红极一时，曾经被认为是21世纪的典型产品。杰克塞尔公司正因为对这个产品判断错误，导致公司破产。而与之相对的则是电装公司，因为选对了产品研发方向，坚持研发共轨系统，终于突破，获得成功。

TICS是以传统的直列泵为基础，在柱塞上附加一个可移动的定时滑套，用它来改变预行程，对应于发动机的转速和负荷对喷油时间和喷油率进行控制。

结构：TICS的外形如图3-40所示。定时滑套由旋转螺线圈驱动，通过定时杆的转动而运动。

工作原理：TICS的工作原理可由图3-41进行说明。凸轮转动，柱塞上升，柱塞上的油孔a被定时滑套的下端面遮断时，压油开始；柱塞进一步上升，当柱塞上的螺旋槽和滑套上的回油孔接通时，则压油结束。

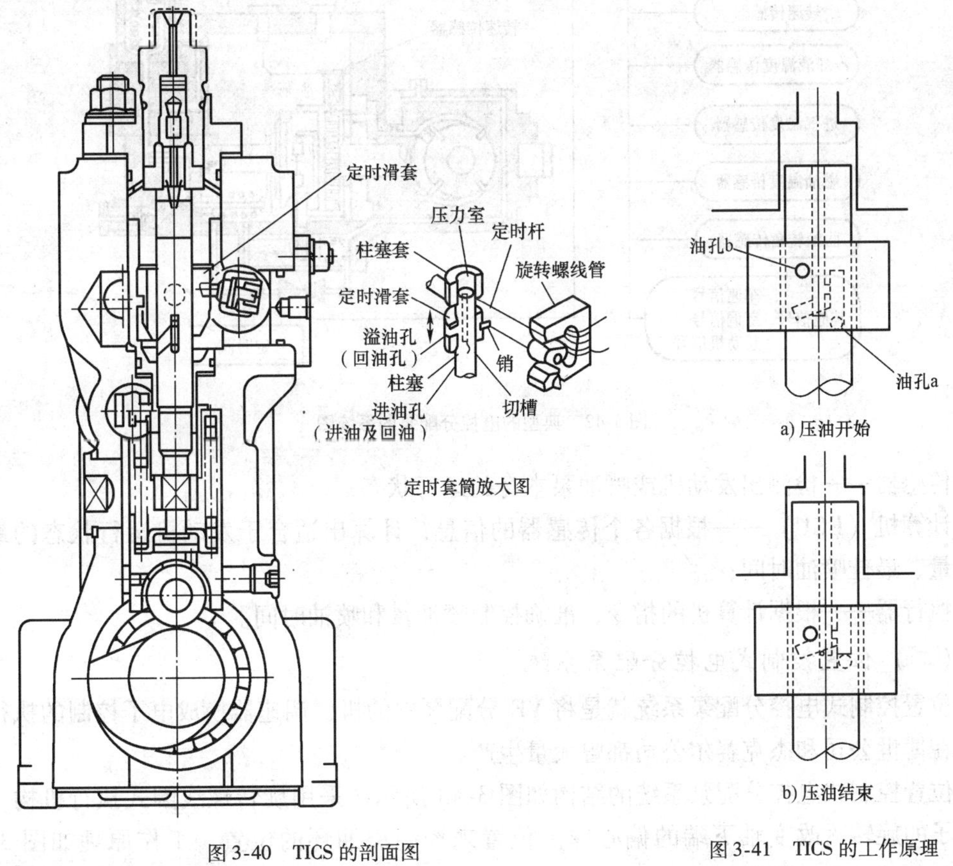

图3-40　TICS的剖面图

图3-41　TICS的工作原理

三、电控分配泵结构和原理

电子控制分配泵燃油喷射系统是根据各种传感器的信息检测出发动机的实际运行状态，由计算机完成喷油量、喷油时间和怠速转速的控制。

此外，还有两项附加控制功能：故障诊断功能、故障应急功能。

说明：不同的机型电子控制的具体内容不同。有些机型可以实现喷油量、喷油时间、怠速转速的控制，有些机型仅只对喷油时间进行控制。

电控分配泵系统按喷油量、喷油时间的控制方法可分为位置控制式和时间控制式两类。

（一）电控分配泵系统的典型构成

具有代表性的电控分配泵系统如图 3-42 所示。和其他电控燃油系统一样，该系统可分为三大部分：传感器、计算机（ECU）和执行器。

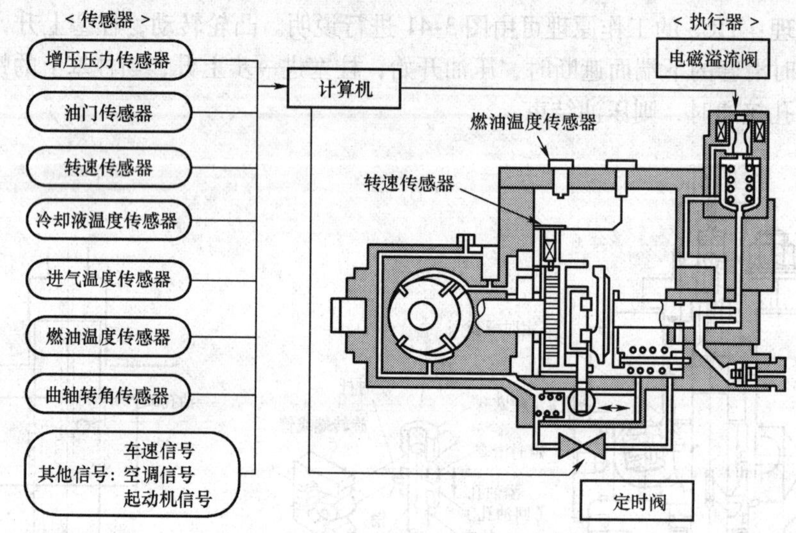

图 3-42　典型的电控分配泵的系统图

传感器——检测出发动机或喷油泵本身的运行状态；

计算机（ECU）——根据各个传感器的信息，计算出适合于发动机运行状态的最佳喷油量、最佳喷油时间；

执行器——根据计算机的指令，准确控制喷油量和喷油时间。

（二）位置控制式电控分配泵系统

位置控制式电控分配泵系统就是将 VE 分配泵中的机械调速器换成电子控制的执行机构，在博世公司和杰克赛尔公司都曾大量生产。

位置控制式电控分配泵系统的结构如图 3-43 所示。采用旋转螺线圈式执行机构，由于转子的旋转，改变轴下端的偏心球的位置来控制溢油环的位置。工作原理如图 3-44 所示。

（1）喷油量控制

喷油量的控制方式如图 3-45 所示。ECU 根据发动机的状态计算出目标喷油量，并将其结果输出到驱动回路；驱动回路根据 ECU 的指令一边反馈控制执行机构的位置，一边控制输出。这样，将 VE 分配泵的溢油环控制在目标位置，从而控制喷油量。

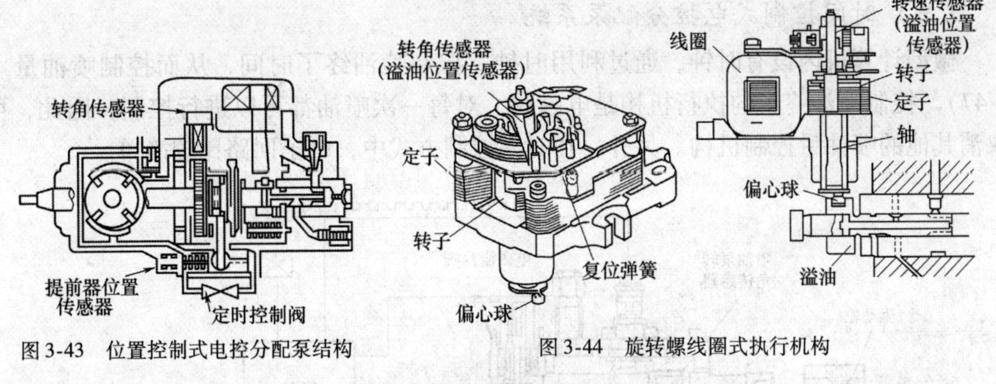

图 3-43　位置控制式电控分配泵结构　　图 3-44　旋转螺线圈式执行机构

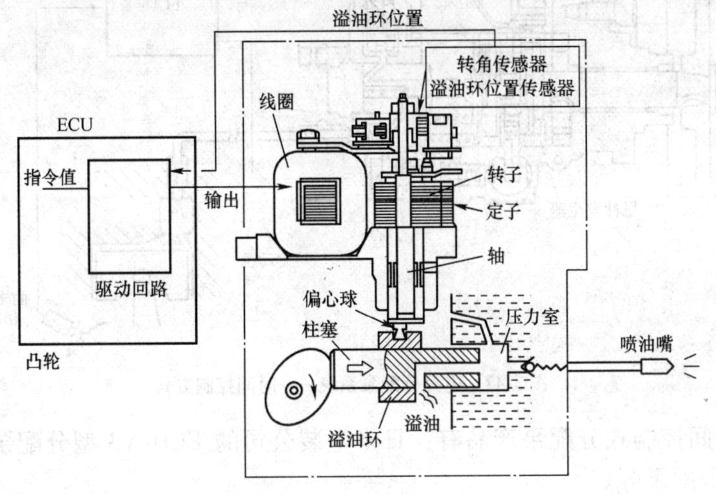

图 3-45　喷油量控制概念图

(2) 喷油时间控制

喷油时间的控制方法如图 3-46。VE 型分配泵的提前器活塞内设有连通高压腔和低压腔的通道，按占空比控制定时调节阀，使定时活塞两侧的压力差变化，从而控制喷油时间。由传感器检测出定时活塞的位置，从而进行反馈控制。

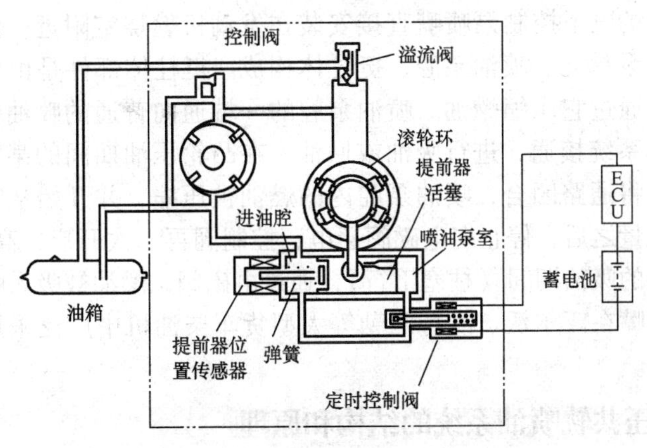

图 3-46　喷油时间控制概念图

（三）时间控制式电控分配泵系统

微型计算机内设有时钟，通过利用时钟，控制喷油终了时间，从而控制喷油量（图3-47）。控制喷油终了的执行机构是电磁阀，对每一次喷油都可以进行控制，因此，可以取消其他的喷油量控制机构。另外，在时间控制方式中，电子回路比较简单。

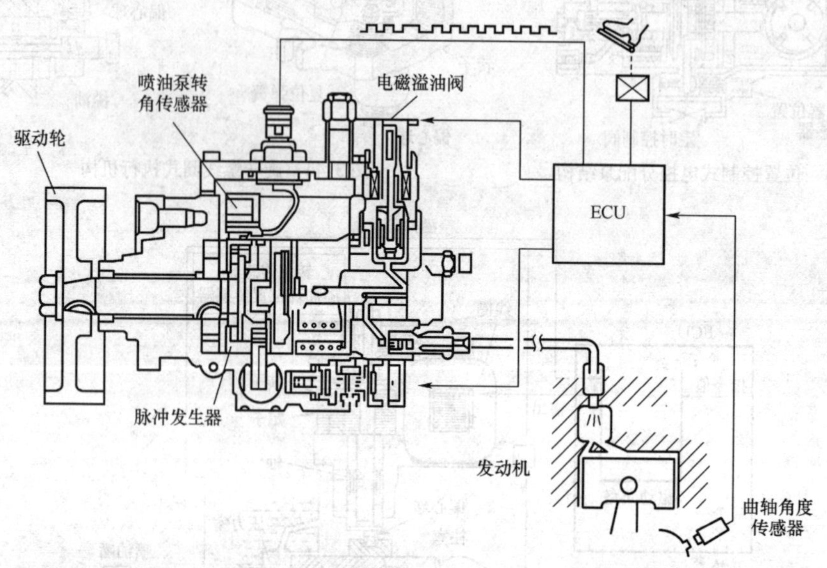

图3-47　电控分配泵系统——时间控制方式

典型的时间控制式分配泵产品有：日本电装公司的 ECD-V3 型分配泵、德国博世公司的 VP44 型分配泵等。

四、电控泵喷嘴

所谓泵喷嘴就是将喷油泵的压油机构紧缩到喷油嘴处，即高压油管长度为零的喷油系统。因为没有高压油管，所以高压系统的死容积可以最大限度地减小，这对高压化非常有利。关于喷油量的控制，则是由电磁阀控制喷油的开始和终了，使喷油泵腔和低压系接通或切断（ON/OFF）来进行控制的。

博世公司生产的电子控制泵喷嘴直接安装在发动机燃烧室附近。作为压油机构的喷油泵部分是由喷油泵单元、喷油泵腔、挺柱体构成。挺柱体部件是由发动机另外备置的凸轮机构驱动的，通过它压缩燃油。喷油泵腔的一端通向普通的喷油嘴，另一端通过控制阀和燃油的低压系统接通，进行吸油或回油。在凸轮压油期间的某特定的时刻，控制阀通电，则控制阀将通路闭合，喷油泵腔内的燃油被压缩，并开始从喷油嘴内喷出。在喷出了必要的燃油量之后，停止向电磁阀通电，控制阀再一次开启，高压燃油快速溢流，喷油终止。在凸轮的吸油期间（柱塞下行），通过电磁阀，燃油被吸入喷油泵腔内。

电子控制泵喷嘴在沃尔沃、凯特匹勒等大型货车柴油机中广泛采用，最大喷油压力可达 150 ~ 180MPa。

五、电控高压共轨喷油系统的结构和原理

这里简单介绍高压共轨喷油系统初期阶段的重要信息和技术。

（一）典型的高压电控共轨喷油系统

20 世纪末，最具有代表性的高压电控共轨系统有：日本电装公司的 ECD-U2 系统（图 3-48）和德国博世公司的 UNIJET 系统（图 3-49）等。

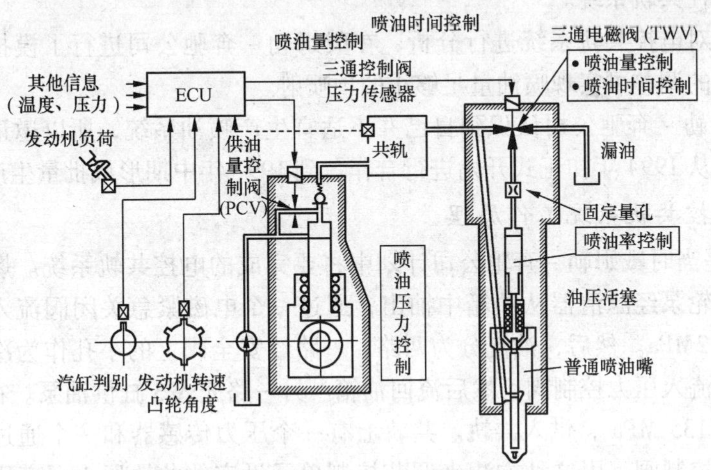

图 3-48　早期的 ECD-U2 共轨系统

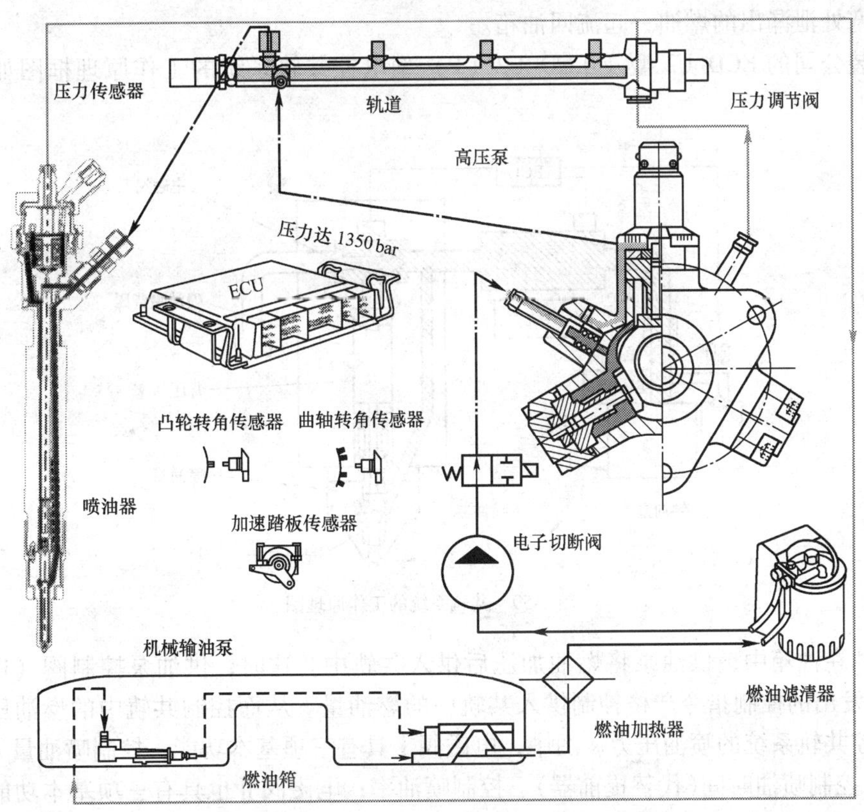

图 3-49　UNIJET 型电控共轨系统

日本电装公司的 ECD-U2 系统是世界上最早定型的电控共轨喷油系统。

特别值得说明的是，UNIJET系统是博世公司电控共轨系统的前身，也可以说：UNIJET系统是欧洲最早基本定型的电控共轨系统。

戴姆勒－奔驰公司对燃油系统进行了长期试验、对比和选择之后，决定在新一代发动机上采用电控共轨系统。

为近一步对电控共轨系统进行分析，在戴姆勒－奔驰公司进行了模拟计算。计算表明：通过适当的调整可实现喷油量足够小的预喷射。

由于戴姆勒－奔驰公司认识到自己并不适宜生产喷油系统，所以邀请博世公司作为合作伙伴，并从1994年初正式开始进行合作，到1997年中期形成批量生产。

（二）电控共轨系统工作原理

图3-50是当时戴姆勒－奔驰公司计划中将要完成的电控共轨系统。燃油由发动机凸轮轴驱动的齿轮泵经滤清器从油箱中抽出，通过一个电磁紧急关闭阀流入供油泵。此时的压力约为0.2MPa。然后，油流分为两路，一路经安全阀上的小孔作为冷却油通过供油泵的凸轮轴室流入压力控制阀，然后流回油箱。另一路充入3缸供油泵。在供油泵内，燃油压力上升到135 MPa，供入共轨。共轨上有一个压力传感器和一个通过切断油路来控制流量的压力控制阀。用这种方法来调节控制单元设定的共轨压力。高压燃油从共轨流入喷油器后又分为两路：一路直接喷入燃烧室，另一路在喷油期间，与针阀导向部分和控制柱塞处泄漏出的燃油一起流回油箱。

电装公司的ECD-U2型及ECD-U2（P）型电控共轨系统的工作原理框图如图3-50所示。

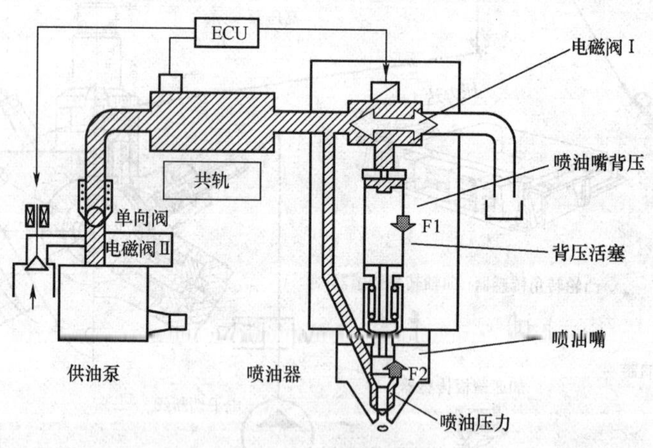

图3-50　共轨系统的工作原理图

燃油在油箱中，供油泵将燃油加压后供入共轨中。这时，供油泵控制阀（PCV）根据ECU发出的控制指令严格控制供入共轨中的燃油量。从而控制共轨中的燃油压力，也就是电控共轨系统的喷油压力。图中，电磁阀Ⅰ具有三项基本功能：控制喷油量（代替调速器）、控制喷油时间(代替提前器)、控制喷油率；电磁阀Ⅱ也具有三项基本功能：控制喷油压力、降低噪声、降低驱动转矩。

由于欧洲大量使用柴油机乘用车，德国博世公司的电控共轨系统在小排量乘用车柴油机上得到大量应用；日本电装公司也在匈牙利开设工厂，生产小型电控共轨系统——

ECD-U2（P）系统供给欧洲的乘用车柴油机市场。日本国内的乘用车柴油机很少，所以，日本电装公司的电控共轨系统大量应用于大排量的货车柴油机。

第一代高压电控共轨系统基本上是采用高速电磁阀作为执行器，承受的最高喷油压力以及系统的效率都因此而受到限制。为解决这一难题，世界上许多公司正致力于开发采用压电晶体技术的电控共轨喷油系统，其中德国 FEV 公司以及西门子公司已经展示了他们的产品。

博世公司和电装公司也声称：在 2002 年以后将推出采用压电晶体的电控共轨喷油系统。电控共轨系统的技术正处在不断发展之中。机械式喷油系统持续发展了近一个世纪，电控共轨式燃油系统还将持续发展数十年。20 世纪的最后三十年左右正是柴油机燃油系统从传统的机械式系统向电子控制式系统转化的历史时期。

第一代蓄压式电控共轨系统出现在 20 世纪末。第二代高压电控共轨系统紧接着在 21 世纪初就出现了。随着排放法规的日益苛刻，柴油机高压电控共轨系统的技术必将以惊人的速度向前发展。

直喷式柴油机在内燃机中效率最高。新研制成功的低油耗的高速直喷汽油机已经能够与直喷柴油机进行竞争。但是，不管高速直喷汽油机如何改进性能，直喷柴油机在油耗方面还是占有 15% ~20% 的优势。

乘用车业在短时间内面临排放法规的限制和客户越来越严格的要求。现代车用高速直喷柴油机大多数采用四气门、涡轮增压、废气再循环（EGR）以及中冷技术，要求配套灵活的燃油喷射系统。西门子公司研制的高性能的、适应性好的、采用压电晶体作为执行器的电控共轨喷油系统能够满足将来燃油喷射系统的要求。

直喷柴油机多年来已经作为货车的主要配套动力。直喷柴油机在乘用车中份额的增加与燃油喷射技术的发展关系非常紧密，电控共轨系统的加入使其发生了根本的变化。

（三）电控高压共轨式喷油系统的组成

电控高压共轨式喷油系统的基本组成是供油泵、ECU、共轨和油箱。从功能方面分析，电控共轨系统可以分成两大部分：

（1）控制系统

电控共轨系统可以分成三大部分：传感器、计算机和执行器。

计算机是电控共轨喷油系统的核心部分。

根据各个传感器的信息，计算机进行计算、完成各种处理后，求出最佳喷油时间和最合适的喷油量，并且计算出在什么时刻、在多长的时间范围内向喷油器发出开启或关闭电磁阀的指令等，从而精确控制发动机的工作过程。

电子控制系统的核心是 ECU。

ECU 就是一个微型计算机。ECU 的输入是安装在车辆和发动机上的各种传感器和开关；ECU 的输出是送往各个执行机构的电子信息。

电子控制系统的框图如图 3-51 所示。

（2）燃料供给系统

燃料供给系统的主要组成部分如图 3-52 所示。

由图可见，燃油供给系统的主要构成是供油泵、共轨和喷油器。

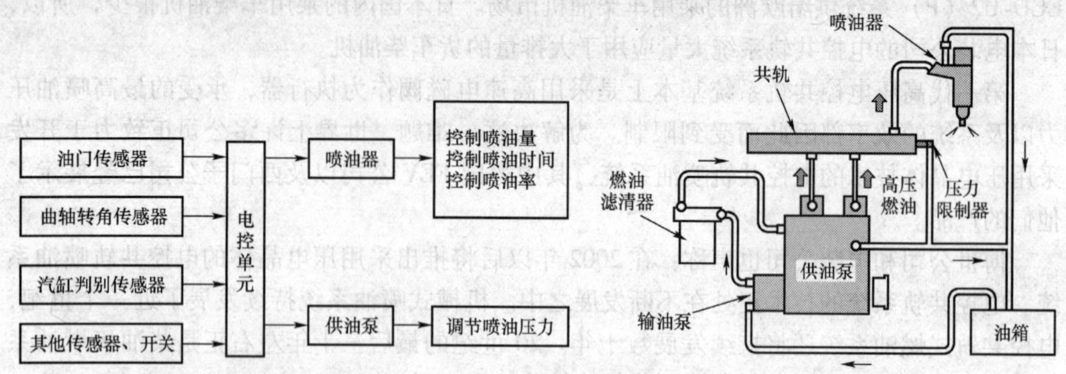

图 3-51　共轨系统的控制框图

图 3-52　电控高压共轨系统的燃油供给系统部分

燃油供给系统的基本工作原理是：供油泵将燃油加压成高压，供入共轨内；共轨实际上是一种燃油分配管。储存在共轨内的燃油在适当的时刻通过喷油器喷入发动机汽缸内。电控共轨系统中的喷油器是一种由电磁阀控制的喷油阀，电磁阀的开启和关闭由计算机控制。

（四）电控共轨系统的特点

电控高压共轨系统的特点可以归纳为：

（1）自由调节喷油压力（共轨压力控制）

通过控制共轨压力而控制喷油压力。利用共轨压力传感器测量燃油压力，从而调整供油泵的供油量、调整共轨压力。此外，还可以根据发动机转速、喷油量的大小与设定了的最佳值（指令值）始终一致地进行反馈控制。

（2）自由调节喷油量

以发动机的转速及油门开度信号为基础，计算机计算出最佳喷油量，并控制喷油器的通断电时间。

（3）自由调节喷油率形状

根据发动机用途的需要，设置并控制喷油率形状：预喷油、后喷油、多次喷油等。

（4）自由调节喷油时间

根据发动机的转速和喷油量等参数，计算出最佳喷油时间，并控制电控喷油器在适当的时刻开启、在适当的时刻关闭等，从而准确控制喷油时间。

在电控共轨系统中，由各种传感器（发动机转速传感器、油门开度传感器、各种温度传感器等）实时检测出发动机的实际运行状态，由微型计算机根据预先设计的计算程序进行计算后，定出适合于该运行状态的喷油量、喷油时间、喷油率模型等参数，使发动机始终都能在最佳状态下工作。

计算机具有自我诊断功能，对系统的主要零部件进行技术诊断，如果某个零件产生了故障，则诊断系统会向驾驶员发出警报，并根据故障情况自动作出处理；或使发动机停止运行（即所谓故障应急功能）；或切换控制方法，使车辆继续行驶到安全的地方，徒步回家。

传统的泵管嘴燃油系统中，喷油压力与发动机的转速、负荷有关，不是一个独立变量；在高压电控共轨系统中，喷油压力（共轨压力）与发动机的转速、负荷无关，是可以独立控制的。由共轨压力传感器测出燃油压力，并与设定的目标燃油压力进行比较后进行反馈控制。

第四节　喷油器和喷油嘴

喷油器的基本结构可以分成两种：自动阀式和电控式。压电晶体式喷油器只是执行机构是压电晶体，工作原理和电控式是一致的。

一、自动阀式喷油器

喷油器安装在汽缸盖上，其作用是将高压燃油雾化成容易着火和燃烧的喷雾，并使喷雾和燃烧室大小、形状相配合，分散到燃烧室各处，和空气充分混合。喷油器除了影响燃油的雾化质量、贯穿度及分布等喷雾特性外，还对喷油压力、喷油始点、喷油延续时间和喷油率等喷油特性有重大影响。所以，喷油器对柴油机的性能起着决定性的作用。

其实，燃油的喷射时间是非常短暂的。例如，柴油机的转速为 2000r/min，则应在 1/1200 ~ 1/800s 内将一个循环中的全部喷油量从喷油嘴的喷油孔中喷入汽缸中。喷油嘴是燃油系统的最终出口，是燃油系统中最重要的元件。

典型的、最常用的自动阀式喷油器如图 3-53 所示。这是采用最常用的 S 系列喷油嘴的喷油器。在小型柴油机中则采用尺寸更小的 P 系列喷油嘴的所谓 P 系列喷油器。

（一）喷油器的工作原理

喷油器是一种自动阀。其工作原理如图 3-54 所示。由喷油泵送来的压缩燃油通过喷油嘴的通油孔进入喷油嘴的盛油槽中，燃油压力使针阀克服喷油器中的调压弹簧的作用力而升起，燃油从喷油孔中喷出。另一方面，由于调压弹簧的作用，针阀总是被压在针阀体的阀座上。

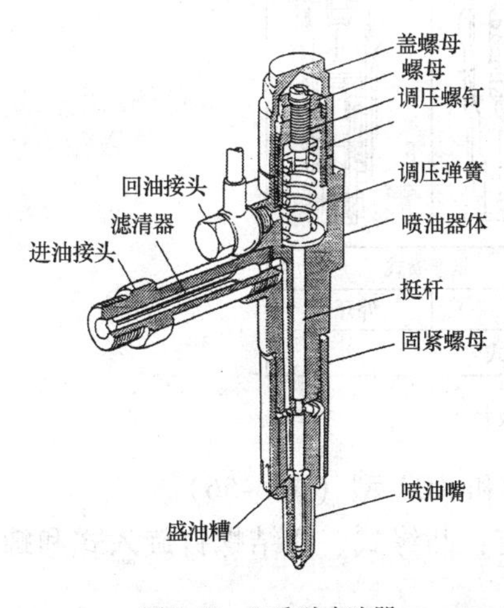

图 3-53　S 系列喷油器

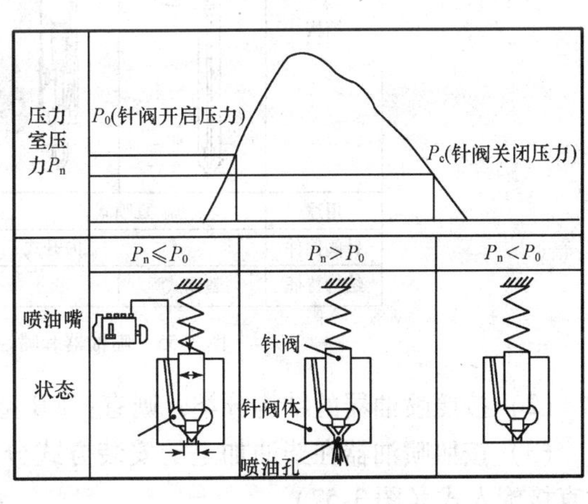

图 3-54　喷油器的工作原理

由图 3-54 可见，喷油器实际上是一种机械和液力作用下的自动阀。在针阀落座时，盛油槽中的使针阀升起时的燃油压力叫做针阀开启压力，一般记作 P_0，针阀开启压力一般为 12 ~ 25MPa，多孔式喷油嘴的针阀开启压力通常为18 ~ 25MPa。针阀从开启状态转变到针阀关闭时的盛油槽中的燃油压力叫做针阀关闭压力，记为 P_C。针阀关闭压力低于针阀开启压力。二者之间的比例关系与针阀的结构参数有关系。针阀承受调压弹簧的作用力处于关闭状态。喷油泵压送燃油后喷油嘴盛油槽内的压力 P_n 上升。当压力 P_n 高于针阀开启压力 P_0 时针阀升起，燃油从喷孔中呈雾状喷出。喷油泵停止供油后，压力 P_n 下降；当 P_n 低于针阀关闭压力 P_c 时，针阀开始下降并落座，喷油结束。设针阀的导向直径为 D_n，密封座面直径为 d_n，调压弹簧作用力为 P_d，则针阀的开启压力 P_0 和关闭压力 P_c 分别由下述相应的公式计算。

$$P_0 = \frac{p_d}{\frac{\pi}{4}(D_n^2 - d_n^2)}$$

$$P_C = \frac{p_d}{\frac{\pi}{4}D_n^2}$$

（二）喷油器的类型和特征

喷油嘴及喷油器的种类较多。可以按用途和特征进行分类。当然，这里介绍的只是一些常见的喷油器，不可能、也没有必要一一列出国内国外各种柴油机喷油器。

喷油器的类型和特征将要介绍如下。

（1）按照喷油嘴的结构分类：内开式和外开式（图 3-55）。不过，现在的喷油嘴基本都是内开式。

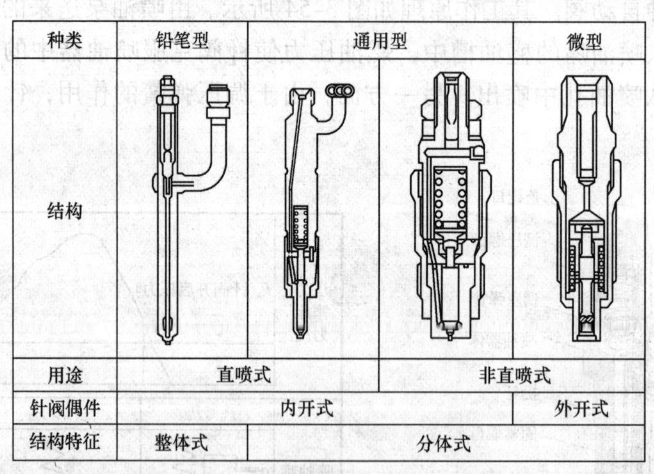

种类	铅笔型	通用型		微型
结构				
用途	直喷式		非直喷式	
针阀偶件	内开式			外开式
结构特征	整体式	分体式		

图 3-55　喷油器和喷油嘴的种类及特征

（2）按照喷油器的结构分类，则有：KB 型、KD 型和 KCA 型（图 3-56）。

（3）按照喷油器在柴油加上的安装方式分类，则有：凸缘式、联结螺钉旋入式和螺纹直接旋入式（图 3-57）。

①凸缘式：可以采用和喷油器体为整体的或分体的凸缘安装。

②联结螺母旋入式：采用和喷用器体分开的联结螺母安装喷油器。

上述两种安装方式的特点是：相对于燃烧室来说，喷油孔容易定位。实践中大多数

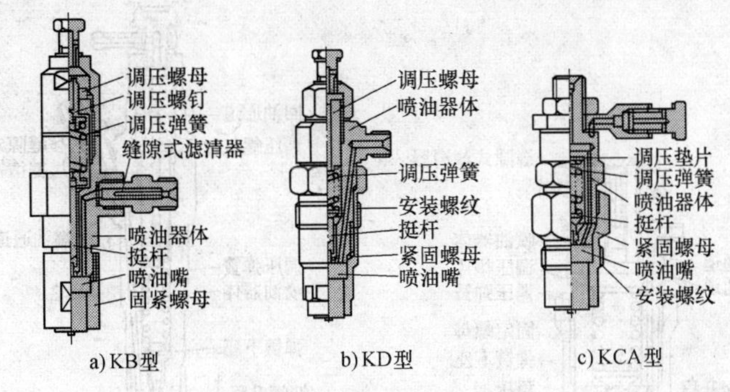

图 3-56 喷油器的基本结构图

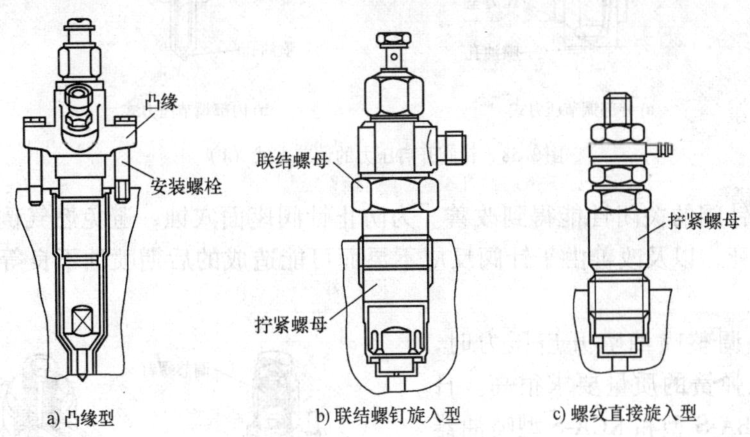

图 3-57 喷油器的三种安装方式

配用多孔式喷油嘴。

③螺纹直接旋入式；

螺纹直接旋入式喷油器广泛应用于喷油孔无需定位的轴针式喷油嘴和节流式喷油嘴。螺纹直接旋入式喷油器的特点是：结构简单、小型紧凑。

(4) 按照喷油压力调整部位分类，则有：(图 3-58)：

①内部调整式；

②外部调整式；

(5) 按照针阀开启压力调节方式分类，则可以分为：

①螺钉调节式（图 3-59a)；

②垫片调整式（图 3-59b)

螺钉调节式结构一般用于小型柴油机中。因为运动件的惯量大，不适合于高转速下工作，一般用于早期的低速柴油机。但是该结构具有调节方便的优点。

垫片调节式多用于小型高速柴油机中，目的在于可以使汽缸盖结构紧凑，减轻运动件质量。但是，更重要的是：小型高速直喷式柴油机中，需要采用低惯量喷油器。低惯量喷油器的特点是：调压弹簧靠近喷油嘴，挺杆等运动件的质量尽可能减轻，运动惯量小。从而减轻了针阀对座面的撞击和挺杆跳跃，使针阀运动对油压变化反应灵敏，特别

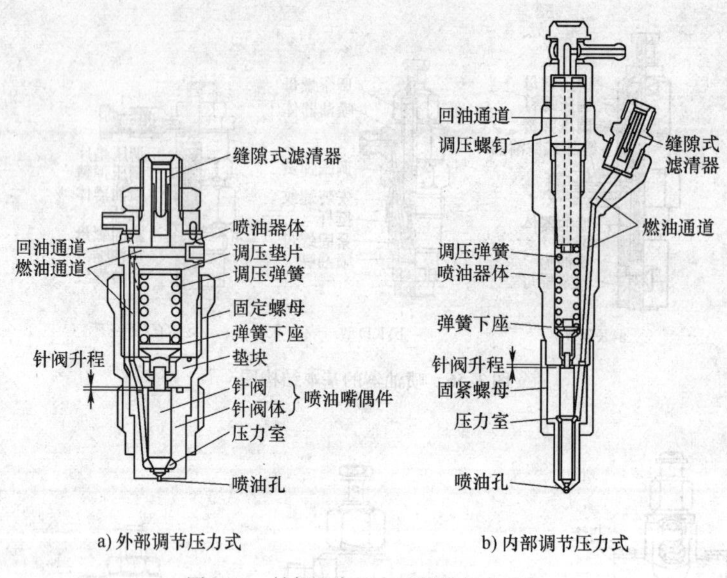

a) 外部调节压力式　　b) 内部调节压力式

图 3-58　针阀开启压力的调节方式（1）

是喷油终了时针阀的关闭性能得到改善。为防止针阀座面穴蚀，避免燃气倒流，改善针阀的结胶、卡死，以及改善由于针阀反应不灵而可能造成的后期喷油不良等现象都有明显的效果。

采用垫片调整喷油嘴开启压力时，对垫片和调压弹簧的质量要求很高。日本电装公司 KBA-S 型和 KCA-S 型喷油器中采用的调整垫片的厚度系列为：0.50mm、0.54mm、0.58mm、0.62mm、0.66mm、0.70mm、0.74mm、0.78mm、0.82mm、0.86mm、0.90mm、0.94mm、0.98mm 和 1.00mm。在 KBL-P 型喷油器中采用的垫片厚度尺寸系列为：0.1mm、0.2mm、0.3mm、0.4mm、0.5mm、0.52mm、0.54mm、0.56mm、0.58mm 和 0.80mm。

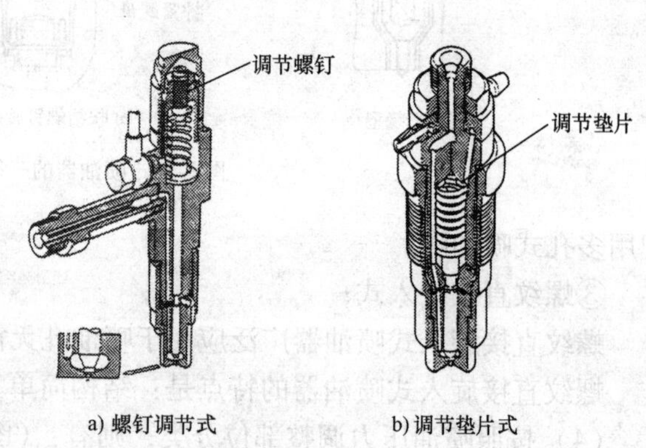

a) 螺钉调节式　　b) 调节垫片式

图 3-59　针阀开启压力的调节方式（2）

调整垫片的厚度需用千分表测量。针阀开启压力因喷油嘴和调压弹簧而异。例如，为了使开启压力产生 98kPa（1kg/cm^2）的变化，需要的垫片的厚度大约为：0.0045 ~ 0.0083mm。

（6）按照喷油器是否带滤清器分类，则有：不带滤清器的喷油器和带滤清器的喷油器（图 3-60）。该图中示出了缝隙式滤清器的结构。缝隙式滤清器的基本作用是滤去燃油中的杂质或装拆高压油管时混入的杂质，防止这些杂质损伤喷油嘴。

在喷油器体和高压油管之间的接头内装入缝隙式滤清器。燃油流过缝隙式滤清器外周和它的装配孔内壁之间的窄缝时，除去杂质。在实际使用中表明：缝隙式滤清器可以有效地提高喷油器的使用时间。

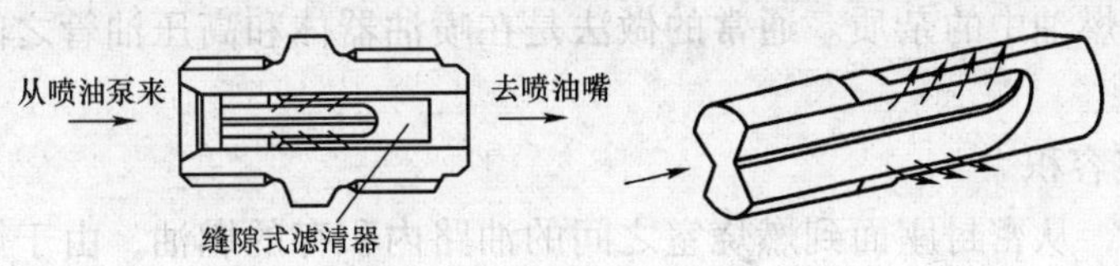

图 3-60 喷油器的缝隙式滤清器

(7) 按照喷油器是否带有冷却装置分类，则喷油器可以分为：

①不带冷却的喷油器。

②带冷却的喷油器。

带冷却的喷油器中设置了冷却回路。依靠附加冷却液强制冷却喷油嘴。该喷油器结构复杂，成本高，使用维修不方便，在一般中小型柴油机中不采用。冷却液可以是水，也可以是燃油或机油。实际中水冷最多，燃油次之。因为冷却水集中于水箱中，一旦产生漏气或漏油，很容易被发现。用燃油作冷却液时，可使结构简化，但是故障不易被发现。

(8) 按照调压弹簧的数量分类，则可分类为单弹簧喷油器和双弹簧喷油器。在 20 世纪八九十年代，由于柴油机喷油压力不断提高、排放要求不断强化，为了改善不整喷油和密集域的工作特性，开发研制了双弹簧喷油器。双弹簧喷油器可以有效降低直喷柴油机排放中的 NO_x 和颗粒。但是，因为双弹簧喷油器结构复杂、调节困难，在共轨燃油系统正式投入使用之后已经不再使用。

关于双弹簧喷油器的详细说明请参看本书第一版。

(9) 按照喷油器的工作原理分类，则可分为机械式喷油器和电控式喷油器。上面介绍的都是机械式喷油器。在本书第一版中作了比较详细的介绍。

从 20 世纪 90 年代开始，随着电了控制技术在柴油机中推广应用，电控共轨喷油系统迅速普及。各国柴油机燃油喷射装置专业公司陆续开发了多种形式的电子控制式喷油器，本书第二版中尽可能详细地介绍了迄今为止的各种电控喷油器。请参看相关部分。

(三) 关于喷油器的若干参数

为了准确评估喷油器的工作情况，下述参数是经常使用的。

(1) 针阀开启压力

针阀开启压力必须仔细调整，而且应当不随工作时间而改变。

内部调压式喷油器中针阀开启压力是通过改变插在喷油器体和调压弹簧之间的垫片厚度，从而改变加在针阀上的初始负荷进行调节的。因此，对调压垫片和调压弹簧的要求很高；外部调压式喷油器中，是通过支持调压弹簧的调节螺钉改变施加在针阀上的初始负荷进行调节的。

(2) 最大针阀升程

针阀的最大升程由针阀和垫块或喷油器体的尺寸所决定。一般孔式喷油嘴的最大针阀升程为 0.2～0.4mm，轴针式喷油嘴则为 0.4～1.0mm。

(3) 燃油滤清器

为了保证喷油器长期稳定地工作，一项重要措施就是滤除燃油中的杂质或拆卸装配燃油系统时混入燃油中的杂质。通常的做法是在喷油器体和高压油管之间的接头内装入缝隙式滤清器。

（4）压力室容积

针阀关闭后，从密封座面到燃烧室之间的油路内积存的燃油，由于燃烧室内高温及压力变化等，有时也会喷入燃烧室中。结果，这些燃油将变成未燃烧气体，使排气中 HC 含量增加，因此，必须减小座面到喷孔之间的容积（压力室容积）。

图 3-61 中说明了减少压力室容积的方法及其效果。小压力室喷油嘴与传统结构相比，压力室直径和长度都减小了，压力室容积也相应地减小了。无压力室喷油嘴也叫做 VCO（Valve Covered Orifice），即“用针阀盖住喷孔入口”的喷油嘴。

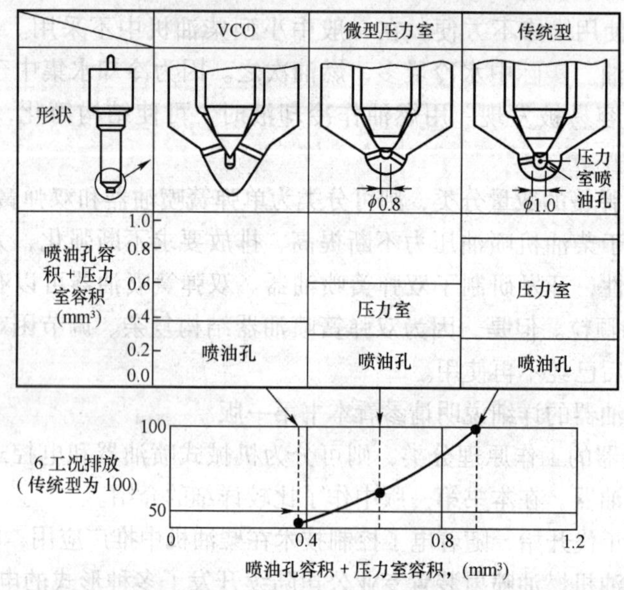

图 3-61　减小压力室的方法及其效果

（5）针阀升程的控制

如前所述，为了解决高喷油压力化所引起的不整喷油及密集域等问题，可采用双弹簧喷油器。双弹簧喷油器的特点是，针阀开启压力和针阀升程分两次设置。在双弹簧喷油器中，一方面要准确控制针阀升程，另一方面针阀开启压力不随工作时间而逐步下降。

（四）双弹簧喷油器

双弹簧喷油器可以改善不整喷油和密集域的工作特性，可以有效减少直喷式柴油机排放中的 NO_x 和颗粒。国外生产的柴油机中经常配用双弹簧喷油器，但是，国内尚没有能够生产双弹簧喷油器的厂家。因此，这一部分介绍得比较详细，希望对开发、研制双弹簧喷油器起到一些实际指导作用。

1. 双弹簧喷油器的工作原理

双弹簧喷油器的喷油特性实例如图 3-62 所示。

双弹簧喷油器的最大特征是将针阀升程分成两部分：第一升程和第二升程。在针阀开始升起初期，限制针阀的升程量，使喷油量产生节流。这时，高压油管内的压力升高，

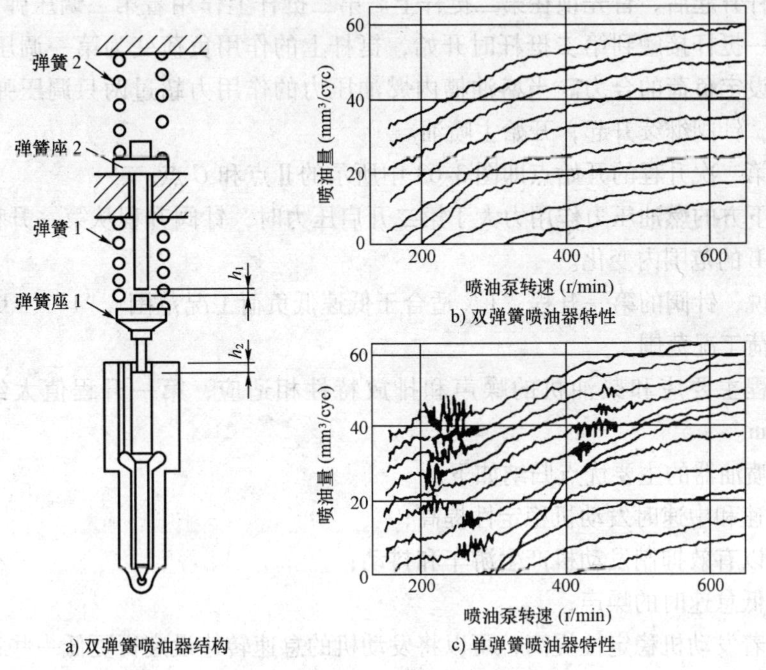

图 3-62 双弹簧喷油器的特性实例

为针阀升起到全升程、进入主喷射准备好条件。

由调压弹簧 1 设定第一开启压力 P_{01}，由调压弹簧 1 和调压弹簧 2 共同设定第二开启压力 P_{02}。

泵端送来的高压燃油使盛油槽中油压升高，当针阀下方的燃油压力大于第一开启压力时，针阀开始升起，相当于图 3- 63 左图中的Ⅲ点以及右图中的 A 点。当针阀下方的燃油的作用力小于第二针阀开启压力时，升程在从 0 开始到第一升程“1”的范围内变化；

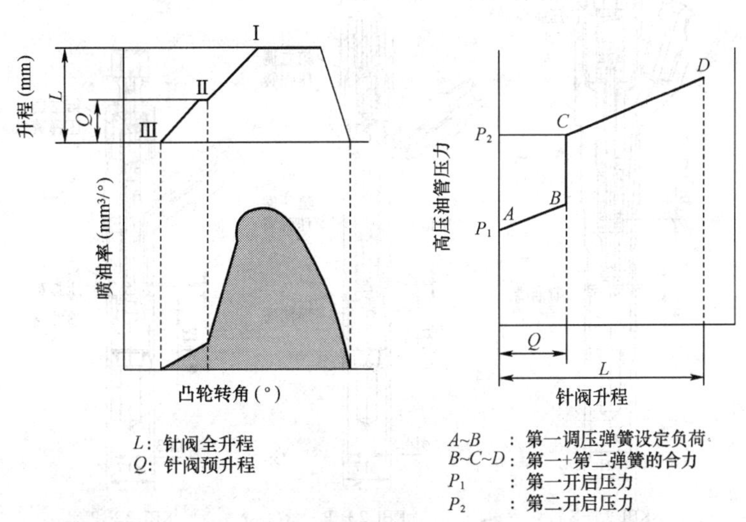

图 3-63 双弹簧喷油器的工作原理

第一挺杆升起后，首先顶在第二挺杆上。第二挺杆上作用着第二调压弹簧的作用力。因此，从第一挺杆接触到第二挺杆时开始，挺杆上的作用负荷变为第一调压弹簧和第二调压弹簧的设定负荷的合力。当盛油槽内燃油压力的作用力超过两只调压弹簧的设定作用力之和时，针阀继续升起，开始主喷油。

针阀的第二次升程的开始点即图3-63中所示的Ⅱ点和C点。

当针阀下方的燃油压力作用力大于第二开启压力时，针阀升程从第一升程“1”开始到第二升程L的范围内变化。

一般地说，针阀的第一升程“1”适合于低速低负荷工况范围。“1”~L的范围适合于高速高负荷工况范围。

第一升程主要应和柴油机的噪声和排放特性相适应，第一升程值大约的范围是：0.04~0.1mm。

双弹簧喷油器的主要优点归纳如下：

（1）低速和中速时发动机稳定性提高；

（2）可以有效抑制发动机产生游车和抖动；

（3）降低怠速时的噪声；

（4）随着发动机稳定性提高，可以将发动机的怠速转速设定得更低一些；

（5）在泵管嘴系统中，燃油喷射更趋稳定，调速器特性更加容易和发动机相匹配。

2. 双弹簧喷油器的种类

按照双弹簧喷油器的预升程的调节方式可以分成两类：垫片调整式和垫块调整式。

日本ZEXEL公司生产上述两类双弹簧喷油器。

垫片调整式双弹簧喷油器有：KBL2.1和KBL2.2（图3-64）。

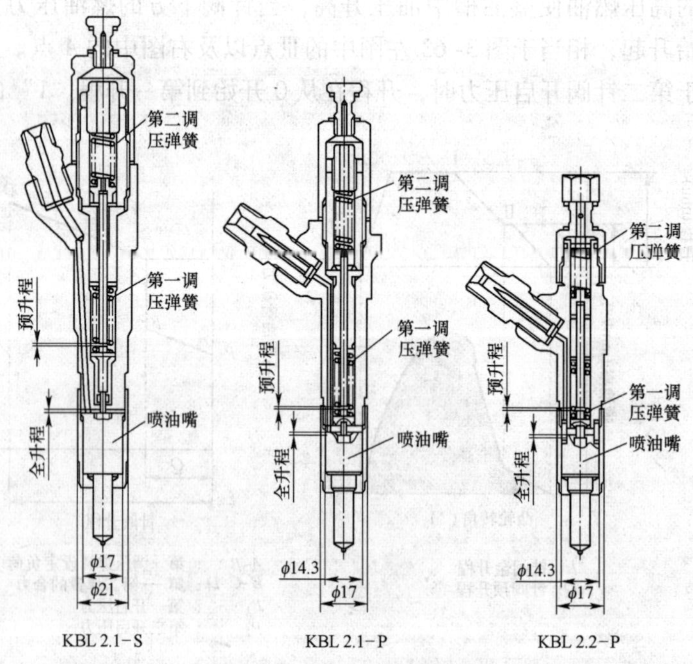

图3-64　杰克赛尔公司的垫片调整式双弹簧喷油器

升程垫块调整式双弹簧喷油器有：KBL2. 3 和 KBL2. 4（图 3-65）。

根据喷油器中安装的喷油嘴的系列（S 系列和 P 系列），双弹簧喷油器也可对应地称为 S 系列双弹簧喷油器和 P 系列双弹簧喷油器。

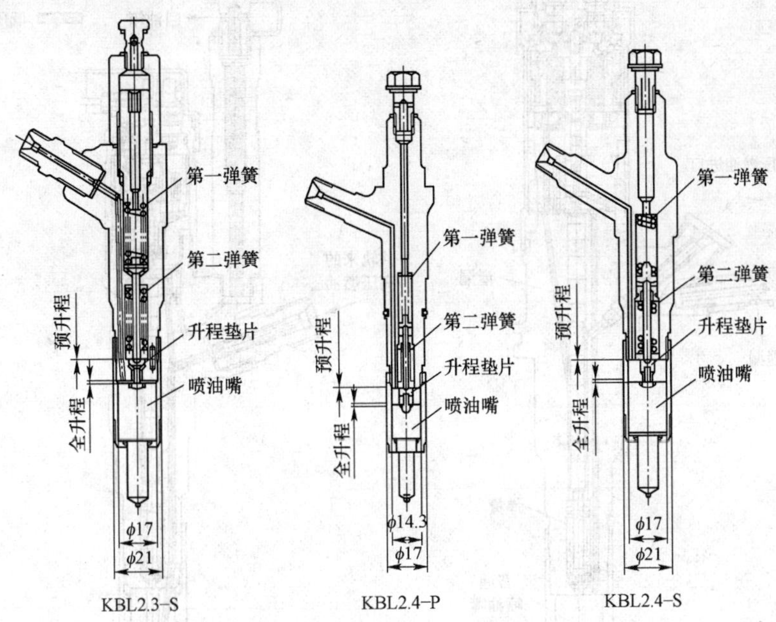

图 3-65　杰克赛尔公司的垫块调节式双弹簧喷油器

二、电控喷油器

电控共轨喷油系统的主要组成部分是：电控喷油器、供油泵、各种传感器和 ECU 等。

在电控共轨系统中，设计、工艺难度最大的部件首推电控喷油器。到目前为止，电控共轨系统中品种最多的部件也是电控喷油器。

各种电控喷油器的基本原理相同，结构相似，但外形相差较大。

（一）电装公司的电控喷油器

电装公司在电控喷油器开发方面，从 20 世纪 80 年代中期开始就一直走在世界前列。

1995 年，电装公司的共轨系统开始批量生产，正式开始供应市场。在此之前大约花了 10 年的时间一直在进行开发、探索。

从 1998 年开始到 2001 年是新型电控喷油器开发的第一阶段，主要是 X1 和 X2 型电控喷油器，2002 年之后是新一代电控喷油器 G2 的开发阶段。2008 年电装公司成功开发了 G3 电控喷油器。

1. 三通阀结构和二通阀结构

电装公司最初开发的电控喷油器采用三通阀结构。

在设计初期阶段，从理论上分析，三通阀结构具有很多优越性，但是实际试验和使用过程中发现，该三通阀结构并不如想象的好，因为燃油泄漏量较大。而且，检查燃油从何处泄漏，如何减少燃油泄漏等又没有有效的技术措施。因此，使用后不久就废止了，改成了二通阀结构。

电装公司三通阀喷油器和二通阀喷油器的结构对比如图 3-66 所示。

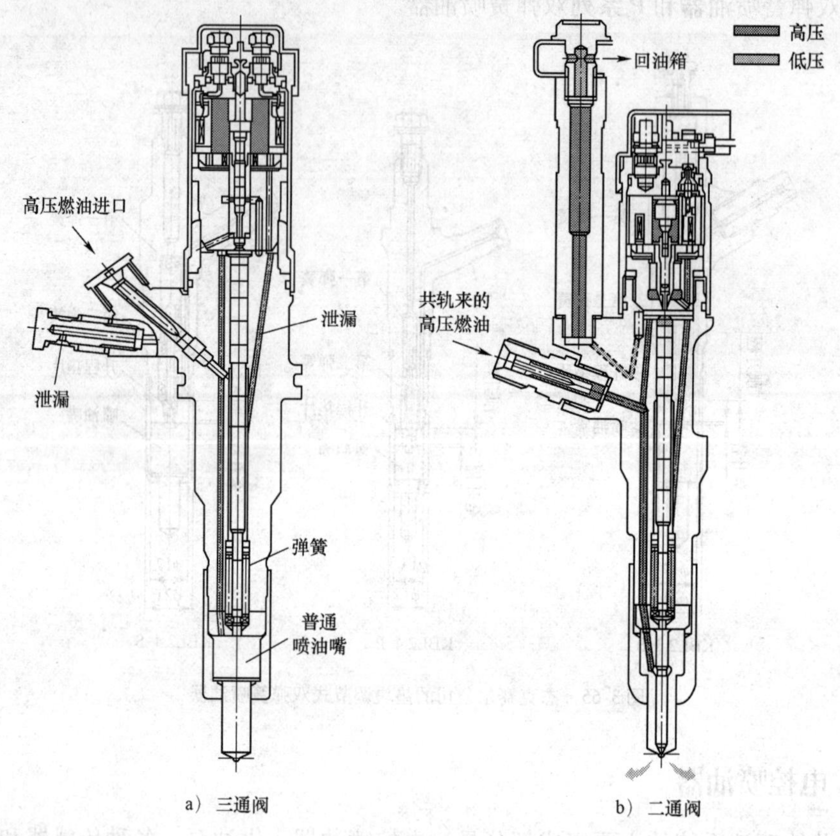

图 3-66　电装公司电控喷油器的结构图

二通阀和三通阀的英语缩写是一样的，即：Two Way Valve 和 Three Way Valve 。为了方便，可以记为：2WV 和 3WV。

二通阀式喷油器的工作原理如图 3-67a）所示。这是 1998 年底的结构图，平衡型，共轨中总是高压，压力范围是 18 ~ 130MPa。

三通阀式喷油器的工作原理如图 3-67b）所示。

电控喷油器的头部结构和传统的喷油器结构相仿（图 3-68）。

通过三通阀的开启和关闭，电控喷油器可以方便地控制喷油量和喷油时间（图 3-69）。

如图 3-67a）所示当二通阀开启（ON——通电）时，控制腔内的高压燃油经量孔 2 流入低压腔中，控制腔中的燃油压力降低，但是，喷油嘴压力室中的燃油压力仍是高压。压力室中的高压使针阀开启，向汽缸内喷射燃油。当二通阀关闭（OFF——不通电）时，通过量孔 1，控制腔中的燃油压力升高，使针阀下降，喷油结束。这里有一个重要条件：量孔 2 的直径必须小于其左下方的量孔 1 的直径。否则不能进行上述工作。

二通阀的通电时刻确定了喷油始点，二通阀的通电时间长短确定喷油量。这些基本喷油参数都是电子脉冲控制的。

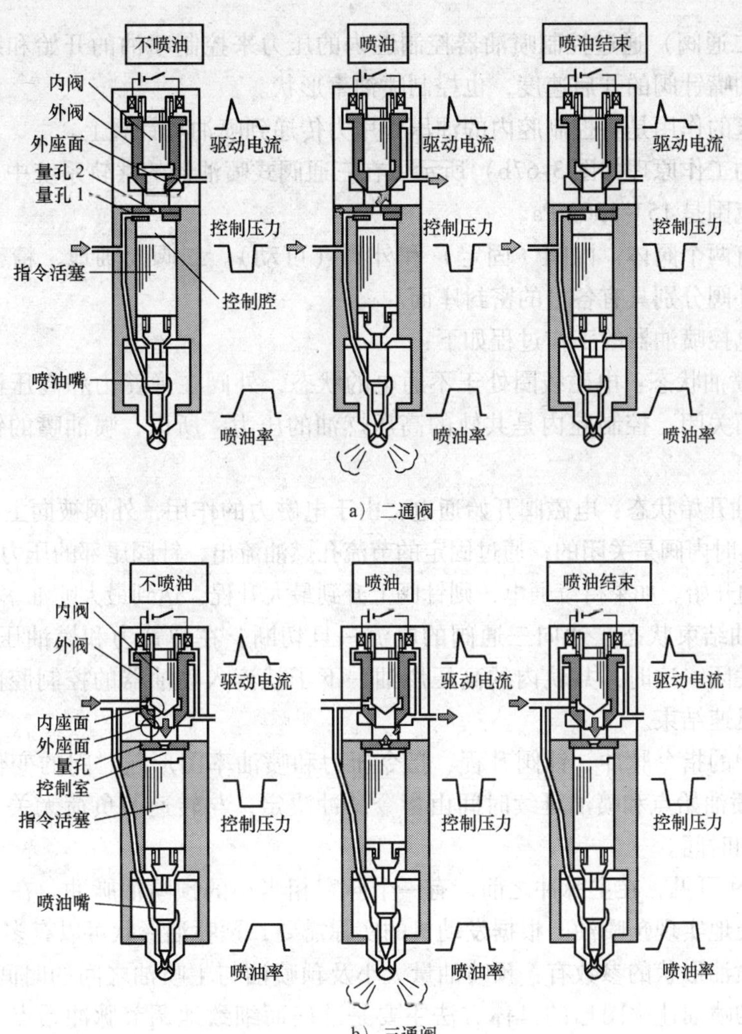

图3-67 电装公司电控喷油器的工作原理

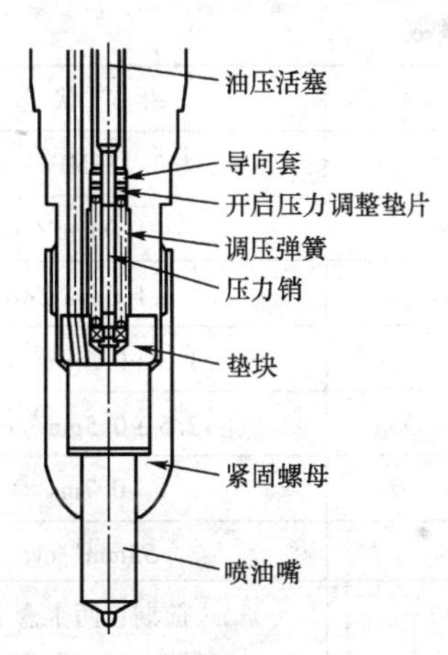

图3-68 电控喷油器喷油器头部结构

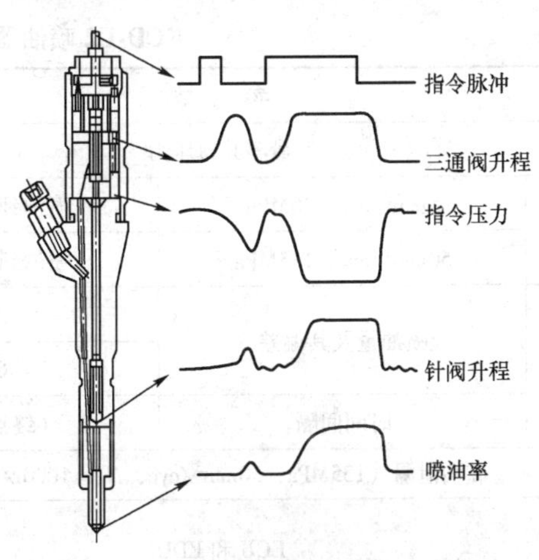

图3-69 喷油器中的信号谱

2WV（二通阀）通过控制喷油器控制腔内的压力来控制喷油的开始和终了。量孔大小既控制喷油嘴针阀的开启速度，也控制喷油率形状。

控制活塞的作用是将控制腔内的油压作用力传递到喷油嘴针阀上。

三通阀的工作原理如图 3-67b）所示。在三通阀式喷油器的共轨系统中，共轨中总是高压，压力范围是 15 ~ 130MPa。

三通阀有两个阀体：内阀（固定）和外阀（可动）。二阀同轴地、精密地配合在一起。内阀和外阀分别具有各自的密封座面。

三通阀电控喷油器的工作过程如下：

（1）不喷油状态：电磁线圈处于不通电的状态，外阀在弹簧力和高压油压力的作用下压向下方而关闭。控制腔内是共轨的高压燃油的压力，所以，喷油嘴的针阀关闭，不喷油。

（2）喷油开始状态：电磁阀开始通电，由于电磁力的作用，外阀被向上拉起，外阀开启，但是，这时内阀是关闭的；通过固定的节流孔燃油流出，针阀尾部的压力降低，针阀开始上升，喷油开始。如果持续通电，则针阀上升到最大升程，达到最大喷油率的状态。

（3）喷油结束状态：通向三通阀的电流一旦切断，在弹簧力和燃油压力的作用下，外阀下降而关闭。这时，共轨内的高压燃油一下子就流入喷油器的控制腔内，针阀快速关闭，喷油迅速结束。

喷油器中的指令脉冲、针阀升程、指令压力和喷油率图形随时间的变化的过程如图 3-69 所示。喷油始点和喷油延续时间由指令脉冲决定，与转速及负荷无关。因此，可以自由控制喷油时间。

由图 3-69 可见，在主脉冲之前，有一个脉宽相当小的预喷油脉冲。在 ECD-U2 系统中，可以方便地实现预喷油。根据发动机的实际需要，预喷油形状可以有多种形式。

决定预喷油形状的参数有：预喷油量大小及预喷油与主喷油之间的时间间隔。但是，实现该理想的喷油速率图形的具体方法主要是准确而细致地调节脉冲始点、脉冲宽度和脉冲间隔。

ECD-U2 喷油器的基本参数如表 3-5 所示。

ECD-U2 喷油器的喷油参数 表 3-5

参 数			生 产 状 态
最高共轨压力			135MPa
喷油量	$5mm^3/cyc$，20MPa	喷油到下一次喷油	$\pm 1.0mm^3/cyc$
	$50mm^3/cyc$，135MPa	喷油到下一次喷油	$\pm 1.0mm^3/cyc$
预喷油	喷油量及其偏差	20MPa	$1.3 \pm 0.5mm^3/cyc$
		64MPa	$2.5 \pm 0.5mm^3/cyc$
	时间间隔	（终点到始点）	0.7ms
燃油泄漏（135MPa，$50mm^3/cyc$，$N_p = 1000r/min$）			$55mm^3/cyc$
ECU 和 EDU			前期：两个盒子 后期：二者合成一体

ECD-U2 喷油器的控制电路如图 3-70 所示。

在许多专题研究报告中已经指出，为了实现理想的喷油速率图形，燃油喷射系统应当满足一系列的要求。具体内容请参看第六章——喷油压力和喷油率控制。

ECD-U2 高压共轨燃油系统是完全的"时间—压力调节系统"。喷油量是由共轨压力和喷油器电磁阀通电脉冲宽度决定的。以共轨压力为参数，改变脉冲宽度，可以得到一条线性的喷油器的喷油量特性。利用这一特性，在发动机全部工作范围内，可以方便地得到如目标设定的调速特性。

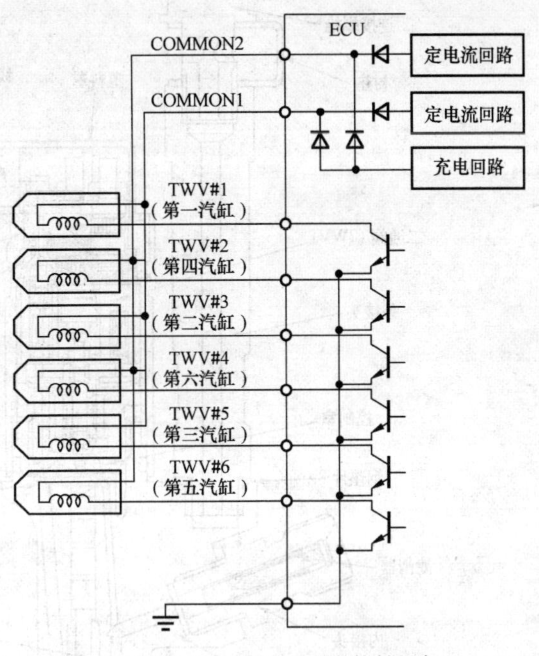

图 3-70　EUD-U2 喷油器的控制电路

近年来，电控喷油系统的喷油率控制方面取得了新的进展，在一个喷油循环中可以实现 5 次甚至 7 次喷油（理论上可以实现更多次喷油）。但其中只有一次是主喷油，其余均为辅助喷油，目的在于改善燃烧质量，改善排放等。详细内容请参看第五章关于喷油率控制的部分。

在传统的泵管嘴系统中经常见到的、因液力效应引起的控制困难区域，不可能控制区域，起因于调速器控制能力不足的调节不良等问题，在电控共轨喷油系统中，原则上都已经解决了。

根据 ECU 送来的电子控制信号，喷油器将共轨内的高压燃油以最佳的喷油时刻、最适当的喷油量、最合适的喷油率和喷雾状态喷入发动机燃烧室中。

电装公司电控喷油器的整体结构如图 3-71 所示。喷油器的主要零件是：喷油嘴、控制喷油率的量孔、控制活塞和二通阀（2WV）。

电控喷油器中由电磁阀直接控制喷油始点、喷油间隔和喷油终点，从而直接控制喷油量、喷油时间和喷油率。电控喷油器实际上完成了传统喷油装置中的喷油器、调速器和提前器的功能。

与直喷式柴油机中的机械式喷油器体相似，喷油器可用压板等安装在汽缸盖内。

设计良好的电控喷油器和传统的机械式喷油器结构相近。因此，共轨式喷油器在直喷式柴油机中的安装不需要显著改变汽缸盖结构。

对于三通阀式电控喷油器和二通阀式电控喷油器曾进行过认真的对比分析。相对于三通阀式喷油器来说，二通阀式电控喷油器具有两项重要改进：

（1）电磁阀密封部分减少：由原来的 2 处减少到 1 处；

（2）电磁线圈的结构：采用螺旋形磁铁。磁铁直径减小：由原来的 ϕ30mm 减小到 ϕ25mm。驱动能量减少：从原来的 120mJ 减小到 70mJ。

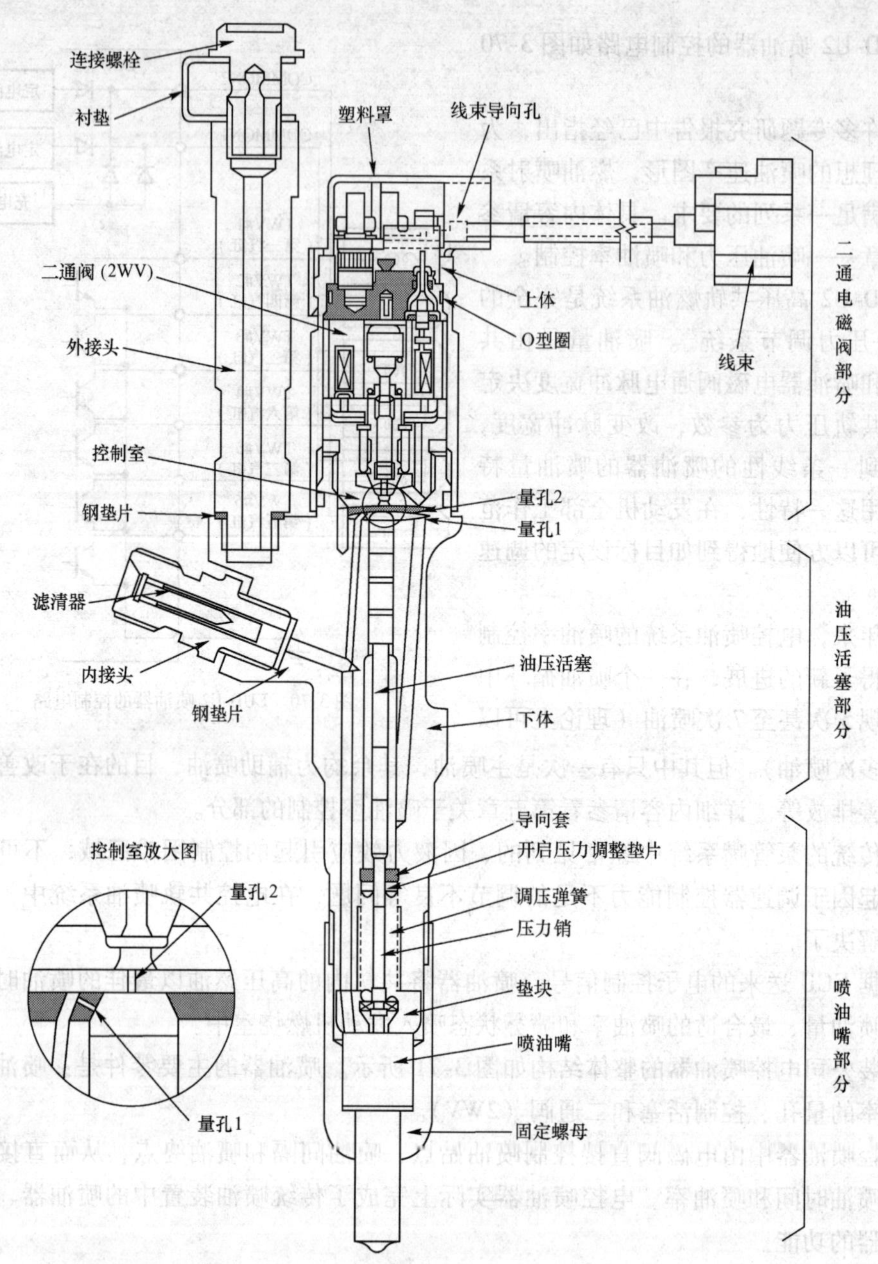

图 3-71　电装公司电控喷油器的结构

相对于三通阀来说，二通阀式电控喷油器具有独特的优点：

（1）漏油量减少，油耗降低；（燃油泄漏量减少：在 1000r/min，120MPa 下，燃油泄漏量从 220mm^3/cyc 减少到 120mm^3/cyc）。

（2）结构紧凑、体积小，安装自由度大，在发动机上布置比较方便；

（3）排放改善，可满足高压化要求；

（4）ECU-EDU 一体化。

（5）控制阀和针阀座面的耐磨性提高、密封面的密封性提高、重要零件的强度增加、工作可靠性提高、共轨压力明显提高等。

2. 螺旋型电磁铁

在电控喷油器中采用螺旋形磁铁，这是一项重要的新技术。关于采用螺旋形磁铁的技术趣闻在供油泵部分已经作了介绍。

图 3-72 所示为螺旋形磁铁的形状和结构。螺旋形磁铁的优点在于：

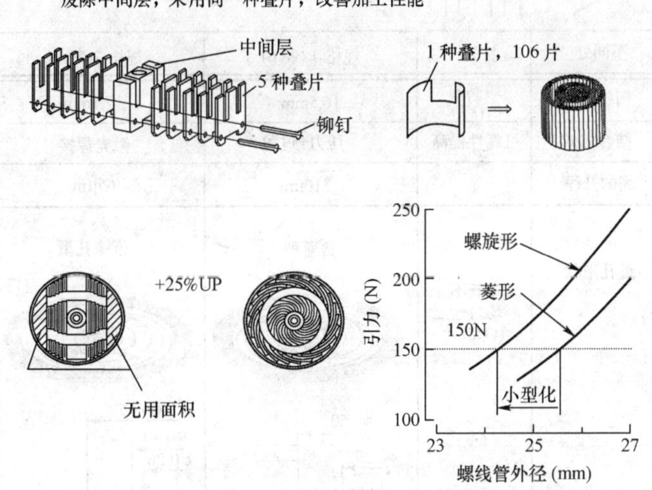

图 3-72　螺旋形磁铁的结构和特点

（1）螺线管外径减小。在同样的吸引力下，螺旋形磁铁的外径比菱形磁铁的外径减小 6% 左右。

（2）有效面积提高。菱形磁铁螺线管中有一部分无用面积，采用螺旋形磁铁后，有效面积提高 25%。

在开发螺旋形磁铁的初期，工艺比较复杂，甚至认为是不可能的。但是，成功地解决了加工螺旋形磁铁的工艺之后，已经变得非常简单了。由图 3-72 可见，磁铁的形状由原来的多种变成了一种，不仅加工方便，而且，管理也方便多了。

螺旋形磁铁的细节结构特点如图 3-73 所示。电控喷油器电磁阀的结构和参数如图 3-74所示。ECD-U2 和 ECD-U2P 喷油器的磁铁当时有三种规格，参数各不相同。

图 3-75 是二通阀式喷油器的喷油量特性曲线。图中表明脉宽和每循环喷油量的关系；在不同的喷油压力下，脉宽相同，喷油量不同；喷油压力越高，喷油量越大；但是，左图和右图相比，带补偿电阻的喷油器和不带补偿电阻的喷油器的喷油量也有一定的区别。显然，带补偿电阻的电控喷油器喷油量特性的线性度提高了，分散度降低了。

3. 分类电阻

电控喷油器的头部结构如图 3-76 和图 3-77 所示。关键是分类电阻的配置。

电控喷油器中采用分类电阻以后，每一个喷油器都具有个性化（对应一定的独特的喷油量特性）。ECD-U2 喷油器可以通过分类电阻分成 25 级（图 3-78）。

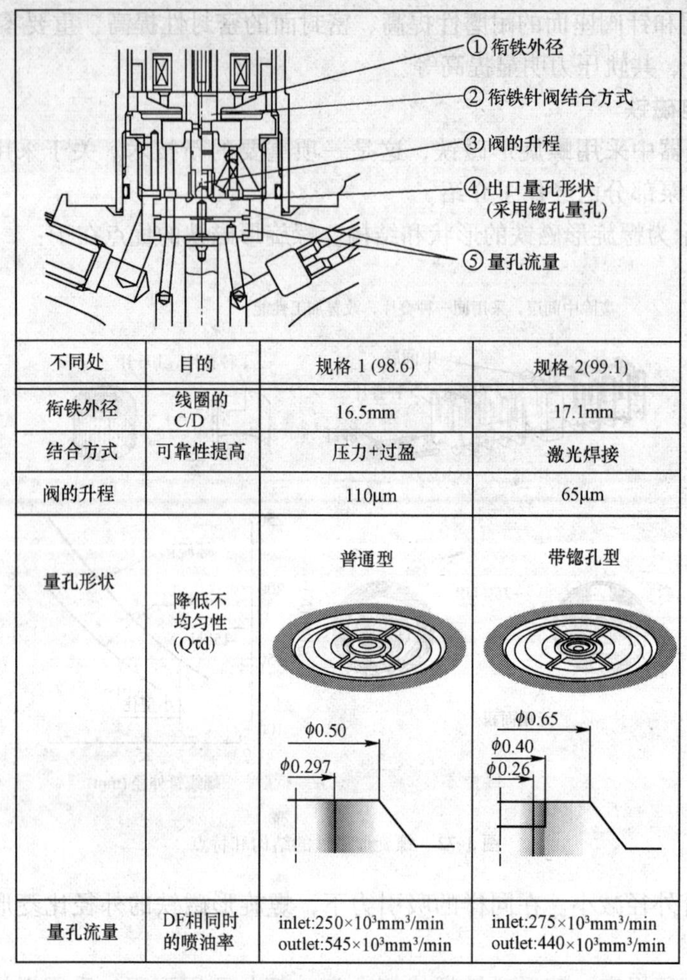

不同处	目的	规格 1 (98.6)	规格 2(99.1)
衔铁外径	线圈的 C/D	16.5mm	17.1mm
结合方式	可靠性提高	压力+过盈	激光焊接
阀的升程		110μm	65μm
量孔形状	降低不均匀性 (Qτd)	普通型 φ0.50 φ0.297	带锪孔型 φ0.65 φ0.40 φ0.26
量孔流量	DF相同时的喷油率	inlet:250×10^3mm³/min outlet:545×10^3mm³/min	inlet:275×10^3mm³/min outlet:440×10^3mm³/min

图 3-73　螺旋形磁铁的细节结构特点

	U2		U2P
	3WV	2WV	2WV
绕线直径	φ0.37	φ0.37	φ0.2
圈数	70T	69T	127T
电阻值	0.75Ω	0.6Ω	2.7Ω
平衡活塞	有	有	无
结构			
驱动电流	13A 121mJ 3A	8A 70mJ 2.2A	8A 78mJ 2.25A

图 3-74　电控喷油器电磁阀的结构和参数

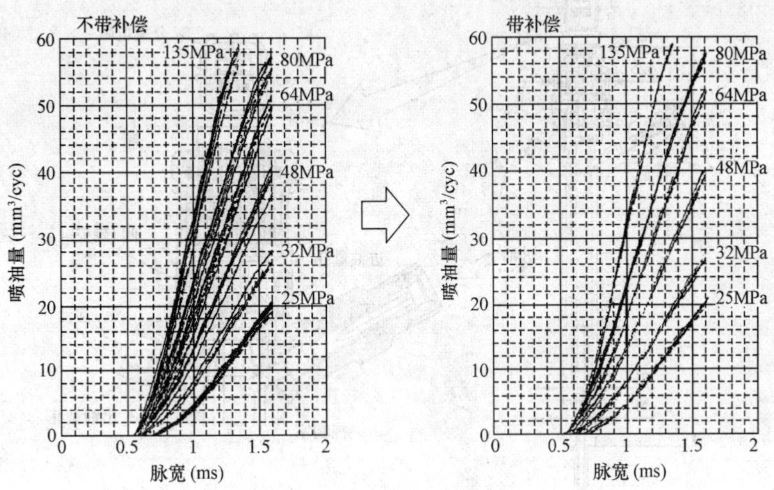

图 3-75 二通阀式喷油器喷油量特性曲线

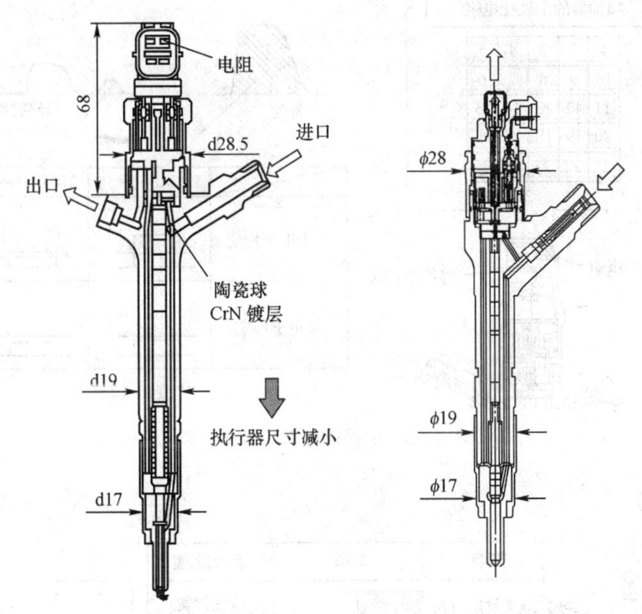

图 3-76 电控喷油器的补偿电阻

图 3-79 中详细地列出了 ECD-U2 和 ECD-U2（P）电控喷油器中重要的调节参数、对应的影响效果以及相应的调节措施等。由图中可见，在电控喷油器中，对性能影响较大的参数有：弹簧设定负荷、量孔尺寸、喷油嘴座面直径等。

特别是为了控制喷油器的实际流量，喷油孔采用液体研磨，并对喷油嘴按流量进行分级。

在 ECD-U2（P）电控喷油器中，采用 DLLP 型喷油嘴偶件。

4. X2 型和 G2 型电控喷油器

电装公司 X2 型电控喷油器的模型图如图 3-80 所示。其主要特点是：

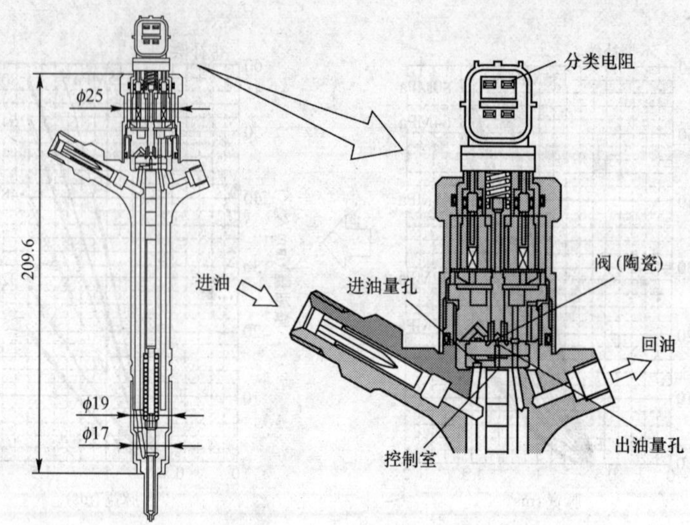

图 3-77　ECD-U2（P）电控喷油器的分类电阻

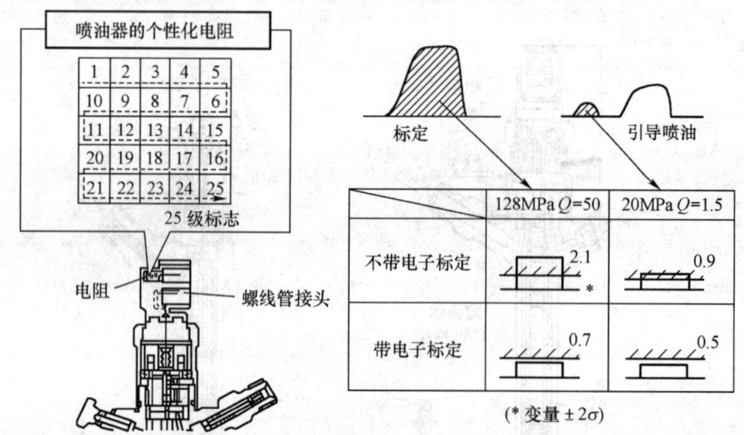

图 3-78　电控喷油器的分类电阻

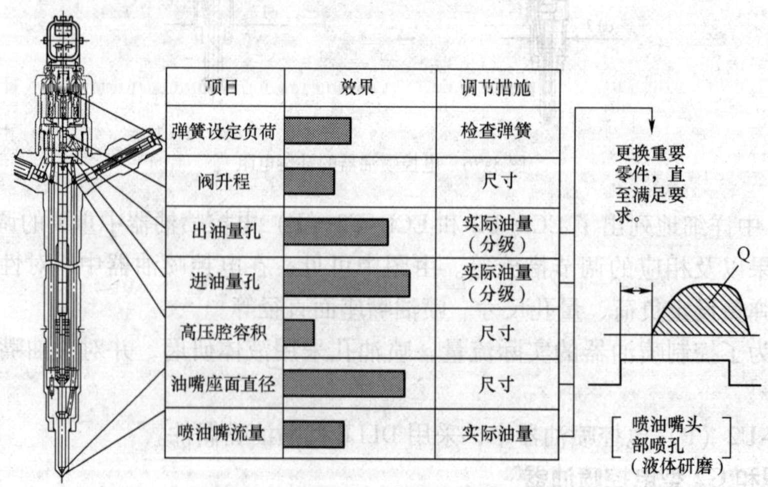

图 3-79　电控喷油器中的主要变量

（1）加在电磁阀上的油压降低了（采用了低压沟）；密封座面耐磨性提高了；阀可承受的工作压力提高了（从 135 提高到 160MPa）。

（2）整体结构更加小型化，头部高度降低了；

（3）可靠性提高了，采用了 CrN 镀层、采用陶瓷元件；

（4）可承受的面压提高了；强度方面进行了计算校核。

X2 型电控喷油器和下一代的 G2 型电控喷油器的结构比较如图 3-81 所示，关于下一代电控喷油器 G2 的主要特点如下：

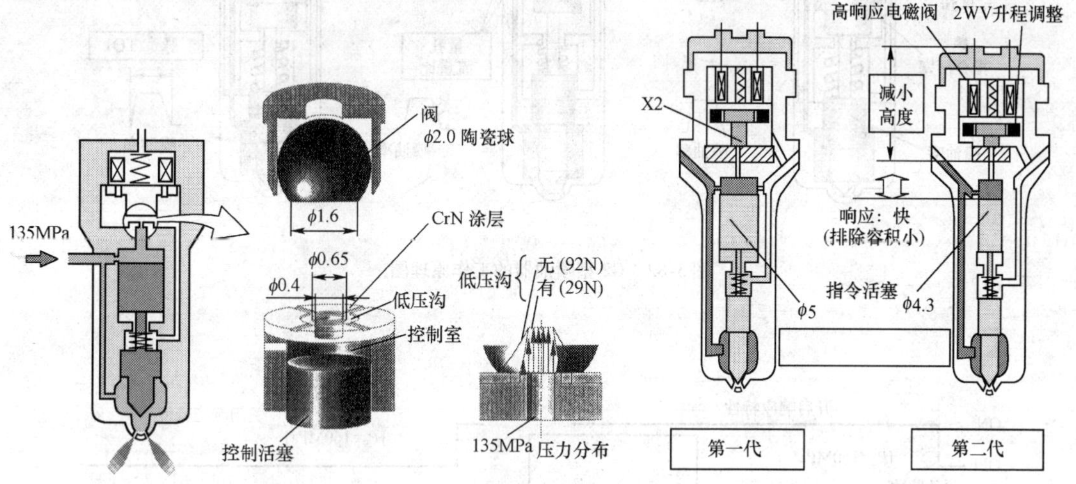

图 3-80　电装公司 X2 型电控喷油器的模型图

图 3-81　X2 型喷油器和 G2 型喷油器的结构比较

（1）喷油高压化。设法降低喷油嘴偶件座面的接触压力（例如：将指令活塞的直径从 ϕ5.0mm 减小到 ϕ4.3mm）。密封性能提高；耐压强度提高；滑动面之间的耐磨性能提高；针阀座面的耐磨性能提高。

（2）减小喷油量的波动偏差。改进电磁阀的响应特性，增加外部调节机构二通阀的设定负荷、升程大小等。

（3）实现多次喷油化、减小多次喷油之间的时间间隔（目标值从 0.7ms 降低到 0.4ms）。改善电磁阀的响应特性、减小控制室的容积。

（4）降低成本。电磁阀的机构更加简单，螺旋型改成容积型（bulk），执行器改成针阀式一体阀等。

下一代的 G2 型电控喷油器的工作原理如图 3-82 所示。

图 3-83 所示为电装公司电控喷油器的响应特性的试验曲线。

图中的试验曲线对应着三种结构的喷油器。其中：

X2-147F 型是实测曲线。喷油器的结构参数是：螺旋平板型，驱动能量 78mJ，升程 65μm，弹簧负荷 70N，回油背压 40kPa。

多次喷射喷油器的参数是：复合软磁性材料的容积（bulk）平板型，驱动能量 45mJ，升程 50μm，弹簧负荷 50N，回油背压 40kPa。

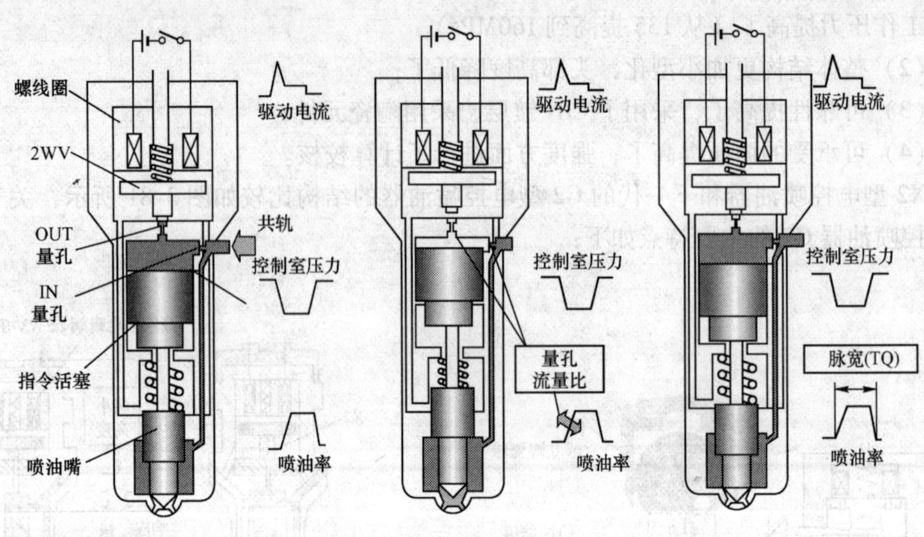

图 3-82　G2 型喷油器的工作原理图

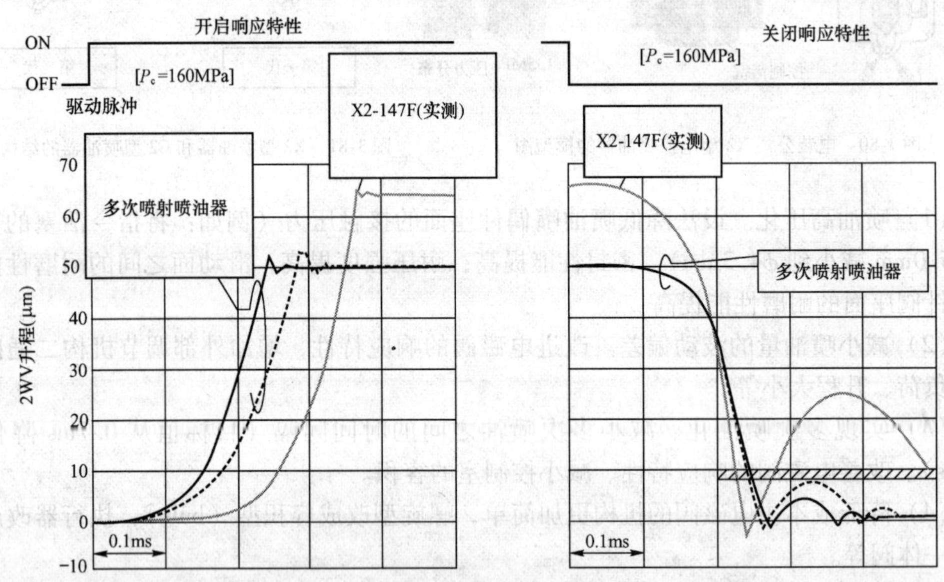

图 3-83　电控喷油器的响应特性曲线

为了降低针阀落座时的反跳量，电装公司在喷油器的设计方面下了很大的功夫。图 3-84 所示就是一例。通过一系列技术措施，使针阀落座时的反跳量减小到比原定的目标值（8μm）还要小得多，可以达到 2 ~ 3μm。主要技术措施有：提高挤压力、减小运动件的质量等。

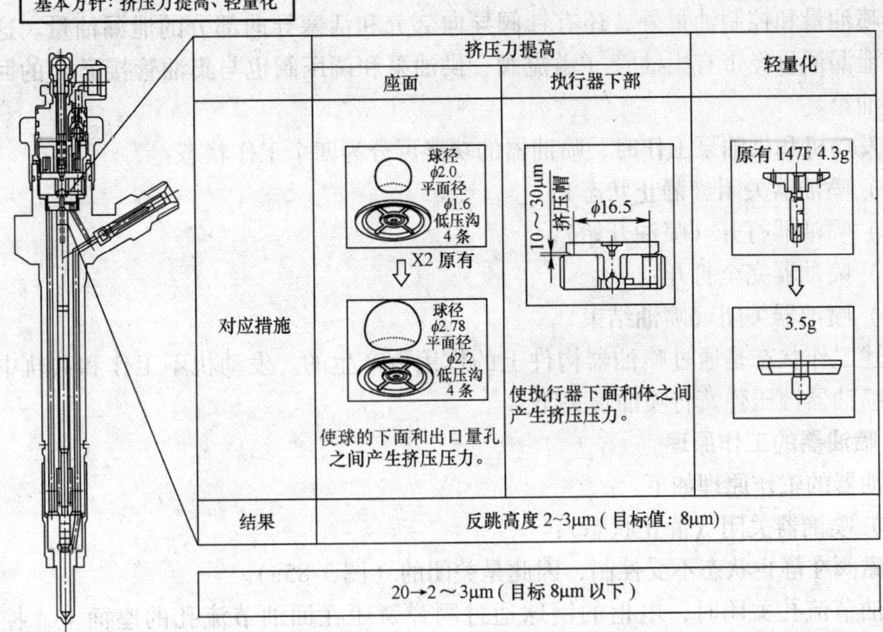

图 3-84　减小针阀落座时反跳量的措施

（二）博世公司电控喷油器

1. 博世公司电控喷油器结构

博世公司电控喷油器的代表性结构如图 3-85 所示。

喷油器可分为几个功能组件：孔式喷油嘴、液压伺服系统和电磁阀等。

燃油从高压接头经一进油通道送往喷油嘴，经进油节流孔送入控制室。控制室通过由电磁阀打开的回油节流孔与回油孔连接。

回油节流孔在关闭状态时，作用在控制活塞上的液压力大于作用在喷油嘴针阀承压面上的力，喷油嘴针阀被压在座面上，因而没有燃油进入燃烧室。

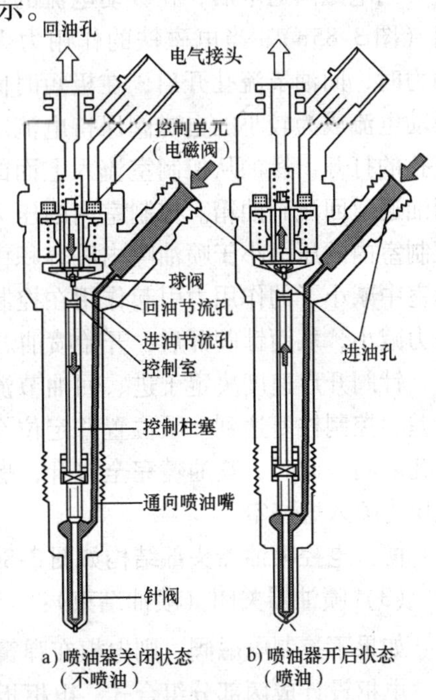

图 3-85　博世公司共轨式喷油器

电磁阀工作时，打开回油节流孔，控制室内的压力下降，当作用在控制活塞上的液压力低于作用在喷油嘴针阀承压面上的作用力时，喷油嘴针阀立即开启，燃油通过喷油孔喷入燃烧室（图 3-85b）。由于电磁阀不能直接产生迅速关闭针阀所需的力，因此，经过一个液力放大系统实现针阀的这种间接控制。在这个过程中，除喷入燃烧室的燃油量之外，还有附加的所谓控制油量经控制室的节流孔进入回油通道。

除喷油量和控制油量外，还有针阀导向部分和活塞导向部分的泄漏油量。这种控制油量和泄漏油量经带有集油管（溢流阀、供油泵和调压阀也与集油管接通）的回油通道回流到油箱。

在发动机和供油泵工作时，喷油器的功能可分为四个工作状态：

（1）喷油器关闭（静止状态）；

（2）喷油器打开（喷油开始）；

（3）喷油器完全打开；

（4）喷油器关闭（喷油结束）。

上述工作状态是通过喷油器构件上的作用力产生的。发动机不工作和共轨中没有压力时，喷油器调压弹簧将喷油嘴关闭。

2. 喷油器的工作原理

喷油器的工作原理如下：

（1）喷油器关闭（静止状态）：

电磁阀在静止状态不受控制，因此是关闭的（图 3-85a）。

回油节流孔关闭时，电枢的钢球通过阀弹簧压在回油节流孔的座面上。控制室内建立共轨的高压，同样的压力也存在于喷油嘴的内腔容积中。共轨压力在控制柱塞端面上施加的力及喷油器调压弹簧的力大于作用在针阀承压面上的液压力，针阀处于关闭状态。

（2）喷油器开启（喷油开始）：

当电磁阀通电后，在吸动电流的作用下迅速开启（图 3-85b）。当电磁铁的作用力大于弹簧的作用力时，回油节流孔开启，在极短时间内，升高的吸动电流成为较小的电磁阀保持电流。随着回油节流孔的打开，燃油从控制室流入上面的空腔，并经回油通道回流到油箱。控制室内的压力下降，于是控制室内的压力小于喷油嘴内腔容积中的压力。控制室中减小了的作用力引起作用在控制柱塞上的作用力减小，从而针阀开启，开始喷油。

针阀开启速度决定于进、回油节流孔之间的流量差。控制柱塞达到上限位置并定位在进、回油节流孔之间。此时，喷油嘴完全打开，燃油以近于共轨压力喷入燃烧室。

博世电控喷油器头部结构如图 3-86 所示。

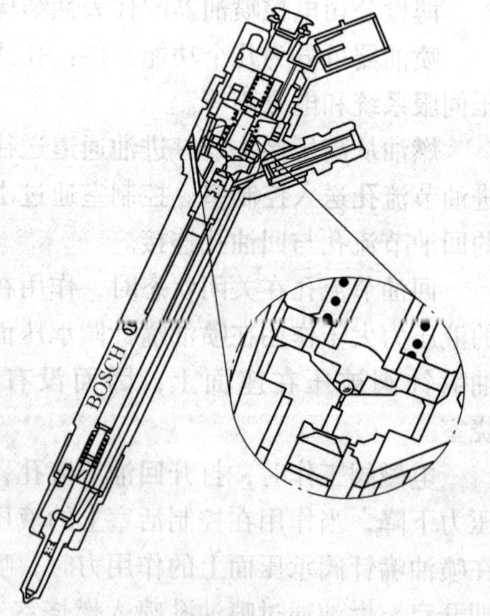

图 3-86 博世电控喷油器头部结构

（3）喷油器关闭（喷油结束）：

如果不控制电磁阀，则电枢在弹簧力的作用下向下压，钢球关闭回油节流孔。

电枢设计成两部分组合式，电枢板经一拨杆向下引动，但它可用复位弹簧向下回弹，从而没有向下的力作用在电枢和钢球上。

回油节流孔关闭，进油节流孔的进油使控制室中建立起与共轨中相同的压力。这种升高了的压力使作用在控制柱塞上端的压力增加。这个来自控制室的作用力和弹簧力超过了针阀下方的液压力，于是针阀关闭。

针阀关闭速度决定于进油节流孔的流量。

3. 喷油嘴偶件

喷油嘴偶件安装在电控喷油器中。喷油嘴必须仔细地与实际发动机的条件相匹配。

装用在电控喷油器中的常用喷油嘴有两种型式：带压力室的 P 系列喷油嘴偶件和无压力室的 P 系列喷油嘴偶件。

喷油孔的设计等与机械式喷油器中的喷油嘴大体相同（图 3-87）。

为了减少 HC 排放，压力室容积应尽可能小，最好采用无压力室式喷油嘴。

头部为锥形的、带压力室的喷油嘴一般采用电火花加工。

目前，压力室形状有圆柱形和锥形两种。

（1）带圆柱形压力室和圆形头部的有压力室的喷油嘴：通过一个圆柱形部分和一个半球形部分组成压力室，喷油孔数量、喷油孔长度和喷油孔夹角等参数具有高度的设计灵活性。

喷油嘴头部呈半圆形，从而保证了与压力室形状一起得到均匀的喷油孔长度。无压力室喷油嘴头部如图 3-88 所示。

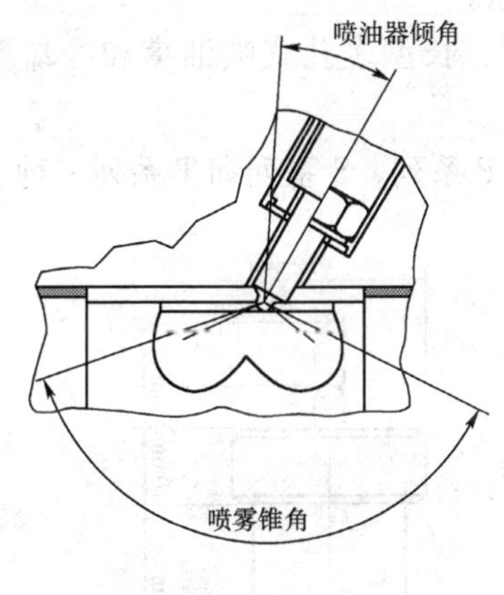

图 3-87 喷雾锥角

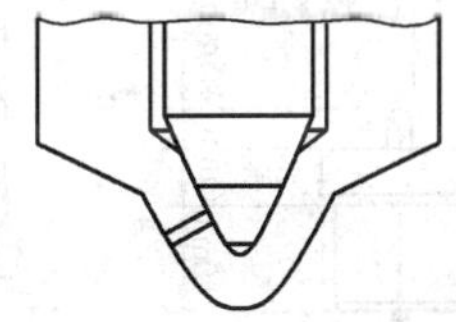

图 3-88 无压力室的喷油嘴头部示意图

（2）带圆柱形压力室和锥形头部的有压力室的喷油嘴：这种结构仅用于喷油孔长度为 0.6mm 喷油嘴。锥形头部的凹槽半径与喷油嘴体座面间的壁厚较大，因此头部强度较高。

（3）带锥形压力室和锥形头部的有压力室的喷油嘴：与带圆柱形压力室的喷油嘴相比，带锥形压力室的喷油嘴的压力室容积较小，压力室容积介于无压力室喷油嘴和压力室为圆柱形的喷油嘴之间。为了得到均匀的头部壁厚，头部设计成锥形。

为了使压力室容积减至最小，减少 HC 排放，将喷油孔的入口设置在针阀体的锥形座面中，喷油嘴关闭时由针阀盖住。这样，压力室与燃烧室之间没有直接连接。

无压力室喷油嘴的最大承载能力明显比带压力室的喷油嘴降低，因此该结构仅用在 P

型孔式喷油嘴和喷油孔长度为1mm 的喷油嘴中。

研究表明：预喷油量随工作时间延长而上升。采用如图 3-89 所示的特殊的座面形状可以避免这一情况。针对针阀导向面受载情况较恶劣的问题，在针阀表面进行了特殊的镀层处理。这种措施的另一个优点是可以改善摩擦条件。针阀座面附近采用了第 2 个针阀的导向部分，这样，即使在升程最小时也能使每个喷油孔的燃油雾束均匀。

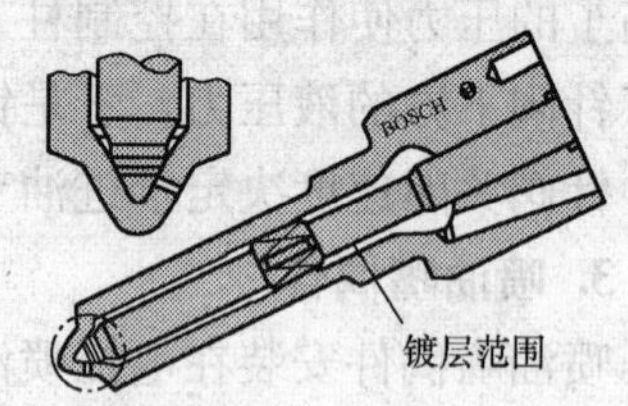

图 3-89　特殊处理的电控喷油器用喷油嘴

喷油过程基本上决定于喷油嘴截面以及进、出油节流截面的面积。在设计进、出油节流截面时必须注意：一方面此两节流截面应尽可能小，以使控制油量损失最小，另方面它必须可靠地保证达到约 ±1% 的液体流量差。这么小的流量差只有利用液力研磨的方法将节流孔进口边角倒圆才能实现。

三、喷油嘴偶件

喷油嘴偶件由针阀和针阀体组成，一经配对，不可分开，直至报废。

（一）喷油嘴偶件概述

喷油嘴可以分为两大类：孔式喷油嘴和轴针式喷油嘴。

轴针式喷油嘴的一种特殊结构叫做节流式喷油嘴。

多孔式喷油嘴又可分为：（短型）多孔式喷油嘴、长型多孔式喷油嘴和冷却型（多孔式）喷油嘴等。

轴针式喷油嘴的系列如图 3-90 所示，常用的有 P 系列、S 系列和 T 系列三种。

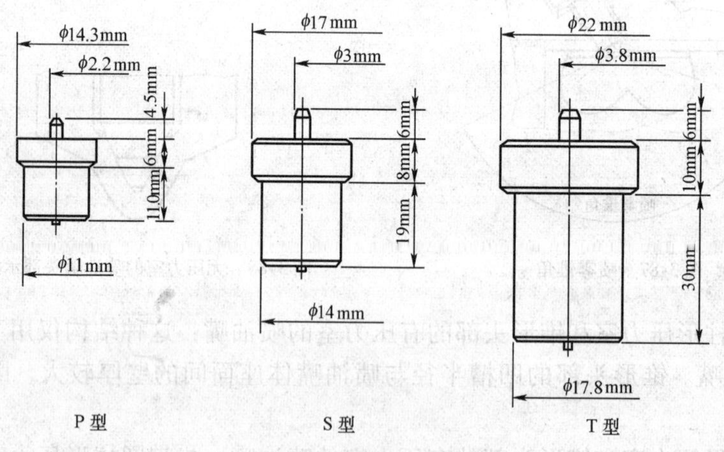

图 3-90　轴针式喷油嘴的系列

轴针式喷油嘴的喷油孔直径（d）根据喷油嘴系列而异。常用值有：0.2mm、0.5mm、0.8mm、1.0mm、1.5mm、2.0mm 等。喷雾角（α）的角度常用值有：0°、4°，少数情况下也有：6°、8°、12°、15°、25°、30°和 45°的。

喷油孔直径和喷雾角都必须与柴油机燃烧室的形状进行认真、仔细的匹配。

轴针式喷油嘴一般用于预燃室式柴油机和涡流室式柴油机，针阀开启压力一般在7.8～14.7MPa的范围内。

孔式喷油嘴的系列如图3-91所示。

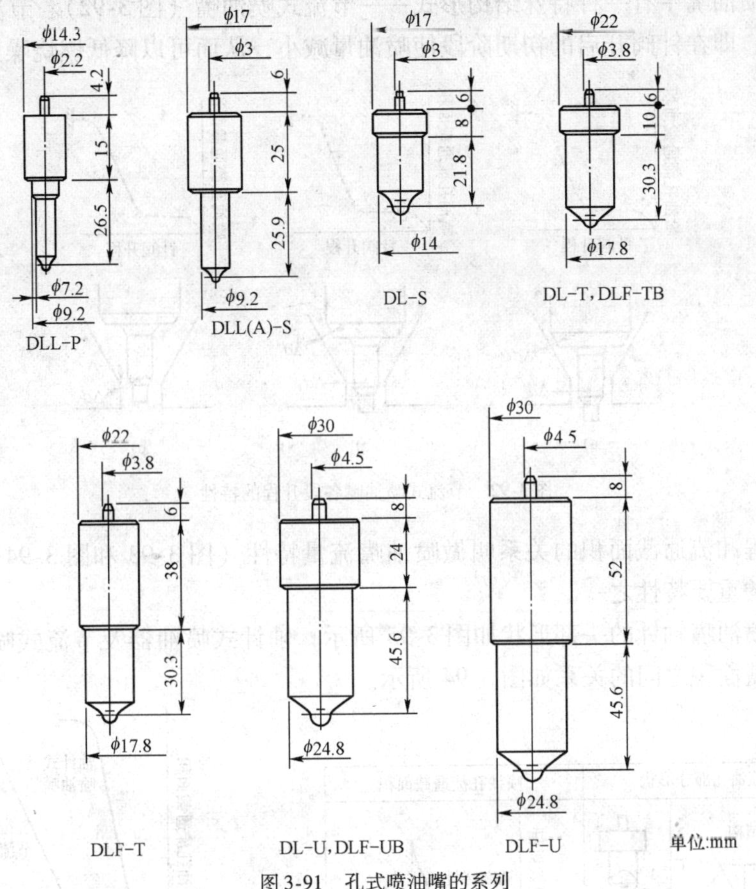

图3-91 孔式喷油嘴的系列

孔式和轴针式喷油嘴常用的系列是P系列和S系列。

P系列喷油嘴是为小型柴油机设计开发的。

孔式喷油嘴用于直喷式柴油机，燃油从针阀体头部的喷油孔中以适当的方向喷入燃烧室，并分散到燃烧室的各个部分。

孔式喷油嘴的喷油孔直径(d)一般为0.2～0.4mm（汽车柴油机）。

特殊的孔式喷油嘴的喷油孔直径有：0.8mm、1.0mm和1.25mm。最近，实际柴油机中的最小喷油孔直径已经达到0.13mm。将来还有可能进一步减小。

孔式喷油嘴的喷雾角（α）一般为：140°～160°（汽车柴油机）。常用的喷雾角度是110°～180°。

孔式喷油嘴用于直接喷射式柴油机中。针阀开启压力较高，一般为14.7～29.4MPa。汽车柴油机喷油嘴的开启压力一般为17.7～21.6 MPa。

（二）轴针式喷油嘴偶件

轴针式喷油嘴针阀头部的轴针伸入针阀体的喷油孔内，针阀升起后，燃油从喷油孔和轴针之间的环状间隙中喷出，呈中空圆锥形喷雾，主要用于非直喷式柴油机，将燃油喷入比较狭小的空间内；改变轴针头部的形状可以改变喷雾角，同时，还可以改变喷油嘴流通截面积特性。

轴针式喷油嘴中有一种特殊结构形式——节流式喷油嘴（图3-92）。节流式喷油嘴具有节流功能，即在针阀开启的初期阶段使喷油量减小，从而可以降低燃烧噪声。

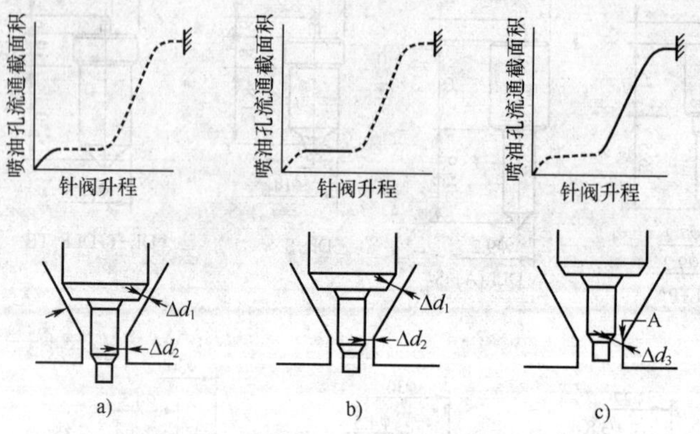

图3-92　节流式喷油嘴各段升程的特性

针阀升程和流通截面积的关系叫做喷油嘴流量特性（图3-93和图3-94），它是影响柴油机性能的重要特性之一。

轴针式喷油嘴轴针的头部形状如图3-95所示；轴针式喷油器及节流式喷油嘴的针阀升程和流通截面积之间的关系如图3-94所示。

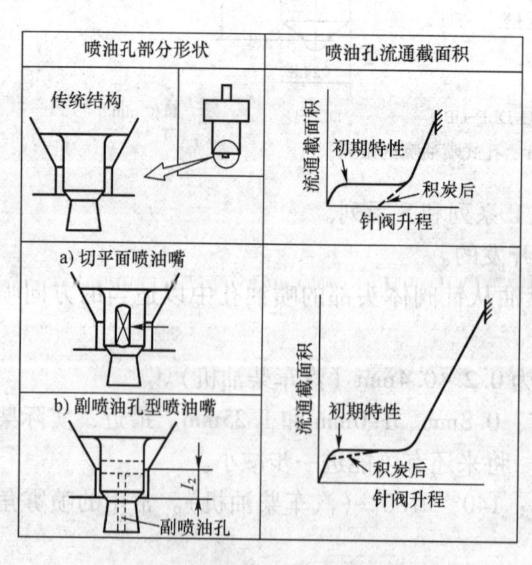

图3-93　喷油孔形状及流通截面积特性

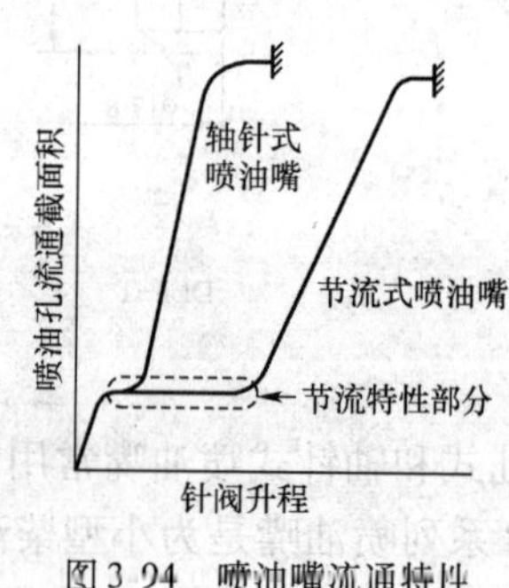

图3-94　喷油嘴流通特性

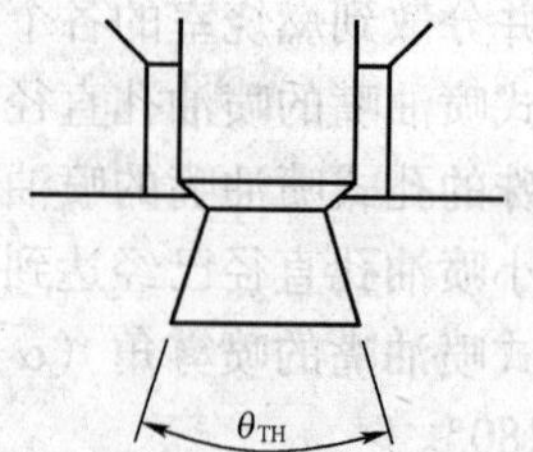

图3-95　轴针头部形状

各种喷油嘴的几何流通特性都可以准确地计算，关于计算方法和公式等请参看“柴油机设计手册”第十四章。

（三）节流式喷油嘴偶件

在轴针式喷油嘴中，重叠尺寸 l_2（图3-93）大于0.25mm的叫做节流式喷油嘴，l_2 小于0.2mm的叫轴针式喷油嘴。与重叠尺寸 l_2 相应的部分叫节流段。

在轴针式喷油嘴中，即使针阀升程很小，流通截面积也相当大，可以很快进入主喷油状态；但在节流式喷油嘴中，与轴针式喷油嘴相比，如果针阀升程不升至足够大，流通截面积仍然不够大，不会进入主喷油。

在节流式喷油嘴中，针阀升起初期的流通截面积小，喷油被节流，燃烧压力上升较为柔和，可以防止柴油机爆燃。

在大多数应用场合，重叠尺寸 l_2 为0.4～0.5mm，但为了降低噪声，也有 l_2 为0.7mm左右的实例。有时在节流式喷油嘴的喷油孔附近出现积炭，导致节流面积减小（图3-94）。这样，初期喷油量过分节流，着火困难，接着主喷油燃油急剧燃烧，噪声增大。

轴针式喷油嘴的流通截面积特性与节流式喷油嘴的轴针重叠部分的尺寸 l_2 减小后的特性相同，因为节流时间短，主喷油燃烧迅速，所以用于注重输出功率的柴油机上。

（四）副喷孔式喷油嘴

在节流式喷油嘴中，利用针阀体喷油孔和针阀轴针之间的环状间隙所对应的面积进行节流。与之相对应，副喷孔式喷油嘴则是在针阀体端部特别加工一个小喷油孔，其流通截面积与节流式喷油嘴的环状流通截面积相等，而且具有一定的角度(θ)。副喷油孔的直径(d)一般为：0.15～0.20mm。副喷油孔的位置及副喷油孔式喷油嘴结构如图3-96和图3-97所示。怠速工况时，针阀升程较小，主喷孔开度很小，绝大部分的燃油是从副喷孔喷出的。当针阀升程加大后，主喷孔的流通截面积迅速增大，这时，绝大部分的燃油是从主喷孔喷出的。因而，和传统意义上的节流式喷油嘴的效果一样。

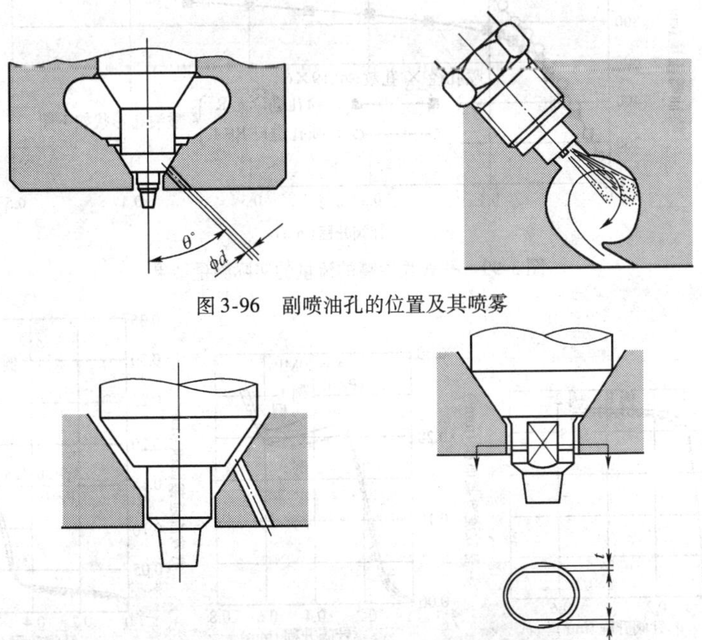

图3-96　副喷油孔的位置及其喷雾

图3-97　副喷油孔式喷油嘴和切平面式喷油嘴

图 3-97 的右图所示为在轴针上带有切平面的喷油嘴。这种结构可使流路产生不均衡而出现扰动，促进喷油嘴自身的净化作用。切平面深度为 t，该切平面可以防止喷油孔积炭及噪声恶化。

（五）孔式喷油嘴

孔式喷油嘴针阀升程与其对应的流通截面积特性如图 3-98 所示。针阀在上升的过程中，节流截面分别是：环状间隙 Δd_4 和 Δd_5，最后，由喷油孔决定了最大流通截面积。对于喷油嘴的评价，传统的做法是将喷油嘴的几何流通截面积特性作为喷油嘴的特性参数。

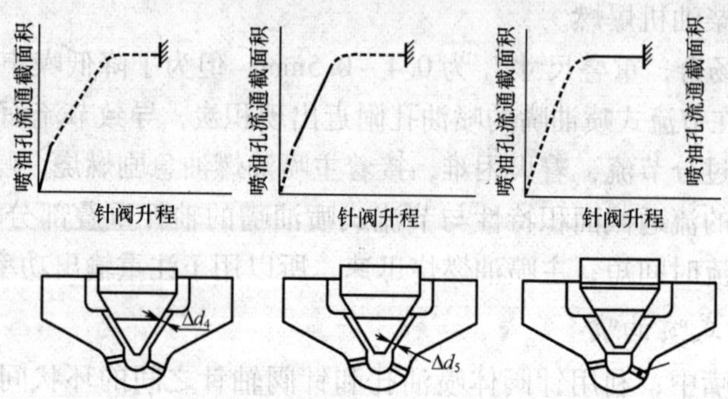

图 3-98　多孔式喷油嘴的头部形状及流通截面积

批量生产的同一种喷油嘴的流量特性曲线如图 3-99 和图 3-100 所示。由图可见，流量在敏感升程段偏差较大。

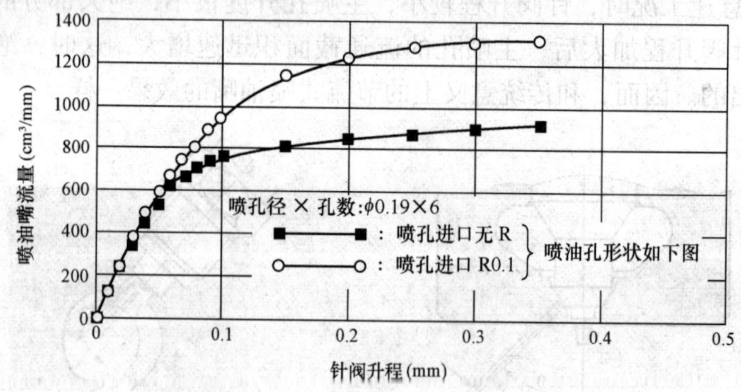

图 3-99　孔式喷油嘴的流量的实际测量结果

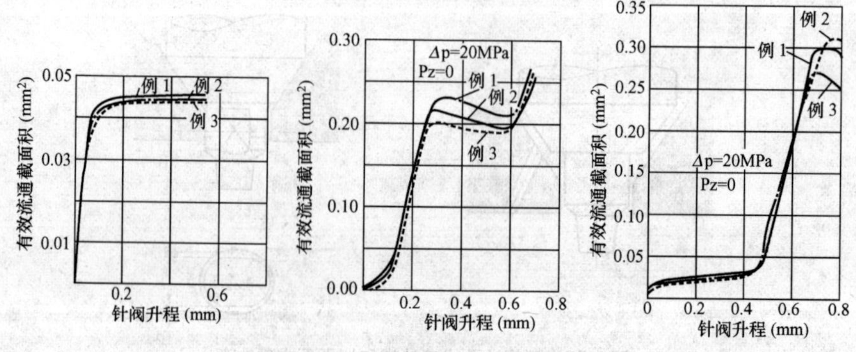

图 3-100　喷油嘴流量的实际测量曲线

为了加大喷油孔入口处的流量系数，有时采用电解加工法或液体研磨的方法在喷油孔的燃油进口处加工出圆角 R（图 3-101）。多孔式喷油嘴的喷油孔进油处的圆角直径一般为 0.2 ~ 0.5mm。

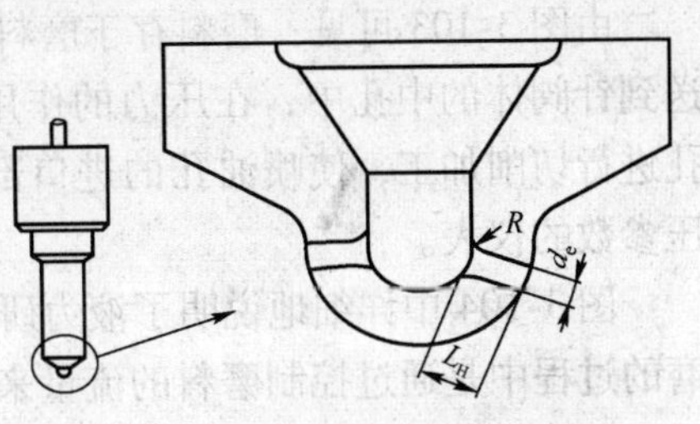

图 3-101 多孔式喷油嘴进油孔处的圆角

对于直喷式柴油机，由于排气净化、输出动力提高、降低油耗等要求，需要采用能够更加接近于实机状态的特性参数。

近来，采用一种所谓喷油孔流量特性（或者叫做油压流量特性）的参数来评价喷油嘴。具体做法是：按照实际使用的燃料，或者使用与其相当的燃油，在附加的高压条件下评价喷油嘴的流量特性。

油压流量特性可以反映如下特征：即使是在具有同样喷油孔直径的喷油嘴中，如果喷油嘴的端部形状不同，喷油嘴内部的燃油流动情况会产生变化，甚至出现很大的不同。至于喷油嘴内部燃油的流动，要做到流动顺畅，也就是说，要使喷油孔出口处的燃油流速尽可能地高。这是改善喷雾特性和喷雾质量的重要标志。

为了实现喷油孔出口处的燃油流速高速化，曾对喷油嘴内部的燃油流动进行过仔细的研究。图 3-102 所示为对喷油嘴内部燃油流动实际情况进行模拟解析的结果。

该项研究结果说明：在喷油孔的燃油进口处追加一个 R 型过渡圆角，使喷油嘴内部的燃油流动状态发生变化，在喷油孔出口处喷流的平均速度提高的同时，在喷油孔的上部和下部的流速分布更趋均匀化。

液力研磨技术是 20 世纪 90 年代初开始应用于喷油孔加工的。1993 年，一位外国专家在中国介绍该项技术时，他神秘地称该项技术为“喷油孔加工的秘密武器”。

其实，液力研磨早就应用于其他领域中精密小孔的加工中了。液力研磨的示意图如图 3-103 所示。磨料有两种：一种呈牙膏状，一种呈泥浆状。关键技术要点是磨粒，既要具有足够的硬度，又具有良好的切削效果。

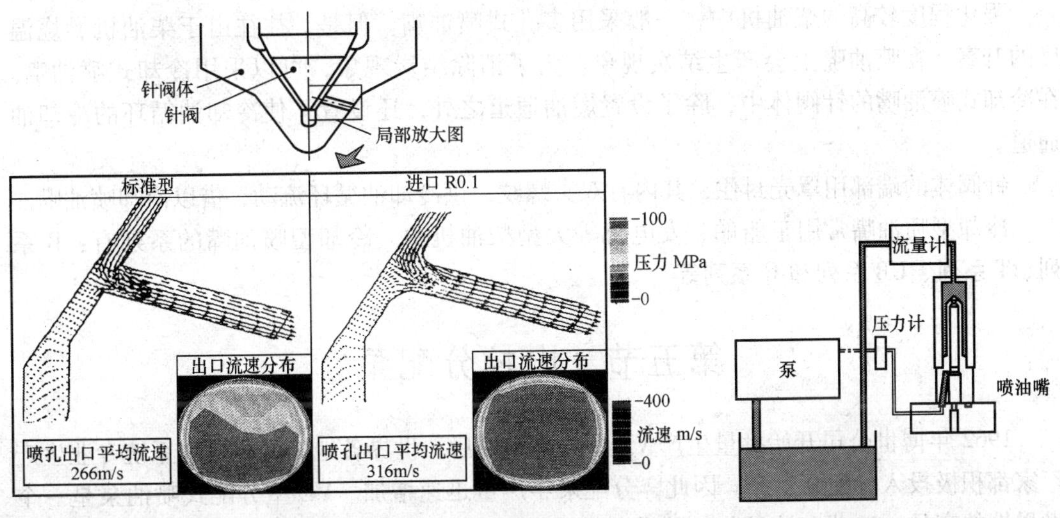

图 3-102 VCO 喷油嘴内部燃油流动的解析

图 3-103 喷油孔液力研磨的示意图

由图 3-103 可见：磨料存于磨料箱中，通过压力泵加压，将磨料加压到一定的压力后送到针阀体的中孔中，在压力的作用下，磨料经过喷油孔被强制性地压出，从而对喷油孔进行切削加工，使喷油孔的进口部分加工出圆角。压力计和流量计都是控制和调节挤压参数的仪表。

图 3-104 中详细地说明了液力研磨的加工方法。图中右上角处的曲线说明：在进行研磨的过程中是通过控制磨料的流量来控制加工精度的。

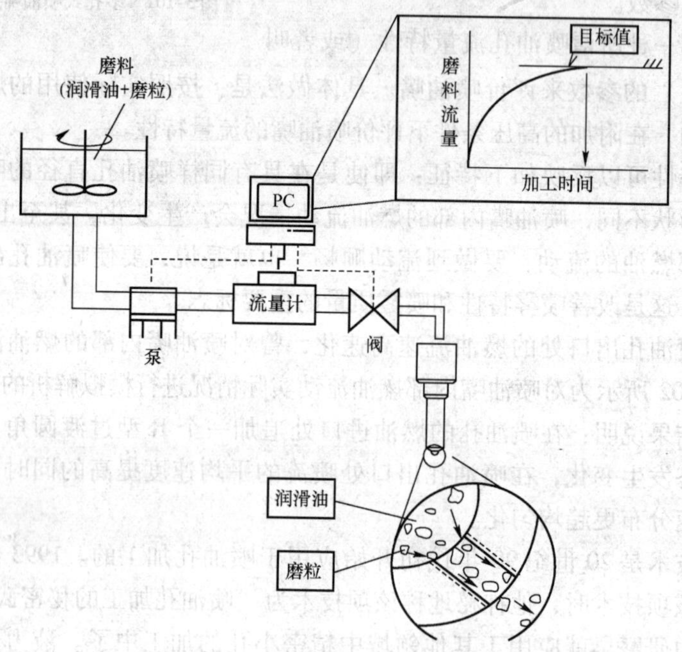

图 3-104　喷油孔液力研磨的方法

（六）冷却式喷油嘴偶件

强化程度较高的柴油机中，一般采用多孔式喷油嘴。但是，往往由于柴油机燃烧温度的升高，在喷油嘴上会产生结炭现象。为了消除结炭现象，可以采用冷却式喷油嘴。在冷却式喷油嘴的针阀体中，除了设置燃油通道之外，还设置了使冷却油循环的冷却油通道。

针阀体的端部用罩壳封住，其内有双头螺纹，供冷却油循环流动，借以冷却喷油嘴。

冷却型喷油嘴常用于船舶、发电机等大型柴油机中。冷却型喷油嘴的系列有：B 系列、T 系列、UB 系列和 U 系列等。

第五节　电控分配泵

1962 年博世公司开始批量生产 VE 型分配泵以后，世界各地柴油机燃油系统专业生产厂家都积极投入分配泵生产。因此，分配泵年产量迅速增加。VE 型分配式喷油泵是一个世界性的产品，20 世纪中后期，许多国家都曾经大批量生产。由于电子技术迅速发展，在传统的柴油机燃油系统中也逐步开始应用电子控制技术，从20世纪70年代开始，开发各种电控分配泵成为潮流。电控分配泵奠定了电控共轨系统的技术基础。本节专题介绍具有代表性的电控分配泵。

一、电控分配泵概述

进入20世纪80年代以后，各种电子控制式分配泵相继问世。比较有代表性的产品有：日本电装公司的ECD-V系列电控分配泵；日本杰克赛尔公司的COVEC-F电控分配泵；德国博世公司的ECD、VP系列电控分配泵。上述电控分配泵都是在VE型分配泵的基础上实现电子控制的。基本上大同小异，但是又各有千秋。

电控分配泵中，都是采用计算机控制喷油量和喷油定时的，目的在于解决小型柴油机特别是为了满足乘用车用柴油机所要求的动力性、舒适性和低公害等社会要求。

分配泵电子控制的三个历史阶段——电控分配泵的三代（图3-105）：

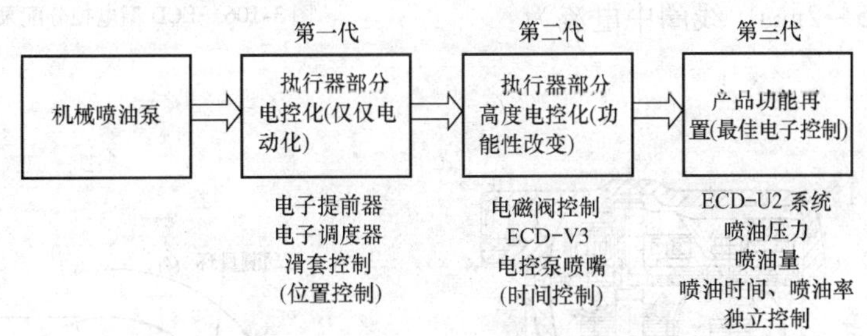

图3-105 燃油系统电子控制的发展历史

（1）第一代：执行器的一部分实现电子控制。

电子提前器、电子调速器、调节滑套控制（位置控制）。

（2）第二代：执行器部分高度电子控制化，功能性提高。

电磁阀控制——时间控制：ECD-V3、ECD-V3（A）、VP系列等。

（3）第三代：通过产品功能再配置实现完全电控化，提高到一个新的阶段——电控共轨系统。例如：ECD-U2系统、UNIJET系统等。

电控共轨系统的主要特点是可以独立地控制喷油压力、喷油量、喷油时间和喷油率。

具体地说，社会各个方面对燃油装置的要求可以归纳为：更高的喷油压力，更自由地、更好地控制喷油参数（喷油量、喷油压力、喷油时间和喷油率）。

产品功能的再配置，实现完全电子控制化。在电控分配泵的开发历史中，日本电装公司一直是走在世界前列的。博世公司的电控分配泵产品虽然起步较晚，但是，该公司的一贯传统是善于后来居上。

二、博世电控分配泵

博世公司先后生产两种电控分配泵——ECD型和VP系列电控分配泵。

1. ECD型电控分配泵

博世公司开发生产的ECD型电控分配泵是在机械式VE型分配泵的基础上实施电子控制改造而成的。基本特点是：保留了机械分配泵的溢油环，采用旋转式电磁铁，因此，不用杠杆。电磁铁中控制轴旋转改变了控制轴下端偏心球的位置，直接通过控制溢油环来控制喷油量（图3-106）。同时在旋转电磁铁上方有一个角度传感器作为溢油环位置传感器（图3-107），实现闭环控制。溢油环位置传感器中，一个可动测量环与控制轴一起旋转，还有一个固定基准环。当电磁铁线圈通电后，测量环移动，铁芯中磁通量产生变化。测量采用固定的和可动的两个系统的对比值。本系统中旋转电磁铁的最大转动范围大约为60°，溢油环位移量为1.5～2mm，线圈中电流为4～5A。

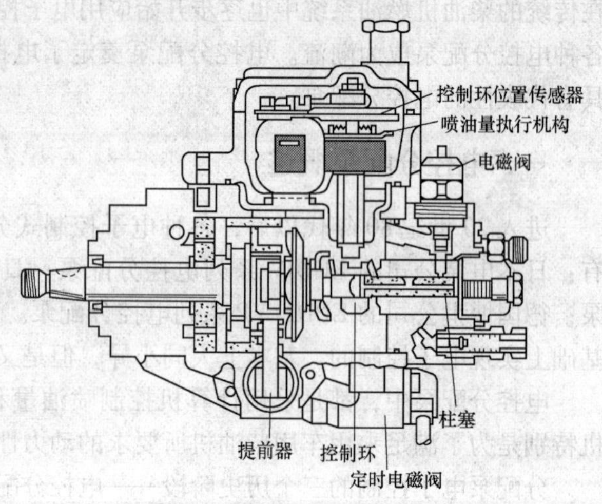

图3-106　ECD型电控分配泵

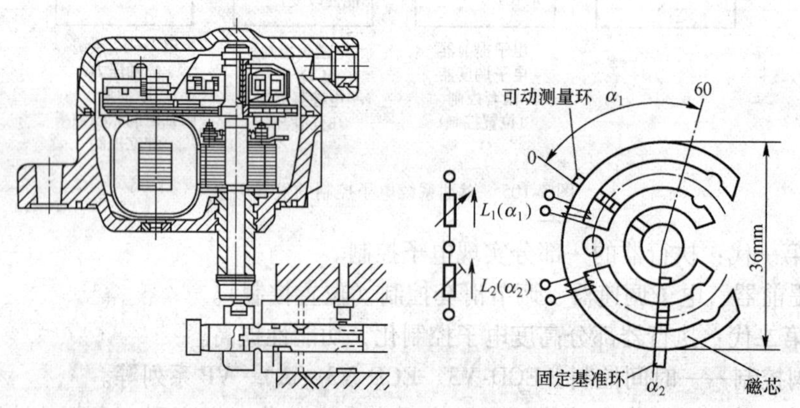

图3-107　旋转电磁铁执行器和角度传感器

2. VP系电控分配泵

博世公司正式推向市场的VP系列电控分配泵有：VP29、VP30、VP36、VP37和VP44等数种。VP44型电控分配泵的泵端压力可达100MPa。

VP44型电控分配泵从1996年开始生产，该系统已在许多场合中得到应用，可适用于4～6缸、单缸排量1L以下、最大功率250kW以下的发动机。

三、电装ECD-V系列电控分配泵

日本电装公司于1977年引进博世公司VE分配泵技术，开始生产VE型分配泵并于同年投放市场。

电装公司从20世纪80年代初期开始研制电控分配泵。从第一代电控分配泵——ECD-V1开始，技术迅速发展和升级。并形成了一个完整的电控分配泵系列（图3-108）。

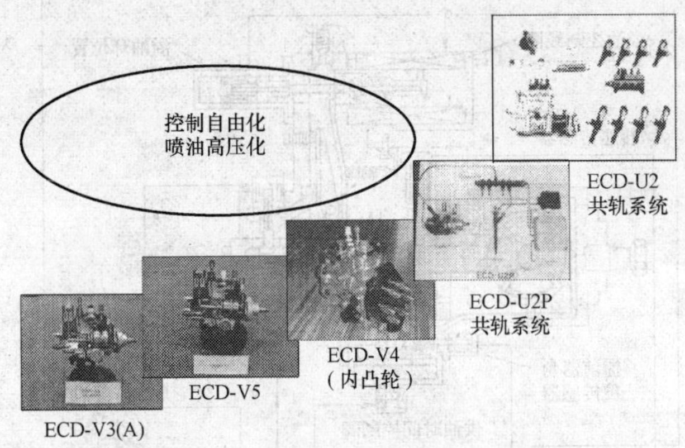

图 3-108　电装公司 ECD-V 系列电控分配泵

图 3-109 表明了电装公司电控分配泵系列产品在逐步改进，关键元件电磁阀也在不断的改进之中。电装公司于 1982 年开始将第一代电控分配泵 ECD-V1 投放市场。随后，在 ECD-V1 的基础上，陆续推出了 ECD-V 系列的后续电控分配泵。例如：ECD-V3、ECD-V3（A）、ECD-V4 和 ECD-V5。这一系列产品的总的特征是：电子控制技术越来越高、喷油压力越来越高、控制柔性度越来越高。

	V3	V3 (A)	V5	V4
线圈形式	整体 柱塞式衔铁 (=EFI)	螺旋式衔铁	←	←
外径(mm)	ϕ36.5	ϕ42 (○38)	←	←
阀的方式	先导型	直动式	←	←
电磁阀形状	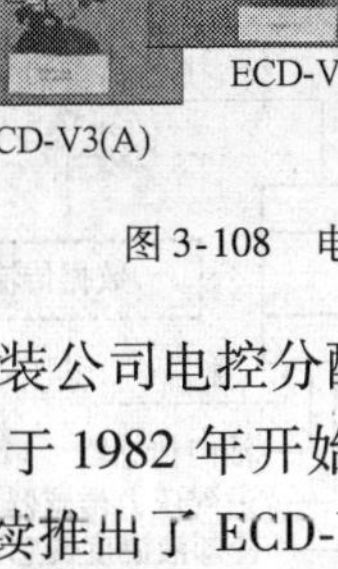	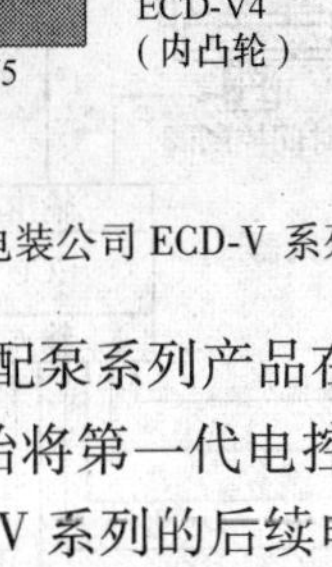	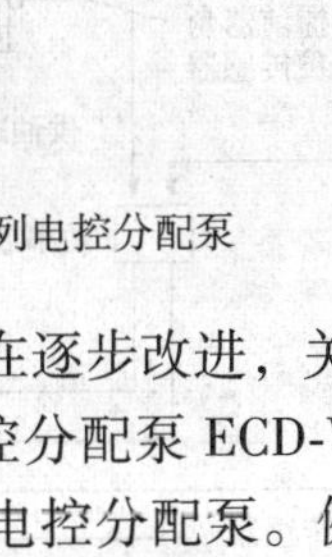	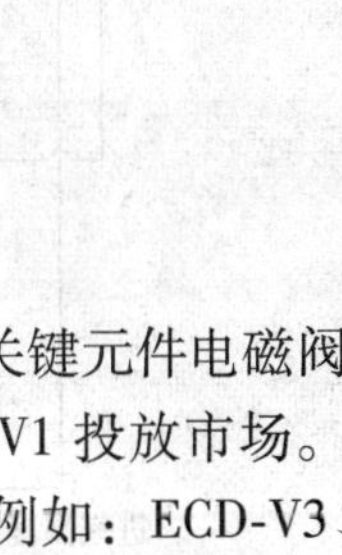

图 3-109　日本电装公司 ECD-V 系列电控分配泵的电磁阀

四、ECD-V1 电控分配泵

ECD-V1 电控分配泵如图 3-110 所示，这是一种位置控制式分配泵。

ECD-V1 电控分配泵是在 VE 分配泵的基础上进行电子控制改造而成的电控分配泵。该系统保留了 VE 分配泵上控制喷油量的溢油环，取消了原来的机械调速机构，采用一个布置在油泵体上方的线性电磁铁，通过杠杆控制溢油环位置，从而实现控制喷油量，并由溢油环位置传感器（电感式传感器）发出反馈信号，实现闭环控制。

ECD-V1 电控分配泵的喷油正时控制也保留了 VE 泵上原有的液压提前器，它用一个

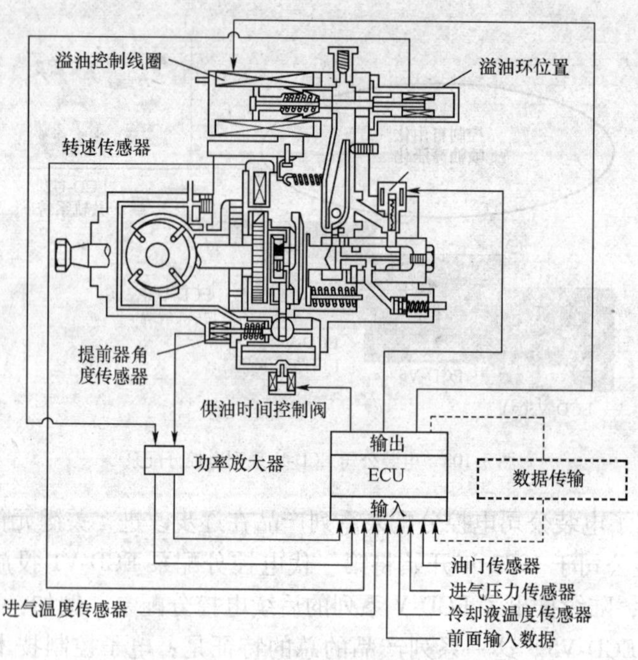

图 3-110　电装的 ECD-V1 型电控分配泵

定时控制阀（TCV）来控制液压提前器活塞的高压腔和低压腔之间的压差。当电磁阀通电时，吸动磁芯，高压腔与低压腔形成通路，两室之间压力差消失，在复位弹簧作用下，提前器活塞复位，带动滚轮架转动，形成喷油提前。同时，系统中还设置了供油提前器活塞位置传感器，形成喷油定时的闭环控制。

图 3-111 中说明了第一代电控分配泵 ECD-V1 与机械式 VE 型分配泵的区别在于采用了电子调速器。因此，采用电子调速器是第一代电控分配泵的基本特征。

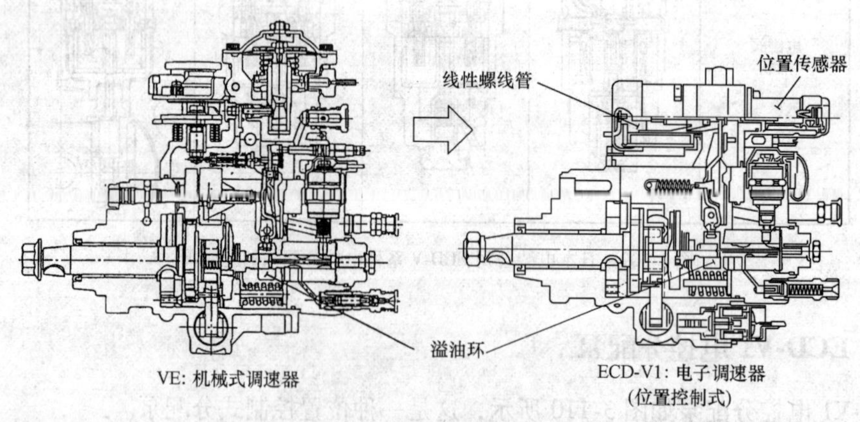

图 3-111　第一代电控分配泵的电子调速器

五、ECD-V3 和 ECD-V3（A）型电控分配泵

ECD-V3 系统是在 ECD-V1 的基础上发展而成的（图 3-112）。主要改进之处是取消了溢油环，在泵的泄油通路上设置了一个电磁溢流阀，采用时间控制。

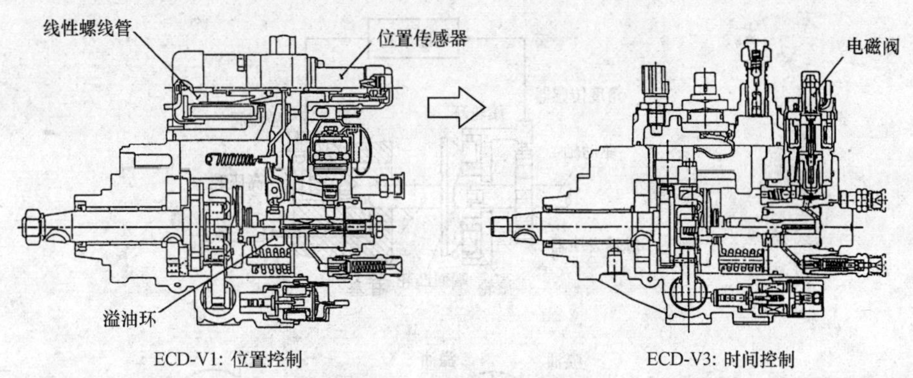

图 3-112 溢油环控制方法的比较

ECD-V3 系统和 ECD-V1 系统的区别如图 3-113 所示。

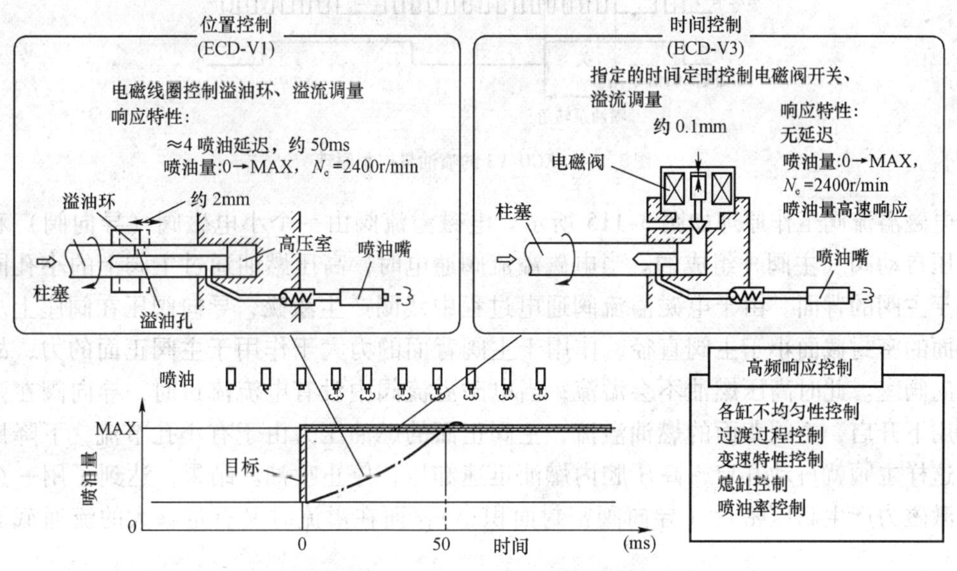

图 3-113 电控分配泵 ECD-V1 和 ECD-V3 的比较

图 3-112 中示出了溢油环的控制方法从位置控制式变成了时间控制式。可以说，溢油环的时间控制方法是第一代电控分配泵发展成第二代电控分配泵的基本标志。

高频响应可以明显改善下述特性：各缸不均匀性控制；过渡过程控制；变速特性控制；熄缸控制和喷油率控制等。

ECD-V3 的喷油量控制原理如图 3-114 所示。在柱塞泵油阶段，当电磁溢流阀断电时，溢流阀打开，高压燃油立即卸压，停止喷油。喷油始点并不取决于电磁溢流阀关闭的时刻，而是取决于分配泵端面凸轮的行程，与采用溢油环改变喷油终点以控制油量的方式一样。电磁溢流阀打开越晚，喷油量越多。端面凸轮行程始点的信号就是图 3-114 上喷油泵角度信号上的无齿段终点的信号。喷油泵角度传感器装在滚轮环上。这样，即使喷油正时有变化，由于喷油泵角度信号传感器随着滚轮环一起移动，所以喷油泵角度并不改变，泵油始点与无齿段终点相对位置始终不变。

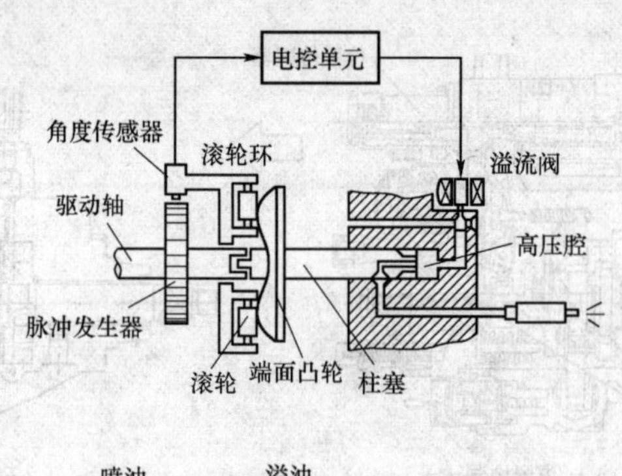

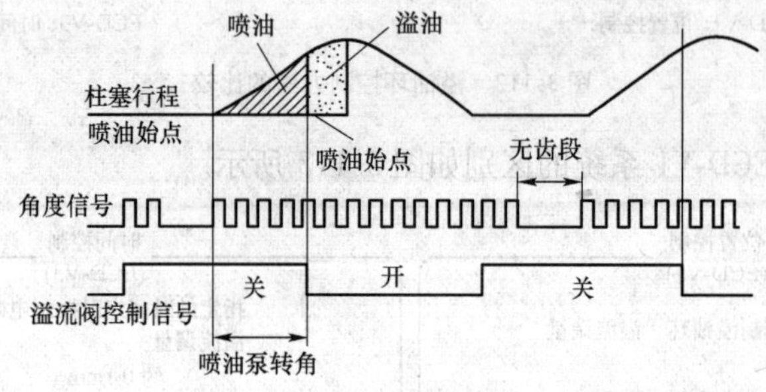

图 3-114　ECD-V3 的喷油量控制原理

电磁溢流阀工作原理如图 3-115 所示。电磁溢流阀由一个小电磁阀（导向阀）和一个液压自动阀（主阀）组成的。当电磁溢流阀通电时，高压燃油通过主阀上的小孔同时作用于主阀的背面。由于电磁溢流阀通电过程中线圈产生激磁，导向阀压在阀座上。主阀座面的密封截面小于主阀直径，作用于主阀背面的力大于作用于主阀正面的力，故主阀压向阀座。此时高压燃油不会溢流；当电磁溢流阀中没有电流流过时，导向阀在弹簧力作用下开启，主阀背面的燃油溢流，主阀正面的燃油压力由于有小孔节流，下降比较慢，这样主阀就自动开启，高压腔内燃油迅速卸压，停止喷油。结果，达到了用一个较小的激磁力产生高压密封（导向阀密封面积小），而在溢流时又有足够大的流通截面积

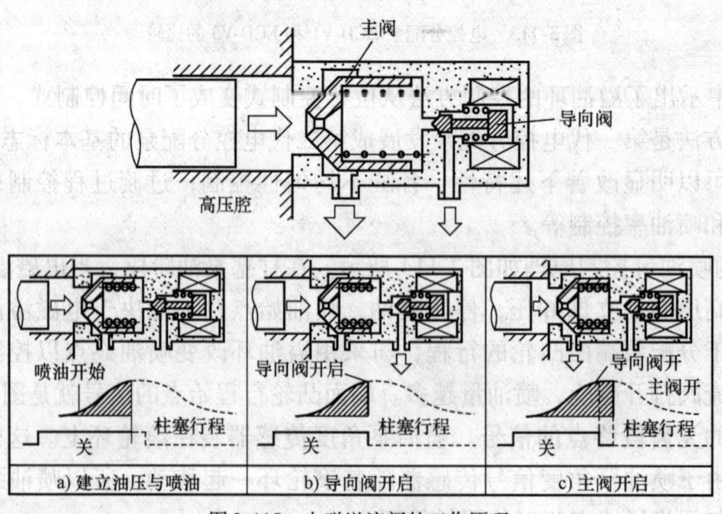

图 3-115　电磁溢流阀的工作原理

(主阀密封面积大)，保证迅速溢流，而且响应灵敏。试验表明，导向阀全开的响应时间为1.1ms，全关的响应时间为1.2ms，可满足4缸柴油机转速为5000r/min时的要求。

ECD-V3电控分配泵中，在汽缸内设置了燃烧始点光电传感器，通过测定燃烧闪光产生的电信号，对喷油正时进行补偿调节。这样，可以消除柴油品质（十六烷值）、大气压力变化对柴油机性能的影响。

喷油正时控制机构与ECD-V1系统一样，但取消了提前器活塞位置传感器，反馈信号来自于曲轴位置信号和喷油泵转角传感器的无齿段信号间的相位差。

电装公司在ECD-V3的基础上，又进一步研制开发了ECD-V3（A——Advanced）型电控分配泵。ECD-V3（A）的系统图如图3-116所示。

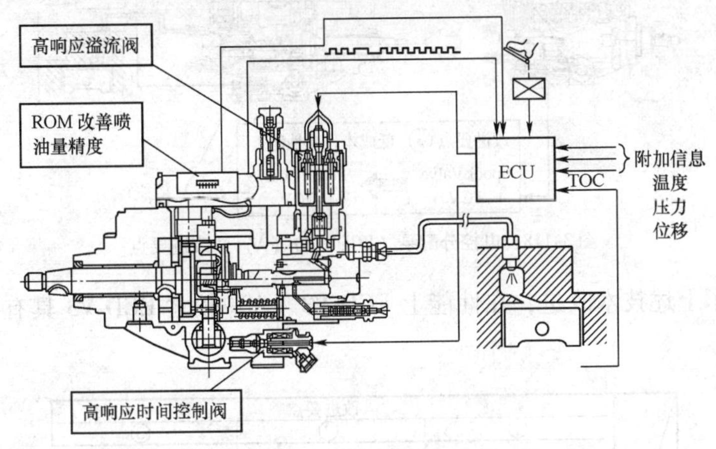

图3-116　ECD-V3（A）的系统图

相对于ECD-V3来说，ECD-V3（A）型电控分配泵具有如下特点：

(1) 降低成本、提高性能；将预喷射型溢流阀改成直接作用型溢流阀。TCV和SPV的结构设计更加简化。

(2) 用ROM代替原来的调节电阻。其目的在于：调整方便，提高性能，更加安全可靠，喷油泵和喷油泵之间的差别缩小，喷油定时更加稳定。顺便说明一下：在ECD-V3中采用的调节电阻的数量也有一个变化过程：开始时采用两只调节电阻，后来逐渐增加到8~12只（图3-117）。

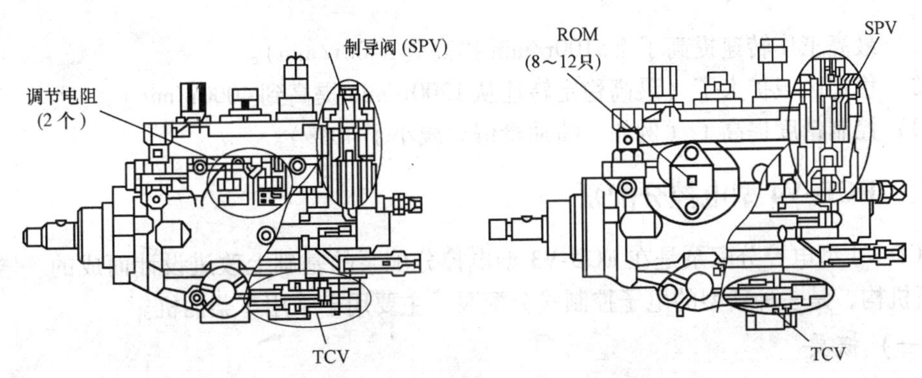

图3-117　采用不同数量的调节电阻

（3）采用提升阀式定时阀（Poppet Valve）。

（4）改进了硬件。例如：可以承受更高的驱动转矩，减小了死容积等，提高了性能和可靠性。关于 ECD-V3（A）相对于 ECD-V3 的技术改进要点和具体效果可以归纳如图 3-118所示。

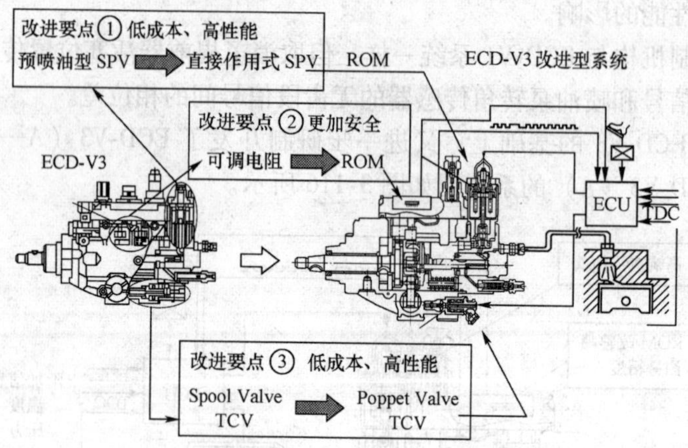

图 3-118 电控分配泵（ECD-V3）（A）的改进要点

由于采取了上述技术改进，在性能上 ECD-V3（A）较之 ECD-V3 具有很大改善，请参看图 3-119。

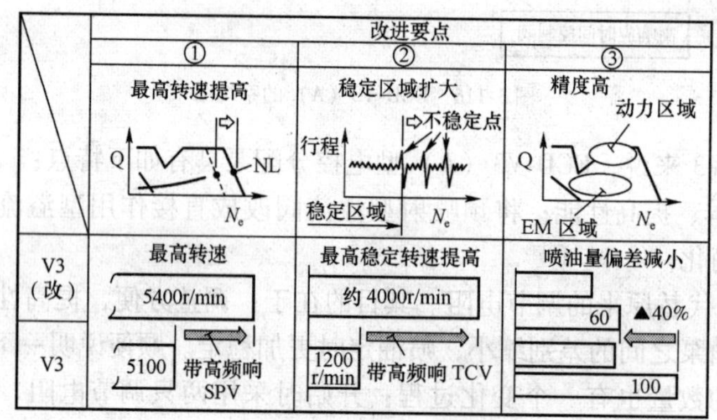

图 3-119 ECD-V3（A）技术改进的效果

（1）最高工作转速提高了（5100r/min 提高到 5400r/min）。

（2）稳定区域扩大了（最高稳定转速从 1200r/min 提高到 4000r/min）。

（3）控制精度提高了（例如：喷油量偏差减小了 40%）。

六、ECD-V4 型电控分配泵

ECD-V4 型电控分配泵是在 ECD-V3 型电控分配泵的基础上改进设计而成的。增加了若干新机构，是一种新型的电子控制式分配泵，主要用于乘用车柴油机。

（一）概要

ECD-V4 型电控分配泵如图 3-120 所示。其重要的特点是：内凸轮机构，采用新设计的、具有高响应特性的电磁溢流阀和电控驱动单元（EDU，Electronic Driving Unit），修正用ROM（图3-121）。这些技术改进的目的在于：改进燃烧、提高喷油量和喷油时间的控制精度、提高控制自由度等。

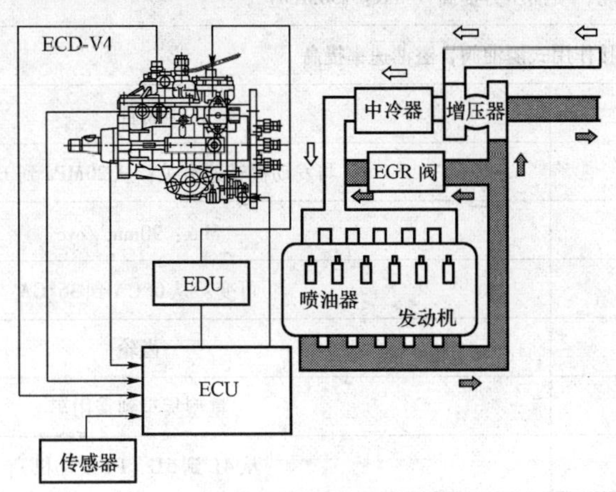

图3-120　ECD-V4电控分配泵

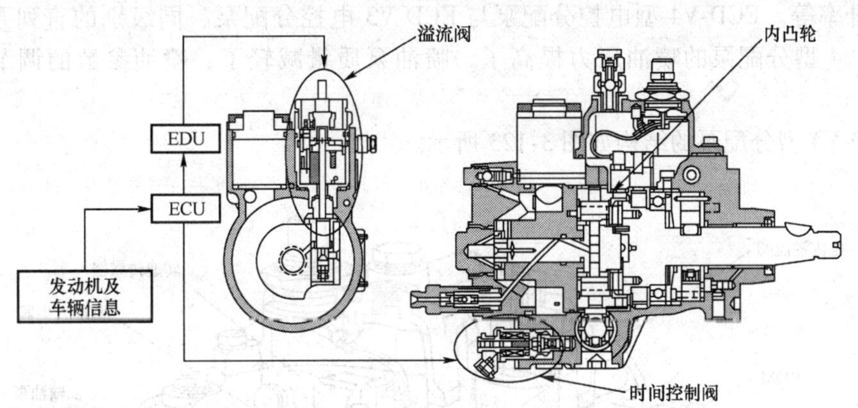

图3-121　ECD-V4电控分配泵的特点

ECD-V4的外形和控制框图如图3-122所示。

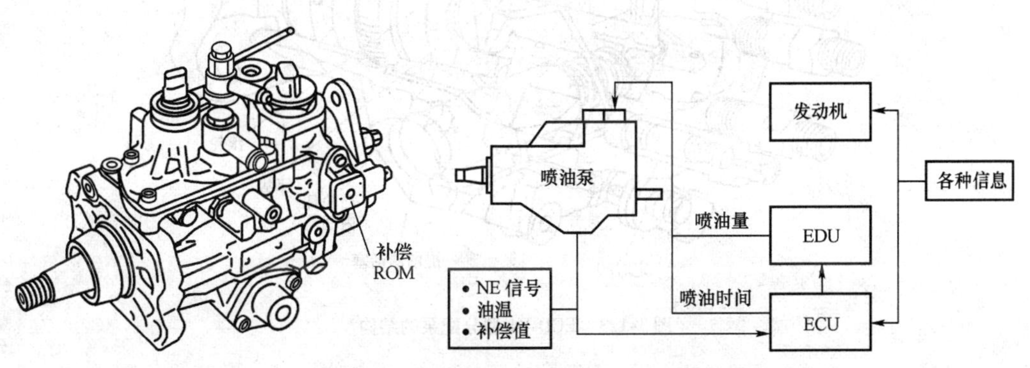

图3-122　ECD-V4型分配泵的外形图和框图

ECD-V4 电控分配泵的主要特性参数归纳如表 3-6 所示。

ECD-V4 系统的特性参数 表 3-6

☆ 采用内凸轮代替端面凸轮，喷油压力提高（Max：130MPa）

☆ 采用高响应特性的、直接作用式溢油阀，溢油速率提高

项目	特征
喷油压力	与发动机转速有关；从 20MPa 到 130MPa
喷油量	Max：90mm^3/cyc
喷油时间范围	可变：从 0°CA 到 36°CA
驱动方式	齿轮
配用车辆	重型货车到乘用车
发动机排量	从 4L 到 5L（DI 发动机）

降低排放、降低噪声的最有效手段是保证燃油良好的雾化、喷油压力具有合适的压力上升率等。ECD-V4 型电控分配泵与 ECD-V3 电控分配泵、同级别的直列泵的差异是 ECD-V4 型分配泵的喷油压力提高了，喷油泵质量减轻了，喷油参数的调节精度提高了。

ECD-V4 型分配泵的结构如图 3-123 所示。

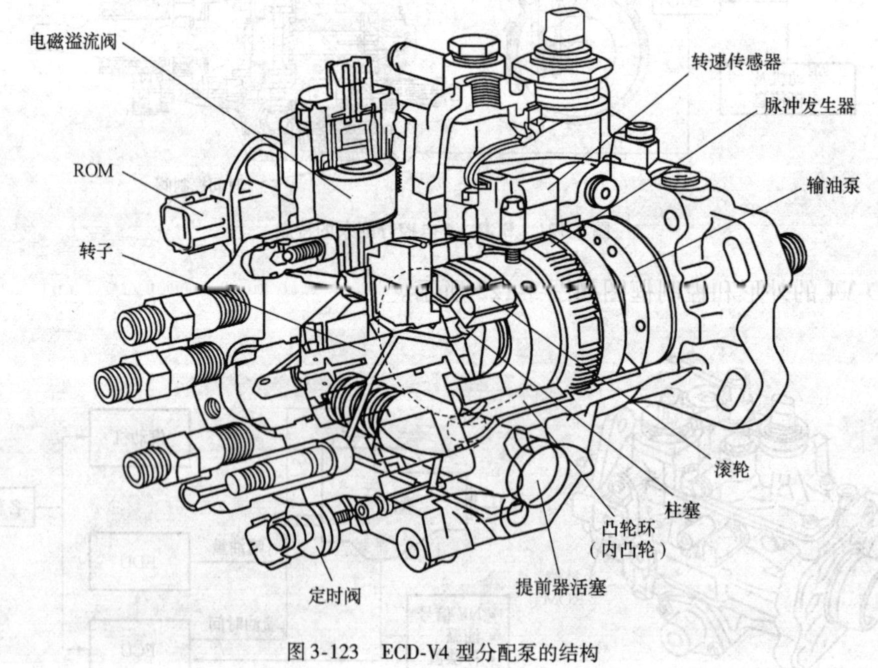

图 3-123 ECD-V4 型分配泵的结构

ECD-V4 型分配泵的系统图如图 3-124 所示。

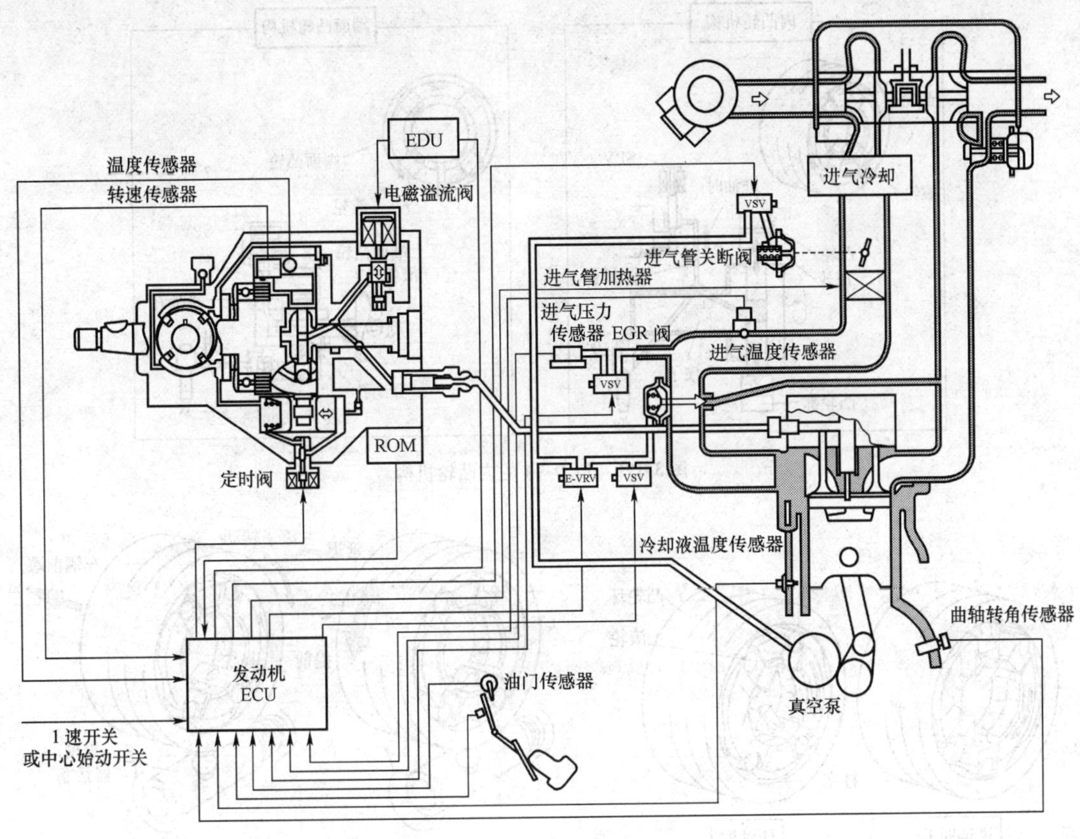

图 3-124 ECD-V4 型分配泵的系统图

（二）特殊结构

本节只介绍 ECD-V4 型分配泵中值得介绍的一些特殊结构。

1. 电磁溢流阀（高响应特性）

为了改善喷油结束时的断油特性，溢流阀的形状改成节流型，线圈换成高响应型；采用了 EDU，使溢流阀的高速驱动性进一步提高。

电磁溢流阀安装在连接喷油泵腔的燃油通路内，根据发动机 ECU 来的信息控制进油（燃油吸入高压端）、结束喷油（截断喷油）和实行预喷油。

2. 内凸轮和凸轮环

ECD-V3 型电控分配泵和机械式喷油泵一样，采用端面凸轮机构。但是，ECD-V4 型电控分配泵的喷油压力高（约 130MPa），所以，采用新型的内凸轮结构（图 3-125）。内凸轮机构中，凸轮表面和滚轮之间不产生“滑动”，机械损失小，易于产生高压。

在内凸轮机构中，供油和压油过程如图 3-126 所示，喷油定时的控制方法如图 3-127 所示。

3. ROM 修正

ROM 中记录着各种修正参数，用于喷油量、喷油时间的控制。基本上和 ECD-V3 相同，但是，修正值（数据的数量）比 ECD-V3 增加了，修正精度更高了。

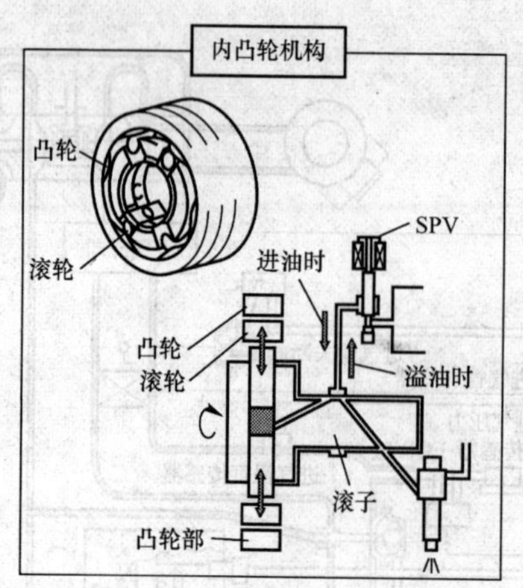

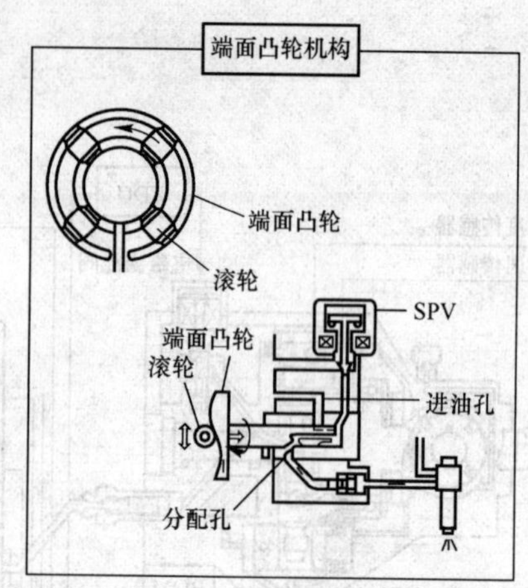

图 3-125　ECD-V4 的内凸轮机构

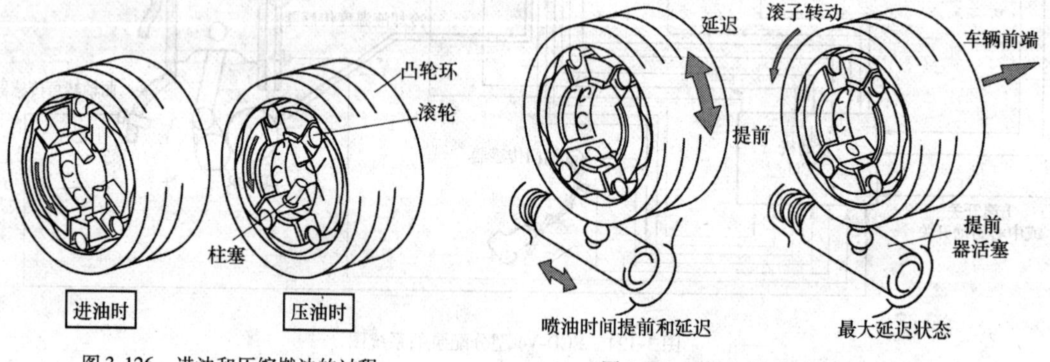

图 3-126　进油和压缩燃油的过程

图 3-127　喷油时间提前和延迟的过程

图 3-128 是 ECD-V3 和 ECD-V4 利用 ROM 修正，喷油量更加精确了的 MAP 图。

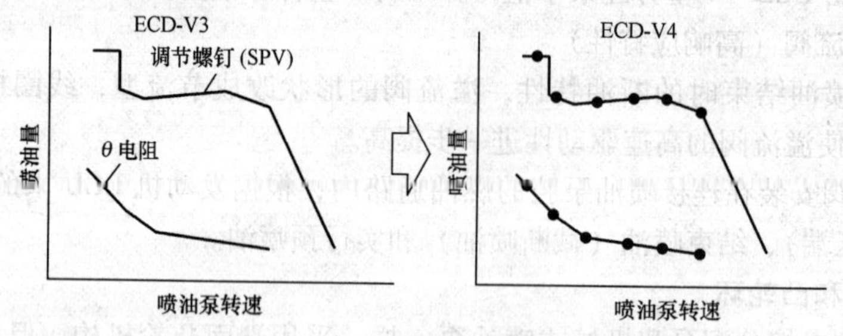

图 3-128　ROM 修正的应用

4. 压油回路

ECD-V4 型电控分配泵的压油回路如图 3-129 所示。工作原理如下：

（1）发动机驱动凸轮轴，同时驱动内部的输油泵。燃油从油箱中被吸上来以后、送入内部的输油腔内。输油腔内的压力为 1.5 ~ 2.0MPa。

（2）溢油阀开启（SPV：OFF)，燃油进入转子部分。

（3）溢流阀关闭（SPV：ON)，驱动轴旋转，内凸轮和柱塞对被关闭在转子内部的燃油进行加压，在出油阀开启的时候流向高压油管、喷油器，喷油开始。

（4）溢油阀开启（SPV：OFF），转子部分的压力降低，出油阀关闭，喷油结束。

5. 喷油器和喷油嘴

ECD-V4 型分配泵主要用于乘用车发动机中，对于排放和安装尺寸要求严格，所以与之配用的是小型紧凑的 P 系列喷油器和喷油嘴（图 3-130）。

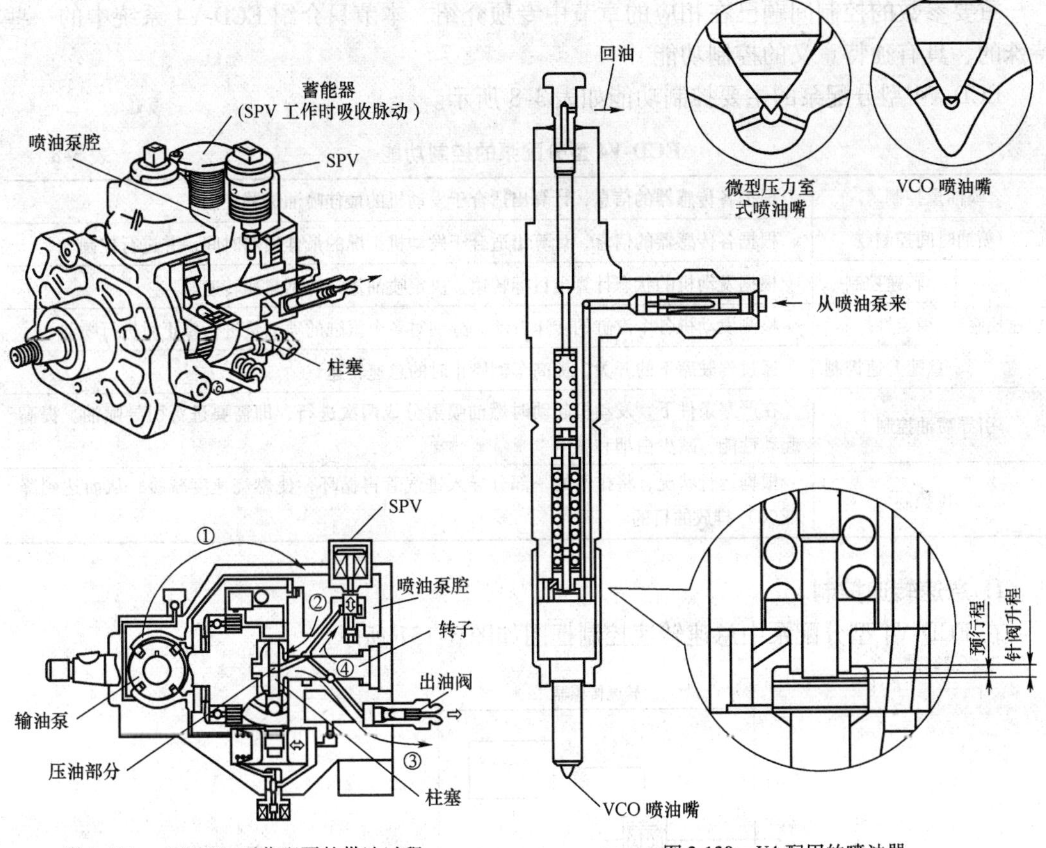

图 3-129 ECD-V4 型分配泵的供油过程

图 3-130 V4 配用的喷油器

为了降低白烟、排气臭味等，采用 VCO（Velve Covered Orifice）喷油嘴，而且喷油嘴油路阻力很小，具体参数见表 3-7。在喷油嘴试验台上进行喷雾试验时，VCO 型喷油嘴有时会出现喷雾过分扩展或喷孔堵塞时的喷雾形态，所以，在质量判断时应予注意。为了适应高压喷油，所以选用小直径的 P 系列双弹簧喷油器；为了改进燃烧，喷油孔直径较小，以便和喷油泵的高压化相配匹，借以改善喷雾质量；为了减少燃烧噪声，喷油嘴针阀的预行程设置为 0.04mm。

ECD-V4 配用的喷油器 表 3-7

喷油嘴形式	多孔型 P 系列
喷油孔直径（mm）	0.19
喷油孔数量（个）	6

续上表

喷油嘴形式	多孔型 P 系列
针阀开启压力（MPa）	17.65（预行程）
	27.64

（三）控制功能

重要参数的控制问题已在相应的章节中专项介绍，本节只介绍 ECD-V4 系统中的一些特殊的、具有独特意义的控制功能。

ECD-V4 型分配泵的主要控制功能如表 3-8 所示。

ECD-V4 型分配泵的控制功能 表 3-8

喷油量控制		根据各传感器的信息，计算出适合于发动机的最佳喷油量并控制
喷油时间控制		根据各传感器的信息，计算出适合于发动机工况的最佳喷油时间，并进行控制
怠速控制	转速控制	根据发动机的状态计算出目标转速，决定喷油量，控制怠速转速。
	稳定性控制	检测发动机各个汽缸的转速波动，分别对各个汽缸的喷油量进行修正后进行喷油
	怠速升速控制	通过驾驶席下的开关，提高车辆停止时的怠速转速
引导喷油控制		在严寒条件下，发动机起动时燃油喷射分成两次进行，即需要进行引导喷油。提高起动性能、减少白烟和噪声
EGR 控制		根据运行状况，将排气的一部分导入进气管再循环，使燃烧速度减缓，从而达到降低 NO_x 排放的目的

1. 怠速转速控制

在 ECD-V4 型分配泵中怠速转速控制框图如图 3-131 所示。

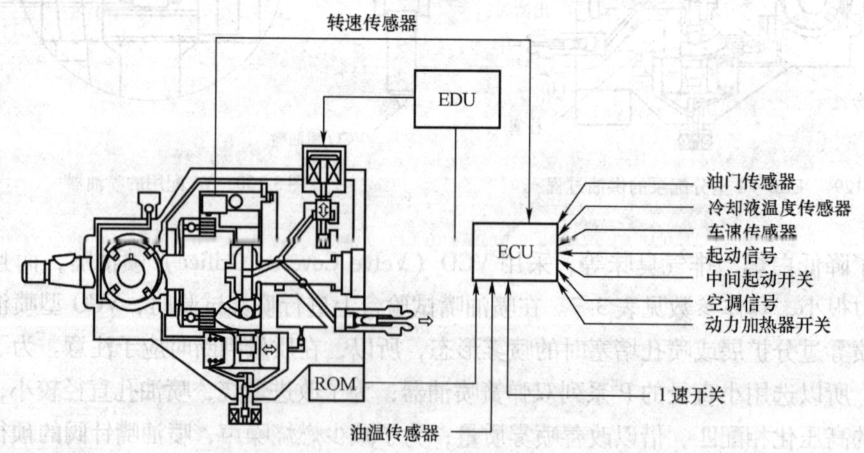

图 3-131 ECD-V4 型分配泵系统的怠速控制

（1）反馈控制。计算机随时将目标怠速转速和发动机的实时转速（转速传感器的信息）进行比较，当两者产生差异时，则调节喷油量、控制发动机转速和目标转速一致。

（2）暖机时的控制。根据冷却液的温度，在暖机过程中将发动机转速调节成最高的怠速转速。

（3）预测控制。在空调开关切换以后，由于加在发动机上的负荷变化，怠速转速也会变化。为了防止这种现象的发生，在转速变化之前预先使喷油量产生一定的变化。

（4）动力加热器怠速提升控制。

（5）车辆停止时，动力加热器开关打开时，ECU 控制 SPV 使怠速转速升高。

2. 怠速转速稳定性控制

怠速运转时，检测出各个汽缸内的转速波动情况，修正各缸对应的喷油量。因此，怠速运转时的振动降低。

3. 其他控制

使用 ECD-V4 电控分配泵的柴油机中，还可以进行如下的控制：

（1）进气节流控制；

（2）空调关闭控制；

（3）空调控制；

（4）动力加热控制；

（5）进气管加热控制。

七、ECD-V5 电控分配泵

ECD-V5 分配泵是以 ECD-V3 型分配泵为基础，实现了高喷油压力化、高性能化的电子控制式燃油喷射系统。ECD-V5 大量应用在以乘用车动力为中心的直喷式柴油机上。

（一）概况

ECD-V5 分配泵外形如图 3-132 所示。

ECD-V5 分配泵的结构如图 3-133 所示。在 ECD-V3 的基础上作了重大改进的要点是：

（1）增加了电控驱动单元（EDU）；

（2）减少了高压死容积；

（3）ROM 数据有 8～12 个；

（4）ECD-V3 主要用于非直喷式发动机，相对于此，ECD-V5 主要用于直喷式发动机。所以，柱塞直径增大，凸轮供油率增加，溢油孔直径加大，滚轮表面采用特殊陶瓷涂层；

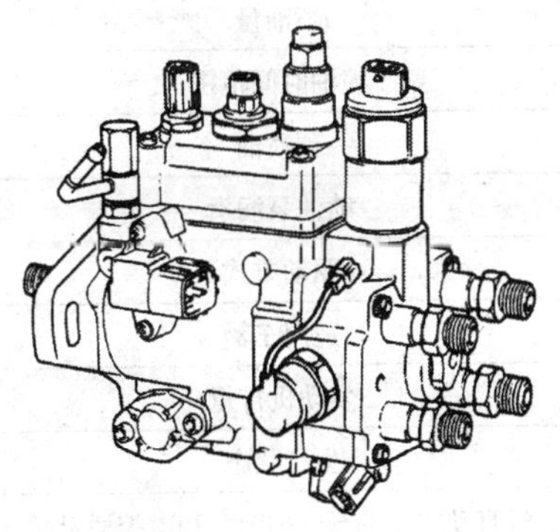

图 3-132　ECD-V5 分配泵

（5）采用直动型溢油阀，响应特性更高。

所以，ECD-V5 的重要特点是：

（1）实现了高精度控制，低成本大批量生产。由于减小了死容积、溢油阀响应特性高，可以适应高压化；由于采用了 ROM，精度提高，可以满足低颗粒、低 NO_x 的排放要求；

（2）是世界上是第一次采用预喷油的大批量生产的电控分配泵产品。燃烧良好，噪声很低。

（3）成本低。喷油泵采用皮带传动，和以前的 ECD-V3 可在同一条生产线上生产；采用了新的电磁阀（SPV、TCV）。

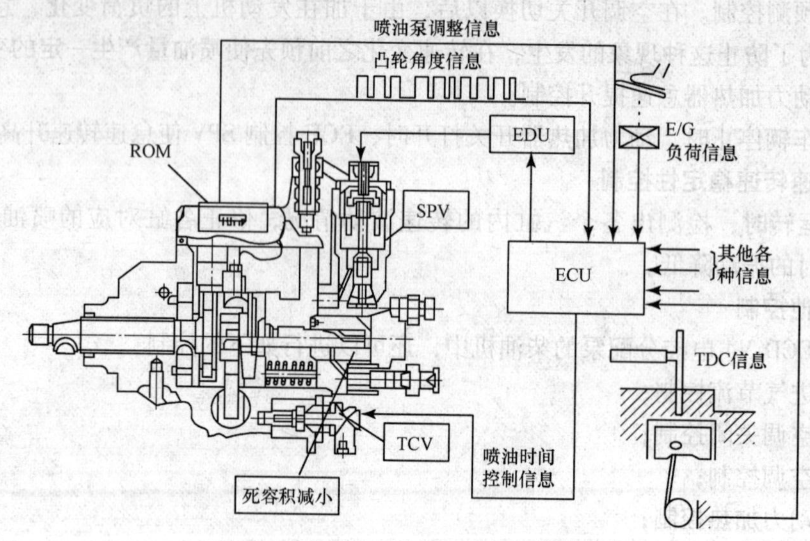

图 3-133　ECD-V5 电控分配泵结构图

ECD-V5 型电控分配泵的主要特性参数如表 3-9 所示。

ECD-V5 电控分配泵的主要特性参数　　表 3-9

参　数	说　明
喷油压力	20～100MPa（和发动机转速有关系）
喷油量	最大 50mm³/cyc
喷油时间范围	可变：0°CA～36°CA
预喷油	可变：预喷油间隔≥0．6ms
喷油泵润滑	燃油
驱动方式	皮带
适用车辆	乘用车和旅游车（RV）
发动机排量	可到 2L，直喷式发动机
生产状态	大批量生产
通过直动式溢油环（SPV）和电控驱动单元（EDU），实现预喷油；减小了死容积，可以实现更高的喷油压力	

ECD-V5 相对于 ECD-V3（A）的技术改进主要有 4 点，如图 3-134 所示。因此，相对于 ECD-V3（A）系统来说，具有如下特点：

（1）高性能。例如：喷油压力更高，并具有预喷油能力。这是因为：减小了死容积；改进了硬件，可适应更高的驱动转矩；采用直动式溢油阀（SPV）和电控驱动单元（EDU）。

（2）低成本。可以在已有的 VE 机械式分配泵和 ECD-V3 电控分配泵的生产线上生产；

（3）安装更容易。因为用皮带传动。

ECD-V5 分配泵的结构框图如图 3-135 所示。

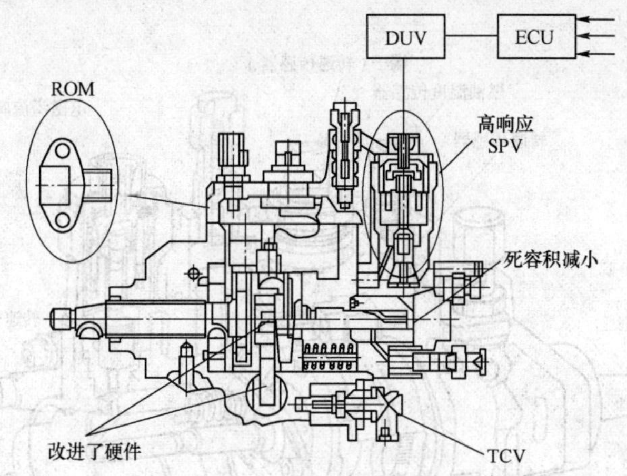

图 3-134　ECD-V5 技术改进示意

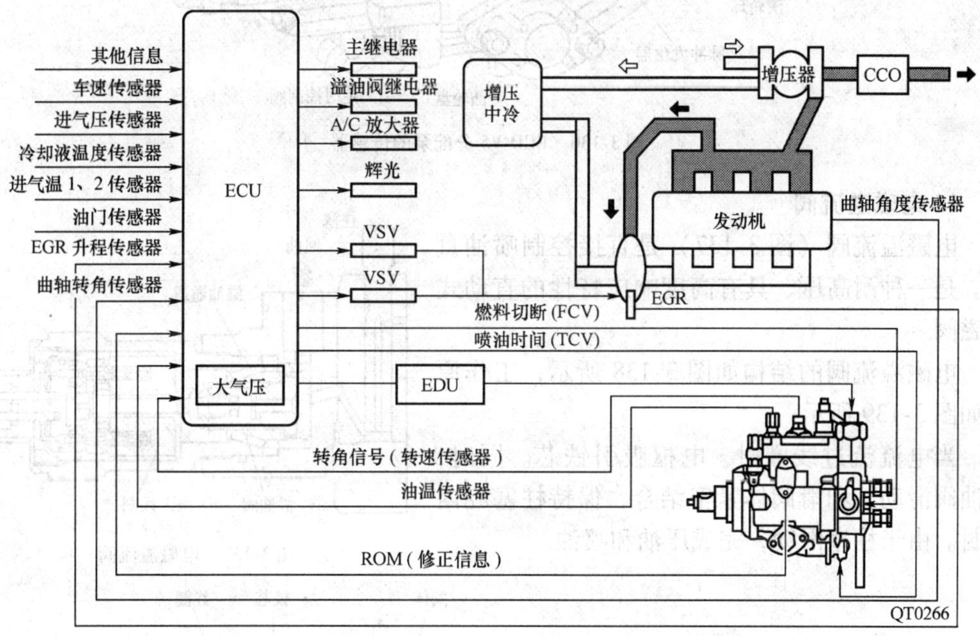

图 3-135　ECD-V5 分配泵的结构框图

（二）特殊结构

在 ECD-V5 电控分配泵中，计算机根据各种传感器——发动机转速传感器、油门开度传感器、进气压力传感器和冷却水温传感器等信号，检测出发动机的运行状态，实现多种控制功能。

ECD-V5 型电控分配泵的传感器布置如图 3-136 所示。

在 ECD-V5 电控分配泵中，下述三种执行机构值得注意：

（1）控制喷油量的电磁溢流阀（SPV）；

（2）控制喷油时间的定时控制阀（TCV）；

（3）切断供油的断油阀（FCV）。

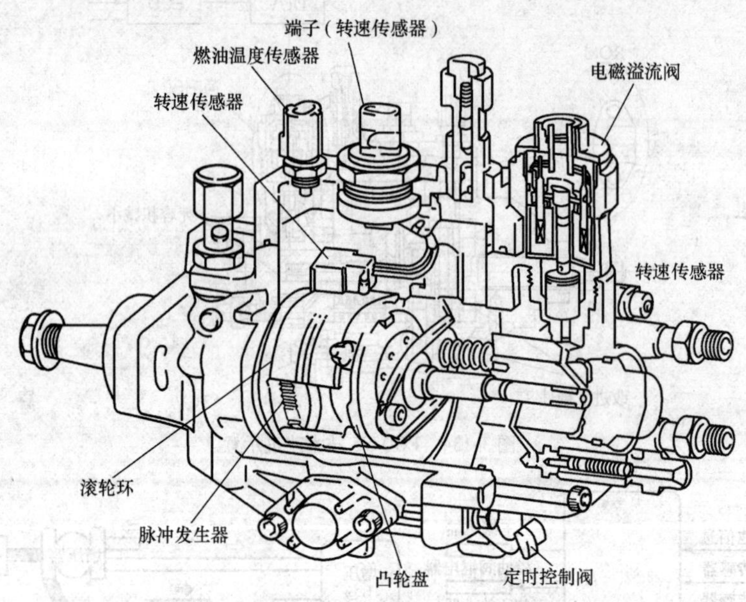

图 3-136　ECD-V5 分配泵的传感器

1. 电磁溢流阀

电磁溢流阀（图 3-137）是直接控制喷油量的。是一种耐高压、具有高度响应特性的直动式电磁阀。

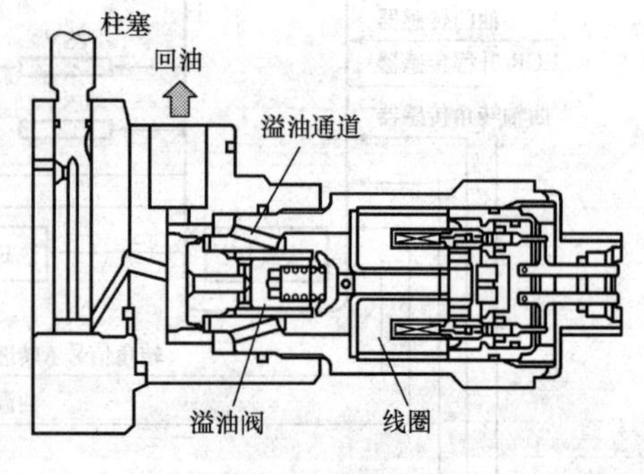

图 3-137　电磁溢流阀

电磁溢流阀的结构如图 3-138 所示，工作原理如图 3-139 所示。

当电流流过线圈时，电枢吸引铁芯。同时，溢油阀滑动，和滑阀体紧密结合，保持柱塞腔内密封。由于柱塞滑动，完成压油和喷油。

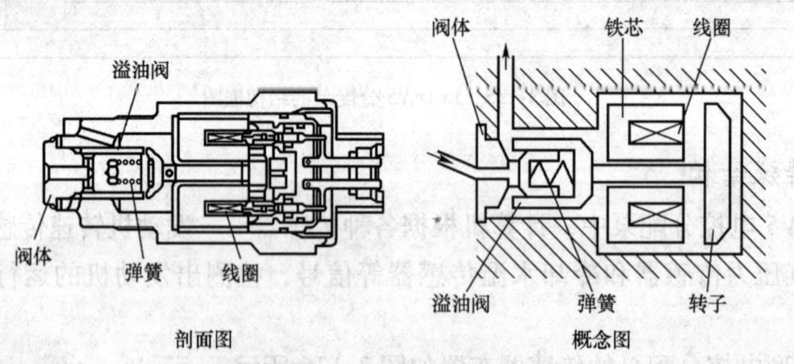

图 3-138　电磁溢流阀的结构

一旦线圈中没有电流流过的时候，在弹簧力的作用下，滑阀开启，柱塞腔内燃油经过溢油阀内的通路开始溢油，喷油结束。当柱塞反向滑动时，燃油又被吸入阀腔内。

电磁溢流阀开启后，柱塞腔内的高压燃油流回喷油泵腔中，燃油喷射结束。

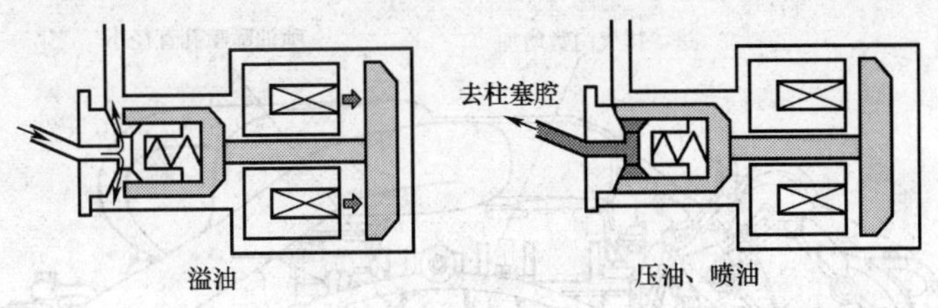

图 3-139　电磁溢流阀工作原理

2. 定时控制阀

定时控制阀（TCV）安装在喷油泵内，根据计算机送来的信号，适时开启或关闭喷油泵压力腔和定时活塞低压腔之间的燃油通道。当电流流过线圈时，定子磁芯被磁化，可动铁芯被吸引而压缩弹簧，燃油通路开启。TCV 的开启程度是根据计算机送来的通过线圈的电流的 ON-OFF 时间比（占空比）进行控制的。如果 ON 时间长，则阀的开启时间亦长。定时控制阀和 ECD-V4 相同。

3. 断油阀

断油阀（FCV）的结构如图 3-140 所示。在发动机处于停止状态或类似停止状态时，断油阀将燃油油路切断。通电以后，断油阀开启，燃油被吸入柱塞腔内。

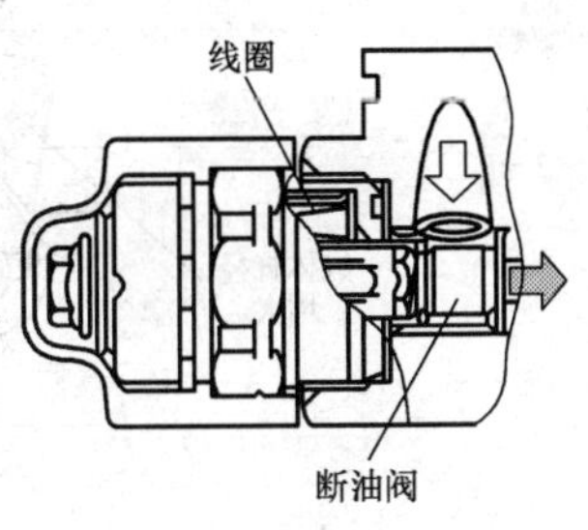

图 3-140　断油阀（FCV）

4. ECD-V5 型的 EDU

为了高速驱动在高压下工作的电磁溢流阀，采用了 EDU（CDI 方式的高电压驱动器）。精确控制在高压状态下微粒化了的燃油喷射定时，有望实现减少排气中的颗粒和有害气体成分，提高驾驶性。

EDU 的状态是由 ECU 监管的，万一发生异常时，则令发动机停止运转。EDU 的工作原理：蓄电池电压通过高电压发生回路（DC/DC 变换）变换成高电压。EDU 根据各传感器送来的信息将信号送到 EDU 的 EMU 端子。这样，大约 150V 的高电压由 SPV + 端子输出到电磁溢流阀。这时，EDUF 端子上输出喷油确认信号。

第六节　电控共轨柴油机一例

本书详细介绍了电控共轨系统的各个部分，但是都只是部件而已。本节通过一台完整的电控柴油机，将各部件连成一个整体，给读者一个完整的印象。

一、概述

五十铃 FORWARD 型中型系列货车从 1994 年全面改型以后，一直受到市场的好评。其中的 6HK1-TC 型发动机（图 3-141）采用日本电装公司的 ECD-U2 型电控共轨喷油系统，是比较具有代表性的电控共轨柴油货车之一。以此为例，简要介绍中型柴油机货车从机械式燃油系统转换到采用电控高压共轨式喷油系统的全貌。

关于 ECD-U2 系统的部分零部件已在专项内容中介绍了的，此处从略。未作具体介绍的内容尽可能列出，给出一个关于电控共轨燃油系统的整体概念。

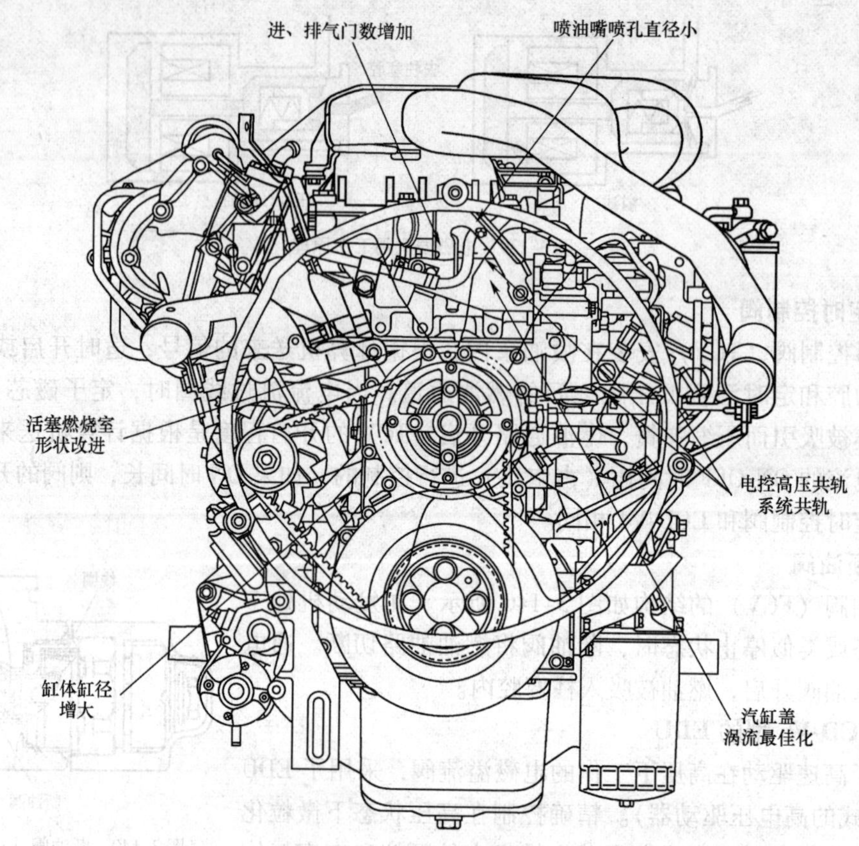

图 3-141　6HK1-TC 的结构变更

6HK1-TC 型发动机满足 1998 年日本国内的排放法规。

二、结构和参数

6HK1-TC 型发动机采用的 ECD-U2 电控共轨喷油系统的主要参数如表 3-10 所示，重要特性曲线如图 3-142 所示。

6HK1-TC 型发动机的主要参数　　表 3-10

项　　目	6HK1-TC	项　　目	6HK1-TC
发动机形式	水冷、6 缸、直列、四冲程、直喷	喷油顺序	1-5-3-6-2-4
缸径－行程	ϕ110 * 125	供油泵	SP120-6MD
总排量（L）	7.127	调速器	无
压缩比	16.8	提前器	无
最大功率［（kW）/（r/min）］	191.2/2700	喷油嘴	DLLA149P703
最大转矩［（N·m）/（r/min）］	74.5/1400	机油泵形式	齿轮式
喷油始点（BTDC）	0°（曲轴）	冷却方式	水冷预压强制循环
空气滤清器	旋风滤纸型	怠速转速（r/min）	500～550
EGR	无	气门数	4
燃油喷射系统	ECD-U2		

三、电控共轨柴油机的特点

与采用普通机械式燃油系统的柴油机相比，电控共轨柴油机有如下重要的不同之处：

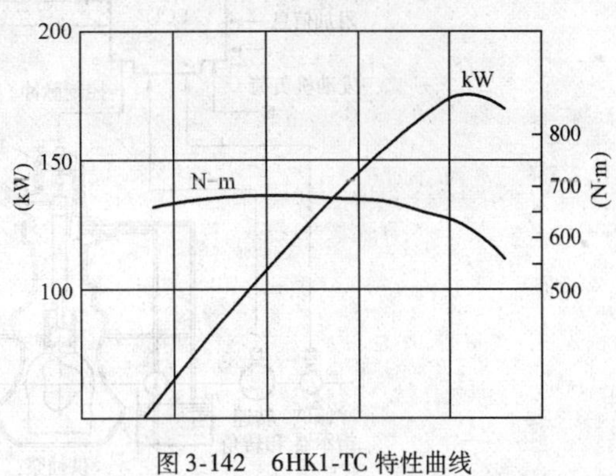

图 3-142　6HK1-TC 特性曲线

（1）用供油泵代替了原来的喷油泵。利用发动机的转动，通过供油泵将燃油加压，并送入共轨中。在供油泵上配置了供油泵控制阀（PCV，Pump Control Valve），在 ECU 指令的控制下，调节供入共轨中的燃油量。此外，供油泵带有输油泵。输油泵的作用是从油箱中抽油，并将燃油供入供油泵。

（2）取消了调速器和提前器；由于采用共轨式电控燃油系统，安装喷油泵的托架变更了。

（3）机械式喷油器变更为电控式喷油器。可以最佳地控制喷油量、喷油时间和喷油率。

（4）高压配管（即高压油管）的形状变更了（图 3-143）。高压配管外径由 ϕ6. 35mm 变更为 ϕ8mm，内径由 ϕ2. 0mm 变更为 ϕ4. 0mm。

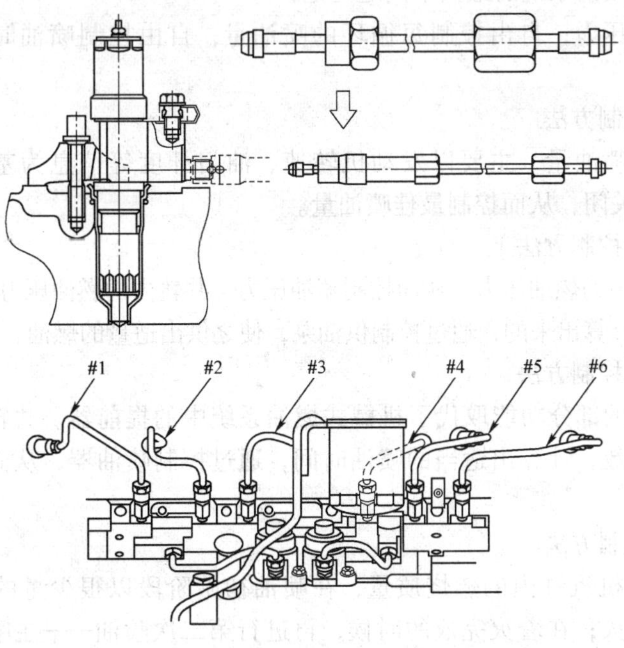

图 3-143　6HK1-TC 型发动机高压配管

日本五十铃公司 6HK1-TC 型发动机的燃油喷射系统的概念图如图 3-144 所示。

燃油从油箱经输油泵供入供油泵中，在供油泵中提升压力之后，送入共轨。共轨内的燃油压力始终保持在 25 ~120MPa。由 ECU 发出的指令，通过 PCV（供油泵控制阀）控制送入共轨中的燃油量。共轨内的高压燃油供给各个汽缸所对应的喷油器，设置在电控

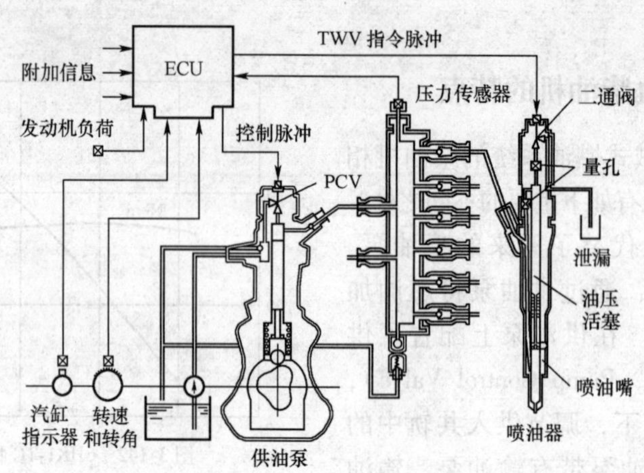

图 3-144　6HK1-TC 型发动机电控共轨喷油系统概念图

喷油器上的电磁阀严格按照 ECU 发来的指令动作，控制各个汽缸的喷油时间和喷油量，向各个汽缸内喷射最适量的燃油。

将发动机转速、发动机负荷等各种传感器信息和各种开关的信号送入电控单元 ECU。ECU 根据这些信息，经过预先编制好的计算处理程序计算处理以后向供油泵、喷油器等执行器发出控制指令，从而实现对燃油喷射过程进行最佳控制。因此，电控共轨系统和传统的机械式燃油喷射系统的最大不同之处是：

自由控制喷油压力；自由控制每循环的喷油量；自由控制喷油时间；自由控制喷油率；

（1）喷油量控制方法

为了控制最佳喷油量，主要以发动机转速、油门开度等信息为基础，控制二通阀（2WV）的开启与关闭，从而控制最佳喷油量。

（2）喷油压力控制方法

通过控制共轨内的燃油压力，从而控制喷油压力。共轨内的燃油压力是根据发动机的转速和喷油量等参数计算出来的，通过控制供油泵，使之供出适量的燃油，并压送到共轨内。

（3）喷油时间控制方法

电控共轨系统的部分功能取代了机械式燃油系统中的提前器。共轨系统根据发动机转速和喷油量等参数，计算出适当的喷油时间，通过控制喷油器，从而实现最佳喷油时间的控制。

（4）喷油率控制方法

为了提高发动机汽缸内的燃烧质量，在喷油初始阶段以很少量的燃油进行“引导（Pilot）喷油”、着火；在着火完成的时候，再进行第二次喷油——主喷油，为了控制主喷油段的喷射时间和喷油量，ECU 通过 2WV 直接控制喷油器进行喷油。

四、燃油系统组件、传感器及各类开关

本节以采用高压共轨喷油系统的 6HK1-TC 型柴油机为例，将与共轨系统有关的主要组成部分、各种传感器和开关等一并列出，给读者一个整体概念和具体的数量概念。这

份资料中各相关信息量最完整。这对实际工作者可能更有参考价值。

1. 供油泵

6HK1-TC 型发动机采用两缸柱塞式供油泵，供油泵的参数如下：

供油泵型号：SP120-6MD；最大供油量：$380mm^3/cyc$；溢流阀开启压力：255kPa；供油泵转向：从驱动端看，左旋。

2. 喷油器

机械式喷油器变更为电控式喷油器。相对于传统的机械式喷油器来说，新增加了油压活塞、2WV 等零件。2WV 接受 ECU 的指令，实时调节指令活塞上部的燃油压力，从而控制针阀开启或关闭，最佳控制喷油量、喷油时间和喷油率。喷油器的结构如图 3-145 所示。

6HK1-TC 型发动机的电控喷油器的脉冲谱如图 3-146 所示。每循环喷油过程分成两次进行——预喷油和主喷油。

喷油器的剖面图如图 3-147 所示。

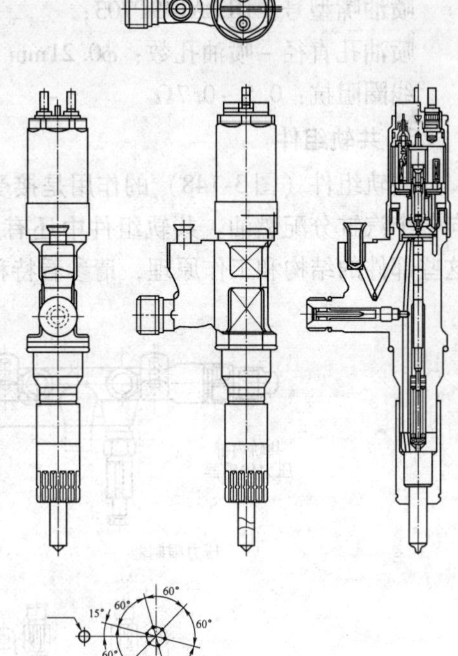

图 3-145 喷油器结构示意

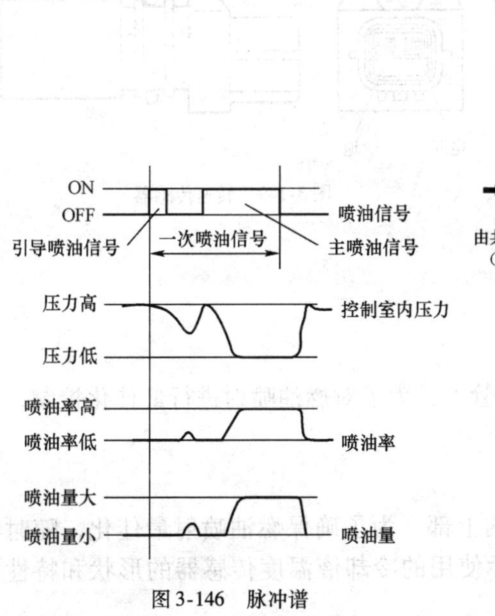

图 3-146 脉冲谱

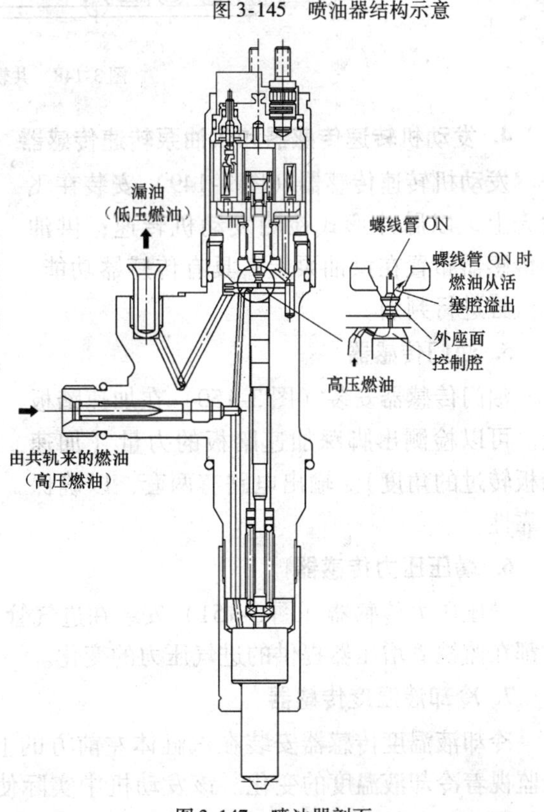

图 3-147 喷油器剖面

6HK1-TC 型发动机中采用的喷油器的主要参数如下：

喷油嘴型号：DLLA149P703；

喷油孔直径－喷油孔数：$\phi 0.21\text{mm}-6$

线圈阻抗：0.5～0.7Ω

3. 共轨组件

共轨组件（图 3-148）的作用是接受从供油泵供来的高压燃油，并按照 ECU 的指令向各个汽缸分配燃油。共轨组件中还有压力限制器、流动缓冲器和压力传感器等。关于这些部件的结构和工作原理，请参看特种传感器部分。

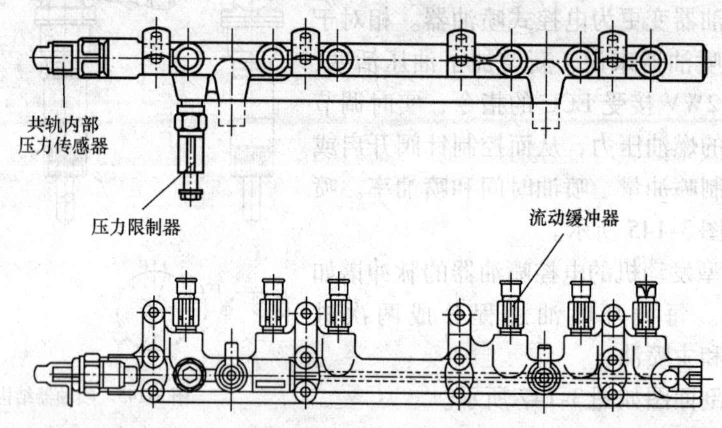

图 3-148　共轨组件

4. 发动机转速传感器和供油泵转速传感器

发动机转速传感器（图 3-149）安装在飞轮壳上，以脉冲形式检测发动机转速；供油泵传感器布置在供油泵上，具有传感器功能，对汽缸进行判别。

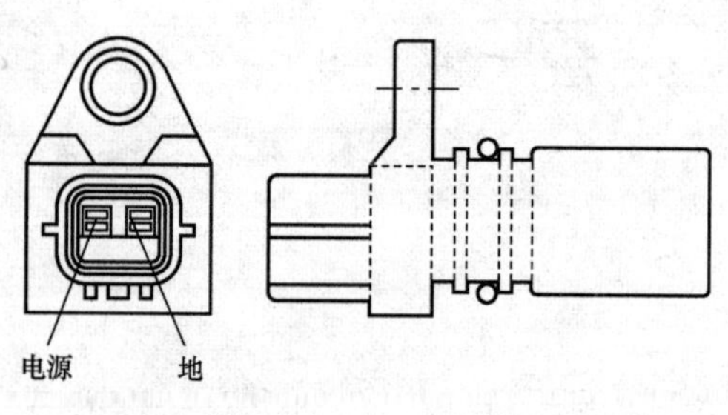

图 3-149　转速传感器

5. 油门传感器

油门传感器安装（图 3-150）在加速踏板上。可以检测出脚踩加速踏板的力量（加速踏板转过的角度）。输出电路有两套，以确保可靠性。

6. 增压压力传感器

增压压力传感器（图 3-151）安装在进气管上，为了对燃油喷射进行最佳化控制，随时都在监视着增压器提供的进气压力的变化。

7. 冷却液温度传感器

冷却液温度传感器安装在汽缸体左前方的上部。为了确保燃油喷射最佳化，随时都在监视着冷却液温度的变化。该发动机中实际使用的冷却液温度传感器的形状和特性曲线如图 3-152 所示。

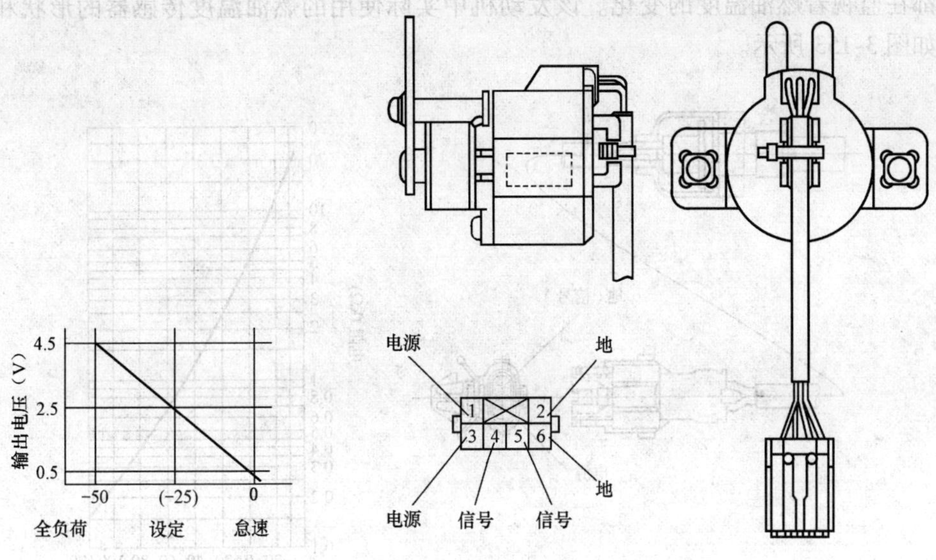

图 3-150　油门传感器

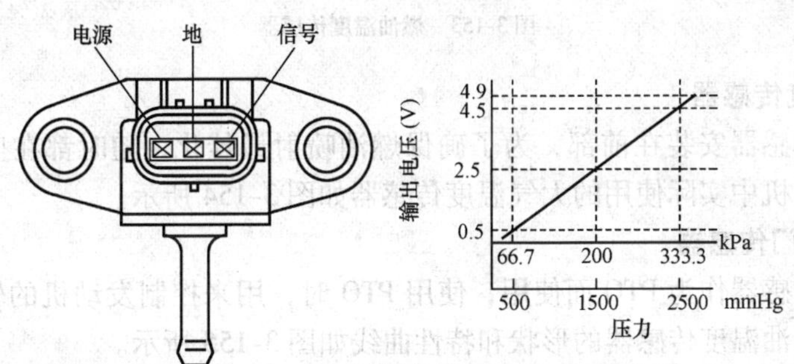

图 3-151　增压压力传感器

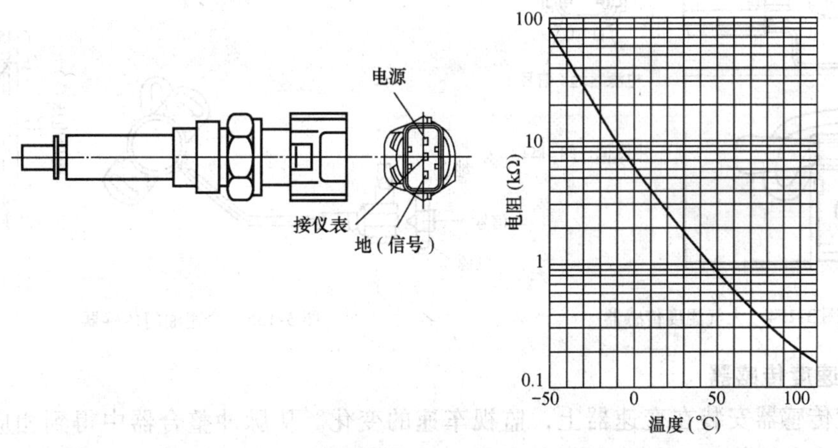

图 3-152　水温传感器

8. 燃油温度传感器

燃油温度传感器安装在汽缸上，靠近燃油滤清器的位置。为了确保燃油喷射最佳化，随时都在监视着燃油温度的变化。该发动机中实际使用的燃油温度传感器的形状和特性曲线如图 3-153 所示。

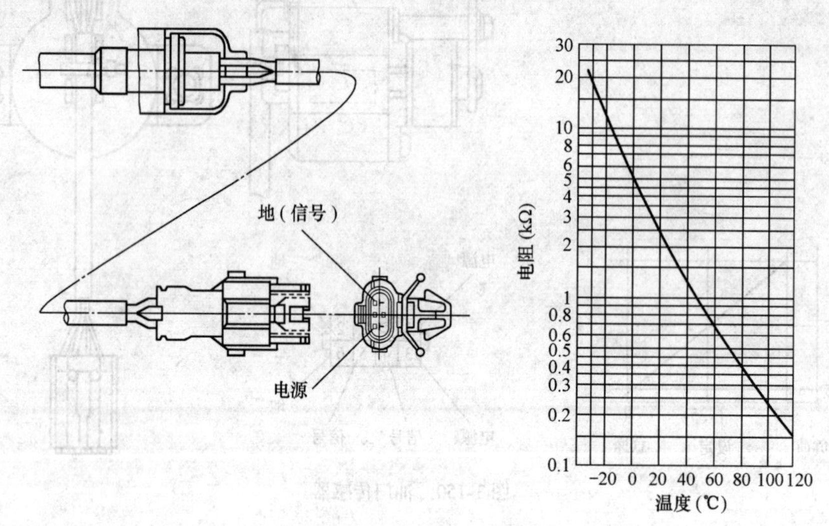

图 3-153　燃油温度传感器

9. 大气温度传感器

大气温度传感器安装在前部，为了确保燃油喷射最佳化，随时都在监视着大气温度的变化。该发动机中实际使用的大气温度传感器如图 3-154 所示。

10. 全速油门传感器

全速油门传感器作为 PTO 而使用，使用 PTO 时，用来控制发动机的转速。该发动机中实际使用的燃油温度传感器的形状和特性曲线如图 3-155 所示。

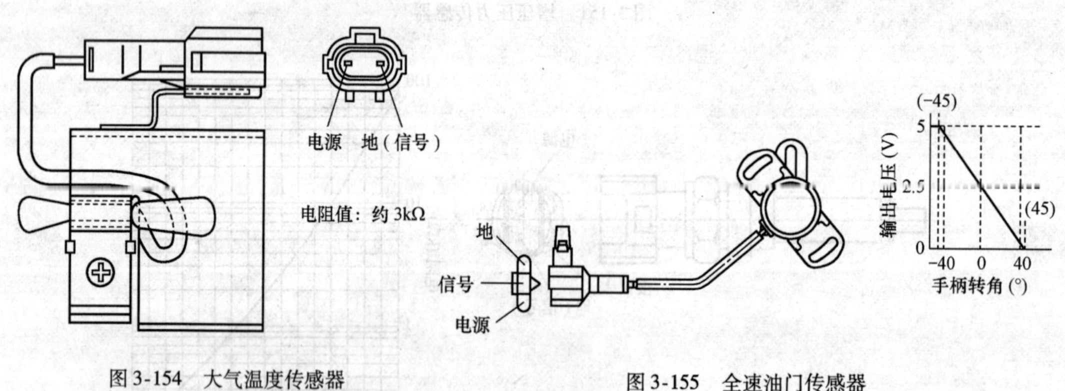

图 3-154　大气温度传感器

图 3-155　全速油门传感器

11. 速度传感器

速度传感器安装在变速器上，监视车速的变化。从脉冲整合器中得到相应的信息。该发动机中实际使用的车速传感器如图 3-156 所示。

12. 油门开关

油门开关（图 3-157）安装在加速踏板上，随时都在监视着加速踏板的怠速位置。

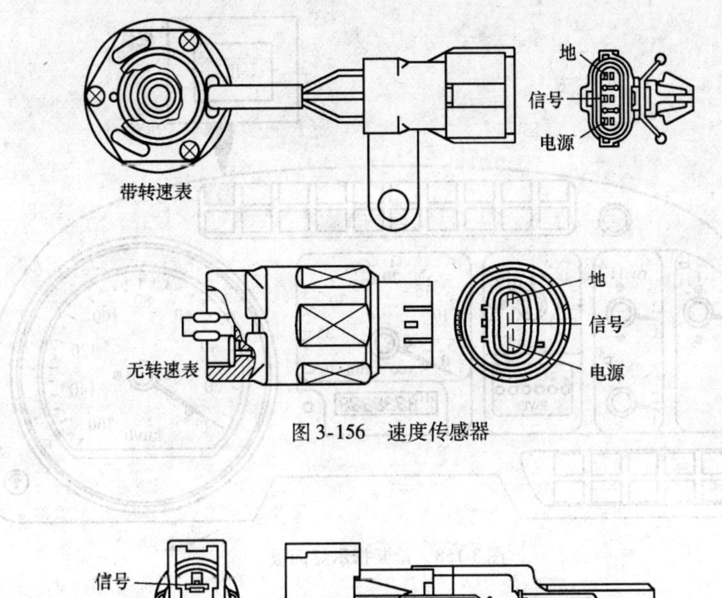

图 3-156　速度传感器

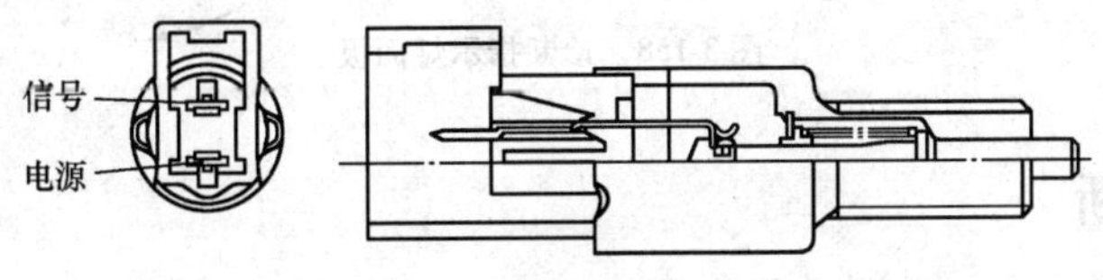

图 3-157　油门开关

13. 大气压力传感器

大气压力传感器布置在 ECU 内部，为了确保燃油喷射最佳化，随时都在监视着大气压力的变化。

14. 诊断开关

诊断开关（插座颜色：白色）布置在检查盒内。在进行故障诊断时使用（故障指示灯的闪烁）。

15. 内存清除开关

内存清除开关（插座颜色：蓝色）布置在检查盒内。在消除故障代码时使用。

16. 其他开关类

排气制动开关、延迟开关、制动开关、离合器开关、中间开关、PTO 开关等所提供的信息，都可用于各种辅助控制操作 PTO 时控制发动机。

17. 指示面板

当系统中产生了故障时，指示面板（图 3-158）上的故障指示灯点亮，通知驾驶员已经产生了故障。故障的种类通过灯光的闪烁形式说明。没有任何故障时，灯光不亮。控制开关 ON-OFF 可以对系统进行检查，指示灯点亮 5s。

18. 怠速控制开关/怠速控制切换开关

这是用来切换怠速转速的开关。怠速开关置于手动的位置时，怠速开关上升/下降（UP/DOWN）可以调节怠速的转速。当切换开关置于自动位置时，如果冷却液温度低，则自动地提高怠速转速，进行暖机运转。如果冷却液温度高了（暖机结束），则回到标准怠速转速。

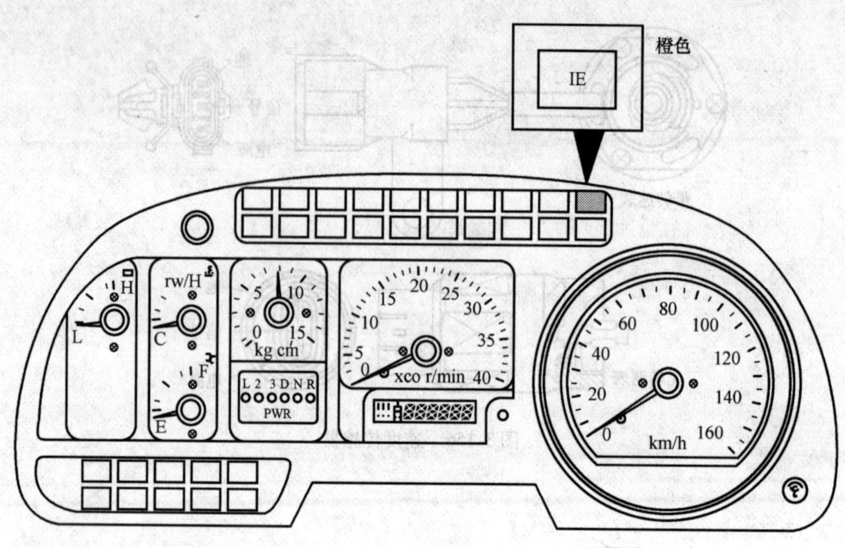

图 3-158　诊断指示灯面板

五、故障诊断

（一）检测方法

在进行故障诊断的时候，应注意下列事项：

（1）在诊断系统进行检测时，务必将诊断代码记入存储器中。特别是当产生了多个诊断代码时更是必要。

（2）如果不能够从存储器中消除已经产生了的故障诊断代码时，则必须检查故障代码产生的位置，因为已经有故障诊断代码显示，则必须检查产生了异常的原因。

故障诊断程序如图 3-159 所示。

注意：在故障诊断代码中有这样的项目——发动机没有暖机时不显示代码，加负荷而不行驶时不显示代码的情况。

（二）自诊断

诊断代码可以用下述两种方法确认，当然也可以消除。

（1）确认

①根据诊断指示灯闪烁，可以确认诊断代码。

②利用专用的诊断仪确认诊断代码。

（2）消除

①将内存清除开关接到插座里消除诊断代码；

②利用专用的诊断仪消除诊断代码。

注意：利用专用的诊断仪确认诊断代码时，与发动机的运行状态无关，可以同时确认当时发生的诊断代码和以前发生的、记忆了的代码。但是，通过诊断指示灯确认诊断代码的时候，在发动机运行状态下显示的内容和停机状态下显示的内容会有所不同，务请注意。

①发动机停止状态：

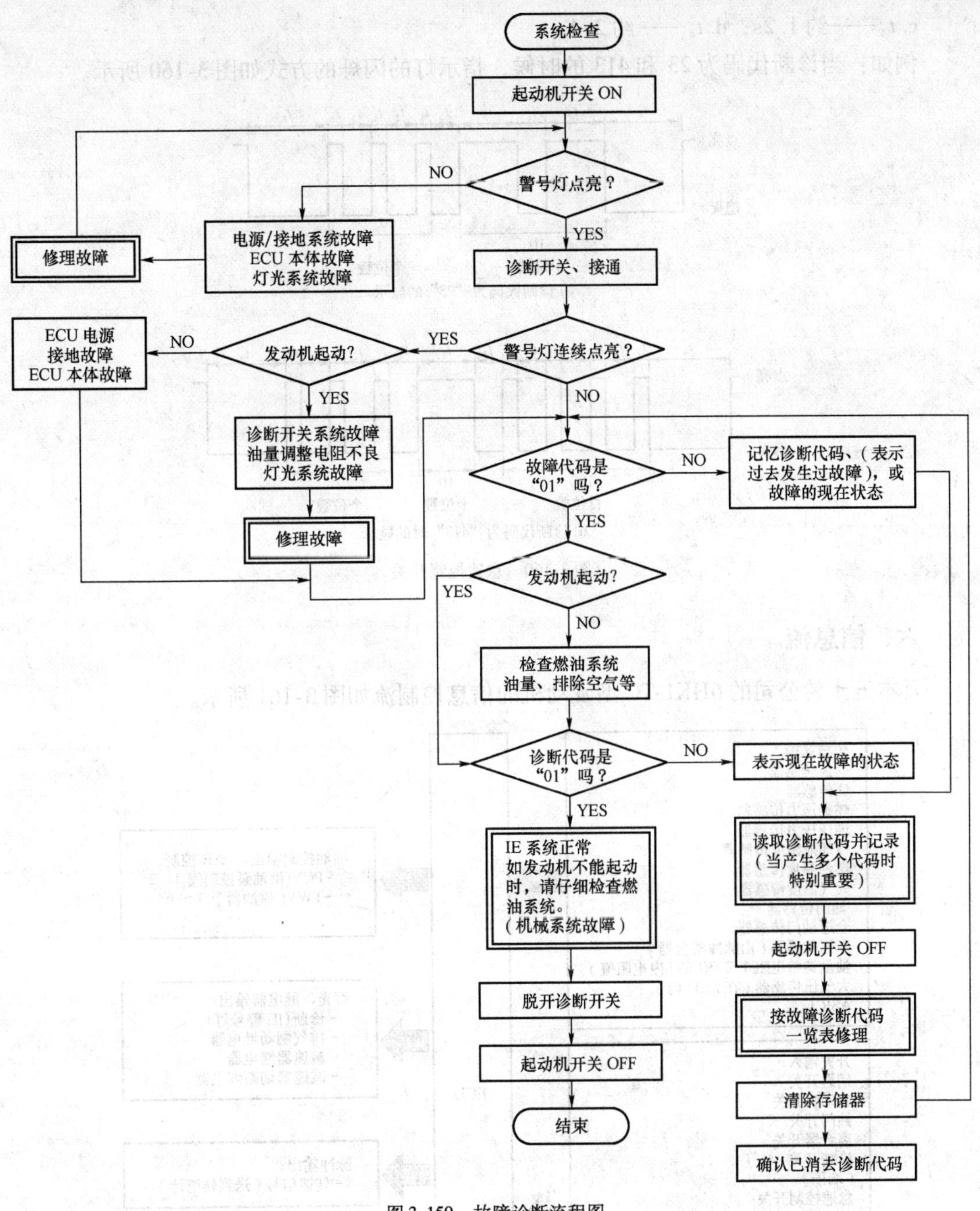

图 3-159 故障诊断流程图

当时产生的诊断代码和以前产生的、记忆了的代码同时显示；

②发动机运行状态：

只显示当时产生的诊断代码。

诊断指示灯的闪烁时间有如下四种：

a. t_1——约 0.3s；b. t_2——约 0.6s；

c. t_3——约 1.2s；d. t_4——约 2.4s

例如：当诊断代码为 23 和 413 的时候，指示灯的闪烁的方式如图 3-160 所示。

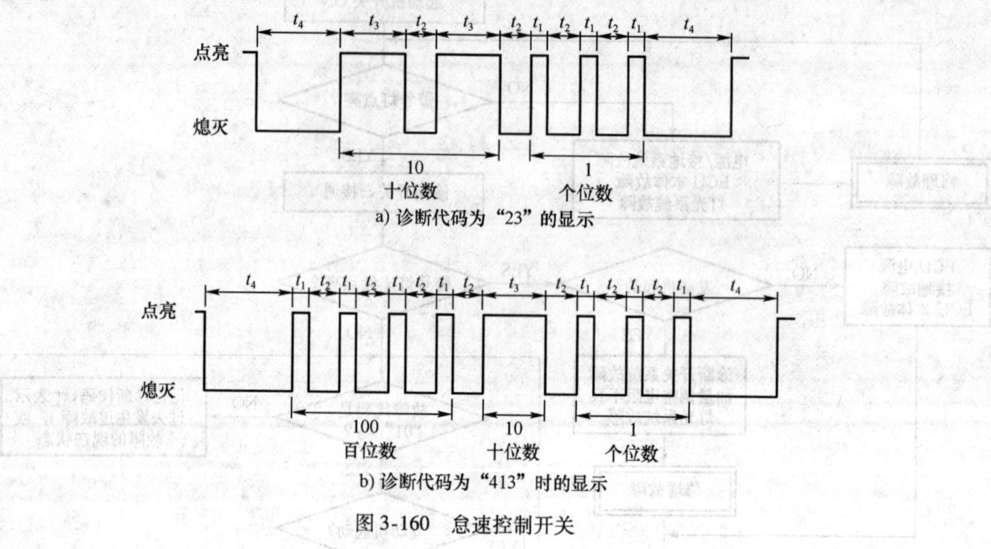

图 3-160 怠速控制开关

六、信息流

日本五十铃公司的 6HK1-TC 型发动机的信息控制流如图 3-161 所示。

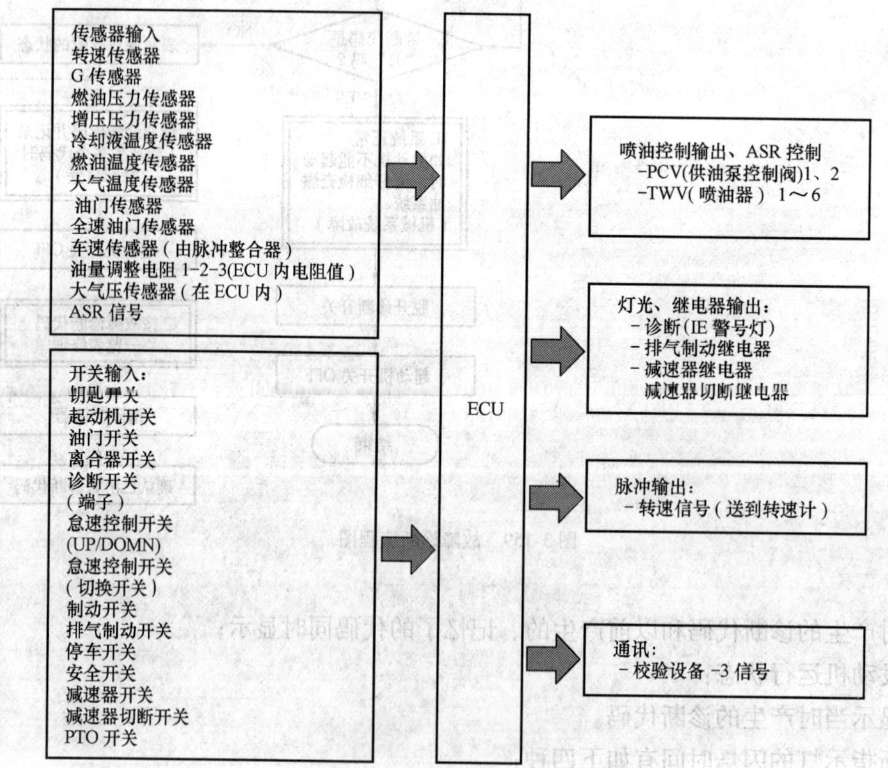

图 3-161 6HK1-TC 型发动机的信息流

第四章 喷油量控制

柴油机的基本能量是来自柴油在汽缸内燃烧所作的功，柴油机输出的动力决定于供入汽缸内的油量的多少。喷油量的计量机构和控制机构是喷油系统的重要组成部分。但是，直列泵、分配泵以及电子控制式喷油系统中的喷油量的计量和控制方法各不相同，各有特点，都有各自的缺陷和不足。本章将分别讨论，从相互对比中充分说明各种系统的特点。

第一节 每缸每循环喷油量与发动机性能

众所周知，如果不考虑节流效应，在柴油机进气行程中进入汽缸内的空气量与发动机转速、负荷无关，可以视为常量。

如果使发动机的转速和喷油时间保持不变，仅只改变每循环供入汽缸中的燃油量，则发动机的输出功率和燃油消耗率的变化情况如图 4-1 所示。这是由于汽缸内部混合气的形成过程、燃烧过程等一系列的物理的、化学的变化因素决定的。所以，每循环供油量的多少是有严格的制约的。但是，由图中曲线可见，在一定的范围内，发动机的输出功率大体上和每循环的供油量成正比，所以，按照油门开度大小调节喷油量，就可以控制发动机的输出功率。

图 4-1 中，如果喷油量越过 A 点，则输出功率下降，冒黑烟，而且排气中的有害成分迅速增加。这是由于相对于汽缸中有限的空气量，燃油量过多，氧气不足，不能完全燃烧，变成炭黑而排出的缘故。

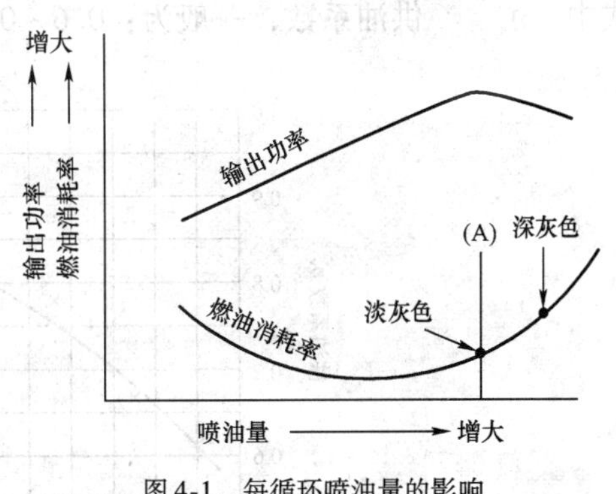

图 4-1 每循环喷油量的影响

因此，不论在何种情况下，每循环供入汽缸中的燃油量必须充分利用，排气中的有害成分必须符合排放法规。

喷油量的调节方法必须结合喷油泵结构和调速器等一起进行控制。在不同的燃油系统中是各不相同的。下面分别进行叙述。

首先介绍每缸每循环喷油量的计算方法，实际使用中的若干经验数据等，以便查用。

在柴油机中，每循环喷油量是由柴油机的工作负荷确定的。

柴油机的每循环喷油量可以用下述理论公式进行计算。这些计算公式具有一定的精度，可以作为实际工作的参考。但是，由于具体发动机的特点，最后，仍应以试验数据为准。

$$Q_p = \frac{P_e v_h g_e}{27\gamma_m}(\mathrm{mm^3/cyc}) \tag{4-1}$$

或者：

$$Q_p = \frac{N_{eg} g_e}{6\times10^{-2} n_t \gamma_m} \tag{4-2}$$

式中：Q_p—— 标定工况喷油量（mm^3）；

N_{eg}—— 每缸标定功率（kW）；

n_t—— 标定工况凸轮转速（r/min）；

γ_m—— 燃油密度（轻柴油：0.82～0.89 g/cm³）；

v_h—— 每缸排量（L）；

P_e—— 平均有效压力（kg/cm^2）；

g_e—— 比油耗（g/kW·h）。

标定工况的喷油量是柴油机工作过程中的最基本的喷油量。其他工况下的喷油量和标定喷油量之间有一定的关系。例如：

在各种工况下工作时，每循环喷油量的变化范围是：（1.0～1.5）Q_p。

起动喷油量：

$$Q_C = (1.3 \sim 1.5) Q_p \tag{4-3}$$

怠速喷油量：

$$Q_d = (0.2 \sim 0.25) Q_p \tag{4-4}$$

几何供油量与实际喷油量的关系为：

$$\eta_v = \frac{Q_p}{Q_g} \tag{4-5}$$

式中：η_v——供油系数，一般为：0.6～0.9（图4-2）。

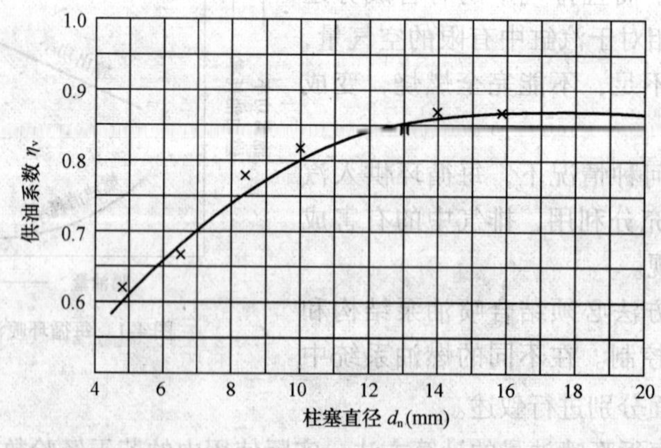

图4-2　不同柱塞直径的供油系数

供油系数是一个经验数据，不同厂家的产品，同一厂家的不同型号的产品、不同时期的产品，其具体数据都可能不尽相同。但是，其偏差范围不会太大。

Q_g——柱塞偶件的几何供油量；

Q_p——喷油量。

影响供油系数的因素很多，例如：供油量、柱塞的几何有效行程、柱塞直径、精密偶件的配合精度、出油阀结构及减压容积、高压油管尺寸、喷油嘴的结构和参数等。

但是，上述喷油量的计算公式都是经验性的。在机械式供油系统中，这些公式曾经被广泛应用过，但在电子控制燃油喷射系统中，为了满足排放法规，每循环喷油量必须进行精确计算，精确控制。

第二节　燃油加压、供油和分配

经过近100年的发展，世界各国研制开发了各种各样的使燃油产生高压的喷油泵（供油泵）。但是，所有的喷油系统中，包括电子控制高压共轨式喷油系统在内，燃油的加压机构都是大同小异的。

一、燃油加压机构

典型的燃油加压机构如图4-3所示。凸轮转动，柱塞上升，柱塞腔中的燃油被压缩，压力升高。

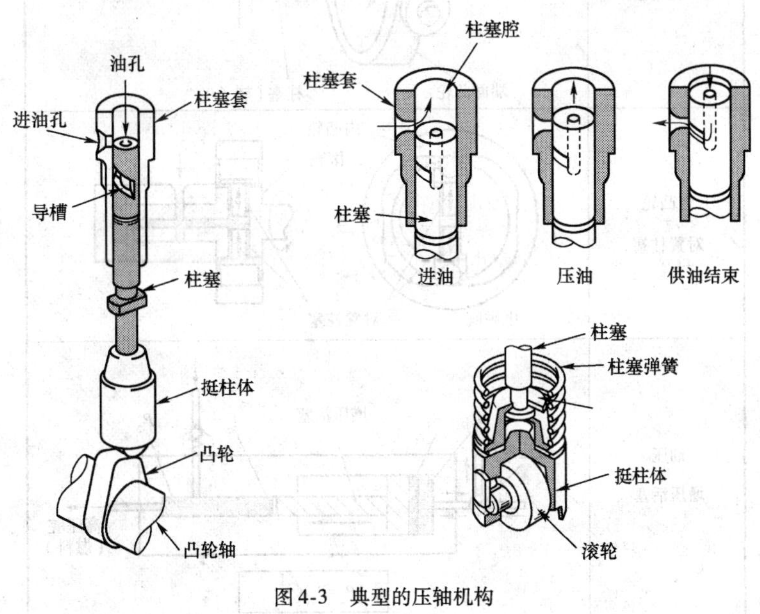

图4-3　典型的压轴机构

机械式燃油系统的燃油加压机构具体地又可以分为两大类：

（1）凸轮+柱塞式。

凸轮+柱塞式的特点是：柱塞升程可以足够大，适用于货车等需要喷油量比较大的发动机；该种结构耐压性能优越，可以实现高压喷油。

凸轮+柱塞式机构中又有两种特殊形式：端面凸轮+柱塞式和内凸轮+柱塞式。

端面凸轮+柱塞式的最大特点是结构紧凑，在分配泵结构中，该结构总是和燃油分配机构组合在一起。不足之处是：与其他结构相比，喷油量和喷油压力的实际使用极限比较低。

内凸轮＋柱塞式结构的优点是：耐压性能优越。近年来，其使用范围正在扩大之中。

（2）油压＋增压活塞式。

油压＋增压活塞式的基本特点是：将燃油或工作油压力一次性地加压到高压，储存起来，然后再通过增压活塞将压力提升到实际需要的更高的喷油压力。

但是，如果将燃油系统再进一步进行分类，则可分为脉动式和蓄压式两种，两种系统的基本特性如图 4-4 所示。

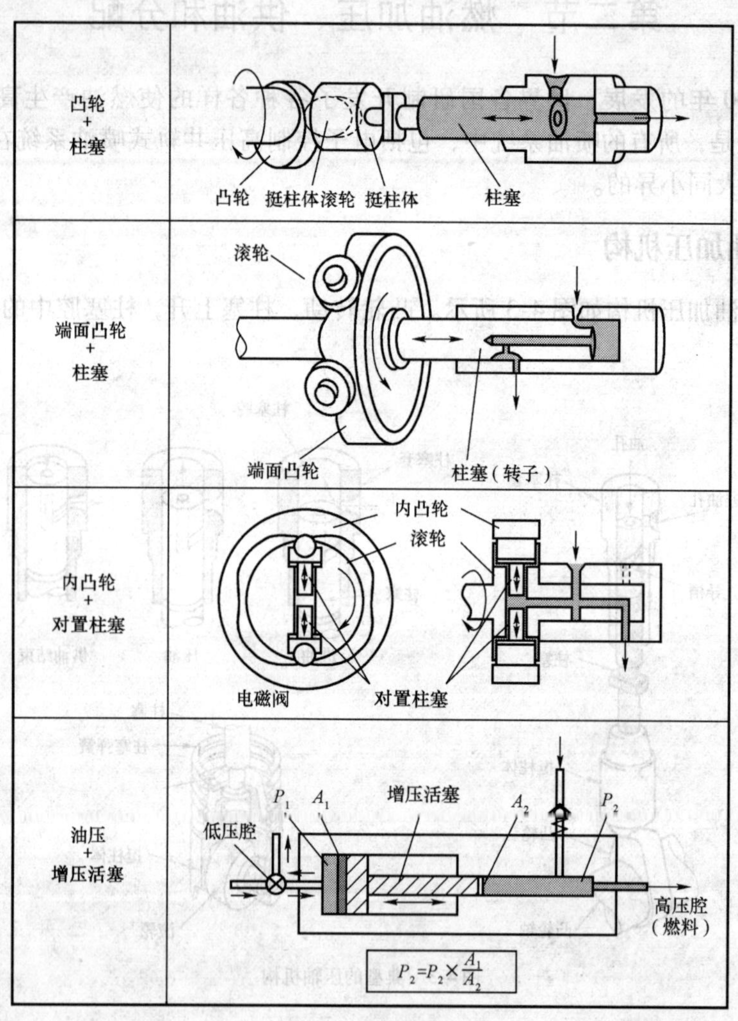

图 4-4　加压机构的分类

在脉动式喷油系统中，对应一次燃烧循环柱塞有一次压油行程，产生一次压力峰值。

在蓄压式系统中，燃油以高压形式保存，在特定的控制条件下向各汽缸分配和喷射。

理论上，任何一种高压产生方式都是可能的。但是，各种方式都有其自身的特点。

在脉动式系统中，要求产生瞬间高压，因此，只在特定的凸轮角度时产生高的供油压力。在蓄压式喷油系统中，因为喷油定时和升压定时是彼此独立的，没有必须同步的要求。但是，应在任何时刻都以同样的高压喷油，所以应尽可能要求具有一定的供油速率。

为此，如图 4-5 所示，在脉动式喷油系统中，要求采用具有快速上升的供油速率；而在蓄压式系统中，则需控制柱塞上升速度，而且配置多个柱塞。

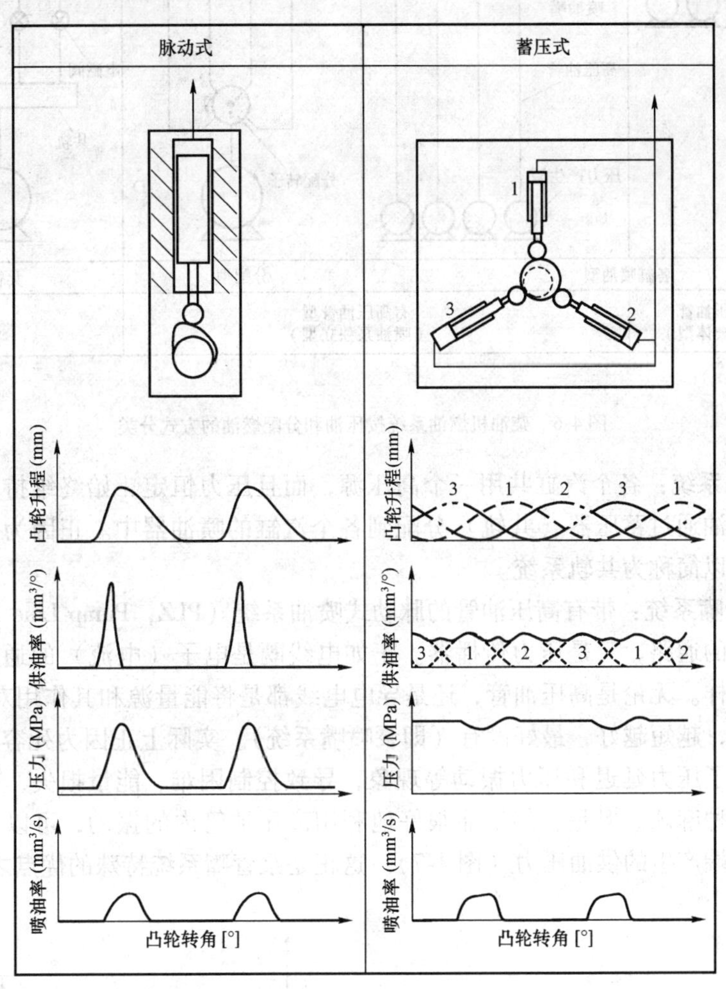

图 4-5 脉动式和蓄压式

二、分配和供油

燃油喷射系统有多种结构形式。但是，归纳起来，燃油的分配以及燃油的供给方式则可表示如图 4-6 所示。总体来说，可以分成 4 类。

（1）泵喷嘴系统：各个汽缸都有自身的高压产生机构，而且，喷油泵和喷油嘴做成一体。在分列式和直列式喷油泵系统中，喷油泵和喷油嘴则是彼此分开的。

（2）分配型喷油系统：系统中高压产生源只有一个。高压源和喷油嘴之间用高压油管连接起来。通过转子依次切换向各个汽缸供油。

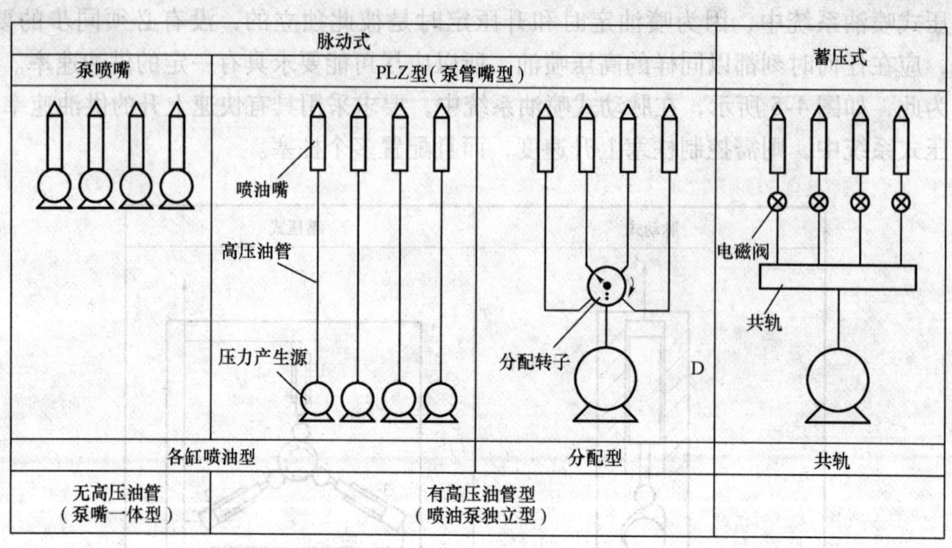

图 4-6　柴油机燃油系统按压油和分配燃油的方式分类

（3）共轨系统：各个汽缸共用一个高压源，而且压力恒定，始终维持在一定的高压状态。高压燃油通过蓄压器（共轨）分配到各个汽缸的喷油器中。正因为共轨是各个汽缸所共有，所以简称为共轨系统。

（4）泵管嘴系统：带有高压油管的脉动式喷油系统（PLZ，Pump Line Nozzle）。高压油管既是燃油的通路，又是压力传播器。正如电线既是电子（电流）的通路，又是电压的传播媒体一样。无论是高压油管，还是导电电线都是将能量源和其作用对象连接起来，从理论上来说，越短越好，最好没有（即泵喷嘴系统）。实际上正因为死容积和油管长度的原因，产生了压力延迟和压力振动等现象，导致控制困难、能量损失，有时还会产生负压，带来种种麻烦。但是，如果能很好地利用高压油管内的振动，可以使嘴端实际喷油压力高于泵端产生的供油压力（图 4-7）。这正是泵管嘴系统特殊的优点之一。

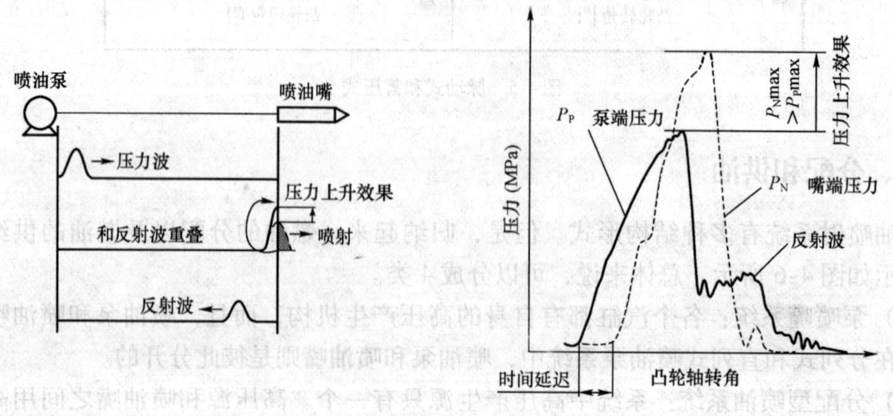

图 4-7　嘴端压力高于泵端压力的实验结果

在泵管嘴系统中，需要配置出油阀这一装置。其目的在于：使高压油管内的压力迅速下降，压力震动衰减，并尽可能保持高压系中总是正压力。

卸压原理如图 4-8 所示。详细解释请参看出油阀部分。

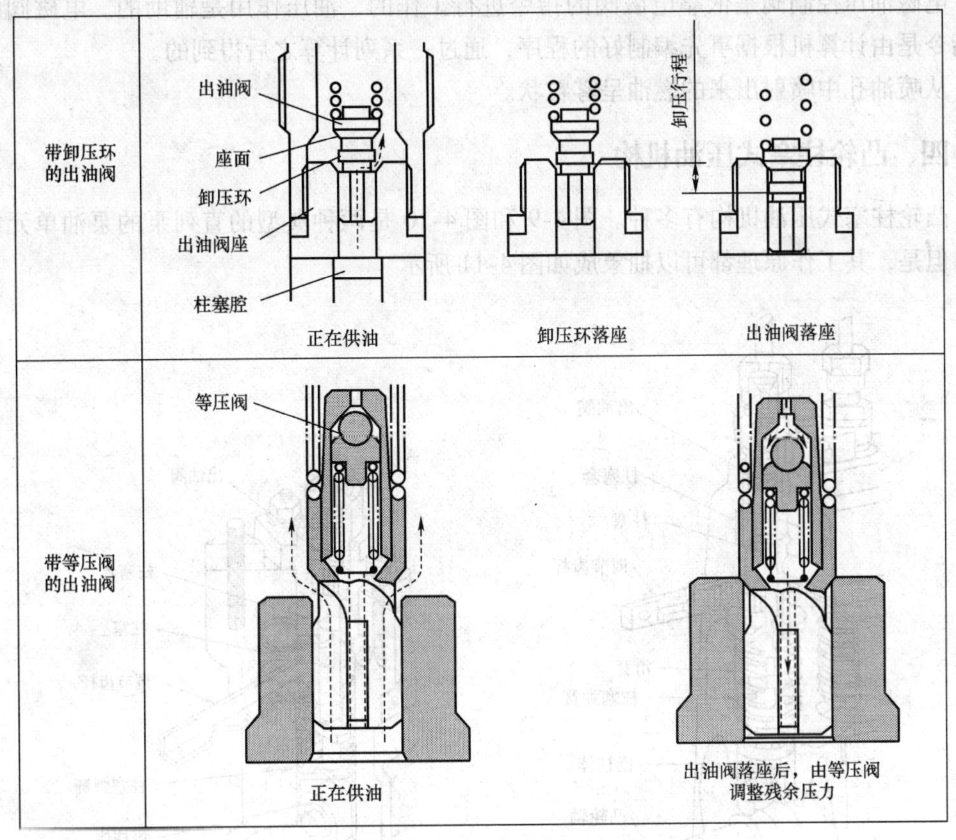

图 4-8　出油阀机构

三、燃油喷射

喷油器直接安装在发动机的汽缸盖上。高压燃油从喷油嘴中喷入燃烧室。关于喷油器和喷油嘴将在专门的章节中说明，此处只简单地说明燃油喷射的基本工作原理。

控制燃油从喷油嘴中喷出的控制阀有两种实用结构：

一种是自动喷油阀，另一种是电磁油压控制阀。

在脉动式喷油系统中，喷油嘴盛油槽中的压力逐步上升，当燃油的作用力大于调压弹簧的作用力时，针阀升起，燃油从喷油孔中喷入汽缸；由于高压系中燃油不断喷出，压力降低，当压力降到小于调压弹簧的作用力时，针阀落座，喷油结束。这是针阀在燃油压力和调压弹簧力作用下的一个自动阀结构。

如图 4-7 所示，压力波在高压油管中往复传播，有时在嘴端叠加，造成嘴端压力高于泵端压力的现象。

在蓄压式喷油系统中采用电磁油压控制阀。当针阀关闭时，由于控制活塞的作用，针阀落座而不喷油；一旦电磁阀开启，控制腔中的压力下降，活塞和针阀同时上升，喷油开始。当电磁阀关闭，控制腔中的压力上升到和共轨中的油压一致时，针阀和活塞同时下降，针阀落座，喷油结束。

电磁油压控制阀是依靠电磁阀的指令进行工作的，油压作用是辅助的。电磁阀的动作指令是由计算机根据事先编制好的程序，通过一系列计算之后得到的。

从喷油孔中喷射出来的燃油呈雾粒状。

四、凸轮柱塞式压油机构

凸轮柱塞式压油机构有多种。图 4-9 和图 4-10 是两种典型的直列泵的泵油单元结构图。但是，其工作原理都可以抽象成如图 4-11 所示。

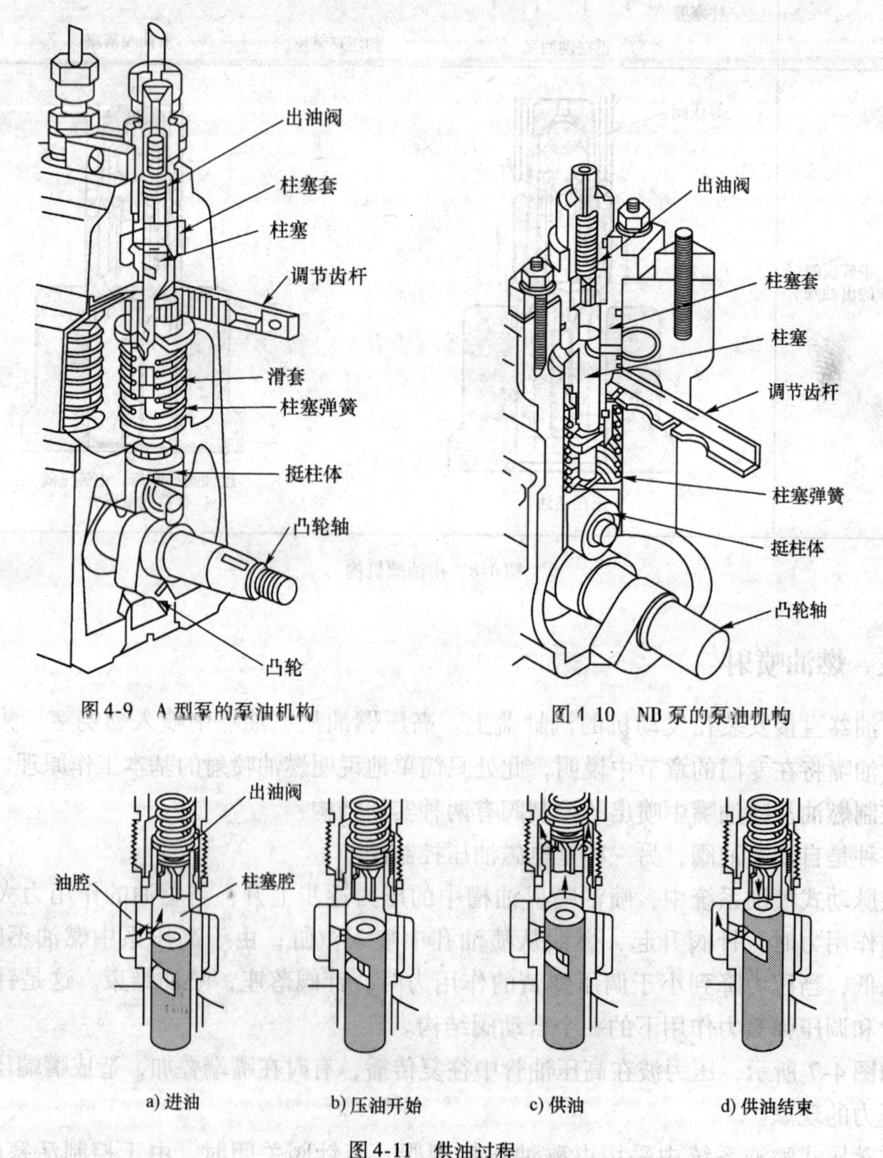

图 4-9　A 型泵的泵油机构

图 4-10　ND 泵的泵油机构

图 4-11　供油过程

柱塞在凸轮的推动下作往复运动，完成吸油、压油的过程。整个供油过程可以分解成如下几个阶段。

1. 进油

当柱塞位于下止点时，喷油泵体内的低压腔中的燃油由于负压的作用，通过进油孔进入柱塞腔内，这就是柱塞的吸油行程，或者说是柱塞腔的充油行程。

2. 压油开始

凸轮转动，柱塞上行，为了简单化，可以认为当柱塞的顶平面和柱塞套进油孔的上边缘一致时，柱塞腔内的燃油被加压，也就是柱塞压油开始，或者说是几何供油开始。

3. 供油

柱塞继续上行，柱塞腔内的燃油压力逐步升高，当柱塞腔内的燃油压力升高到出油阀开启压力时，出油阀开启，燃油通过高压油管被压送到喷油嘴端，在适当的时候喷入发动机汽缸内。

4. 供油结束

柱塞继续上行，当柱塞上的控油导槽上边缘和进油孔的下边缘稍稍错开一条缝隙时，则柱塞腔内的高压燃油通过柱塞的中心孔、回油孔流回喷油泵的低压腔中，高压腔中的燃油压力迅速下降，供油过程结束。

五、凸轮及相关技术问题

喷油泵凸轮，尤其是凸轮型线的设计是喷油泵设计中的关键之一。

凸轮与从动件（一般为滚轮—挺柱体）是一对密切相关的配合件。凸轮型线规定了柱塞的运动规律，它对供油起讫时间、供油压力、供油规律、油泵工作容量以及最高转速有决定性作用。凸轮与滚轮之间的接触应力大小又直接影响喷油泵的使用寿命。

凸轮的重要特性是升程、速度和加速度与凸轮转角的关系。

1. 凸轮类型

直列式喷油泵中常用的凸轮轮廓可分为三种基本形式：凸面凸轮、切线凸轮和凹面凸轮，此外还有由上述型面混合组成的多圆弧凸轮以及函数凸轮等。

凹面凸轮的速度与加速度较大，其次是切线凸轮，凸面凸轮的速度和加速度较低。多圆弧凸轮和函数凸轮可按需要改变速度和加速度规律，以改善凸轮供油过程。

目前高速柴油机普遍采用切线凸轮（包括切线单圆弧和切线多圆弧等），而凸面凸轮主要用于一些低、中速柴油机，凹面凸轮因工艺复杂较少采用。

常用凸轮的速度规律可分为三角形、梯形、混合形和连续函数形四类。

凸轮外形有对称式（蛋形或扇形）和不对称式两类。对称式凸轮可允许逆转，扇形凸轮便于避免与输油泵凸轮从动体发生干涉，又可改善凸轮轴的受力状况，但缩短了进油时间。不对称式凸轮可减少噪声，但不能逆转。

典型的凸轮的形状请参看图4-12a）。

A型泵的几种典型的凸轮型线及几何参数请参看图4-12b）。其中D和E两种凸轮只用于按一定转向旋转的柴油机中。通常将凸轮C称为扇形凸轮，特点是运转圆滑。

A型泵常用的两种凸轮的特性曲线如图4-13所示。由两种凸轮的曲线可见，上升同样的升程 8mm，切线凸轮约需 60°转角，圆弧凸轮则需 75°左右转角。所以，不同的凸轮，其上升的速度是不同的。

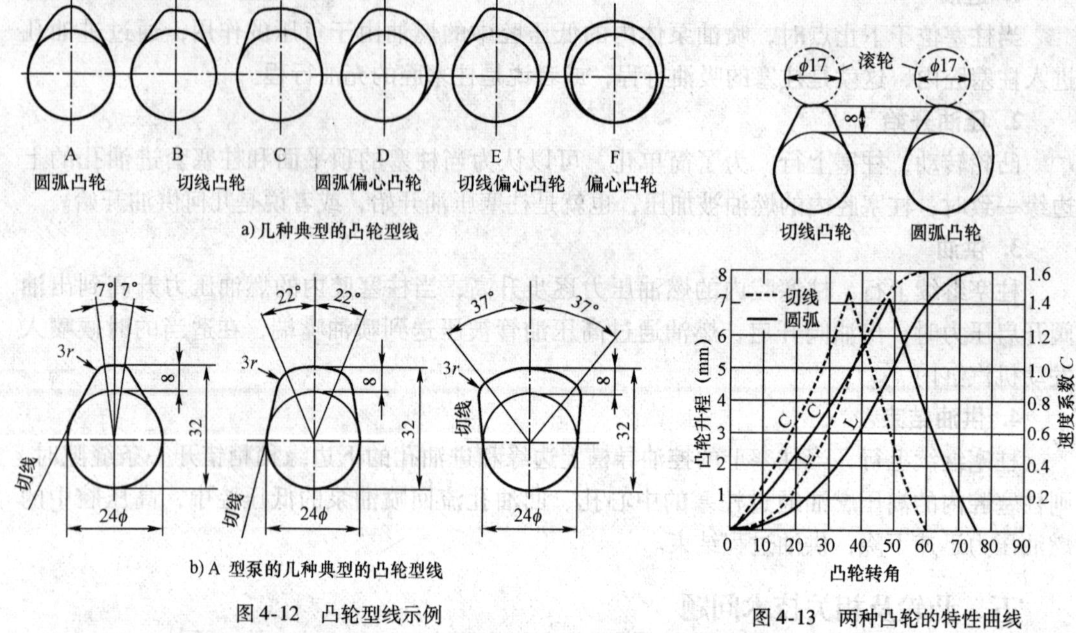

图 4-12　凸轮型线示例

图 4-13　两种凸轮的特性曲线

柱塞在任何位置时的速度，均可采用图 4-13 所示的速度系数 C 来表示：

$$V = \frac{C \times N_P}{1000} \tag{4-6}$$

式中：V——柱塞速度，m/s；

C——速度系数；

N_P——喷油泵凸轮轴转速，r/min。

例如：直列泵的一种凸轮的几何参数、特性曲线、重要的升程位置点等如图 4-14 所示。

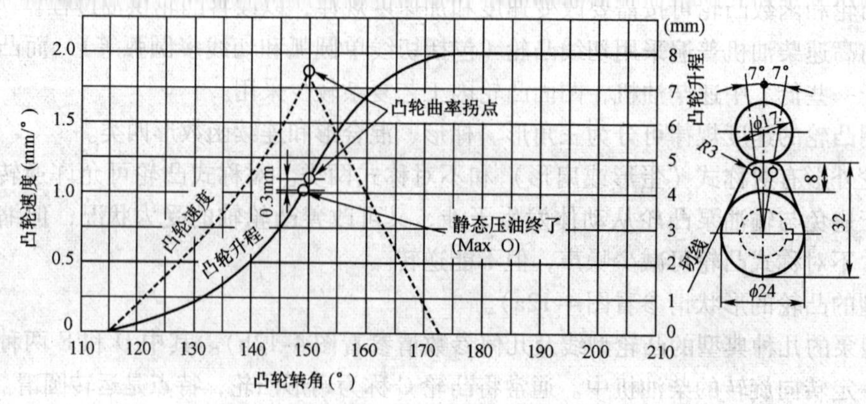

图 4-14　直列式喷油泵的典型凸轮

VE 分配泵的端面凸轮供油机构如图 4-15 所示。

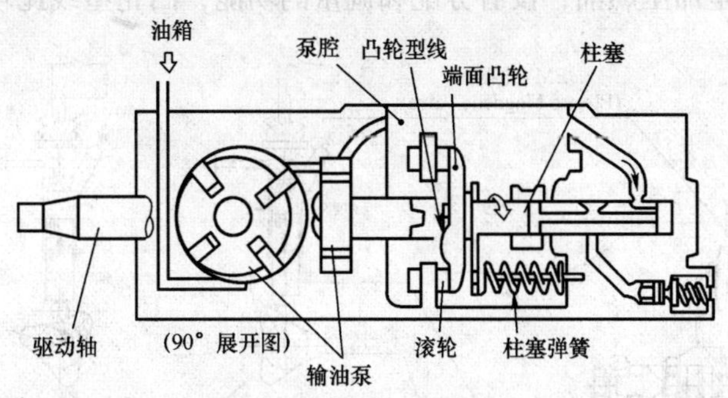

图 4-15　VE 分配泵的端面凸轮

驱动轴驱动叶片式输油泵，从油箱中吸取燃油，送入喷油泵腔。端面凸轮和柱塞也同时被驱动轴驱动。柱塞弹簧使柱塞和端面凸轮压紧在固定的滚轮上。驱动轴旋转，则端面凸轮和柱塞沿着端面凸轮的轮廓线运动。也就是说，相对于驱动轴的旋转运动来说，端面凸轮和柱塞在旋转运动的同时还进行往复运动。

VE 分配泵的端面凸轮的升程曲线如 4-16 所示。

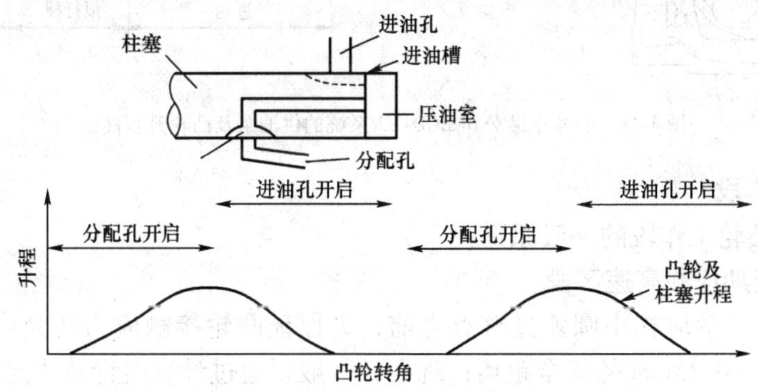

图 4-16　端面凸轮及柱塞的升程曲线

图 4-17 所示是 CAV 公司生产过的 DPA 型分配泵中的内凸轮机构。美国 Stanadyn 公司生产过同样的分配泵。

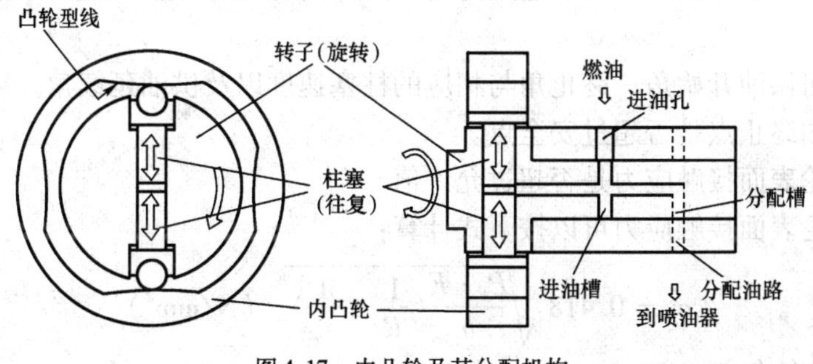

图 4-17　内凸轮及其分配机构

日本电装公司高压电控共轨喷油系统的供油泵及其凸轮升程曲线如图 4-18 所示。供油泵的基本作用仅是加压燃油，没有分配和调量的功能，凸轮型线比较简单。

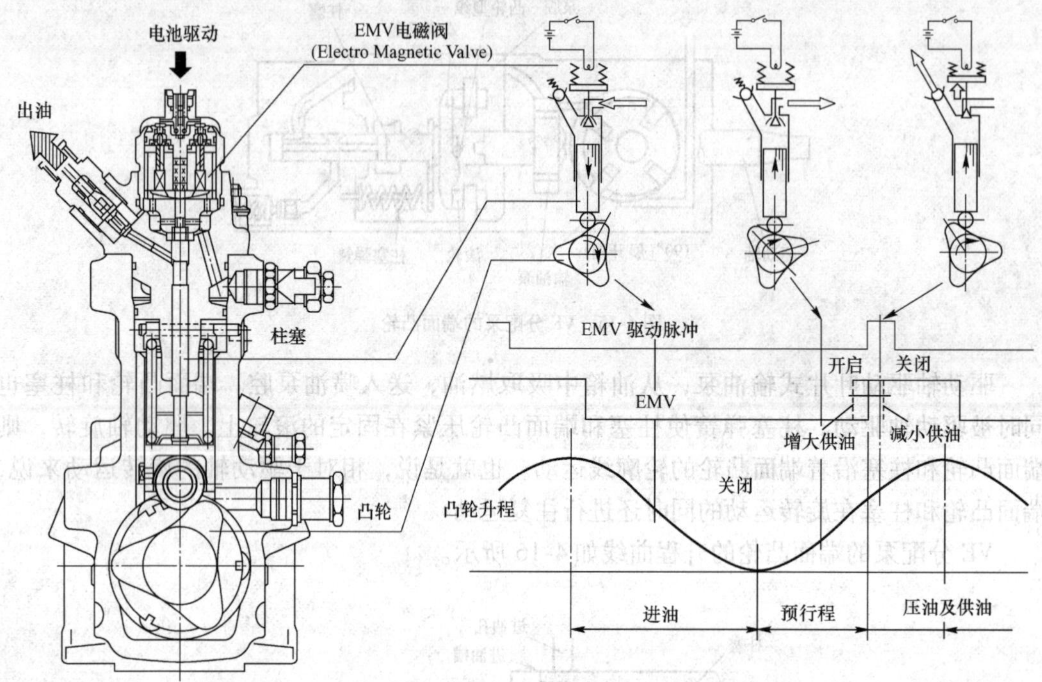

图 4-18　日本电装公司 ECD-U2 系统的供油泵及凸轮升程曲线

2. 凸轮工作段

（1）选择凸轮工作段的一般原则：

①供油延续期应在高速区段。

②供油终点一般应在小圆弧过渡点之前，为保证凸轮接触应力在允许范围内，常在升程上留有 0.3～0.45mm 的安全距离；现在，一般要通过计算机计算决定安全点。

③如果需要超过过渡点到减速段工作，应特别注意接触应力校核。

④最佳工作段一般按柴油机燃烧过程、运转参数的要求，通过发动机试验选定。

（2）选定凸轮工作段的基本步骤：

①决定几何供油开始点（即预升程终点）。

②决定几何供油终点。在升程坐标系中自几何供油始点起，加上几何有效行程得到几何供油终点。

③决定几何供油开始角、终止角与相应的柱塞速度以及供油延续角。

④检查供油终止点是否超过安全点。

⑤验算凸轮表面接触应力是否超过允许值。

凸轮和滚轮表面接触应力可以按下式计算：

$$\sigma = 0.418\sqrt{\frac{P_t \cdot E}{b}\left(\frac{1}{R} \pm \frac{1}{r_r}\right)} \quad (\mathrm{N/mm^2}) \tag{4-7}$$

式中：P_t——凸轮负载，N；

b——凸轮与滚轮接触长度，mm；

E——弹性模量，210000~220000，N/mm^2；

R——凸轮表面接触点曲率半径，mm；

r_r——滚轮半径，mm。

对于凸面凸轮，括号内取“+”号；对于凹面凸轮，括号内取“-”号。如果是切线凸轮时，则上式简化成：

$$\sigma = 0.418\sqrt{\frac{Pt \cdot E}{br_r}} \quad (N/mm^2) \tag{4-8}$$

已知凸轮和滚轮的接触长度时，可按上式核算接触应力的大小，根据凸轮材料和表面热处理条件，限定许用值。在一般的机械式燃油喷射系统中，最大许用接触应力不超过 $1750N/mm^2$。

对于鼓型滚轮的承压能力及接触应力的计算，可参看有关的专项研究报告。

3. 最高喷油压力

各种喷油泵的都有其对应的最高喷油压力，参看喷油泵部分。这里仅说明决定最高喷油压力的重要因素。

适当的喷油压力通过选择柱塞直径及凸轮型线来决定。如图 4-19 所示，在直列式喷油泵中挺柱体滚轮和凸轮表面承受喷油压力加在柱塞头部的作用力 P_k 及柱塞弹簧的作用力等。因此，二者之间承受表面接触应力的可靠性和柱塞偶件的高压密封、可靠性是决定喷油压力极限的基本条件。

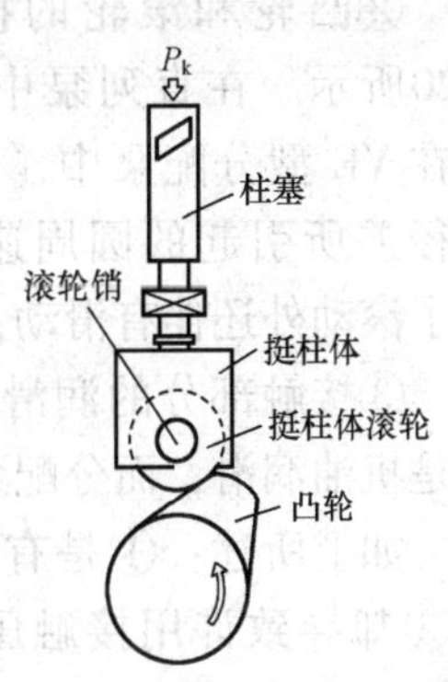

图 4-19　喷油压力与凸轮负荷

4. 最大喷油量

每一种喷油泵都有最大喷油量指标。喷油泵的最大喷油量由柱塞直径和凸轮等机构参数决定。最大柱塞直径则是在考虑了柱塞套的强度、挺柱体滚轮和凸轮间的表面接触应力极限等以后决定的。此外，柱塞的供油行程受到凸轮升程的限制，最大凸轮升程应在考虑到脱开极限等条件以后才能决定。

5. 最高转速

一般地说，转速极限由柱塞的脱开极限所决定的。

脱开是在柱塞和挺柱体等作往复运动的零件的惯性力大于柱塞弹簧的作用力时产生的。通过计算可以方便地设计相关的参数。

如上所述，直列式喷油泵的适用范围，决定于喷油压力、喷油量和转速。但由于喷油泵不断改进，应用计算机可以方便且相当精确地决定。

表 4-1 中列出了几种喷油泵的相关参数。

典型喷油泵的最高周转速和最大喷油量　　表 4-1

喷油泵	M	A	MW	NB	P	PS7S	NE
最大喷油量（mm^3/cyc）	65	150	190	230	350	350	350
最高转速（r/min）	2500	2100	3600	1600	1400	1400	1400

6. 直列泵和分配泵的参数比较

体积小、质量轻、高转速的VE型分配泵也可适用于一直使用直列泵的部分柴油机，但是，其适用范围是有限度的。这个限度由最高喷油压力、最大喷油量和最高转速决定。分配泵在不断改进完善，所以适用范围也在不断变化。

下面就分配泵的最高喷油压力和最高使用转速与直列泵进行比较说明。

（1）最高喷油压力

喷油压力决定于选定的柱塞直径和凸轮型线。喷油压力作用在柱塞头部的负荷由凸轮表面和四个滚轮承受，它们之间的接触压力的可靠性基本上就决定了VE型分配泵的喷油压力极限。也就是说，VE型分配泵和直列泵相比主要区别有下列三点：

①因为四个滚轮同时承受负荷，所以各个滚轮的负荷较小；

②凸轮和滚轮的接触形式，如图4-20所示。在直列泵中只是滚动接触，而在VE型分配泵中，由于接触部分的半径差所引起的圆周速度不同，所以，除了滚动外还伴有滑动；

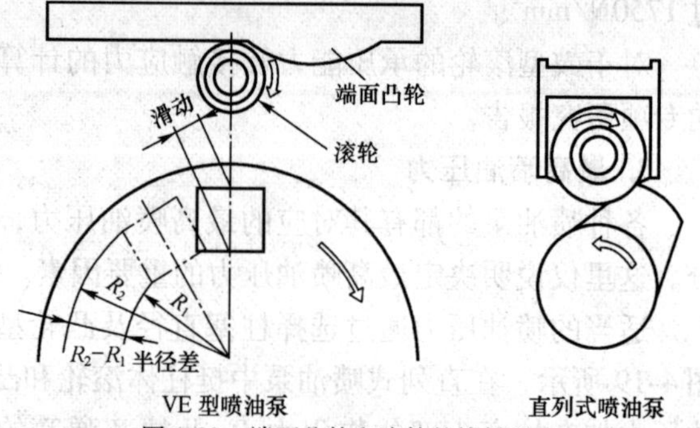

图4-20 端面凸轮和滚轮的接触形式

③接触部分的润滑方式不同。直列泵是机油润滑，而分配泵是燃油润滑。

如上所述：①是有利的优点，但②和③却导致许用接触压力降低。所以，总的来说，分配泵的最高喷油压力极限比直列泵低。

（2）最高转速

最高转速取决于和直列泵相同的柱塞脱开极限及直列泵中不那么重要的吸油极限。

当柱塞下行时，喷油泵低压腔内的燃油经进油孔被吸入柱塞腔内，柱塞上行过程中，当柱塞顶平面将进油孔遮断以后，柱塞腔内的燃油被加压；但柱塞侧面的控油斜槽的上边缘和回油孔接通时，柱塞腔内的高压燃油从柱塞腔内迅速溢出，流回低压腔，供油结束。

通过弹簧座将很强的柱塞弹簧的作用力作用在柱塞的下端。这样，柱塞、挺柱体和凸轮三者总是紧密地靠在一起的，即使在最高转速状态下，挺柱体也不会离开凸轮表面，即产生所谓“脱开”现象。这是喷油泵设计时关键要点之一，对柱塞、挺柱体、柱塞弹簧及其他运动件必须进行认真设计计算，产品试制出来后，尽可能在专用试验台上进行考核试验。

泵端最高燃油压力一般在60～120MPa范围内，但在强化型机械式喷油泵中，可以达到150～200MPa的高压水平。

①脱开极限

脱开是由于柱塞和挺柱体等运动件的惯性力大于柱塞弹簧的作用力引起的。VE型喷油泵中柱塞弹簧的安装空间大，弹簧设定负荷大，从而提高了脱开转速。

②吸油极限

直列泵凸轮轴旋转一周，柱塞偶件完成一次吸油。但在VE分配泵中，有几个汽缸就必须完成几次吸油，因此，吸油时间短。所以，条件苛刻的六缸分配泵设计了多个进油孔（图4-21）。

六、柱塞偶件

（一）柱塞偶件的结构

柱塞偶件由柱塞和柱塞套组成（图 4-22）。典型的柱塞偶件如图 4-23 所示。

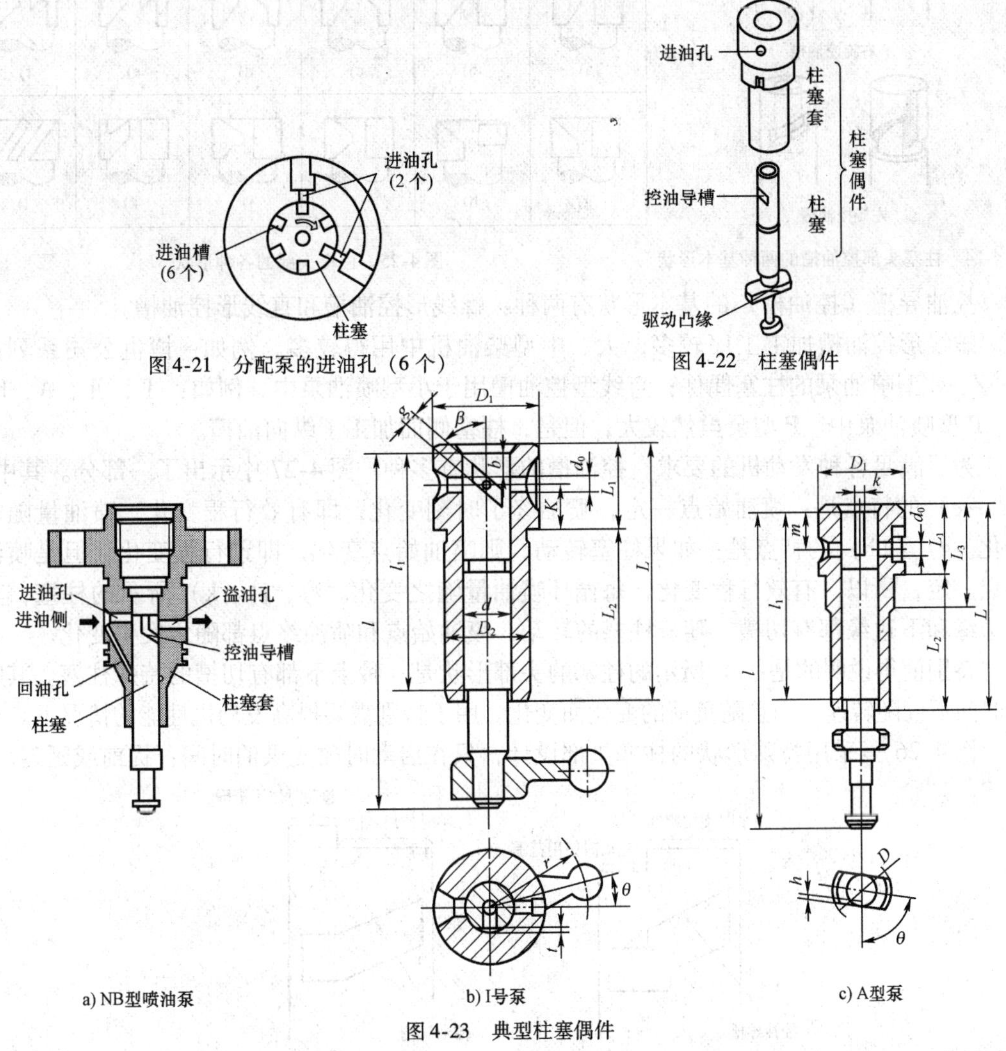

图 4-21　分配泵的进油孔（6 个）

图 4-22　柱塞偶件

图 4-23　典型柱塞偶件

柱塞的侧面有控制喷油量的斜向直槽或螺旋槽，由中心孔或纵向直槽和柱塞顶部空间相通。

柱塞套的侧面一般有进油孔、回油孔各一个，但是，有的柱塞偶件只有一孔兼作进油孔和回油孔。

柱塞偶件的基本作用是：加压燃油、控制供油时间和供油计量。虽然结构简单，但是作用重要，是喷油泵中的重要部件之一。柱塞和柱塞套之间的滑动面需要超精加工，间隙很小，即使在低转速下，虽然油压非常高，但是仍能保持良好的密封性和滑动性。

图 4-23a）是电装公司 NB 型喷油泵的柱塞偶件。该柱塞没有中心孔，代之以柱塞侧面的纵向槽。

柱塞设计中的重要元素是控油槽。为了满足各种需要，控油槽的形状有多种形式，参看图 4-24 和图 4-25。

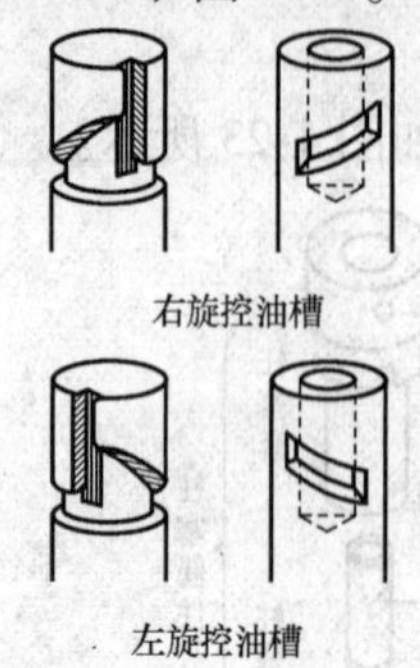

图 4-24　柱塞头部控油槽的两种基本形状

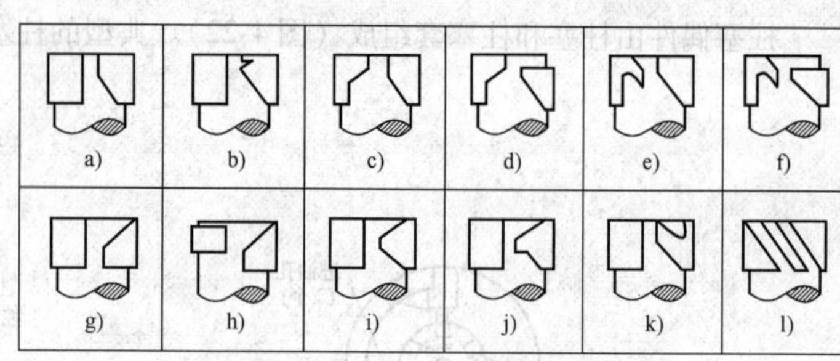

图 4-25　柱塞头部的各种形状

控油导槽（控油槽）的基本形状有两种：螺线形控油槽和直线形控油槽。

螺线形控油槽加工工序较多，大、中型柴油机中用得较多。例如：博世公司系列的 B、Z、C 型喷油泵的柱塞偶件；直线型控油槽用于小型喷油泵中，例如：Ⅰ、Ⅱ、A、K、M、P 型喷油泵中。P 型泵虽然较大，但是，柱塞侧面加工了纵向油槽。

为了满足各种发动机的要求，控油槽的形状有多种。图 4-27 中示出了一部分。其中，a）~e）的特点是：喷油始点一定，喷油终了时刻变化，即有效行程变化，喷油量随之变化。g）和 h）的特点是：如果柱塞转动，则喷油始点变化，即预行程变化，但是喷油终点一定，所以，有效行程变化，每循环喷油量随之变化。i）、j）、k）所示的柱塞，其上边缘和下边缘都有切槽，随着柱塞的转动，喷油始点和喷油终点都随之发生变化。

特别值得说明的是：i）所示的柱塞的头部形状是一种上下都有切槽的特殊柱塞。其喷油时间不仅随转速，而且随负荷的变化而变化。用于特别需要提高发动机性能的情况下。

图 4-26 是采用特殊形状的柱塞头部设计，只在启动时改变供油时间：提前或延迟。

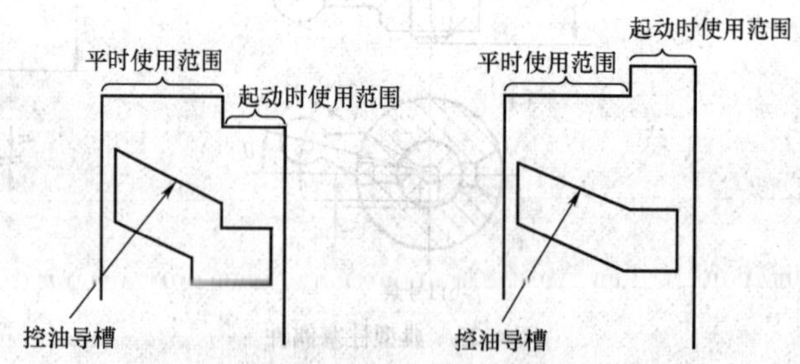

图 4-26　两种特殊性状的柱塞的头部

将螺线型控油槽和直线型控油槽展开在平面图上，则如图 4-27a）所示的曲线。

比较展开曲线，两者有明显的区别：

A 型柱塞——即螺线型控油槽本身是螺线形曲线，展开以后是直线；

B 型柱塞——即直线型控油槽本身是直线，展开以后是曲线；在怠速状态，喷油量比较小的时候，喷油量相对于齿杆位移曲线是一条曲线。随着齿杆位移的变化，喷油量变化较少。所以，和 A 型柱塞相比，不均匀喷油量的调整相对比较容易。

B 型柱塞的实际导程大小如曲线的实线部分所示。因此，如果将实际导程假象成图中虚线所示的直线，则其当量导程约为 πD_p。

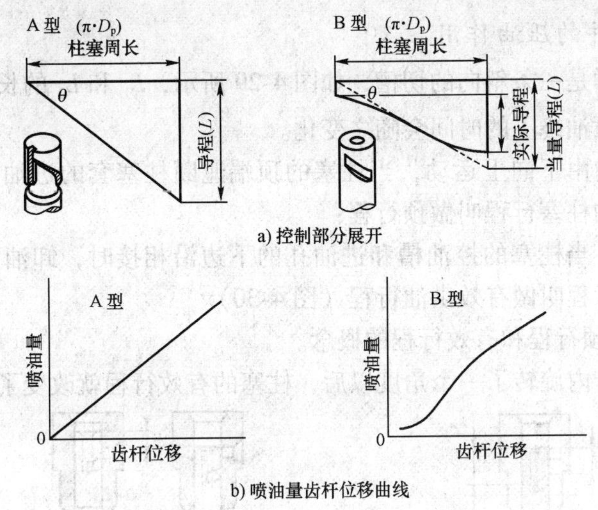

图 4-27 控油槽的形状和供油量的关系

若 B 型柱塞导程的大小为 L，在其展开图中的倾角为 θ，柱塞直径为 D_p，则：

$$L = \pi \cdot D_p \cdot \tan\theta \quad (\mathrm{mm}) \tag{4-9}$$

若 B 型柱塞导程的大小为 15mm，柱塞直径为 8mm，则在展开图中的倾角 θ 的正切值为：

$$\tan\theta = \frac{L}{\pi \cdot D_p} = \frac{15}{3.14 \times 8} = 0.597$$

倾角 θ 约为 31°。

典型的柱塞偶件的结构如图 4-28 所示。

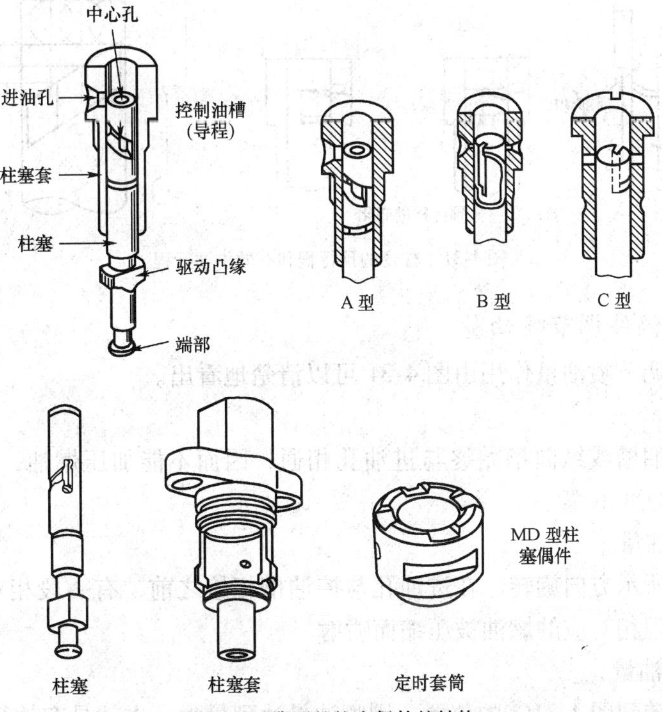

图 4-28 典型的柱塞偶件的结构

（二）柱塞偶件的压油作用

柱塞上的控油槽是一条斜向的切槽，如图 4-29 所示，L_1 和 L_2 的长度不同。当柱塞在柱塞套内转动时，喷油终了的时间会随之变化。

柱塞在柱塞套内由下向上运动，当柱塞的顶端遮断柱塞套的进油孔的上边沿时，几何供油开始；这时的柱塞行程叫做预行程；

柱塞继续上行，当柱塞的控油槽和进油孔的下边沿相接时，卸油开始，几何供油结束。该期间的柱塞行程叫做有效供油行程（图 4-30）。

由图 4-31 可见预行程和有效行程的概念。

当柱塞在柱塞套内旋转了一个角度以后，柱塞的有效行程就改变了。

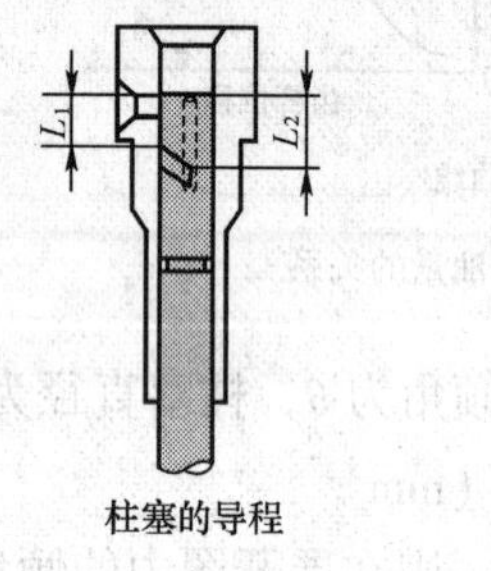

图 4-29　柱塞的导程

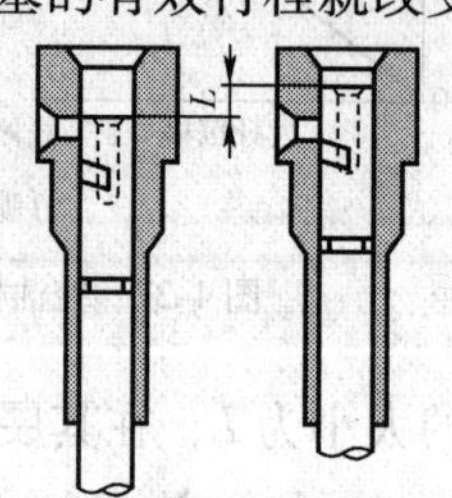

图 4-30　柱塞偶件的压油行程

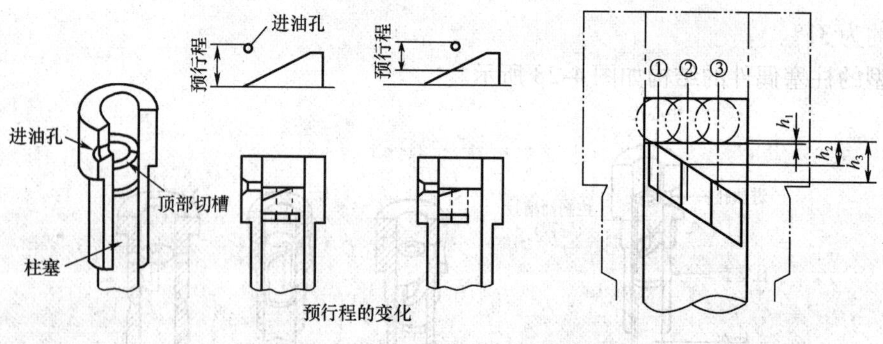

图 4-31　柱塞的预行程和有效供油行程

（三）柱塞偶件调节喷油量

柱塞偶件的调节喷油量作用由图 4-31 可以清楚地看出。

（1）不喷油

柱塞上的控油槽或纵向槽始终与进油孔相通，因而不能加压燃油，所以不会产生喷油，参看图 4-31①的位置。

（2）1/2 喷油量

柱塞按箭头所示方向旋转，在进油孔与控油槽相接之前，有一段相对于 h_1 的有效行程，与该有效行程相对应的燃油被压缩而喷射。

（3）最大喷油量

柱塞继续旋转到图 4-31③的位置，则喷油量达到最大。也就是有效行程达到最大 h_3。

（四）柱塞偶件控制喷油时间

利用柱塞控油槽可以调节喷油始点。

通常，根据转速调节喷油始点是由提前器承担的，根据负荷调节喷油始点则往往采用图 4-31（左图）所示的特殊柱塞偶件。

标准柱塞的顶面是平的，所以，即使转动柱塞，供油始点始终不变。特殊柱塞的结构，除了下置式控油槽外，顶部还有控油槽（切槽），随着柱塞的转动，亦即随着喷油量的变化预行程也变化，因而可以调节供油始点。

柱塞顶部的控油槽也有多种结构，图 4-26 所示的结构只在起动时才使喷油始点滞后或提前。

七、出油阀偶件

（一）出油阀结构

出油阀偶件如图 4-32 和图 4-33 所示。

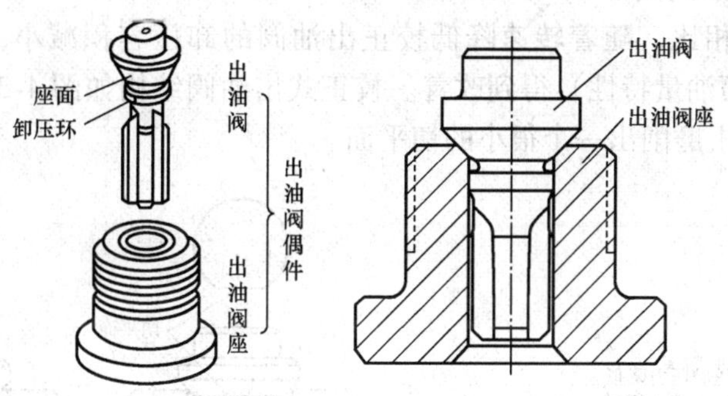

图 4-32 出油阀偶件

出油阀偶件的工作原理如图 4-34 所示。

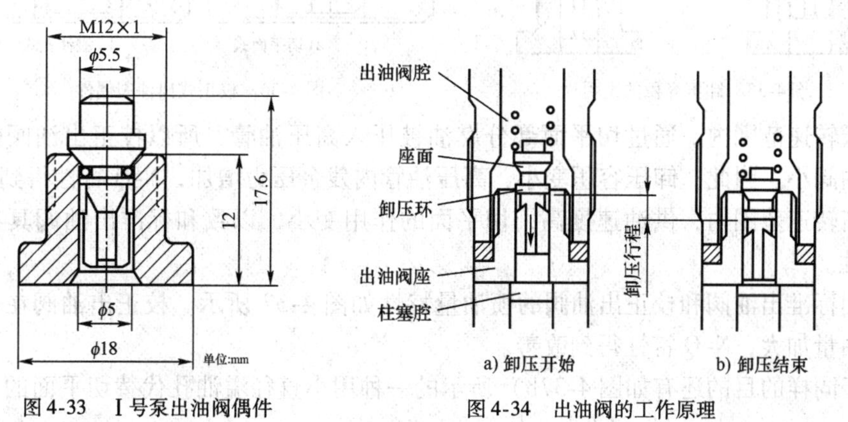

图 4-33 Ⅰ号泵出油阀偶件　　图 4-34 出油阀的工作原理

当柱塞腔中的压力被加压到 3 ~ 5MPa 时，出油阀开启，燃油经过高压油管送到喷油嘴中。

当柱塞偶件开始回油时，出油阀下降，卸压凸缘将出油阀腔和柱塞腔隔开，并继续下降，直至密封座面落座。此段出油阀的下降行程称为卸压行程。当柱塞腔内燃油压力下降时，出油阀在出油阀弹簧力的作用下落座，在这同时可以起到三个作用：

（1）防止高压燃油从高压油管中流回柱塞腔；

（2）由于卸压容积的作用，高压腔中压力突然降低，喷油嘴断油干脆，没有后滴；

（3）维持高压腔中设定的残余压力，为下一次喷油循环作准备。

实际应用的出油阀偶件有多种结构，大致可分为三类：

（1）卸压式与非卸压式；

（2）密封座面上置式和下置式；

（3）按特殊要求设计的出油阀偶件，如阻尼式出油阀偶件，节流式出油阀偶件，等压式出油阀偶件等。

关于卸压容积的工作原理的简易说明如图 4-35 所示。

为了实现卸压的作用，出油阀的种类也是多种多样的。上面已经说明了标准型出油阀的结构和工作原理，下面将介绍几种能改进喷油量特性的特种出油阀偶件。

（1）校正式出油阀偶件

和标准出油阀相比，随着转速降低校正出油阀的卸压容积减小，从而使 N-Q 特性（即喷油泵转速－喷油量特性）得到改善。校正式出油阀结构如图 4-36a）所示，在标准出油阀的卸压凸缘上磨削出一个很小的切平面。

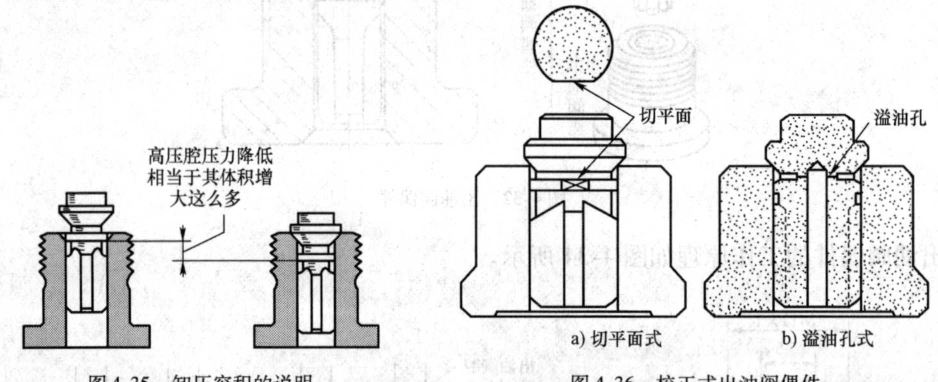

图 4-35　卸压容积的说明　　图 4-36　校正式出油阀偶件

在低转速范围内，通过切平面部分燃油被压入高压油管，所以校正出油阀的卩程比标准出油阀小。因此，卸压容积变小，高压油管内残余压力增加，N-Q 特性得到改善。

在高转速范围内，供油速度高，切平面的作用变小，以致和标准出油阀具有相同的 N-Q 特性。

采用标准出油阀和校正出油阀的喷油量特性如图 4-37 所示。校正出油阀在低转速范围内喷油量加大，N-Q 特性得到改善。

基于同样的目的还有如图 4-37b）所示的一种用小直径溢油孔代替切平面的校正式出油阀。

（2）阻尼出油阀

采用阻尼出油阀可以使初期喷油率降低，其后，喷油率急剧增大。其结构如图 4-38 所示，阀的下部设计了阻尼卸压凸缘，和出油阀座配合。当阻尼行程结束时，承压面积

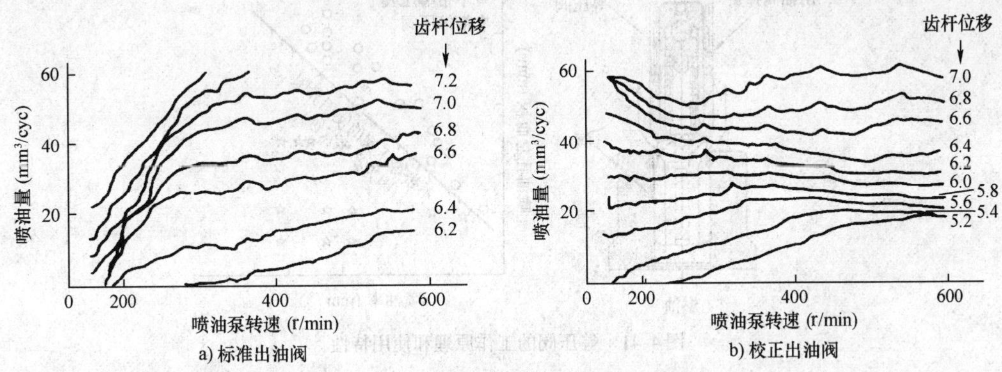

图 4-37 出油阀结构对喷油量的影响

增大（$d_{VD}-D_V$），出油阀急剧上升。此外，由于出油阀弹簧布置在出油阀内，可以减小高压容积，从而得到高的喷油压力。

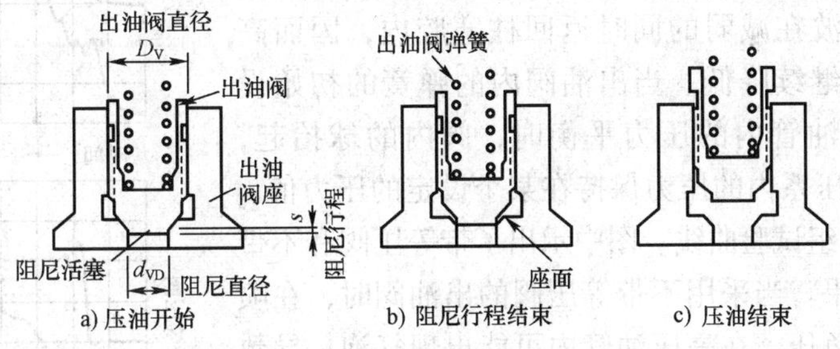

图 4-38 阻尼式出油阀的结构和工作原理

（3）等压出油阀

为了防止由于残余压力变化引起异常喷油，可采用使高压油管内残余压力为恒定值的等压式出油阀。其结构如图 4-39 和图 4-40 所示，在出油阀内设置卸压阀。从而保证高压油管内残压恒定。残压值由减压阀的开启压力决定。

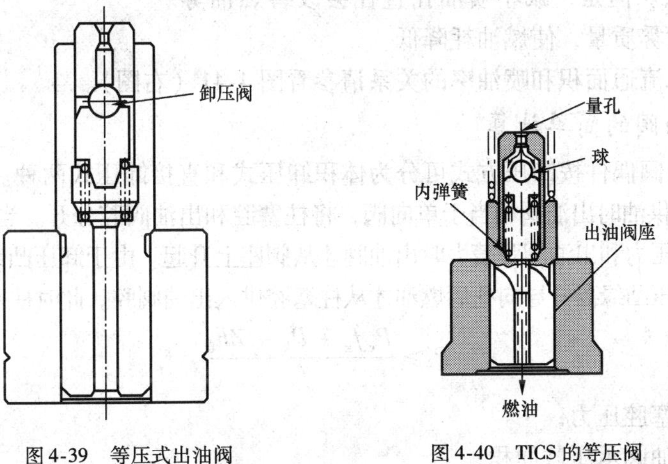

图 4-39 等压式出油阀　　图 4-40 TICS 的等压阀

等压阀的工作原理和使用特性如图 4-41 所示。

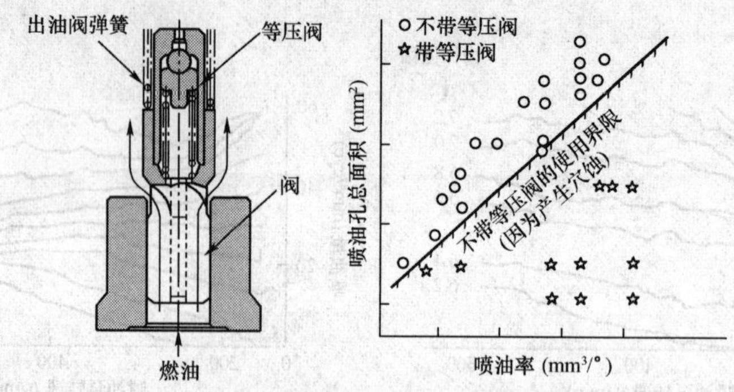

图 4-41　等压阀的工作原理和使用特性

柱塞上升，当柱塞腔内的燃油压力高于高压系内的残余压力和出油阀弹簧的初始作用力时，高压燃油将出油阀抬起，开始供油；当柱塞停止压油时，高压系中的燃油迅速地向柱塞腔内回流，出油阀关闭。由于量孔的作用，燃油反射波在减弱的同时返回柱塞腔内，因而高压油管内的压力继续降低。当出油阀内的弹簧的初始设定作用力和高压油管内的压力平衡时，阀内的球抬起，将量孔关闭，高压系内的压力保持在某个设定的压力值。

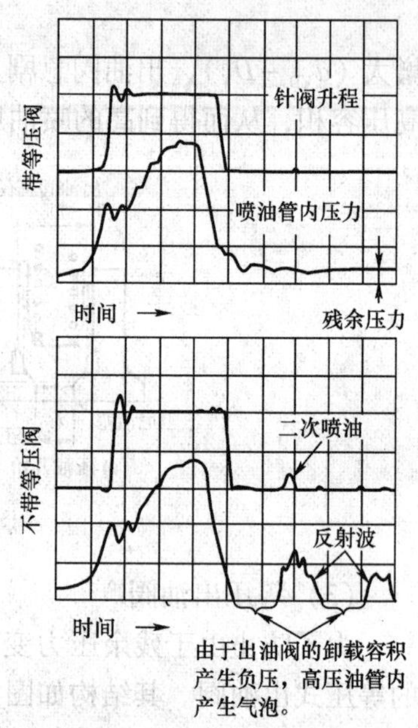

图 4-42　等压阀的效果

图 4-42 是一组试验曲线。图中示出了带等压阀和不带等压阀的实验结果。当采用不带等压阀的出油阀时，在喷射的后期产生了负压，在高压油管内可能出现气泡，导致穴蚀。历史上，穴蚀曾经是一种非常令人头痛的故障。

采用带等压阀的出油阀时，在全部转速范围内，高压油管内的残余压力始终保持一定，所以能够有效地抑制穴蚀现象。

为了抑制二次喷油和穴蚀现象，也可以采用减小喷油孔直径的方法。但是，减小喷油孔直径会改善燃油雾化质量，提高喷雾质量，使燃油耗降低。

喷油嘴的总流通面积和喷油率的关系请参看图 4-41（右图）。

（二）出油阀的简单计算

卸压式出油阀偶件按卸压方式可分为体积卸压式和直接卸压式两种。

在喷油泵不供油时出油阀相当于单向阀，将柱塞腔和出油阀腔分开。当柱塞腔压力升高，克服高压腔残余压力和出油阀弹簧力时出油阀才从阀座上升起。由于卸压凸缘和阀座导向孔的间隙小，只有卸压凸缘离开导向孔后燃油才从柱塞腔供入出油阀腔。此时柱塞腔压力：

$$P \geqslant \frac{P_r f_k + P_k + Zh_0}{f_k} \tag{4-10}$$

式中：P——柱塞腔压力；

f_k——出油阀承压截面积；

P_r——高压腔残余压力；

P_k——出油阀弹簧预紧力；

Z——出油阀弹簧刚度；

h_0——出油阀卸压升程。

当柱塞控油槽开启回油孔后，柱塞腔压力急剧下降，出油阀开始落座，当卸压凸缘进入导向孔后，柱塞腔和出油阀腔隔开，直至落座，从而相当于高压系内突然增加了一个卸压容积 V_0：

$$V_0 = \frac{\pi}{4} d_1^2 h_0 \tag{4-11}$$

式中：d_1——出油阀直径。

第三节　燃油喷射

喷油器直接安装在发动机的汽缸盖上。高压燃油从喷油嘴中喷入燃烧室。

一、两种基本结构

使燃油从喷油嘴中喷出的喷油阀有两种实用结构（图 4-43）。

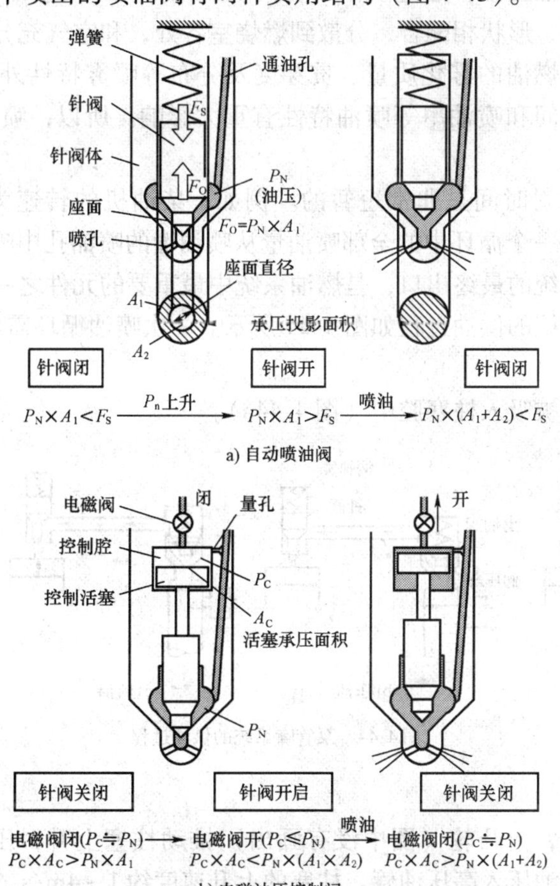

图 4-43　喷油原理简图

一种是自动喷油阀，另一种是电磁油压控制式喷油阀。

在脉动式喷油系统中，喷油嘴盛油槽中的压力逐步上升，当燃油的作用力大于调压弹簧的作用力时，针阀升起，燃油从喷油孔中喷入汽缸；由于高压系中燃油不断喷出，压力会随之降低，当压力降到小于调压弹簧的作用力时，针阀落座，喷油结束。这是针阀在燃油压力和调压弹簧力作用下的一个自动阀结构。自动阀的运动和作用力的关系已在图中示出。喷油量的大小是由一系列的参数决定的。

在蓄压式喷油系统中采用电磁油压控制阀。当针阀关闭时，由于控制活塞的作用，针阀落座而不喷油；一旦电磁阀开启，控制腔中的压力下降，活塞和针阀同时上升，喷油开始。当电磁阀关闭，控制腔中的压力上升到和共轨中的油压一致时，针阀和活塞同时下降，针阀落座，喷油结束。

电磁油压控制式喷油阀是依靠电磁阀的指令进行工作的，油压作用是辅助的。电磁阀的动作指令是由计算机根据事先编制好的程序，通过一系列计算之后得到的。喷油量的大小是由电磁阀开启的时间的长短决定的。

二、自动阀的喷油过程

喷油器安装在汽缸盖上，通过喷油嘴将高压燃油雾化成容易着火和燃烧的喷雾，并使喷雾和燃烧室大小、形状相配合，分散到燃烧室各处，和空气充分混合。

喷油器除了影响燃油的雾化质量、贯穿度及分布等喷雾特性外，还对喷油压力、喷油始点、喷油延续时间和喷油率等喷油特性有重大影响。所以，喷油器对柴油机的性能起着决定性的作用。

其实，燃油的喷射时间是非常短暂的。例如，柴油机的转速为 2000r/min，则应在 1/1200 ~ 1/800s 内将一个循环中的全部喷油量从喷油嘴的喷油孔中喷入汽缸。

喷油嘴是燃油系统的最终出口，是燃油系统中最重要的元件之一。

典型的泵管嘴系统的供油过程如图 4-44 所示。一次喷油循环需经过下述四个阶段：

（1）进油

燃油通过进油孔被吸入柱塞腔中（图 4-44a）。

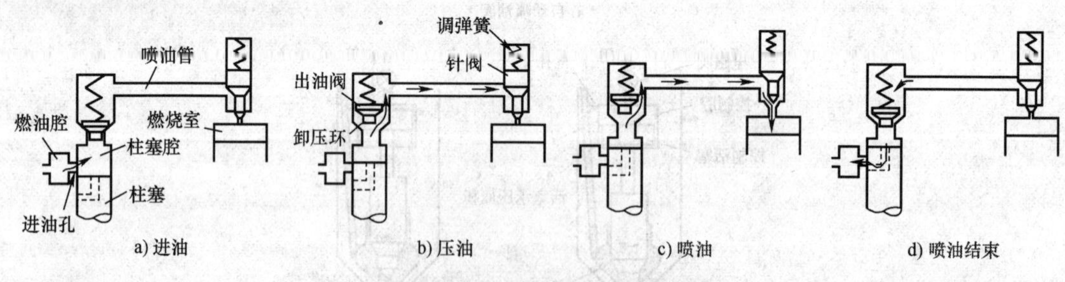

图 4-44　泵管嘴系统的供油过程

（2）供油

如图 4-44b 所示，由凸轮（图中没有画出）推动柱塞上升，压缩柱塞腔中的燃油，使出油阀运动，将燃油压入高压油管。柱塞的上升速度约 1 ~ 4m/s，所以燃油压力很快升高。压力以音速从喷油泵端传向喷油嘴端。喷油嘴是个自动阀。针阀被调压弹簧的预紧力压紧在座面上。

(3) 喷油

当压力继续上升到大于调压弹簧的预紧力时，针阀开启，开始喷油，由于压力很高(20～150MPa)，所以能够形成喷雾，针阀开启时的压力叫做针阀开启压力。

(4) 卸油、喷油结束

当柱塞上升到一定的行程时，柱塞套油孔和柱塞中虚线所示的油孔接通，柱塞腔内的高压燃油流回进油腔，柱塞供油结束。接着，出油阀下降，高压油管内的压力和喷油嘴腔内的压力下降，在调压弹簧力的作用下针阀落座，喷油结束（图4-44d）。

由柱塞加压的燃油经喷油嘴喷出，喷油结束后，高压油管被出油阀和喷油嘴针阀所封闭，燃油被关闭在高压腔内形成残压（残余压力）。

一次喷油结束，高压腔内压力波稳定后的静态压力叫做残余压力。残压不随时间变化。因此，在喷油结束后的稳定状态下，出油阀腔压力 P_y，高压油管内的压力 P，喷油嘴腔压力 P_D 之间没有差别，都和残余压力一致。

在某一残压状态下进行一次供油和喷油，其结果就决定了下一个喷油循环的残压。若喷油泵转速和供油行程一定，则每循环的残压相等，每循环的喷油量也相等，即喷油是稳定的。反之，若每循环的残压变化，每循环的喷油量也变化，则为不稳定喷油。

若转速一定，改变供油行程，则经出油阀的供油量和经喷油嘴的喷油量之间的关系也随之变化，一般地说将会稳定在新的残压状态下。如上所述，当工作条件改变后，在新的残压下进行喷油。当然，在过渡循环中喷油量和残压都是变化的。

残压和喷油系统整体有关，以一定的残压作为初始条件进行一次喷油，其结果也就决定了下一个循环的残压值。

刚才所讨论的是转速不变，供油行程一定的条件下的第 n 次喷油过程。第 n 次喷油后的残压记作 $P_{r(n)}$，柱塞泵入出油阀腔的油量记作 $Q_{p(n)}$，从喷油嘴喷出去的油量记作 $Q_{D(n)}$，在第 n 次喷油结束后的残压和下一次（即 $n+1$ 次）的残压 $P_{r(n+1)}$ 之间有如下关系：

$$\frac{V}{E}\cdot P_{r(n)} + Q_{V(n)} - Q_{D(n)} = V + \frac{V}{E}\cdot P_{r(n+1)} \tag{4-12}$$

式中：E——燃油的弹性模量。

$V+\dfrac{V}{E}P_{r(n)}$ 是第 n 次喷油之前储蓄在喷油系统内的燃油量。

$V+\dfrac{V}{E}P_{r(n+1)}$ 是第 n 次喷油结束后残留在燃油系统内的燃油量。

所以，由式4-12可见，若：

$P_{r(n)} = P_{r(n+1)}$，则为稳定喷油，或正常喷油；

$P_{r(n)} \neq P_{r(n+1)}$，则为不稳定喷油，或不正常喷油。

在正常喷油时，$Q_{V(n)} = Q_{D(n)}$，即泵入出油阀腔的燃油量等于喷油量，因此，残留在高压油系内的燃油量始终保持不变。

在异常喷油的条件下，$Q_{V(n)}$ 和 $Q_{D(n)}$ 不相等；若 $Q_{V(n)}$ 比 $Q_{D(n)}$ 小，则残压 $P_{r(n+1)}$ 比 $P_{r(n)}$ 低，反之，若 $Q_{V(n)}$ 比 $Q_{D(n)}$ 大，则残压 $P_{r(n+1)}$ 比 $P_{r(n)}$ 高。

可以用式（4-12）为基础说明残压稳定性问题。这里所说的稳定性是指不论是正常喷油还是异常喷油，为什么在经过若干个循环之后总会稳定在某个数值上的问题。正常喷油时残压的稳定点只有一个，不正常喷油时残压的稳定点有几个或者根本就不稳定。

三、电控式喷油器的喷油过程

电子控制式喷油器，或者更准确地说电磁油压控制式喷油阀的结构也是多种多样，但是，工作原理大体上是一样的。详细内容请参看第三章。

第四节　机械式燃油系统的喷油过程

柴油机是世界上应用最广的动力源之一。燃油系统是柴油机的心脏。燃油喷射的基本参数，如喷油始点、喷油率和喷油延续时间等与柴油机的性能密切相关。

燃油系统由机械的、弹性的和液力的三个部分组成。各种参数之间相互作用、相互影响、关系十分复杂，不存在单参数显式解析关系。研究燃油系统的传统方法是试验。即设计出各种结构参数，加工成零件，然后进行组合试验。通过分析试验结果来找出较好的配组方案。这种方法的明显缺点是，必须花费大量的人力、物力，需要很长的研究周期。而且，研究者往往由于处理试验结果的分析方法和效率的原因，在大量的试验数据和曲线面前感到束手无策；试验研究方案毕竟是有限的，因而代表性受到限制；此外，还有若干问题是不能或无法通过试验研究来解决的。

自从电子计算机进入柴油机燃油系统这一研究领域之后，整个研究方法为之一新，采用计算研究代替试验研究。当然不能用理论计算完全代替试验研究，但是计算研究已经成为一种主要研究手段，而试验却是验证理论分析的工具。而且试验研究不能解决的若干问题，可以通过理论计算来阐明。

燃油系统的计算研究，可以确定燃油喷射的基本特性，阐明各结构参数对喷油特性的影响，计算研究和试验研究相结合，可以更加深入地研究燃油喷射的物理过程，有根据地选择燃油系统的结构参数，对于结构参数已定的燃油系统，可以预测该系统的各项参数，结合汽缸内的热力过程模拟，可以预测柴油机的基本性能，在柴油机燃烧系统与燃油系统的匹配研究中，通过计算研究，综合各方面的因素，确定出数量较少的匹配方案，然后组织试验。这样，可以又快又好地解决问题；在燃油系统的 CAD 中也可以起到重要作用，根据某些特定的要求和约束条件，按照若干判别准则，可以设计出若干结构。例如，利用电子计算机辅助设计凸轮廓线时，可以考虑下述约束条件：柱塞行程给定，凸轮基圆半径给定，凸轮凹面段的曲率半径不应小于某个给定值，挺柱体作用于导向侧面的分压力不应超过设定的允许值，滚轮凸轮副的接触应力不应大于最大允许值等，应用高速电子计算机进行多次喷油过程的液力计算以后，可以得到满足上述一系列约束条件的最佳凸轮廓线。

总之，燃油系统的计算研究是燃油系统本身及柴油机设计、改进以及旧机型更新换代时的有用工具，而且将会起到越来越大的作用。

一、简图和符号

柴油机燃油系统计算简图如图 4-45 所示。计算中用到的各种符号的基本含义可以归纳如下：

f——截面积；　y——升程；

t——时间；　α——燃油可压缩性系数；

V——体积；　μf——有效流通节面积；

Q——流量；　P——压力；

ρ——密度；　u——高压油管内速度；

M——质量；　K——弹簧刚度。

下标：

p——喷油泵；　d——出油阀；

l——高压油管；　n——喷油嘴；

nf——喷油嘴压力室；　lo——高压油管泵端；

ll——高压油管嘴端；　cy——汽缸；

pi——柱塞套进油孔；　po——柱塞套回油孔；

nh——喷油孔；　0——初始值；

s——密封座面；　b——喷油泵进油腔。

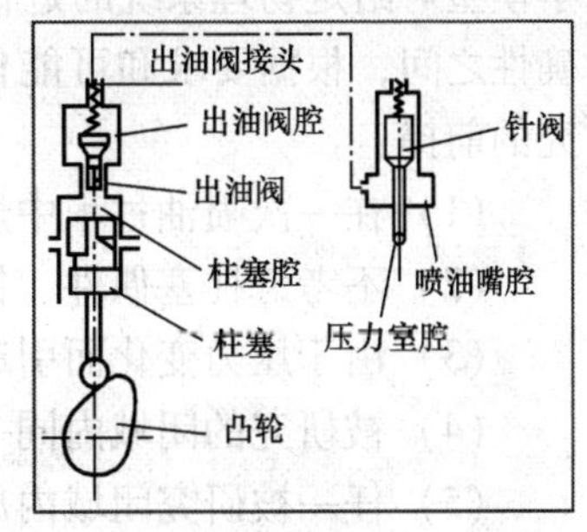

图 4-45　燃油系统图

二、模拟计算前提

柴油机的喷油过程就是将一定量的燃油以适当的喷油率，在适当的时间喷入燃烧室。由于机械式燃油系统中喷油压力是脉动的，所以，在一次工作循环中只能喷油一次。二次喷油等一般均视为不正常喷油，燃油系统的工程师们总是千方百计地避免产生二次喷油等所为不正常喷油。因为，在机械式燃油系统中喷油压力是由凸轮形状和发动机转速等参数决定的，所以，二次喷油时的喷油压力总是很低的，燃油雾化效果不好，燃烧效果不好，导致柴油机的动力经济指标、排放和噪声恶化。

在现代电控共轨式燃油系统中，喷油压力是恒定的。所以，在一个工作循环中除了一次主喷油之外，可以根据需要设置预喷油、后喷油、主后喷油等。在一个工作循环中，进行二次、三次喷油已经是属于简单的喷油系统了。利用第三次共轨系统，为了追求排放指标等，可以实现 7～9 次喷油。

喷油过程的精准控制程度是机械式燃油系统和共轨式燃油系统的最大区别。

在机械式燃油系统中，影响喷油过程的因素很多，而且关系复杂，仅仅通过试验手段进行研究，不但要花费大量的人力、物力，而且试验只局限于一定范围，不可能带有普遍意义。利用电子计算机则可对喷油过程进行综合研究。以前人力无法计算，试验难以进行的各种结构方案都可以利用电子计算机进行计算研究，并可迅速得出结果。由于计算机的计算结果具有足够的精度，足以作为研究和评价喷油过程的依据。这种方法在 20 世纪后期曾经是设计和改进燃油系统的最有效手段之一。

计算系统和一般计算程序的区别是：

（1）计算程序只解决模拟计算问题，计算系统则包括计算程序和计算结果处理程序两部分。

（2）一般的计算程序只是针对某一特定的燃油系统完成喷油过程计算，而计算系统则要考虑典型性和代表性问题。如某一结构方案的处理，可以同时提供几种方法，使用者只要根据计算对象的具体情况，选用不同的开关函数值，就可以实现沿不同的流程完成计算。

由于燃油系统的复杂性，计算时要把所有的因素都考虑到是不可能的，而且也不必要。当把实际燃油系统抽象成理想系统，上升为数学模型时，对于最终计算结果没有影响或影响不大的若干条件应加以简化或忽略。为此，就要提出若干假设。

计算对象和数学模型之间总是存在若干差异的。计算结果的准确程度首先取决于数学模型对给定物理系统的近似程度。一个好的计算方案必须在模型的简化性和结果的准确性之间，根据要求和可能作出折中考虑。因此，本系统采用下述假定条件作为计算研究的前提：

（1）在一次喷油过程中燃油温度不变；

（2）不考虑柱塞偶件、针阀偶件等径向间隙处的泄漏；

（3）由于压力变化而引起的系统的刚性构件的弹性变形忽略不计；

（4）被研究的闭域内同一瞬时压力处处相等；

（5）任一被研究闭域内压力小于零时，则产生“空泡”。

三、典型喷油系统的数学模型

应用最广泛的喷油系统是由柱塞式喷油泵、高压油管和自动阀式喷油器三部分构成。此类喷油系统可用下列方程组来描述其工作过程。

（1）柱塞腔连续方程：

$$f_{\mathrm{p}} \frac{\mathrm{d}y_{\mathrm{p}}}{\mathrm{d}t} = a_{\mathrm{p}} V_{\mathrm{p}} \frac{\mathrm{d}P_{\mathrm{p}}}{\mathrm{d}t} + \frac{\mathrm{d}Q_{\mathrm{pi}}}{\mathrm{d}t} + \frac{\mathrm{d}Q_{\mathrm{po}}}{\mathrm{d}t} + f_{\mathrm{d}} \frac{\mathrm{d}y_{\mathrm{d}}}{\mathrm{d}t} \tag{4-13}$$

式中：

$$\frac{\mathrm{d}Q_{\mathrm{pi}}}{\mathrm{d}t} = \xi(\mu f)_{\mathrm{pi}} \sqrt{\frac{2}{\rho}} \sqrt{|P_{\mathrm{p}} - P_{\mathrm{b}}|}$$

$$\frac{\mathrm{d}Q_{\mathrm{po}}}{\mathrm{d}t} = \xi(\mu f)_{\mathrm{po}} \sqrt{\frac{2}{\rho}} \sqrt{|P_{\mathrm{p}} - P_{\mathrm{b}}|}$$

$$\frac{\mathrm{d}Q_{\mathrm{ds}}}{\mathrm{d}t} = \varepsilon(\mu f)_{\mathrm{ds}} \sqrt{\frac{2}{\rho}} \sqrt{|P_{\mathrm{p}} - P_{\mathrm{d}}|}$$

ξ 和 ε 是阶跃函数，其值为：

$$\xi = \begin{cases} 1 & (\text{当 } P_{\mathrm{p}} \geqslant P_{\mathrm{b}} \text{ 时}) \\ -1 & (\text{当 } P_{\mathrm{p}} \leqslant P_{\mathrm{b}} \text{ 时}) \end{cases}$$

$$\varepsilon = \begin{cases} 1 & (\text{当 } P_{\mathrm{p}} \geqslant P_{\mathrm{d}} \text{ 时}) \\ -1 & (\text{当 } P_{\mathrm{p}} \leqslant P_{\mathrm{d}} \text{ 时}) \end{cases}$$

式中：f_{p}——柱塞截面积；

y_{p}——柱塞升程；

a_p——柱塞腔燃油体积弹性模量；
V_p——柱塞腔体积；
Q_{pi}——流经柱塞进油孔的流量；
Q_{po}——流经柱塞回油孔的流量；
f_d——出油阀截面积；
y_d——出油阀截升程；
$(\mu f)_{pi}$——柱塞套进油孔有效流通截面积；
P_p——柱塞腔燃油压力；
P_b——喷油泵进油腔压力；
Q_{po}——流经柱塞套回油孔的燃油流量；
$(\mu f)_{po}$——柱塞套回油孔有效流通截面积；
Q_{ds}——流经出油阀密封座面的燃油流量；
$(\mu f)_{ds}$——出油阀偶件座面处有效流通截面积；
P_d——出油阀腔燃油压力。

（2）出油阀腔内燃油运动方程：

$$f_d \frac{dy_d}{dt} + \frac{dQ_{ds}}{dt} = V_d a_d \frac{dP_d}{dt} + \frac{dQ_t}{dt} \tag{4-14}$$

式中：

$$\frac{dQ_t}{dt} = u_{10} f_t$$

f_d——出油阀截面积；
y_d——出油阀升程；
Q_{ds}——流经出油阀密封座面的燃油流量；
V_d——出油阀体积；
a_d——出油阀腔燃油体积弹性模量；
P_d——出油阀腔压力；
Q_t——经济出油阀出口端的燃油流量；
μ_{lo}——高压油管泵端截面流量系数；
f_t——高压油管泵端流通截面面积。

（3）出油阀的运动方程：

$$M_d \frac{d^2 y_d}{dt^2} = f_d (P_p - P_d) \psi_d + K_d (y_{d0} + y_d) - C_d \frac{dy_d}{dt} \tag{4-15}$$

式中：ψ_d—— 出油阀承压系数；
C_d—— 阻尼系数；
M_d——出油阀运动组件质量；
K_d——出油阀强簧刚度系数；
y_{d0}——出油阀弹簧初始压缩量；
f_d——出油阀截面积；

y_d——出油阀升程；

P_d——出油阀腔压力；

（4）高压油管内燃油运动方程和连续方程：

$$\frac{\partial P}{\partial x} + \rho \frac{\partial u}{\partial t} + 2k_0 \rho u = 0 \tag{4-16}$$

$$\frac{\partial^2 u}{\partial x^2} - \frac{1}{a^2}\frac{\partial^2 u}{\partial t^2} - 2\frac{k_0}{a^2}\frac{\partial u}{\partial t} = 0 \tag{4-17}$$

式中：P——高压油管内压力；

u——高压油管内流速；

k_0——阻力系数，取决于流动特性。大量研究已经建立了各种条件下 k_0 的计算方法。

（5）高压油管的泵端边界条件：

高压油管和出油阀接头座之间的螺纹连接处会因拧紧力矩产生变形。该变形引起的压力损失不可忽视，故泵端边界条件由下式给出：

$$P_1 = P_d - C\left(\sqrt{\frac{\rho}{2}} u_{lo}\right) \tag{4-18}$$

式中：C——压力损失系数，一般应由试验决定；

P_1——喷油管中的压力；

u_{lo}——高压油管泵端流速。

（6）高压油管嘴端边界条件为：

$$P_{ll} = P_n \tag{4-19}$$

式中：P_n——喷油嘴腔中的压力；

P_{ll}——喷油管的喷油嘴端的压力。

（7）喷油嘴盛油槽腔的连续方程：

$$\frac{dQ_{ll}}{dt} = \eta f_n \frac{dy_n}{dt} + \frac{dQ_{nj}}{dt} + a_n V_n \frac{dp_n}{dt} - \frac{dV_{nt}}{dt} \tag{4-20}$$

其中：

$$\frac{dQ_{ll}}{dt} = u_{ll} f_l$$

$$\frac{dQ_{nj}}{dt} = \delta(\mu f)_{ns}\sqrt{\frac{2}{\rho}}\sqrt{|P_n - P_{nj}|}$$

$$\frac{dV_{nt}}{dt} = f(y_n)$$

η 和 δ 均为阶跃函数：

$$\eta = \begin{cases} 1 & (\text{当} 0 < y_n < y_{n\cdot max} \text{时}) \\ 0 & (\text{当} y_n \leqslant 0 \text{或} y_n \geqslant y_{n\cdot max} \text{时}) \end{cases}$$

$$\delta = \begin{cases} 1 & (\text{当} P_n > P_{nj} \text{时}) \\ -1 & (\text{当} P_n < P_{nj} \text{时}) \end{cases}$$

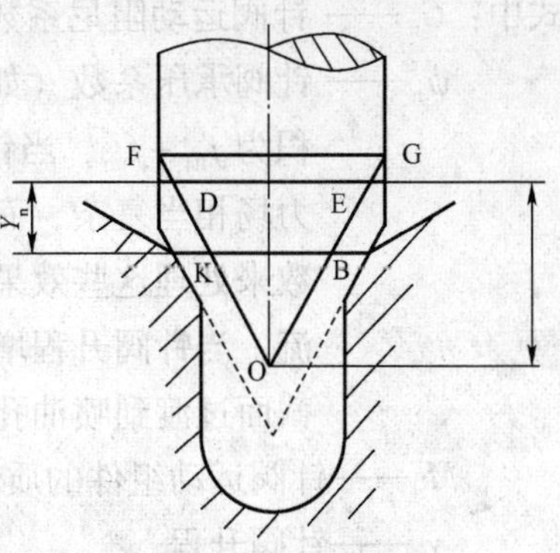

图 4-46　针阀头部结构

上列诸式中：Q_{ll}——流经高压油管嘴端截面的燃油流量；

f_n——针阀的截面积；

y_n——针阀升程；

Q_{nj}——喷油嘴腔流入压力室中的燃油量；

a_n——喷油嘴腔中燃油体积弹性模量；

V_n——喷油嘴腔的体积；

P_n——喷油嘴腔中的压力；

V_{nt}——针阀头部锥体 FGEBOKD 的体积（如图 4-46 所示，当针阀落座时，该锥体在压力室中的体积为 DEBOK；当针阀升程为 y_n 时，在压力室中的体积为锥体 BOK。而原来在压力室中的部分体积，即锥台 DEBK 已移入喷油嘴盛油槽中。针阀头部结构有单锥形，二锥或三锥相接等形状，所以 $f(y_n)$ 应按具体结构确定其计算公式）；

u_{ll}——高压油管嘴端流速；

f_l——高压油管内孔截面积；

$(\mu f)_{ns}$——喷油嘴座面流通截面积；

P_n——喷油嘴腔压力；

P_{nj}——喷油嘴压力室中的压力（喷油压力）。

（8）压力室腔内连续方程：

$$\frac{dQ_{nj}}{dt} = \frac{dQ_{nh}}{dt} + a_{nj}V_{nj}\frac{dP_{nj}}{dt} + \frac{dV_{nt}}{dt} \tag{4-21}$$

其中：

$$\frac{dQ_{nh}}{dt} = (\mu f)_{nh}\sqrt{\frac{2}{\rho}}\sqrt{P_{nj} - P_{cy}}$$

且若 $P_{nj} < P_{cy}$ 则 $P_{nj} = P_{cy}$，即不允许燃气倒流。

上列诸式中：Q_{nj}——喷油嘴偶件座面节流面处的燃油流量；

Q_{nh}——经喷油嘴的喷油孔喷入汽缸中的燃油量；

a_{nj}——喷油嘴偶件压力室中燃油体积弹性模量；

V_{nj}——喷油嘴偶件压力室体积；

P_{nj}——喷油嘴偶件压力室内的压力；

V_{nt}——针阀头部锥体体积，参见上条；

$(\mu f)_{nh}$——喷油孔有效流通截面积；

P_{nj}——喷油嘴偶件压力室中燃油压力；

P_{cy}——喷油嘴前端压力（即汽缸中的压力）。

（9）针阀运动方程：

$$M_n\frac{d^2y_n}{dt^2} = \psi_n(f_{na} - f_{nb})P_n + [f_{na} - \psi_n(f_{na} - f_{nb})]P_{nj} - K_n(y_{n0} - y_n) - C_n\frac{dy_n}{dt} \tag{4-22}$$

式中：C_n——针阀运动阻尼系数；

ψ_n——针阀承压系数（如图 4-47 所示，针阀落座时，承受使之升起的液压作用面积为 $f_{na}-f_{nb}$，当针阀离座后，由于密封座面间产生节流，其间的流场和压力场相当复杂，而且，P_n 和 P_{nj} 的作用面的分界线不是绝对的，故用承压系数来处理这些效果。此外，针阀离座后，流路内首先在密封座面处产生节流，当针阀升程增大到一定值以后，节流截面过渡到喷油孔处）；

M_n——针阀运动组件的质量；

y_n——针阀升程；

f_{na}——针阀导向直径对应的面积（图 4-47）；

f_{nb}——针阀偶件密封座面直径对应的面积；

y_{n0}——针阀初始升程；

y_n——针阀升程；

K_n——调亚弹簧刚度系数。

图 4-47　针阀的承压面积

设喷油嘴的有效流通截面积为 $(\mu f)_n$，喷油嘴密封座面处的有效流通截面积为 $(\mu f)_s$，喷油孔的有效流通截面积为 $(\mu f)_h$，则：

$$\frac{1}{(\mu f)_n^2}=\frac{1}{(\mu f)_s^2}+\frac{1}{(\mu f)_h^2} \tag{4-23}$$

所以：

$$(\mu f)_n=\frac{(\mu f)_s\cdot(\mu f)_h}{\sqrt{(\mu f)_s^2+(\mu f)_h^2}} \tag{4-24}$$

由该式可见，从针阀离座开始到升至一定值之前，即节流截面在密封座面处时，$(\mu f)_s$ 之值对喷油嘴的有效流通截面积 $(\mu f)_n$ 有决定性的作用。在此过程中，承压系数 ψ_n 是针阀升程的函数。当针阀升程大于某一值以后，节流截面移至喷油孔处。这时承压系数 ψ_n 与升程无关，取定值。

四、计算系统的结构

根据上述数学模型，应用差分解法进行数值计算。解析计算程序和计算结果处理程序第一次计算时全部用 MBASIC 语言编写。先后在 DJS-130，CCS-400 和 DUAL-8320 等国产小型计算机和最小内存只有 64K 的微型计算机上完成不同燃油系统的计算问题。

该计算系统设有若干个开关函数，使计算系统适用于不同的结构方案。使用时只要根据具体结构选用不同的开关函数值，就可以沿不同的流程完成计算。例如对不同结构的喷油嘴可用经验公式决定其有效流通截面积，也可将试验得到的曲线的拟合方程直接代入完成计算。对于多孔式喷油嘴来说，可以考虑压力室平衡方程进行一般计算，也可以不考虑压力室平衡方程作简化计算。燃油特性参数可用选定的常数值进行计算，也可将燃油特性参数，如声速、密度、黏度和可压缩性系数等视为压力、温度的函数，作为变参数进行计算。燃油特性参数的经验公式如下：

$$\rho = \frac{K_1}{1 - PK_2} \tag{4-25}$$

$$a = a_0 + a_1 P + a_2 P^2 \tag{4-26}$$

$$a = \frac{1}{\sqrt{\rho\left(a + \frac{2}{E_{\mathrm{T}}}\left(\frac{R_{\mathrm{T}}^2 + r_{\mathrm{T}}^2}{R_{\mathrm{T}}^2 - r_{\mathrm{T}}^2} + \Omega\right)\right)}} \tag{4-27}$$

$$v = v_0(0.9789 + 0.26 \times 10^{-4}\psi)^{\frac{P}{9.81\times10^4}} \tag{4-28}$$

上列式中 K_1、K_2、a_0、a_1、a_2、ω、ψ 等均为压力、温度的函数，由经验公式计算。

用经验公式计算燃油特性，既简单又有较高精度。在一次喷油过程中，若将燃油特性参数自始至终取作定值，将会带来两方面的问题：一是参数该取何值为宜，因为参数值的可取范围往往是较宽的；二是一次喷油过程虽然绝对时间很短，但燃油压力的变化却很大，因而燃油的主要特性参数如声速、密度、黏度和可压缩性系数等都将随之变化。事实上，上述燃油特性参数之间既有一定的内在联系，又各有其自身的变化规律。在一次喷油过程中，它们既是时间的函数，又是位置的函数。将它们一律视为常数固然不妥，将其中的一部分视为常数也不尽合理。计算系统的处理顺序是：首先计算系统中某点在某时刻的压力，再根据该压力值计算燃油的有关特性参数，然后完成计算。

计算结果可以直接输出，也可以建立磁盘文件。根据需要，可用打印机以不同的数据表格形式打印计算结果，也可用绘图仪以不同的比例和坐标形式绘制曲线，供分析研究之用。

五、计算结果的试验验证

图 4-48 示出了主要计算结果的输出形式，各参数均有独自的坐标系，一目了然。

图 4-49 所示坐标系适用于计算结果与试验结果进行对比。目前，除特别研究目的外，燃油系统的测试参数一般都是：泵端压力、嘴端压力、针阀升程 $H(n)$ 和喷油规律等。

计算系统的流程框图如图 4-50 所示。

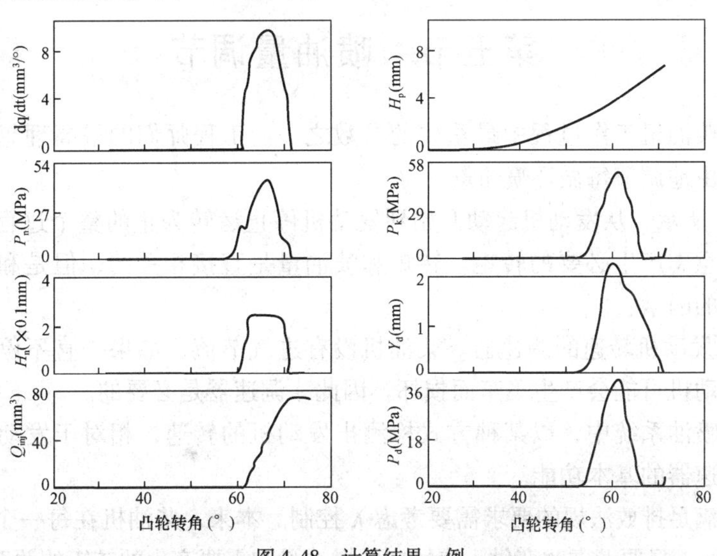

图 4-48　计算结果一例

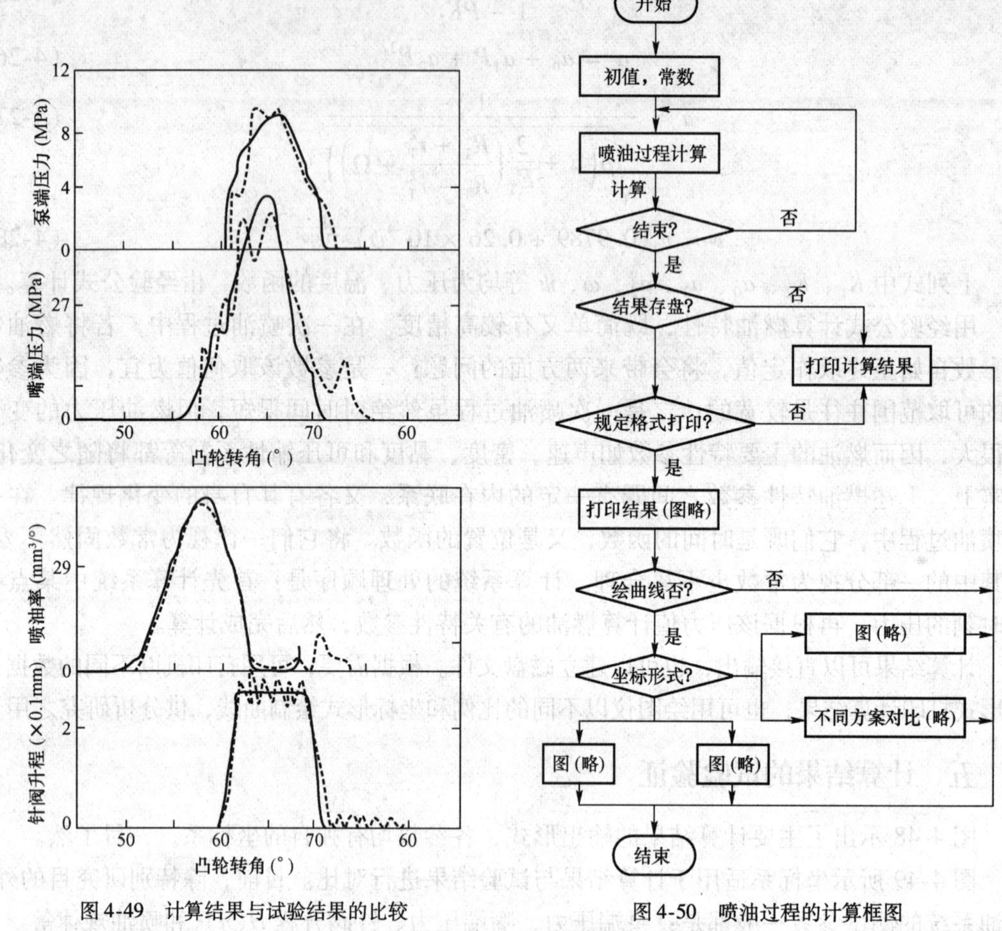

图 4-49　计算结果与试验结果的比较　　图 4-50　喷油过程的计算框图

第五节　喷油量调节

喷油量是柴油机工作过程中最重要的参数之一。工程师们的最高理想是根据柴油机的实际工况自由地调节每循环喷油量。

如图 4-52 所示，从发动机起动开始到发动机停止运转为止的整个过程中，首先应当按照驾驶员的意志产生必要的转矩。转矩和喷油量是直接相关的，但是和转矩相关的还有下述四方面的因素：

（1）控制发动机转速的调速器。柴油机没有进气节流，如果一直不停地供给一定量的燃油，则发动机可能会产生飞车而损坏。因此，调速器是必要的。

在机械式喷油系统中，以某种方式检测出发动机的转速，相对于发动机转速适当调节喷油量是调速器的基本功能。

（2）为了满足排放法规的要求需要考虑 λ 控制。本来，柴油机在每一个循环中总是将汽缸内充满空气，只要考虑改变供入汽缸内的燃油量和需要产生的转矩的关系就可以了。但是，由于降低 NO_x 的需要，EGR 技术逐渐被采用。为了保证 EGR 率，也就是进气中的氧气的含量与喷油量相匹配，宏观（不是指混合气内部局部空气过剩率，而是平均的概念）地说，就是进行 λ 控制。这也正是柴油机燃油系统需要实现电子控制化的重要原因之一。

（3）车辆安全提出的要求。例如，在危险的情况下，根据必要可以自动地或者按照驾驶员的意志使发动机立即停止运转，或在系统故障不是致命的情况之下，既可保证安全，又可使车辆尽可能继续行驶一段距离的所谓故障应急功能。近年来，对于这些安全概念正在构筑非常细致的系统。

（4）预喷油和主喷油的问题。在一次燃烧过程中，燃料分成两次或更多次喷入汽缸中。从广义上说，这就是喷油率控制的问题，但是，从喷油量控制的意义上来说，应当首先理解其困难的程度。大型货车柴油机的最大喷油量约为 300mm³/cyc，而所谓预喷油的必要的最小喷油量应当在 1mm³/cyc 以下。相对比例很小，微小喷油量的控制技术及测量技术都是最近所面临的实现清洁柴油机的重要课题。

当然，上述问题在电控共轨系统中都能够方便地解决。

图 4-51 是采用机械式调速器的燃油系统中控制喷油量的典型曲线。

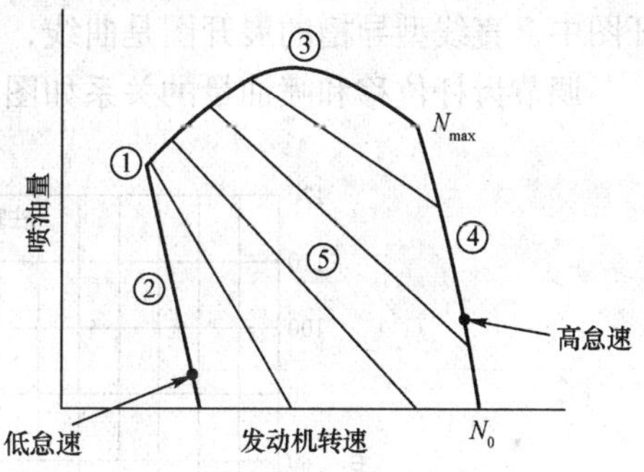

图 4-51　喷油量控制的基本功能

图中折线所围成的区域是柴油机的工况范围：

①——柴油机的起动工况；

②——低速控制。为了得到稳定的怠速转速，柴油机必须进行低速控制，而且还要求控制系统的动态特性良好。如果控制不良，则柴油机会发生“游车”，车辆会发生喘振之类的不稳定现象。

③——全负荷控制。全负荷由柴油机的排烟极限及其可靠性决定。同时，它决定了柴油机的动力性能。

④——高速控制。这是防止柴油机超速运转的重要项目。一般情况下，由柴油机的标定转速（N_{max}）和无负荷最高转速（N_0）所定义的调速率使高速控制定量化。柴油机的调速率因其用途不同而不同。一般工程机械柴油机的调速率为 10%，汽车的调速率为 5% ~10%，发电机组为 5% 以下。特殊用途的柴油机甚至要求调速率为零。

⑤——中间速度控制。

说到柴油机燃油系统，立即就会想到机械的、液压的有关知识。但为了实现柴油机现代化，伴随着低排放的要求，控制工程、系统工程等多方面的技术也越来越显得重要了。

供油终点都随柱塞转动而变化。

一、喷油量受到诸多因素制约

在柴油机喷油过程模拟计算中已经详细地说明：喷油系统中的每一个结构参数都会影响到喷油量。在这个复杂的工作过程中人们无法实现自由地控制喷油量，非但如此，比较准确地预测每循环喷油量都不是那么容易。

与喷油量有关的参数很多，与其相应的试验曲线当然也很多，不能一一穷举。下面是两组比较典型的、经常用到的与喷油量有关的曲线。

当调节齿杆的位置一定时，改变发动机转速所对应的喷油量曲线如图 4-52 所示。即每循环喷油量随着发动机转速增加而稍稍增加。但是，当增加到一定的转速时，喷油量反而开始下降。其原因请参看动态供油部分。

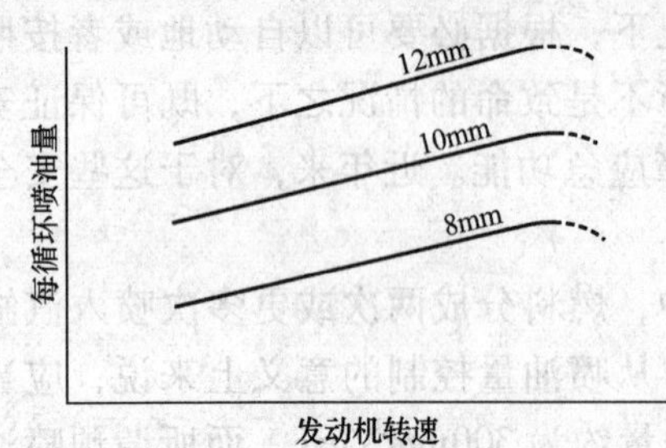

图 4-52　转速与喷油量的关系

当转速一定时，喷油量与柱塞直径、齿杆位移的关系如图 4-53 所示。一般情况下，每循环喷油量与齿杆位移成正比。

如图 4-54 所示，柱塞的控油导槽的形状有直线型和螺旋线型两种。导槽和柱塞顶部的接通方法有中心孔式和纵向导槽式两种。在柱塞表面展开图中，直线型导槽的展开图是曲线，螺旋线型导槽的展开图为直线。

调节齿杆位移和喷油量的关系如图 4-54 所示。

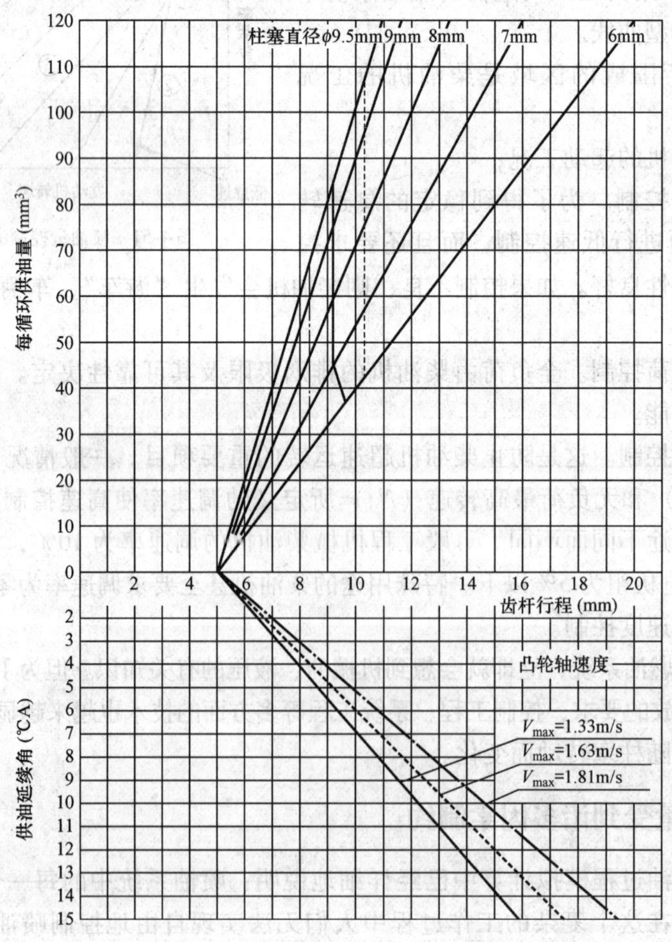

图 4-53　喷油量与柱塞直径、齿杆位称

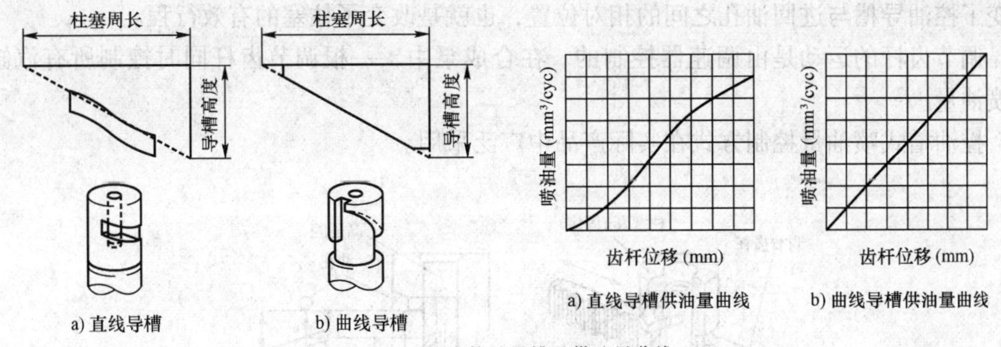

图 4-54 柱塞控油导槽及供油量曲线

当控油导槽的形状为直线时，齿杆位移与喷油量的关系是曲线关系；当控油导槽的形状为螺旋线时，齿杆位移与喷油量的关系是直线关系。

当控油导槽的形状为直线时，怠速转速工况下，喷油量较少，相对于调节齿杆位置的变化喷油量的变化相对较少，也就是发动机怠速工况时喷油量的变化较少，怠速工况易于稳定。

当控油导槽的形状为螺旋线时，齿杆位移与喷油量之间成直线关系，相对于齿杆位移的喷油量的变化是常数。

控油导槽的旋向有左旋和右旋两种（图 4-55）。从柱塞的下部看，控油导槽的旋向为右旋时，则为右旋柱塞；反之，则为左旋柱塞。右旋柱塞向右旋转时，和左旋柱塞向左旋转时，喷油量都会增加。

控油导槽在柱塞表面的位置油三种：上置式、下置式和上下置式（图 4-56）。

控油导槽下置式柱塞偶件中，供油始点一定，供油终点随柱塞转动而变化；控油导槽上置式柱塞偶件中，供油终点一定，供油始点随柱塞转动而变化；控油导槽上、下置式柱塞偶件中，供油始点和供油终点都随柱塞转动而变化。

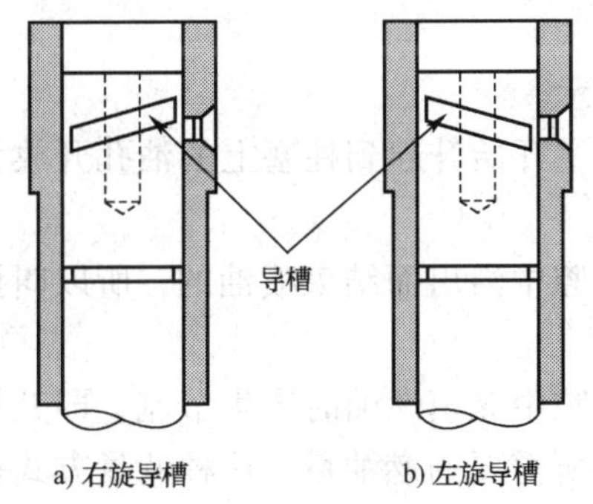

图 4-55 导槽的旋向

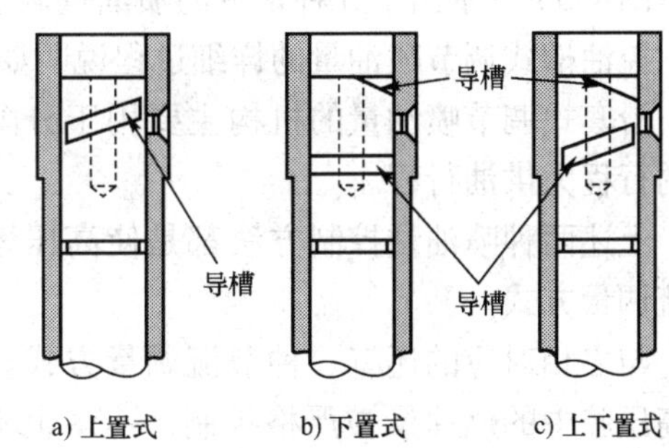

图 4-56 导槽的三种布置方式

二、喷油量的控制机构

各种燃油系统中，喷油量的控制机构分类整理如图 4-57 所示。

控油槽式喷油量调节机构主要用于直列泵或其类似的喷油系统中。柱塞、调节齿杆和调节滑套所组成机构可以使柱塞一边上下滑动，一边在柱塞套内转动。柱塞转动，就改变了控油导槽与进回油孔之间的相对位置，也就是改变了柱塞的有效行程。

调节齿杆的运动是由调速器控制的。在合成泵中，一根调节齿杆同时控制所有汽缸的喷油量。

控油槽式喷油量控制方式在实际产品中广泛采用。

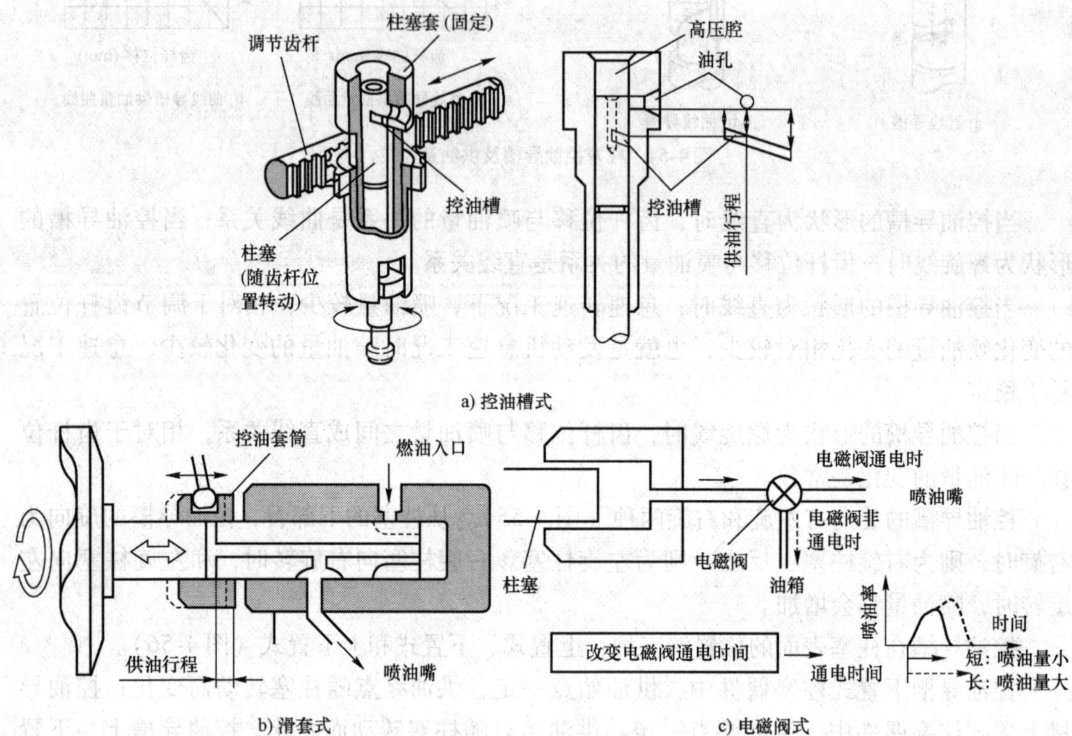

图 4-57　喷油量控制机构

图 4-58 中示出了几种常见的喷油量调节机构。

控油槽式调节喷油量的详细过程说明如图 4-59 所示。

滑套式调节喷油量的机构主要用于分配泵。从柱塞开始升起到柱塞上的油孔开放为止的行程为供油行程。

上述两种喷油量控制方法都是使高压燃油从高压腔中溢出而结束喷油的，所以叫做溢流调量方式。

与之相对应的还有一种节流调量方式。使向高压腔中充填燃油时产生节流，即充填入高压腔中的燃油量被严格控制，不多也不少，正是所需要的燃油量。这种调量方式很少采用。但在蓄压式喷油系统中常常用来控制供油量。

上述两种喷油量控制方式的共同特点是：根据调节齿杆或调节滑套的位置控制燃油溢出时的柱塞的有效行程，所以又叫做位置控制方式。

与之相对应的还有一种时间控制方式。即：在目标调节齿杆行程达到了的时刻，电磁阀开启，使高压燃油溢出，喷油结束。这是一种通过电磁阀的作用时间进行控制的方法，所以又叫做喷油量的时间控制方式。

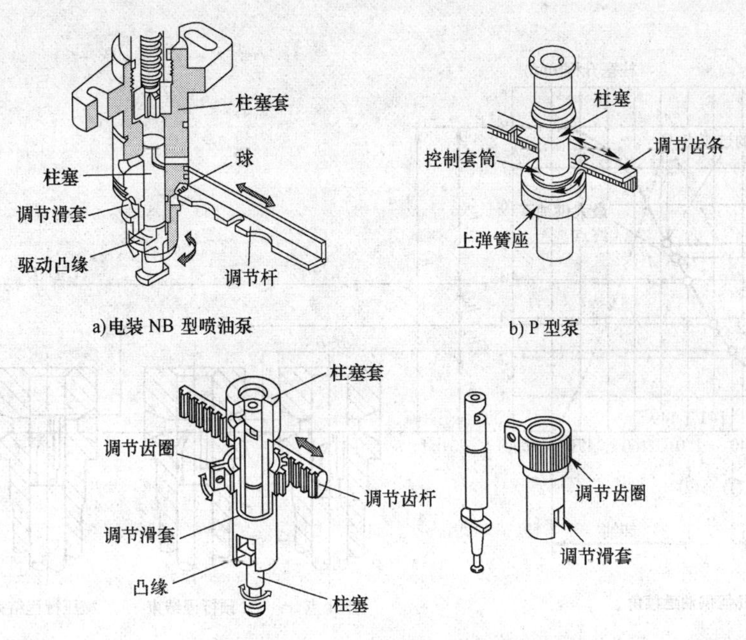

图 4-58 几种基本的喷油量调节方式

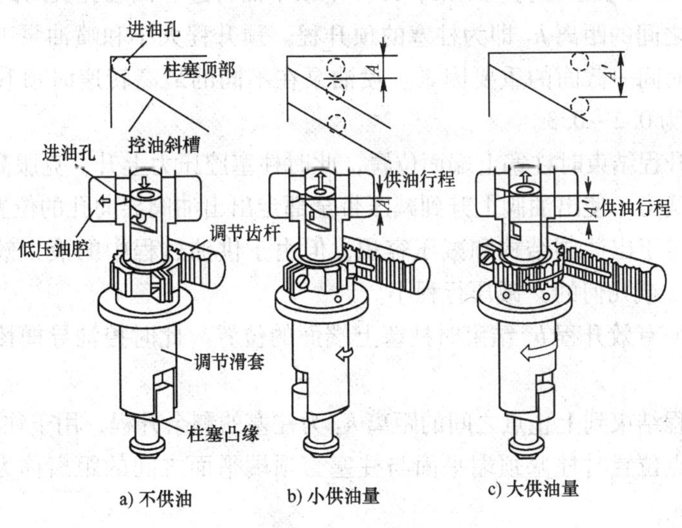

图 4-59 控油槽式调节喷油量的过程

图 4-57 中的电磁阀式就是喷油量的时间控制式的示意图。

三、柱塞几何行程的概念

图 4-60 中示出了柱塞偶件的工作过程。如果柱塞与柱塞套在圆周方向上的相对位置固定，柱塞由下止点运动到上止点的整个升程可分成预升程、减压升程、有效升程和剩

余升程等几部分。

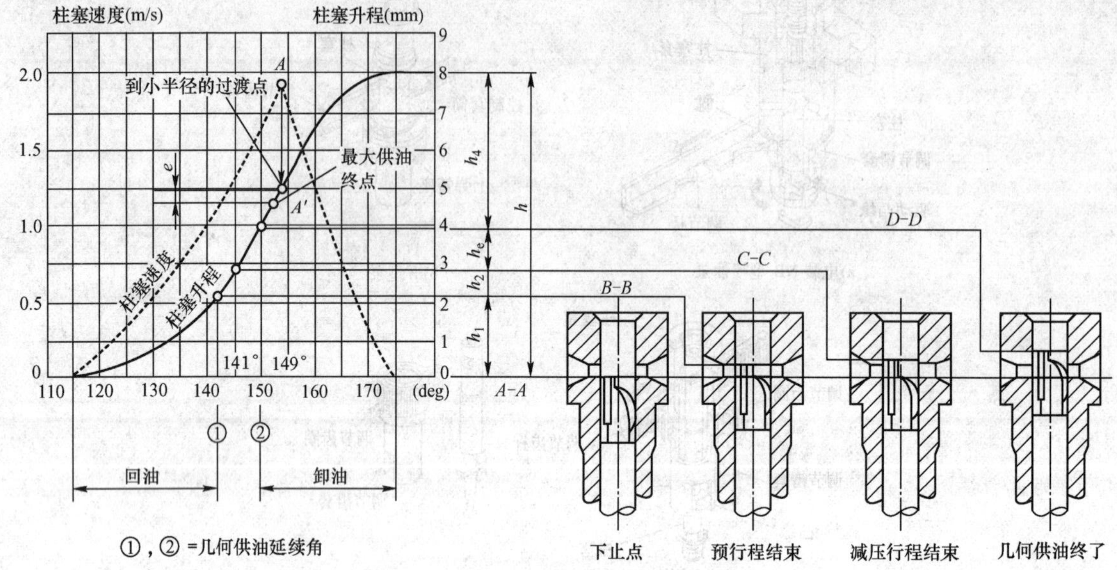

图 4-60　柱塞偶件工作行程的几何关系

A-A 表示柱塞位于下止点时柱塞顶平面位置，此时油孔全部开启，或打开进油孔直径的（1/3～1/2）。*B-B* 表示预行程结束，即柱塞顶平面将进、回油孔关闭的位置。

A-A 和 *B-B* 之间的距离 h_1 即为柱塞的预升程。预升程大小和喷油泵工作转速是决定柱塞腔有效进油时间—截面的重要因素。喷油泵在不同的最高转速时预升程 h 和柱塞全升程 H 之比大约为 0.2～0.3。

C-C 是减压升程结束时柱塞上端面位置，此时柱塞腔压力上升，克服高压油管内残余压力和出油阀弹簧力，使出油阀上升到减压带全部走出出油阀导向孔的位置。

减压升程决定于出油阀结构和减压容积，但由于供油过程中的液力效应，实际减压升程要比理论的（或几何的）减压行程小。

D-D 表示几何有效升程 h_e 结束时柱塞上端面的位置。此时控油导槽棱边恰好将油孔开启。

柱塞有效升程结束到上止点之间的距离 h_4 为柱塞的剩余升程，用于往复运动件减速。

柱塞在上止点位置时柱塞顶端平面与柱塞套顶端平面之间的距离称为剩余间隙，一般为 0.5～1.0mm。

柱塞由上止点向下止点运动过程中喷油泵进油腔与柱塞腔接通，并向柱塞腔充油。为保证充油良好，除用输油泵压力供油外，在设计柱塞偶件时，尤其是用于高转速喷油泵的柱塞偶件必须留有足够的充油时间—截面。

四、动态供油

燃油系统中的喷油过程是一个十分复杂的液力过程。暂且不谈高压油管中的波动过程，仅从喷油泵端来看，图4-61中说明了供油关系，实际上由于液力节流效应，存在着前供油和后供油现象。

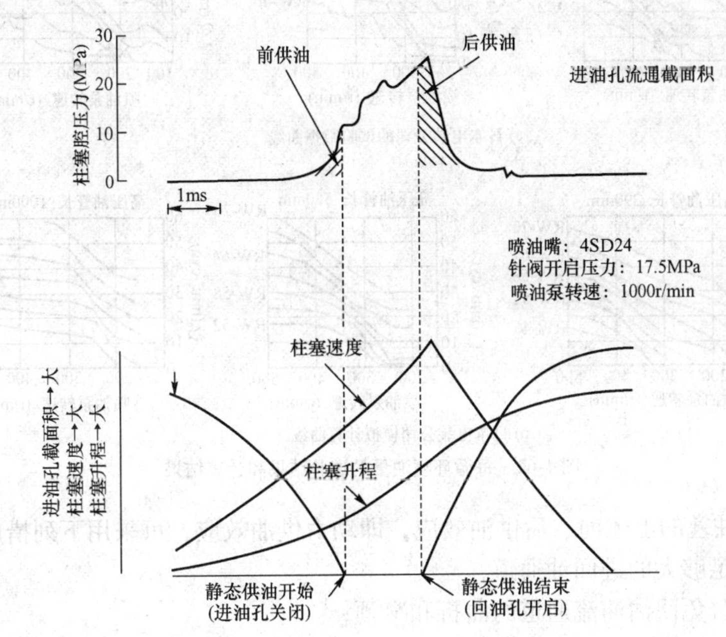

图4-61 液力效应的模拟计算结果

柱塞上升挤压柱塞腔内的燃油，部分燃油从油孔回流到进油腔。随着柱塞上升，回流截面不断减小，节流效应越来越大，柱塞上端面尚未完全遮断油孔时，柱塞腔内压力即开始上升，以致燃油除经油孔回流外，一部分流向出油阀，使出油阀提前开启，产生前供油现象。

在控油导槽棱边开启回油孔后，由于卸流截面很小，节流严重，柱塞供油过程并不能立即停止。这种在卸油的同时仍继续向高压系供油的现象叫后供油。随着发动机转速上升，后供油量随之增加。

前、后供油的程度常用柱塞升程的当量值表示，亦即前供油升程和后供油升程，该值与凸轮轴转速关系密切，并与喷油泵的结构参数如柱塞直径、速度、进回油孔数目和直径有关。前、后供油现象使实际供油升程比几何供油升程加大，使供油延续时间增加，造成：

（1）出油阀作用减小。由于减压过程中的节流使出油阀不能在几何供油终了后立即关闭，因而高速时精确的喷油计量困难；

（2）供油时期和喷油时期之间的关系变得不确定，尤其在高速工况下；

（3）容易出现过后喷油，同时会使系统内压力波增强，容易引起二次喷油；

（4）喷油泵速度特性变陡，多缸泵的各缸供油不均匀度增加；

（5）由于前供油和后供油的关系，当转速升高到某一转速以上时，喷油量反而会逐渐减小（图4-62）。

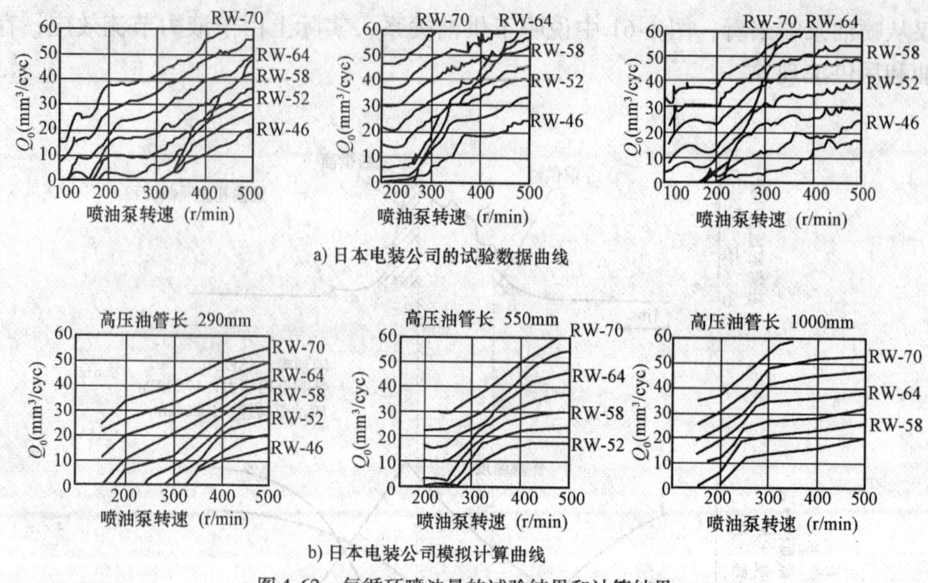

a) 日本电装公司的试验数据曲线

b) 日本电装公司模拟计算曲线

图 4-62　每循环喷油量的试验结果和计算结果

为了减少柱塞的上述前、后供油效应，即动力供油效应，可采用下列措施：

（1）设计足够大的进回油通道；

（2）尽量避免回油油流通道的曲折和窄颈；

（3）采用小柱塞直径和高柱塞速度。

因此，在机械式泵管嘴供油系统中，供油量、供油开始时间、供油结束时间等重要参数是不能自由控制的，受到许多难以控制的因素的约束。

五、最小喷油量

柱塞速度高时，泵端压力以压力波的形式向嘴端传送。调节压力波的持续时间，即调节供油行程可以实现从最大循环喷油量到无喷油的连续调节。但是，柱塞速度低、供油行程小时，压力上升不到针阀开启压力，这样的工作循环不喷油。如果稍稍增大供油行程，则每隔一个工作循环进行一次喷油。如再增大供油行程，则每个工作循环都喷出相等的油量。这种能够进行正常喷油的极限喷油量叫做“最小喷油量”。

柱塞速度低，并考虑到静态压缩等，设针阀开启压力为 P_{no}，残余压力为 P_o，则为了使针阀每个喷油循环都开启，需要 Q_{pm} 的燃油量被压缩：

$$Q_{pm} = \frac{E}{V}(P_{no} - P_o) \tag{4-29}$$

式中：Q_{pm}——每循环最小喷油量。

六、喷油量的试验与模拟计算

图 4-62 示出了日本电装公司提供的喷油量的试验结果和模拟计算结果。由此可以得到如下结论：

（1）每循环喷油量是多种参数作用的结果，包括机械的、物理的和液力的，和任何一个参数之间都不存在显式关系。

(2) 在传统的泵管嘴系统中，无法实现自由控制喷油量。

(3) 采用模拟计算方法可以得到足够精度的喷油过程的参数，可以大大简化试验工作量，可以采用模拟计算的方法分析各个结构参数对整个喷油过程的影响。

第六节　机械式燃油系统喷油量控制

一、喷油量的两种控制模式

柴油机燃油系统可以分成两大类：

(1) 机械式燃油系统；

(2) 电子控制式燃油系统。

两种系统的共同部分：燃油加压和燃油喷射（喷油嘴）；

两种系统的不同部分：喷油压力、喷油量、喷油时间和喷油率的控制方法。

为了便于简单说明机械式燃油系统和电控式燃油系统控制模式的不同，以机械直列泵系统和电控直列泵系统为例进行对比。

图 4-63 中说明了两种系统的控制模式。

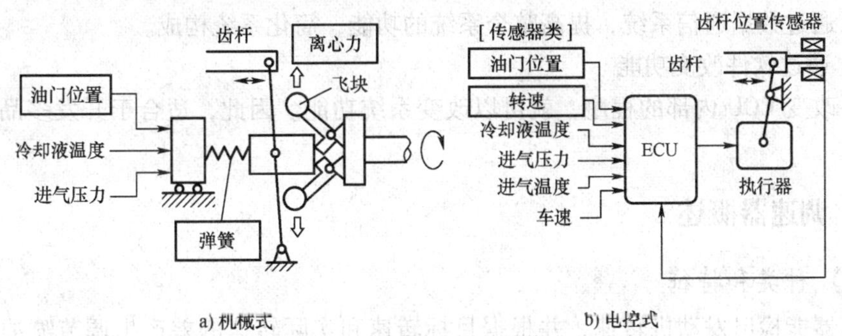

a) 机械式　　b) 电控式

图 4-63　喷油量控制模式的对比

机械式燃油系统中采用调速器（绝大多数是采用机械式调速器），利用离心力和弹簧作用力的平衡关系决定调节齿杆的位移，从而控制喷油量。

电控式燃油系统中由传感器和开关检测各种信息，由电控单元发出控制指令，由执行机构驱动调节齿杆，从而控制喷油量。

柴油机机械式燃油系统用机械式调速器的种类很多。本书中只简单地介绍两种，主要用于说明机械式调速器、电子调速器以及电控燃油系统中喷油量的调节方式的异同。

对比机械直列泵系统和电控直列泵系统的各个功能模块，电控直列泵系统具有下列优点：

(1) 电控燃油系统的控制自由度大

机械式燃油系统中，基本控制信息是发动机转速和油门开度。依靠飞块的离心力和调速弹簧作用力的平衡关系控制调节齿杆的位移量，从而控制喷油量。

作为辅助的控制信息还有冷却液温度和进气压力。但是，为了利用这些辅助工具，还需要借助于热蜡和膜片等转换成作用力，再通过连杆机构转换成弹簧的作用力，最后控制调节齿杆的位移。

但是，上述的作用力都要在弹簧特性的范围内设置控制特性。所以，控制自由度是非常有限的。而且，辅助信息越多，连杆机构越复杂，装置越多，体积越大。控制精度、安装空间等诸多方面都会受到约束。

机械式燃油系统中可用的控制信息量是非常有限的。

在电子控制式燃油系统中，发动机的运行状态、各种环境条件等都是通过传感器检测的。ECU 根据预先设计好的程序处理各种传感器和开关的信息，计算出最适合于当时发动机的运行状态和各种具体条件的控制参数，通过执行机构控制喷油量。

（2）可用信息量不同

在电控式燃油系统中，检测各种辅助信息不需要连杆机构。从原则上讲，可利用的信息量不受任何限制，而且，可以在最合适的位置检测最适当的信息。

（3）可以采用反馈控制

可以直接检测出被控制量，并进行反馈控制。可以对机械磨损、各种时效变化进行补偿。因此，控制精度很高。

（4）故障诊断系统

为了便于维护保养、提高安全性，可以追加故障诊断系统，故障应急等功能。

（5）数据通信

可以通过数据通信系统，提高整个系统的功能，简化系统构成。

（6）通过软件改变功能

只要改变 ECU 内部的程序，就可以改变系统功能。因此，适合于开发多品种，小批量产品。

二、调速器概述

（一）种类和特征

调速器能检出发动机转速，并根据目标转速和实际转速的差产生调节喷油量所必需的作用力。一般地说可以利用负压力、离心力和液压力等作为动力源。

另一方面，从发动机要求的喷油量特性来看，在中间转速的控制中，例如发电机、建筑机械等，即使发动机负荷发生变化，仍然要求发动机转速保持不变。所以，图 4-64 所示的控制特性中，在整个转速范围内进行调速的所谓全程调速特性是必要的。

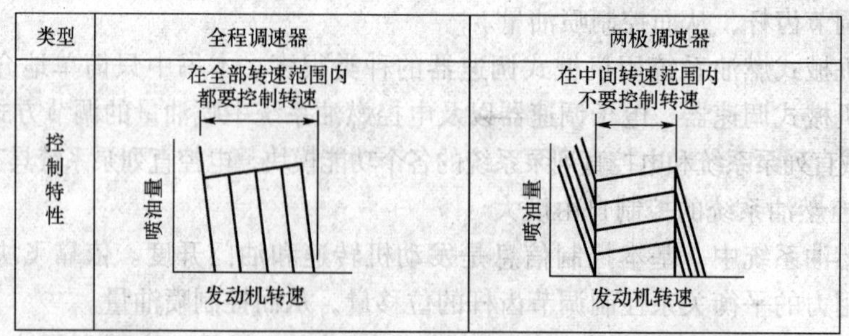

图 4-64　调速器的两类特性

不同用途的发动机对喷油量提出的要求是不同的。表 4-2 中列出了满足不同要求的各种调速器。

调速器的种类和特性 表4-2

种　类	动力源	调速特性	优　点	缺　点	主要用途
气动调速器	负压	全程式	结构简单	因为进气节流，充气效率差，调速器特性随空气密度变化	工程机械
机械调速器	离心式	全程式	应用范围广	杠杆机构复杂	汽车，发电机组，船舶，建筑机械
		两极式			汽车
复合式调速器	负压和离心力	全程式	和气动调速器比，空气密度变化对调速器特性的影响小	因为进气节流，充气效率差	汽车
液压调速器	液压	全程式	控制力大	结构复杂，价格昂贵。调速特性易受油温影响	建筑机械，发电机组，船舶
电子调速器		任意形式	控制自由度大	结构复杂，价格昂贵	发电、汽车特种电源

气动调速器：以负压作为动力源的气动调速器。调速特性受空气密度变化的影响，所以不适用于在平原和高原地区之间行驶的汽车柴油机。但机构简单，价格低廉。

液压调速器：液压调速器具有控制力大的优点，但结构复杂，价格昂贵，只适用于特殊场合。

机械式调速器：以离心力作为动力源的机械调速器，广泛应用于从汽车到工程机械，是调速器的主流。

电子调速器：电子控制式调速器，精度高，但是价格昂贵。

（二）机械式调速器

下面以机械调速器的典型实例说明机械调速器的结构和工作原理。

1. 转速敏感元件

机械式调速器的转速敏感元件有三种：

（1）飞块。

如图4-65所示，和驱动轴一起旋转的飞块内产生离心力而向外展开。因此，飞块臂的端点 A 以支点 C 转动，移动块克服弹簧力向右运动。当离心力和弹簧力平衡时飞块保持一定的张开度而“静止”。

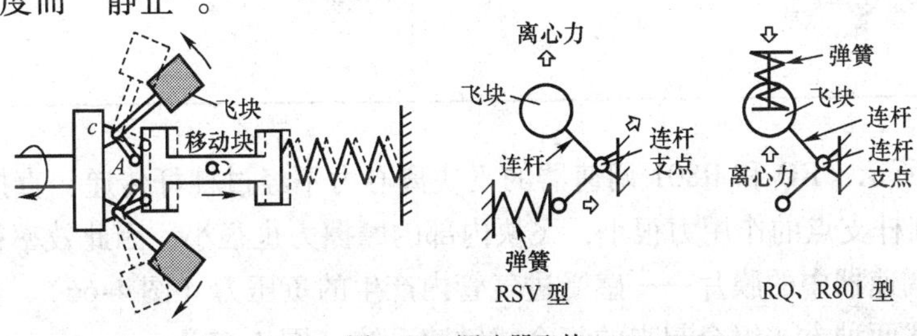

图4-65 调速器飞块

调速器的旋转驱动轴一般都是凸轮轴。凸轮轴的转速是曲轴转速的一半。因此，由移动块的位置就可以检测出发动机的转速。

另一方面，随着柴油机输出功率的不断提高，要求增大全负荷下的转矩特性的自由度。因此，必须有一种全负荷下喷油量控制自由度大的调速器。

R801 调速器就是为了满足上述要求而开发的调速器。R801 调速器的特点之一是采用了一种高效率飞块，所以，其动特性非常好。

各种飞块的形式和效率如表 4-3 所示。

$$飞块效率 = \frac{\Delta W - R_0}{\Delta W} \times 100\%$$

式中：ΔW——转速变化 ±2% 时的飞块推力的变化；

R_0——飞块内部摩擦力。

飞块的形式和效率 表 4-3

飞块类型	结构	效率	特征	适用调速器
球型		30%	结构简单，价格低廉	复合式
RSV 型		25%	结构简单，价格低廉	RSV R721 RFD RLD 等
RQ 型		98%	大型（外径大），价格昂贵	RQ RQR RQV 等
P801 型		94%	比 RQ 型结构简单，价格稍贵	R801

如图 4-65 所示，RQ 和 R801 调速器的飞块离心力不经过杠杆传递，直接作用在弹簧上。所以，对杠杆支点的作用力很小，飞块内部的摩擦力也很小，因此效率很高。

（2）气动调速器中的膜片——感受进气管内产生的负压力（图 4-66）。

（3）将上述两种方式组合起来的复合式敏感系统（图 4-67）。

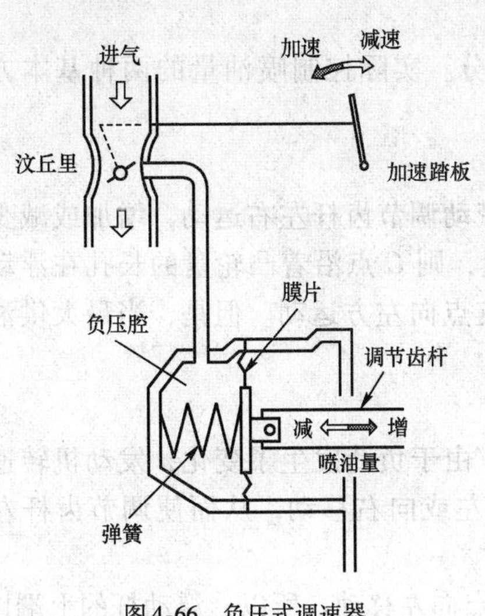

图 4-66　负压式调速器

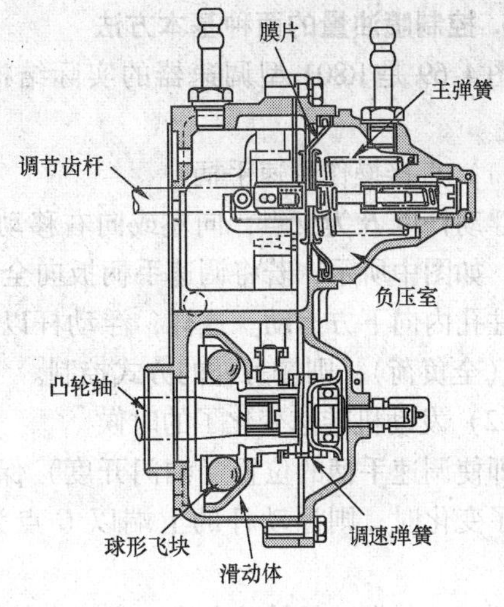

图 4-67　复合式调速器

飞块离心力在低转速时比较小，在高转速时才会增加；所以，在低转速时效果不大。

复合式调速器是将负压式调速器和机械式调速器组合起来，仅在高转速时才同时利用负压式和离心力式调速器的功能。在其他的转速范围内，复合式调速器实际上是利用负压式调速器进行控制的全程式调速器。

2. 喷油量控制原理

机械式调速器的基本结构模型如图 4-68 所示。

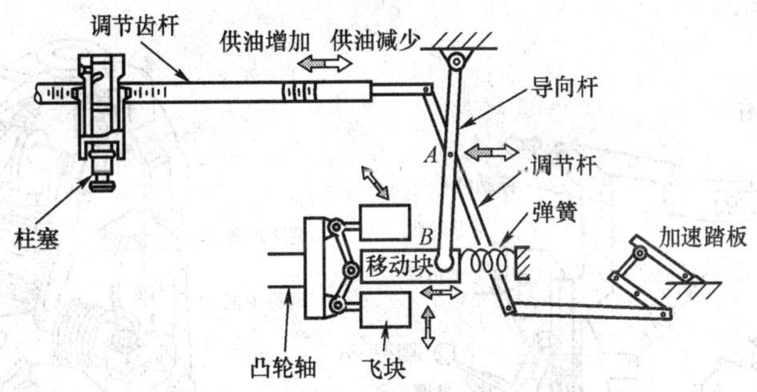

图 4-68　机械调速器的基本结构模型

(1) 当发动机在怠速状态下运转时，如果某种外界原因导致转速下降时，则飞块内的离心力减小，调速弹簧使移动块向左移动的作用力变大，B 点向左移动。B 点向左移动的同时，导向杆的支点 A 也一起向左移动。通过调节杆的传递，调节齿杆向增加喷油量的方向移动。喷油量增加，可以防止转速下降（怠速自动控制）。

(2) 当发动机在最高转速附近运转时，如果一旦转速升高，则飞块内产生的离心力增大，B 点向右移动。这样，导向杆的支点 A 也随之向右移动，将调节齿杆向右牵引，喷油量减少。这样，可以防止发动机转速过高（最高转速控制）。

(3) 在中间转速状态下，通过其他的机构，A 点不受飞块的影响，处于一定的状态。通过加速踏板，以 A 点为支点直接操纵调节齿杆左右移动而增加或减少喷油量。

3. 控制喷油量的两种基本方法

图4-69是R801型调速器的实际结构的一部分。实际控制喷油量的两种基本方法如下：

（1）直接操作调速手柄

浮动杆以B为支点，向左或向右移动，从而带动调节齿杆左右运动，增加或减少喷油量。如图中所示，若将调速手柄扳向全负荷位置，则C点沿着凸轮盘的长孔在浮动杆的圆柱孔内向下方运动。这样，浮动杆以B点为支点向左方运动。但是，当最大供油位置时（全负荷），则按另外的方式控制。

（2）发动机转速变化了的时候

即使调速手柄的位置（油门开度）保持不变，由于负荷发生了变化，发动机转速也发生了变化时，则浮动杆的上端以C点为支点向左或向右移动，从而使调节齿杆左右运动。

例如，若发动机转速上升，飞块向外展开，B点向左移动。所以，浮动杆的上端以C点为支点向右移动，使调节齿杆向减少喷油量的方向移动。反之，如果发动机的转速下降了，飞块在弹簧力的作用下，向内侧收拢。因而B点向右移动，所以浮动杆向左移动，调节齿杆向喷油量增加的方向运动。

4. RSV型全程式调速器

博世公司的RSV型调速器是传统的、典型的全程式调速器之一，简单介绍如下。

RSV调速器在工程机械方面使用得最多，图4-70是其结构图。RSV调速器的调速特性，如图4-71所示，下面分成几部分进行说明：

（1）高转速控制

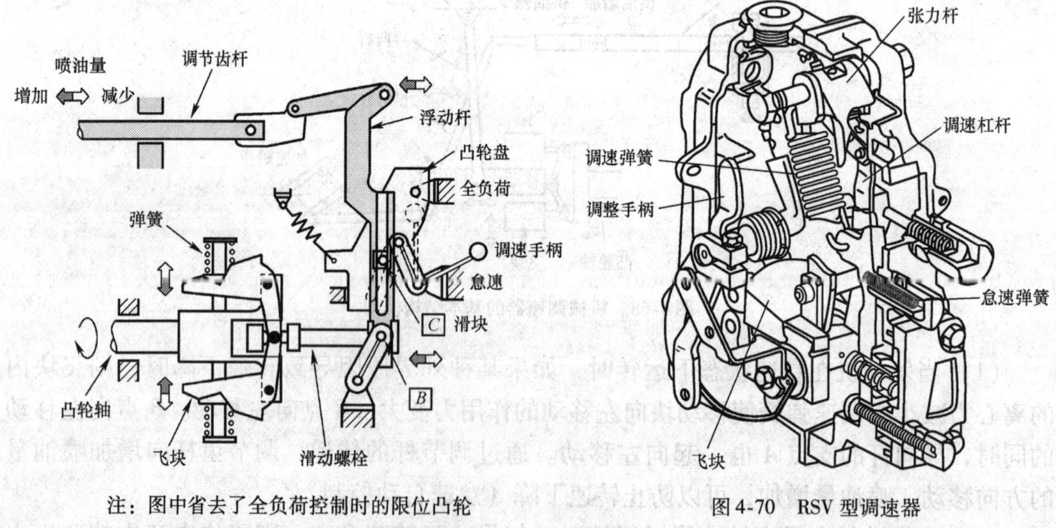

注：图中省去了全负荷控制时的限位凸轮

图4-69　R801调速器喷油量调节原理

图4-70　RSV型调速器

图4-72示出了高转速控制时的杠杆运动关系，当调速手柄在全负荷位置，柴油机转速上升到图4-71中N_2点（高转速控制始点）时，飞块离心力W大于调速弹簧的设定负荷，飞块就向外侧张开，A点向右移动，调速手柄以B点为支点向右转动，使调节齿杆向

喷油量减小的方向移动。

高转速控制时的调速率由飞块离心力 W 和调速弹簧的刚度 K_1 决定。当有怠速弹簧时，其弹簧刚度 K_2 应叠加到 K_1 上，调速特性就成为如图 4-71 中的虚线所示。

(2) 中间转速控制

图 4-71 中所示的中间转速的控制方法，是通过调速手柄的角度改变调速弹簧的设定负荷实现的。所以，可以设定在任意需要的转速下，杠杆的运动和高转速控制过程相同。

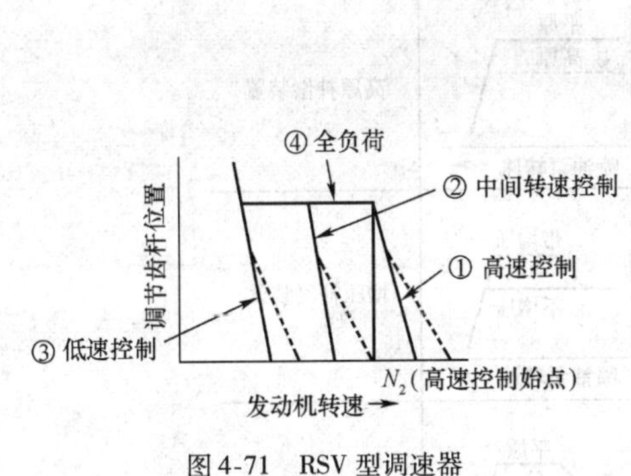

图 4-71　RSV 型调速器

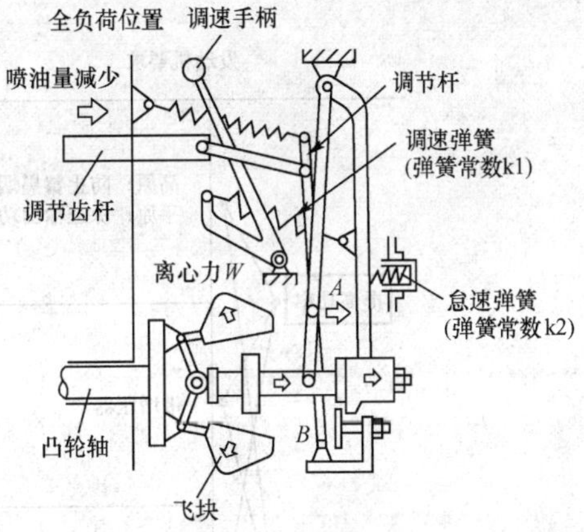

图 4-72　RSV 高速工况

(3) 低转速控制

图 4-73 示出了低转速控制过程中的杠杆的运动情况。当调速手柄处于怠速位置时，弹簧的设定负荷很小。因此，飞块在低转速时也会向外张开，使 A 点向右移动，通过调速手柄使调节齿杆向喷油量减小的方向移动。

(4) 全负荷设定

调速手柄在全负荷位置，柴油机转速尚未达到高转速控制始点时，则如图 4-74 所示，调速弹簧的设定负荷比飞块的离心力 W 大，张力杆被压紧在全负荷限位块上。所以，A 点处于固定位置，调节齿杆不运动，保持固定位置。

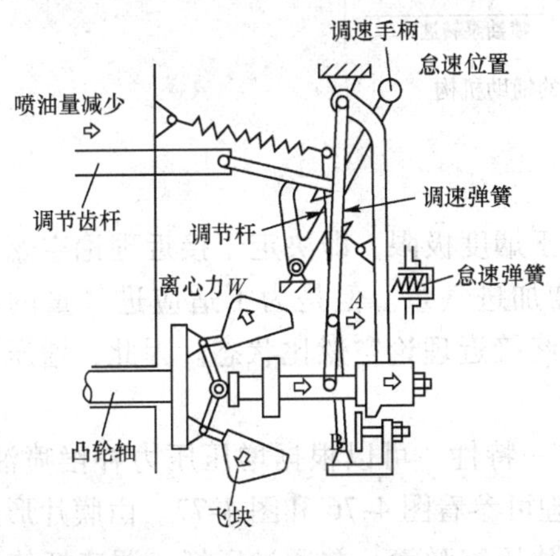

图 4-73　RSV 低速工况

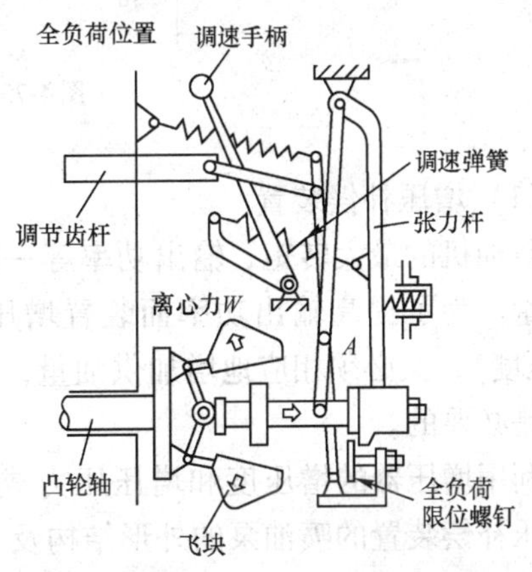

图 4-74　RSV 全负荷工况

5. 附加功能装置

柴油机的使用环境是多种多样的，如高温环境、低温环境、高原地区、平原地区等。为了在所有的环境条件下最大限度地发挥输出功率、排烟等柴油机性能，柴油机所要求的喷油量特性是各不相同的。为了满足这些要求，在调速器上必须附加始终能保证供给适当喷油量的各种功能装置，根据环境条件补偿基本控制特性。图4-75列出了各种附加功能的实例，下面就典型的功能装置予以说明。

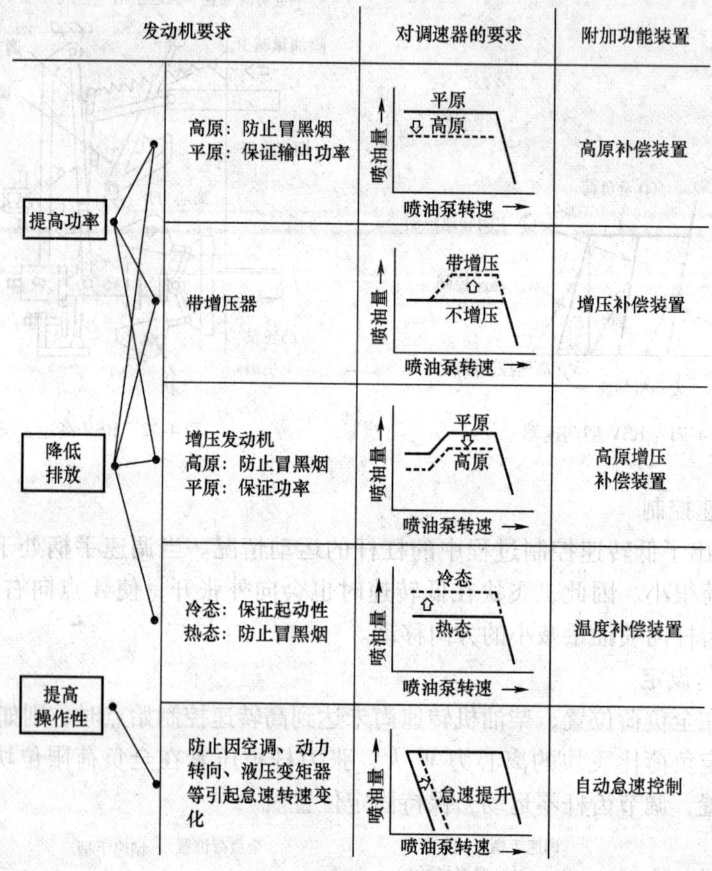

图4-75　调速器的辅助机构

(1) 增压补偿装置

柴油机的最大转矩、输出功率等一般决定于烟度极限，即决定于接近理论空燃比的喷油量。为了提高输出功率而装置增压器，增加进气量。但是为了适应进气量的增加（增压度），又必须相应地增加供油量，保证始终接近理论空燃比状态。因此，增压补偿装置是必要的。

利用增压器的增压度和增压压力成比例这一特性，可以根据增压压力补偿喷油量。带增压补偿装置的喷油泵的外形结构及工作原理可参看图4-76和图4-77。由膜片形成增压压力腔和大气压力腔。若增压压力上升，膜片压缩弹簧，并通过压杆、调速杆使调速齿杆向喷油量增加的方向移动。一般地说，增压压力的特性如图4-78所示，所以，喷油量补偿特性亦如图4-78所示。

图4-76 带增压补偿装置的直列泵

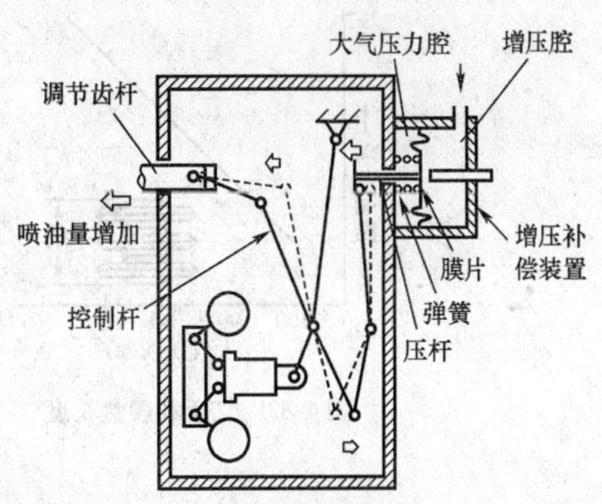

图4-77 增压补偿装置的结构

(2) 海拔高度补偿装置

因为高原地区的空气密度比平原地区小（图4-79），柴油机在高原地区使用时，若喷入和平原地区相同的喷油量，则空燃比变小，容易冒黑烟。所以，必须根据海拔高度，即空气密度补偿喷油量，这就是海拔高度补偿装置的工作原理。装置的外形、结构及动作原理如图4-80和图4-81所示。大气压力腔中设有膜盒，膜盒与压杆及杠杆构成一体。内部具有一定真空度的膜盒如图4-82所示，其长度随大气压力呈线性变化。所以，它既是大气压力传感器，又是执行器。随着海拔高度增加，大气压力降低，膜盒伸长，通过压杆、杠杆等使调节齿杆向喷油量减小的方向移动，结果得到图4-83所示的补偿特性。

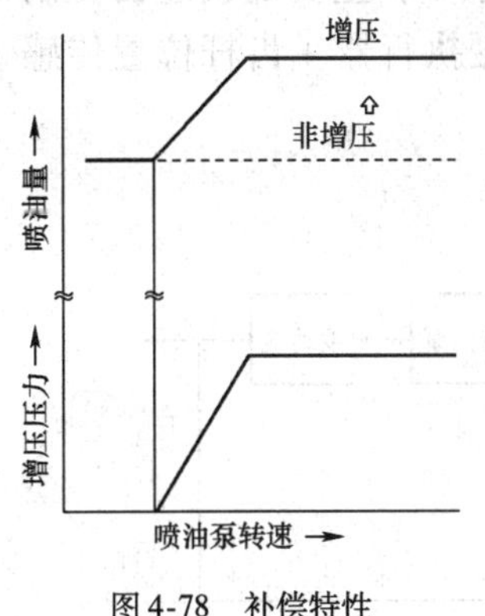

图4-78 补偿特性

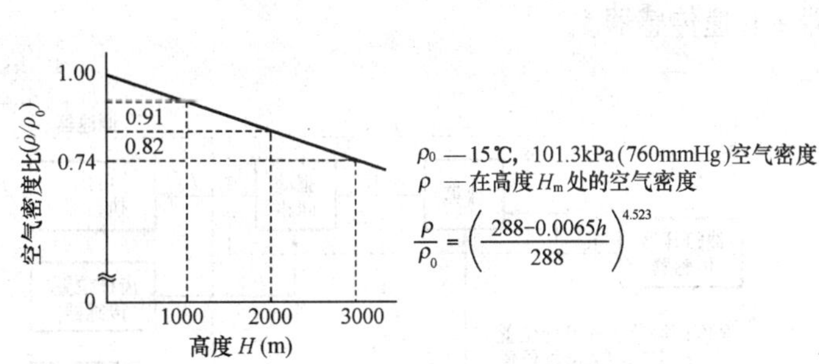

图4-79 海拔高度和空气密度

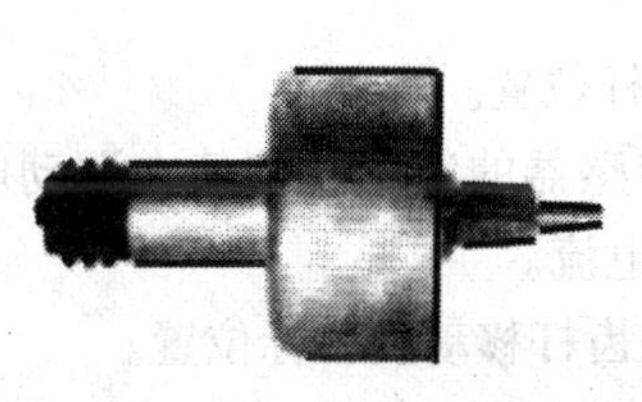

图4-80 高原补偿器

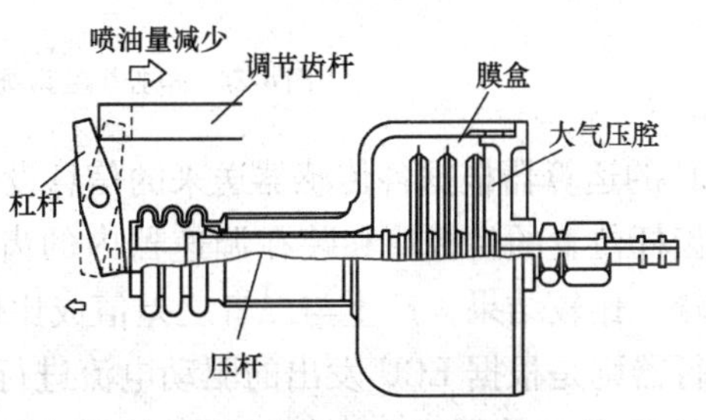

图4-81 高原补偿器结构

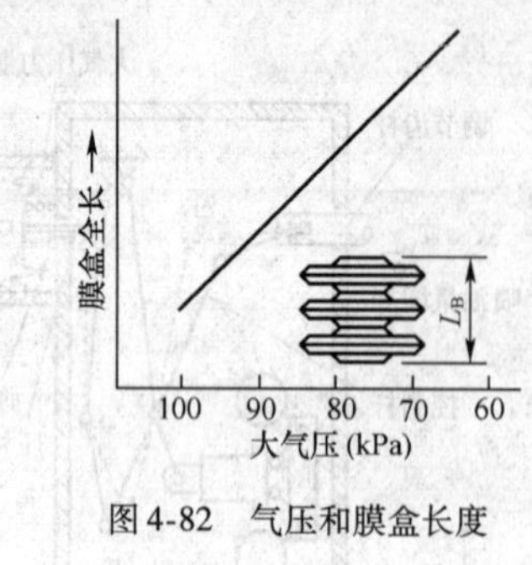

图 4-82　气压和膜盒长度

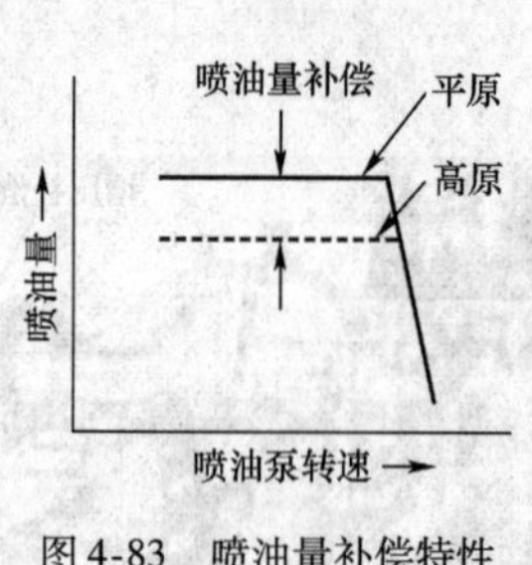

图 4-83　喷油量补偿特性

第七节　电控式燃油系统喷油量控制

一、喷油量控制概述

图 4-63 中说明了机械式燃油系统和电控式燃油系统中喷油量控制方法的异同。

为了进一步理解电控燃油系统中喷油量的控制方法和过程，请首先参看本书第三章第二节："电子控制系统的基本理论"，比较具体地介绍了：基本喷油量控制、起动油量控制、不均匀油量补偿控制等内容。

为了对比说明机械式燃油系统和电控式燃油系统中喷油量控制方法，请看图 4-84。该图中将机械式喷油泵和电控式喷油泵进行对比。机械式喷油泵中，主要由调速器控制喷油量，但在电控喷油泵系统中，代替调速器的是：ECU + 电磁执行器 + 齿杆位置传感器 + 转速传感器。

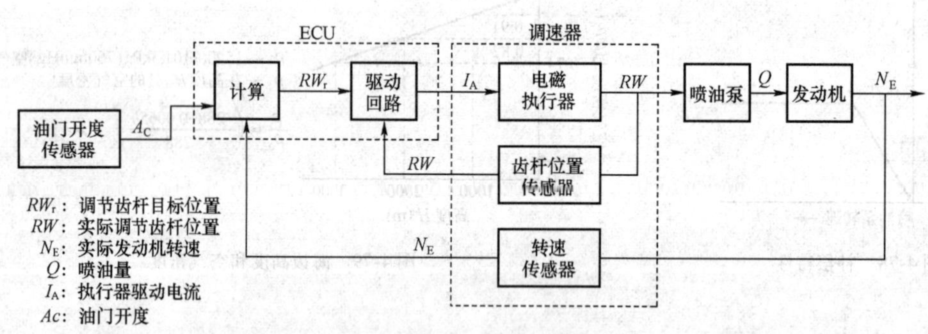

图 4-84　电控燃油系统的喷油量控制框图

ECU 的运算器根据各传感器送来的信息设定目标齿杆位置。

将齿杆位置的目标值和装在调速器内的齿杆位置传感器的实际检测值在驱动电路中进行比较。比较结果，产生与二者之差值成比例的驱动电流。

执行器则是根据 ECU 发出的驱动电流进行动作，使齿杆移动到目标位置。

在 ECU 的运算器中，齿杆位置目标值的计算过程如图 4-85 所示。

在电控喷油系统中，通过将目标喷油量用数值图谱化（MAP），可以得到灵活的控制特性。

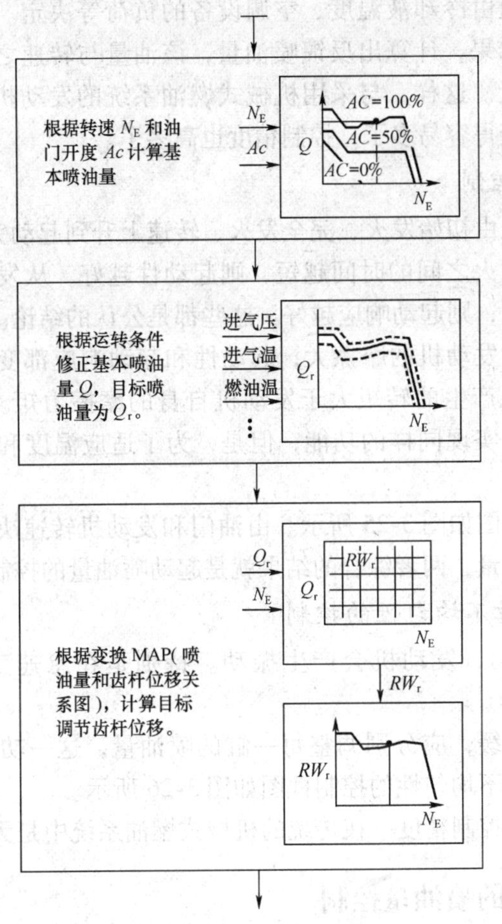

图 4-85　齿杆目标位置计算框图

(一) 基本喷油量控制

用途不同的发动机，要求的转矩特性也不同。为了使发动机有相应的转矩特性，则必须按一定规律设定基本供油量特性。

等速型喷油量特性与发动机的负荷无关，始终保持恒速，这种特性在发电机组柴油机中被广泛采用。在机械式喷油系统中，规定速度变化率为 3% 。所以，负荷变化时转速也会发生变化。但是，在电控油系统中，通过发动机转速的反馈，可以实现恒速运转。

(二) 怠速运转控制

怠速运转时，发动机产生的转矩和发动机自身的摩擦转矩相平衡。

若在低温下，发动机润滑油黏度高，自身摩擦增大，因而怠速转速降低。怠速转速降低，则运转速度不稳，而且可能产生振动，使发动机起动变得困难；

相反，若怠速转速增高，则发动机的噪声和油耗都要恶化。为了补偿这些问题，即使发动机的负荷变化，仍要保证维持目标怠速转速所必需的喷油量，这种功能就是怠速转速控制功能。

发动机的目标转速由冷却液温度、空调设备的负荷等决定。将目标转速和实际转速进行比较，根据比较结果，计算出反馈喷油量，该油量与转速之差成比例，且能使发动机转速向目标转速靠近。这样，与采用机械式燃油系统的发动机相比，采用电控燃油系统的发动机的控制就变得容易多了，控制精度也高多了。

（三）起动油量控制

发动机的起动过程由初始发火、完全发火、转速上升到起动完成等几个阶段组成。

开始起动到完全发火之间的时间越短，则起动性越好。从发动机开始起动到速度开始上升之间的时间越短，则起动响应越好。这些都是公认的结论。

低温起动时，由于发动机的摩擦大，起动性和起动响应都变劣。所以，起动时必须调整喷油量，使发动机产生的转矩大于发动机自身的摩擦力矩。这就是起动油量控制。机械式喷油系统中可以实现同样的功能，但是，为了适应温度和海拔高度等外界状态的喷油量控制就困难了。

起动油量的控制框图如图 3-25 所示。由油门和发动机转速决定基本喷油量，由冷却液温度等决定补偿喷油量，两者综合的结果就是起动喷油量的控制。

（四）各缸喷油量不均匀性的控制

各缸喷油量不均匀，发动机会产生振动。特别是在怠速工况下，使乘客感到不舒服。

为了使转速波动平缓，应分别调整每一缸的喷油量，这一功能就是各缸喷油量不均匀性控制。各缸喷油量不均匀性的控制框图如图 3-26 所示。

这样的控制方法和控制精度，在传统的机械式燃油系统中是无法实现的。

二、电控分配泵的喷油量控制

电子控制分配泵技术已经非常成熟，各大公司均有自己的产品。例如：日本电装公司的 ECD-V 系列、捷克赛尔公司的电控分配泵 COVEC-F、博世公司的 VP 系列等。

20 世纪 90 年代后期，日本电装公司的 ECD-V5 已经广泛地应用于乘用车直喷式柴油机中。ECD-V5 型电控分配泵具有一定的代表性，这里以 ECD-V5 为例介绍电控分配泵喷油量的控制方法。

（一）喷油量控制方法

喷油始点与传统的喷油泵一样，由凸轮的型面形状决定。喷油量的多少由喷油终点决定。喷油终点就是电磁溢流阀开启、高压燃油流回喷油泵腔的时刻。

日本电装公司的 ECD-V5 型电子控制分配泵的喷油量控制概要如图 4-86 所示。

ECD-V5 型电子控制分配泵的喷油量控制机构如图 4-87 所示。

为了确定电磁溢流阀的开启时间，采用转速传感器检测出对应凸轮升程的凸轮转角，从而确定开启时间。

图 4-88 中示出了凸轮升程、电磁溢流阀开闭定时和喷油量的关。

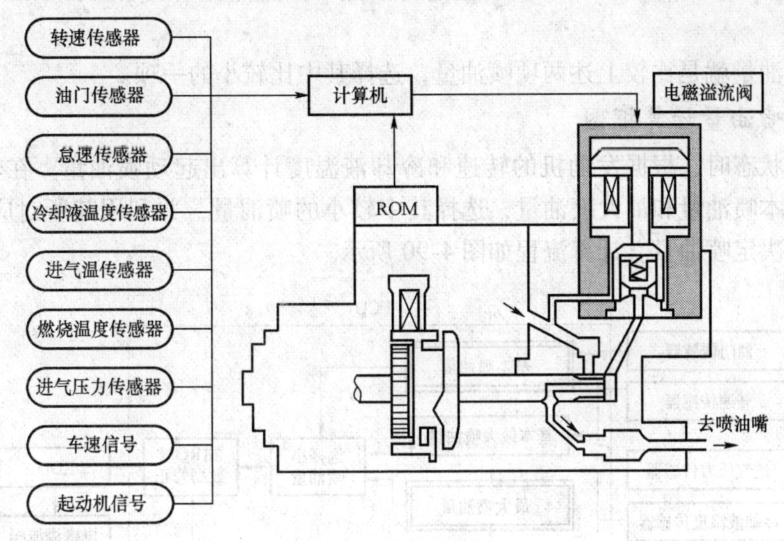

图 4-86 ECD-V5 的喷油量控制概要

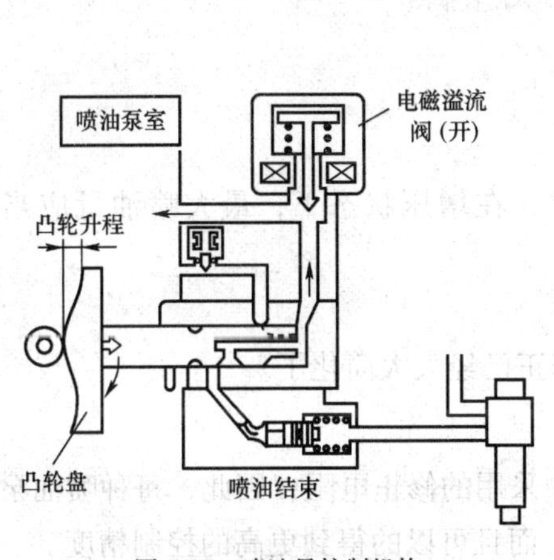

图 4-87 喷油量控制机构

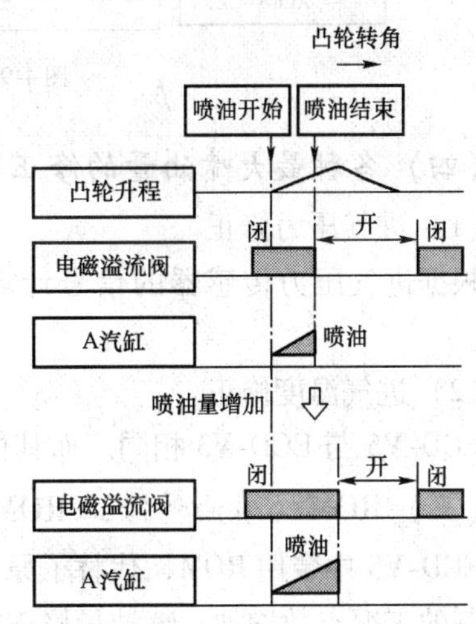

图 4-88 喷油量控制方法

利用冷却液温度修正起动喷油量的方法如图 4-89 所示。

(二) 喷油量计算

控制计算机为了计算出适合于发动机的最佳喷油量，首先要计算出以下两项喷油量：

(1) 基本喷油量

根据油门开度和发动机转速计算出理论上的必要的喷油量。

(2) 最大喷油量

以上述基本喷油量为基础，还要考虑到进气压力、

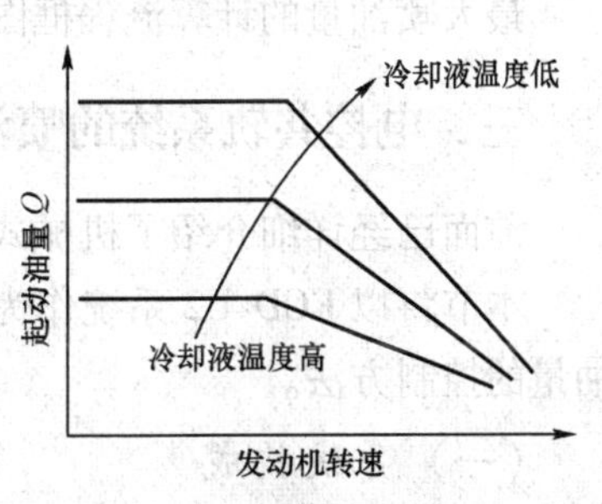

图 4-89 起动喷油量的修正

进气温度、燃油温度等，对基本喷油量进行修正，从而计算出发动机在该工况下的最大喷油量。

最终喷油量就是比较上述两项喷油量，选择其中比较小的一项。

（三）喷油量计算框图

在起动状态时，根据发动机的转速和冷却液温度计算出起动喷油量。在非起动状态时，比较基本喷油量和最大喷油量，选择其中较小的喷油量，并利用其所对应的MAP图中调速特性决定喷油量。计算流程如图4-90所示。

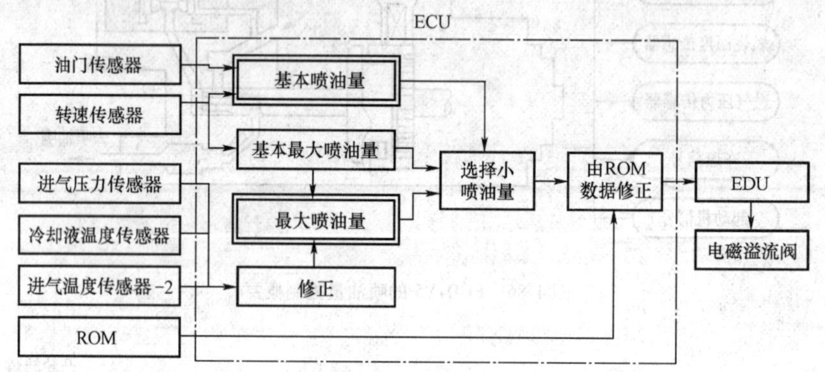

图4-90　喷油量的计算流程框图

（四）各种最大喷油量的修正

（1）进气压力修正

根据进气压力传感器的信号计算出进气量，在增压状态下，最大喷油量应当适当增加。

（2）进气温度修正

ECD-V5与ECD-V3相同。而其他各项的修正已经大大简化了。

（五）ROM（喷油量修正ROM）

ECD-V5中装用ROM，代替了原ECD-V3中采用的修正电阻；因此，每种喷油泵中可以控制的工况点数增加、喷油量修正方法简化、而且可以的得到更高的控制精度。

另外，通过改写ROM中的数据可以方便而又简单地修正微妙的喷油量，使调整过程高度自由化。ECD-V5电控分配泵中采用ROM调整喷油量，原理和ECD-V3相同。

最大喷油量的计算流程框图如图4-91所示。

三、电控共轨系统的喷油量控制

前面已经详细介绍了机械式燃油系统和电控燃油系统喷油量的控制方法。

本节将以ECD-U2系统作为电控共轨式燃油系统的一个实例，介绍电控共轨系统中喷油量的控制方法。

（一）系统构成

ECD—U2电控高压共轨喷油系统的功能框图如图4-92所示。

最新的技术发展动向是燃油系统和车辆的其他电子控制系统之间进行数据通讯，各种传感器的信息和技术数据可以共享，实现车辆控制综合化、智能化、网络化。

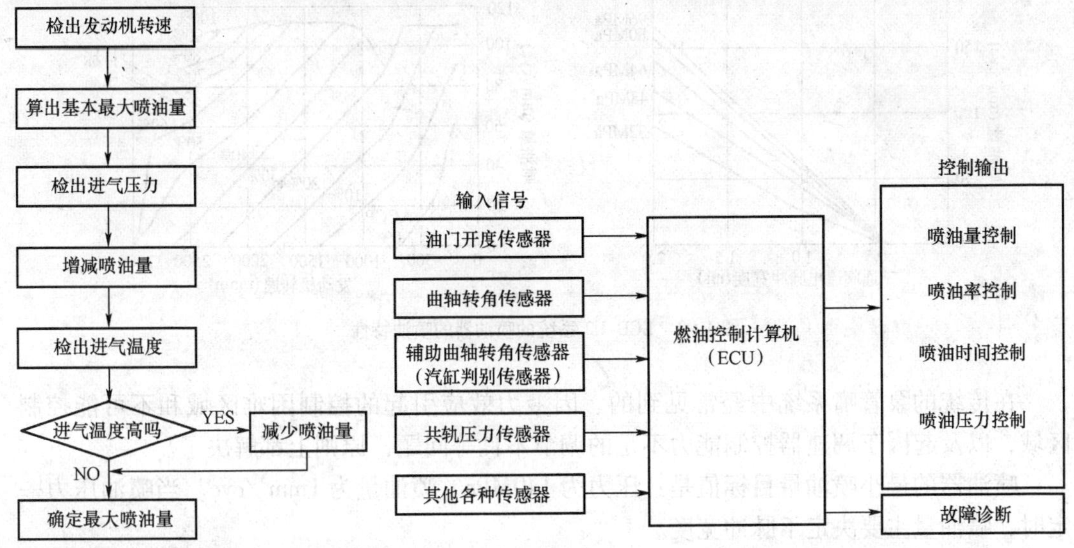

图 4-91　最大喷油量计算框图　　图 4-92　ECD-U2 系统的基本构成框图

（二）电控共轨系统的主要组成及其功用

电控共轨系统的主要组成部分是：

（1）输入部分：各类传感器和开关。检测发动机的运行状态和环境条件。

（2）电控单元——ECU：处理传感器等送来的各种信息，计算出最佳喷油量、最佳喷油时间等所对应的控制参数。并将这些参数作为控制指令送到各个执行器——供油泵和喷油器。

（3）控制输出：对于电控共轨式燃油系统来说，最重要的执行器就是供油泵和喷油器。

供油泵控制喷油压力，喷油器控制喷油量、喷油时间和喷油率等，具体方法请参看第三章第七节等相关内容。

近来，ECD-U2 系统又取得了新的进展，在一次喷油循环中可以实现 5 次甚至 7 次喷油。其中有一次是主喷油，其余均为辅助喷油，目的在于改善燃烧质量，改善排放等。详细内容请参看第五篇关于喷油率控制的有关内容。

ECD-U2 高压共轨燃油系统是完全的“时间—压力调节系统”。

喷油量由共轨压力和喷油器电磁阀通电脉冲宽度决定。可以方便地、自由地进行控制。

如图 4-93 所示，以共轨压力为参数，改变脉冲宽度，可以得到一条线性的喷油器的喷油量特性。利用这一特性，在发动机全部工况范围内，可以方便地得到如目标设定的调速特性。注意：图 4-93 中几乎看不到虚线，这是因为实线和虚线（即目标值和实测值）重合的缘故。

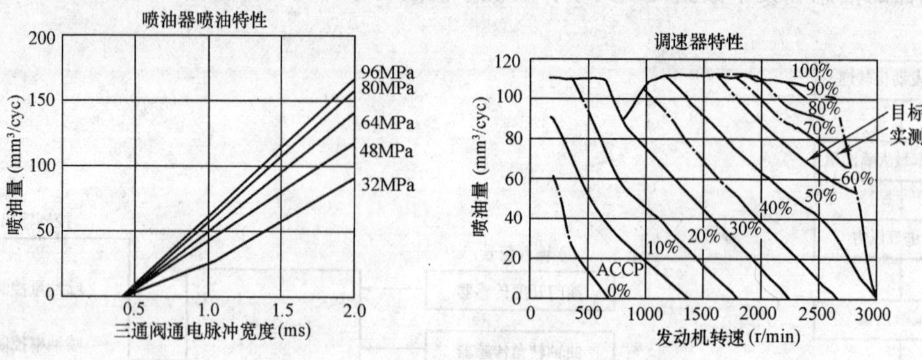

图 4-93　ECD-U2 系统的喷油器的喷油特性

在传统的泵管嘴系统中经常见到的、因液力效应引起的控制困难区域和不可能控制区域，以及起因于调速器控制能力不足的调节不良等问题，原则上都解决了。

喷油器的最小喷油量目标值是：压力为 140MPa，喷油量为 $1mm^3$/cyc。当喷油压力一定时，喷油量主要决定于脉冲宽度。

喷油器电磁阀的响应特性要求达到：0.5ms 以下。

高速电磁阀的质量是决定电控共轨系统性能的关键。

（三）喷油量的调节

（1）起动喷油量

起动时加速踏板大约踩到 50°左右，再由发动机转速和冷却液温度决定喷油量（图 4-94）。

（2）过渡状态的喷油量

加速时油门开度变化大，为了使燃油增加得慢一点，从而控制排出黑烟（图 4-95）。

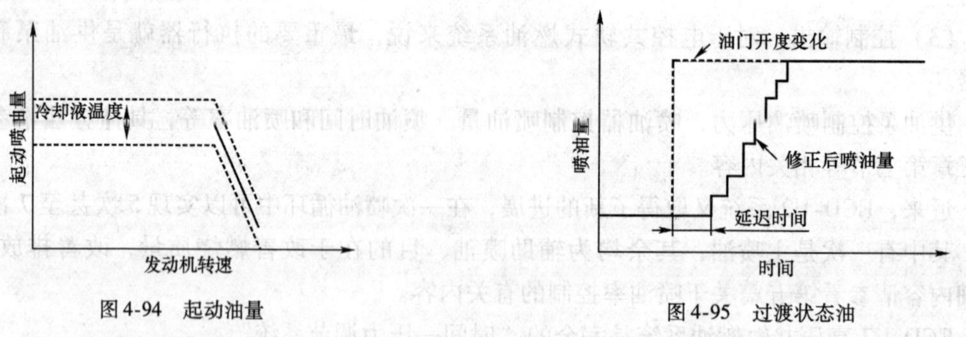

图 4-94　起动油量

图 4-95　过渡状态油

（3）基本喷油量

基本喷油量是由发动机转速和油门开度决定的。如果发动机转速保持一定，油门开度大，则喷油量增加（图 4-96）。

（4）最高转速时的喷油量

控制发动机最高转速时的喷油量（图 4-97）。

(5) 最大喷油量

由发动机转速决定了的最大基本喷油量中，还要加上全负荷喷油量补偿电阻的修正喷油量和燃油温度的补偿喷油量（图 4-98）。

(6) 全负荷喷油量补偿电阻

由计算机计算出全负荷喷油量调整电阻所决定的补偿喷油量（图 4-99）。

(7) 进气压力修正喷油量

进气压力低时，为了减少排烟，应限制由于进气压力所对应的最大喷油量。

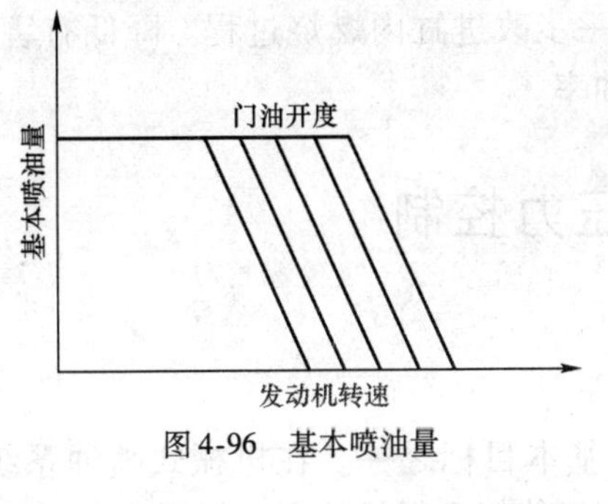

图 4-96 基本喷油量

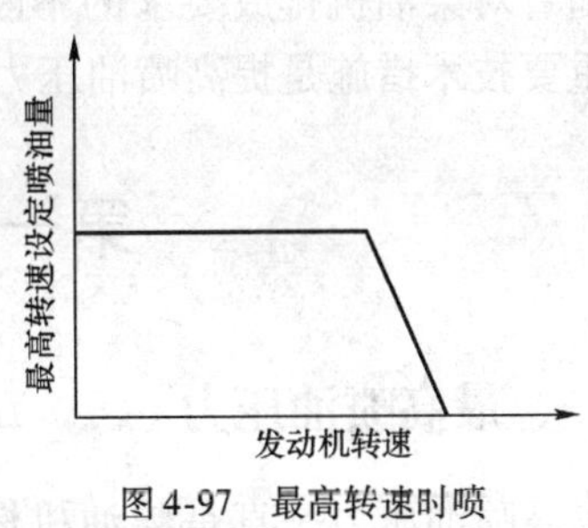

图 4-97 最高转速时喷

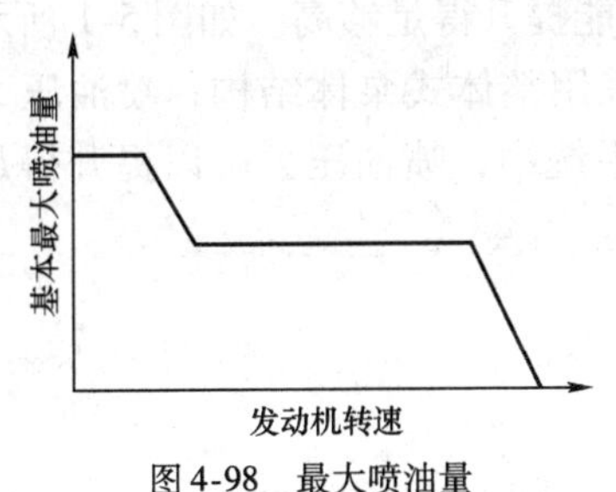

图 4-98 最大喷油量

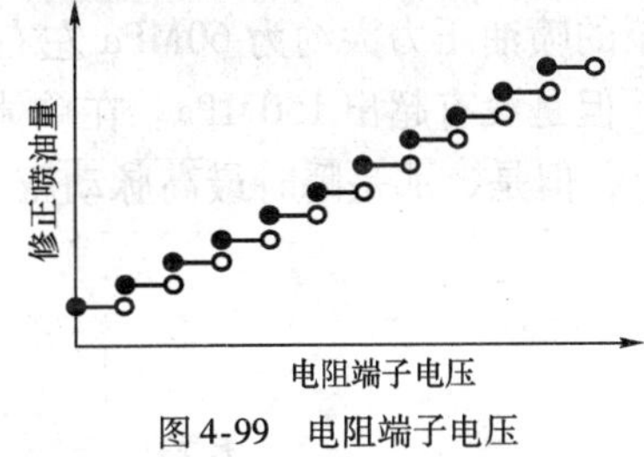

图 4-99 电阻端子电压

第五章 喷油压力和喷油率控制

随着对柴油机排放要求的不断提高，必须进一步改进缸内燃烧过程。降低有害排放物的重要技术措施是提高喷油压力和精准控制喷油率。

第一节 喷油压力控制

一、最高喷油压力

提高喷油压力一直是柴油机燃油系统追求的基本目标之一。在机械式喷油系统中，由于采用凸轮机构脉动式地加压，所以喷油压力不可能提升得足够高。如图 5-1 所示：早期直列泵的喷油压力大约为 60MPa 左右；后来由于采用整体式泵体结构，喷油压力慢慢地提升，但是没有超出 150MPa。在单体泵和泵喷嘴系统中，喷油压力可以提升得足够高(图 5-2)，但是，那是瞬时最高脉动压力。

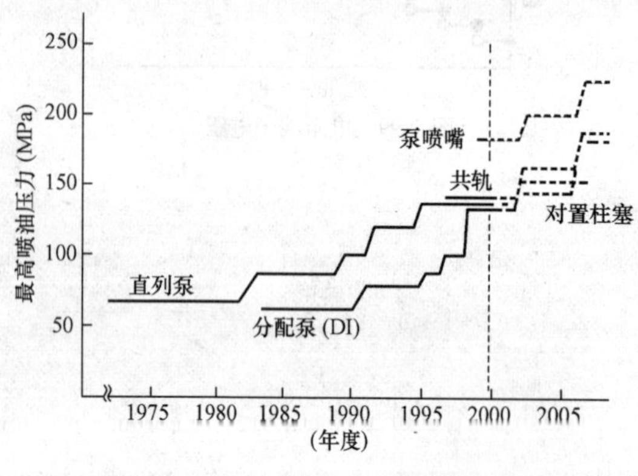

图 5-1 最高喷油压力的变化

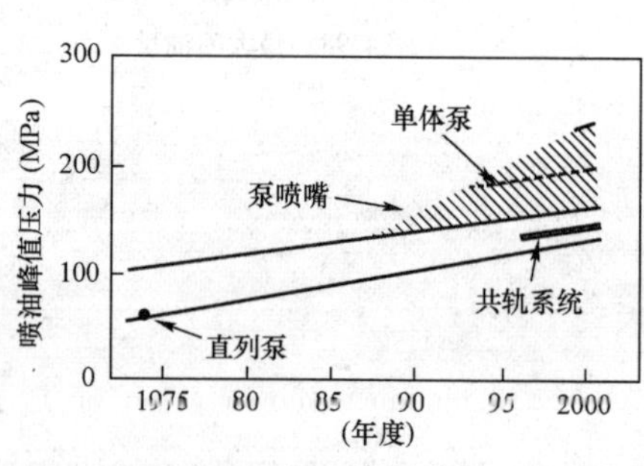

图 5-2 喷油压力在不断提升

共轨系统问世以来，喷油压力仍然是人们追求的基本目标参数之一。近十多年来，世界上两大燃油系统生产商——博世和电装在共轨系统喷油压力提升技术上展开了一场刀光剑影的竞争。

博世公司的喷油压力的目标定格在 250MPa。这个目标提出之后没有再升高，而且博世公司一直为之实现而奋斗；电装公司在 2008 年第三代共轨系统中成功地实现了 200MPa 的目标。但是，至今未见他们再继续提出新的目标。

现在看来，250MPa 是共轨系统喷油压力的极限。

长期的研究表明：提高喷油压力可以带来一系列好处。

图 5-3 表明：喷油压力可以提高发动机的输出功率。

图 5-4 表明：喷油压力和黑烟的关系。

图 5-5 中示出了喷油压力和喷雾粒径之间的关系。左图是利用一般机械式喷油系统的试验结果，图中标出的喷油压力是很低的。右图是日本新燃烧研究所利用特制的超高压试验装置进行的试验研究。当喷油压力高到一定程度后，喷雾的平均粒径的减小趋势就变得平缓了。

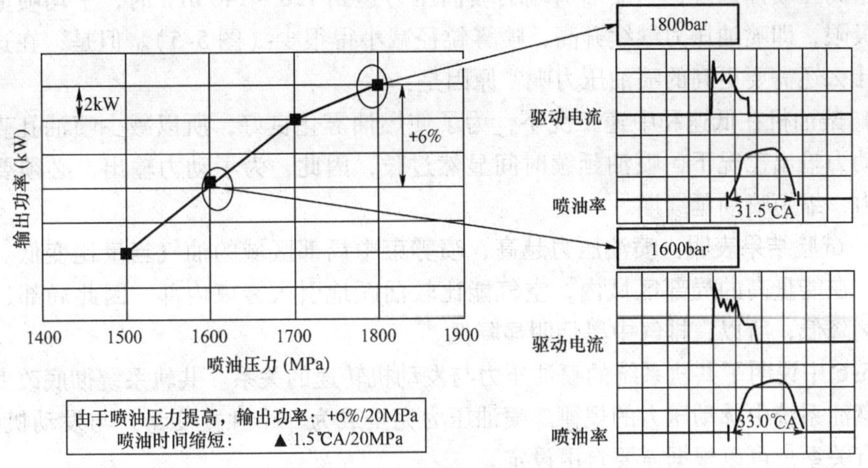

图 5-3 喷油压力和输出功率

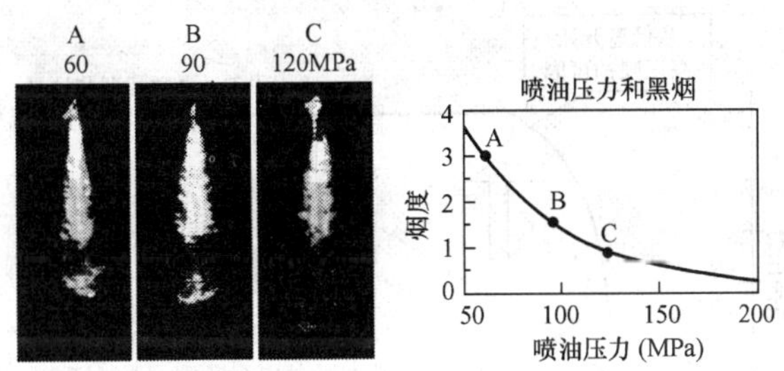

图 5-4 喷油压力和黑烟

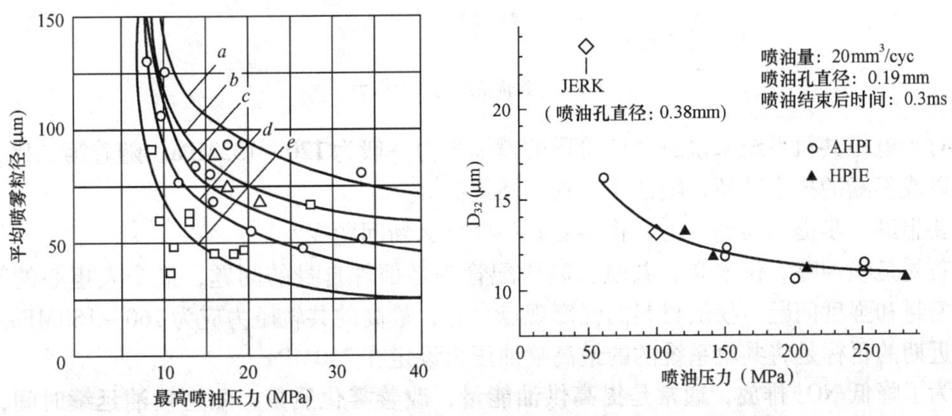

图 5-5 喷油压力和平均喷雾粒径的关系

柴油机燃烧过程与燃油雾化质量紧密相关。燃油喷入汽缸，汽缸内气体流动，促进燃油雾化、形成均匀的混合气。通过改进进气系统，可以在汽缸内形成具有更高能量的空气流动，使燃油一边运动，一边雾化，一边燃烧。因此，要求燃油系统必须具有足够高的喷油压力，喷雾应当具有足够的喷油能量。

但是，在传统的燃油喷油系统中，喷油压力决定于发动机转速和负荷。特别是低转速、高负荷时，很难得足够高的喷油压力。

对于高压喷油系统，当喷油嘴端的喷油压力达到 120 ~ 140MPa 时，平均喷雾粒径几乎已达极限，即喷油压力继续升高，喷雾粒径减小得很少（图 5-5）。但是，在这种情况下，为什么还需要更高的喷油压力呢？原因是：

（1）柴油机在低速和中速工况下，为了使燃油雾化良好，所以减少喷油孔直径。这样，在动力输出工况下，喷油延续时间显然过长，因此，为了动力输出，必须要有高的喷油压力，缩短喷油延续期。

（2）试验结果表明：喷油压力越高，喷雾束中局部区域的油气当量比变低。由于高压喷油，在能量高的局部区域内，空气能比较活跃地引入雾束内部。因此局部过浓的混合气比例降低，所以，排气中黑烟明显降低。

图 5-6 中说明了共轨系统的喷油压力与发动机转速的关系。共轨系统彻底改变了传统机械式燃油系统中脉动压力的规律。喷油压力完全成为一个独立变量，与发动机的转速、负荷没有关系。可以根据需要自由设定。

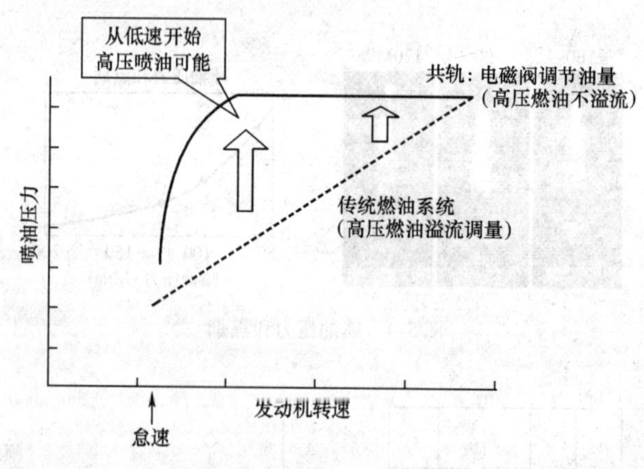

图 5-6　共轨系统的喷油压力

对于电控共轨系统来说，初期阶段的喷油压力一般为 120 ~ 135MPa。随着第二代、第三代以及不断的技术革新，喷油压力在不断提高。

要想进一步提高喷油压力，将会碰到一些什么新问题呢？

首先是喷油嘴、供水泵、共轨、高压配管等零部件自身的问题，最令人担心的问题是：密封和强度问题。仅从材料的强度观点来看，最高的共轨压力应为 160 ~ 180MPa。但是，近期的目标是将共轨系统的的最高喷油压力设定在 250MPa。

为了降低 NO_x 排放，通常是提高供油能量，改善雾化质量，缩短喷油延续时间，或者更加简单地说，就是提高喷油压力。一般情况下，超高喷油压力和高喷油率是两个不同的概念。由于技术进步，目前已经实现了：一个燃烧循环中可以喷油9次；喷油量可以达到1.0±0.5mm^3/cyc；最短的喷油时间间隔缩短到0.1ms。因此，在新的技术体条件下，可以实现高精度、多次喷油。可以抑制缸内最高爆发压力、最大放热率、最高燃烧温度和最大压力升高率。提高发动机平均有效压力。

二、关于超高压喷油

1987年2月，在日本的科学之城筑波市创立了新燃烧系统研究所，从事柴油机燃烧过程的专项研究。经过5年多的研究活动之后，即1992年9月再由日本12家大公司（其中有8家大型汽车公司和两家油泵油嘴专业公司）共同出资，转建成新燃烧系统公司，继续进行相关的研究活动。

研究目标：确立独创的下一代燃烧系统的全新概念，开发新一代高效率低排放的柴油机。以为了环境、能源和人类的便利为基本宗旨。这一宗旨在日本国内有关各界达成共识，并得到了日本政府的理解和支持。

基本研究课题分两大项：

（1）使NO_x、燃油消耗和排烟能同时降低的柴油机燃烧的研究；

（2）柴油机排气中NO_x还原系统的研究。

基本手段亦为两项：

（1）超高压喷油——喷油压力可达300MPa。在超高压喷油的条件下，利用各种方法和设备，研究与超高压喷油有关的各种现象和过程，探索和追求燃烧过程的实质。

（2）开发和应用柴油机专用催化剂。

在多年的研究活动中作了很多工作，也取得了许多重要的研究成果。这些成果对世界汽车、柴油机及油泵油嘴行业均有参考和启发作用。

关于超高压喷油的主要研究内容是：

（1）研制超高压燃油喷射装置；

（2）超高压喷油对燃烧过程的影响；

1. 超高压喷油装置

电装公司和杰克赛尔公司为新燃烧研究所开发研制了两种不同类型的超高压喷油装置：增压型超高压系统（HPIE）（图5-7）和蓄压型超高压系统（AHPI）（图5-8）。

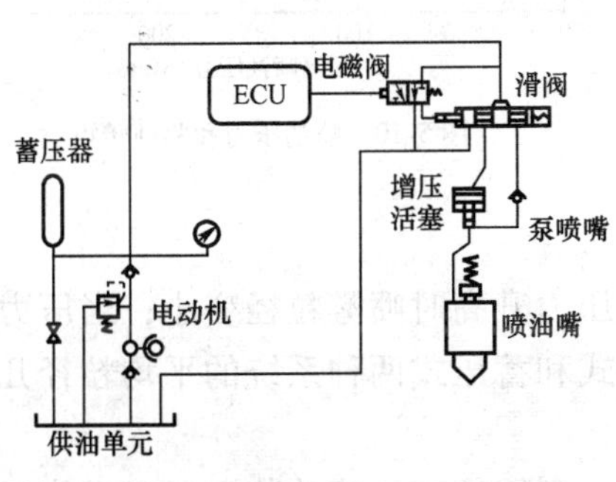

图5-7　超高压增压系统框图

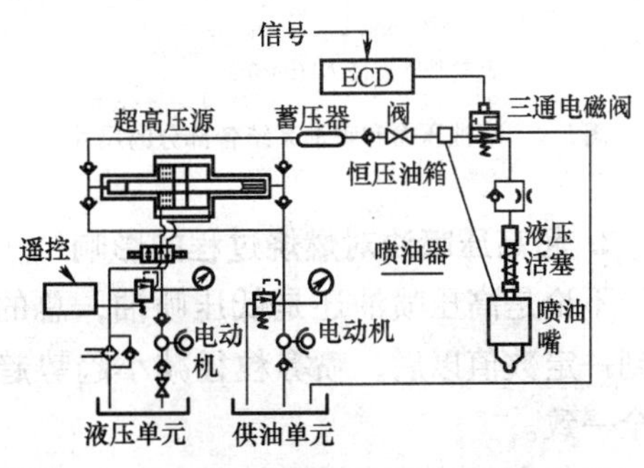

图5-8　超高压蓄压系统框图

柴油机燃烧过程中的最大问题是扩散燃烧期中产生的炭烟。为了降低炭烟排量，燃烧必须在高温下进行。但在高温下燃烧时，NO_x 的排放量又会增加，同时降低炭烟和 NO_x 的排放量是非常困难的。

为了解决炭烟问题，最有效的手段是采用高压喷射。新燃烧研究所采用特制的超高压喷油系统（喷油压力可达 300MPa）进行了一系列研究。

当时，产生 100MPa 以上喷油压力的喷油装置可分为三类：直列泵、凸轮驱动的泵喷嘴和蓄压式喷油系统。

喷油压力增加到 200MPa、300MPa 时，若以传统的直列泵为基础推算直列泵和凸轮驱动的泵喷嘴的相应尺寸，其结果如图 5-9 所示，在燃油系统的机械结构方面会出现一系列问题。

在图 5-9 中：D_P——柱塞直径；v_C——凸轮速度常数；D_s——凸轮轴基圆直径；L——滚轮宽度。由图可见，相关几何尺寸必须大幅度增加，甚至到了不可接受的程度。例如，在直列泵中当喷油压力为 300MPa 时，若取 L 为 16mm，v_C 为 15m/s，则 D_s 应为 170mm。当然，不仅几何尺寸增加过多，而且还有刚度、惯性、表面压力等诸多问题随之产生。

驱动转矩增加是超高压力喷油的又一技术障碍。图 5-10 示出了喷油压力和驱动转矩的关系。在低压端，三种系统的驱动转矩差不多。但在直列泵和凸轮驱动泵喷嘴系统中，随着压力提高必须加大供油率，加大柱塞直径，驱动转矩成二次函数增加；在蓄压式泵喷嘴系统中，驱动转矩与压力成线性函数关系。

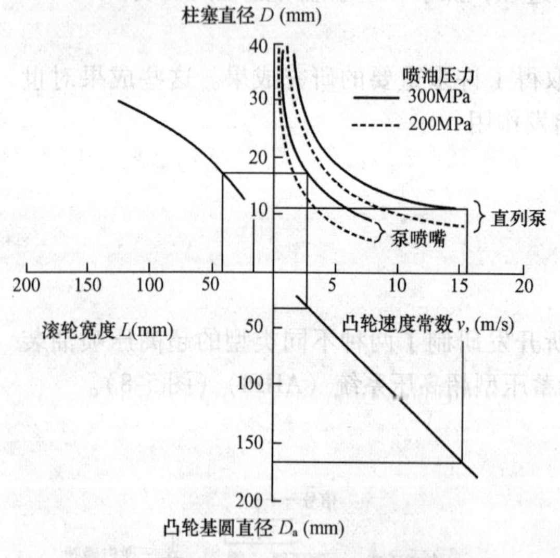

图 5-9　喷油压力和喷油系统各部分的尺寸

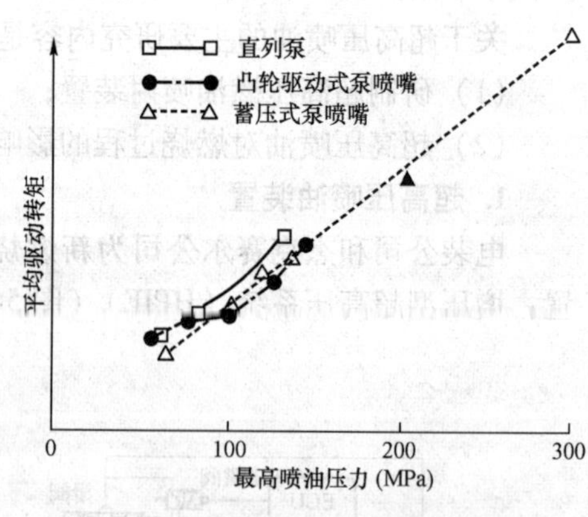

图 5-10　喷油压力和驱动转矩

2. 超高压喷油对燃烧过程的影响

不论是高压喷油还是低压喷油，总的趋势是：压力升高时喷雾粒径变小；当压力升高到一定数值以后，喷雾粒径减小趋势趋缓。增压式和蓄压式两种系统的平均粒径几乎完全一致。

在超高压喷油时燃油的雾化质量有了很大改进。利用超高压喷油装置研究燃烧过程时发现：在燃烧室壁面附近多点同时着火，火焰由周围向燃烧室中心扩展。在喷油终了之前，雾束被火焰覆盖。燃烧时间很短，燃烧后期形成的炭黑很快消失。由于燃烧过快，燃烧室内局部区域温度过高，对 NO_x 排放不利。

图 5-11 中示出了喷油压力和排烟的关系。

图 5-12 中示出了喷油压力和颗粒排放的关系。

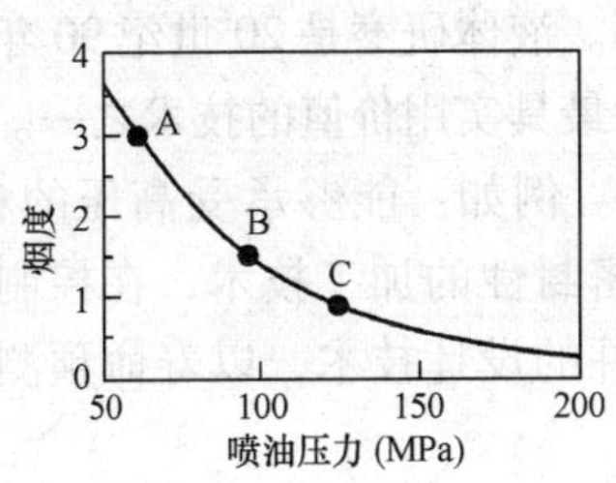

图 5-11 喷油压力和排烟

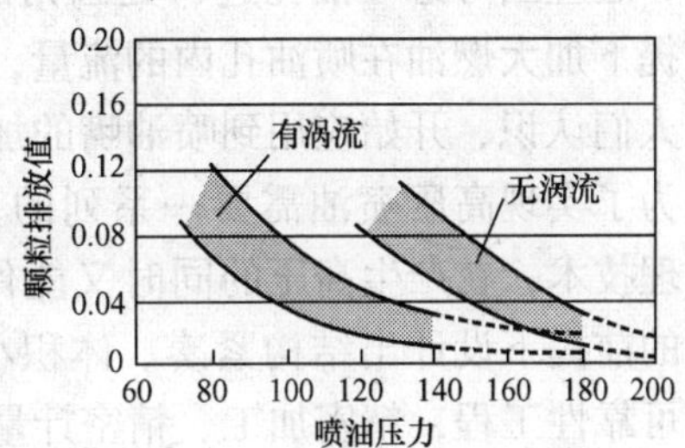

图 5-12 喷油压力和颗粒排放

三、高压喷油的目的

在排放法规实施之前，追求高喷油压力的目的在于改善燃油的雾化特性。排放法规实施以后，追求喷油压力高压化的目的在于降低排烟和减少颗粒排放。

轻柴油的沸点比较高——180～360℃，因此，很难得到均匀的混合气。在燃油浓度高的区域（高负荷工况），由于局部区域氧气不足和温度过高，因而会产生“黑烟”。这是汽车柴油机难以解决的课题之一。

柴油机燃烧的关键技术课题之一是如何使燃油均匀地雾化，而且在汽缸内形成均匀的喷雾。也就是说，如何才能做到喷入汽缸中的燃油一边不停地雾化，一边燃烧。因为这个要求，很自然地就要求燃油喷油装置始终具有足够高的喷油压力。

从降低有害排放物的观点看，炭烟与 NO_x 之间具有相互制约的关系，要实现两者同时降低是困难的。提高喷油压力，适当推迟喷油定时则是能使炭烟和 NO_x 同时降低的技术之一。

图 5-13 中的曲线说明了排放法规和喷油嘴的喷油孔直径之间的对应关系。图中，1970 年是指 20 世纪 70 年代及以前的未实施排放法规的时代，当时的最高喷油压力大约 50～60MPa，所以，喷油孔的直径较大。

1991 年，美国实施比较严格的排放法规，当时的喷油压力大约可以达到 110MPa，喷油孔直径明显减小了。

20 世纪末，日本执行比较严格的长期排放法规，喷油孔直径对应地更小了一些。

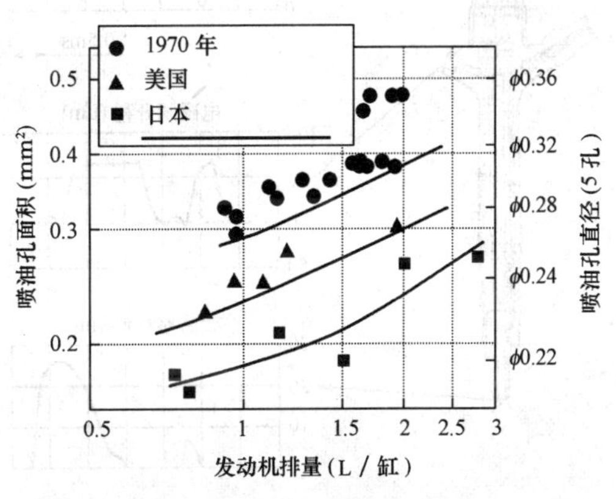

图 5-13 喷油孔直径和排放法规

现在，共轨喷油嘴的喷油孔直径已经减

小到0.11mm左右。

在凸轮驱动的机械式燃油系统中，减小喷油孔直径是实现高压喷油的重要手段之一，当然也是改善雾化质量的必要条件。

在发动机小负荷、中等负荷工况下，要求喷油速度适当减缓。因此，减小喷油孔直径可使喷油初期的的速率适当降低，促进燃油雾化，减少颗粒排放。减小喷油孔直径的同时，还应当考虑喷油孔进口处圆角的作用。采用液体研磨，可以在不加大喷油孔直径的前提下加大燃油在喷油孔内的流量，缩短喷油延续时间。液体研磨是20世纪90年代逐步被人们认识、开始应用到喷油嘴的加工工艺中的，成为最具实用价值的技术之一。

为了实现高压喷油需要一系列的基础技术作为支撑。例如：能够承受高压的材料，热处理技术，在产生高压的同时又能保持良好滑动性和密封性的加工技术，在控制最小应力的前提下设计出结构紧凑、体积小、质量轻的零部件的设计技术，以寿命预测为中心的可靠性工程，精密加工、精密计量技术等。

第二节　喷油率控制

喷油率是指单元时间内喷油量与喷油时间的比值。平均喷油率是指在一个工作循环中喷入汽缸中的燃油量与相应的喷油时间的比。

在电控共轨系统中，喷油率的定义是：在一个喷油循环过程中，从喷油开始到喷油结束之间，包括引导喷油、预喷油、主喷油和后喷油、远后喷油等都在内的喷油率。

单元时间的概念随着技术的进步也在变化。假设按照0.1°曲轴转角作为时间间隔控制喷油率，则转速为4000r/min时，1°曲轴转角相当于42μs，1/10就是4.2μs，因此，每4.2μs就要向喷油率控制机构发出一次控制指令，或者说，执行机构每4.2μs就要执行一次控制动作。

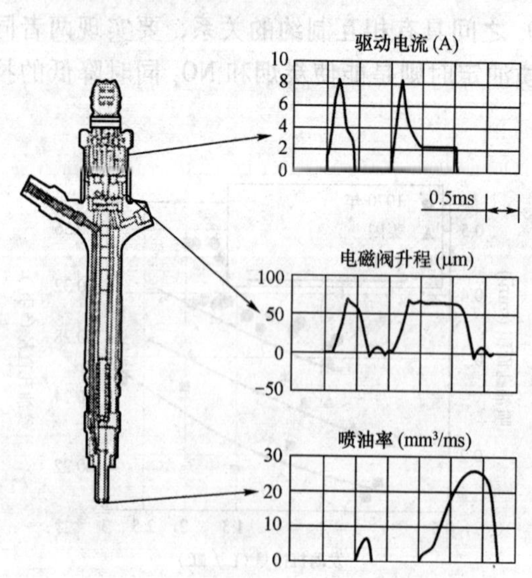

图5-14　电控喷油器的喷油过程

在实际电控喷油系统中所采用的时间间隔是比较大的，但是随着技术的进步，喷油率的时间控制间隔会越来越小。2010年的实际水平是0.1ms。

图5-14是2000年电装公司电控喷油器实际工作参数的一例。

喷油率直接影响着柴油机燃烧过程、排放特性等重要指标。排放法规实施以后，喷油率形状的重要性逐渐被认识，但是，由于机械式燃油系统中的喷油过程非常复杂，实际上没有办法有效地控制喷油率图形的形状。20世纪90年代中期，电控共轨系统正式投入使用以后，控制喷油率才真正成为可能。喷油率的概念也发生了根本性变化。

由于喷油技术不断发展，围绕喷油率的

形状问题已经进行了很多研究。大体上可以分为两个历史阶段：

（1）机械式燃油系统的喷油率；

（2）电控式喷油系统的喷油率。

在机械式喷油系统中，燃油喷油过程是一个非常复杂的过程。机械的、液力的和弹性的各种作用综合在一起，人力是难以干预这个过程的。最基本的方法是通过参数组合，进行一系列试验，最后由试验结果决定。

实际上，机械式喷油系统中的喷油率图形是比较简单的，基本上都是一次主喷油。或者更加形象地说，机械式喷油系统的喷油率的形状都是一波波形。从喷油率的形状来看，代表性的图形有：上升波形、下降波形等非常简单的形状。

所谓改变喷油率是指以下三种：

（1）平均喷油率可变；

（2）控制喷油率的形状；

（3）多次喷油。

在自动阀系统中，改变喷油率的形状的可用的手段如图 5-15b）所示：

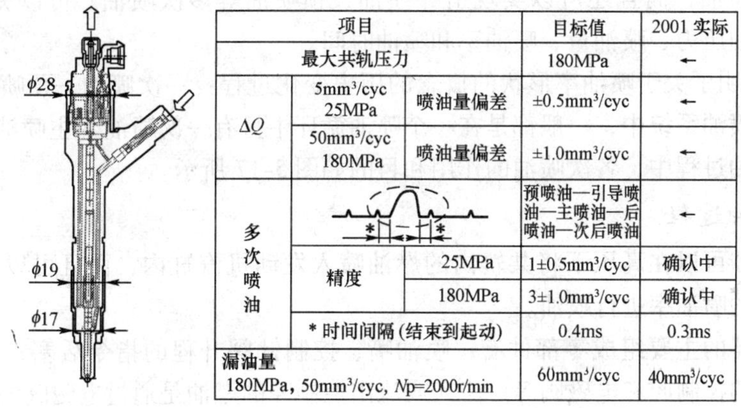

项目			目标值	2001 实际
最大共轨压力			180MPa	←
ΔQ	5mm³/cyc 25MPa	喷油量偏差	±0.5mm³/cyc	←
	50mm³/cyc 180MPa	喷油量偏差	±1.0mm³/cyc	←
多次喷油			预喷油—引导喷油—主喷油—后喷油—次后喷油	←
	精度	25MPa	1±0.5mm³/cyc	确认中
		180MPa	3±1.0mm³/cyc	确认中
	* 时间间隔（结束到起动）		0.4ms	0.3ms
漏油量 180MPa，50mm³/cyc，Np=2000r/min			60mm³/cyc	40mm³/cyc

a) 多次喷油的参数

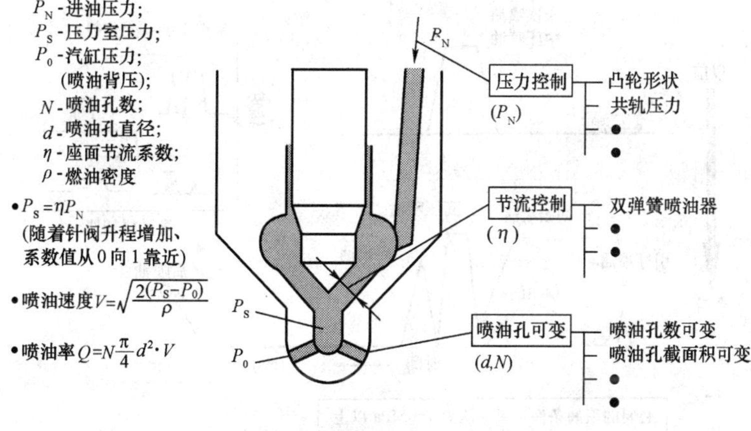

b) 喷油嘴部分放大图

图 5-15 多次喷油控制方法示例

（1）改变喷油压力；

（2）利用喷油嘴座面节流——代表性的方法是采用双弹簧喷油器，利用针阀的第一开启压力和控制第一段针阀升程，从而控制初期喷油量。

（3）改变喷油孔结构参数——关于喷油孔参数可以改变的设想很多，但是，大多仍然停留在试验研究阶段，未达到实际应用的水平。

一、各种喷油系统的喷油率

试验结果表明，不同的燃烧方式，对应着相应的最佳喷油率形状。同一种发动机在不同的负荷状态下也有对应的不同的最佳喷油率。

二、共轨系统的喷油率

在电控共轨系统中，由供油泵提供高压燃油，并存储在共轨内。电磁阀控制针阀偶件的背压，决定喷油器开启和关闭。喷油压力与发动机转速无关，始终维持在适当的高压状态。电磁阀直接控制针阀升程进行喷油。因此，在电控共轨系统中，不仅可以完成一般意义上的喷油，而且还可以实现引导喷油、预喷油等多次喷油。可以完全独立地、自由地控制喷油压力、喷油量、喷油率和喷油时间。

图 5-16 说明了关于喷油率形状的概念的历史变化过程：一次喷油—预喷油—多次喷油。在机械式喷油系统中，一般都是在一个喷油循环中只有一次喷油（主喷油）；

在多次喷油过程中，各次喷油的作用和目的如图 5-17 所示。

（一）喷油过程

电控喷油器可以在高压下将共轨内的燃油喷入发动机汽缸内，而且可以按照最佳的时间，最合适的喷油率进行喷油。

电控喷油器的主要组成零部件有：喷油嘴、控制针阀升程的指令活塞、具有进油量孔和出油量孔的控制腔和电磁阀等。流入或流出控制腔的燃油是通过电磁阀的 ON-OFF 进行控制的。电控喷油器的工作原理如图 5-18 所示。

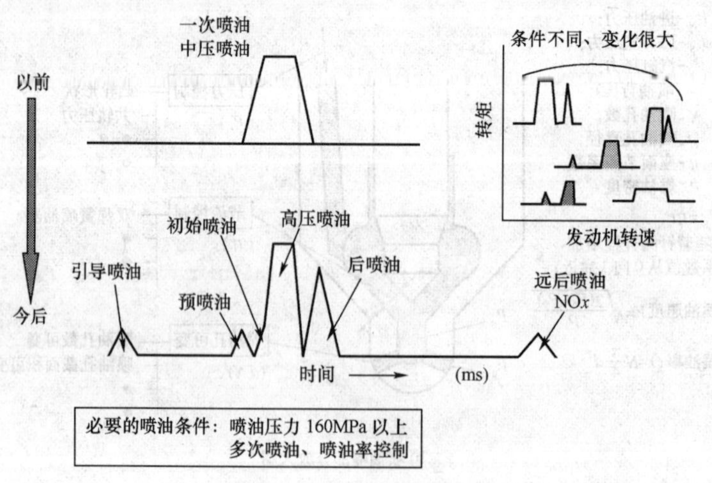

图 5-16　喷油率形状的变化

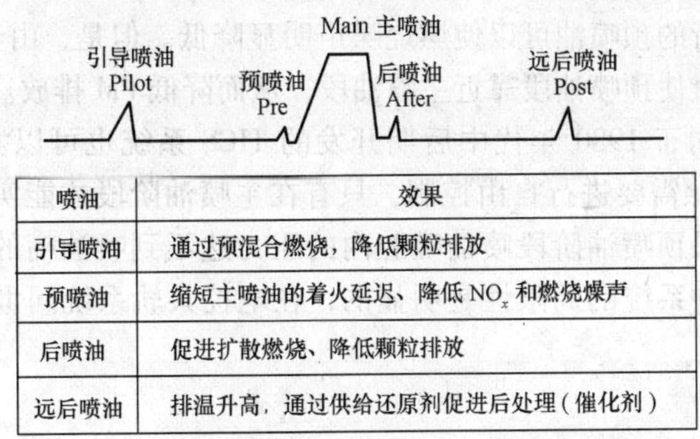

喷油	效果
引导喷油	通过预混合燃烧，降低颗粒排放
预喷油	缩短主喷油的着火延迟、降低 NO_x 和燃烧爆声
后喷油	促进扩散燃烧、降低颗粒排放
远后喷油	排温升高，通过供给还原剂促进后处理（催化剂）

图 5-17　各次喷油的作用说明

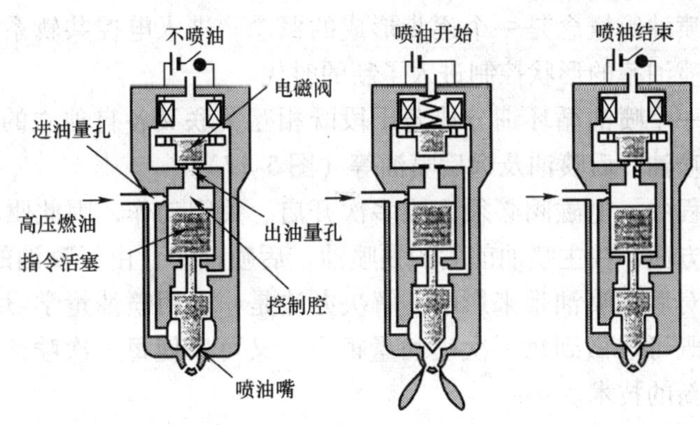

图 5-18　电控喷油器的工作原理

（1）当电磁阀中没有电流流过时（左图），针阀被压在下方座面上，出油量孔被关闭，通过进油量孔，燃油从共轨中流入控制腔内。因此，等于在针阀尾部外加上高压燃油的作用力，从指令活塞到喷油嘴的通路被截断，所以不喷油。

（2）当电流开始通入电磁阀时（中图），由于电磁力的作用，将针阀向上拉。结果，通过出油量孔，喷油嘴背部（控制腔）的燃油逐步流向低压腔，当喷油嘴端部的高压燃油的作用力大于针阀开启压力时，则针阀升起，喷油开始。如果持续通电，则针阀可以升起到最大升程位置，达到最大喷油率状态。

（3）一旦停止向电磁阀供电（右图），则针阀下降，出油量孔被关闭。这时，高压燃油通过进油量孔流入控制腔中，通过指令活塞使针阀快速关闭。

综上所述，向电磁阀通电的时刻决定了喷油时间，电磁阀通电的时间长短决定喷油延续时间。这些都是电子控制系统独立完成的，与发动机的转速和负荷等无关。这样的控制特性在传统的机械式燃油系统中是不可能的。

（二）预喷油及其控制

所谓预喷油就是在主喷油之前有一个喷油量相当小的喷油过程。评价预喷油的参数是预喷油量和预喷油与主喷油之间的时间间隔。

在主喷油之前进行的预喷油可以使燃烧噪声明显降低。但是，由于预喷油会导致 PM 排放增加，因此，尽量使预喷油段靠近主喷油段，从而降低 PM 排放。

日本杰克赛尔公司于 1980 年代中后期开发的 TICS 系统也可以实现预喷油。但是，TICS 的预喷油不能按照需要进行自由控制，只有在主喷油阶段才能实现预喷油。当喷油泵转速低的时候，如果预喷油阶段喷油嘴腔内的压力达不到喷油嘴的针阀开启压力，就不能实现预喷油。这种系统的局限性是明显的，在电控共轨系统问世后很快就在市场中消失了。

（三）多次喷油

20 世纪 90 年代，日本对混合燃烧进行过积极的研究。研究结果指出：柴油机燃烧技术的关键之一是将一个工作循环中的喷油过程分成若干阶段来进行，从而控制燃烧速率。

引导喷油、预喷油等概念是一个逐步形成的概念。进入电控共轨系统时代以后，由于采用时间控制，喷油率的形状控制进入了新的时代。

多次喷油是将一个喷油循环细分成若干段既相互关联又各自独立的喷油段——引导喷油、预喷油、主喷油、后喷油及远后喷油等（图 5-17）。

在多次喷油过程中，电磁阀必须完成多次开启、关闭动作，因此驱动能量和消耗能量成了问题。另一方面，在主喷油前后的预喷油、后喷油中，由于喷油的间隔相互靠近，因此，前次喷油会对后次喷油带来影响。解决办法是：采用喷油量学习控制方法对每次喷油量进行修正，既可以做到每一次喷油量很小，又可以使每一次喷油量稳定，重复性良好。这些都是最新的技术。

利用电控共轨系统对多次喷油的喷油率进行研究。关于多次喷油对燃烧过程、对发动机性能的影响等，已经进行了广泛的试验研究和理论分析，得出了一系列具有实际价值的结论，并已成功地应用到实际产品中。

因为电控共轨系统是完全的“时间—压力调节系统”。喷油量是由共轨压力和喷油器电磁阀通电脉冲决定的。以共轨压力为基本参数，改变指令脉冲长度就可以控制喷油率形状。

电装公司关于喷油率的规划：

第一阶段：共轨压力为 120～145MPa，实行预喷油和主喷油；

第二阶段：共轨压力为 160～180MPa，实行引导喷油、预喷油、主喷油、后喷油及远后喷油的多次喷油的喷油率；

图 5-19 是实验室中利用第二代电控共轨系统进行多次喷油的试验记录。图中示出了许多重要参数：驱动电流、针阀升程以及喷油率等。

引导喷油相对于主喷油提前角度在逐步缩短。以电装公司的共轨系统为例：在第一代共轨系统中，预喷油和主喷油之间的时间间隔是 0.7ms，后来缩短到 0.4ms、0.2ms，现在可以达到 0.1ms。由于预混合燃烧的效果，PM 排放和燃烧噪声可以明显降低。

后喷油是紧靠在主喷油之后进行的喷油，可使扩散燃烧更快地进行，因此，可以降低主喷油中产生的PM。

远后喷油是在离开主喷油相当的时间间隔之后进行的喷油，一般是为了后处理的原因而采取的。例如：提高温度，保证颗粒过滤器能够再生等。

图5-19是电装公司第二代共轨系统的试验结果。喷油压力180MPa，并且记录了每一次喷油的喷油量。该结果也充分说明已经完美地达到了初期规划的目的。

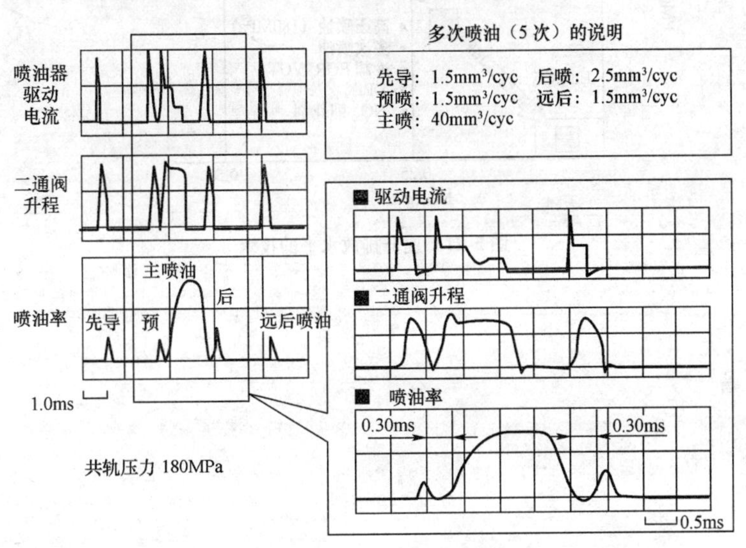

图5-19 典型的5次喷油（180MPa）

图5-20是通过多次喷油改善排放的效果。20世纪末，共轨柴油乘用车刚刚登场的时候，欧洲采用这种方案顺利地将排放水平由欧Ⅲ提升到欧Ⅳ。

图5-21说明多次喷油还有进一步提升排放水的潜力。

2008年，电装公司成功地开始批量生产第三代共轨系统。第三代共轨系统的喷油压力为200MPa，在一次供油行程中可以喷油9次。利用第三代共轨系统可以满足欧Ⅴ排放法规，且具有满足欧Ⅵ排放法规的潜力。请参看本书第一章第五节。

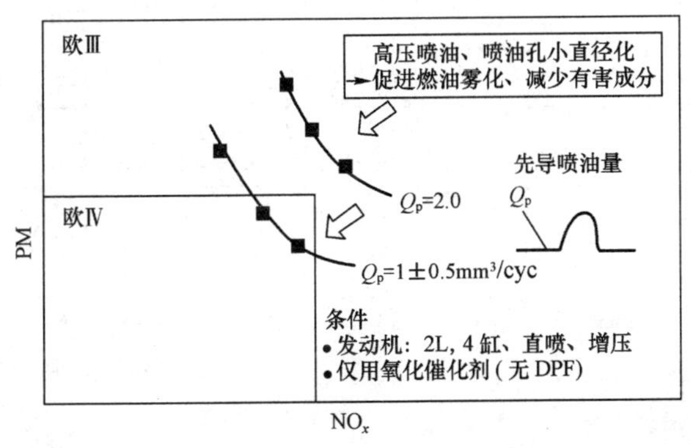

图5-20 欧Ⅲ提升到欧Ⅳ

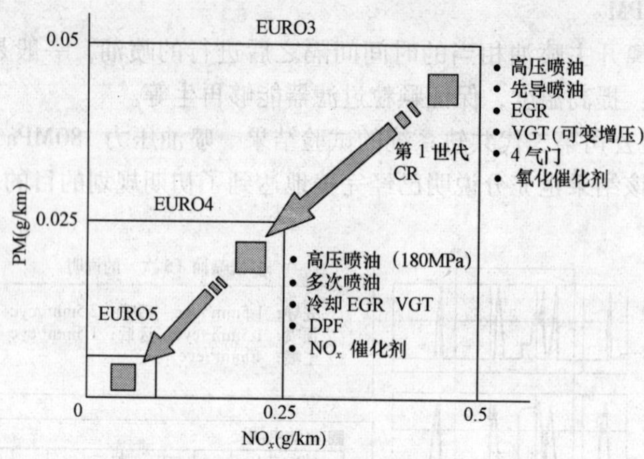

图 5-21 提升排放水平的技术

第六章 喷油时间控制

各种不同的燃油系统中，喷油时间的控制方法是不同的。本章介绍几种具有代表性的燃油系统的喷油时间的控制方法。从对比中可以看到电控燃油系统的优越性。

在电控燃油系统中（例如电控共轨系统），传感器和开关检测发动机转速和负荷等基本参数，电控单元（ECU）根据这些参数，通过计算处理，向执行器（喷油器）发出执行指令：各个汽缸所对应的喷油器电磁阀在什么时间开启、在什么时刻关闭、开启到什么程度等。喷油时间可以自由控制，可以精确控制，可以简单地进行控制。

在电控式燃油系统中，控制喷油量、喷油时间以及喷油率等，最后都成了一个非常简单的动作——电磁阀的开启和关闭。

第一节 喷油时间概述

为了实现良好的燃烧，燃油喷射时间应随柴油机转速和负荷的变化而变化。

喷油时间对柴油机性能、排放的影响如图 6-1 所示。

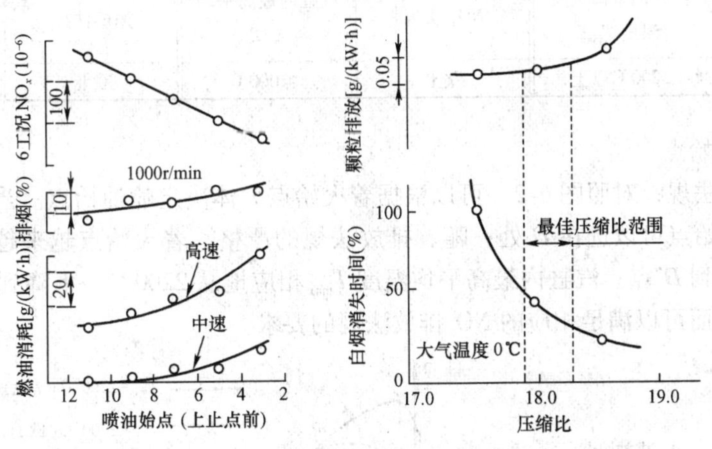

图 6-1 喷油时间与发动机性能

在传统的泵管嘴系统中，由于喷油延迟等因素的作用较大，一般总要采用专门设计的机构和装置——如喷油角度自动提前器，随着发动机的转速和负荷自动改变喷油始点。

改变喷油始点主要是依靠燃油喷射装置。改变喷油始点的方法在不同的燃油系统中是不同的。例如：

（1）在 TICS 那样的直列式喷油泵系统中通过可动滑套改变供油预行程，从而改变供油始点；

（2）在高压分配泵中，通过由燃油压力驱动的提前器活塞改变凸轮相位，从而改变供油始点；

（3）在电控喷油泵、电控泵喷嘴、电控单体泵和电控共轨系统中，通过电磁阀的开启和关闭改变供油始点。

随着电控技术的发展，喷油时间的控制精度越来越高，控制机构越来越简单，控制手段逐步由硬件转向软件。

图 6-1 左图中的曲线表明：推迟喷油时间是降低 NO_x 排放的有效手段。将初期燃烧向后推迟，则汽缸内温度会随之降低，因而能减少 NO_x 生成。但是，这又会导致热效率降低，燃油消耗、输出功率均会有所下降。而且，PM、HC 和 CO 也会增加，低温起动性恶化等诸多弊端。为了克服这些问题，可以适当提高压缩比，相对于活塞顶部的死容积来说，使有效的燃烧容积有所减小。因此，可以根据试验结果，选择良好的燃烧效果和合适的 PM 排放值所对应的压缩比（图 6-1 右图）。

一般认为：决定合适的喷油时间时主要应考虑下述因素：

（1）排放法规

首先应当考虑排放法规的各种限值。柴油机排气中最难解决的课题是如何降低 NO_x 排放值。表 6-1 列出了 NO_x 排放值与汽缸内最高平均温度 T_{max} 的大致关系。各种试验研究表明：柴油机排气中 NO_x 气体成分的含量与汽缸内最高平均温度有直接关系。适当控制汽缸内最高平均温度 T_{max}，可以控制 NO_x 排放值。

NO_x 排放值与汽缸内最高平均温度 表 6-1

NO_x 法规	汽缸内最高平均温度 T_{max}	NO_x 法规	汽缸内最高平均温度 T_{max}	NO_x 法规	汽缸内最高平均温度 T_{max}
无法规	2200℃以上	欧Ⅰ	≤2000℃	欧Ⅱ	≤1900℃

（2）着火始点

根据排放法规，对照图 6-2，可以根据着火始点大体决定喷油始点。当没有排放法规限制时，着火始点可以选在 *D* 处；随着排放法规的严格，着火始点越来越往后推迟：从 *D* 点→到 *D′*→到 *D″*点。汽缸内最高平均温度 T_{max} 相应地从 2200℃→下降到 2000℃→下降到 1900℃。从而可以满足相应的 NO_x 排放法规的要求。

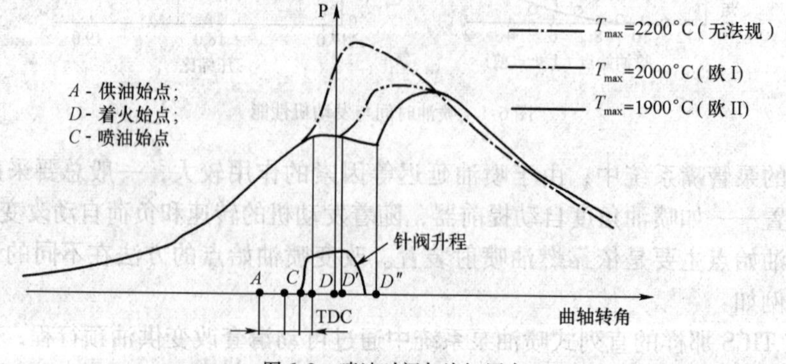

图 6-2 喷油时间与汽缸压力

(3) 着火延迟

着火延迟期长，预混合燃烧量增加，T_{max} 升高，NO_x 排放量增加；压缩比 ε 大，则着火延迟期短；压缩比 ε 小，则着火延迟期长。在任何情况下都应该尽量缩短着火延迟期。

当压缩比 $\varepsilon = 18 \sim 18.5$ 时，着火延迟期为 2.5°～3°曲轴转角，适合于欧Ⅰ排放；当压缩比 $\varepsilon = 16 \sim 17$ 时，着火延迟期为 4°～4.5°曲轴转角时，一般不能满足欧Ⅰ排放；着火延迟期与许多因素有关，一般总是通过试验最后决定。对于一般的直喷式柴油机有如下参考数据，在没有执行排放法规时，静态供油角为 -14°（TDC）曲轴转角；实施排放法规后，静态供油角为 -11°（TDC）曲轴转角。当然随着排放法规的变化这些参考数据也会不断变化，但是，某种水平的排放法规大致对应着某个范围的参考数据。

在不同的喷油系统中采用不同的方法和机构调节喷油时间。本节将详细介绍各种喷油时间调节装置的结构、原理及其优缺点，在各种装置的比较之中重点认识电控喷油装置的优点。

在传统的泵管嘴系统中，由于存在着喷油延迟和着火延迟这两种现象，所以喷油时间的控制和调节是非常必要的。

图 6-3 中示出了喷油延迟和着火延迟的概念。由图中可见：

①供油始点——柱塞顶端关闭柱塞套进回油孔时所对应的凸轮转角位置（亦称几何供油始点）。

②喷油开始——针阀开始升起时所对应的凸轮转角。

③喷油延迟——从供油始点到喷油始点所对应的凸轮转角或时间。

④着火延迟——从喷油开始到燃烧室内着火燃烧所对应的凸轮转角或时间。又称滞燃期、着火延迟期等。

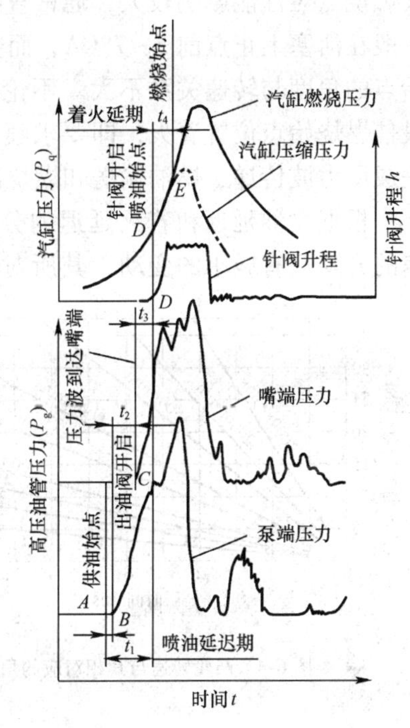

图 6-3 喷油延迟和着火延迟

从概念上来说，喷油延迟是由以下几个方面组成的：

①从供油始点开始到出油阀升起到减压环完全走出阀座所需时间 t_1。

②压力波从出油阀接头腔传递到喷油嘴腔所需要的时间 t_2。

③从压力波抵达喷油嘴腔到针阀开始升起所需要的时间 t_3。

喷油延迟期等于 $t_1 + t_2 + t_3$。其中所占比例最大的是压力波在高压油路中的传播时间：

$$t_2 = \frac{L}{a}(s)$$

式中：L——高压油路长度；

a——压力波在燃油中的音速（约 1400m/s）。

压力波传播时间是绝对数据，与转速无关（实际上随着转速增高，泵端压力升高，燃油密度变大，音速稍有增加，但由于高压油管长度短，对压力波传播时间的影响可以忽略不计）。但若以曲轴转角来表示，则同样传播时间 t_2 内所需要的曲轴转角也随转速而变，如以 α 表示喷油延迟角（并略去 t_1 和 t_3）则：

$$\alpha \approx 6 \times \frac{L}{a} n(°\mathrm{CA})$$

式中：n——柴油机转速，r/min。

喷油延迟角 α 会随着发动机转速升高而增大；当然，高压油管长度增加，则压力波传递时间亦会随之增加，喷油延迟角也会增加。所以，在多缸柴油机中，高压油管的长度不宜过长，而且，各缸的高压油管长度应尽可能保持一致。由上式可见，柴油机转速对喷油延迟角的影响颇大。通常随着柴油机转速增加，热损失减少，即使压缩比一定，但压缩后的压力和温度都会升高，空气涡流也会加强，使柴油与空气的混合速度加快。因此，如以时间秒来计量，着火延迟 t_4 会有少量的缩短，不过着火延迟如以曲轴转角 α 计量：$\alpha = 6nt_4$，则 α 角会随转速 n 升高而增大。所以增速的结果，使 α 增加。柴油机着火燃烧点对性能影响较大，通常直喷式燃烧室的最佳燃烧始点要比涡流室式燃烧室提前，一般在活塞上止点前 5～7°CA，而彗星型涡流室则在上止点前 1～2°CA。这两种最佳燃烧始点的角度与转速关系不大。不论发动机转速如何变化，总希望在活塞到达上止点前的最佳燃烧始点位置着火，即要求喷油系统和燃烧系统在活塞到达最佳燃烧始点位置前能完成压力波传递、燃油输送和燃烧准备等工作。

根据喷油延迟和着火延迟的分析，完成这些传递、输送、准备等工作所需时间随转速的升降只有微小的变动，其所对应的凸轮角度则随转速会有较大变化。由于绝对时间变化不大，所以转速对凸轮转角有明显影响（图 6-4）。例如：同样经历 2ms 时间，则转速为 1000r/min 时占 12℃A；转速为 2000r/min 时占 24°CA；转速为 3000r/min 时则占 36°CA。

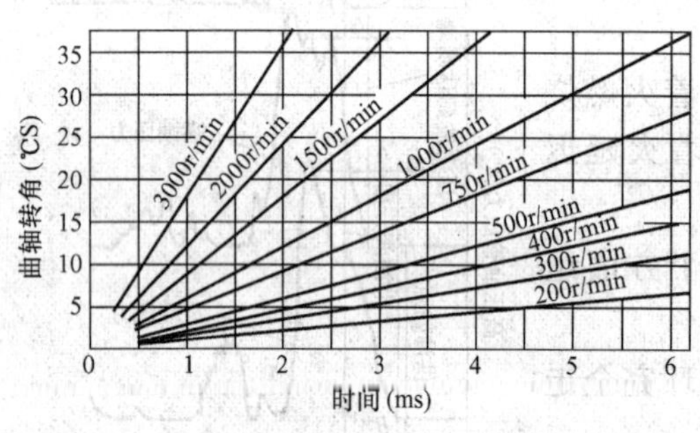

图 6-4　凸轮转速与其相对应的角度

由于转速对凸轮转角影响较大，喷油延迟和着火延迟所占凸轮转角角度随转速升高而增加。为了保证燃烧始点总能发生在上止点附近的最佳位置，就要求转速升高时喷油始点亦相应提前。

能使燃烧始点发生在最佳位置所对应的喷油提前角称为最佳喷油提前角。转速愈高，最佳喷油提前角愈大，所谓最佳喷油提前角是指动态角，但运动中的最佳动态喷油提前角无法直接调整和控制，一般总是间接地通过调整静态的喷油泵供油提前角来实现。但最佳静态供油提前角只能在某一转速和负荷条件下获得最佳的综合指标，而大多数柴油机工作时转速和负荷都是变化的，因此，最佳喷油提前角亦应相应而变。特别是车用柴油机变化更大。调整最佳提前角如按低转速时为基准，则柴油机转速增高时由于喷油较晚，燃烧始点必然会出现在最佳燃烧始点之后；反之，如以高转速为调整点，则在低速工作时也会因喷油过早而使燃烧始点出现在最佳值之前。过早或过晚都会对柴油机性能造成不良影响。为了解决这个问题，所以要采用供油提前角自动调节器，它的主要功能是使喷油泵供油提前角随油泵转速增高而自动加大，使柴油机在不同的转速下工作都能获得较好的性能。

在直列式喷油泵系统中，提前器正是根据上述基本思想而设计的。

第二节 提 前 器

机械式燃油系统中通常采用的提前器的主要类型如图 6-5 所示。

1) SA 型　2) SP 型　3) SCZ 型

图 6-5 提前器的主要类型

一、提前器的分类

根据不同的分类方法提前器可以分成不同的类型。

（一）按工作方式分类

（1）自动提前器

随着柴油机转速和负荷的变化，自动地控制喷油提前角的机械式提前器；

（2）手动提前器

驾驶员手动改变喷油始点的提前器。现在几乎已经不再使用。

（3）液压式提前器

根据燃油的压力自动地控制喷油始点的提前器。但是，该型提前器单独不能使用，只用于分配泵，而且设计在分配泵的泵体内。

（二）按安装位置分类

按安装位置可以分成两类：

外装型和内装型（图 6-6）。外装型提前器通过安装在发动机主轴的端部的联轴器而驱动；内装型提前器是通过提前器齿轮由发动机上的齿轮直接啮合而驱动。

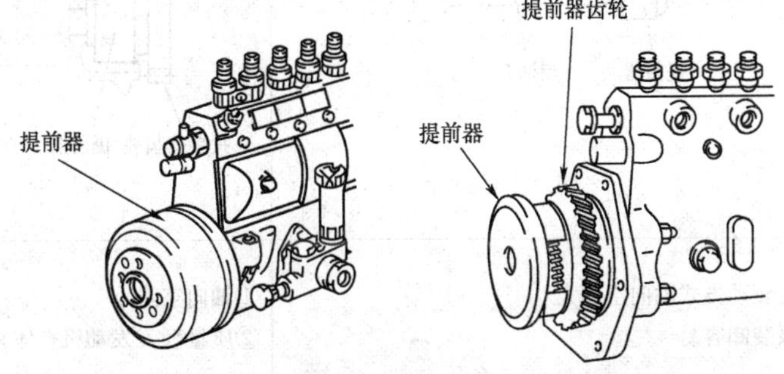

图 6-6 外装式和内装式提前器

从结构方面来分，还有采用大小两个偏心凸轮的偏心凸轮式提前器。

（三）按飞块或驱动方式分类

按飞块的工作方式、驱动方式和润滑方式进行分类则如表6-2～表6-4所示。

提前器按飞块工作方式分类　　表6-2

形式	振摆式	偏心凸轮式
结构	弹簧爪 飞块 弹簧 螺栓 凸轮轴	销 大 小 偏心凸轮 飞块 螺栓 弹簧 凸轮轴
特征	结构简单，零部件少	①角度提前特性的自由度大（起动时角度提前）（两段式角度提前） ②容许驱动转矩大

提前器按驱动方式分类　　表6-3

形式	联轴器驱动式	齿轮驱动式
外观	驱动轴 提前器 喷油泵	主动齿轮 齿轮箱 提前器齿轮 提前器 喷油泵
特征	①比齿轮驱动方式轴向空间大 ②喷油泵装卸容易	①轴向空间小 ②质量轻（发动机整体）

提前器按润滑方式分类 表6-4

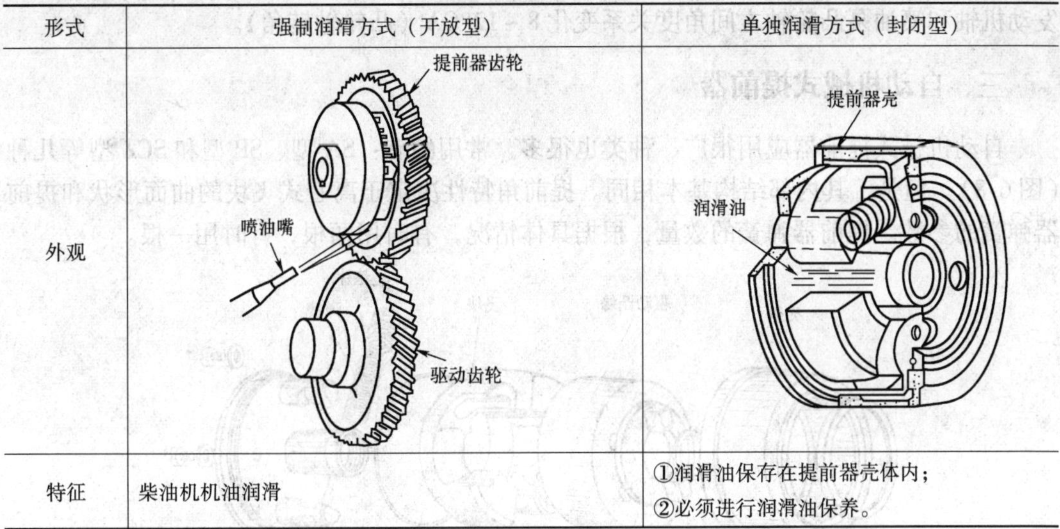

形式	强制润滑方式（开放型）	单独润滑方式（封闭型）
外观		
特征	柴油机机油润滑	①润滑油保存在提前器壳体内； ②必须进行润滑油保养。

按飞块的工作方式分类则有振摆式和偏心凸轮式两种。

振摆式提前器采用摆动式飞块，结构非常简单；偏心凸轮式提前器采用两个大小不同的偏心凸轮，结构复杂，但可以得到各种不同的提前角特性，同时，与其他形式相比，如果外形尺寸相同，它的许用驱动转矩大。这是偏心凸轮式提前器的两大特点。

按驱动方式分类则有联轴器驱动式和齿轮驱动式两种。

联轴器驱动方式比起齿轮驱动方式来，轴间需要一定的空间，但喷油泵装卸方便、维修性好。相反，齿轮驱动式的轴向空间可以很小，因而可以减轻发动机整体的质量。

按润滑方式分类则有强制润滑式（开放型）和单独润滑式（封闭型）两种。

强制润滑式提前器装在柴油机齿轮箱内，用柴油机机油润滑；单独润滑式提前器则在提前器壳体内设有润滑油道。

二、手动式提前器

手动式提前器如图6-7。20世纪80年代以前常用于汽车柴油机中，现在已经不用了。

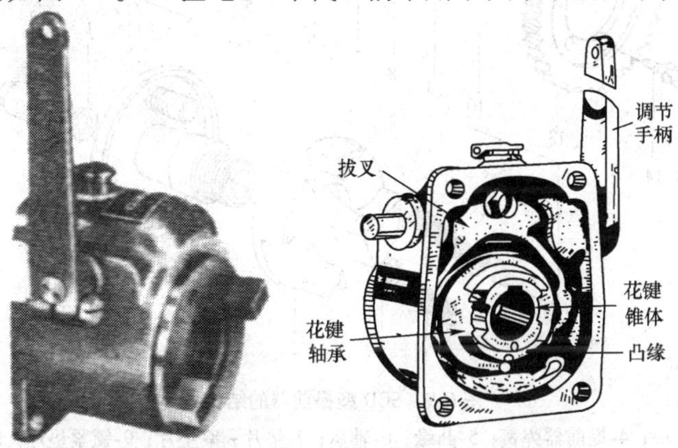

图6-7 手动式提前器

但是，有时为了研究和检查喷油提前角还会用到。该提前器可以在发动机运转过程中使发动机轴和喷油泵凸轮轴之间角度关系变化 8 ~ 12°CA（凸轮轴转角）。

三、自动机械式提前器

自动机械式提前器应用很广、种类也很多。常用的有：SA 型、SP 型和 SCZ 型等几种（图 6-8）。但是，其内部结构基本相同。提前角特性决定于离心式飞块的曲面形状和提前器弹簧的参数。提前器弹簧的数量，根据具体情况，有时用两根，有时用一根。

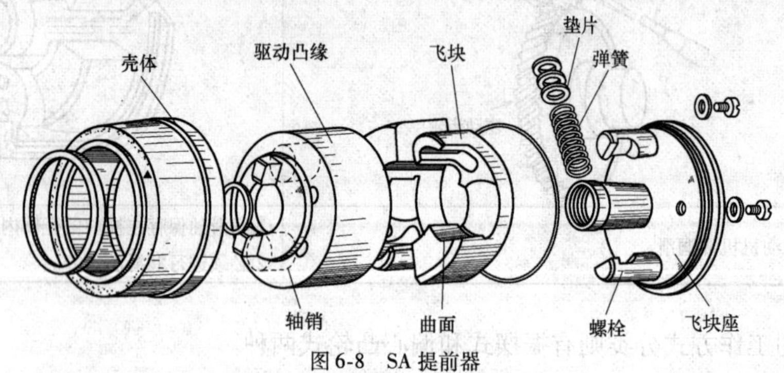

图 6-8　SA 提前器

（一）SA 型提前器

SA 型提前器的结构如图 6-8。SA 型提前器主要由飞块、提前器弹簧和提前器壳体等零件组成。

和喷油泵凸轮轴直接连接在一起的飞块架内压入两根销轴，飞块分别固定在飞块架上。

（二）SCD 型提前器

SCD 型提前器（图 6-9）和 SA 型提前器相比具有如下结构特点：

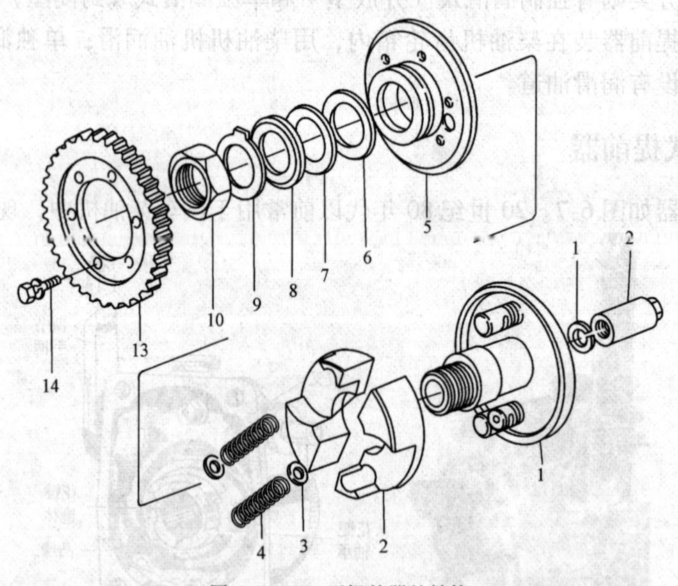

图 6-9　SCD 型提前器的结构

1-飞块架；2-飞块；3-垫块；4-提前器弹簧；5-凸缘；6-轴承；7-垫片；8-垫片；9-锁紧垫片；10-螺母；11-弹簧垫片；12-螺母；13-齿轮；14-螺栓

驱动方式采用齿轮驱动，提前器总成布置在发动机的齿轮箱内，从外面是看不到的。发动机的齿轮用螺栓直接固定在提前器的凸缘上。

安装到喷油泵上的时候，与SA型提前器相比，方向正好相反；因此，飞块也是在反方向上起作用。

提前器内充满燃油，采用内部润滑，不需要提前器壳体。

（三）SP型提前器

SP型提前器的全部零件均示于图6-10中。

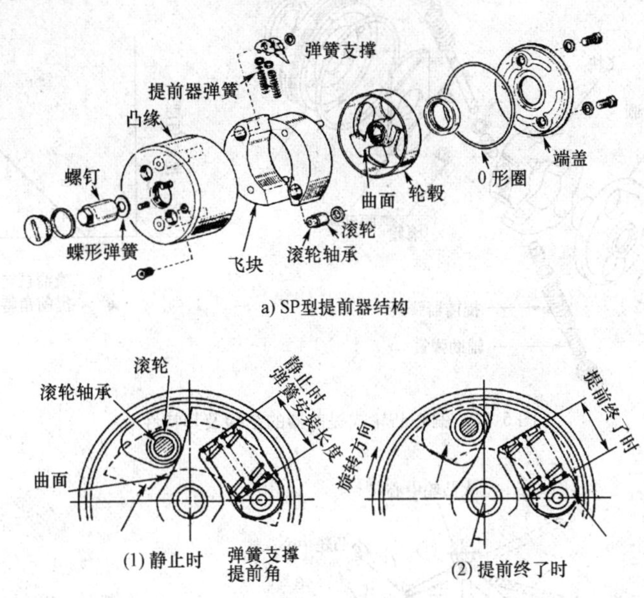

图6-10 SP型提前器的结构和工作原理

通过发动机的驱动轴，由联轴器直接连接到提前器壳体上。飞块安装在压入提前器壳体内的轴上。凸缘连接到喷油泵，其内部形成一个曲面。飞块内有轴，轴上套有滚轮，滚轮和凸缘的曲面配合。穿过提前器壳体上的轴和半月形的弹簧座相对，在这之间装入具有一定初始作用力的提前器弹簧。

SP型提前器内部采用机油润滑，用油封和O型圈进行密封。

（四）偏心凸轮式提前器

通过偏心凸轮机构将飞块的运动变换成相位差，其结构如图6-11，提前特性亦示于该图中。通过图中没有画出的联轴器将凸缘和柴油机的驱动轴连接起来。用螺母将底座固定在凸轮轴上，凸缘的螺栓上配合了一个小凸轮，底座孔中配合了一个大凸轮。大凸轮的小孔中装有飞块销，飞块的运动使一大一小两个偏心凸轮转动，改变底座和凸缘的相位差。这样，柴油机的驱动力经过联轴器、凸缘、凸缘螺栓、小凸轮、大凸轮、底座，最后传递给凸轮轴。

带有起动角度提前机构的偏心凸轮式提前器的工作原理和特性如图6-12所示。

三个连杆在转动过程中各支点（L、M和N）直接排成一列时的θ_0点叫做转折点。起动时角度提前就是利用三个连杆通过 θ_0 点时改变转动方向的原理。

转速由 n_1 上升到 n_2 时，则飞块张开，飞块销从点 A 移动到点 B，凸轮轴角度由 θ_S 延迟到 θ_0；转速由 n_3 上升到 n_4 时，则凸轮轴的提前角由 θ_0 变为 θ_2。$\theta_0 \sim \theta_S$ 之间的角度就成了起动时的提前角。起动提前角特性可以改变柴油机起动性能，减少怠速时的白烟。

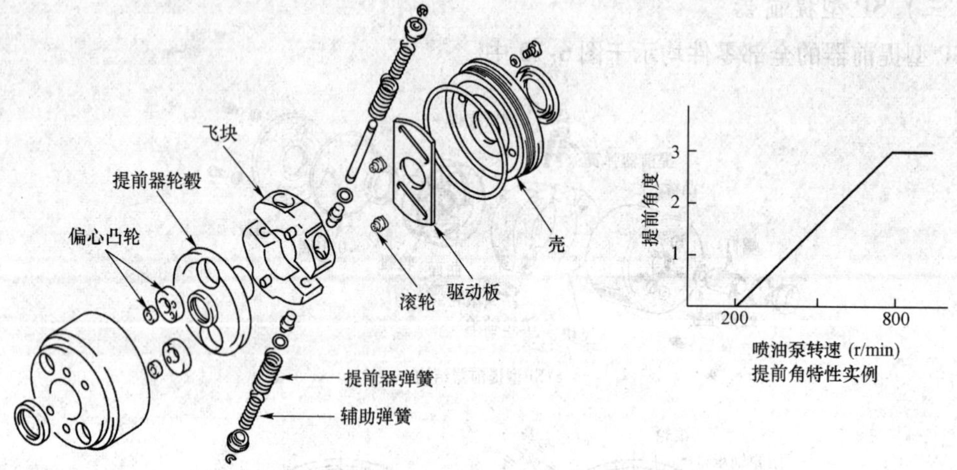

图 6-11　偏心凸轮式提前器的结构及其特性

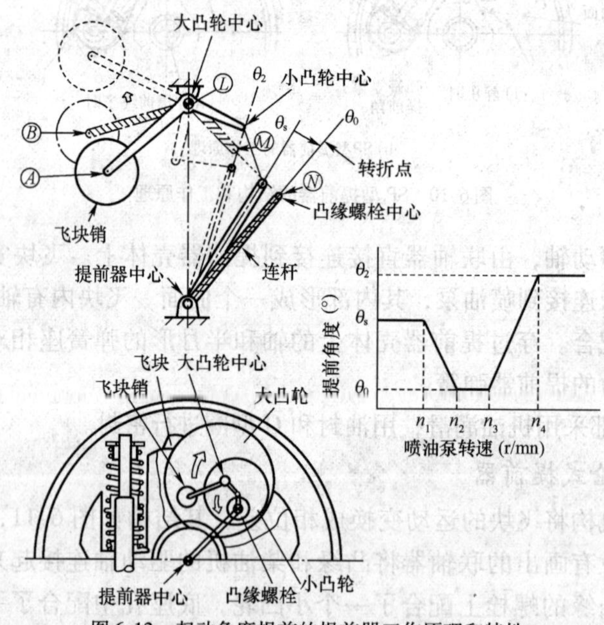

图 6-12　起动角度提前的提前器工作原理和特性

四、液压式提前器

分配泵的提前器均为液压式提前器，一般都布置在分配泵本体内部。

分配泵提前器是由调节阀控制的输油泵的供油压力而工作的。提前器活塞在分配泵体内，和驱动轴成直角布置；供油压力变化，则因为和提前器弹簧的弹簧力相互取得平衡而在泵体内来回运动。活塞运动，使滚轮转动而起作用。

机械式分配泵的提前器按其结构分有：标准型提前器和伺服型提前器。

机械式分配泵的提前器按其功能分有：转速提前器和负荷提前器两种。

机械式分配泵的标准型提前器的结构如图 6-13 所示。这是比较具有代表性的结构。

各种提前取的详细资料请参看第三章提前器工作原理和特性的有关部分。

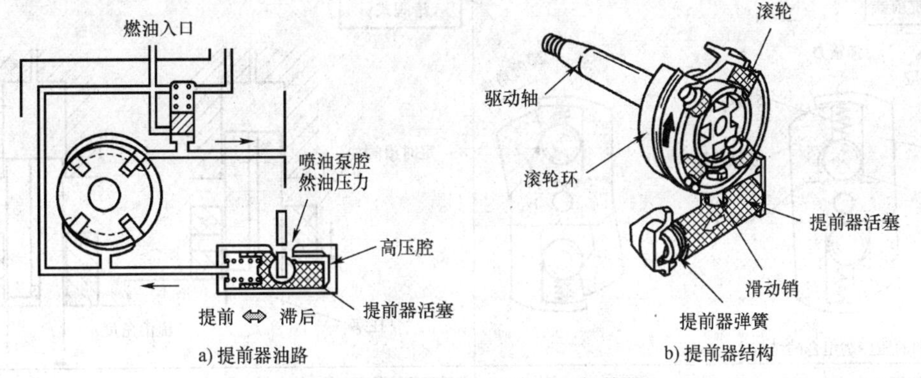

图 6-13　机械式分配泵的标准型提前器

第三节　提前器工作原理和特性

在脉动式喷油系统中，喷油定时的控制原理如图 6-14 中所示。

喷油时间的控制方法基本上可以分成下述四种：

(1) 利用飞块离心力的机械式提前器

利用飞块的离心力和提前器弹簧作用力的平衡关系，改变驱动轴和被驱动轴之间的相位角，即所谓离心式提前器，或形象地称为振摆式提前器。

(2) 改变供油开始点的凸轮升程

代表性的产品是日本杰克赛尔公司的“喷油定时和喷油率可变型喷油系统（Timing and Injection rate Control System)”，简称为 TICS 系统。

(3) 油压式喷油定时控制

油压式喷油定时控制方式在分配泵中广泛采用。利用油压活塞使凸轮和滚轮之间产生相位差进行喷油定时控制。油压和弹簧作用力的平衡位置决定提前角度。油压是指输油泵的供油压力。在目前的改进型结构中，通过控制定时活塞油压腔内压力，可以得到任意需要的提前角度。

(4) 电磁阀式喷油定时控制

在需要开始压缩燃油、加压的时刻使电磁阀关闭而控制喷油定时。这是一种更加直接的控制喷油始点的方法。

电磁阀式控制喷油定时的方法不仅适用于脉动式燃油系统，而更加适用于蓄压式燃油系统。喷油时间控制方法和喷油量控制方法相同，二者又往往是联系在一起的。从原理方面看，都可以分成两大类：①位置控制式；②时间控制式。

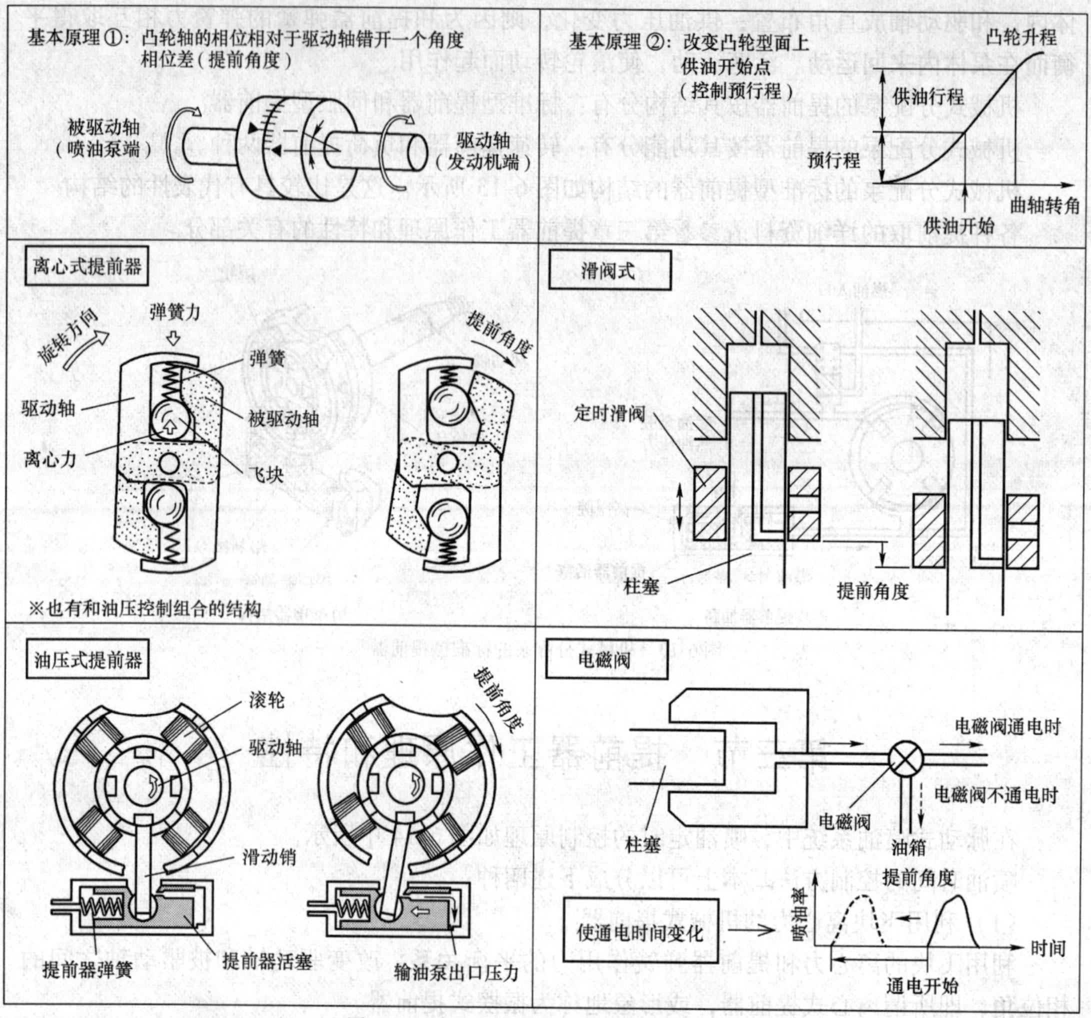

图 6-14　喷油定时的控制原理（脉动系统）

一、SA 型提前器的工作原理

SA 型提前器的结构如图 6-8 所示。SA 型提前器的工作原理如图 6-15 所示。

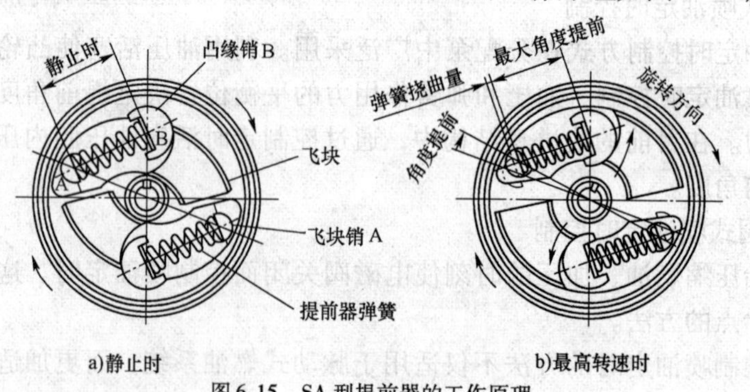

图 6-15　SA 型提前器的工作原理

提前器安装在驱动轴和被驱动轴之间，在提前器内设置了随转速而产生离心力的飞块，飞块离心力和提前器弹簧的作用力平衡时，在提前器的驱动轴和被驱动轴之间产生相位差，改变喷油提前角，从而起到调节供油始点的作用。提前器的全称是喷油角度自动提前器。

飞块的移动量决定于飞块的离心力、弹簧作用力及驱动力之间的平衡关系。

在静止状态下（不转动时），飞块的离心力为零，由于提前器弹簧的初始作用力的作用，凸缘销 B 压紧在飞块的曲面上。当发动机开始运转以后，飞块内产生了离心力。如果离心力小于提前器弹簧的作用力时，则继续保持状态不变；

在图 6-15b）中，提前器按照顺时针方向旋转，和发动机驱动轴直接连接在一起的凸缘销 B 压紧在飞块的曲面上，牵引飞块架的销 A，使喷油泵随之转动。转速进一步提高，当离心力等于提前器弹簧的初始作用力而处于平衡状态时（图 6-16 中转速 n_1），就是提前器开始开始起作用的转速；如果转速进一步升高，则提前角度随着转速升高而加大。在图 6-15b）中表示出最大提前角的位置状态。

从离心力和提前器弹簧力的平衡点 n_1 开始（图 6-16），随着转速上升，离心力将大于弹簧作用力，飞块压缩提前器弹簧，一边向外展开，一边向外牵引飞块架销 A；也就是说，弹簧缩短了的部分对应于飞块架销以凸缘销 B 为中心、在旋转方向上前进了的角度。换言之，相对于发动机驱动轴，在喷油泵的凸轮轴之间产生了相位差。这个前进了的角度就可以补偿喷油延迟所相应的时间。当喷油泵转速达到 n_2 时，飞块顶着凸缘的内壁（或者限位块），即使转速继续上升，角度也不会再提前了。

机械自动式提前器的机构形式很多，但是其基本原理与 SA 型提前器是相同的。

其他的机械式提前器还有：SA-D 型、SD-D 型、SAZ 型、SPZ 型、SCZ 型、SA0 ~ SA3 型等。

SA 型提前器的特性曲线如图 6-16，实际提前器产品的实测曲线如图 6-17。

离心式提前器的力学原理分析如图 6-18。

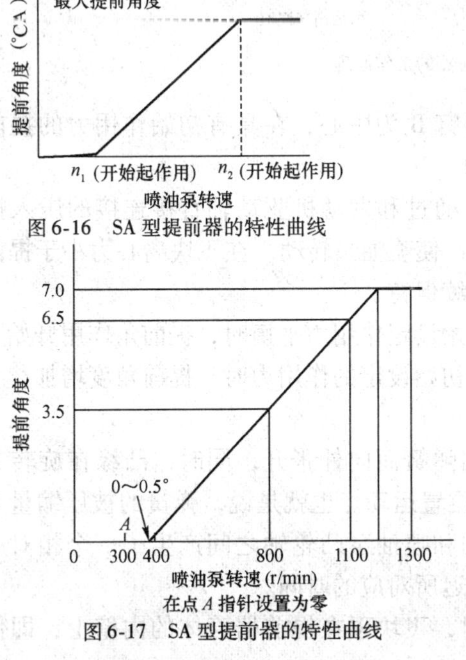

图 6-16　SA 型提前器的特性曲线

图 6-17　SA 型提前器的特性曲线

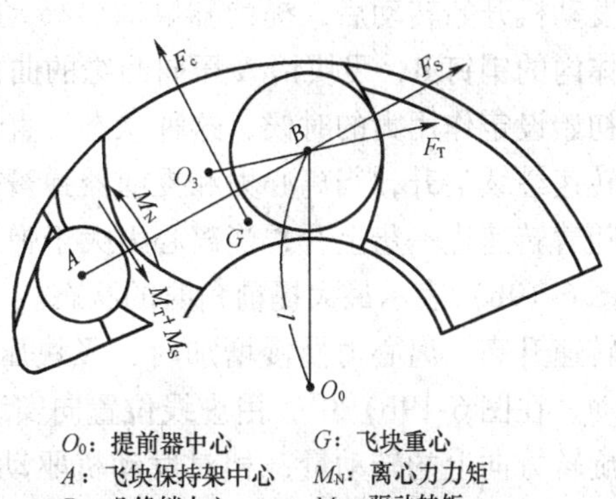

图 6-18　提前器的工作原理解析图

发动机驱动轴旋转，驱动转矩对性能也有重要影响。

飞块受到如下作用力：提前器弹簧作用力 F_S、驱动力矩所引起的以飞块架销为中心的逆时针方向的作用力，以及离心力 F_C 等。

如各种作用力以飞块销为中心的旋转力矩分别为：M_S、M_T、M_N，则：

$$M_N - M_T - M_N = 0$$

$$M_N = M_T + M_S$$

式中：M_S——离心力；

M_T——驱动转矩；

M_N——弹簧力。

由上式可见，不仅仅只是由于离心力和提前器弹簧的初始力决定提前器的性能，驱动转矩的大小也有一定的作用。因此，对于驱动转矩大的喷油泵，需要工作能力大的提前器，其外径尺寸也应该大。

二、SP 型提前器的工作原理

SP 型提前器的工作原理图如图 6-19。

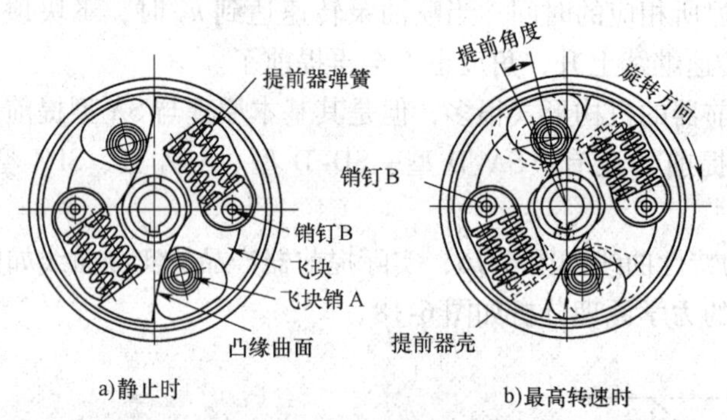

图 6-19　SP 型提前器的工作原理

在静止状态下，飞块中没有离心力，以销钉 B 为中心，在具有初始作用力的提前器弹簧力的作用下，飞块销 A 和凸缘的曲面接触。

发动机开始转动后，提前器顺时针转动，通过和发动机驱动轴直接连接的压入提前器壳体内的销钉 B，飞块销 A 压向凸缘的曲面，使喷油泵转动。在飞块离心力小于提前器弹簧初始设定作用力的时候，这种状态一直继续保持。

转速继续上升，当离心力和提前器弹簧初始设定作用力平衡时，提前角作用开始。

随着转速进一步上升，当离心力大于弹簧初始设定的作用力时，提前角度增加。

图 6-19b）表示最大提前角时的状态。

转速升高，离心力慢慢增加时，飞块压缩弹簧而向外张开，同时，凸缘在旋转方向上运动。在图 6-19b）中，由虚线位置向实线位置运动。也就是说，弹簧的被压缩量与凸缘在旋转方向上的转动量，相对发动机驱动轴和喷油泵凸轮轴之间产生了一个相对应的角度相位差。该提前的角度值可以补偿喷油延迟所对应的时间。

喷油泵转速上升，当达到最大提前角度时，飞块顶在提前器壳体的内壁上，即使转速进一步增加，提前角度也不会继续加大。

提前器型号不同，有的结构中每侧采用两根弹簧，有的每侧采用一根弹簧。

三、折线提前角特性

图6-20中示出了具有折线特性的提前器的结构。比较有代表性的机械式提前器的提前角特性曲线如图6-21所示，即直线特性和折线特性两种。但是，直线特性的占绝大多数，在特殊情况下也可以得到折线特性。

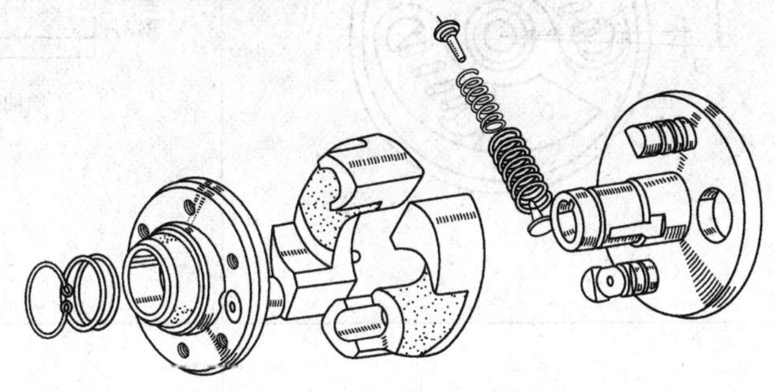

图6-20　折线式提前器的结构分解图

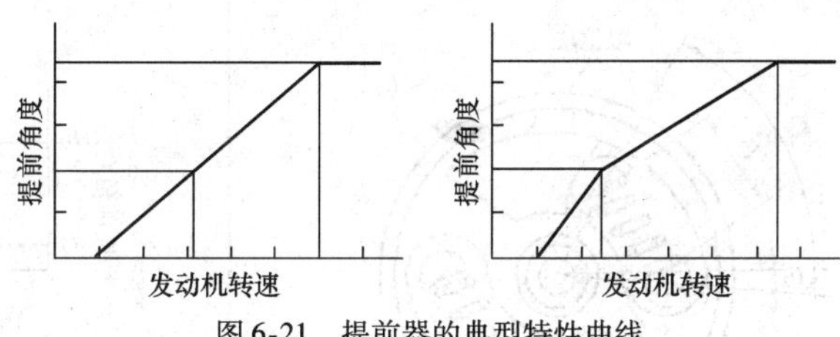

图6-21　提前器的典型特性曲线

四、机械式提前器的特性和应用

综上所述，机械式提前器的工作原理和特性见表6-5。

提前器的工作原理和特性　　表6-5

角度提前开始	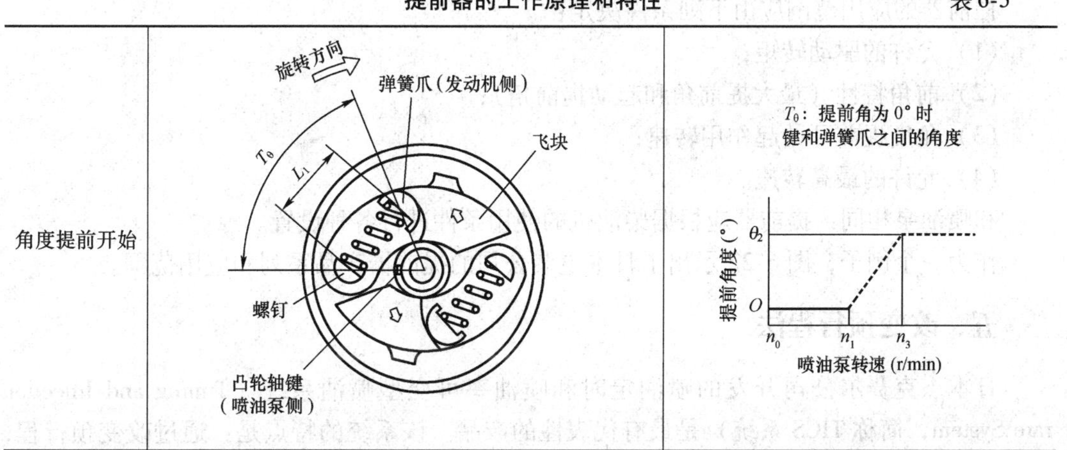	

续上表

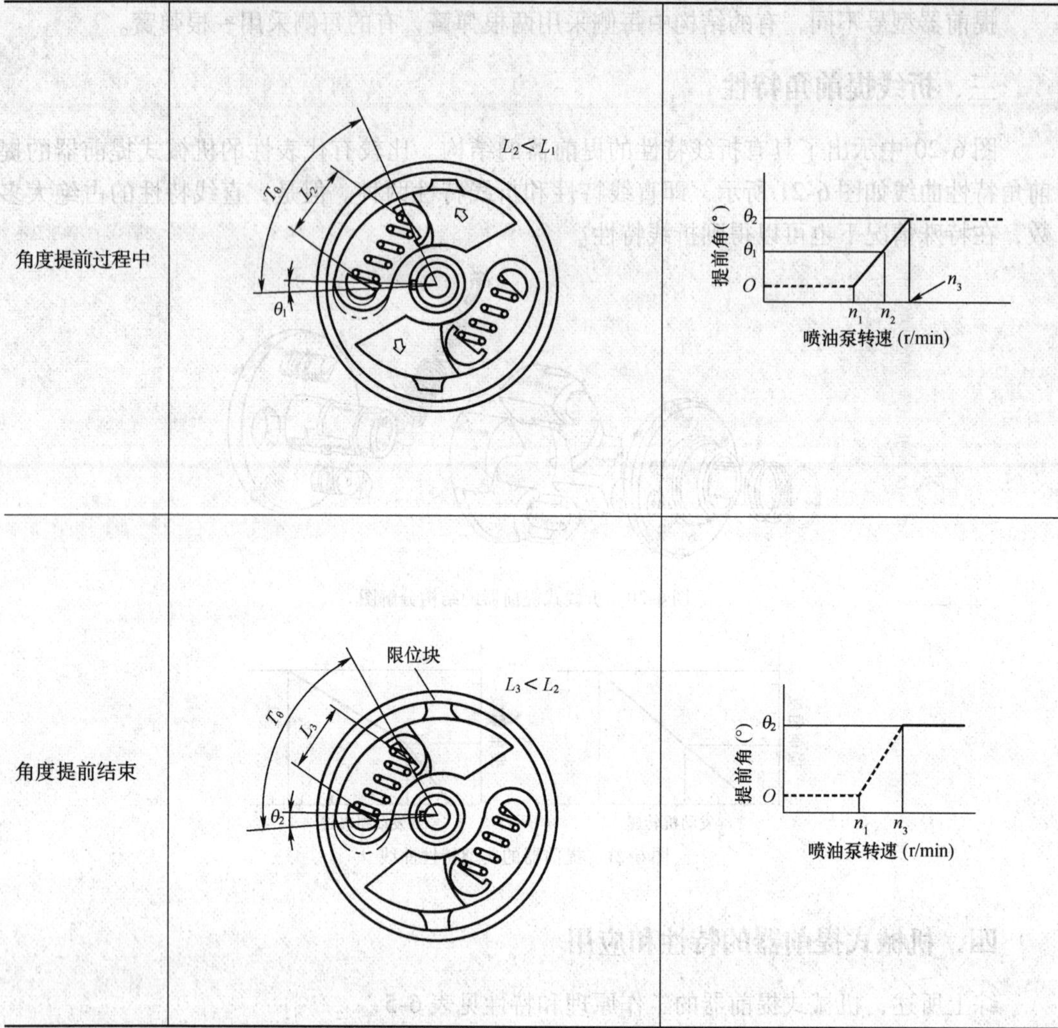

提前器的应用范围应由下列条件决定：

(1) 允许的驱动转矩；

(2) 前角特性（最大提前角和起动提前角）；

(3) 角度提前开始起作用转速；

(4) 允许的最高转速。

和喷油泵相同，提前器应根据柴油机的使用条件进行各种设置。

作为一个例子，图6-22示出了日本电装公司的提前器产品系列和应用范围。

五、改变预行程法

日本杰克赛尔公司开发的喷油定时和喷油率可变型喷油系统（Timing and Injection rate System，简称TICS系统）是最有代表性的产品。该系统的特点是：通过改变预行程，可以控制喷油定时和喷油速率。

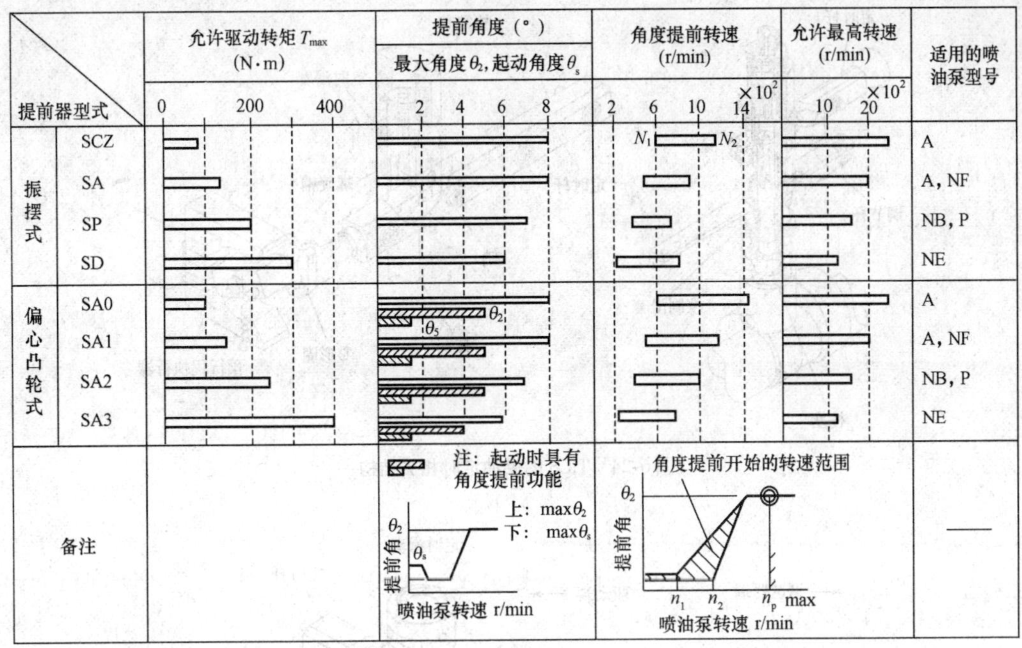

图 6-22 日本电装公司各种提前器的适用范围

电控直列泵有多种结构，最普通的结构是：传统的直列泵配以电子调速器、电子提前器（EVT，Electronic Variable Timer）。

TICS 系统中喷油量控制部分与传统的直列泵一样，通过调节滑套，调节杆使柱塞旋转，从而改变螺旋槽的位置。这样，就改变了供油始点，从而达到了调节喷油量的目的。

TICS 系统的最大结构特点是成功地设计了泵油组件。柱塞组件同时具有控制喷油量、控制喷油时间和控制喷油速率的功能。这是一个非常巧妙的设计方案。

图 6-23 说明，柱塞部件主要由下述零件构成：柱塞、柱塞套、定时滑套、出油阀和出油阀接头。图 6-24 中示出了供油定时部分的相关结构。图 6-25 中示出了 TICS 系统的供油定时的相关零件。

定时滑套像柱塞套一样地套在柱塞上，夹在柱塞套中间。为了溢油方便，定时滑套的两面设置了油孔（图 6-25）。定时滑套上下移动，柱塞偶件的供油有效行程并不改变，供油预行程改变了，供油时凸轮工作区段也改变了。因此，供油速率随之改变，供油始点也就改变了。一般希望在低速时供油速率高一点，预行程可加大一点；同时供油始点推迟一点。不过，这两者正好是吻合的。

对于 TICS 系统的看法有两种基本观点：

（1）既可以控制喷油时间，又可以控制喷油率；

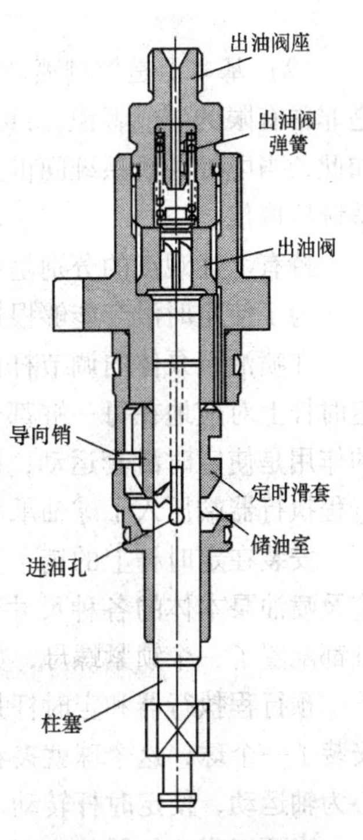

图 6-23 TICS 的柱塞偶件

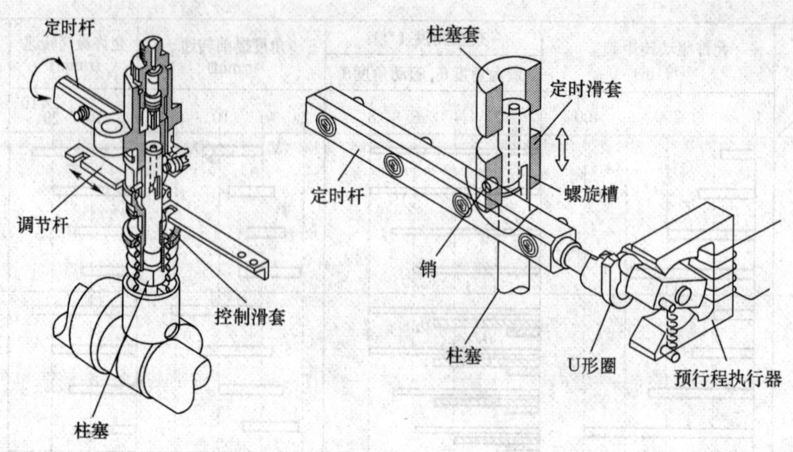

图 6-24　TICS 的供油定时相关结构

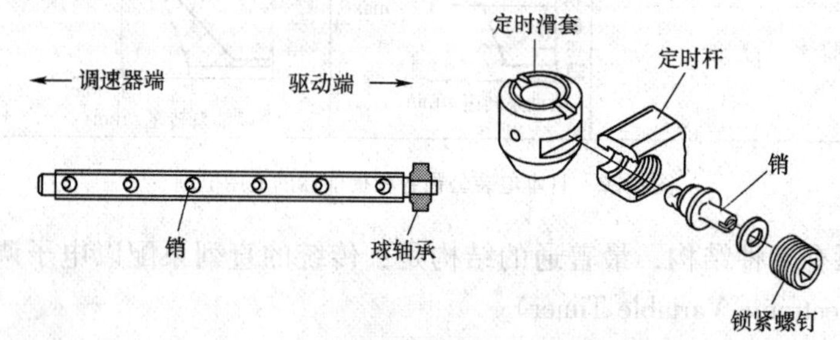

图 6-25　TICS 系统供油定时相关零件

（2）基本上是控制喷油量，喷油速率和喷油时间的控制只是附带的功能，调节范围是非常有限的。或者说，TICS 系统本身就不具有调节喷油时间和喷油率的功能。正因为如此，当电控共轨系统问世之后，TICS 的优势已不复存在，正在而且将继续被电控共轨系统所取代。

持有上述观点的分别是日本杰克赛尔公司和日本电装公司的专家们。

为了使定时滑套能够根据需要自由地上下运动，特别设计了一套驱动机构。

在喷油泵泵体内调节杆的上方设置了一根与之平行布置的、可以转动的定时杆。在定时杆上对应地在每一缸都安装了一个销子，销子和定时滑套的横槽配合在一起。销子的作用是使定时滑套运动，所以，销子的一端是嵌套在定时滑套的槽内。在定时杆的预行程执行器端压入了球轴承。

安装在定时杆上的销子是偏心销子。其原因是：让销子吸收凸轮、挺柱体总成、柱塞及喷油泵本体的各种尺寸偏差。因此，为了将一个一个销子固定在定时杆上，每个汽缸都配置了一个锁紧螺母，如图 6-25 所示。

预行程执行器和定时杆是通过 U 形圈连接起来的。预行程执行器的轴的端部偏心地安装了一个球，这个球就夹在 U 形圈的槽内。所以，如果轴旋转，U 形圈将以定时杆中心为轴运动，使定时杆转动。

当预行程执行器使定时杆转动时，通过销子的作用，定时滑套就会上下运动。预行程的位置也就会随之改变。

TICS 系统中的凸轮型线比一般的凸轮具有更高的供油速率。若将柱塞的上升区间“a ~ b”的范围分为 3 等分（图 6-26），则在快速上升区段内（柱塞开始上升以后）柱塞的上升速度为$\bar{A}$，随着喷油推迟，如图 6-26 所示，则上升速度变得更快，变成$\bar{B}$和$\bar{C}$。因此，若凸轮以一定的转速旋转，则柱塞的上升速度为：$\bar{A} < \bar{B} < \bar{C}$，供油速率越来越高，因而，喷油速率也就随之越来越高。

图 6-27 中示出了 TICS 的凸轮升程曲线。图 6-28 中说明了改变预行程时，凸轮升程和凸轮转角与之相对应的关系。

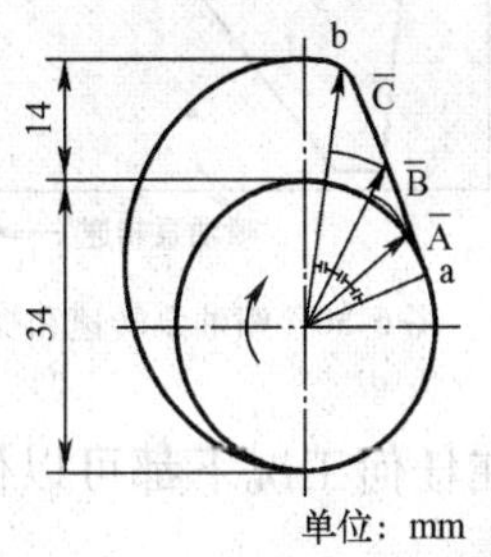

图 6-26 TICS 系统的凸轮

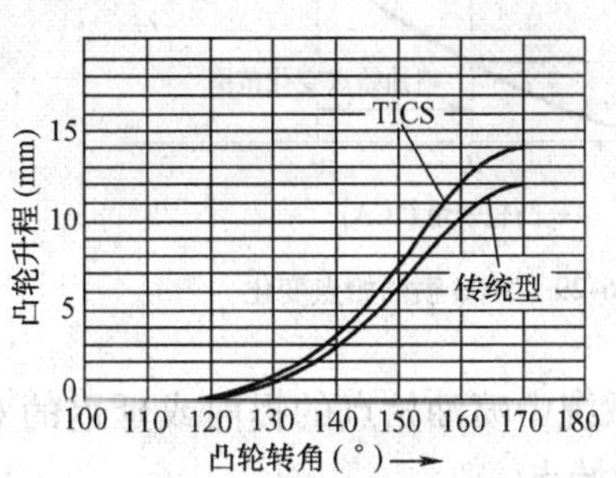

图 6-27 凸轮升程

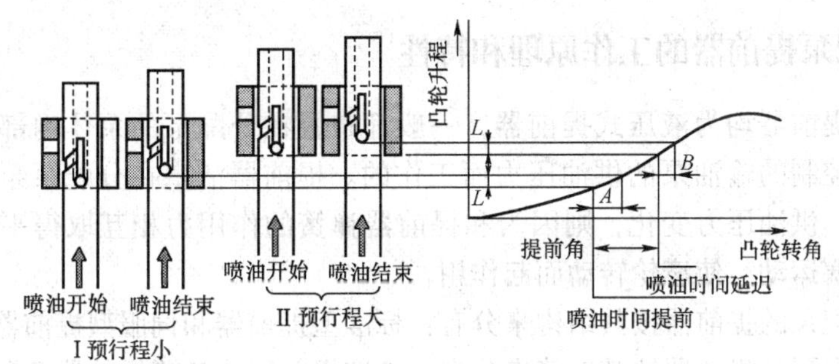

图 6-28 预行程与提前角的调节

（1）当预行程小的时候：

当预行程小的时候，定时滑套位于下方的位置，在凸轮升程的前半部分就开始喷油，显然，喷油时间提前了；

（2）当预行程大的时候：

当预行程大的时候，定时滑套位于上方的位置，在凸轮升程的后半部分才开始喷油，显然，喷油时间推迟了；

当预行程小的时候，喷油开始时的凸轮转角为 θ_1，随着预行程增大，喷油开始的角度逐渐向 θ_2 过渡。$\theta_2 - \theta_1$ 的变化范围就相当于喷油始点提前角的变化范围。这一功能就相当于提前器的功能。因此，在 TICS 系统中是无须安装提前器的（图 6-29）。

TICS 系统中，不像传统的提前器按照发动机的转速控制喷油时间，所以，有可能使发动机在起动前将喷油角度提前。所以，可以实现时间上不延迟，但可以将喷油时间设定在所需要的位置上。因此，发动机的低温起动性能可以实现飞跃式的提高。

图6-30中的曲线是利用TICS系统进行实际试验得到的提前角与喷油泵转速的关系的曲线，只不过是一个例子而已。

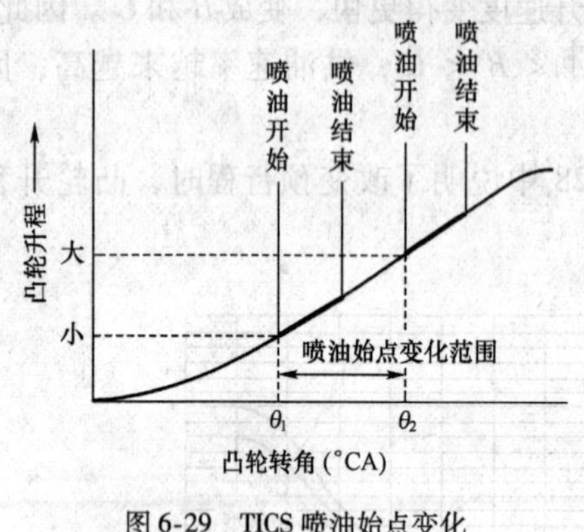

图6-29 TICS喷油始点变化

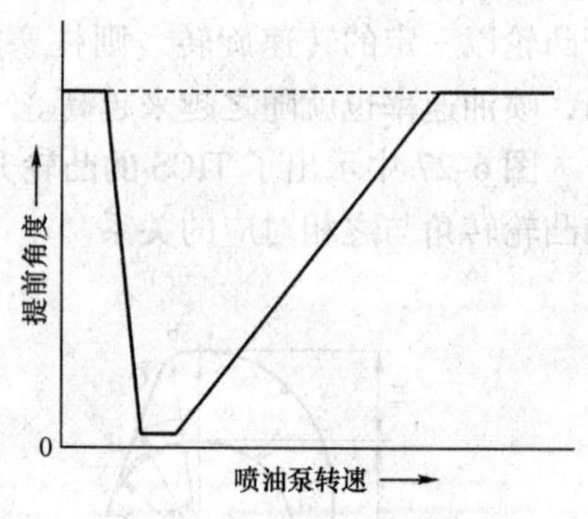

图6-30 喷油泵转速和提前角

TICS系统中喷油始点的提前或延迟的对应性很好，在任何工况下都可以保证高精度地控制喷油始点。

德国博世公司于1989年亦曾向市场推出过TICS类似产品。但是，其后并未大量推向市场。

六、分配泵提前器的工作原理和特性

分配泵的提前器均为液压式提前器，一般都布置在分配泵的泵体内部。分配泵提前器是由调节阀控制的输油泵的供油压力而工作的。提前器活塞在分配泵泵体内，和驱动轴成直角布置；供油压力变化，则因为和提前器弹簧的作用力相互取得平衡而在泵体内来回运动。活塞运动，使滚轮转动而起作用。

机械式分配泵的提前器按其结构来分有：标准型提前器和伺服型提前器。

机械式分配泵的提前器按其功能来分有：转速提前器和负荷提前器两种。

（一）机械式分配泵标准型提前器

标准型提前器压力油路如图6-13。提前器部分的结构亦示于同图中。

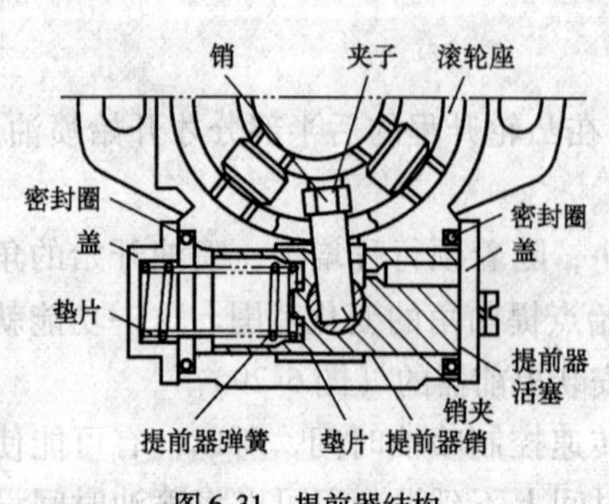

图6-31 提前器结构

标准型提前器是由喷油泵腔内的油压控制的油压式提前器。主要零件是提前器活塞、提前器弹簧。提前器活塞与喷油泵泵体内的驱动轴——提前器销成直角布置，供油压力的变化与提前器弹簧的作用力的平衡关系使提前器活塞在提前器壳体内往返滑动。通过提前器销的传递，将提前器活塞的往复移动转变成圆形滚轮环的旋转运动。

提前器的详细的结构如图6-31。

提前器活塞一端与喷油泵腔内燃油相通，承受燃油压力P的作用，另一端承受提前器弹簧力E的作用。当两端作用力相等，即 $P=E$ 时，提前器活塞处于平衡状态（图6-32），喷油泵供油始点稳定不变。当发动机转速升高，由于滑片式输油泵输入喷油泵腔的出油压力随着转速成正比上升的特性，提前器活塞承受油压一端的压力 P 升高并大于弹簧力 E，即 $P>E$。这时提前器活塞将压缩提前器弹簧向图示左方移动（图6-32b）。移动过程中弹簧压缩量增加，弹簧反作用力加大，一直到新的位置二力平衡为止。这时通过滑动销使滚轮座和滚轮相对于端面凸轮向供油提前方向转过了一个提前角度。

提前器活塞移动时的稳定性，直接影响提前角的波动，从而影响柴油机性能。提前器活塞内有一小孔，在油压变化过程中，由于小孔的节流作用可以减小活塞抖动，提高活塞工作中的稳定性。

当发动机转速下降时，作用在提前器活塞上的燃油压力 P 将开始小于弹簧力 E，提前器活塞又会在弹簧力的作用下，克服燃油压力 P，使供油始点向后移动。

图6-32 中同时还示出了喷油泵转速与喷油泵腔内压力的关系，提前器的相对提前角随喷油泵转速变化的特性曲线。

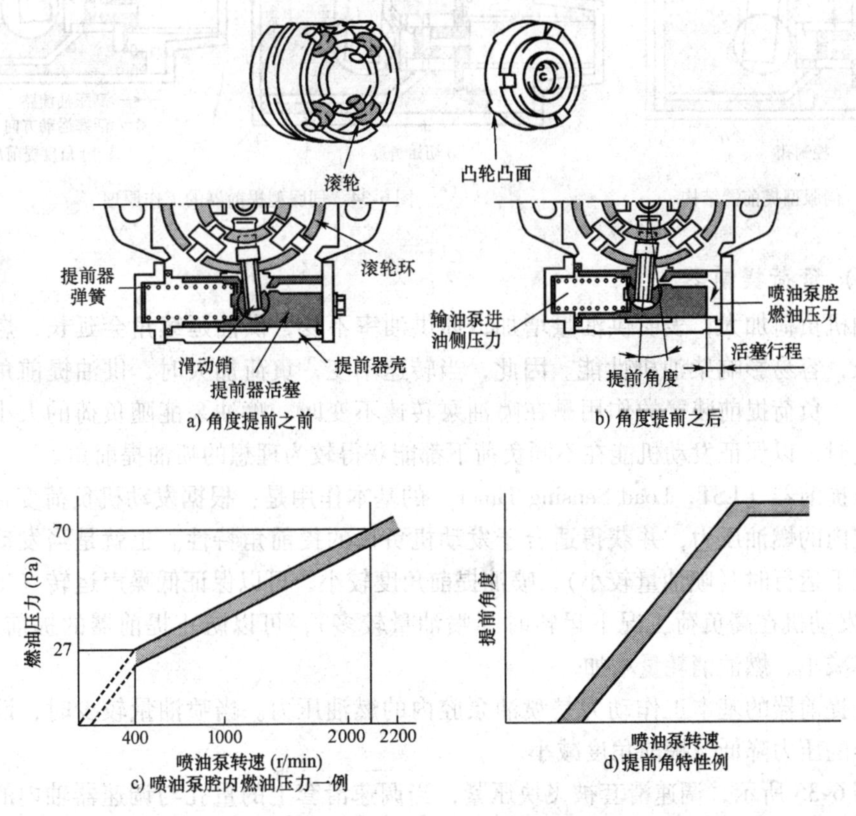

图6-32 转速提前器角特性一例

提前器弹簧两端装有调整垫片（参见图6-31 中的两处垫片），改变垫片厚度尺寸，可调节提前器弹簧预紧力，并改变提前器起作用转速。与直列泵提前器一样，改变提前器弹簧刚度，可以改变曲线 $\Delta\theta=f(n)$ 的斜率。

（二）伺服型转速提前器

在上述标准型提前器中，将喷油泵腔中的燃油压力直接导入高压腔中，但在伺服型提前器中，利用安装在提前器活塞内的伺服阀控制从喷油泵腔流入高压腔内的燃油量。这样，提前角特性可以比较稳定。

喷油泵转速低时，喷油泵腔燃油压力也低，在提前器弹簧力的作用下伺服阀被压向右方——喷油推迟方向，因而无喷油提前。

一旦喷油泵腔压力升高，则伺服阀克服提前器弹簧作用力向左方移动——使喷油角度提前，参看图 6-33 和图 6-34。

伺服阀向左方移动，则位于伺服阀和活塞之间的控制孔的开度增大，喷油泵腔内的燃油流向高压室，活塞也向角度提前的方向运动。

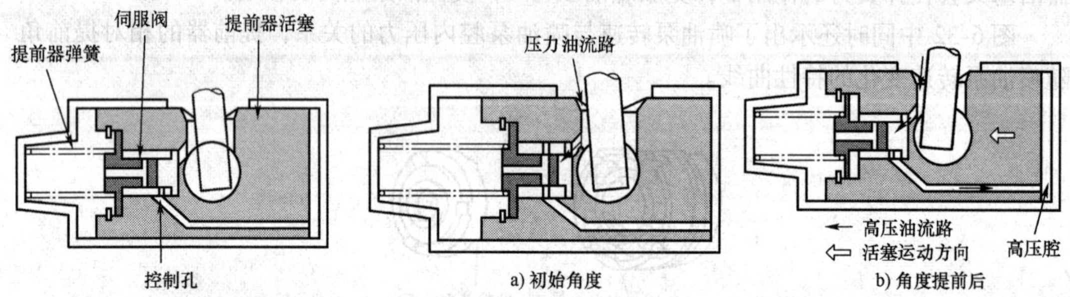

图 6-33　伺服型提前器结构　　图 6-34　伺服型提前器的工作原理

（三）负荷提前器

柴油机负荷加大，表明供油量增加，如供油率不变，供油延续角会延长，燃烧过程因此拖长，容易影响柴油机性能。因此，当转速不变，负荷加大时，供油提前角应适当提前为宜。负荷提前装置的作用是在喷油泵转速不变时，喷油泵能随负荷的大小自动改变供油定时，以保证发动机能在不同负荷下都能获得较为理想的喷油提前角。

负荷提前器（LST，Load Sensing Timer）的基本作用是：根据发动机负荷变化，控制喷油泵腔内的燃油压力，并获得适合于发动机负荷的提前角特性。也就是当发动机在低负荷工况下运行时（喷油量较小），喷油提前角度较小，可以保证低噪声运转（工作安静性）；但发动机在高负荷工况下运转时（喷油量较多），可以防止提前器的提前角度大、输出功率减小、燃油消耗量增加。

负荷提前器的基本工作动力是喷油泵腔内的燃油压力。当喷油量较少时，设法使喷油泵腔内的压力降低、提前角度减小。

如图 6-35 所示，调速滑套被飞块压紧，当调速滑套上的量孔与调速器轴内的沟槽一致时，则喷油泵腔内的燃油通过调速器轴内的小孔流回到输油泵的供油侧，因此压力降低。这样，在提前器弹簧的弹簧力的作用下，提前器活塞移向喷油延迟的位置。

负荷提前器有效工作范围如图 6-36 所示，大约在发动机负荷的 25% ~75% 之间。最大延迟角由调速滑套上量孔的大小和提前器弹簧的弹簧常数所决定。根据发动机的负荷控制喷油时间。

负荷提前器的提前角特性如图 6-37 所示。

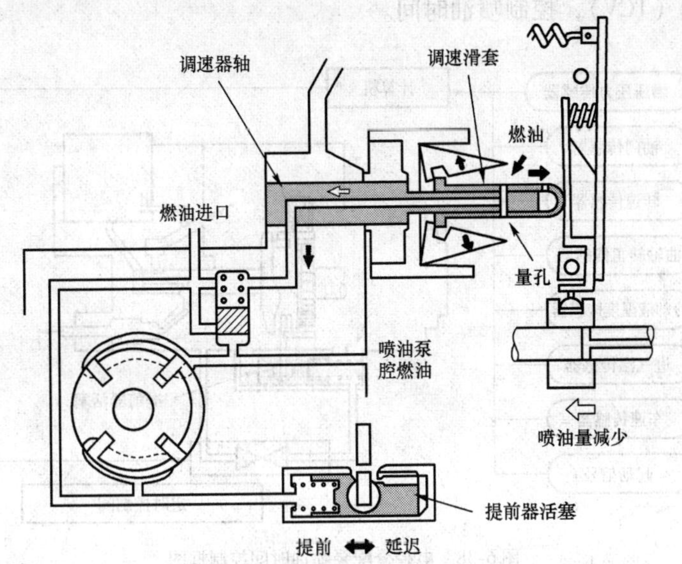

图 6-35 负荷提前器工作原理

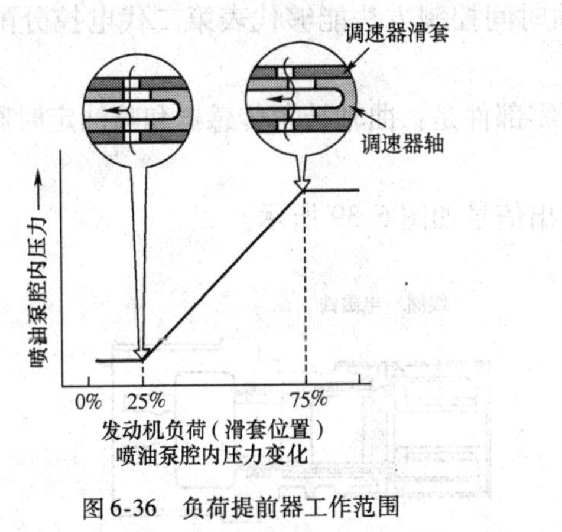

图 6-36 负荷提前器工作范围

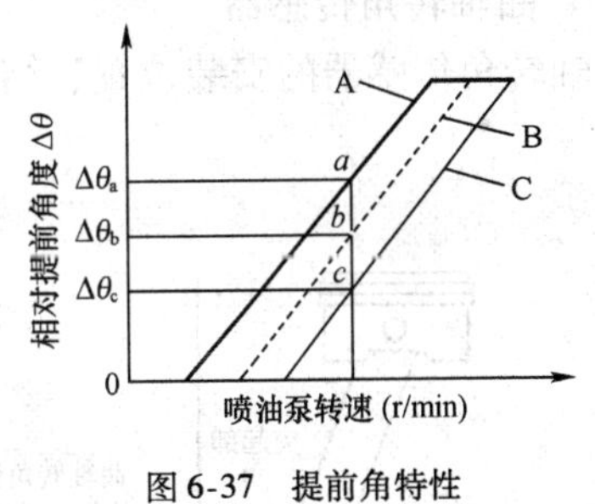

图 6-37 提前角特性

第四节 电控燃油系统喷油时间控制

电控喷油系统中喷油时间控制的方法在前面已经作了比较详细的介绍。但在各种具体的电控喷油系统中所采用的方法均不尽相同，各有特色；而且，随着时间的推移，各种系统，各家公司的产品都在不断的技术更新之中，可以说，永无定型。本节将以具体的、具有代表性的电子控制燃油系统产品为基础给予说明。

一、电控分配泵喷油时间控制概要

电控分配泵喷油时间控制框图如图 6-38 所示。通过各种传感器，计算机检测出发动机当时的工况条件和环境状况，并根据这些适时条件计算出最佳喷油时间。将计算结果送给定时控制阀（TCV），控制喷油时间。

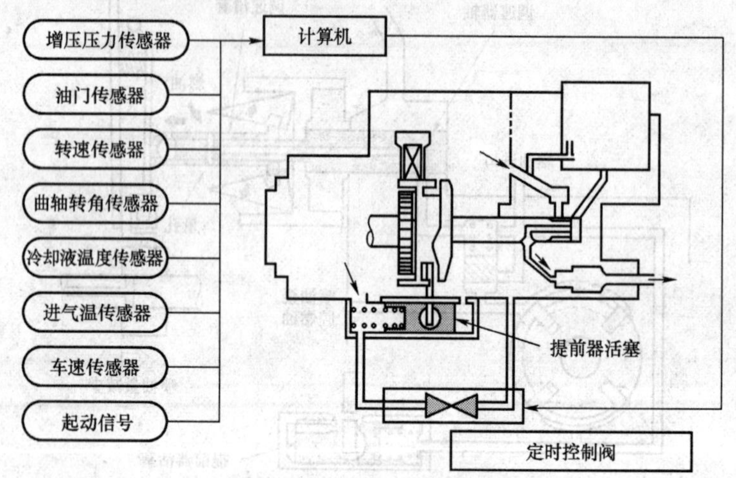

图 6-38　电控分配泵喷油时间控制框图

目前，日本电装公司正在大量生产、销售的 ECD-V5 型电控分配泵是这种电子控制分配泵中的代表产品。本产品中所采用的喷油时间控制方法能够代表第二代电控分配泵的水平。

电控分配泵系统中控制喷油时间的主要零部件是：曲轴转角传感器和喷油定时阀。

(1) 曲轴转角传感器

曲轴转角传感器的安装位置、结构和输出信号如图 6-39 所示。

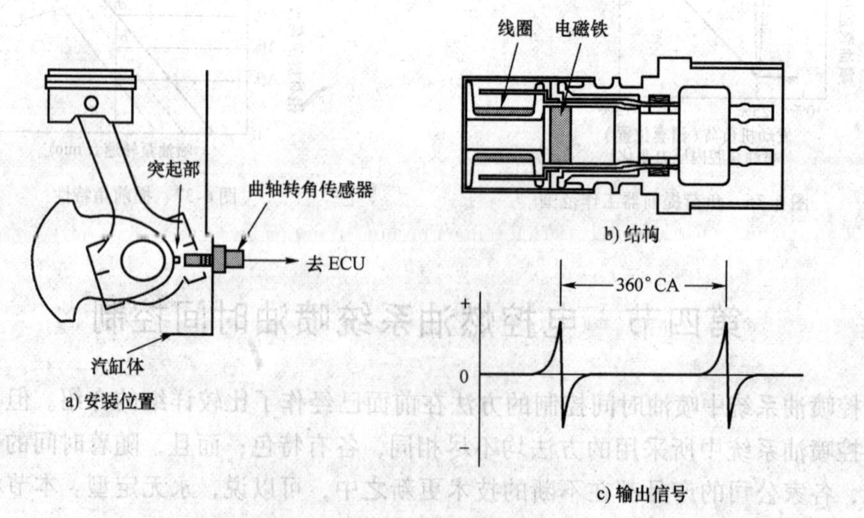

图 6-39　喷油时间控制部分的零部件

曲轴转角传感器安装在发动机汽缸体上，通过曲轴上特殊设计的突起，使发动机每旋转一转产生一个脉冲。该脉冲作为曲轴转角的基本位置信号送到计算机中去。

（2）定时控制阀

定时控制阀的结构和占空比控制信号如图 6-40 所示。

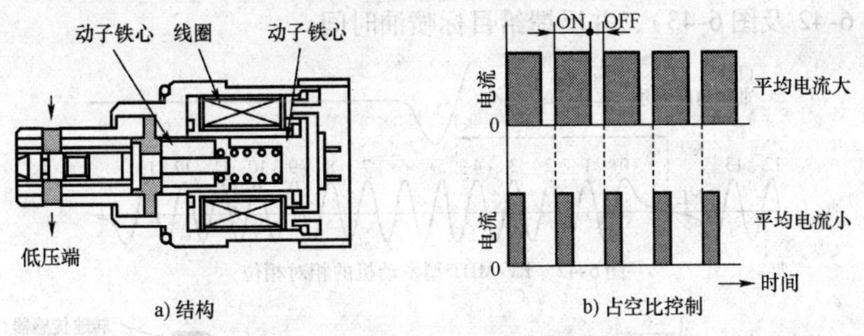

图 6-40　定时控制阀的结构和特性

定时控制阀（TCV，Timing Control Valve）安装在喷油泵上。根据计算机送来的信号，开启或关闭提前器活塞两侧的高压腔和低压腔。当线圈中有电流流过时，定子铁心被磁化，定子铁心被吸引而压缩弹簧，燃油通路被打开。阀的开度是由计算机中送来的电流信号控制的：电流流过线圈中的 ON 和 OFF 时间比（占空比）进行控制的。ON 的时间越长，阀的开度越大。

二、电控分配泵喷油时间控制方法

（一）喷油时间控制

电控分配泵中喷油时间控制方法请参看图 6-41。喷油时间控制部分的结构与机械式 VE 分配泵的相关部分基本相同，所不同的是增加了定时控制阀（TCV）。通过改变定时控制阀的开启时间调节施加在提前器活塞上的提前器低压腔内的燃油压力，使滚轮环移动，从而控制喷油时间。

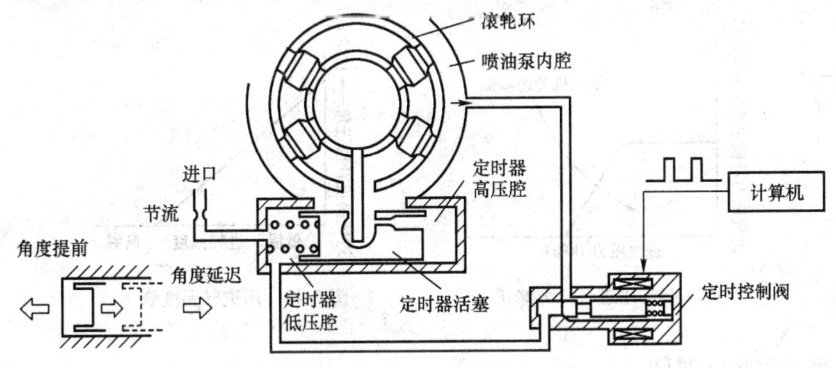

图 6-41　喷油时间的控制方法

TCV 的开启时间长，从喷油泵腔内流入提前器低压腔内的燃油多，提前器低压腔内的压力就高，因此，提前器活塞向角度延迟方向移动。反之，TCV 开启时间短，提前器活塞向角度提前的方向移动。

（二）喷油时间计算

控制计算机根据各传感器送来的信息对最基本的目标喷油时间进行修正，计算出适合于发动机运行状态的最佳喷油时间。

利用曲轴转角传感器的信号和曲轴转角基准位置信号（TDC）计算出曲轴的实际转角位置（图 6-42 及图 6-43），并反馈给目标喷油时间。

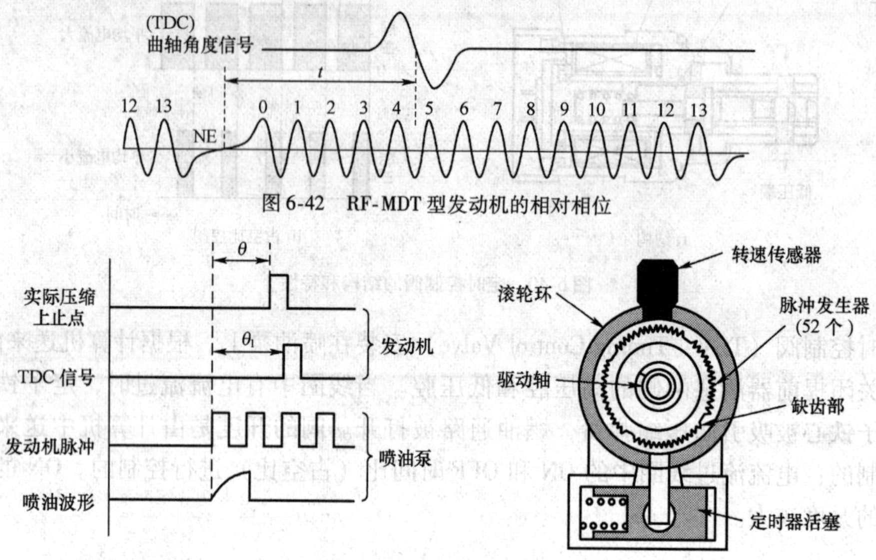

图 6-42 RF-MDT 型发动机的相对相位

图 6-43 喷油时间的确定方法

在计算过程中，需要进行下述几项基本计算：

（1）目标喷油时间

控制计算机根据油门开度以及发动机的转速计算出目标喷油时间。

（2）喷油时间修正

利用进气压力、冷却液温度对喷油时间进行修正（图 6-44 及图 6-45）。

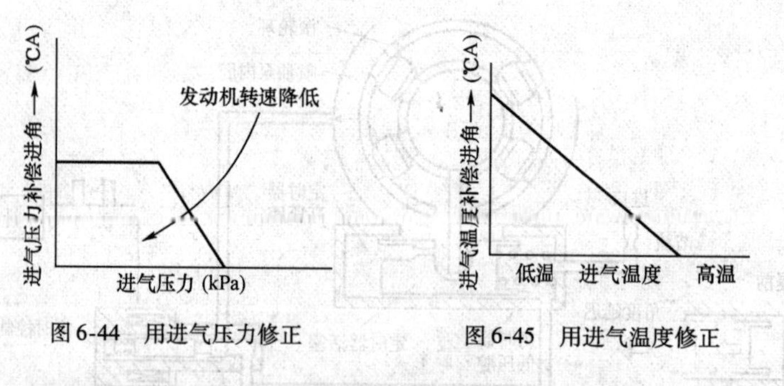

图 6-44 用进气压力修正

图 6-45 用进气温度修正

（3）起动时喷油时间

起动时，根据起动机信息、冷却液温度、发动机转速对目标喷油时间进行修正。

实际喷油时间的计算方法如下：

（1）从发动机方面，检测出压缩上止点位置和曲轴转角传感器的 TDC 信号之间的关系。

（2）在喷油泵方面，求出喷射波形与转速传感器的发动机脉冲之间的关系；这样，如果计算出 TDC 信号和发动机脉冲之间的相位差 θ_1，就可以推算出实际喷油时间。

(三) 喷油时间和喷油量

压油开始点决定于和滚轮环连接在一起的提前器活塞的位置，改变提前器活塞的位置就可以改变喷油时间；因此，如果将喷油始点提前一点，则喷油终点也会随之提前相应的角度，喷油量不受喷油始点的影响。这是因为：转速传感器安装在滚轮环上，和滚轮环一起运动。所以，即使改变滚轮环的位置，但是，不会改变与喷油量控制有关系的凸轮升程和发动机脉冲之间的关系。

(四) 反馈控制

所谓反馈控制就是指：对图6-42中的实际压缩上止点和喷油开始点之间的角度差 θ 进行控制。但是，实际压缩上止点和喷油波形都不作为信号检出。为此，必须用上述方法计算出实际喷油时间。

反馈控制的目的是使目标喷油时间和实际喷油时间一致，为此需要修正定时控制阀（TCV）的占空比。

(五) 目标喷油时间计算框图

目标喷油时间的计算框图如图6-46所示。

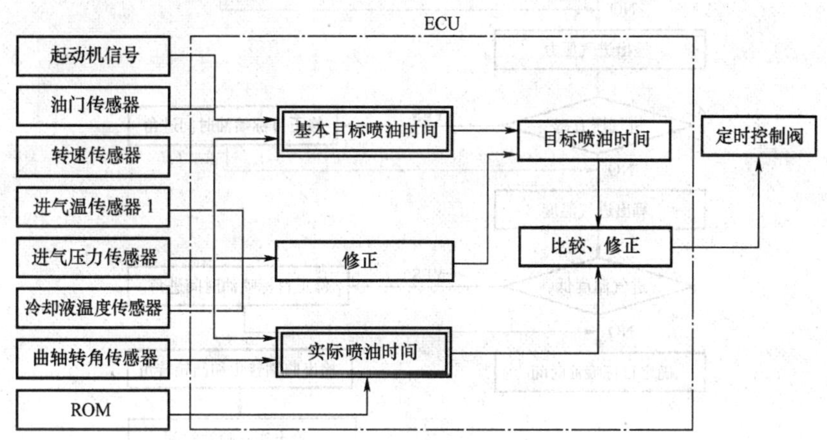

图6-46　目标喷油时间的确定

(六) 喷油时间修正

由于环境和实际运行工况是千差万别的。所以，必须根据具体条件对喷油时间进行修正。在ECD-V5系统中采用如下修正模式：

(1) 利用进气压力修正提前角

如果进气压力低，则需修正喷油提前角，如图6-44所示。

(2) 利用进气温度修正喷油提前角

如果进气温度低，则需修正提前角，如图6-46所示。

(3) 利用曲轴转角角度修正喷油提前角，如图6-47所示。

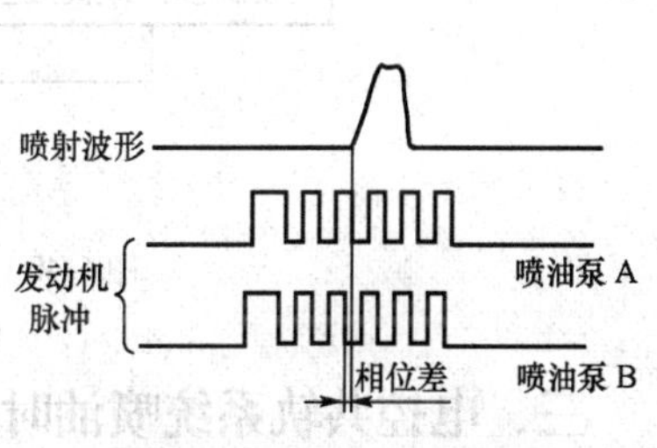

图6-47　用曲轴角度修正

利用转速传感器检测到的发动机脉冲（凸轮角度信号）作为控制喷油时间的基本参数。但是，因为各台喷油泵之间存在着差异，凸轮角度信号和喷油波形之间的相对关系存在着一定的差异，同样地，喷油时间方面也存在着差异。

上述差异可以利用安装在喷油泵上的ROM内的修正数据进行修正（图6-47）。

（七）电控分配泵喷油时间计算流程

日本电装公司生产的ECD-V5分配泵中喷油时间计算框图如图6-48。

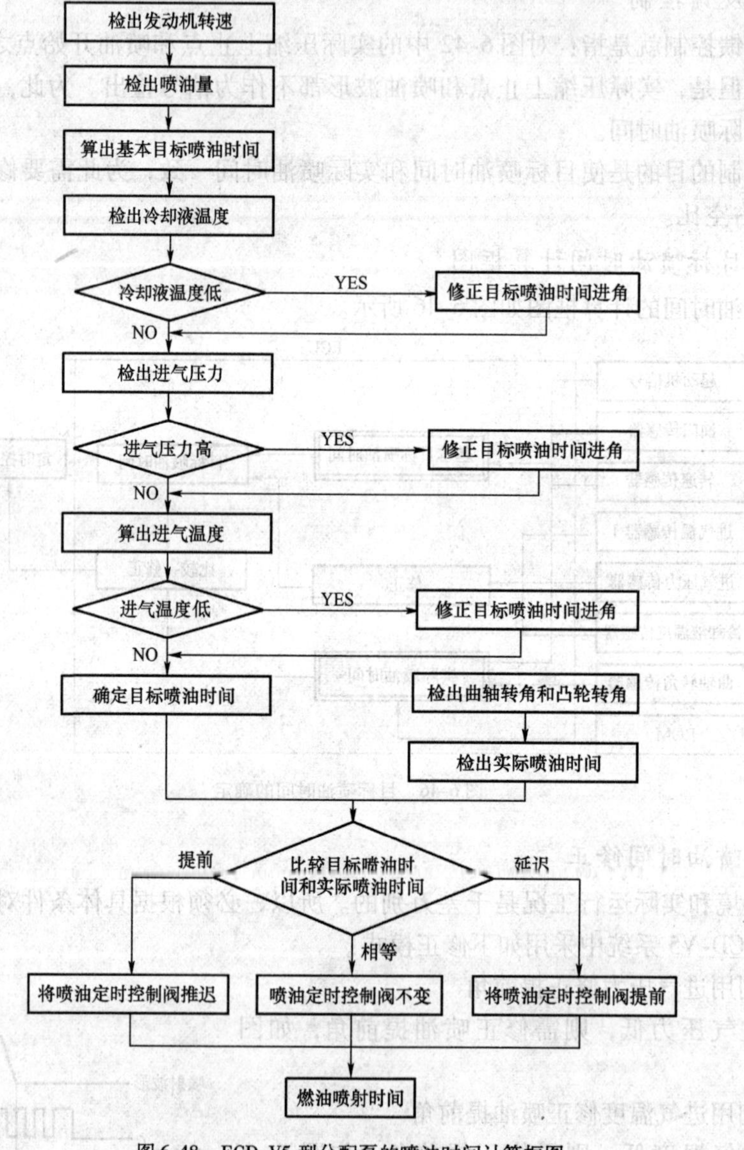

图6-48　ECD-V5型分配泵的喷油时间计算框图

三、电控共轨系统喷油时间控制

ECD-U2高压共轨喷油系统是完全的“时间—压力调节系统”。喷油量是由共轨压力和喷油器电磁阀通电脉冲宽度唯一决定的。以共轨压力为参数，改变脉冲宽度，可以得到一条线性的喷油器的喷油量特性。利用这一特性，在发动机全部工作范围内，可以方便地得到如目标设定的特性。

在传统的泵管嘴系统中经常见到的因液力效应引起的控制困难区域、不可能控制区域、起因于调速器控制能力不足的调节不良等问题，原则上都可以方便地解决。

与机械式喷油系统及电控喷油泵系统相比有明显的不同。例如，前者喷油时间的控制都是通过复杂的机械机构实现的，后者是由时间控制的；前者是由硬件实现的，后者是由软件实现的；前者控制复杂，后者控制简单。

燃油喷射时间因主喷油和预喷油的关系，其特性是不同的。喷油时间可以按曲轴转角传感器的信号为基准，也可以按汽缸判别信号传感器的信号为基准进行控制。但是，通常是按曲轴转角传感器为基准的。

（一）主喷油时间

基本喷油时间是按最终喷油量、发动机转速和冷却液温度（按 MAP 图）计算出来的。但是发动机起动时只是按冷却液温度和发动机转速计算出来的，如图 6-49 和图 6-50 所示。

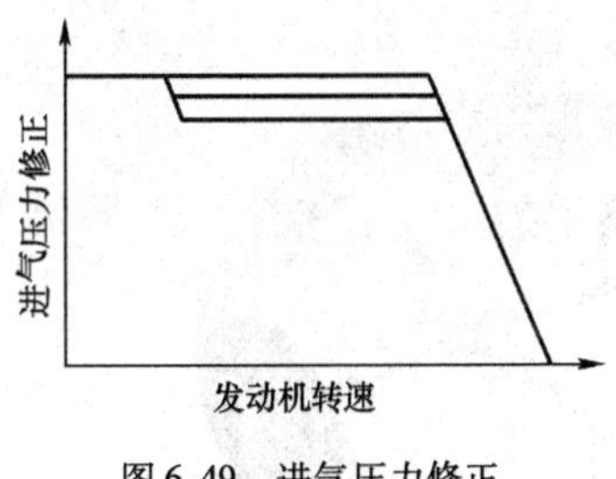

图 6-49　进气压力修正

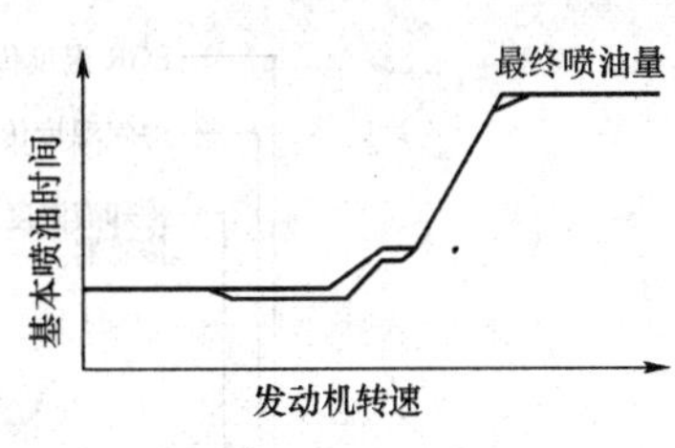

图 6-50　主喷油时间修正

（二）预喷油时间

预喷油时间是按主喷油时间加上预喷油时间间隔进行控制的。预喷油时间间隔是按最终喷油量、发动机转速和冷却液温度（按 MAP 图）计算出来的。

但是，发动机起动时只按冷却液温度和发动机转速进行计算，如图 6-51 和图 6-52 所示。

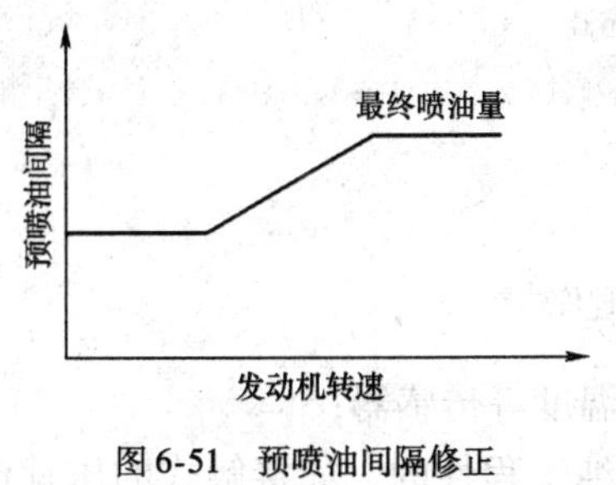

图 6-51　预喷油间隔修正

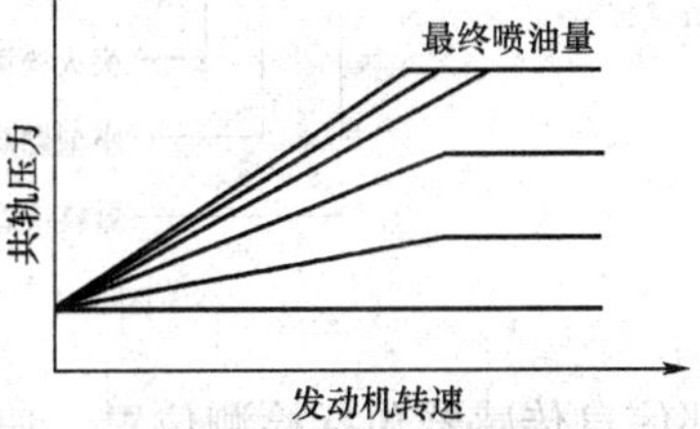

最终喷油量
共轨压力
发动机转速

图 6-52　喷油压力修正

第七章 传 感 器

社会的环境问题、石油资源短缺、追求舒适和安全等，这些都是汽车工程师、柴油机技术工作者所面临的难题。解决这些难题的最有力助手是各种传感器。

第一节 传感器概述

传感器的种类很多，按其作用可分为检测电控系统内部状态信息的传感器和检测作业对象——发动机或汽车及外部环境状态的外部信息传感器（图7-1）。

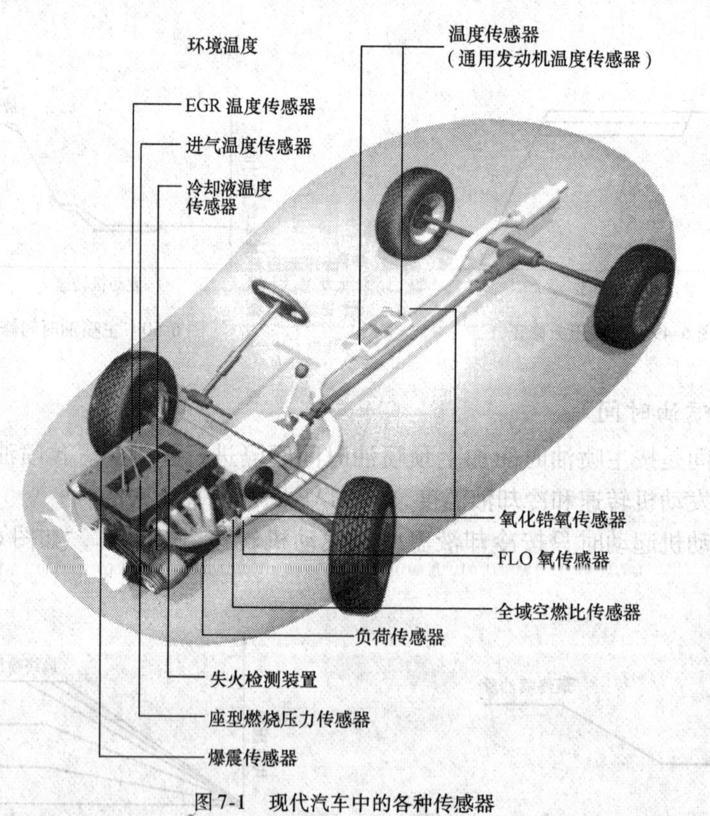

图7-1 现代汽车中的各种传感器

内部信息传感器包括检测位置、速度、压力、温度等传感器；

外部信息传感器有与人体感官相对应的，也有纯工程性的。如接触式的压觉传感器、非接触式的视觉传感器、听觉传感器等。纯工程的是人体感官所不及的，如电涡流传感器、超声波或激光测距仪等。

一、传感器在汽车工业中的作用和地位

世界上汽车排放法规最严格的美国加利福尼亚州，最近十年来，HC、CO 和 NO_x 法规值越来越严格了（图 7-2）。

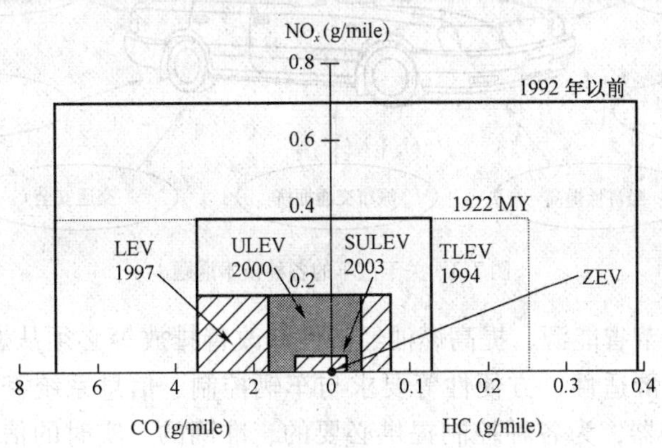

图 7-2 美国加州乘用车排放法规的变化趋势

关于图 7-2 中各种排放限值汽车的说明

缩写	全　称	含　义	适用于新车认证
TLEV	Transitional Low Emission Vehicle	低排放过渡汽车	5 万 mile（8 万 km）时的法规值
LEV	Low Emission Vehicle	低排放汽车	
ULEV	Ultra Low Emission Vehicle	超低排放汽车	
SULEV	Super Ultra Low Emission Vehicle	超超低排放汽车	12 万 mile（19 万 km）时的法规值
PZEV	Partial Zero Emission Vehicle	准零排放汽车	在未满 15 万 mile（24 万 km）时满足 SULEV 法规值
ZEV	Zero Emission Vehicle	零排放汽车	

为了满足这样严格的排放法规，整个汽车界的动向是：低公害汽车将要普及，向着零排放汽车（ZEV）的目标，混合电动汽车（HZV）在逐步推进的同时，采用燃料电池的电动汽车（EV）也正在加速发展之中。

柴油机电子控制喷油技术已经取得了非常巨大的进步。为了提高柴油机的性能，已经研制出许多控制系统。

20 世纪 90 年代，电控喷油泵系统、电控泵喷嘴系统和电控共轨系统已经开始大量应用于各种柴油机产品中。在 130～160MPa 的高压下可使燃油很好地雾化、通过多段喷射可以细致地控制燃烧，对于降低燃油消耗、降低噪声、降低振动以及降低排放等都有出色的效果，展示了 21 世纪绿色柴油机产业的无限未来。

图 7-3 中示出了关于汽车的各种技术课题。特别是地球环境问题、能源问题是汽车工程师面临的最大技术课题。

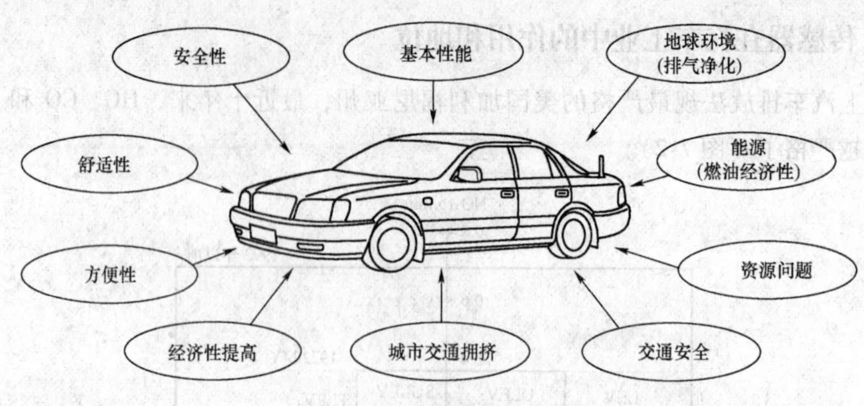

图 7-3　关于汽车的各种技术课题

保护地球环境、节省能源、提高燃油经济性和改善排放等必须从燃烧控制系统着手；另一方面，安全性、舒适性、方便性等要求与车辆控制、信息系统密切相关。在汽车上安装各种各样的传感器，为各种控制提供必要的、准确的、实时的信息。为了保证汽车在各种苛酷的实际使用条件下能够具有足够的耐热性、耐振性、可靠性，传感器也是不可缺少的；从大量生产的汽车零部件方面过来看，为了保证产品的质量和成本，各种传感器也是不可缺少的。

本章将集中介绍各种传感器，重点介绍各种电子控制系统中常用的传感器。

二、传感器的分类

传感器品种多，按照不同的方法可以进行不同的分类。

按输出信息的性质，传感器可以分为开关型、模拟型和数字型，如表 7-1 所示。

传 感 器 的 类 型　　表 7-1

类型	说明
开关型	接触型（如微动开关、行程开关、接触开关）
	非接触型（如光电开关、接近开关）
模拟型	电阻型（电位器、热电阻温度计）
	电流电压型（热电偶、光电池）
	电感、电容型（电感式、电容式位置传感器）
数字型	计数型（二值计数器）
	代码型（编码器等）

开关型传感器，工作时就是二个数值：“1”和“0”，分别表示开（ON）和关（OFF）。如果传感器的输入物理量达到某值以上时，其输出为“1”（开启状态），在该值以下时，输出为“0”（关闭状态），其设定的界限值即是开、关两种状态。这种“1”和“0”的数字信息可直接传递到微机进行处理，使用方便。

模拟型传感器的输出是与输入的物理量变化相对应的连续变化的电量。传感器的输入与输出关系可能是线性的，也可能是非线性的。线性输出信息可直接被采用，非线性输出信息则需要进行修正，或将其变成线性信息。这些信息要先输入到模/数（A/D）变换器，转换成数字信息以后，再输送到微机进行处理。

数字型传感器又可分为计数型和代码型两种。其中，计数型又称为脉冲型，任何一种脉冲发生器所发出的脉冲数是与输入量成正比的，对输入量进行计数后，用来检测执行机构的位移量。例如，曲轴上装上光栅盘，就可检测曲轴转动一定角度所发出的脉冲信息。

代码型传感器又称编码器，它是一种直接用数字代码表示角位移和线位移的检测器，每一输入代码相当于一个一定的输入量，如电平可用光电元件或机械接触式元件输出。例如增量式编码器，它的码盘的外圈是计数码道，最内圈是一个基准，内圈中的码道称方向码道，它的计数码道的线段数是同样的，但偏移了半个线段，其相位差为90°转角。在某一旋转方向，最外码道的输出超前于内码道的输出，沿外码道的上升沿产生一个计数脉冲；当反方向旋转时，其输出就迟后于内码道的输出，并沿其下降沿产生计数脉冲，由此可以确定旋转的方向，把外码道的输出脉冲加到计数器，再根据转向而向上加或向下减就可以计数。由于增量式编码器结构简单，精度较高，在实测转角位置与转速时得到较多应用。

按传感器的工作原理可以分成五类（表7-2）。

传感器按工作原理分类 表7-2

原　理	说　明	实　例
力学传感器	力学量转换成电信息	压电效应、压电电阻变化
电磁传感器	电磁量转换成电信息	磁性电阻元件
温度传感器	温度量转换成电信息	压电效果、热电效应、电磁效应、半导体电阻温度变化特性
光学传感器	光信息转换成电信息	光电二极管
电化学传感器	化学变化量转换成电信息	浓差电池、半导体导电性变化（气体、水分、表面吸附）

被测对象的种类不同应当使用不同的传感器。但是，传感器总是将物理量或化学量转换成电信息。

力学传感器就是将力学量的变化转换成电信息的元件。力学量又可分为机械量和流体量两大类。机械量中，几何量随着时间变化的叫作运动量；质量、力和转矩等都叫做力学量。在汽车方面常用到的有：速度传感器、加速度传感器、压力传感器、空气流量传感器等。

根据用途利用各种工作原理和转换功能开发了各种各样的传感器。例如：空气流量传感器是精确测量吸入的空气量的。但是，相对于传统的叶片（机械）式流量计来说，热线式空气流量计、半导体进气压力传感器等新型传感器已经陆续开发成功，并投入使用。

电磁传感器是将磁信息转换成电信息的元件。除了电磁传感器外，还有利用磁阻效应、霍尔效应开发成功的半导体磁性传感器等，经常用作速度传感器和转角传感器。

温度传感器是将温度变化转换成电信息的元件。可分成接触式和非接触式两种。一般情况下，接触式温度传感器用得多，例如：热敏电阻（固体温度变化引起电阻变化的半导体），双金属片型温度计等。非接触式温度传感器的实例如车辆中乘客数量传感器就是利用热电效应的红外线传感器。

光学传感器就是将光量转换成电信息的元件。由于光和半导体的相互作用，检测出电子空穴的半导体光学传感器。

上述力学传感器，电磁传感器、温度传感器以及光学传感器都是将物理量转换为电信息的，所以又可称为物理传感器；与之相对应的还有电化学传感器——将化学量的变化转换成电信息的传感器。例如用于检测排气中氧浓度用的、由氧化锆陶瓷制成的氧传感器就是一个代表。

传感器的输入量取决于被测量的物理性质，其下限值受传感器本身的不灵敏度、误差及干扰信息值的限制，当输入量的数值与以上各量的值具有相同数量级时，传感器就无法正常工作。输入量的上限值主要是防止产生信息失真或元件损坏而设定的。

传感器的输出一般是电流、电压、阻抗，或是这些电量的时间函数。其输出量也有测量的有效范围，下限值也受到不灵敏度、误差与干扰因素的限制；上限则由传感器输入量的最大值决定。

传感器是一种非电量电测技术的主要转换元件。为了保证测量的准确性，对车用传感器提出了如下基本要求：

（1）体积小，质量轻，对电控系统的适应性好；

（2）精度和灵敏度高，响应快，信噪比高；

（3）稳定性与抗干扰性要好；

（4）安全可靠，且制造成本低。

在汽车发动机电控系统中，关键的是对传感器测量的精度与可靠性要求，否则由传感器检测带来的误差，将会导致整个汽车控制系统的失灵或故障。有关汽车发动机已用的传感器，其要求的精度与使用范围，在表 7-3 中列出。

汽车发动机用传感器的测量范围与精度要求 表 7-3

传感器的测量参数	测 量 范 围	要求精度（%）
进气歧管压力（kPa）	10 ~ 100	±2
进气流量（kg/h）	6 ~ 600	±2
温度（℃）	−50 ~ 150	±2
曲轴转角（°CA）	~360	±0.5
燃油流量（L/h）	~110	±1
排气中的氧浓度	λ = 0.4 ~ 1.5	±1

由于电子技术、模数转换器技术的发展，传感器的输出信息不一定都要进行数字化处理，通过数字计算机进行控制，对传感器的要求可以有所降低。例如，对传感器的线性度不一定苛求，只要测定的再现性好，即使线性度差一些，也可通过计算机进行修正。另外，在电控中所用传感器的数量，理论上是不受限制的，只要在发动机中位置许可，凡功能需要都可设置传感器。如果能把所有传感器的信息都转变为电信息，经过多通道

输入，计算机就能进行处理，并得到高精度的控制。

三、传感器的技术动向

1. 检测对象扩大和综合

在更加精确、响应更高的控制系统中，传感器的技术要求必须更高。而且可以说，系统的性能首先取决于传感器。

传感器的控制对象更加扩大，用一个传感器可以处理多种信息——即所谓复合型传感器日益受到欢迎。例如：排气净化系统中使用的排气传感器可以检测排气中的氧浓度。但是，为了进一步提高排气净化的功能，在浓混合气的范围内可以测量未燃气体（HC）的浓度和NO_x浓度的复合传感器正在开发研制当中。

2. 传感器材料的变化

用作传感器的材料，大多是金属、陶瓷和半导体材料。例如：测量速度变化的加速度传感器中的应变片从金属电阻材料换成硅半导体材料之后，应变灵敏度可以提高50倍，传感器的转换精度大幅度提高。

3. 信息处理智能化

在传感器中产生的电信息是十分微弱的，除了物理、化学量之外，还包含有其他的参数信息，大多数是非线性的。所以必须进行传感器信息处理。传感器信息处理的目的是：将传感器产生的电信息传送出去，或放大到计算机可以处理的电量水平，同时，除去不必要的信息，对非线性进行修正，提高信息的质量等。

传感器的基本功能是将物理量、化学量的变化转换成电信息，此外，还应有下述功能：将电信息进行放大、补偿处理的功能；对信息必须进行演算处理，转换成易于处理的函数；用于控制的信息，为了将信息送给控制对象还需要进行控制处理的功能等。

计算机不仅仅对传感器送来的信息进行处理，近来，传感器本身也配置了微机，因而所谓智能化传感器（Smart Sensor）也越来越多了，传感器本身不仅具有更高的信息处理功能，而且，传感器自身具备了自我诊断、自动校正、数据记忆、提供多种信息等功能。

今后，传感器的发展趋势是：由于集成化、多功能化所带来的智能化。集成化就是多单元化、放大器一体化、信息处理功能一体化和其他功能元件一体化。发展的结果必然导致：小型化、轻量化、新功能化、高可靠性化等等。图 7-4 是静电容量式加速度传感器的实例，它采用了微机技术，将检测单元和信息处理 IC 集成为智能化传感器的一个实例。

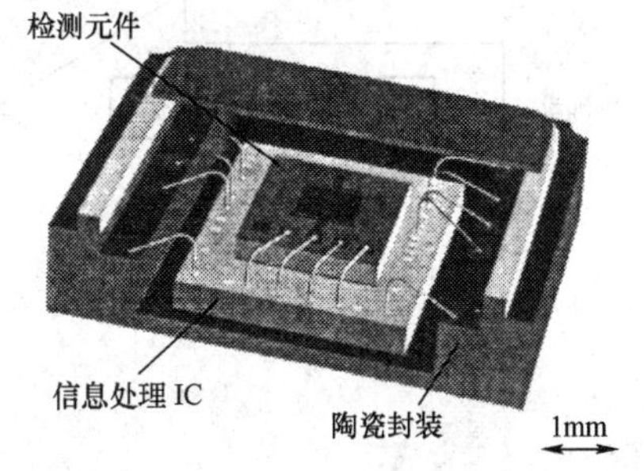

图 7-4　静电容量式加速度传感器的结构

第二节　传感器原理

通常，人们每天早晨醒来首先映入眼帘的周围环境是作为第一信息而开始一天的活动的。紧接着随之而至的有：说话声、音乐、室外汽车、摩托车的响音进入耳朵，过了不久，厨房里传来早餐的香味……品尝美味的是舌头，端起茶杯感觉到烫手的是皮肤。

人和动物都能够对声音、光线等外界的刺激、身体内部疼痛等作出反应，这种功能叫做感觉。所谓眼、耳、鼻、舌、身（皮肤）的五官就是五种感觉器官，也可以称为人或动物的五种传感器。通过这五种传感器来感知世界、认识世界。

传感器是一个系统，包括两项基本功能：感觉和识别。用五官来比喻传感器正是恰到好处。

在现代信息社会中，最基本的信息工具是计算机，或者说，扮演信息传输主角的是计算机。在计算机中最主要的应该是软件。如果没有软件，仅仅只是计算机实物这么一个硬箱子，那是任何事情都做不了的。

将人的五官比喻成传感器，它的第一项功能是检测信息的功能；人本身的分析、判断功能就相当于计算机的软件，将外部检测到的信息进行分析、处理，最后做出结论：是什么，发生了什么事情，应当如何处理……

近年来，汽车技术的电子化正在非常迅速地发展。例如，在汽油乘用车中，电子控制燃油喷射装置已经是100%安装，底盘、车辆控制、安全气囊以及ABS等安全装置、舒适性设备等也在迅速增加。这些物理信息的入口都是传感器。特别是以微处理器为中心的数据信息处理技术的发展和低成本化，传感器的应用范围正在不断地扩大。

人是通过五官来感知周围的世界，通过大脑进行认识、判断和行动；与此相类似，汽车上的各种传感器就是汽车的眼睛、鼻子；通过传感器得到外界的初级信息，通过相当于人的大脑的微处理器以后，转向下一步控制。

传感器应该具有将取得的信息在移交给下一步处理之前进行适当的变换、使下一步处理时易于接受和应用。这里所说的信息几乎都是光、温度、压力、位置、时间、气体等物理量和化学量。下一步流程主要是由微处理器等电子设备进行处理。

所以，传感器的输出信息应当是后续电子设备容易处理的电压、电流等电气信息。

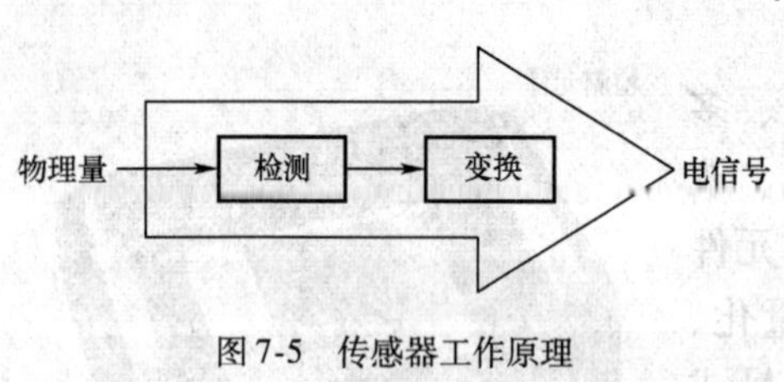

图 7-5　传感器工作原理

传感器还应是接口装置和变换器。

接口装置如图 7-5 所示，更严密地说，检测出外界物理量的部分叫做传感器，将传感器的输出变换成电信息的部分叫做变换器。

一般地说，包含上述两个部分的全体才是广义上的传感器。而且，传感器具有人体所没有的许多优良特性：耐环境性、坚固性、耐久性……

尽管现在传感器的输出信息全部都是电信息，但是，在不久的将来，这种电信息还会转变成光信息。可以相信，包括这种光电转换装置的传感器将会成为主流。

本节将介绍柴油机电控喷油装置中常用的各种传感器的基本原理，代表性的基本信息是温度、压力、位置和长度等物理量，或作为化学量的排气成分等。所谓传感器原理就是如何将上述基本信息量转变成电气信息量的方法和装置。

一、温度敏感原理

测量温度是我们日常生活中最普通、最平常的事情。端起茶杯，首先要试一试茶水温度是否合适，进入浴池前，首先要用手摸一摸，水的温度是否正好（图 7-6）；这就是利用人体的皮肤——触觉检测温度。

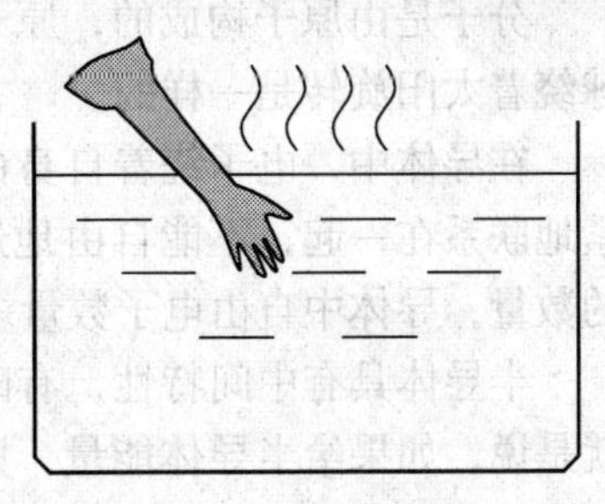

图 7-6　触觉检测温度

温度计、体温计都是我们身边的温度测量计。在汽车方面，冷却液、进气、排气、环境温度、燃油、润滑油、催化剂等，都是要进行温度测量的对象。但是，正如前述，对于一个传感器来说，它的功能不仅是搜集关于温度的信息，正如人体要通过从皮肤到神经、最后由大脑认知温度的过程一样，传感器还有一个重要的组成部分——将检测到的信息转换成电信息以后再输出。

温度传感器中应用得最广泛的是热敏电阻型传感器。根据使用的材料，热敏电阻可以测量的温度范围是：0℃以下的低温到 1000℃以上的高温。

这里介绍在比较低的温度下使用的热敏材料。

一般地说，热敏电阻是以金属氧化物为主要原料、在高温下烧结而成的一种半导体。其导电性是由半导体的杂质传导的。半导体的特征是：固有电阻随着温度的增加而显著减小。所以，如果是半导体，不管是何种材料，都可以作为热敏电阻使用。热敏电阻，顾名思义，就是对于热敏感的一种电阻。

热敏电阻为什么会随着温度的变化而电阻值会产生很大的变化呢？电气的传导方式是不是产生了变化呢？为了回答这些问题，首先必须知道半导体的性质。

（一）三种固体

我们周围的所有物质都可以按其导电性分成三种：容易导电的叫做导体，不容易导电的叫做绝缘体，顾名思义，半导体就是具有介于二者之间导电特性的物质。

按导电性物质可分成三类，如图 7-7 所示。但是，半导体的电阻限值并不是图中所表示的那样。

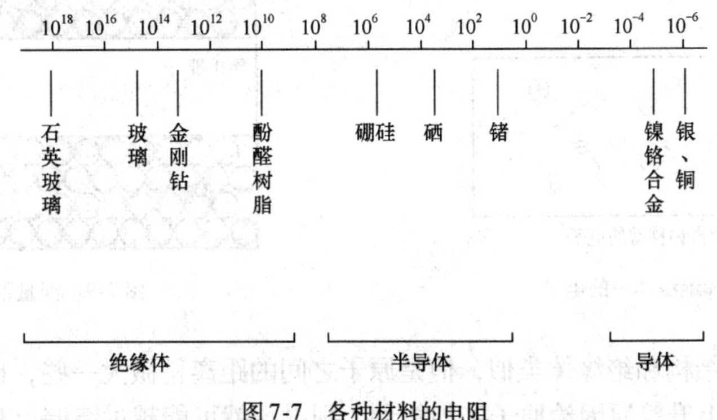

图 7-7　各种材料的电阻

导体，例如铁、铜、镍和铝等金属；海水和大地等也可划入导体类；相对于导体来说，塑料、橡皮、陶瓷、玻璃、空气和润滑油等都是不导电的绝缘体；不管导体，还是绝缘体，决定物体性能的最小单位是分子。

分子是由原子构成的，原子是由原子核和围绕着原子核旋转的电子组成的。这和地球绕着太阳旋转是一样的。

在导体中，电子绕着自身的原子核相当自由地旋转；而绝缘体中，电子和原子核紧紧地联系在一起，不能自由地运动。因此，决定导体和半导体性质的是固体中自由电子的数量，导体中自由电子数量多，绝缘体中没有自由电子。

半导体具有中间特性，有时候像导体那样导电，有时候像绝缘体那样不能导电。也就是说，如果给半导体能量，则可以产生自由电子，换言之，半导体导电还是不导电是可以控制的。

（二）电子移动和导电的难易程度

固体导电的难易程度决定于自由电子的移动。固体中电子状态和能量结构如图 7-8 所示。如果是一个孤立的原子，电子在原子核周围的轨道上旋转。但是在固体中，原子和原子相互接近，则电子的运行轨道重合。各个电子分别具有一定的能量，当原子相互接近时，能量值的区分具有一定的幅度。这就是能量带，进入能量带的电子数量是有限制的。

图 7-9 下方的图中，被电子充满了的容许带叫做充满带。在充满带中的电子就像驶入了非常拥挤的道路中的汽车，不容易移动。上方的容许带（没有电子的部分）就像一条没有车辆的高速公路，电子数量少，可以自由地运动，所以导电容易。这样的容许带叫做传导带，两个容许带之间有一道墙壁，这条墙壁叫做禁止带。这条墙壁的高度因固体的性质不同而不同。原子之间的距离小，也就是原子之间的结合越紧密，则墙壁越高，电子越难以上升到传导带内；特别是在完全没有电子的情况下，就根本不能导电，这就是绝缘体。

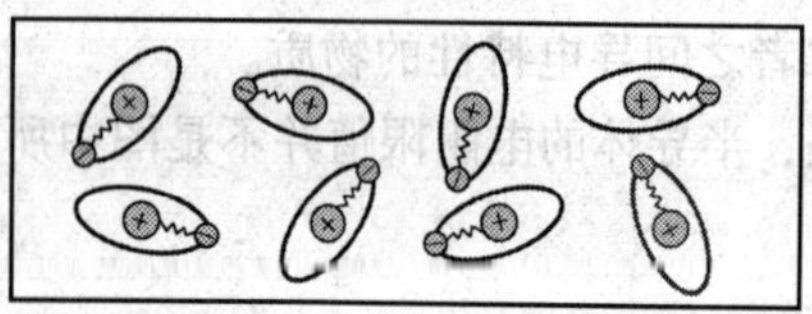

a) 绝缘体中被原子核约束了的电子

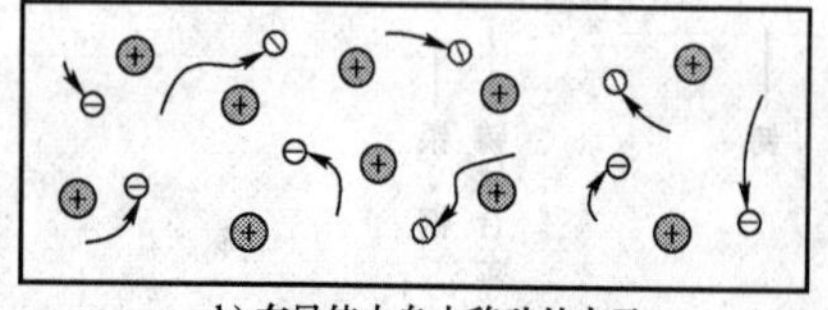

b) 在导体中自由移动的电子

图 7-8　导体和绝缘体中的电子

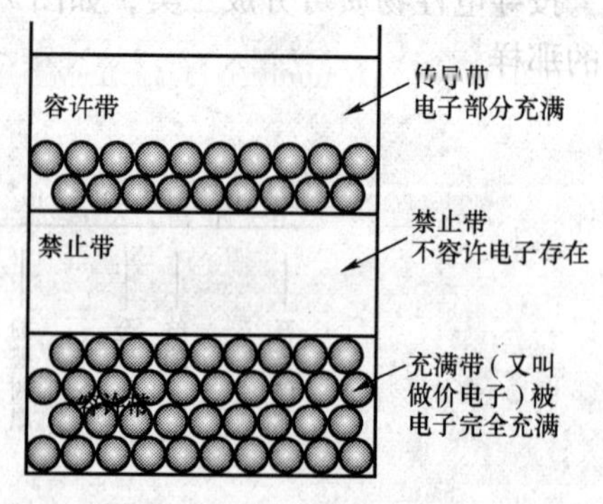

图 7-9　能量带模型图

半导体的能量结构和绝缘体类似，但是原子之间的距离稍微大一些，也就是墙壁的高度低一些，因为温度上升等原因给原子施加能量，则电子就可能越过墙壁上升到传导带。也就是容易导电（图7-10）。这样的半导体叫做本征半导体。代表性的本征半导体有硅、锗等。

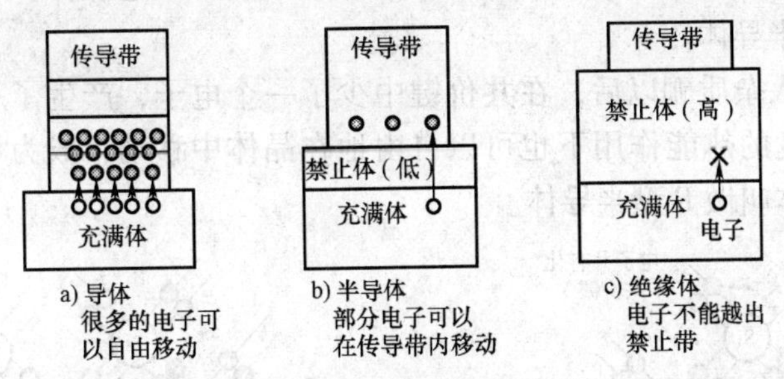

图7-10　各种固体的能量带结构

（三）半导体中的载流子

在半导体中起到导体中像电子那样导电作用的角色叫做载流子。如前所述，半导体和绝缘体具有相同的能量带结构，只是禁止带的墙壁比绝缘体低一些。

以具有代表性的半导体——硅晶体为例说明半导体中电流传导的原理。

在硅晶体中，每个电子都有4只“手”（价电子），如图7-11所示，互相连接在一起形成共价键，即使是在常温下，由于热能或光能的刺激，有一些位于充满带内的电子会飞越墙壁成为自由电子，成为导电的载流子。

当电子离开原来的位置以后就留下一个空穴，与之相邻的电子会移过来填充，然后，下一个电子又会移过来填充，反复进行。结果，如图7-12所示，从宏观上看，就好像只有空穴沿着与电子移动方向相反的方向在移动，就好像正电子在移动一样。这种空穴叫做空穴载流子。

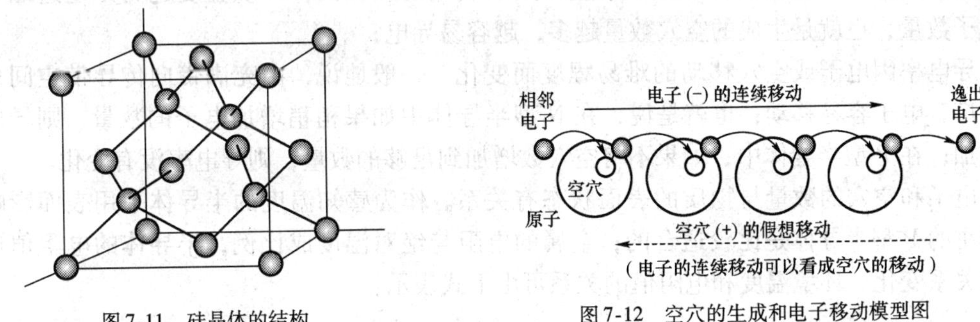

图7-11　硅晶体的结构

图7-12　空穴的生成和电子移动模型图

这样，电子也好，空穴也好，可以成为自由电子、或自由空穴，都可以起到导电的作用。但是，纯净的硅晶体在常温附近是没有自由电子或空穴的，电阻值相当高。

（四）强化导电性

为了强化硅晶体的导电性，其基本方法之一就是在硅晶体中加入少量的杂质。日常生活中使用的电视、收音机中的半导体都是这种半导体。在高纯度的硅晶体中，在传导带中电子和空穴的数量相同。但是，在硅晶体中掺入微量的杂质，例如五价元素砷（As）、三价元素硼（B）。

如图 7-13 所示，掺入杂质砷以后，在共价键中多出了一个电子。这个多余的电子在常温程度的热能作用下也可以自由地在晶体中移动，成为导电载体。以电子作为载流体的半导体叫做 N 型半导体。

由图 7-14，掺入杂质硼以后，在共价键中少了一个电子，产生了一个空穴。这个多余的空穴在常温程度的热能作用下也可以自由地在晶体中移动，成为导电载体。以空穴作为载流体的半导体叫做 P 型半导体。

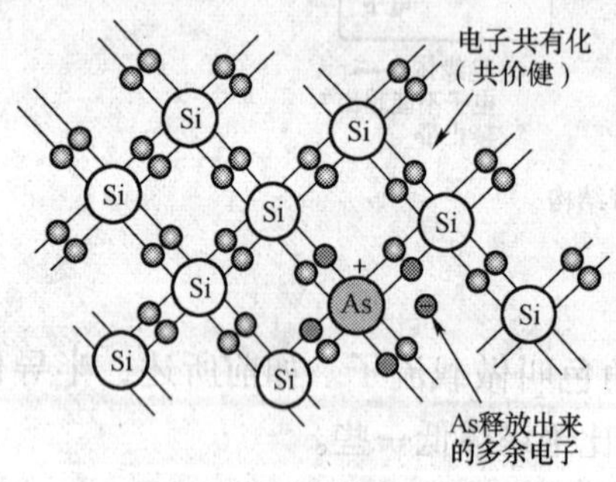

图 7-13　掺入 As 后的电子导电型

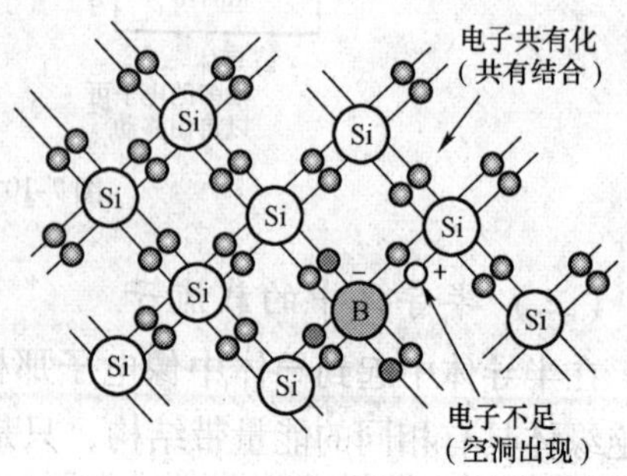

图 7-14　掺入 B 后的空穴导电型

加入了杂质的半导体与硅晶体本征半导体相比更加容易放出电子。从表面上看，可以看成墙壁更低了。墙壁越低，电子只要稍微带有一点能量就可以进入传导带内，概率随着温度升高而增加。携带的能量越多则导电越容易。

（五）半导体的温度和电阻值

N 型半导体的导电率与传导带中电子的数量有关，电子数量越多则导电率越大；P 型半导体的导电率与传导带中空穴的数量有关，空穴数量越多则导电率越大。

如前所述，从宏观上看，如果禁止带上的墙壁高度相同，环境温度越高则越过墙壁的电子数量，也就是生成的空穴数量越多，越容易导电；

导电率因电子或空穴移动的难易程度而变化。一般地说，由充满带向传导带空间比较宽广，电子容易移动；也就是说，在 N 型半导体中如果稍稍增加电子的数量，则导电率增加；在 P 型半导体中，如果不将空穴数增加到足够的数量，则导电率没有变化。

电子和空穴的数量与物质的表面状态有关系。作为感知温度的半导体采用表面影响比较小的 P 型半导体是比较适合的，金属的电阻与绝对温度成比例，半导体的电阻值成指数关系变化。环境温度和电阻值的关系可由下式表示：

$$R = R_0 \cdot \exp B\left\{\frac{1}{T} - \frac{1}{T_0}\right\}$$

式中：R——在环境温度 T 时的电阻值；

R_0——在环境温度 T_0 时的电阻值；

B——常数（热敏电阻常数）。

一般的热敏电阻是使用具有镍、锰、钴、铁等称之为过渡性金属的原子构造的氧化物而做成的。例如，混合了氧化镍、氧化钴、三氧化二铁等在高温下烧结而成。常数 B 是 2000～10000K。但是，3000K 左右的经常使用。热敏电阻的温度系数 α 用下式表示。

$$\alpha = (1/R) \cdot (\mathrm{d}R/\mathrm{d}T) = -B/T^2$$

若室温 = 300K，B = 3000，则温度系数 $\alpha = -3.3\%/K$，微小的温度变化会引起很大的电阻值变化。图 7-15 是其特性之一例。

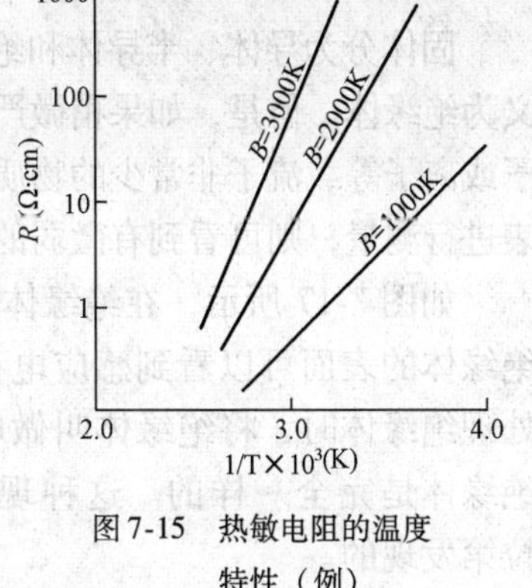

图 7-15　热敏电阻的温度特性（例）

该热敏电阻的温度系数是负值，通常称之为 NTC（Negative Temperature Coefficient）型热敏电阻。NTC 型热敏电阻在比较低的温度下使用，感度高，易于用在各种各样的场合。低温下使用的热敏电阻除 NTC 型外，还有正特性的 PTC（Positive Temperature Conffiicient），在临界温度下，具有 CTR（Critical Temperature Resister）等性质。

文中介绍的 NTC 热敏电阻最高也就是到 300℃。此外，作为高温用的热敏电阻有用氧化锆等材料制成的传感器。添加稳定剂后可以用到 1000℃左右。这是根据离子导电机理制成的热敏电阻。

二、压力敏感原理

包括陶瓷在内的所有固体物质，如果在其上加上作用力，就会产生相应的变形。变化量与所加作用力的大小、固体的种类及其状态等有关，去除作用力以后，有的可以恢复到原来的状态，有的不能恢复到原来的状态，总而言之，一旦加上压力就会迅速地反映出来，也就是感知到作用力的存在。如果能将这种结果变换成电信息输出，则我们就可以把这种固体作为压力传感器使用。压力的敏感方式有：半导体式、静电式、压电式、膜片式等。这里只说明利用压电效应的压电式传感器的敏感原理。

（一）何谓压电效应

在物体上加以压力则物体内产生电流；反之，在物体上加上电压则产生变形的特性叫做压电效应。这种特性是在 1880 年由居里兄弟发现的。当时只知道水晶以及用做唱片拾音器的罗谢尔盐的单晶体。一般地说，要把水晶那样的单晶体做到希望的形状是非常困难的，而且不适于大量生产。因此，很难有实用性。能够满足上述要求的就是压电陶瓷。和单晶体不同，将其粉末进行烧结固化、做成粉末冶金体是比较简单的。所以，这一发现为其在工业中广泛应用和进入实用阶段铺平了道路。

如图 7-16 所示，其基本原理有三种类型：①压力→电流；②电流→变形；③电流→振动→电流。这是一种将电气特性参数和机械特性参数结合起来的材料。

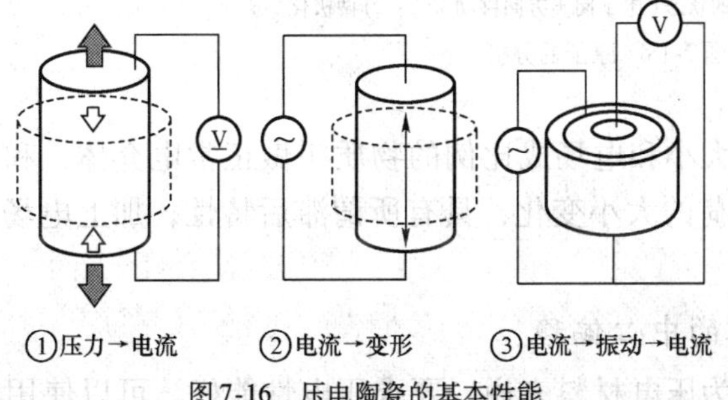

图 7-16　压电陶瓷的基本性能

（二）在绝缘体内也有电流流动

固体分为导体、半导体和绝缘体三种。其中，能很好地导电的叫做导体，不能导电的定义为绝缘体。但是，如果稍微严密一点则可以定义为：绝缘体是指物体内部移动的导电的电子或离子等载流子非常少的物质。实际上，在绝缘体上加以电压时，如果用高灵敏度的电流表进行测量，则可看到有微弱的电流在流动。

如图 7-17 所示，在绝缘体上加上电压时，在绝缘体的表面可以看到感应电荷。根据这一观点处理绝缘体时，将绝缘体叫做电介质。其本质和绝缘体是完全一样的。这种现象是 1837 年由法拉第发现的。

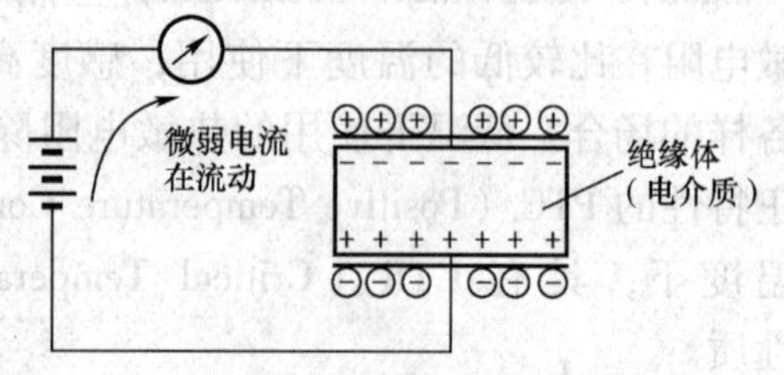

图 7-17　加上电压时的绝缘体的表面

（三）具有极性的绝缘体

如图 7-18a）所示，绝缘体中的原子在稳定状态下，中心是原子核，原子的周围有电子在旋转。呈电气中性。

在图 7-18b）中，加上电压以后，由于电子比较重而不移动，轻的电子云相对于原子的中心产生了偏移。所以，在原子的一面正离子较多，而在其相对的另一面则负离子较多，从外观上看，如图 7-18c）所示，原子成了一个双极子。也就是说，原子具有了极性。

把这种状态叫做原子分极。另外，根据分极表面上出现的电荷叫做分极电荷。实际上，引起这种分极的现象叫做电磁感应现象。这种场合的绝缘体叫做电介体。这样的电磁感应现象不仅限于绝缘体，在导体中也会产生。对于导体来说，由于导电的缘故，这种现象被掩盖而不能观测到。因此，一般所说的电介体是指和绝缘体一样的物质。

不是看单个的原子，从宏观上来看原子全体，则如图 7-19 所示，加上电场以后电荷就移动，但内部的电荷量不变。移动后的电荷不被补充，所以，在两端分别出现正电荷和负电荷。

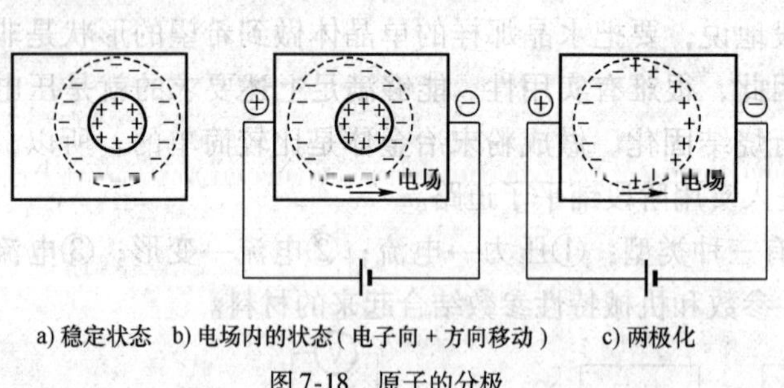

a) 稳定状态　b) 电场内的状态（电子向 + 方向移动）　c) 两极化

图 7-18　原子的分极

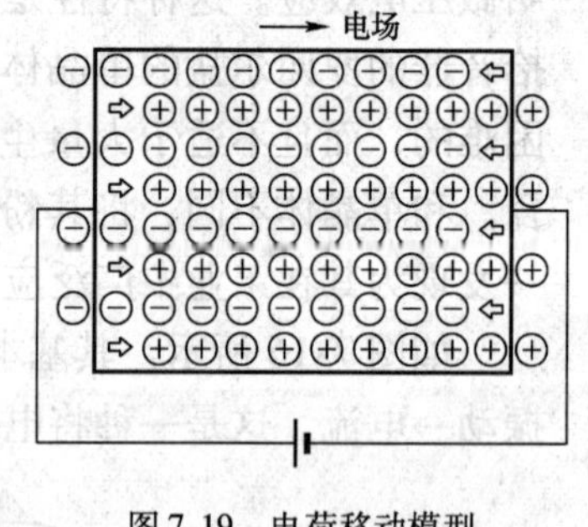

图 7-19　电荷移动模型

一般地，分极的大小和电场成比例的物质叫做正常电介体，和电场不成比例，升高电压和电压降低时电荷的大小变化，具有所谓滞后特性，加上电场，分极方向翻转的物质叫做强电介体。

（四）压电晶体的中心偏移

最近数年来，作为压电材料来说，要求压电性能好、可以使用的温度范围宽、稳定性好、材料来源广泛等。相对来说，PZT（钛酸锆酸铅）族的材料被广泛使用。

PZT 或 $BaTiO_3$（钛酸钡）或 $PbTiO_3$（钛酸铅）等，作为压电陶瓷使用的许多种材料都是具有钙钛矿石的晶体结构的电介质。

能够成为压电晶体的材料（钙钛矿石的晶体结构也是其中之一），作为结晶的原子的排列没有对称中心，有一些是对称性很差的。根据原子排列方法的对称性晶体可以分为 32 种。其中，没有对称中心的有 21 种，在这 21 种当中有 20 种具有压电效应。而且，有一半的晶体被称之为极性晶体，其自身具有极性（自发分极）。在这些极性晶体中，当外部加上电压时，其自发分极的方向发生变化的结晶叫做强电介质结晶。强电介体既是压电体，又是焦电体。

钙钛矿石的晶体结构的代表是 $BaTiO_3$，如图 7-20 所示，立方体的各个顶点上有一个 Ba，该面的中心有 6 个 O_2，包围着 O_2 的 8 面体的中心附近有 Ti 原子。但是，由于离子半径的大小关系，O_2 形成的间隙中稍微小了一点，Ti 原子在 Z 轴方向上从中心稍稍偏移了一点。正因为如此，产生了自发分极。这种现象对于 $BaTiO_3$（钛酸钡）来说，在 120℃以下时，晶体从具有对称中心的立方晶变化到没有对称中心的正方晶。这个温度叫做居里温度。

这些强电介体中，结晶粒子很不规则地向着各个方向，如图 7-21a）所示。一旦加上强直流电压，然后即使再取消，仍能保持图 7-21b）所示的陶瓷各结晶粒子的整齐的排列方向，具有接近于单晶体极性。如前所述，这种处理叫做分极处理。强电介体通过分极处理可以得到和单结晶压电体同样的压电效果。

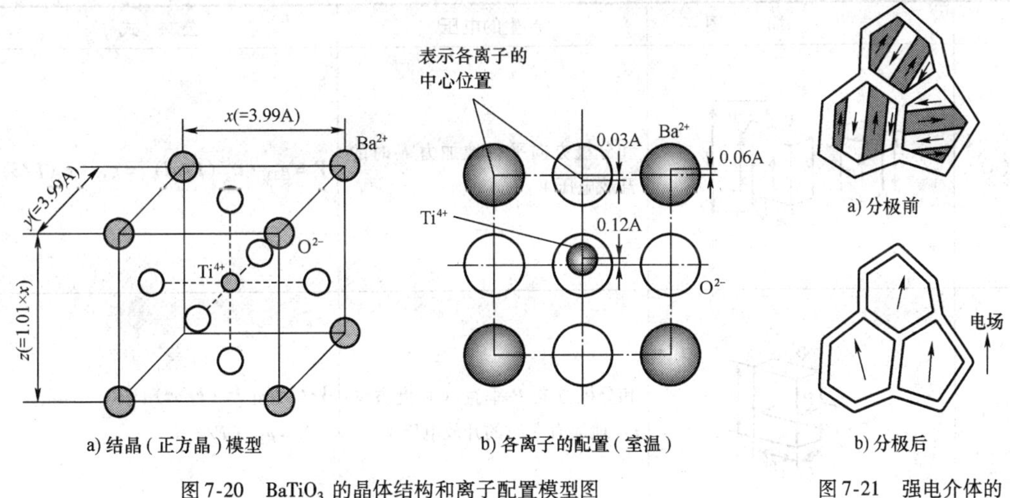

图 7-20　$BaTiO_3$ 的晶体结构和离子配置模型图

图 7-21　强电介体的分极处理

（五）敲击产生电荷的压电晶体

如前所述，所谓压电效果就是在压电材料上加力或变形而产生电荷，压力敏感原理就是利用在上述过程中所产生的电压。

分极处理了的压电陶瓷，在其烧结体中正电荷和负电荷的集中会稍稍产生一些偏移。因此，如果对其进行敲击（瞬间地加力），则正电荷和负电荷都会同时产生微小的移动，也就是产生了瞬间电流。图 7-22 是上述过程的示意图。

在稳定状态下，如图 7-22a）中所示，压电陶瓷的两端面的束缚电荷是大小相等、极性相反的自由电荷。如果从该压电陶瓷的上端面加上一个力 F，则状态就会变化，束缚电荷也就瞬间发生变化。但是，端面上所带的自由电荷不会立即发生变化。因此，相当于差值（Q_1-Q_2）的电荷量要从端面放出。因此，以相应于状态的变化所导致的束缚电荷的速度和自由电子的速度一样的非常慢地施加压力时，电荷量的差变小，产生的电压非常低。

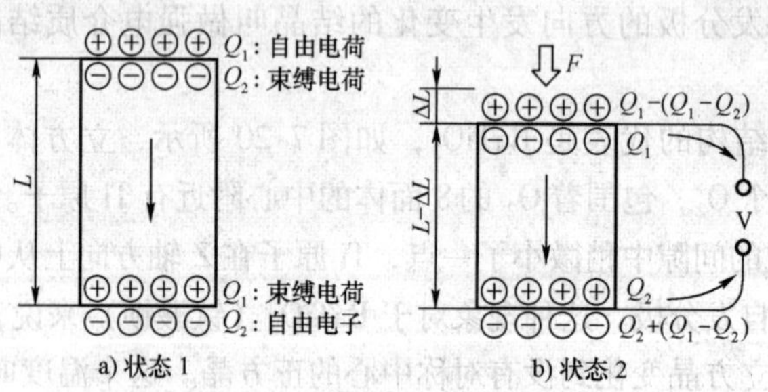

图 7-22　压电效果示意图

产生电压的大小因压电材料的种类不同而不同，其程度用压电应力常数 g 表示，当时的变形量决定于扬氏模量 Y（参看表 7-4 和表 7-5）。

压电陶瓷的作用力和产生的电压　　表 7-4

	简　图	产生的电压	公　式
(a)	S、t、P、F、W、V、l	和分极方向平行地加力 F 时的开放电压 V	$V=g_{33}\cdot t.\ (F/wl)\ =g_{33}\cdot t\ (F/S)$
(b)	F、P、l、V、t、W	和分极方向 P 垂直（长度方向 l）地加力 F 时的开放电压 V	$V/t=g_{31}\cdot\ (F/wt)$ $=g_{31}\cdot F/w$
(c)	P、t、P、幅度 W	双压电晶片元件悬臂安装，在其一端加力 F 时的开放电压	$V=\dfrac{3}{2}g_{31}\cdot\dfrac{1}{wt}\cdot F$

PZT 和 $BaTiO_3$ 的压电性能（实例） 表 7-5

材质			PZT	PZT	$BaTi_3$
材料名			MT－107*	MT－18*	
电气机械结合系数		k_p［%］	67	55	35.4
		k_t［%］	71	65	
介电常数 $\varepsilon_{33}T/\varepsilon_0$			2.000	1.400	1.900
压电常数	$[10^{-12}m/V]$	d_{31}	－213	－104	－79
		d_{33}	450	300	191
	$[10^{-3}Vm/N]$	d_{31}	－12.7	－8.4	－4.7
		d_{33}	25.0	24.0	11.4
弹性模量 $[10^{10}N/m^2]$		$Y_{11}E$	6.3	8.1	9.3
		$Y_{33}E$	4.7	6.3	9.2
机械品质系数 Q_m			100	1.000	430
居里点［°C］			354	300	120
密度［g/cm^3］			7.7	7.6	5.7
主要特征			压电特性高 Q_m 低 柔软的材料	压电特性高 Q_m 高 硬的材料	
主要用途			燃气点火	超声波发生器	探鱼用振子

* 日本特殊陶业——制造

（六）PTZ 的压电特性

PTZ 是 $PbTiO_3$ 和 $PbZrO_3$ 的固溶体，组成成分变化，则结晶形状由菱面晶转变成正方晶的强电介体。

PTZ 自 1954 年由于具有比 $PbTiO_3$ 更加优越的性能而登场以来，到目前为止已经成为压电陶瓷的主流材料。

PZT 失去压电效果的居里温度是 300℃以上，和 $BaTiO_3$ 的居里温度 120℃相比，已经大大提高，在达到居里温度之前结晶形状不变，基本上可以说是一种非常便于使用的压电晶体材料。

表 7-4 示明了压电晶体的基本工作原理，表 7-5 说明了典型的 PZT 的压电特性。

图 7-23 是典型的 PZT 的晶体结构的照片。

压电晶体用作汽车传感器的有：爆震传感器、压力传感器、负荷传感器、加速度传感器等。除了汽车行业以外，压电晶体还有非常广泛的用途。

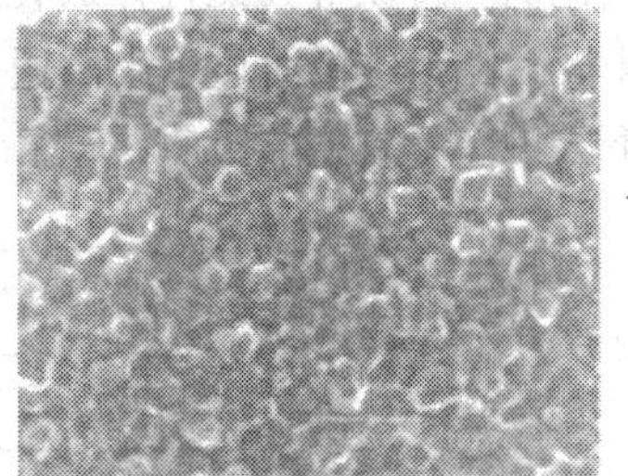

图 7-23　PZT 的结晶结构

三、位置和时间的敏感原理

也许每一个人都有孩提时代跳绳的经验吧。从表面看，跳绳是一项剧烈的运动，一般认为：拳击师也要参加跳绳练习，其主要目的是强化持久力。但是，实际上主要目的是用来练习掌握节奏和节拍。小朋友们都要轮番地舞动长绳，与其说是练习持久力，而其真正的要点是配合舞动的绳子的位置掌握跳起的时刻。

位置和时间的敏感原理和跳绳一样，需要掌握和取出时间节拍。这种传感器的实际应用在我们身边的有：录像机和摄像机等，当相带快要结束时就会发出警报，自动地使电动机停止运转，这个过程中的检测动作就属于这一类。

在汽车中，例如发动机转速、燃油喷射定时及火花塞点火定时等，都是和发动机的控制部分直接有关系。而且要和计算机连动操作，是一种很复杂、而且精度要求很高的敏感技术。

那么，究竟是如何实现位置和时间的敏感的呢？

在跳绳的时候，眼睛看到绳子的旋转，或者听到伙伴们的吆喝声，估计跳起的时刻。其中之一是视觉，也就是光线传感器。

对应于某个信息，由开关或电阻执行相应的动作。开关是最简单的传感器，开关碰到物体时就会检测到信息的有或无。电阻器利用电阻与长度成比例的特性，从一个电阻就可以检测出长度，也就是位置了。最常用的方法之一是利用人的五官中没有的、人们感觉不到的磁性作为敏感技术的所谓磁性传感器。

（一）*磁力做功*

取出磁力将其变换成电信息的最简单的实例是自行车上的信息灯用的发电机。原理是：磁铁在线圈附近旋转，也就是大家非常熟悉的，磁铁迅速地运动会产生感应电压。

为了检测出发电机的旋转位置，首先介绍一下信息发生器的原理。

大家知道，电有正极和负极，同样地，磁性有 S 极和 N 极。磁和电具有非常相似的特性。两者又都是在电子科学中起重要作用的。

首先以我们身边的磁性为例，以一块磁铁来说明磁的性质。

图 7-24 中，在磁条的周围放若干个指南针，这些指南针的 S 极和 N 极的连线指明了一定的方向。这些线就是磁力线。

磁力线变成一束就叫做磁通。有磁力线的区域叫做磁场。磁通的密度与磁场的强度成比例。将铁等强磁性体放在磁通中，如图 7-25 所示，由于磁性感应作用显示出 S 极和 N 极。由于磁极而显示出磁通。在其外部，由于和原来的磁通方向相反而抵消。在该图的下方可以看到铁棒吸收磁通。这说明比起空气来，铁更容易让磁通通过。

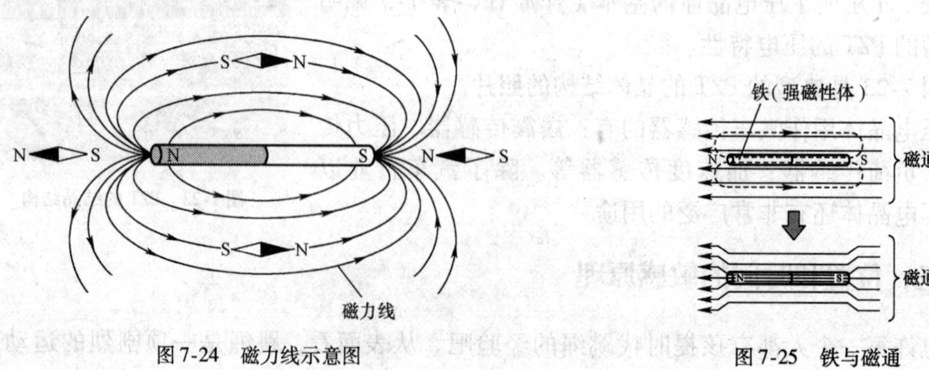

图 7-24　磁力线示意图

图 7-25　铁与磁通

磁通通过的难易程度叫做透磁率。

（二）电流与磁场

如图 7-26 所示，在有电流流过的导线的周围有磁场存在。电流所产生的磁场和磁铁所产生的磁场具有相同的性质。电流的方向和磁场的方向之间具有一定的相互关系。图 7-27是法国物理学家安培于 1820 年发现的，叫做安培右手定则。如螺钉旋转向前的方向是电流的方向，则螺纹的旋向就是磁场的方向。

如图 7-27 所示，在螺钉外周绕导线，导线中有电流流过，则在其周围产生磁场，磁场强度与电流大小成比例。而且，改变电流的大小，则磁场的强度亦随之变化。这和普通的磁铁是大不相同的。

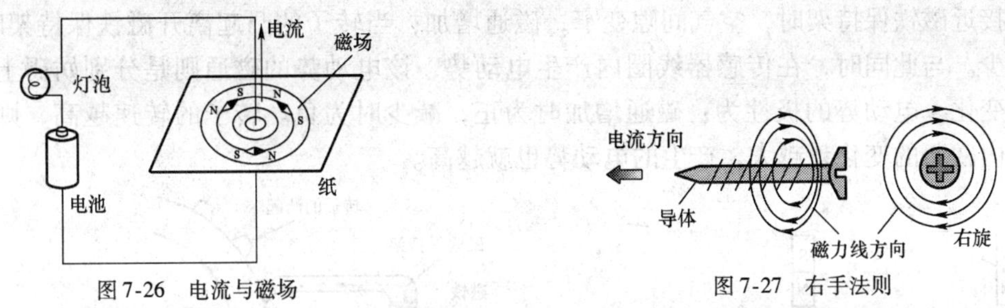

图 7-26　电流与磁场　　图 7-27　右手法则

将导体置放在磁场中，导体中有电流流过，则有向上方的力作用于其上。这种力称之为电磁力。受力的方向按如下所示方法确定：左手的大拇指、食指和中指成直角展开，食指代表磁场方向，中指代表电流方向，则大拇指指向作用力的方向。直流电动机中就采用这种“左手法则”。

（三）磁场中的导体中产生的电动势

如图 7-28 所示，在线圈的两端接上高灵敏度的电流计，然后将磁棒塞进拉出，只是当磁棒运动的时候电流计的指针才会左右摆动。

这种当线圈内磁通发生变化时产生电动势的现象叫做电磁感应，产生的电动势叫做感应电动势。

图 7-29 中示明了感应电动势的方向，该方向适合于右手法则：右手的大拇指代表导体的运动方向，食指指向磁场的方向，则中指所指的方向就是感应电动势的方向。

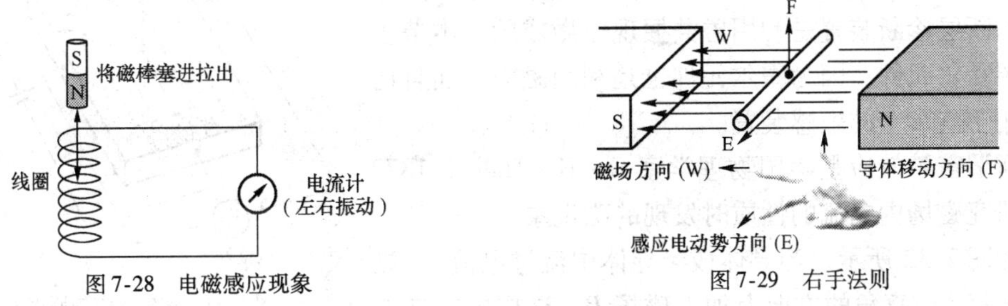

图 7-28　电磁感应现象　　图 7-29　右手法则

俄国的物理学家楞茨作了图 7-30 中的实验。使磁棒接近线圈，则线圈中产生磁通，该磁通将阻止由于磁棒所产生的磁通；使磁棒离开线圈，则磁棒所产生的磁通减少，同时产生一种电动势，该电动势的磁通将妨碍上述磁通的减少。这样，将磁棒塞进或拉出线圈时，则会在线圈内产生电流，该电流所产生的磁通将妨碍原磁通变化。这就叫做楞茨法则。

（四）利用电磁感应进行信息检测的原理

电流流通的回路叫做电路，则磁通流通的回路叫做磁路；在电路中有电动势和电阻，同样，在磁路中有磁动势和磁阻。磁路中的磁阻具有妨碍磁通通过的性质。但是，如前所述，比起空气来，磁通容易通过铁芯物质，如果用铁夹住磁棒，则磁通从铁中通过。

如果磁路中有空气间隙，那么磁通就会减少，因为空气的磁阻比铁大。

一般的电磁感应式传感器如图 7-31 所示。磁铁保持架、磁铁、铁质转子及空气间隙形成的磁路所构成。传感器线圈绕在磁铁保持架上。转子转动，铁质转子的凸起部分和磁铁保持架的端部之间的空气间隙会随之变化，因此，磁路中的磁通也会变化。当转子的凸起接近磁铁保持架时，空气间隙变窄，磁通增加；当转子的凸起离开磁铁保持架时，磁通减少。与此同时，在传感器线圈内产生电动势，该电动势的磁通则是分别妨碍上述磁通的变化。电动势的极性为：磁通增加时为正，减少时为负。转子的转速越高，则单位时间内磁通的变化量越大，产生的电动势也就越高。

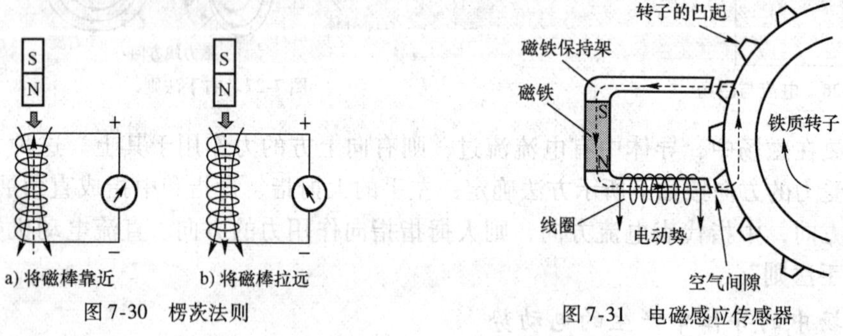

图 7-30　楞次法则

图 7-31　电磁感应传感器

这样，相对于转子的凸起的位置，在传感器的线圈内就产生电压，根据电压的波形就可以检出旋转位置和时间。

（五）利用霍尔效应作为敏感元件的原理

利用磁力作为敏感元件的装置很多，其中利用上述电磁感应现象的最普通，此外，还有一些装置是利用霍尔效应和磁阻效应做成敏感元件。在医疗系统中最经常使用的断层诊断装置是利用磁共振现象做成的。本节主要介绍霍尔元件，因为霍尔元件也是利用磁力，而且已经实用于汽车上的敏感装置。

所谓霍尔效应是美国物理学家 E · H · Hall 于 1879 年在研究磁场内电流的性质时发现的磁现象。

如图 7-32 所示，当导体或半导体中流过电流 I，则在与电流 I 成直角的方向上加上磁场 B，这样，在与 I、B 成直角的方向上产生电位差 V_h。这种现象叫做霍尔效应，或叫做电流磁效应。产生的电动势叫做霍尔电压。

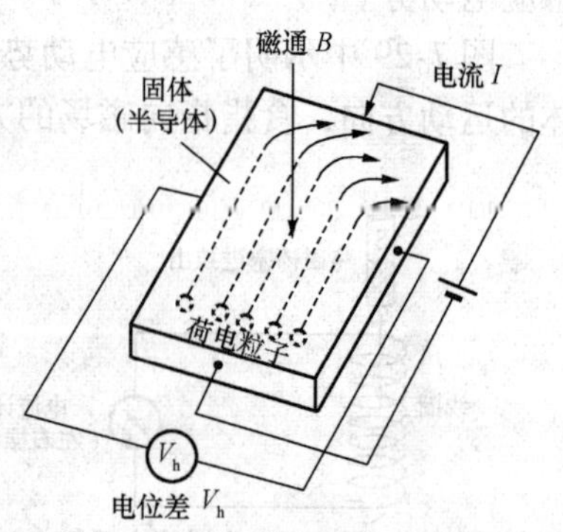

图 7-32　霍尔效应的原理

当固体内的带电粒子由于磁场而垂直运动时，如图所示，粒子的前进方向变得弯曲，在固体的表面上电荷产生偏移而出现霍尔效应。

霍尔电压由下式计算：

$$V_h = k \cdot B \cdot I$$

式中：k——霍尔系数；

B——磁通密度；

I——电流。

由上式可见，利用霍尔元件可以将磁通密度的变化变换成电压的变化。所以，可以和电磁感应式传感器一样，用霍尔元件可以检测出曲轴的角度位置、发动机转速等。

四、排气成分敏感原理

汽车的排放法规一年比一年苛刻，甚至有人说，排气中含有致癌物质，是变态反应的原因等。排气成分敏感装置可以称为净化空气的有力武器，其任务是十分巨大的。

汽车尾气中含有多种成分，例如：一氧化碳、二氧化碳、氧化氮、碳氢化合物、氧等。要准确检测这些成分是不容易的。但是，为了准确检测排气成分，最好首先决定作为基准的敏感气体。所谓燃烧就是使氧气作为直接的媒体的化学反应。所以，目前检测氧气在许多方面，如气体的选择性、精度或可靠性等都是很出色的。

因此，所谓检测氧气——是指对如下状态进行判断：进入发动机内的氧气使燃油燃烧而有所过剩，在燃烧以后的排气中还有氧气剩余的状态；或者反过来，为了使燃油燃烧而氧气有所不足，在燃烧以后的排气中没有氧气剩余的状态。

本节将就检测氧气（敏感氧气）的方法进行说明。

（一）离子运送电荷的固体

所谓敏感氧气——检测氧气就是检测氧的浓度差。为此，如果能有效地利用通过氧离子的运动能够传送电荷的物质就可以了。但是，由于排气温度高，所以，必须是能够耐高温的材料。

通过离子传导电荷在我们身边最简单的实例就是食盐水。砂糖即使溶于水中，但它的粒子还是粒子，并不变成离子；食盐是钠元素和氯元素的化合物，如图 7-33 所示，一旦溶于水中，钠和氯分开，形成两个离子，这两个离子都能起到运送电荷的作用。也就是说，钠原子失去一个电子而变成钠离子，氯原子得到一个自由电子而成为氯离子。这些离子都溶解于液体中而传导电荷。溶解了离子的液体叫做电解液，或者更广义地叫做电解质。硫酸（H_2SO_4）、氢氧化钠（NaOH）等溶液都是电解液。

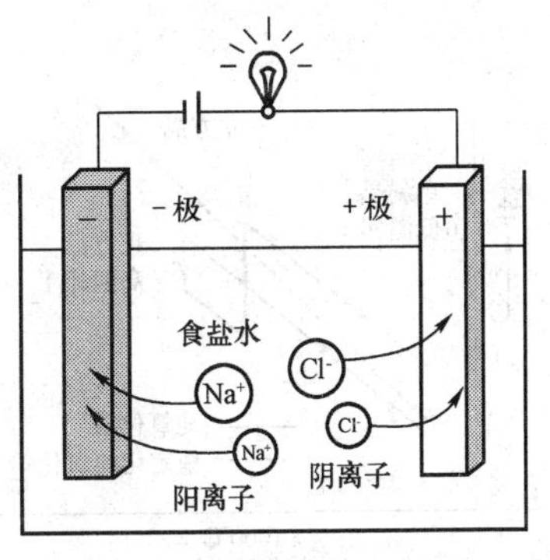

图 7-33 离子运送电荷

和这些电解液一样，即使是固体，如果具有离子容易移动的结构，就能够通过氧离子的移动敏感电荷的传导。但是，软质固体不行，因为处理的对象是排气，即使是在 1000℃ 以上也应该是很坚固的，而且不能被熔化了的金属所侵蚀的材质。最具代表性的物质是氧化锆陶瓷（ZrO_2）。在该类物质的固体中离子可以移动，也就是说将离子传导率高的固体叫做固体电解质。作为固体电解质的物质，除上述以外还有：碘化银、硫化银、氟化镧等各种各样的材料。本文只就氧化锆固体电解质敏感氧气的原理作简单介绍。

（二）缺陷与电荷移动的难易

在固体中，离子不能像在液体中那样自由自在地移动。但是，如果由于某种原因在固体中出现了间隙，则离子就可以利用该间隙自由地移动了。在温度敏感原理部分已经说明，在半导体中电子移动以后会出现空穴，而且为了提高电子传导速度，需要添加杂质。这些情况完全适用于离子导电。

为了尽可能地提高离子导电的速度，就要增加晶格的缺陷。通常有两种做法：①形成高温缺陷的方法；②添加杂质的方法。

所谓形成高温缺陷的方法是指：将固体加热到高温以后急速冷却，使高温时形成的缺陷冻结起来所形成的缺陷。所形成的缺陷和高温时的数量相同，而且，温度越高，缺陷也越多，导电率越高。

添加杂质的方法是：本文的实例适用于氧化锆陶瓷，该方法是将原子价不同的化合物引入到结晶中的方法。如图 7-34 所示，纯二氧化锆在 1000℃左右，其结晶构造从单斜晶（低温相）转变为正方晶（高温相）时，其体积也发生激烈的变化，所以，从高温烧结工序到室温冷却的过程中会产生龟裂。

为了防止龟裂，所以添加杂质。常用的杂质添加剂有：氧化钇（Y_2O_3）、氧化钙（CaO）等。这样操作以后，相对于温度体积变化稳定了，所以，这样的氧化锆叫做稳定化了的氧化锆。

在图 7-35a）中示出了纯氧化锆陶瓷（ZrO_2）的结晶结构，各个离子都非常规则整齐地排列着，各个离子都被非常稳定地安置在自己的位置上，好像一动都不能动似的。如果将氧化钇（Y_2O_3）等添加剂加入到该晶体中以后，由于这些添加剂的金属元素的离子价与锆（Zr）不同，结果，氧化锆陶瓷（ZrO_2）的结晶结构如图 7-35b）所示，在晶体结构中包含有许多缺氧结构。

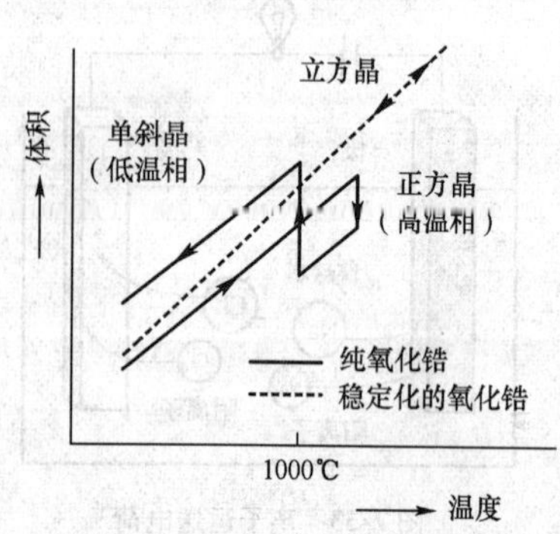

图 7-34 氧化锆结晶结构的变化

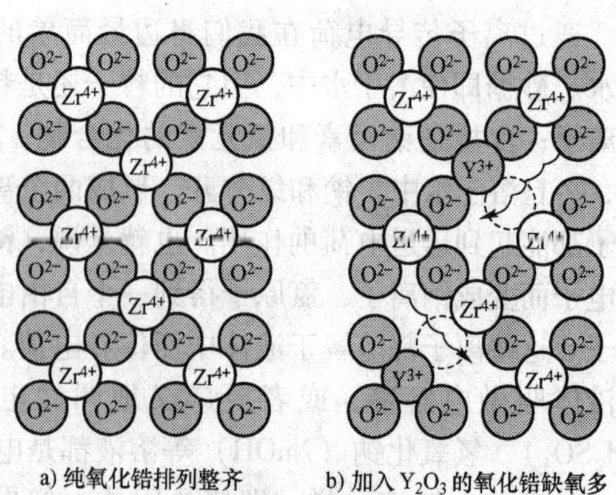

图 7-35 氧化锆陶瓷的结晶结构

在这种结构中，缺氧部分作为媒介，使离子移动成为可能。氧离子移动，电荷也就移动了。正如满员的汽车或电车中，如果有了空位置，利用那个空位置，人们就可以移动了一样，因为有了缺陷，移动也就有了可能。这叫做晶格缺陷机理。

所以，通过添加剂的作用，氧化锆不仅可以作为耐火砖非常稳定，而且还是良好的氧离子导电体。

（三）氧浓度差与电动势

向氧化锆内添加氧化钇（Y_2O_3），在高温下烧结以后，钇元素就进入氧化锆的结晶中，产生氧离子空穴。结果，氧离子扩散容易，通电也就容易了。

如图7-36所示，当在稳定化了的氧化锆陶瓷的两侧氧浓度不同时，则氧气就要从氧浓度浓的一侧——也就是氧元素分压高的一侧透过氧化锆陶瓷，漏向氧元素分压低的一侧。为了说明氧化锆陶瓷两侧的电位差的变化过程，可以打一个比喻：这个过程就如同水总是要从高的位置流向低的位置，一直到两个水位一样为止。

但是，由于氧化锆陶瓷具有非常致密的结晶结构，氧气漏过陶瓷流向低压侧是不可能的。正如前面所说，能够移动的只有氧离子。

因此，在氧元素浓的一侧（A）的氧化锆陶瓷的表面氧分子变成了氧离子，并向氧浓度低的一侧（B）移动。另一方面，在氧浓度低的一侧（B），在氧化锆陶瓷表面正在起一种化学反应：氧离子要转变成氧分子。这时，浓度高的一侧（A）因为要变成离子，需要电子；在浓度低的一侧（B）则正好相反，离子要变成氧气，电子就成了多余的。所以，电子要从（B）侧流向（A）侧，因此产生了电压。通过电压值大小，就能够判断出氧化锆陶瓷两侧是否存在氧浓度差。这样，由于产生了的电动势，氧离子就要回到氧浓度低的一侧。在氧化锆陶瓷两侧所产生的电动势服从于Nernst公式：

$$E = \frac{RT}{4F} \cdot \ln \frac{P_h}{P_l}$$

式中：E——电动势；

R——气体常数；

T——绝对温度；

F——法拉第常数；

P_h——高压侧氧分压；

P_l——低压侧氧分压。

在图7-37中示出了以工作温度为参数，相对于氧浓度所产生的电动势的理论计算值。

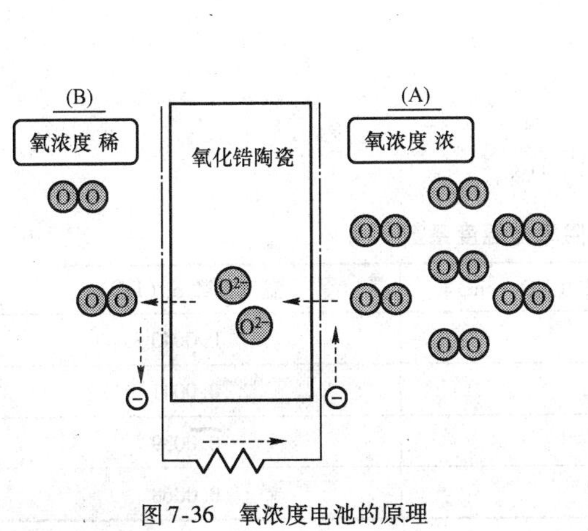

图7-36　氧浓度电池的原理

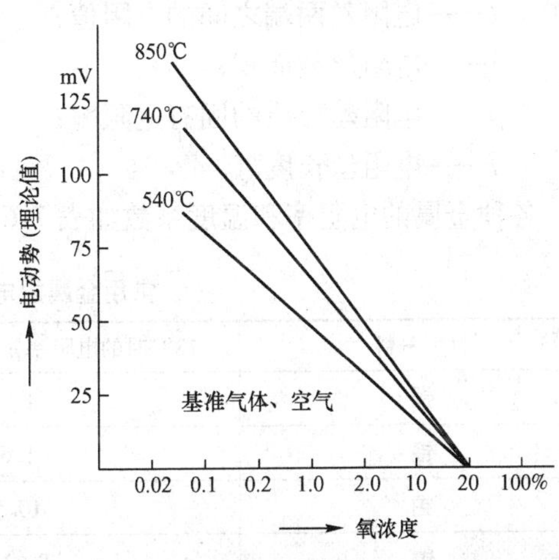

图7-37　氧化锆陶瓷的氧浓度与电动势

这里，基准气体选为空气（氧的分压比约为20%），按 Nernst 公式计算的结果，当氧的分压比为10%，740℃时，可以得到的电动势约为50mV。

这样，因为氧气的浓淡程度不同而产生电动势，所以，又将该现象称为氧浓度电池。

在这种敏感方法中，不仅是气体的浓度差，通过使用碘化银、硫化银、氟化镧等材料还可以检测液体中离子的浓度。

（四）温度敏感的应用

在温度敏感原理中已经介绍过，高温用温度传感器可以利用离子传导机理做成热敏元件。这种类型的温度传感器也可以使用本节中介绍的稳定化了的氧化锆作为热敏元件。并且能够做到不受氧气环境的影响。

第三节　温度传感器

为了弄清发动机运行时的热状态，控制进气的流量以及排气净化处理，需要能够连续、精确地测量冷却液温度、进气温度与排气温度的传感器。

实际应用的温度传感器有绕线电阻式、热敏电阻式和热电耦式等。

线绕电阻式温度传感器是在绝缘绕线架上绕上高纯度的镍线，再罩上适当的外套而成，可以用来检测发动机冷却液温度与进气温度。

用电阻丝进行温度测量时，在一定温度范围内可用下式近似计算：

$$R_t = R_0(1 + \alpha t)$$

式中：t——被测体的温度,℃；

α——电阻丝的温度系数；

R_0——0℃时电阻丝的电阻值；

R_t——t℃时电阻丝的电阻值。

R 与电阻丝的长度成正比，与截面积成反比，即：

$$R = \rho \cdot \frac{l}{A}$$

式中：R——电阻丝两端之间的电阻值；

A——电阻丝截面积；

ρ——电阻丝材质的固有电阻率；

l——电阻丝长度。

各种金属的电阻率和温度系数如表7-6所示。

常用金属的电阻率与温度系数　　表7-6

材　料	18℃时的电阻率 ρ [(μΩ·cm)]	温度系数 α (1/℃)
铜	1.7	0.0043
银	1.6	0.0041
铂	10.5	0.0039
镍	8~11	0.0068

利用金属丝进行温度检测时，从线性度、重复性、温度系数大小、可加工性等方面来看，铂丝都是最佳的。但铂是贵金属，在一些测量精度要求不高，且温度较低的场合，通常采用镍丝或铜丝。汽车冷却液温度、空气温度传感器的工作范围要求为 -50 ~ 150℃，输出电压为 0 ~ 5V，分辨率为 ±0.5℃，响应速度对于冷却液温度的要求是小于 10s，对空气温度要求是小于 1s。

热敏式传感器是利用半导体材料的电阻随着温度的变化而改变的特性，其灵敏度、响应性均比绕线电阻式传感器要好。

这种半导体电阻元件的限值变化范围在 $10^3 \sim 10^5\Omega$ 数量级之间，一般是由非化学配比的金属氧化物半导体材料烧结制成的，可分 NTC（负温度系数）与 PTC（正温度系数）两种。在汽车用温度传感器中，NTC 型半导体材料用得较多，使用的范围一般为 -100 ~ 350℃。如果要求特别稳定，最高温度宜在 150℃左右。因为它是一种氧化物型的热敏电阻，在温度升高时，电阻值明显地呈现非线性下降，但经过适当的串、并联处理，也可校正成线性良好的温度特性曲线。由于它的体积可做得比较小，对温度变化响应迅速，适用于高灵敏度的温度测量。若检测发动机排气温度，常使用氧化锆、氧化钛这样的高温型传感器。

一、进气温度传感器

（一）结构和原理

进气温度传感器元件的温度系数大，随着温度变化电阻值变化也大。所以，一般采用热敏电阻传感器。

传统的进气温度传感器要考虑到热传导性，一般都封入金属套管内。但是，近来的产品都装入具有开口端的树脂壳内（图 7-38）。

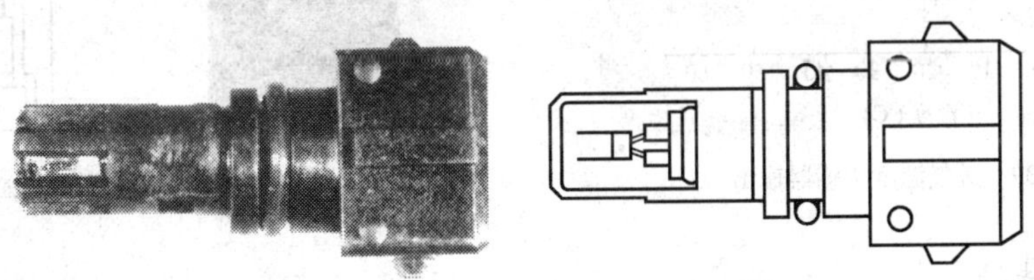

图 7-38 进气温度传感器的外形与结构

（二）特性

进气温度传感器中采用的热敏电阻一般都选择：在室温条件下电阻值为数千欧姆到数百千欧姆的所谓低温热敏元件。它们所使用的材料属于迁移金属氧化物的 N 型陶瓷半导体，例如：MnO-CoO-Ni 系列、MoO-CoO 系列、MoO-NiO 系列等。热敏电阻的阻值相对于温度的关系按如下指数函数变化：

$$R = R_0 \cdot \exp\left(\frac{1}{T} - \frac{1}{T_0}\right) \cdot B$$

式中：R、R_0——在温度 T、T_0（K）时的电阻值；

B——热敏电阻常数。

B 值越大，热敏电阻的阻值随温度变化越大。常用材料 B 值的范围为：

$$B \approx 3000 \sim 4000k$$

B 值可由元件的成分比例进行调整。例如，MoO- NiO 系列传感器中可通过调整 MoO 和 NiO 的比例，改变微量添加剂的量来调节 B 值。

添加剂对于长时间的特性稳定性具有重要影响，是元件设计、制造方面的重要因素。图 7-39 中示出了进气温度传感器的输出特性：温度低，阻值高；随着温度升高阻值减小。

二、冷却液温度传感器

一般情况下，冷却液温度传感器采用和进气温度传感器具有相同特性的热敏电阻。

冷却液温度传感器和发动机的暖机程度有关，通常将冷却液温度作为燃烧室表面温度和进气道壁面温度的代表，用于修正发动机起动、暖机时的喷油量。

（一）结构和原理

和进气温度传感器相同，冷却液温度传感器元件中采用随温度变化阻值变化较大的热敏电阻。实际结构如图 7-40 所示。考虑到热传导特性，通常将带导线的元件插入带螺纹的黄铜等材料做的接头中，再以树脂等材料密封之。

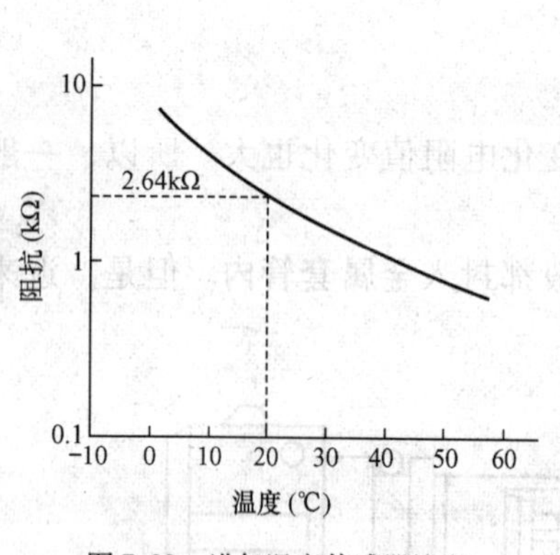

图 7-39　进气温度传感器输出

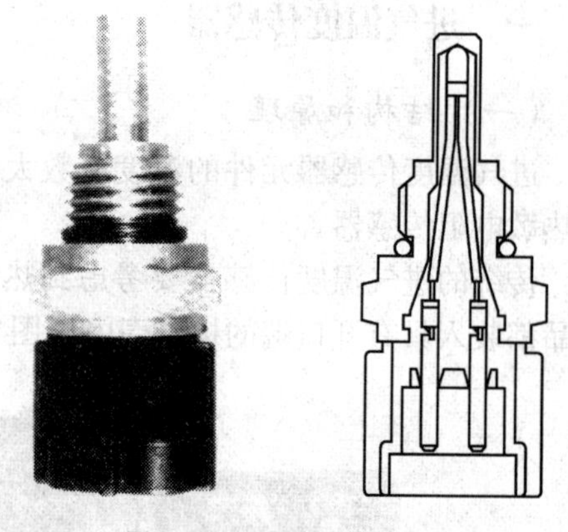

图 7-40　冷却液温度传感器

（二）特性

和进气温度传感器具有相同的特性，在室温条件下阻值为数千欧姆；随着温度上升，阻值呈指数函数减小的特性。

（三）喷油量的修正

暖机前的发动机中，由于进气道壁面和燃烧室壁面温度还很低，由喷油器喷入的燃油不能充分地气化，部分燃油沿着壁面进入燃烧室；而且，其中有一部分没有燃烧就排出机外，实际空燃比与喷油量所对应的空燃比稀薄。因此，为了保证起动以及暖机时的运转稳定性，必须增加喷油量。

燃油附着到壁面上的情况与壁面的温度有很大关系，但是，壁面温度可以用冷却液的温度代表，所以，喷油量的增加量是根据冷却液的温度而定的。一般的处理方法是根据冷却液的温度修正起动喷油量和暖机时的增加量。

图 7-41 示出了暖机时喷油量增加量的修正值。

三、排气温度传感器

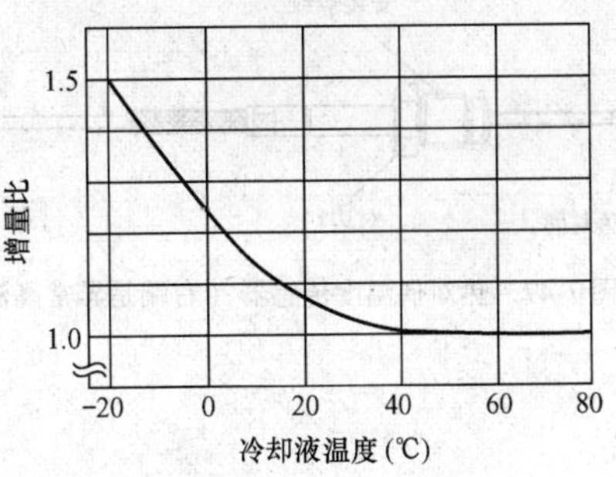

图 7-41 暖机时喷油量的修正

柴油机和汽油机的排气温度有一定的差异，选用排气温度传感器时应有所区别。但是，原理上是一致的。

检测排气温度的传感器有多种，例如：热敏电阻式传感器、热电耦式传感器、熔断器式传感器、白金电阻式传感器等。图 7-42 ~ 图 7-49 是几种常用的排气温度传感器的照片和结构图。这些传感器都已历史悠久。这从另一个侧面说明了这些传感器在检测温度方面的应用是非常广泛的。

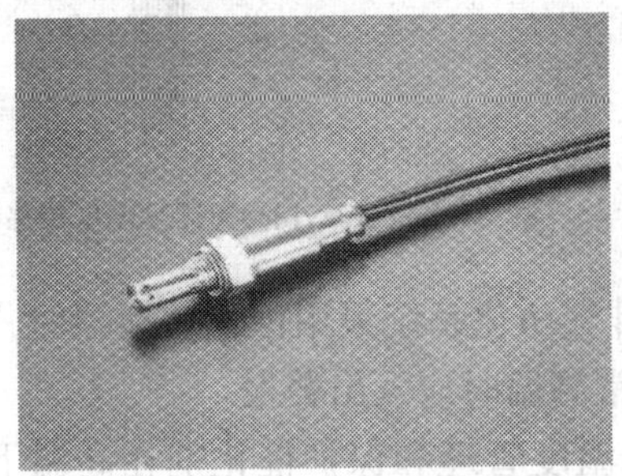
图 7-42 热敏电阻传感器

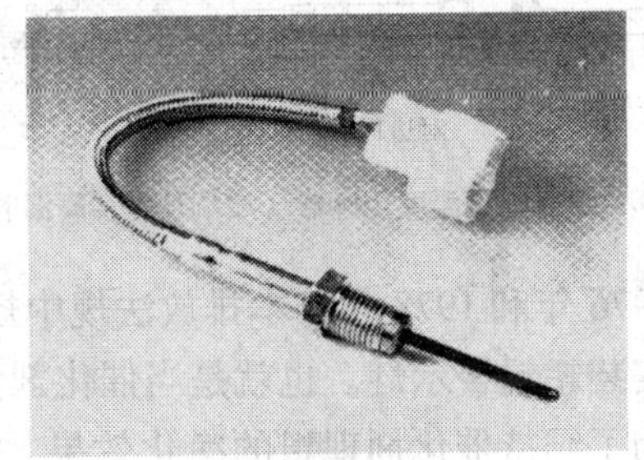
图 7-43 热电偶传感器

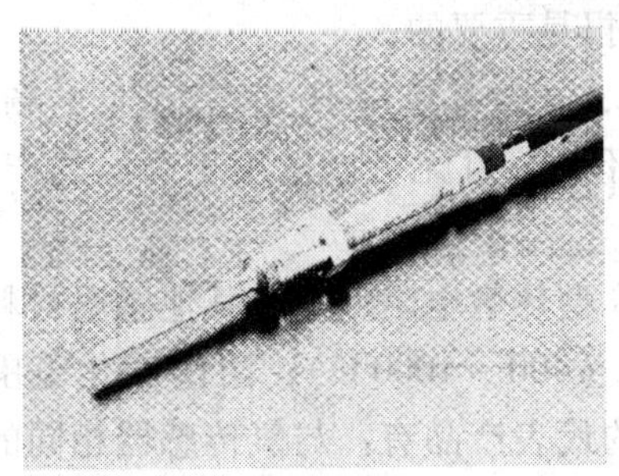
图 7-44 白金电阻型传感器

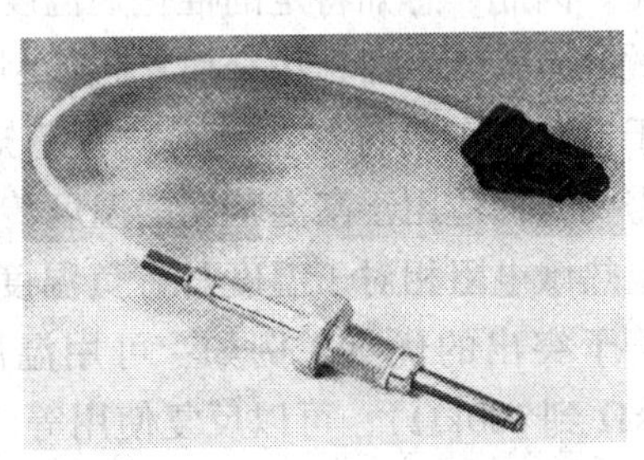
图 7-45 熔断丝型传感器

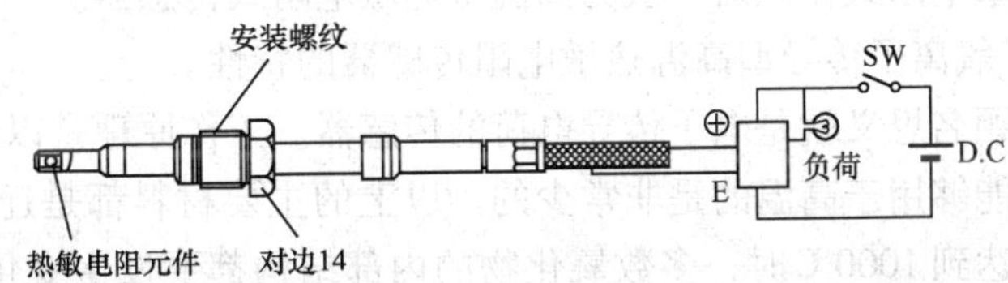

图 7-46 热敏电阻型传感器（右端是异常高温时警告灯回路）

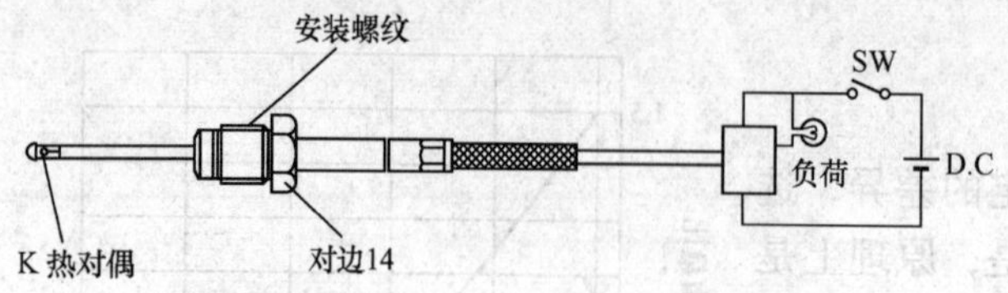

图 7-47　热对偶温度传感器（右端是异常高温时警告灯回路）

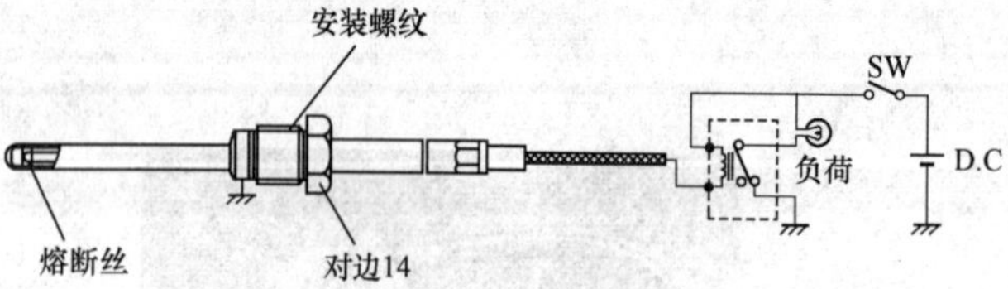

图 7-48　熔断丝型温度传感器（右端是异常高温时警告灯回路）

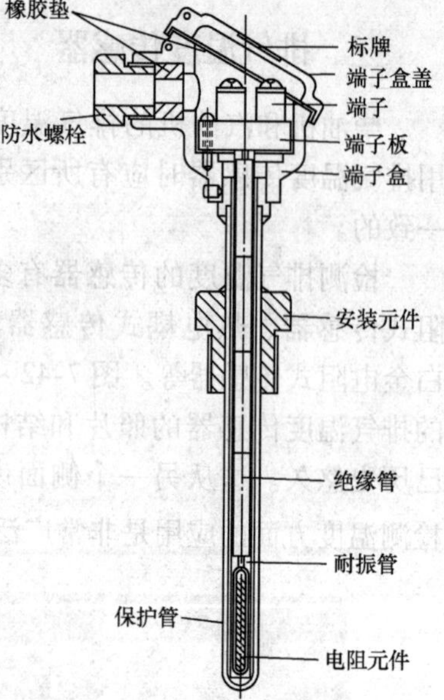

图 7-49　白金电阻型温度传感器

1976 年和 1978 年日本排放法规中规定：作为排气净化系统采用催化转换器时，必须义务安装超温警示灯。也就是当催化剂温度达到异常高温时应发出警报。

为了维持催化剂理想的净化效果，实现高精度温度管理和保护催化剂在高温下的长期适应性，这种超温警报系统将会逐步推广。

偶尔发生失火，未燃气体流到下游，在催化转换器中进行反应，催化剂温度会急速升高。当温度升高到 1300℃时，催化剂融化，或者因催化转换器布置在汽车底盘下方而引发火灾。因此，感知特定的催化剂温度及时发出警报是重要的。

热敏电阻式传感器是用金属氧化物制成的。但是，一般都应用于温度比较低的场合。如果用于检测汽车的排气温度，则有感知温度范围不足、且无可以适用于高温的产品。因此，需要一种适用于高温范围的温度传感器。

高温热敏电阻相对于温度具有负温度特性的 NTC 型热敏电阻，具有其他感温材料所没有的若干突出的优点。例如：可用温度范围宽广（400 ~ 1000℃）；阻值变化范围大（从 0.1kΩ 到 100kΩ）；可以反复使用等。这种材料的代表产品有：与氧传感器相同的锆固体电解质型传感器和电子传导型传感器。如前所述，锆固体电解质是氧离子传导型物质，随着温度升高，氧离子传导率增大，电极间的电阻变小，所以可以感知温度。用于测量排气温度的热敏电阻式传感器一般为高温型热敏电阻式传感器。

图 7-50 示出了氧离子传导型高温热敏电阻传感器的特性。

电子传导型，顾名思义就是电子传导电荷的传感器。工作原理是以半导体的 N 型、P 型为代表的。但是能够用于高温的是非常少的。以上的主要材料都是迁移金属的氧化物，一般地说，当温度达到 1000℃时，多数氧化物的内部结构都要发生变化（转移）。因此，在需要使用的温度范围内必须进行充分的老化处理。经过老化处理，使元件的阻抗在使用温度范围内预先进行充分的吸收而不发生大的变化。

图 7-51 中示出了电子传导型高温热敏电阻传感器的特性。

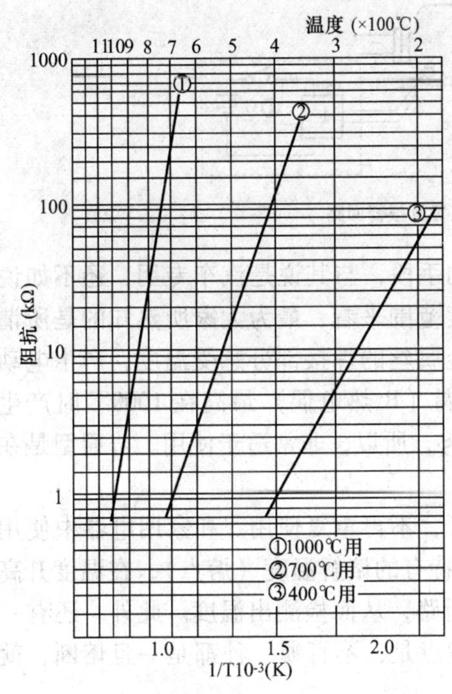

图 7-50　电子传导高温热敏电阻传感器特性实例

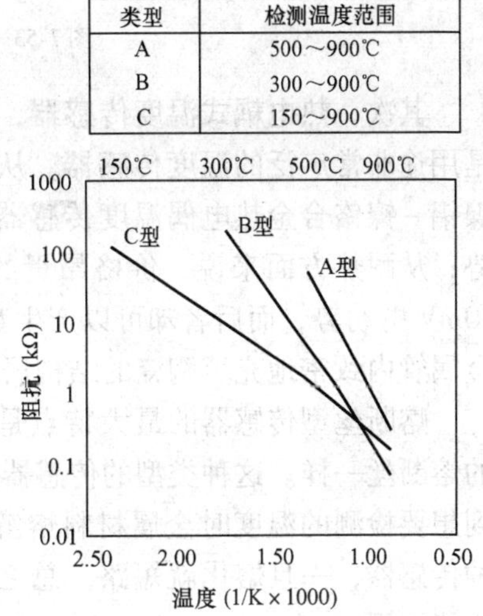

类型	检测温度范围
A	500～900℃
B	300～900℃
C	150～900℃

图 7-51　热敏电阻传感器

近年来开发了许多种电子传导型、能够覆盖宽广温度范围的传感器，用于判断催化剂的活性度和保护催化剂、多点温度检测以及检查传感器的导通等。其特性的一例如图 7-51所示。

图 7-52 是温度传感器的组装图。该传感器与氧传感器相比，传感器的体积较小，而且能够迅速地感知温度。也就是说，将传感器的热容量设计得很小。用充填物将感温部周围填满，金属管检测到的温度几乎没有时差地迅速地感知到。结构特点是杆体很细，用导线引出。耐热材料方面从端部开始依次采用：镍烙铁耐热耐蚀合金、SUS301S、SUS304 等材质罩盖热敏电阻元件和引出线。安装位置则如图 7-53 所示，催化转换器应当能够忍受道路上弹起的石子、飞溅起的水花、振动、冲击等苛刻的外界条件。引出线采用特殊的保护措施：用不锈钢丝编织的网罩盖在包覆材料硅橡胶的表面。

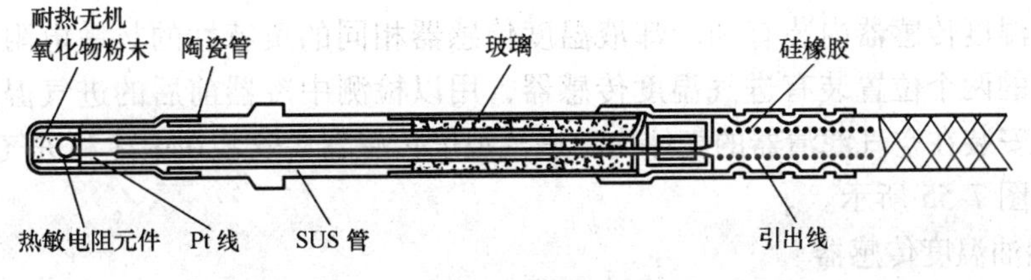

图 7-52　温度传感器的组装实例

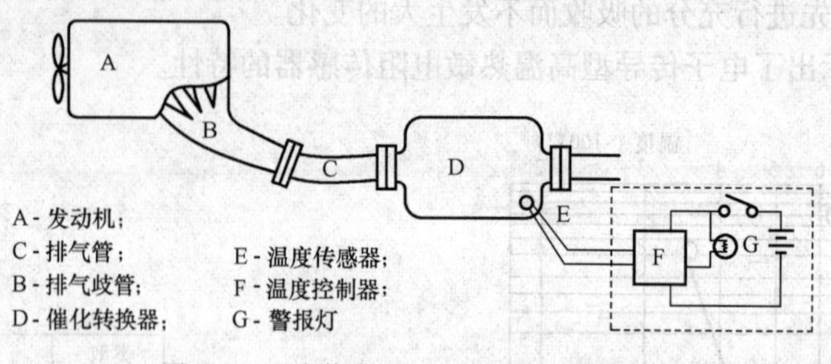

图 7-53　温度传感器的安装位置及报警回路

其次，热电耦式温度传感器，作为检测温度的手段，与其说是汽车专用，还不如说是用途非常广泛的温度传感器。从价格和使用温度范围来看，最为大家所熟知的是所谓镍铝 - 镍铬合金热电偶温度传感器。两种合金的金属丝的焊接部分感受温度，产生电动势；从耐热方面来说，价格昂贵的白金丝的热电偶（R 热电偶）最高在 1000℃ 时产生 10mV 电动势，而后者却可以产生数十毫伏的电动势，所以，非常适于使用。普通型是在金属管内致密地充填陶瓷的结构居多。

熔断丝型传感器的最大特点是使用完了就扔了，不再重复使用。和家用电器中使用的熔断丝一样。这种类型的传感器是利用金属材料特有的熔解温度（熔点），在温度升高到想要检测的温度时金属材料熔解。一旦熔解就断路，从而检测出温度。此外，还有一种传感器，一旦熔化就短路。总之，他们的共同特点是：不管哪一种都是一旦熔断，就不能再用。

白金电阻型传感器是利用白金金属相对于温度阻抗变化的特点而设计的。当温度低于 800 ~ 900℃ 时，温度上升，则阻抗的变化率比常温时约大 3 倍。

对上述各种温度传感器进行比较，就输出特性和重复使用的可能性来说，热敏电阻式传感器最好。

四、实用温度传感器

温度传感器使用的非常广泛。例如：用在进气道中，测定吸入汽缸中空气的温度；用在机油中，测定机油温度（可选装）；用在燃油回油油路中，测定燃油温度（可选装）等。

下面是几种实际使用的温度传感器。

（1）冷却液温度传感器

用在检测冷却液温度的传感器内部装有热敏电阻，如图 7-54 所示。

（2）进气温度传感器

在进气温度传感器内装有和冷却液温度传感器相同的负特性的热敏电阻。在发动机进气系统中的两个位置装有进气温度传感器，用以检测中冷器前后的进气温度。进气温度传感器 1 安装在空气滤清器的壳体内，进气温度传感器 2 安装在中冷和进气管之间的空气管内，如图 7-55 所示。

（3）燃油温度传感器

在传感器内部，装有和冷却液温度传感器具有相同负特性的热敏电阻，燃油温度传

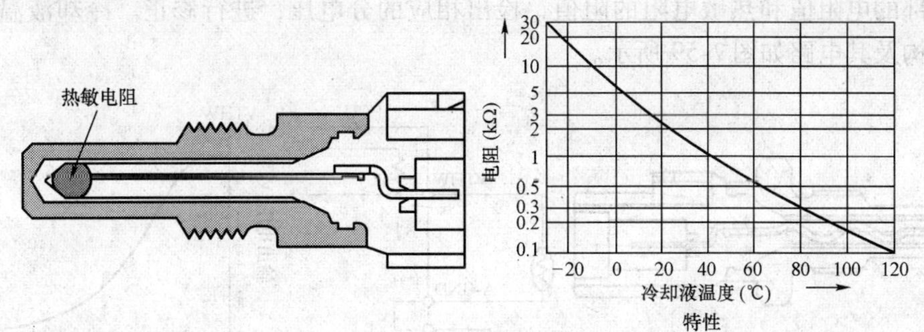

图 7-54　冷却液温度传感器及其特性

感器安装在喷油泵内，检测燃油温度（图 7-56）。

（4）Bosch 冷却液温度传感器

在 Bosch 共轨系统中，用在冷却液回路中、从冷却液温度推知发动机温度的温度计，如图 7-57 所示。温度传感器中有一个随温度而变的电阻，电阻的温度系数为负值，它是用 5V 供电的一个分压器电路的一部分。

加在电阻上的电压经模数变换器读出，此电压是温度的尺度。在 ECU 的微处理机中存有一条特性曲线，该曲线对任何一个电压都能给出相应的温度（图 7-58）。

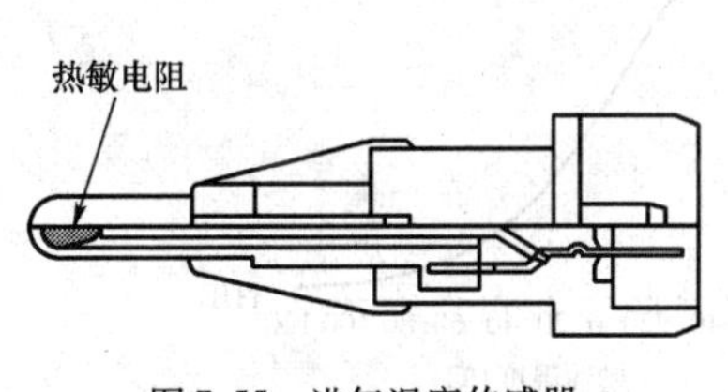

图 7-55　进气温度传感器

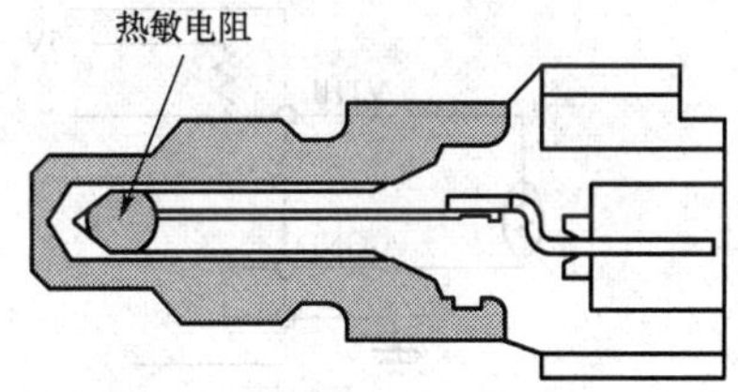

图 7-56　燃油温度传感器

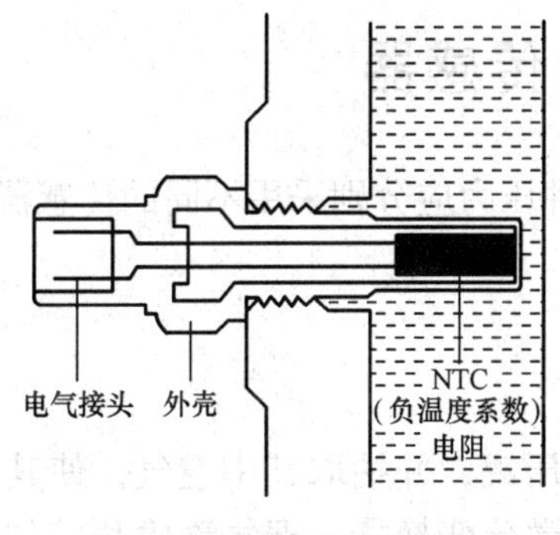

图 7-57　冷却液温度传感器

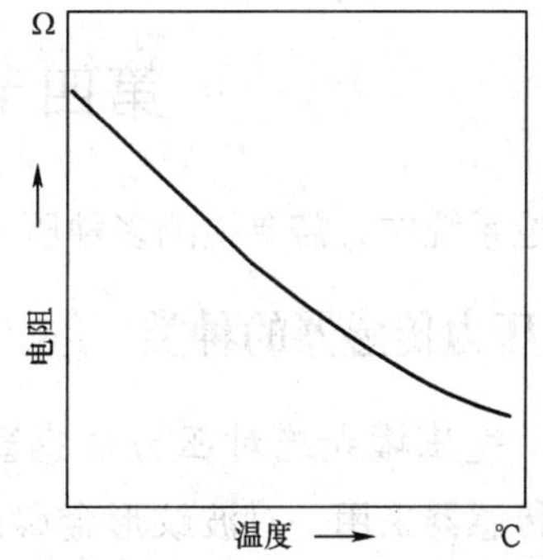

图 7-58　温度传感器特性

（5）电装水温传感器

电装公司 ECD-U2 系统中的冷却液温度传感器检测出发动机冷却水的温度，并送入 ECU 中。传感器采用电阻值随温度变化的热敏电阻制成。将电压加在热敏电阻上，按计算机内部的电阻值和热敏电阻的阻值，检出相应的分电压，进行修正。冷却液温度传感器的结构及其电路如图 7-59 所示。

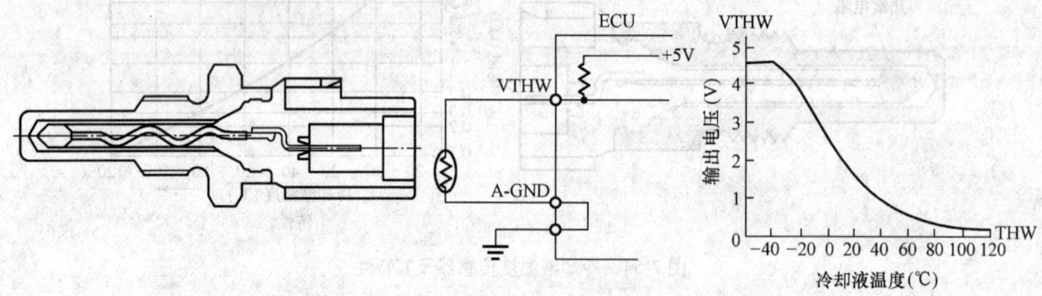

图 7-59　冷却液温度传感器及其输出特性

（6）电装的燃油温度传感器

燃油温度传感器检出燃油温度，并送入 ECU 内；传感器是利用电阻值随温度而变化的热敏电阻制成的。

将电压加到热敏电阻上，ECU 检出计算机内部的电阻值和热敏电阻的阻值的分电压，进行控制。燃油温度传感器的控制电路及其输出曲线如图 7-60 所示。

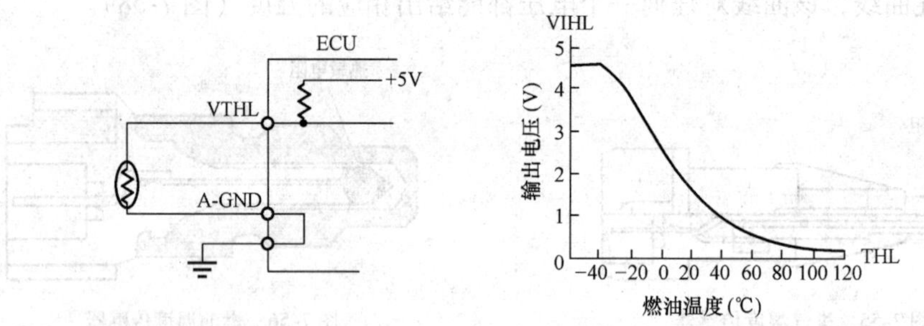

图 7-60　燃油温度传感器电路及其输出特性

第四节　压力传感器

在电控系统中，需要检测多种压力。对于各种压力应分别采用不同的传感器。

一、压力传感器的种类

（一）气压罐式绝对压力传感器

这种传感器采用一对波纹形金属膜片焊成气压罐，并抽取其中空气，使其膜片的位移与绝对压力成正比。膜片移动时经过一个线性微分变换器，把气罐膜片的位移转换成电阻变化，在其输出端上得到一个与绝对压力成正比的电信息。图 7-61 表示这种绝对压力传感器的方案。整个装置包括有载波振荡器、检波解调、线性微分变换器等。

（二）电容式进气压力传感器

电容式进气压力传感器是使氧化铝膜片和底板彼此靠近排列，形成电容，利用电容值随膜片上下的压差而改变的性质，获得与压力成正比的电容值信息（如图7-62所示）。事实上这是一个变间隙式电容压力传感器。两个极板之间的电容与其两极板之间的间隙成反比（在其他参数不变的条件下）。当它受外力作用时，极板之间的间隙发生变化，其电容随之变化。把电容传感器作为振荡器谐振回路的一部分，当进气压力使电容发生变化时，振荡回路的谐振频率发生相应的变化，其输出信息的频率与进气歧管绝对压力成正比。其频率大约在80～120Hz内变化。微机控制装置根据信息的频率便可算出进气歧管的绝对压力。

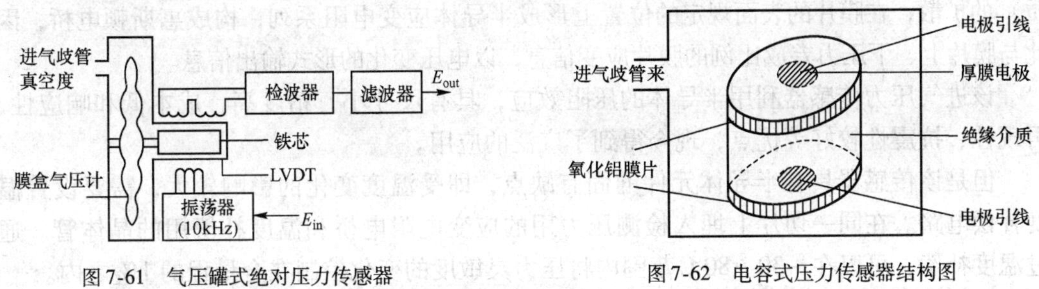

图7-61　气压罐式绝对压力传感器　　图7-62　电容式压力传感器结构图

（三）金属膜半导体应变片压力传感器

这种传感器是把气压罐的制造方法与微电子的光刻技术结合起来，如图7-63所示。在金属膜上面涂有一层有机绝缘体，金—锗合金就喷涂在上面，金—锗应变片的线路用光刻技术刻蚀出来，合金的应变特性与锗很相近，但它对温度变化的灵敏性要低得多。它比应变片式传感器的温度适应性要好，输出信息大，可以简化有关的电子线路。

二、进气歧管进气压力传感器

（一）电容式进气管压力传感器

这种传感器有一个密封的电容芯块，如图7-64所示。在两片氧化铝中间置有隔圈，经迭合封装成为一个密闭的整体块件，两块极板相对，其间为真空，便构成了电容器。由于氧化铝极板能弯曲变形，整体结构就能感受到压力，利用电容量按极板上、下的压力差而改变的性质，可获得与压力成正比的电信息。

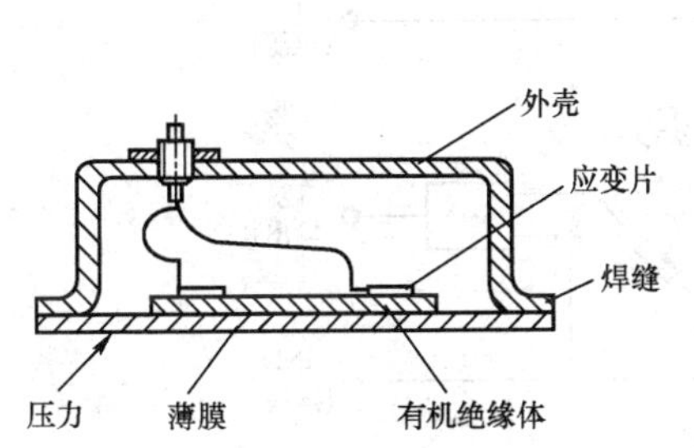

图7-63　合金膜应变片式进气管压力传感器

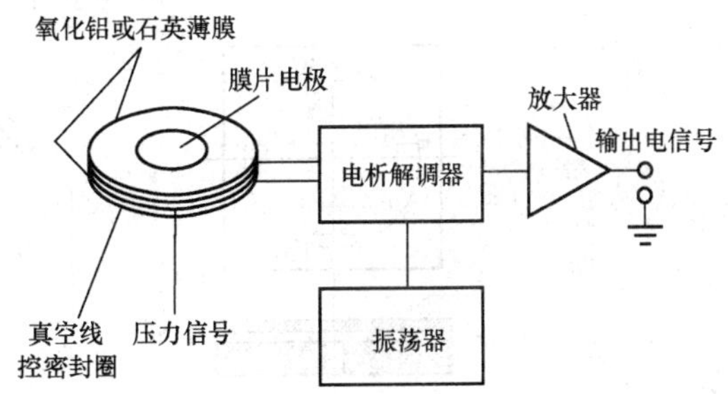

图7-64　电容式进气管绝对压力传感器

再通过载波振荡器和解调器，就可把压力转换成电压输出。若把极板置于被测压力和真空之间，则可测得绝对压力。

进气压力传感器种类较多，就其信息产生原理可分为半导体压敏电阻式、电容式、膜盒传动的差动变压器式和表面弹性波式等，其中电容式和半导体压敏电阻式进气压力传感器在当今发动机电子控制系统中应用较为广泛。

在发动机进气行程中，由于负压的作用，空气进入燃烧室内。由于进气节流的作用，一般总是通过测量进气管压力从而确定进气量。

（二）半导体压敏电阻式进气压力传感器

这种传感器的结构是在硅晶片的中央，通过腐蚀形成薄膜片，再借助 P 型不纯物（杂质）的扩散，在膜片的表面规定的位置上形成半导体应变电阻系列，构成惠斯顿电桥，因此与膜片上、下压力差成比例的膜片应变信息，以电压变化的形式输出信息。

该进气压力传感器利用半导体的压阻效应，具有尺寸小，精度高，成本低和响应性、再现性、抗震性较好等优点，现今得到了广泛的应用。

但是该传感器具有半导体元件的固有缺点，即受温度变化的影响较大，需要设置温度补偿电路。在同一切片上埋入检测压力用的应变电阻电桥和温度补偿用的晶体管。通过温度补偿，可以在 -30 ~ 80℃ 范围内将压力灵敏度的变化控制在全量程的 1% 之内。

1. 结构和原理

进气管压力传感器是由压力变换部和将变换部的输出进行放大的放大补偿电路组成的。压力变换部是由膜片状的利用其压电电阻效应、检测膜片和基板之间静电容量的变化而设计成的。膜片一般使用硅或陶瓷材料。

压力变换元件是利用半导体的压阻效应制成的硅膜片。硅膜片的一面是真空室，另一面导入进气歧管压力。图 7-65 上图是硅膜片式进气管压力传感器的外形照片和剖面图。

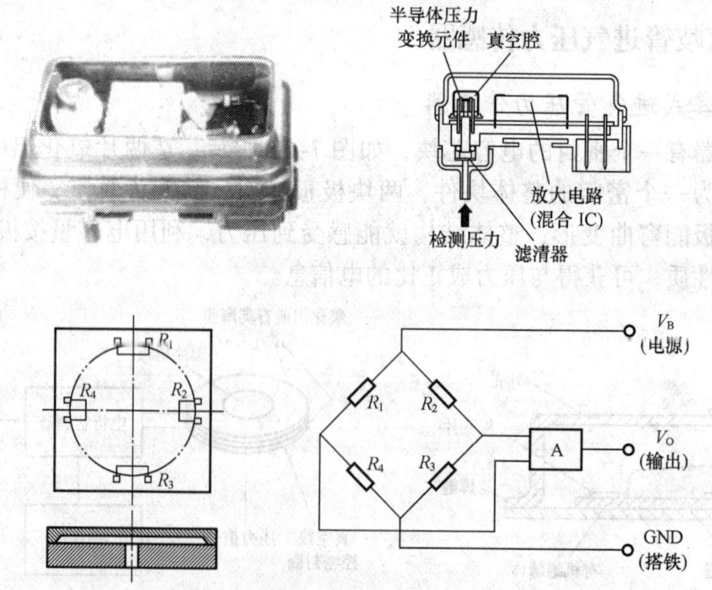

图 7-65　硅膜应变压力式压力传感器

2. 特性

硅膜片的一种结构如图 7-65 示，其形状为边长约 3mm 的正方形，其中部经光刻腐蚀形成直径约 2mm、厚约 50μm 的薄膜，薄膜周围有四个应变电阻，以惠斯顿电桥方式连接。

由于薄膜一侧是真空室，因此薄膜的另一侧即进气歧管内绝对压力越高，硅膜片的变形越大，其应变与压力成正比，附着在薄膜上的应变电阻的阻值随应变成正比变化，这样就可以利用惠斯顿电桥将硅膜片的变形变成电信息。因为输出的电信息很微弱，所以需用混合集成电路进行放大后输出。这种半导体压敏电阻式进气压力传感器输出的信息电压，具有随进气歧管绝对压力增大呈线性增大的特性。

图 7-65 中的四个应变电阻为提高传感器的灵敏度一般都采用差动电桥方式。即 R_2 和 R_4 在膜片变形时受拉力，电阻是随压力加大而变化的，R_1 和 R_3 是受压力的，电阻随着压力的增大而减少的，这种接法比单臂（即一个桥臂接应变片）和双臂式的接法提高输出电压两倍和四倍左右（各桥臂用相同电阻的应变片情况下）。早期也有采用单臂式电桥。这种半导体应变片比金属应变片有精度高、尺寸小、质量轻、易于生产、通用性强、测量范围广等优点，所以四个臂半导体应变片接成差动电桥形式是目前进气压力传感器最先进的一种。

电阻体的特性随温度变化会有所变化，因此，需要采用温度传感器进行修正。

三、燃烧压力传感器

燃烧压力传感器通常安装在汽缸盖上，测量汽缸内的压力。

发动机使混合汽在汽缸内燃烧，所产生的压力使活塞下行而做功。从这个意义上来说，燃烧压力就是直接表示燃烧状态的参数。

（一）汽缸压力传感器（GPS，Gasket type Pressure Sensor）

这种传感器在汽油机中常常拧在火花塞座孔内。所以对汽缸盖只要稍稍加工一下就可以了。这也可以说是一项很大的优点，因为从发动机性能要求上来看要确保压力传感器的安装空间是相当困难的。

1. 结构

GPS 的压力检出元件是将压电陶瓷做成很薄的环形，在其上下两面设计好输出用的电极。将输出电极夹在两片压电陶瓷之间，并和输出导线相连。

该传感器拧在火花塞座内，因此要尽可能地薄，而且要非常结实。所以采用了金属壳，对上述压电陶瓷的上下两面配置压紧的金属元件后，将壳子裂缝收紧。

图 7-66 是垫片式汽缸压力传感器的照片和剖面图。

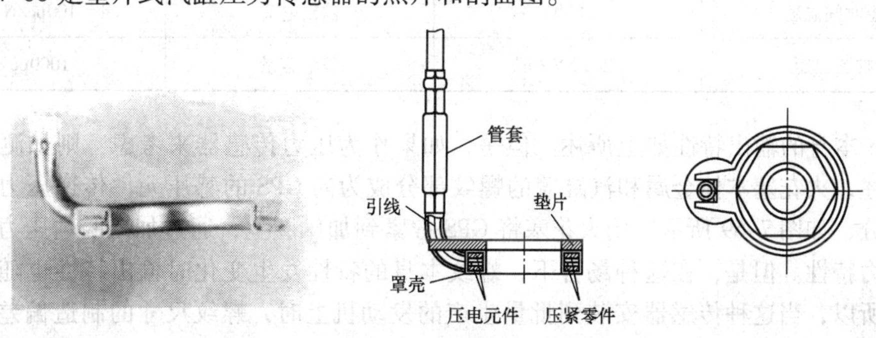

图 7-66 汽缸压力传感器的外形、剖面和安装部分

为了防止在火花塞座内拧紧时损坏传感器的引导线，如图 7-67 所示，在缸垫和汽缸盖上设计了突出部的切槽、防止转动。

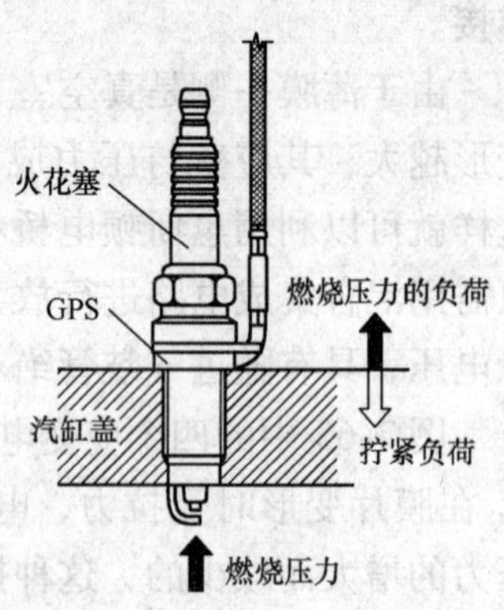

图 7-67　测量燃烧压力示意图

2. 原理

该传感器的测量原理如图 7-68 所示。燃烧压力使火花塞向上抬起，加到 GPS 上的拧紧负荷发生变化。GPS 的检测元件中采用了钛酸铅之类的压电陶瓷。随着拧紧负荷的变化输出电荷亦随之变化。因此，缸盖和火花塞之间的拧紧螺纹与燃烧压力的检测有很大关系。

所以，GPS 可以得到类似于燃烧压力的输出波形。但是，如果要求检测精度太高，则原理上是困难的。但是，用于检测爆震、燃烧压力的峰值位置、判断有无失火现象等，则具有足够的性能。

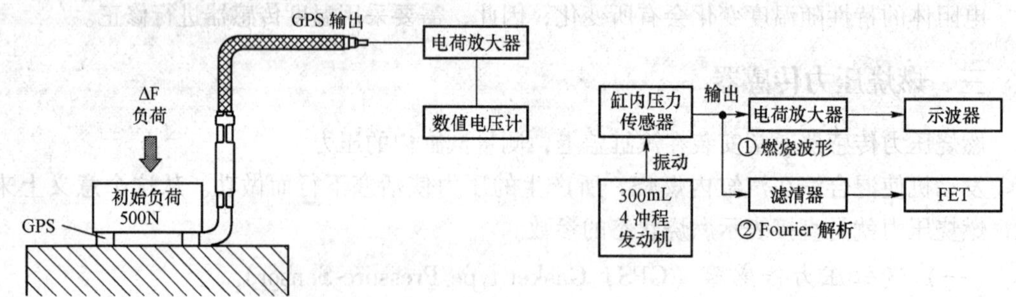

图 7-68　GPS 输出特性测量方法

3. 特性

GPS 是安装在火花塞座孔或喷油器安装孔内的，因此，拧紧时要求能够承受 80MPa 的压力，发动机运转时缸盖温度为 180℃为宜。

输出特性如表 7-7 所示。输出值为 100pc/N 左右。测量方法如图 7-68 所示。

GPS 的参数　　表 7-7

正常温度	180℃	最大力矩	40N · m
短时间温度	200℃	输出电荷	100pc/N
拧紧力矩	25 ±5N · m	静电容量	1000pc

GPS 本身的输出特性如上所述。但是，如果作为压力传感器来考虑，则如测量原理部分所述，火花塞本体金属和汽缸盖的螺纹部分成为向 GPS 的感压元件传递压力通路中的一部分，如图 7-69 所示，用火花塞将 GPS 拧紧到加压腔上，通过加压腔内压力的变化取出压力特性。但是，在这种场合下，螺纹本身的特性发生变化时输出特性也随之发生变化。所以，当这种传感器安装到批量生产的发动机上时，螺纹尺寸的制造偏差，发动机运转时缸盖温度的变化等都会引起输出特性变化。

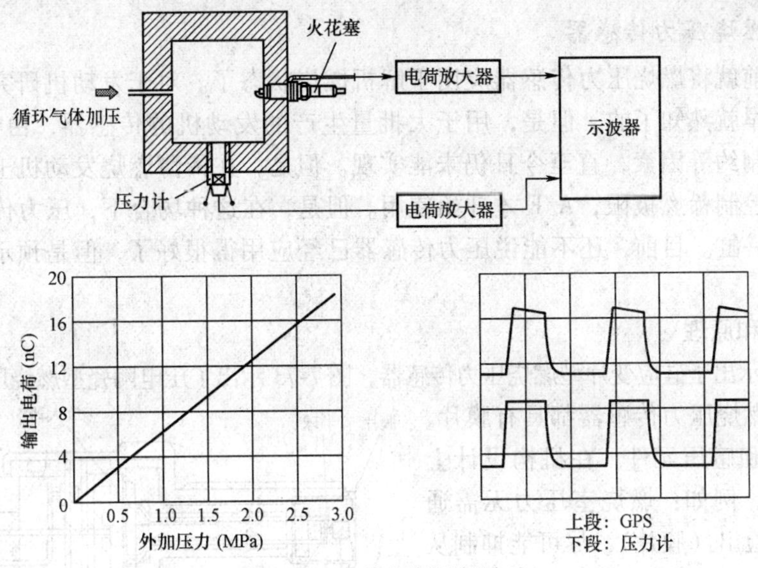

图 7-69 GPS 输出特性测量方法

4. 作为爆震传感器使用

从测量燃烧压力检测是否产生爆震的方法是信噪比最高的一种方法。用传统的爆震传感器检测出传向汽缸体的爆震震动，无法实现在高转速下逐个汽缸地控制爆震，但是，通过 GPS 就可以实现了。图 7-70 是传感器的外形图和实际安装图。这不但不妨碍装卸火花塞，而且，即使卸去火花塞也不会影响输出特性，可用一个管型支座将传感器安装到汽缸盖上。图 7-71 示出了爆震检测的实例。

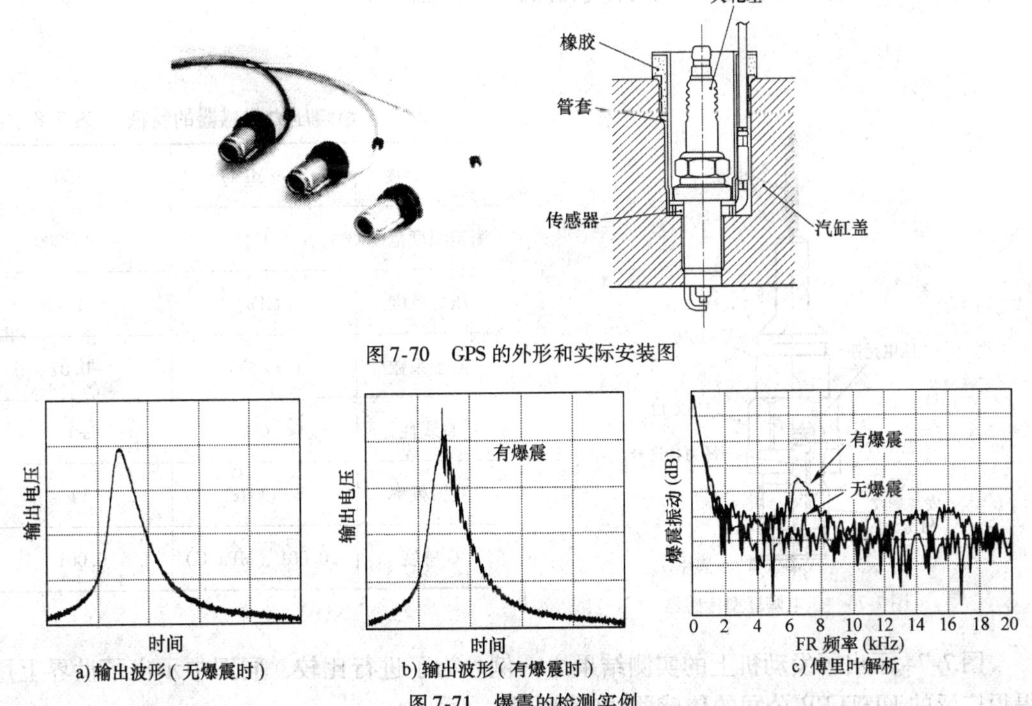

图 7-70 GPS 的外形和实际安装图

图 7-71 爆震的检测实例

（二）燃烧压力传感器

很早以前就将燃烧压力传感器应用于解析燃烧状态了。对于发动机研究和设计人员来说，这是早就熟知了的。但是，用于大批量生产的发动机的传感器，由于价格高昂、安装空间的制约等因素，直至今日仍未能实现。但是，在稀薄燃烧发动机上采用燃烧压力传感器以控制稀燃极限，A/F 才开始使用。但是，在这种场合下，压力传感器也只是用来控制第一缸。目前，还不能说压力传感器已经应用得很好了，但是预示了将来的可能性。

1. 结构和原理

图 7-72 示出了硅应变片型燃烧压力传感器，图 7-73 示出了压电陶瓷型燃烧压力传感器。

直插型燃烧压力传感器都具有膜片、压力传递杆和感压元件。在机构设计上有许多特点。例如：燃烧室压力无需通过气体通路检出（膜片），尽可能抑制从燃烧气体向检测元件的传热（传递杆），而且，传感器安装部分的变形、燃烧压力以外的发动机振动等外部作用力也难于传递到感压元件上。

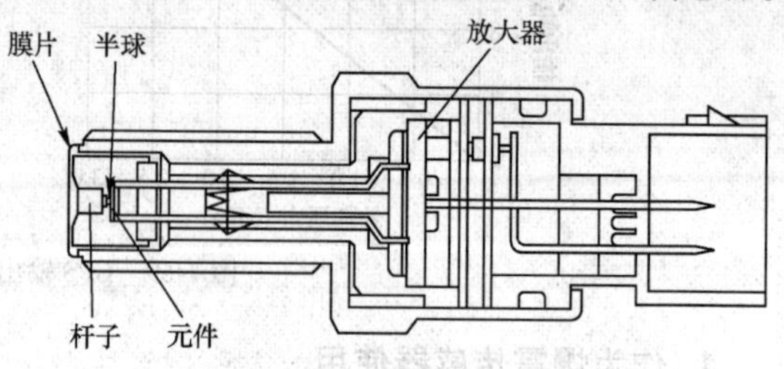

图 7-72　硅应变片型燃烧压力传感器

图 7-72 中的压力传感器采用硅应变片式感压元件，将应变所产生的阻抗变化变换成电压变化的回路设置在传感器内部。

2. 特性

表 7-8 中示出了 NTK 公司压力传感器的特性参数。

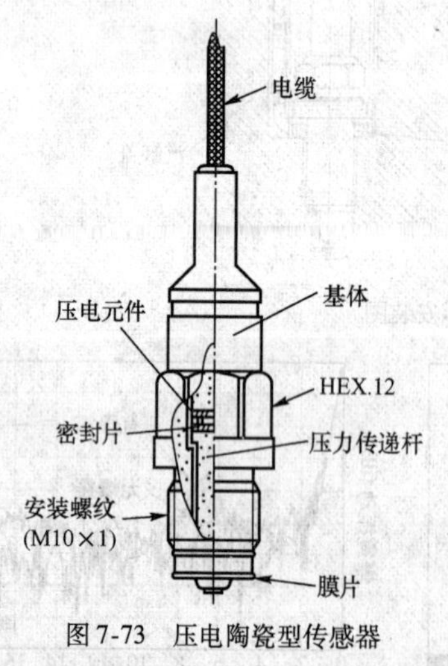

图 7-73　压电陶瓷型传感器

燃烧压力传感器的特征　表 7-8

感度	（pc/MPa）	-300
测定温度范围	（℃）	-40~200
压力范围	（MPa）	-0.1~10
温度系数	（%/℃）	~0.07
直线性	<（%）	±1
共振频率	>（kHz）	30
G 感度	<0.001（MPa/G）	0.001

图 7-74 示出了发动机上的实测结果之一例。为了进行比较，同图中示出了世界上用得很广泛的 KISTLER 公司的传感器的实测结果。

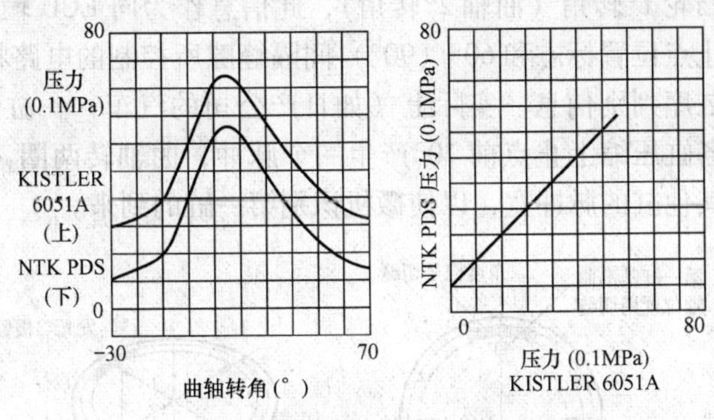

图 7-74　燃烧压力测量实例

第五节　曲轴转角传感器

在保护地球环境的历史潮流中，汽车工业中最重要的课题是净化排气和提高燃油经济性。目前，关于燃烧方面的传感器只在一部分汽车上使用，今后该类传感器会进一步扩大使用。

控制燃烧的传感器中最重要的是曲轴转角传感器。曲轴转角传感器安装在曲轴或凸轮轴上，检测各种定时。

初期阶段，从和凸轮轴同步旋转的分电器的转角位置检测曲轴的转角而设定点火时间。但是，随着发动机控制技术的进步，燃油喷射时间、汽缸判别、爆震和燃烧压力传感器的信息处理等都需要检测曲轴的转角位置，还有车载诊断技术（OBD，On Board Diagnosis），关于和控制排放密切相关的零部件，为了保证其性能的自我诊断功能等均要求进行失火检查，这都需要安装曲轴转角传感器。

一、分电器一体型

检测曲轴转角位置的方式有三种：磁电式、光电式和霍尔式。但是，任何一种传感器的输出都是曲轴位置信息和转角信息两种。

这里介绍光电式曲轴转角传感器。

光电式传感器主要由发光管、光敏晶体管、光孔盘和控制电路组成。

图 7-75 中示出了光电式传感器的结构，图 7-76 和图 7-77 分别示出了分电器一体型传感器的照片和输出波形的实例。

发光管、光敏晶体管和控制电路都装在固定底板座上，发光管与光敏晶体管位于光孔盘的光孔轴线两侧，发光管的光线照射到光敏晶体管上。光孔盘固定在凸轮轴上，与凸轮轴一同转动。孔盘边缘有 360 条缝隙，每转过一条缝隙对应凸轮轴 1°转角，在其内侧还有表示一缸上止点位置的缝隙及 60°（六缸机）或 90°（四缸机）间隔的缝隙。光孔盘置于发光管与光敏晶体管之间，当光孔盘挡住发光管的光线时，光敏晶体管截止，控制电路输出低电平。当缝隙对准发光管与光敏晶体管时，光线照射到光敏晶体管上，控制电路输出高电平。凸轮轴转一周，由 360 条缝隙所控制的电路输出 360 个脉冲信息，每个脉冲信息对应于凸轮1°转角（曲轴2°转角），此信息作为向ECU输入的转角信息。由缝隙较宽的一缸上止点位置标志和60°（90°）间隔缝隙所控制的电路将向ECU输入一缸上止点位置信息和缸序判别信息。实际上（如日产公司的汽车）一缸上止点位置信息和缸序判别信息是在各缸压缩上止点前70°产生一个脉冲，曲轴转两圈，共六个脉冲信息，而第一缸的脉冲比其他缸的脉冲宽，以使微机识别第一缸的到来。

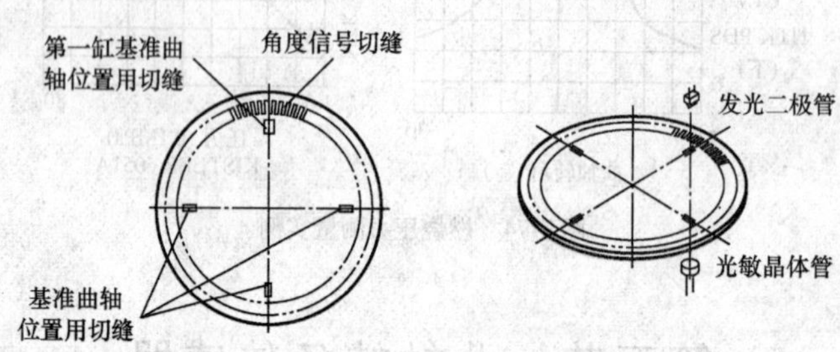

图7-75　光电式曲轴转角传感器的结构

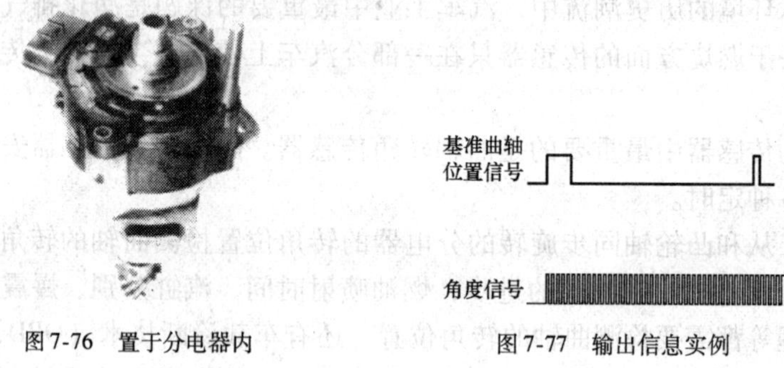

图7-76　置于分电器内　　图7-77　输出信息实例

光电式传感器可装在分电器内，如图7-77所示，也可直接装于凸轮轴轴端，此时光孔盘将固定在凸轮轴上。

光电式传感器虽然体积小，但是分辨率很高。有时采用每2°设置1条角度信息缝隙，磁电式传感器中，一般总是安装在每30°曲轴转角设置一个凸起的定时转子轴上，分电器旋转一周，在传感器内产生24个脉冲电动势。关于基准曲轴位置信息，如果只是用于设置点火时间而不必判别特定的汽缸，则可以只判别每个汽缸的基准曲轴位置。但是，随着排放和燃油经济性指标日益苛刻，采取只在某个汽缸的进气行程中进行喷油的所谓时序控制以后，就必须对汽缸进行逐个判别。为此，将基准曲轴位置用缝隙中的一条缝隙加宽，以此判别特定的汽缸（例如第一缸）。

二、凸轮轴和曲轴分开设置型

以前将曲轴转角传感器布置在分电器内部几乎占绝对多数，但是由于电子点火（DLI，Distributor-Less Ignition）技术广泛使用以来，在凸轮轴上单独安装曲轴转角传感器，特别是近年来出现了从曲轴上取出角度信息，从凸轮轴上取出汽缸判别信息的所谓分开设置型传感器系统用得越来越多。

采用这种分开设置型传感器的最大理由是：在北美地区的车载诊断标准（OBD）中，

检测失火、稀燃发动机空燃比极限控制等，都要求采用曲轴转角传感器。

（一）结构和原理

在曲轴或凸轮轴上安装定时转子，定时转子的结构特点是每隔一定的角度设置一个凸起。传感器可以是磁电式，也可以是霍尔式。磁电式传感器的结构如图 7-78 所示。

正时转子转动，磁电传感器的磁芯和转子凸起之间的空气间隙发生变化，通过传感器线圈内的磁通量随之发生变化，与此变化量相对应地在线圈内产生变化的电压。

（二）用于检测发动机的波动

在四冲程发动机中，曲轴旋转 2 转完成一个工作循环：吸气、压缩、爆发和排气。对外作功的只是爆发行程。而吸气行程和压缩行程都是相反地起制动作用。

因此，为了使发动机圆滑地运转，在一根输出轴上布置几个汽缸，使之按次序爆发做功，或者在输出轴上安装飞轮。从曲轴转角传感器输出脉冲间隔仔细观察，可以看出在各个曲轴位置曲轴的转动速度是变化的，如图 7-79 所示，如果一个汽缸内产生了失火而没有爆发，则在相应的行程中转速大幅度地下降。这样，从发动机转速变化率可以准确地检测出失火、稀燃发动机的稀燃极限。

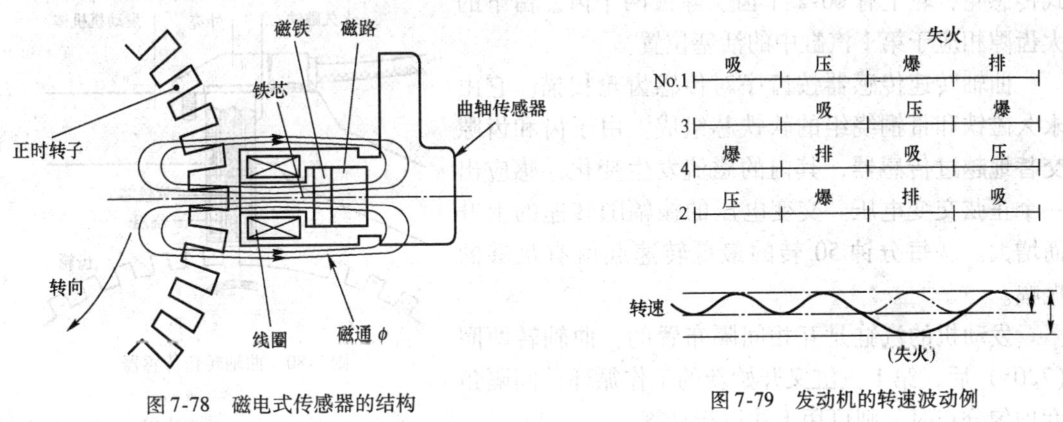

图 7-78　磁电式传感器的结构

图 7-79　发动机的转速波动例

当接近稀燃极限时，则在每一次爆发中没有产生足够输出功率的循环增加了，因此转动变化幅度增大。如果控制空燃比，使发动机转速变化率控制在一定数值以下，则就是实现了稀燃极限控制。

对于原来的发动机为了实现均匀运转已经下了很多功夫。所以，这种转速波动是十分微妙的。如果从凸轮轴检测曲轴的转角，则转速变动已经被齿轮或链条的游隙吸收而隐藏了。

所以，如前所述，直接从曲轴取出曲轴的角度信息的方法开始被广泛采用。

三、实用传感器例

这里介绍几家著名公司的传感器实例。

1. 电装公司曲轴转角传感器和汽缸判别传感器

在电装公司的 ECD-U2 系统中采用曲轴转角传感器和汽缸判别传感器。

在飞轮上每7.5°设置了一个信息孔，但是总共缺少3个孔。也就是说，在飞轮圆周上共有45个孔。发动机每旋转2转，将会产生90个脉冲信息。曲轴转角传感器接受到信息后，则通过传感器线圈的磁力线发生变化，在线圈内产生交流电压。根据这些信息，可以检出发动机的转速和7.5°的曲轴转角间隔。

和上述曲轴转角传感器相似，汽缸判别传感器也是利用通过线圈的磁力线变化产生交流电压的特性制成的。在供油泵凸轮轴中间设置了一个圆盘状的齿轮，且每120°缺一个齿（凹形切槽），但在某一处多了一个齿。因此，发动机每转2转则发出7个脉冲信息。

根据曲轴转角传感器和汽缸判别传感器的信息，可以判断出第一汽缸为基准脉冲。

2. 博世公司曲轴转速传感器

汽缸内的活塞位置对获得正确的喷油正时极为重要。发动机的所有活塞都是经过连杆与曲轴连接的。因此，装在曲轴上的传感器可以提供所有汽缸内活塞位置的信息。转速是指曲轴每分钟的转数。重要的输入参数是由控制器从电感式曲轴转速传感器的信息算出的。

图7-80所示结构是Bosch共轨系统中采用的曲轴转角传感器。在曲轴上装一个铁磁式传感轮，轮上有60-2个齿。除去两个齿，留下的大齿隙相应于第1汽缸中的活塞位置。

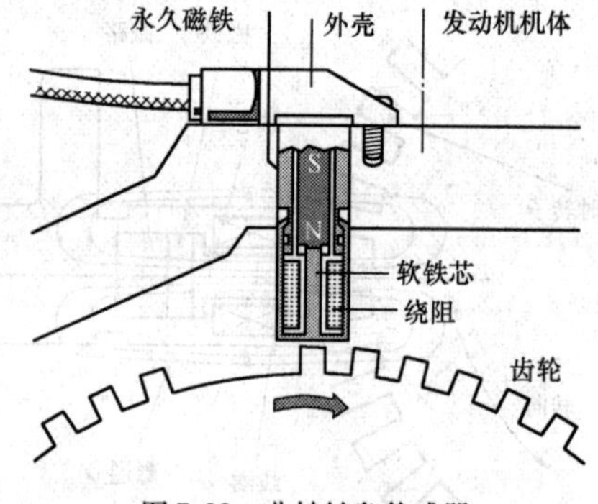

图7-80　曲轴转角传感器

曲轴转速传感器按齿序对传感齿轮扫描。它由永久磁铁和带铜绕组的软铁芯组成。由于齿和齿隙交替地越过传感器，其内的磁流发生变化，感应出一个正弦交变电压。交变电压的振幅随转速的上升而增大。从每分钟50转的最低转速起就有足够的振幅。

发动机的汽缸是互相间隔布置的，曲轴转两圈（720°）后，第1汽缸又开始新的工作循环。间隔角度均匀分布时，则可用下式进行计算：

$$\vartheta = \frac{720}{\text{汽缸数}}$$

在四缸发动机中发火间隔为180°，也就是说，曲轴转速传感器在两次发火间隔之间扫描30个齿。由此扫描的时间内的平均曲轴转数可以求出转速。

3. 凸轮轴转速传感器

凸轮轴控制进、排气阀，它以曲轴转速的一半转动。它的位置确定了向上止点运动的活塞是处于压缩冲程随即发火或是排气冲程内。在起动过程中，从曲轴位置是得不到此信息的；与此相反，在车辆运行时，由曲轴传感器产生的信息足以确定发动机状态。这就是说，即使凸轮轴转速传感器在车辆运行过程中失效，ECU仍能一直知道发动机状态。

凸轮轴转速传感器利用霍尔效应来确定凸轮轴的位置。霍尔效应的基本原理如下：在凸轮轴上放一个铁磁材料制成的齿，齿随同凸轮轴转动。当凸轮轴转速传感器中流过电流的半导体薄片经过该齿时，传感器的磁场将半导体薄片上的电子流向折转到与电流方向垂直。从而短时内形成一个电压信号（霍尔电压），此信号告知ECU：第1汽缸正好处在压缩冲程。

第六节　其他传感器

在发动机电控系统中，传感器是多种多样的，而且新型传感器每天都在产生，真可谓不胜枚举。

一、NO_x 传感器

采用全工况空燃比传感器使稀燃控制技术向前推进了一大步，在直喷发动机的燃烧控制中，传统的还原型催化剂在稀薄范围内不能有效地起作用。为此，研究开发了 NO_x 吸收型催化剂，NO_x 传感器立即引起关注（图7-81）。

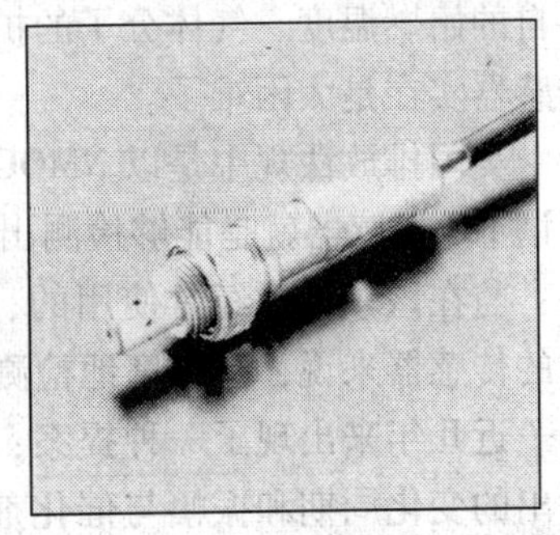

图7-81　NO_x 传感器

NO_x 是氮的氧化物，在稀薄的一侧，燃气中NO大量存在，排放出来后在大气中就变成 NO_2，成为有害气体。为了去除 NO_x，就需要使用作为三效催化剂、添加除白金之外的贵金属铑而制成的 NO_x 催化剂。但是空燃比稀薄范围是非常麻烦的。因为在该范围内氧是过剩的，好不容易和催化剂铑接触，即使NO被还原掉，但是，还会和氧起反应重新变成NO。因此，将NO作为硝酸化合物吸收到含有碱土类化合物的材料中，一直到不能再继续吸收NO的程度时，强制地将浓混合气打进去，在白金催化剂表面还原，作为 N_2 和 O_2 排出去。

NO_x 传感器如图7-82所示。检测元件由3层氧化锆薄层构成。其特征是有2个气体检测腔。第一腔的输出是 i_{p1}，具有 *ip* 单元和 *Vs* 单元。从扩散到第一检测腔内的气体中将氧抽吸到排气中，这时应使泵电流流入 i_{p1} 单元中，使 *Vs* 值保持一定；将剩余的NO气体导入第二腔。

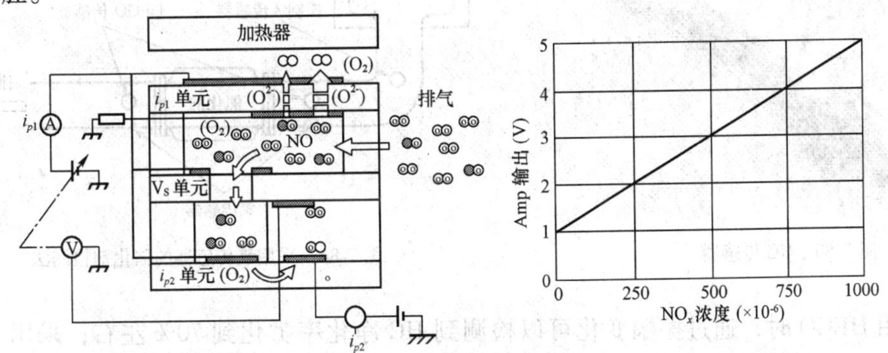

图7-82　NO_x 传感器结构和输出例

在第二检测腔中，将可以使NO分解的电压施加到第二单元 i_{p2} 上，分解出来的氧在白金电极的三相界面变成氧离子在固体电解质内流动。这时的流动量 i_{p2} 与 NO 的量相对应。因此，该传感器的输出 i_{p1} 表示排气中氧的含量，i_{p2} 表示排气中 NO_x 的含量。两种气体成分可以同时检测出来，所以应用起来十分方便。

NO_x 传感器结构复杂、价格昂贵，而且驱动电路也很复杂，整体的可靠性还需提高。

二、HC 传感器

为了净化排气，当催化剂劣化、净化率下降了的时候，在车载诊断系统（OBD）中已经明文规定：要求检测 HC 排放量。因此，必须研制能够高精度地检测 HC 含量的 HC 传感器（图 7-83）。

但是，说到 HC，作为燃料的 HC 的种类实在是太多了。存在于排气中的、已经汽化了的 HC 分子也是多种多样的：从 CH_4 开始，C_2H_2、C_2H_4、C_2H_6、C_3H_6、C_3H_8 等，而且各自的始燃温度、气体分子的扩散速度均各不相同。开发能够检测出所有这些 HC 成分的传感器实在是太困难了。

美国排放法规中是以 NMOG 为对象的，而害处不大的甲烷不在控制对象之列。因此，所谓 HC 传感器就是能够检测出除甲烷以外的所有的各种 HC 成分就可以了。精度要求应是：与在该领域中经常使用的、性能优良的气体分析计具有同等精度。单单作为感测气体的传感器来说，高精度地检测 HC 成分是非常困难的。

近几年来出现了一种提案：在催化剂前后安装氧传感器，将前后两个传感器的响应输出的变化周期和振幅与催化剂的初期状态进行比较，从而检出催化剂的劣化程度。这与目前的 OBD 的对应技术是主流。

图 7-84 和图 7-85 示出了可以用来检测三效催化剂劣化程度的评价结果。这是在催化剂前后安装氧传感器（HEGO 或 UEGO），监测各个信息的结果。催化剂前输出振幅大，催化剂后因催化剂的吸附或解吸程度振幅减小。

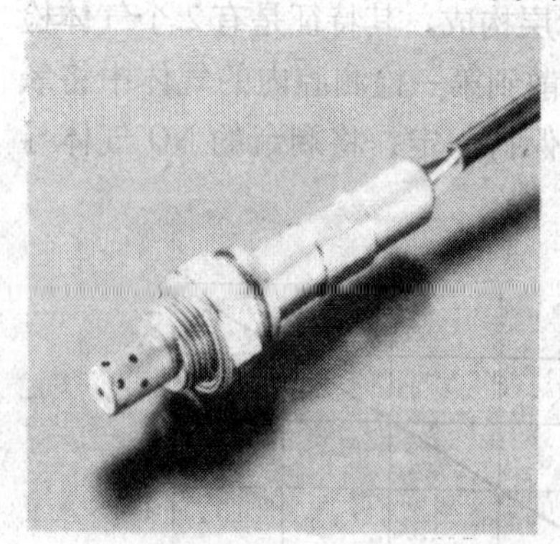

图 7-83　HC 传感器

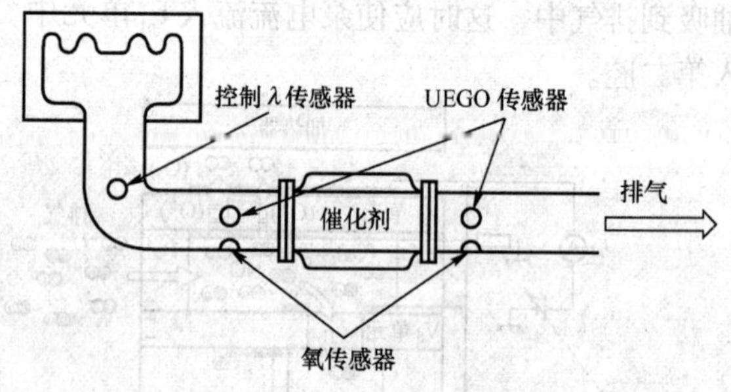

图 7-84　采用氧传感器的催化剂检测法

采用 HEGO 时，通过振幅变化可以检测到 HC 净化率劣化到 70% 左右；采用 UEGO 时，则可以在宽广范围内进行检测。

除上述之外，还有另外一种检测方法：将本来不是控制传感器的氧传感器安装在催化剂的下游，比较反馈控制时的控制频率（通常，上游的氧传感器的控制频率是 1～2Hz

左右）进行检测。

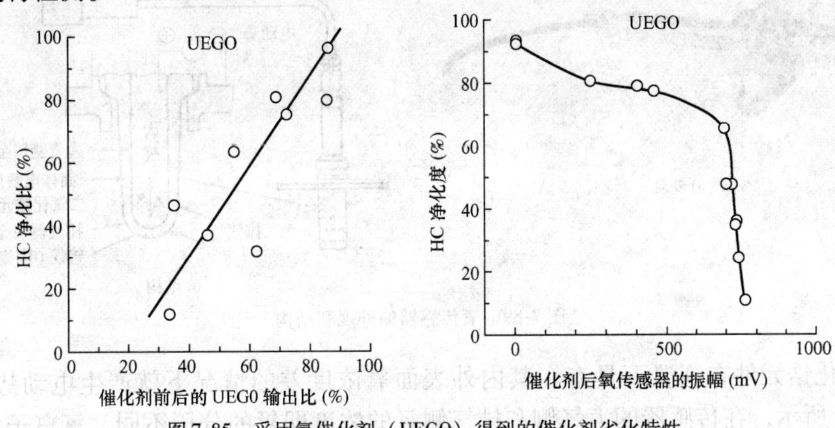

图 7-85 采用氧催化剂（UEGO）得到的催化剂劣化特性

图 7-86 是类似于 NO_x 传感器的 HC 传感器的外形图，图 7-87 是相对于 CH_4 的浓度特性。

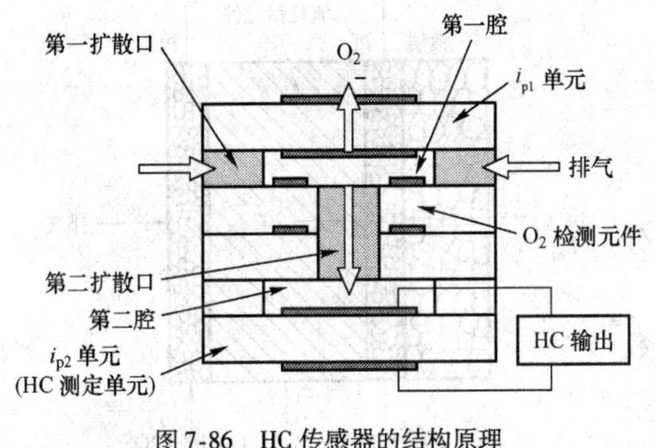

图 7-86 HC 传感器的结构原理

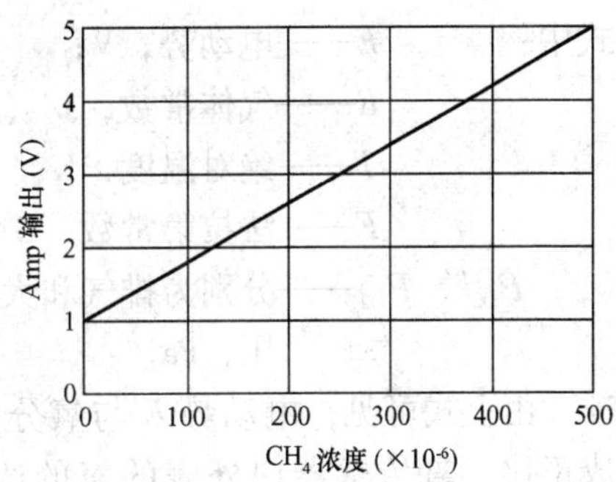

图 7-87 HC 传感器输出特性

三、氧传感器

自从制定了汽车排放控制法规之后，对环境和排放的要求就不断强化。与此同时为了适应这种不断强化的法规要求，首先在汽油机汽车上开始采用三效催化剂作为排气净化装置。为了充分发挥这种三效催化剂的最佳净化特性，需要将空燃比控制在理论空燃比（$\lambda=1$）附近的很窄范围（窗口）以内（图 7-88）。

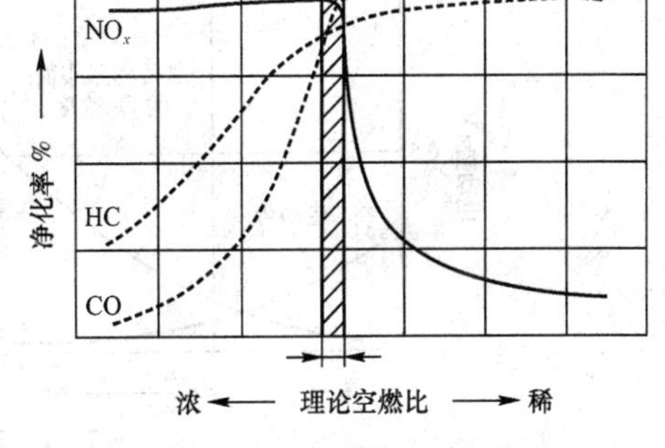

图 7-88 三效催化剂的净化作用

为了检测出理论空燃比，在排气管中设置了氧传感器，由此检测实际空燃比相对理论空燃比是浓还是稀。目前已实际应用的氧传感器有二氧化锆（ZrO_2）和二氧化钛两种氧传感器。

(1) 二氧化锆氧传感器。这种氧传感器是用得最多的一种，图 7-89 表示其结构。在试管状的二氧化锆元件内外两面上设置白金电极，并在电极外侧涂上陶瓷以保护电极。在元件内侧引入氧浓度高的空气，在其外侧则引入氧浓度低的排气。

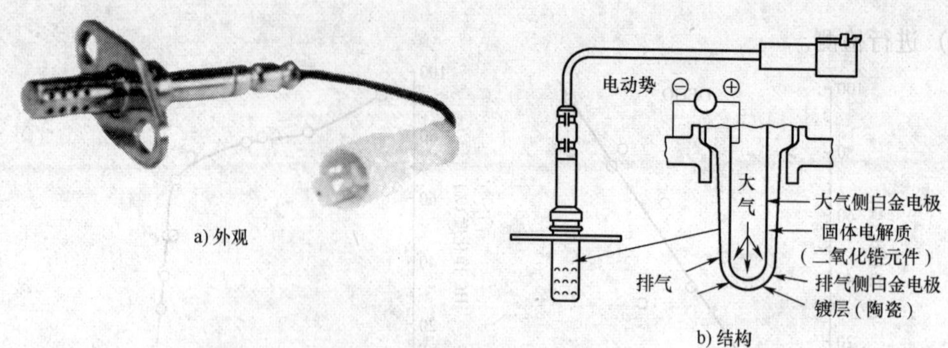

图 7-89　氧传感器的外观和结构

二氧化锆元件在高温下具有在其内外表面氧浓度差的情况下就产生电动势的性质。如图 7-90 所示，在传感器的大气侧和排气侧氧的浓度即氧的分压不同。氧离子从氧浓度高的大气侧向氧浓度低的排气侧移动。结果在两电极之间产生服从 Nernst 公式的电动势：

$$E = \frac{RT}{4F} \cdot \ln \frac{P_{O2}''}{P_{O2}}$$

式中：E——电动势，V；

R——气体常数，J/（mol·K）；

T——绝对温度，K；

F——法拉第常数，C/mol；

P_{O2}''、P_{O2}——分别为排气和大气中的氧分压，Pa。

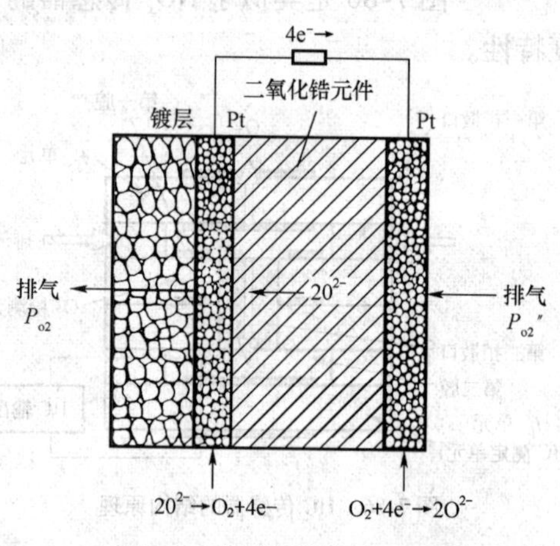

图 7-90　氧传感器的工作原理

由上式可见，电动势 E 与氧分压比的对数成正比。氧传感器内外表的氧的浓度差越大，则所产生的电动势就越大。

但是，即使在比理论混合气浓的状态下燃烧，在排气中仍存在若干氧气，所以产生不了足够的电动势（图 7-91 左图特性）。

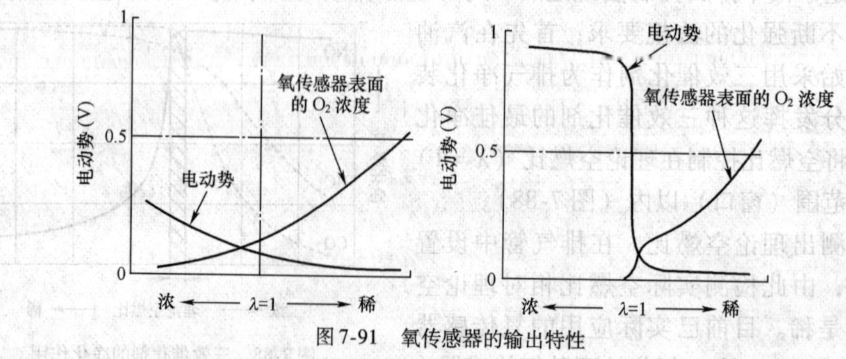

图 7-91　氧传感器的输出特性

由于在接近理论空燃比范围内所产生的电动势变化很小，所以很难通过检测此电动势来准确地检测出理论空燃比。于是，就利用具有催化作用的白金作电极，使电动势在理论空燃比附近有很大的变化。

浓混合气燃烧的排气与白金接触时，在白金的催化作用下排气中所残余的低浓度的氧与排气中的CO及HC发生反应，使得白金表面上几乎没有氧，故在氧传感器表面上氧的浓度差变得非常大，可产生大约1V的电动势。

当稀混合气燃烧时，由于在排气中存在高浓度的氧和低浓度的CO，所以，即使O_2和CO发生反应，也仍存在多余的氧，故氧的浓度差很小，几乎不产生电动势（图7-91右图特性）。

不过，上述特性是在比较高的温度条件下的特性。当温度低时，氧传感器的特性将产生很大的变化。所以，为了获得稳定的输出信息，将氧传感器安装在温度尽可能高的位置，而在二氧化锆元件内侧设置陶瓷加热器，使元件始终保持在高温状态（图7-92）。

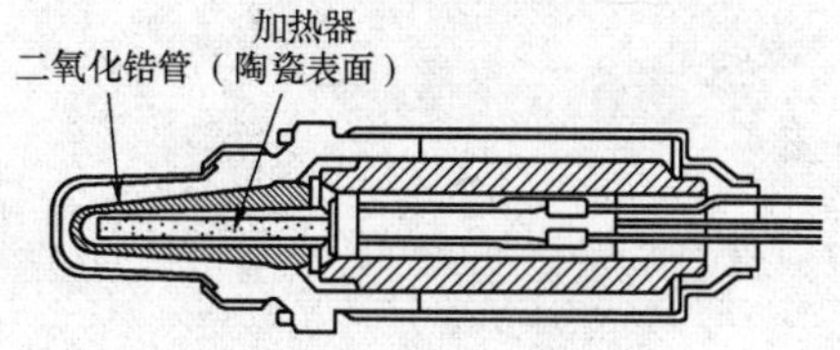

图7-92 带加热器的氧传感器

（2）二氧化钛氧传感器。这种氧传感器的工作原理与二氧化锆氧传感器有很大的差别。二氧化钛是导电体，它根据其周围氧分压不同被氧化或还原，结果其电阻发生变化：

$$R = A\exp(\frac{-E}{kT}) \cdot P_{o_2}^{l/m}$$

二氧化钛氧传感器就是利用这种变化来测量的。这种氧传感器的电阻R随氧分压的变化用下式表达：

$$R = A\exp(\frac{-E}{kT}) \cdot P_{o_2}^{l/m}$$

式中：A——常数；

E——活化能，J；

l/m——与晶格缺陷性质有关的指数；

P_{o_2}——氧的分压，Pa；

k——玻尔兹曼常数，J/K；

T——绝对温度，K。

在理论空燃比附近，氧的分压P_{o_2}按阶梯形变化。所以，通过测定氧分压即传感器的电阻变化，就可检测出实际混合气的空燃比是否偏离理论空燃比。图7-93表示这种氧传感器的构造，在陶瓷绝缘体的前端上设置二氧化钛元件。

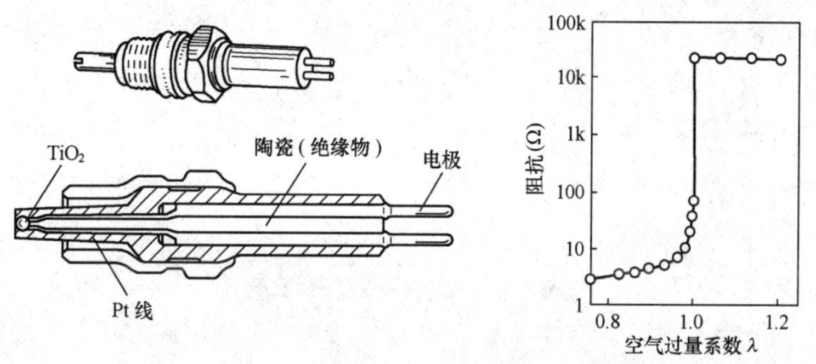

图7-93 二氧化钛氧传感器的结构和阻抗特性

图 7-93 右图表示这种传感器的电阻随空燃比变化的特性。如图所示，此传感器电阻在理论空燃比附近急剧变化。

二氧化钛氧传感器与二氧化锆氧传感器相比，具有结构简单、体积小、成本低等优点，但缺点是其电阻值随温度变化大。所以，需要增设温度修正电路，或者内设加热器使特性相对稳定，以便在高温下也能进行检测。

参考文献

[1] 徐家龙，藤泽英也．电装公司柴油机共轨系统产业化之路［J］．现代车用动力，2009（3）．

[2] 藤泽英也，等．最新电控汽油喷射［M］．林学东，译．北京：北京理工大学出版社，1998.

[3] 徐家龙．柴油机燃油喷射计算系统［J］．内燃机学报，1987（2）．

[4] 徐家龙．柴油机喷油过程的计算研究［J］．油泵油嘴技术，1986（2）．

[5] 徐家龙，藤泽英，也．电控喷油器［J］．内燃机燃油喷射与控制，2003（3）．

[6] 藤沢英也，等．デイーゼル燃料噴射［M］．东京：山海堂，1998.

[7] 藤谷宣之，等．新デイーゼル燃料噴射［M］．东京：山海堂，1998.

[8] 藤沢英也等．電子制御ガソリン噴射［M］．东京：山海堂，1990.

[9] 藤沢英也等．新電子制御ガソリン噴射［J］．东京：山海堂，1995.

[10] 徐家龙，藤泽英也．21 世纪的汽车发动机［J］．汽车技术，2000（1）．

[11] 徐家龙，藤泽英也．ECD-U2 电控共轨喷油系统［J］．国外内燃机，2000（2）．

[12] 徐家龙，藤泽英也．柴油机电控喷油技术［J］．内燃机燃油喷射与控制．2001（1）．

[13] ここまできたディーゼル実用性ではガソリンしのぐ［EB/OL］．http：//kure- club. net/pdf/diesel%20engine2. pdf.

[14] 経済産業省．クリーンディーゼル乗用車の普及［J/OL］．将来見通しに関する検討会 報告書の公表について，平成 17 年 4 月 18 日．http：//www. meti. go. jp/press/20050418004/050418dizeru. pdf.

[15] 平成 20 年 7 月 経済産業省 国土交通省 環境省 北海道 日本自動車工業会 石油連盟．クリーンディーゼル普及推進方策（クリーンディーゼル普及推進戦略 詳細版）http：//www. mlit. go. jp/common/000020856. pdf.

[16] 将来見通しに関する検討会．クリーンディーゼル乗用車の普及［J/OL］．クリーンディーゼル乗用車の普及．将来見通しに関する検討会報告書，平成 17 年 4 月．http：//www. meti. go. jp/report/downloadfiles/g50418b01j. pdf.

[17] 藤沢 英也．私とコモンレールU2 開発のレール［M］．铃置印刷（株），2005（3）．

[18] 藤沢 英也．第一回 コモンレールインジェクションシステム［J］．エンジンテクノロジーレビュー，2009（4）．

[19] Ralf Isenburg. Bosch 公司开发的柴油机用共轨式电控喷油系统（上）［J］．内燃机燃油喷射和控制，2000（1）．

[20] 徐家龙．日产公司试验室用开发型万能电脑柴油机［J］．内燃机燃油喷射和控制．2001（2）．

[21] 西尾兼光．エンジン制御用センサ［M］．东京：山海堂，1999.

[22] デンソ．デイーゼル燃料噴射装置［M］．品番 9900099 – 1700. PZZAR-01A，株式会社 デンソー．东京：山海堂株式会社，1999（12）．

[23] 大久保義雄．燃料噴射装置入門［M］．东京：山海堂，1979（7）．

[24] 大久保義雄．<続>燃料噴射装置入門［M］．东京：山海堂，1984（6）．

[25] いすゞ自動車株式会社．フオワードIEシステム（6HH1 – TC）［M］．トラブルシューテイングマ

ニュアル，1999 年 8 月.

[26] ニサンデイーゼル工業株式会社.95 年式エンジン電子制御システムPF6TA-TB-TC 型［M］.1995 年 3 月.

[27] 日産デイーゼル. 整備要領書 97 中型エンジン— FD46T – TA（A605-645）.［M］1997（4）.

[28] 岡本研二，等.デイーゼルエンジン燃料噴射系（2）［J］.ENGINE TECHNOLOGY，Vol. 2No. 2.

[29] 押沢秀和，等.デイーゼルエンジン燃料噴射系（3）［J］.ENGINE TECHNOLOGY，2000（2）.

[30] 乗藤和哲.ユニットインジェクター採用 日産デイーゼルGE13 型エンジン［J］.ENGINE TECHNOLOGY，2000（1）.

[31] M. Badami. Influence of injection Pressure on Performance of a DI Diesel Engine with a Common Rail Fuel Injection System［C］//SAE paper 1999-01-0193.

[32] D. D. Wickman. Methods and Results from the Development of a 2600 Bar Diesel Fuel Injection System［C］//SAE paper 2000-01-0947.

[33] 纐纈晋.デイーゼルエンジンの燃料噴射装置の現状と今後の動向自動車技術，2002（2）.

[34] 加古一，等.エレクトロニクス関連部品の現状と今後の動向［J］. 自動車技術，2002（2）.

[35] 中田 輝男.デイーゼルエンジンの現状と将来［J］. 自動車技術，2002（1）.

[36] ZEXEL. MD 型噴射率可変型燃料噴射システム［M］.97CAT，NO. 515130

[37] ZEXEL. MD 型噴射率可変型燃料噴射システム［M］.96CAT，NO. 515131

[38] ZEXEL. 噴射率可変型燃料噴射システム［M］.94 CAT，NO. 515100

[39] ZEXEL. 噴射率可変型燃料噴射システム［M］.97 CAT，NO. 515102

[40] ZEXEL. 噴射率可変型燃料噴射システム［M］.CAT，NO. 515109

[41] トヨタ ランドクルーザー 1001HD-FTE 用 ECD-V4システム［J］株式会社デンソー新製品解説書 No. 98-1，1998（4）.

[42] 日野プロフィアK13C 用 コモンレール式電子制御燃料噴射システム（ECD- U2システム）［J］. 株式会社デンソー新製品解説書 No. 98-2，1998（6）

[43] マツダ カペラ・カペラワゴンRF-MDT 用 ECD-V5システム［J］. 株式会社デンソー新製品解説書 No. 98-3，1998（7）.

[44] 藤泽英也. 在华技术交流讲稿（内部资料）［R］，1996.

[45] Leonhard R Warga J. Bosch 公司轿车用 200MPa 喷油压力共轨喷油系统［J］. 国外内燃机，2010（1）.

[46] Schoppe D，等.Delphi 公司压电直接控制式喷油器共轨喷射系统［J］. 国外内燃机，2010（1）.